Telecommunication Engineering

SIMULINK

SIMULINK를 활용한

통신시스템의 이해

김명진 지음

생능출판사
Life & Power Press

수년 전 출간한 〈MATLAB과 함께 배우는 통신이론〉을 사용하여 통신공학 이론 강의와 함께 실습을 진행해 오면서 느낀 것은 통신 시스템의 송수신 과정에서 일어나는 과정을 눈으로 쉽게 확인할 수 있도록 하면 학습 효과를 더 높일 수 있겠다는 것이었다. 예를 들면 전체 통신 시스템이 동작하고 있는 상황에서 중간 중간에 오실로스코프나 스펙트럼 분석기를 연결하여 신호 파형과 스펙트럼을 관찰할 수 있도록 하면 통신공학을 공부하는 학생들은 과목의 이해도를 높일 수 있고, 통신 시스템 개발자는 설계한 시스템의 검증을 효율적으로 할 수 있을 것이다. Simulink는 그래픽 기반의 동적 데이터 분석 Tool로서 그래픽으로 표현된 기능 블록들을 서로 연결함으로써 시스템 블록 다이어그램을 구성하여 한 눈에 시스템의 구성도를 알 수 있으며, 원하는 위치에 다양한 종류의 출력장치를 연결하여 신호 파형, 스펙트럼, 신호 성상도, eye diagram 등을 관찰할 수 있다. Matlab을 사용해도 이러한 작업을 할 수 있으나 Matlab 프로그래밍에 상당히 익숙해야 하며, 동적으로 신호가 처리되는 것을 관찰하기는 어렵다. Matlab의 경우 분석 대상 데이터에 대해 한 번에 연산을 하여 결과를 보여주는 방식인데 비해 Simulink는 일정한 시간 간격을 두고 순차적으로 처리되도록 하여 그 과정을 볼 수 있도록 해준다. Simulink가 Matlab 프로그램 상에서 돌아가는 Tool이기는 하지만 Matlab에 익숙하지 않아도 기본적인 시스템 시뮬레이션을 수행할 수 있고 중간 과정을 쉽게 눈으로 확인할 수 있다. 이와 같은 관점에서 Simulink가 통신공학을 공부하는 학생이나 통신 시스템 개발자에게 유용한 Tool이라는 것이 이 책을 집필한 배경이다. 책의 구성은 다음과 같다.

1장은 기초적인 Matlab에 대해 다룬다. Matlab을 모르더라도 Simulink를 작동시킬 수 있지만 효과적으로 Simulink를 활용하기 위해서는 Matlab과 적절히 연동시키는 것이 필요하다. 기본 연산과 함수의 사용, 그래프 및 m-파일의 사용법에 대해 알아 본다.

2장은 Simulink 작업 환경과 기본적인 사용법에 대해 기술하고 있다. 모델 윈도우에서 시뮬레이션 할 시스템의 블록 다이어그램을 구성하는 방법과 기능 블록이 들어 있는 응용 분야 별 라이브러리에 대해 설명한다. 설계한 블록 다이어그램에 대한 시뮬레이션 실행 환경과 configuration 파라미터 설정 방법에 대해 알아 본다. 또한 데이터 구조체 및 Matlab과의 연동 방법에 대해 알아 본다.

통신 시스템을 이해하기 위한 기본은 선형 시스템에 대한 이해이다. 3장에서는 선형 시스템에 대한 시간영역 표현과 전달함수에 대한 기초 이론을 살펴 본 다음 Simulink를 이용하여 선형 시스템을 시뮬레이션하는 실습을 해 본다. 미분방정식이나 전달함수로 표현된 시스템을 Simulink 모델로 구성하고 주어진 입력에 대한 출력을 구해 본다.

4장의 주제는 신호 해석으로 주로 주파수 영역에서의 해석을 다루고 있다. Fourier 변환 연산과 스펙트럼 및 필터에 대해 알아 본다. Simulink 시뮬레이션을 위하여 신호를 발생시키는 다양한 방법을 알아 보고, Matlab 및 Simulink를 통하여 스펙트럼을 계산하고 디스플레이하는 방법을 알아 본다. 또한 아날로그 및 디지털 필터를 설계하고 적용하는 시뮬레이션을 실행해 본다.

5장은 아날로그 변조 방식으로 진폭 변조와 주파수 변조를 다루고 있다. 이 책은 디지털 통신 시스템에 초점을 맞추었기 때문에 아날로그 변조는 디지털 통신을 이해하기 위한 기초로서 작은 분량만 할당하였다. 진폭 변조 및 주파수 변조 시스템의 송수신기를 구성하고 송수신 과정에서의 신호 파형과 스펙트럼을 관찰한다.

6장 이후부터는 디지털 통신을 위주로 기술한다. 6장에서는 아날로그 신호의 디지털화 및 펄스부호 변조(PCM)를 다루는데, 이를 위한 기초로 표본화와 양자화 방법에 대해 먼저 알아 본다. 선형 및 비선형 양자화기를 구현하며, 정보량 압축을 위한 기초적인 소스 부호화 방식으로서 차동 펄스부호 변조(DPCM)와 델타 변조(DM)를 구현해 본다.

7장에서는 디지털 데이터를 전송하는 방법으로서 펄스 정형과 디지털 변조에 대해 다룬다. Communications Blockset에는 통신 시스템의 시뮬레이션을 편리하게 할 수 있도록 하는 다양한 블록이 들어 있는 라이브러리가 제공되어 있어서 Simulink 모델 윈도우로 필요한 블록을 가져가서 사용하면 된다. 디지털 통신 시스템의 시뮬레이션을 위한 랜덤 데이터의 생성과 펄스 정형화, 디지털 변복조를 구현해 본다. 통신 시스템 및 채널 효과를 관찰하기 위하여 신호 성상도 및 eye diagram을 그리는 방법을 알아 보며, 시뮬레이션 효율을 높이기 위하여 프레임 기반으로 데이터를 처리하는 방법에 대해 알아 본다. 통신 시스템의 블록 다이어그램을 구성한 후 AWGN 채널을 추가하여 비트오류 확률을 구하는 시뮬레이션을 실행해 본다.

8장에서는 디지털 통신 시스템의 비트오율 성능 분석 시뮬레이션 기법에 대해 다룬다. AWGN 채널에서 Eb/No에 따른 비트오류 확률을 구하는 Monte Carlo 시뮬레이션을 수행한다. Simulink 시뮬레이션 실행 효율을 높이기 위하여 Matlab 명령어를 사용하여 일괄 처리하는 기법에 대해서도 알아 본다. Matlab에서는 디지털 통신 시스템의 비트오율 성능 분석하는 도구로서 BERTool을 제공하고 있다. 이 도구를 사용하면 시스템의 성능을 해석적, 반 해석적(semi-analytic), 또는 시뮬레이션 방법을 사용하여 분석할 수 있는데, 8장에서는 BERTool을 활용하는 여러 기법을 살펴 본다. 디지털 통신 시스템을 구성하는 변복조기 외에 추가로 채널코딩 블록도 추가하여 성능 분석을 실행해 본다.

9장의 주제는 페이딩 채널 환경에서의 무선통신으로, 무선통신 채널의 영향과 이를 보상하는 기법에 대해 알아 본다. 먼저 위상 및 주파수 옵셋에 의한 영향이 수신기에 어떻게 작용하는지 신호 성상도를 통해 관찰해 보고, 그 다음 멀티패스 페이딩 채널의 영향에 대해 살펴 본다. Matlab의 Channel Visualization Tool 및 Simulink의 채널모델 블록을 사용하는 방법을 알아 본다. 채널 영향을 보상하는 기본적인 방법을 알아 보고, flat 페이딩 채널 및 주파수 선택적 페이딩 채널 하에서 수신기의 성능 분석 시뮬레이션을 실행해 본다.

이 책은 통신공학에 대해 어느 정도 지식이 있는 학생이나 통신 시스템을 개발하는 일반인을 주요 대상으로 하고 있다. 대학 강의에 사용하는 경우에는 통신이론 과목과 병행하여 이 책을 사용해서 실습을 하도록 교육과정을 만들어도 좋을 것으로 생각된다. 별도의 이론 교재 없이도 이 책을 사용하여 강의가 가능하도록 통신공학 핵심 이론을 책에 넣었다. 그러나 이 책은 Simulink 활용을 주 목적으로 하여 관련 이론을 최소한으로 기술하였기 때문에 깊이가 있는 내용에 대해서는 이론 교재를 참고할 필요가 있을 것이다.
Matlab과 Simulink는 적용할 때 장단점이 있는데, 어떤 목적을 갖고 활용하는 가에 따라 선호도가 다를 수 있다. 한편 이 두 가지는 선택의 문제라기 보다는 상호 보완적인 측면도 크다고 본다. Simulink가 Matlab을 기반으로 하여 돌아가는 프로그램이기 때문에 각 방식의 강점을 잘 활용하면 효과적으로 통신 시스템을 설계하고 분석할 수 있을 것이다. 예를 들면 전체적인 통합 시스템의 구성은 Simulink를 기반으로 하고, 일부 기능을 Matlab으로 확인하거나 Matlab function 블록으로 구현하고 추가해서 통합 시뮬레이션을 하는 방법도 좋은 방안이 될 것으로 판단된다.

이 책이 세상을 볼 수 있게 된 것은 많은 분들의 도움이 있었기에 가능했다. 그 동안 후학을 가르치면서 또한 공부하면서 정리한 것을 통신 분야 종사자(또는 예정자)와 공유하려는 취지로 원고 작성의 뜻은 있었지만 과연 많은 독자로부터 가치를 인정받을 수 있을까 하는 생각에 출판까지의 용기가 나지 않았다. 필자에 대한 신뢰를 갖고 용기를 주신 생능출판사의 김승기 사장님께 큰 감사의 말씀을 전한다.

이미 세상을 떠나셨지만 책의 원고를 쓰는 동안 줄곧 부모님이 곁에 계신 것처럼 느껴졌고, 하루의 원고 작업을 마무리할 때마다 부모님께 보여 드리고 싶은 생각이 들었다. 책의 출간을 기뻐하실 부모님께 이 책을 바친다.

필자가 원고 작성에 힘들어 하고 지칠 때마다 격려와 응원을 보내 준 아내 윤희와 딸 은제에게 한없는 고마움을 느낀다. 마지막으로 이 책의 출간에 애쓰신 생능출판사 여러 분들께 감사의 마음을 전한다.

2013년 3월
김명진

* 이 책에 수록된 예제와 관련된 mdl 파일과 m 파일은 생능출판사의 홈페이지에서 다운로드 받을 수 있습니다.

홈페이지 제공 자료 다운로드 방법
생능출판사 홈페이지(www.booksr.co.kr)에 접속
→ 도서검색에서 SIMULINK를 활용한 통신 시스템의 이해 입력
→ 보조자료 클릭

CHAPTER 01 MATLAB 기초

CHAPTER 02 SIMULINK 기초

CHAPTER 03 선형시스템

CHAPTER 04 신호 해석

CHAPTER 05 아날로그 변조

CHAPTER 06 표본화와 양자화

CHAPTER 07 Communications Blockset을 이용한 디지털 통신 시스템 시뮬레이션

Chapter 01

MATLAB 기초

Chapter

01 MATLAB 기초

MATLAB은 알고리즘 개발, 데이터의 분석과 계산 및 시각적 처리 등을 상호작용 환경(interactive environment)에서 할 수 있도록 하는 고급 기술언어(high-level technical language)이다. MATLAB은 수식의 계산을 효율적으로 처리하고, 행렬과 벡터의 연산을 편리하게 해 주며, 사용하고 있는 변수의 값을 즉시 확인할 수 있게 하여 사용자가 프로그래밍을 편리하게 할 수 있다. MATLAB의 각 명령어는 C와 같은 언어의 함수문에 해당하는 프로그램에 해당하기 때문에 행렬이나 벡터가 포함된 계산을 하는 데 긴 프로그램을 작성하는 어려움이 없다. 또한 우수한 그래픽 기능을 지원하여 신호 파형이나 연산 결과들을 그래프로 표현하는 데 매우 편리하다. 이러한 특성으로 인하여 MATLAB은 많은 공학 분야에서 시스템을 분석하고 설계하는 도구로 사용되고 있다. 이러한 명령어 기반의 작업을 그래픽으로 처리하여 블록으로 나타낸 것이 SIMULINK이며, 이에 대해서는 2장에서 설명한다.

MATLAB은 분야 별로 유용한 함수들을 가지고 있는 도구상자(Toolbox)들을 가지고 있다. Toolbox의 예를 들면, Signal Processing Toolbox, Communications Toolbox, Image Processing Toolbox, Control System Toolbox 등이 있다. 이 Toolbox에 내장되어 있는 함수들은 m-file 형태로 저장되어 있는데, 이 함수들을 잘 활용하면 복잡한 시스템의 분석 및 시뮬레이션을 쉽게 할 수 있다.

MATLAB의 Toolbox 기능이 발전하여 Mathmatica와 유사하게 symbolic 연산도 가능하게 되었다. 또한 GUI(Graphic User Interface) 기능을 활용하여 사용자가 원하는 대로 윈도우를 설계하는 것도 가능하며, 사용자가 설계한 윈도우에서 MATLAB 프로그램을 실행시키고 그래프로 출력하는 것이 가능하다.

1.1 MATLAB 시작하기

MATLAB 프로그램을 구동하면 그림 1.1과 같은 "desktop"이 나타나는데, 명령어를 입력하고 처리 결과를 출력하는 창(Command Window)을 비롯하여 변수명과 크기 등의 정보를 보여주는 창(Workspace) 및 명령어 히스토리를 보여주는 창(Command History)

3) Matrix에서 submatrix를 추출하는 방법: Colon 기호의 사용

콜론 기호(:)는 MATLAB 기호 중에서 가장 중요한 기호 중의 하나이다. 어떤 범위를 지정할 때 주로 사용된다. 위에 만들어진 행렬 A에 대하여 다음과 같이 콜론 기호를 사용해 보자.

```
» A = A(1:3, :) % 1:3 => 1~3행, : => 모든 열
A =
    1    2    3
    4    5    6
    7    8    9

» B = A(2:3, 1:2)          % 2~3행, 1~2열
B =
    4    5
    7    8
```

그 외에 콜론 기호의 사용법에 대해 알아 보자.

```
>> C = 1:8  % 1부터 8까지 정수를 원소로 한 행 벡터가 만들어진다.
C =
    1    2    3    4    5    6    7    8
>> D = 10:2:16  %원소 값이 2 만큼씩 증가하는 벡터가 만들어진다.
D =
   10   12   14   16
>> E = 10:-2:4
E =
   10    8    6    4
```

1.2.3 기초 Matrix 연산 함수: sum, transpose, diag

1) SUM: 열 단위로 원소들을 더하여 그 합을 행 벡터로 만든다.

b =sum(A)를 하면 $M \times N$ 크기를 가진 행렬 A의 column sum 결과가 만들어져 $M \times 1$ 행벡터 b가 만들어진다.

2) TRANSPOSE: 전치행렬을 만든다.

전치행렬을 만들 때 transpose(A)와 같이 써도 되지만 간단히 A'와 같이 apostrophe를 붙여줘도 동일한 결과가 만들어진다. MATLAB은 전치행렬 연산자가 두 가지 있다.

Apostrophe 연산자(예: A')는 공액복소 전치행렬을 만들어낸다. 즉 A의 원소가 복소수인 경우 허수부의 극성이 반대로 바뀐다. 다른 종류의 전치행렬 연산자는 dot-apostrophe 연산자(예: A.')로 허수부의 부호 변화가 없다. 만일 행렬의 원소가 모두 실수인 경우 두 전치행렬 연산자는 동일한 결과를 만들어낸다.

3) DIAG

행렬의 대각선을 따라 있는 원소만 추출하여 열 벡터를 만들어낸다.

아래에 위의 3 가지 함수를 사용한 예를 보인다.

```
>> A = [1 2 3; 4 5 6; 7 8 9]
A =
     1     2     3
     4     5     6
     7     8     9
>> sum(A)  % Column sum
ans =
    12    15    18
>> A'  % Transpose
ans =
     1     4     7
     2     5     8
     3     6     9
>> diag(A)  % Diagonal elements
ans =
     1
     5
     9
>> B = [1+j 1-j*2; 2+j*3 j*4; 2 2-j]
B =
   1.0000 + 1.0000i   1.0000 - 2.0000i
   2.0000 + 3.0000i        0 + 4.0000i
   2.0000             2.0000 - 1.0000i
>> C = B'  % Complex conjugate transposition
C =
   1.0000 - 1.0000i   2.0000 - 3.0000i   2.0000
   1.0000 + 2.0000i        0 - 4.0000i   2.0000 + 1.0000i
>> D = B.' % Transposition
D =
   1.0000 + 1.0000i   2.0000 + 3.0000i   2.0000
   1.0000 - 2.0000i        0 + 4.0000i   2.0000 - 1.0000i
```

1.3 수식 표현과 연산자

이번 절에서는 숫자와 변수, 연산자 및 기본 함수에 대해 알아 보고 수식을 표현하는 방법에 대해 알아 보기로 한다.

1.3.1 Statement와 Variable

MATLAB은 다른 언어와 유사하게 수식 표현을 할 수 있지만 다른 언어와의 차이점은 수식 표현 내에 행렬 전체를 포함시킬 수 있다는 점이다. 표현 형식은 다음과 같다.

형식 variable = expression 또는 variable = expression;

형식 expression 또는 expression;

Semicolon(;)의 사용 - 값을 화면에 display 하지 않을 경우 사용한다.

예 1

```
» x = sin(2*pi*0.125)
x =
    0.7071
```

예 2

```
» y = sin(pi/6);
» y
y =
    0.5000
```

예 3

```
» log10(100)
ans =
     2
```

1.3.2 Number

MATLAB은 10진수 표기를 사용하며, 10의 지수를 나타내는 데 e를 사용한다. 허수를 나타내는 데 i 또는 j를 사용한다. 숫자의 표현 예를 들면 다음과 같다.

5	-21	0.003
7.638954	1.805e-21	3.8992e20
2i	-3.78j	2e4j

MATLAB은 숫자를 IEEE floating-point 표준인 "long format"으로 저장한다.

1.3.3 Arithmetic Operator

MATLAB에서 수식 표현에 사용되는 연산자는 다음과 같다.

연산자	설명
+	Addition
−	Subtraction
*	Multiplication
/	(Right) Division (i.e. x=b/A is the solution of x*A=b)
\	Left division (i.e. x=A\b is the solution of A*x=b)
^	Power
'	Complex conjugate transpose

예1

```
» z = 3 + j * 4
z =
   3.0000 + 4.0000i
```

예2

```
» C = [1 2; 3 4] + j * [5 6; 7 8]
C =
   1.0000 + 5.0000i    2.0000 + 6.0000i
   3.0000 + 7.0000i    4.0000 + 8.0000i
```

예3

```
» A
A =
     1     2     3
     4     5     6
     7     8     9
```

```
» A' * 2
ans =
      2     8    14
      4    10    16
      6    12    18
```

1.3.4 MATLAB Elementary Function

MATLAB은 sin, exp를 포함하여 많은 종류의 기본 수학 함수를 built-in 함수로서 제공하고 있다. 기본 수학 함수에 관한 리스트는 다음과 같이 help 명령문을 사용하여 확인할 수 있다.

```
>> help elfun
```

아래 표에는 기본 수학 함수의 예를 보인다.

분류	함수명	설명
Trigonometric	sin sind sinh asin cos tan atan	– Sine. – Sine of argument in degrees. – Hyperbolic sine. – Inverse sine. – Cosine. – Tangent. – Inverse tangent.
Exponential	exp log log10 log2 pow2 sqrt	– Exponential. – Natural logarithm. – Common (base 10) logarithm. – Base 2 logarithm and dissect floating point number. – Base 2 power and scale floating point number. – Square root.
Complex	abs angle complex conj imag real unwrap isreal	– Absolute value. – Phase angle. – Construct complex data from real and imaginary parts. – Complex conjugate. – Complex imaginary part. – Complex real part. – Unwrap phase angle. – True for real array.
Rounding and remainder	fix floor ceil round mod rem sign	– Round towards zero. – Round towards minus infinity. – Round towards plus infinity. – Round towards nearest integer. – Modulus (signed remainder after division). – Remainder after division. – Signum.

기본 함수보다 좀더 복잡한 수학 연산 및 행렬 연산을 위한 MATLAB built-in 함수는 다음과 같이 help 명령어를 사용하여 확인해 본다.

```
>> help specfun
>> help elmat
```

1.3.5 who와 whos

MATLAB workspace 내에 만들어진 변수에 관한 정보를 화면에 나타내는 데 사용된다.

```
» who
Your variables are:
A    B    ans    x    y
» whos
          Name     Size       Elements   Bytes   Density   Complex
          A        3 by 3            9      72      Full        No
          B        2 by 2            4      32      Full        No
          ans      1 by 1            1       8      Full        No
          x        1 by 1            1       8      Full        No
          y        1 by 1            1       8      Full        No
Grand total is 16 elements using 128 bytes
```

1.3.6 Output Format: short (default), short e, long, long e, hex, + 등

화면에 출력되는 숫자의 포맷을 여러 형태로 지정할 수 있는데, format이란 함수를 이용하면 된다. 이 함수는 화면에 보이는 숫자에만 영향을 주지, MATLAB 소프트웨어가 연산을 하거나 저장하는 데 영향을 주지는 않는다는 것을 유의하도록 한다. 아래에 format의 사용에 따른 숫자의 화면 출력 예를 보인다.

```
>> x = [4/3  1.2345e-6  pi  -5];
>> format short; x
x =
1.3333    0.0000    3.1416    -5.0000
>> format short e; x
x =
1.3333e+000  1.2345e-006  3.1416e+000  -5.0000e+000
>> format long; x
x =
1.333333333333333  0.000001234500000  3.141592653589793  -5.000000000000000
>> format long e; x
```

```
x =
Columns 1 through 3
1.333333333333333e+000   1.234500000000000e-006   3.141592653589793e+000
Column 4
-5.000000000000000e+000
>> x = [4/3  1.2345e-6  pi  -5];
>> format short; x
x =
1.3333    0.0000    3.1416   -5.0000
>> format short e; x
x =
1.3333e+000  1.2345e-006  3.1416e+000 -5.0000e+000
>> format long; x
x =
1.333333333333333 0.000001234500000  3.141592653589793  -5.000000000000000
>> format long e; x
x =
Columns 1 through 3
1.333333333333333e+000   1.234500000000000e-006   3.141592653589793e+000
Column 4
-5.000000000000000e+000
>> format rat; x
x =
4/3            1/810045       355/113          -5
>> format hex; x
x =
3ff5555555555555   3eb4b6231abfd271   400921fb54442d18   c014000000000000
>> format +; x
x =
+++-
```

1.3.7 종료 및 Workspace의 저장

1) »quit 또는 »exit % MATLAB의 종료
2) »save % Workspace 변수를 파일로 저장하여 나중에 다시 사용할 수 있도록 한다.
   »save filename % 현재의 workspace 변수들을 filename.mat 파일명으로 저장한다.
3) »load % 파일로 저장되어 있는 변수들을 다시 workspace로 가져온다.
   »load filename % filename.mat 파일에 저장되어 있는 변수들을 workspace로 가져온다.

1.4 Matrix 연산

1.4.1 Transpose

1) » B = A' % conjugate transpose
2) » A.' % unconjugated transpose
   또는 » conj(A')

1.4.2 덧셈 및 뺄셈 ········ +

» C = A + B;

1.4.3 Matrix 곱셈 ·········· *

1) » C = A * B; % matrix x matrix
2) » c = a' * b; % inner product => vector x vector
3) » b = A * x; % matrix x vector
4) » y = pi * x; % constant x vector

1.4.4 Matrix 나눗셈 ·········· \ /

1) » X = A \ B; % left division (X is a solution to A*X = B)
2) » X = B / A; % right division (X is a solution to X*A = B)

1.4.5 Matrix 지수승(power) ·········· ^

A^p ...... p 는 정수, A는 square matrix이어야 한다.

예

```
» A = [1 2;
       3 4];
» B = A^2
B =
     7    10
    15    22
```

주의 : 행렬의 원소별 지수승을 원하는 경우는 다음과 같이 "dot"을 붙여 준다.

```
» B = A.^2
B =
        1     4
        9    16
```

1.5 Array 연산

Array 연산이란 matrix 연산이 아니라 element-by-element 연산을 의미한다. Array 연산을 표기하기 위하여 **A.*A** 와 같이 "dot"을 붙여 준다. 아래 표에 연산자 항목들을 보인다.

연산자	설명
+	Addition
−	Subtraction
.*	Element–by–element multiplication
./	Element–by–element division
.\	Element–by–element left division
.^	Element–by–element power
.'	Unconjugate array transpose

1.5.1 Array 덧셈과 뺄셈 : + −

+, - 연산에 대하여는 array 연산이나 matrix 연산이나 결과가 동일하다.

1.5.2 Array 곱셈과 나눗셈 : * .\ ./

(주의: 두 matrix는 dimension이 같아야 한다.)

```
» A = [1 2; 3 4], B = [10 20; 5 40]
A =
        1     2
        3     4
B =
       10    20
        5    40
» C = A.*B
```

```
C =
    10    40
    15   160
» D = A./B
D =
    0.1000    0.1000
    0.6000    0.1000
» D = A.\B
D =
   10.0000   10.0000
    1.6667   10.0000
```

1.5.3 Array 지수승

예 1

```
» A.^2
ans =
     1     4
     9    16
```

예 2

```
» x = [1 2 3]; y = [4 3 2];
» z = x.^y
z =
     1     8     9
```

예 3

```
» z = 2.^[x y]
z =
     2     4     8    16     8     4
```

1.5.4 관계연산자(Relational Operation)

〈 〈= 〉 〉= == ~=

1.5.5 논리연산자(Logical Operation)

& (AND)

| (OR)

~ (NOT)

1.6 Vector 연산과 Subscript의 사용

Subscripting이란 matrix 중에서 일부 행, 열, 특정 원소들, submatrix 등에 관한 조작을 할 때 대상이 되는 범위를 지정하는 데 사용하는 표시 기법이다. 기호 ": "(colon)을 사용하는 방법을 잘 알아 두어야 한다.

1.6.1 Vector의 생성

예 1

```
» x = 1:5
x =
      1     2     3     4     5
» x = 6:-1:2
x =
      6     5     4     3     2
```

예 2

```
» x = (0.0:0.5:3.0)';
» y = sin(pi/2*x);
» [x y]
ans =
          0          0
     0.5000     0.7071
     1.0000     1.0000
     1.5000     0.7071
     2.0000     0.0000
     2.5000    -0.7071
     3.0000    -1.0000
```

1.6.2 Subscripting

1) 행렬의 개별 원소는 A(i,j)와 같이 표현한다.

예

```
» A = [1 2 3;
       4 5 6;
       7 8 9];
```

```
» A(3,3) = A(1,3) + A(3,1)
A =
     1    2    3
     4    5    6
     7    8   10
```

2) Subscript는 vector가 될 수 있다.

만일 x와 v가 벡터라면 x(v)는 [x(v(1)), x(v(2)), ..., x(v(n))]가 된다.

예

```
» x = [78  -33  29]; v = [3 2];
» x(v)
ans =
    29   -33
```

3) Subscripting의 사용 예를 좀더 알아 보자. A가 10 x 10 행렬이라 하자.

A(1:5, 3) % 5x1 matrix , row 1~5, column 3
A(1:5, 7:10) % 5x4 matrix
A(:, 3) % 10x1 matrix, 3rd column
A(1:5, :) % first 5 rows
A(:, [5 5 10]) = B(:, 1:3) % replace 3rd, 5th, 10th columns of A by first 3 columns of B

4) 행렬을 long vector로 변환하는 예를 알아 보자.

```
» A = [1 2;
       3 4];
» b = A(:)
b =
    1
    3
    2
    4
```

1.6.3 0-1 Vector를 이용한 Subscripting

A를 $m \times n$크기의 행렬이라 하고, L을0과 1의 원소로 된 $m \times 1$ 크기의 벡터라고 가정하자. 그러면 A(L,:)는 행렬 A의 행 중에서 L의 원소가 0이 아닌 위치에 대응하는 행을 나타낸다.

예

```
» A = [1 2;
       3 4;
       5 6;
       7 8;
       9 10];
» L = [1 1 0 0 1]';
» A(L,:)
ans =
     1     2
     3     4
     9    10
```

1.6.4 Empty Matrix

1) x = [ ]   % Assign a “matrix of dimension 0x0” to x

2) Matrix에서 행이나 열을 삭제하는 법

```
» A = [1 2;
       3 4;
       5 6;
       7 8;
       9 10];
» A([2 4],:) = []
A =
     1     2
     5     6
     9    10
```

1.7 기초 MATLAB 함수의 사용

1.7.1 다중 Argument를 갖는 함수

예1

```
» z = [10  100];
» x = sqrt(log10(z))
x =
    1.0000    1.4142
```

예2

```
» x =[ 2  5  -3  7  0];
» [y, i] = max(x)
y =
    7
i =
    4
```

1.7.2 Matrix Building Function: 유용한 여러 가지의 행렬들

1) »eye(4) % 4x4 identity matrix 즉, diag[1 1 1 1]을 발생
   »eye(size(A)) % A와 동일한 크기의 identity matrix를 발생
2) »ones(n) % nxn 크기의 1로만 구성된 matrix
   »ones(m,n) % mxn 크기의 1로만 구성된 matrix
   »ones(size(A))
3) »zeros(n) % nxn 크기의 0으로만 구성된 matrix
   »zeros(m,n) % mxn 크기의 0으로만 구성된 matrix
   »zeros(size(A))

예

```
» B = eye(size(A))
B =
    1    0
    0    1
» A = [1 2; 3 4];
» C = ones(3)
C =
    1    1    1
    1    1    1
    1    1    1
```

```
» D = zeros(size(A))
D =
     0     0
     0     0
```

4) »A = rand(4,3) % uniformly distributed random elements, 4x3 matrix

5) »size(A) % mxn (mxn matrix 경우)

6) »length(x) % vector의 길이

1.8 그래프

1.8.1 기본 형태의 그래프

1) plot과 stem 함수를 사용한 그래프

Plot 함수는 그래프를 연속적으로 그려주며, stem 함수는 막대 모양으로 이산신호처럼 그려준다.

예

```
» y = [0.1  2.0  -3.1  4.4  8.1  0  -2];
» plot(y)
» title('signal')
» xlabel('time index'), ylabel('value')
```

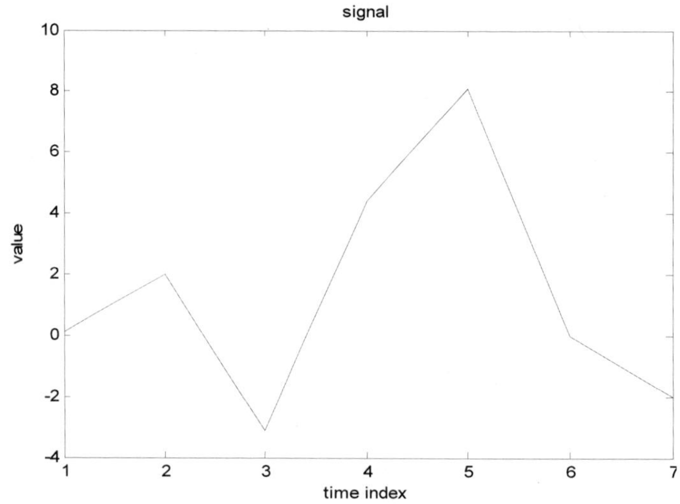

```
» stem(y)
» title('signal')
» xlabel('time index'), ylabel('value')
```

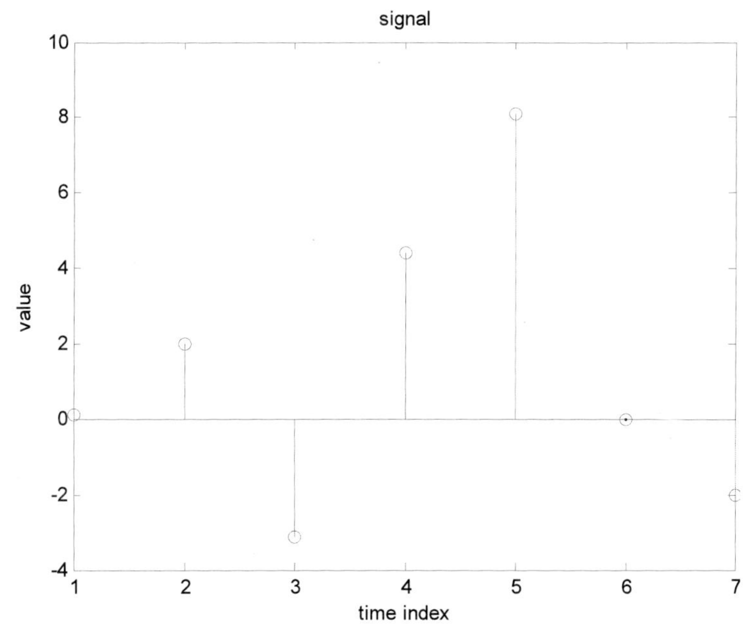

2) 독립변수(x축)의 실제 값을 나타내는 array와 신호의 값을 나타내는 array 두 개를 사용하여 신호를 표현하는 경우

신호 x(t)를 0.05초 간격으로 샘플링하여 신호의 파형을 그리고자 할 때 그림에서 x 축에 나타나는 숫자가 실제 시간을 표현하도록 하는 경우 사용한다. 예를 들어 $\sin(2\pi t)$ 신호를 0 초부터 5 초까지 0.05초 간격으로 샘플링하여 파형을 그리는 경우를 가정하자. 아래 예와 같이 시간 값을 나타내는 array 'time'과 시간 변수에 대응하는 신호의 값을 나타내는 array 'y'를 사용하여 파형을 그리면 된다. 이 때 두 개의 array time'과 'y'는 동일한 크기의 벡터가 된다.

```
» time = 0 : .05 : 5;
» y = sin(2*pi*time);
» plot(time, y)
» title('x(t) = sin (2*pi*t)')
» xlabel('time'), ylabel('x(t)')
```

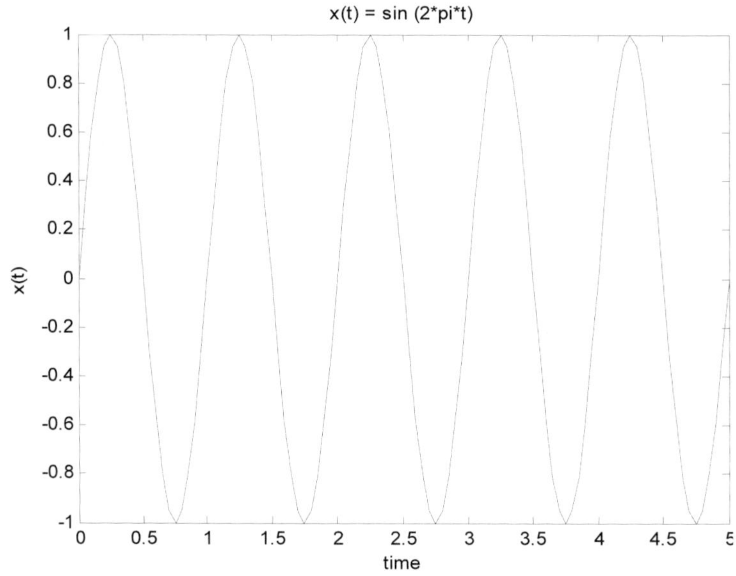

신호의 파형을 그릴 때 MATLAB 함수 'axis'를 사용하면 편리하다. 이 함수의 사용법을 익히고(help axis) 위의 예제 파형에 대해 적용해 본다. 눈금을 표시하기 위한 함수로 'grid'를 사용해 보자.

연습 1

주파수가 10 Hz이고 진폭이 2인 sine 함수를 t =-1 sec 부터 t =1 sec의 구간에 대하여 발생시키고 파형을 그려 보라. 샘플링 주기는 0.01 sec로 하라. 신호를 그릴 때 최소값과 최대값을 각각 -5와 5로 하고, 시구간은 -2초에서 2초로 하라.

1.8.2 다중 파형의 그래프

```
» plot (x1, y1, x2, y2, x3, y3)    % plot pairs of vectors
```

여러 개의 신호 파형을 한 개의 그림 창에 그리고자 하는 경우 사용할 수 있다. 예를 들어 $x(t) = 5\sin(t), y(t) = \cos(t)$ 와 같이 두 개의 파형을 같이 그리면 파형을 비교하기 쉽다.

연습 2

$x(t) = 2\sin(2\pi t), y(t) = \cos(2\pi t), z(t) = 0.5\sin(4\pi t)$를 $t = 0$ sec 부터 $t = 4$ sec의 구간에 대하여 발생시키고 파형을 한 개의 창에서 그려 보라. 샘플링 주기는 0.01 sec로 하라. 아래 1.8.3절을 참고하여 x는 검정색 실선으로, y는 파란색 점선으로, z는 빨간색 파선으로 나타내라.

1.8.3 선 모양(line)과 값 표기(mark)의 설정

여러 파형을 동시에 그리는 경우 눈으로 구별이 어려울 수 있다. 이 경우 선의 색과 신호 값을 나타내는 표시 및 선 모양을 다르게 하면 구별이 쉬워진다.

» plot (x1, y1, ':', x2, y2, '+')

Various line types, plot symbols and colors may be obtained with PLOT(X,Y,S) where S is a character string made from one element from any or all the following 3 columns:

선 색상		mark		선 모양	
b	blue	.	point	–	solid
g	green	o	circle	:	dotted
r	red	x	x-mark	–.	dashdot
c	cyan	+	plus	––	dashed
m	magenta	*	star		
y	yellow	s	square		
k	black	d	diamond		
		v	triangle (down)		
		^	triangle (up)		
		〈	triangle (left)		
		〉	triangle (right)		
		p	pentagram		
		h	hexagram		

예

PLOT(X,Y,'c+:') plots a cyan dotted line with a plus at each data point

PLOT(X,Y,'bd') plots blue diamond at each data point but does not draw any line.

1.9 Control Flow

1.9.1 FOR Loop

형식	for v = expression statement end

예 1

```
for  i = 1:n,  x(i)=0,  end
```

예 2

```
for  i = 1:m
     for  j = 1:n
          A(i,j) = 1/(i+j-1);
     end
end
```

1.9.2 WHILE Loop

형식	while expression statement end

예 1

```
n = 1;
while  prod(1:n) < 1.e100,  n = n + 1;  end
```

1.9.3 IF와 BREAK

예 1

```
if  n < 0
    A = ftn_gegative(n);
elseif  ftn_mod(n,2)==0
    A = ftn_even(n);
else
    A = ftn_odd(n);
End
```

예2

```
% "3n+1" problem
while 1
    n = input('Enter n');
    if n <= 0,  break,  end
    while  n > 1
        if  rem(n,2) ==0
            n = n/2
        else
            n = 3*n + 1
        end
    end
end
```

1.10 M-파일

M-file은 ASCII text file이며 다음과 같이 두 종류로 분류된다.

- script file: sequence of commands
- function file: new functions added to existing functions

1.10.1 Script 파일

성능 분석이나, 문제의 해를 구하는데, 또는 설계를 하는데 유용하다.

예 "fibo.m" file의 내용

```
% An M-file to calculate Fibonaci numbers
f = [1 1]; i = 1;
while f(i) + f(i+1) < 1000
    f(i+2) = f(i) + f(i+1);
    i = i + 1;
end
plot(f)
```

위의 file을 실행하면 f, i가 workspace에 남아있게 된다.

1.10.2 Function 파일

특정 기능을 하는 함수를 만들어서 call하여 사용한다.

예1 mean.m

```
function    y = mean(x)
  statements
  ...
```

calling 방법: "mean(z)"

예2

```
function [mean, stdev] = stat(x)
   statements
   ...
```

calling 방법: "[x, y] = stat(z)"

1.11 예제

예제 1.1

다음과 같은 두 개의 함수 p와 q를 더하여 z라는 함수를 만든다. $p(x)=3\sin(x^2)+2\cos(y^3)$, $q(x)=3\cos(xy)+2y^2$. 여기서 x의 범위는 0부터 5까지이며, $y=0.05x+2.01$ 의 관계를 가진다고 가정하자. 세 개의 함수에 대하여 그래프를 그려 보라. 그래프를 그릴 때 x를 0.01의 단위로 증가시키면서 그린다.

풀이

다음과 같은 m 파일을 만들어서 실행하여 아래와 같은 그래프를 얻는지 관찰한다.

```
x=0:0.01:5;
y=.05*x+2.01;
p=3*sin(x.*x)+2*cos(y.*y.*y);
q=3*cos(x.*y) + 2*y.*y;
z=p+q;
plot(p); xlabel('Plot of p'); grid; disp('hit any key to resume'); pause
plot(q); xlabel('Plot of q'); grid; disp('hit any key to resume'); pause
plot(z); xlabel('Plot of z'); grid
```

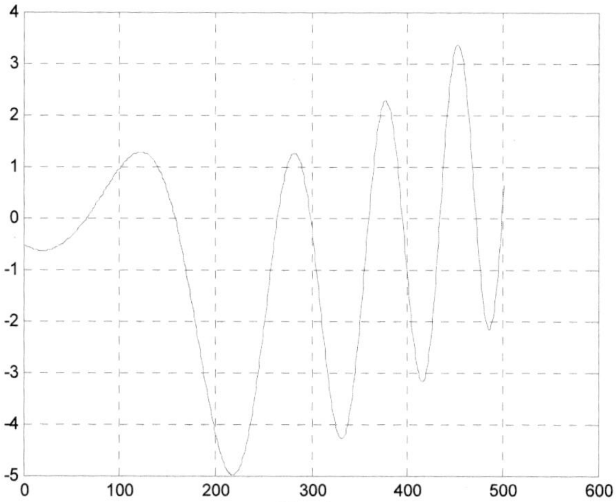

Plot of p

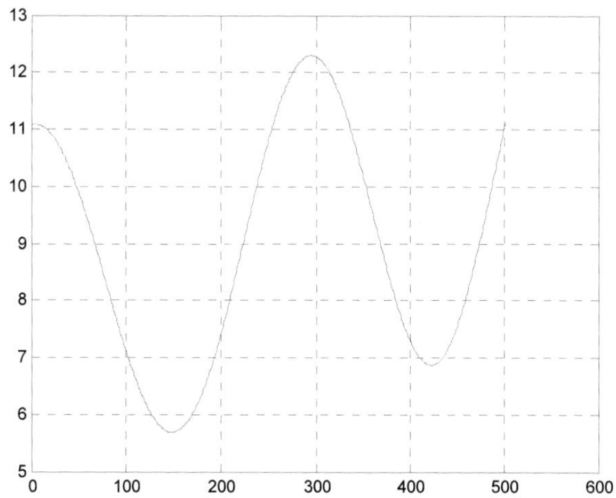

Plot of q

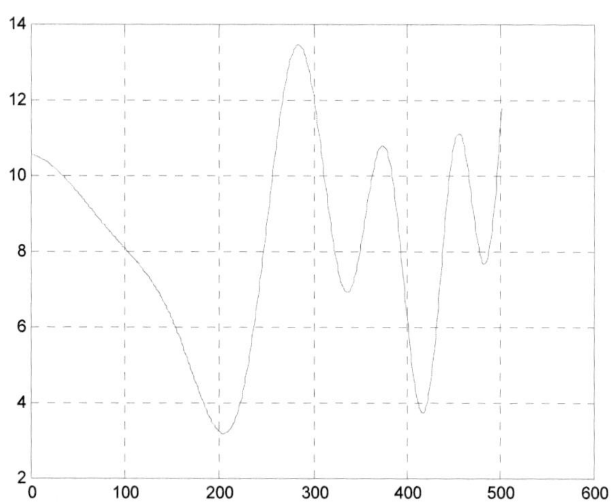

Plot of z

예제 1.2

다음과 같은 복소 함수를 고려하자:

$$f(t) = 3e^{-j2\pi t + \pi/4}$$

1) 함수 $f(t)$의 실수부와 허수수를 시간의 함수로 그려 보아라. 여기서 시간은 0부터
2) 3초까지 0.01초씩 증가시키면서 그린다.
   함수 $f(t)$의 크기과 위상을 시간의 함수로 그려 보라.

풀이

한 번에 두 개의 그림을 그리기 위하여 subplot 함수를 사용하면 편리하다. 그래프에 관련된 함수로서 title, xlabel, ylabel에 대하여 알아보라. 위에서 진폭과 위상을 구하기 위하여 abs와 angle 함수를 사용하면 편리하다.

```
t = 0: 0.01: 3;
f = 3*exp(-j*2*pi*t+pi/4);
figure(1)
subplot(2,1,1), plot(t, real(f));  title('Real part of f(t)'); ...
    xlabel('Time (sec)'); ylabel('Re f(t)');
subplot(2,1,2), plot(t, imag(f));  title('Imaginary part of f(t)'); ...
    xlabel('Time (sec)'); ylabel('Im f(t)');

figure(2)
subplot(2,1,1), plot(t, abs(f));  ...
    xlabel('Time (sec)'); ylabel('Magnitude of f(t)'); axis([0 3 0 10]);
subplot(2,1,2), plot(t, angle(f));  ...
    xlabel('Time (sec)'); ylabel('Phase of f(t)');
```

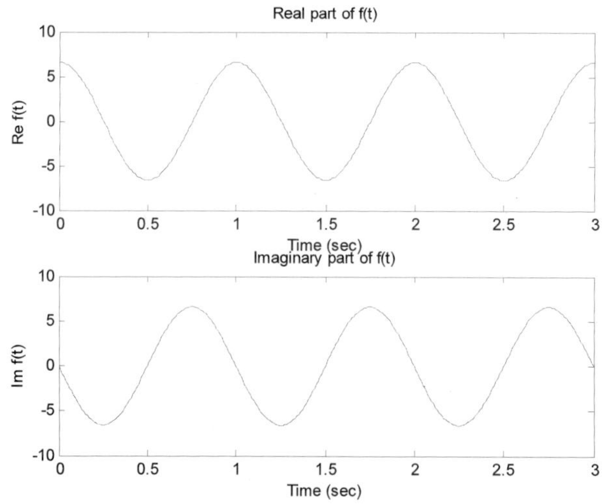

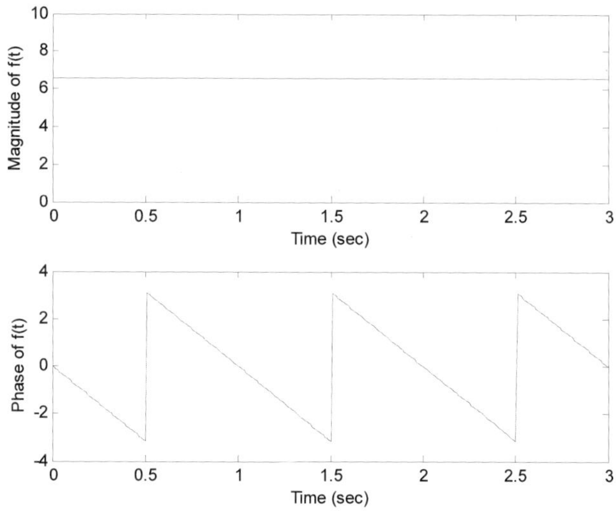

연습 3

주파수가 10 Hz이고 진폭이 1인 sine 함수를 $t=-1$ sec 부터 $t=1$sec의 구간에 대하여 발생시킨다. 여기서 샘플링 주기는 0.01 sec로 하라. 이 신호와 이 신호를 미분한 신호의 파형을 그려 보라. 미분을 위하여 MATLAB 함수 'diff'를 이용하라. 결과가 옳은지 수식과 비교해 보라.

연습 4 [Rectangular pulse의 발생]

(a) MATLAB을 이용하여 펄스폭이 1이고 크기가 1인 rectangular pulse, 즉 $x(t)=\Pi(t)$를 발생시키고 신호의 파형을 그려 보라.

(b) 동일한 실험을 펄스폭이 3인 신호에 대하여 반복하라.
두 개의 파형을 시구간 (-5, 5)에서 같이 그려 보라.

연습 5 [Triangular pulse의 발생]

(a) MATLAB을 이용하여 펄스폭이 2이고 최대값이 1인 triangular pulse, 즉 $x(t)=\Lambda(t)$를 발생시키고 신호의 파형을 그려 보라.

(b) 동일한 실험을 펄스폭이 4인 신호에 대하여 반복하라.
두 개의 파형을 시구간 (-5, 5)에서 같이 그려 보라.

Chapter 02

SIMULINK 기초

Chapter 02

SIMULINK 기초

SIMULINK는 MATLAB을 확장하여 동적 시스템을 시뮬레이션 하는 데 있어 그래픽을 사용하여 편리하게 만든 프로그램이다. 마우스를 사용하여 기능 블록을 나타내는 아이콘들을 라이브러리로부터 끌어 와서 블록 다이어그램 모델을 구성할 수 있으며, 시뮬레이션을 실행하면 자동으로 MATLAB 코드를 통하여 연산 처리된다. 또한 일부 블록은 MATLAB m-파일 함수로 만들어 같이 사용할 수도 있다.

2.1 SIMULINK의 특징

- 다이내믹 시스템 및 임베디드 시스템을 설계, 시뮬레이션하고 구현하는 종합 환경을 제공한다.
- 선형, 비선형, 연속시간, 이산시산, 하이브리드 및 multirate 시스템을 설계하고 시험할 수 있다.
- 통신, 신호처리, 제어 및 시스템 엔지니어링 분야에 많이 응용된다.
- Open architecture로 되어 있어서 다른 환경에서 만들어진 모델과 같이 통합할 수 있다.
- C/C++, Ada, Fortran, M-file과의 link가 가능하다(S-function).

2.2 SIMULINK 시작하기

SIMULINK를 실행하는 방법은 먼저 MATLAB을 실행시킨 후 command window에서 "Simulink"라고 입력하거나, MATLAB toolbar에 있는 다음 그림과 같은 아이콘을 누르면 된다.

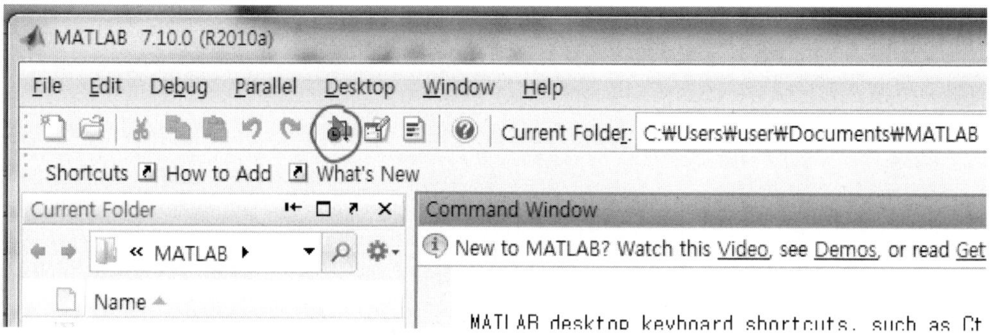

[그림 2.1] SIMULINK를 시작하는 방법

그러면 그림 2.2와 같이 Simulink Library Browser window가 나타난다[1].

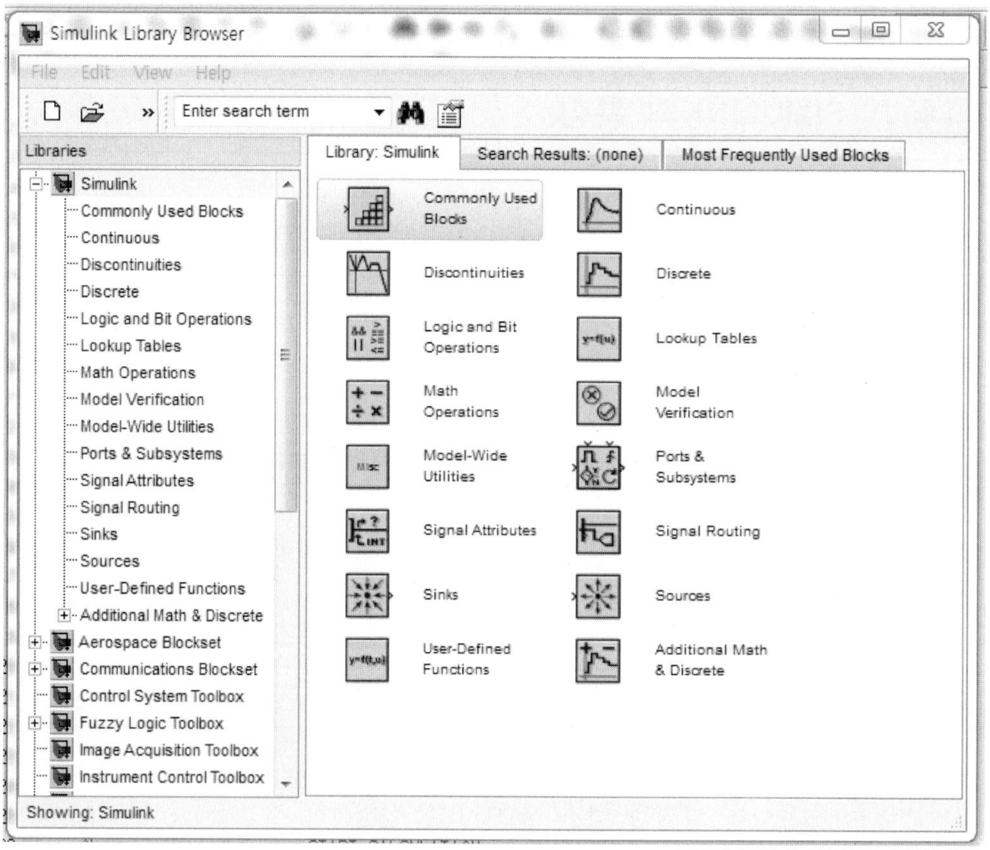

[그림 2.2] Simulink Library

1) MATLAB 버전에 따라 라이브러리에 있는 블록의 종류와 아이콘 모양이 다를 수 있다. 이 책에서는 R2010a 버전을 기반으로 하였다.

Simulink Library Browser의 toolbar에서 File-〉New-〉Model을 선택하면 그림 2.3과 같이 블록 다이어그램 작업을 하는 window(design model window 또는 model window로 부를 것임)가 나타난다.

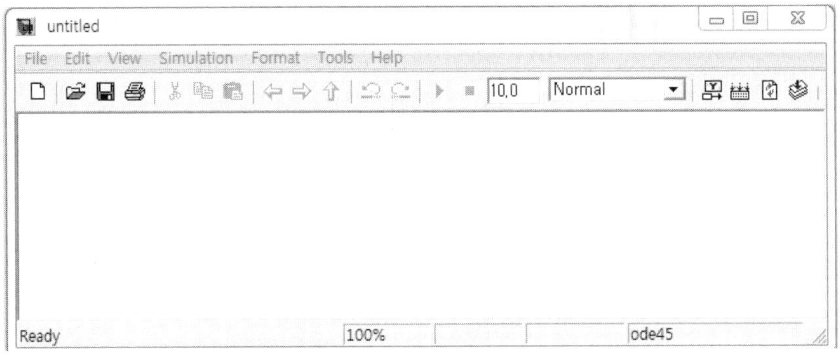

[그림 2.3] Simulink design model window

라이브러리 안에 있는 블록들을 design model window로 가져다가 연결하여 시뮬레이션 시스템을 설계한다.

2.3 SIMULINK의 작업 환경

Simulink design model window가 열리면 블록 다이어그램을 만들어서 시뮬레이션을 수행할 수 있는데, design model window의 메뉴로 File, Edit, View, Simulation, Format, Tools가 있는데 기능에 대해 간략히 살펴 보도록 하자. 상세한 기능은 차후 필요성이 있을 때 설명하도록 한다.

2.3.1 File

File 메뉴에서는 파일의 생성과 수정 및 저장을 할 수 있다. 새로운 작업 환경을 불러오려면 그림 2.3의 model window에서 File→New→Model을 선택하면 새로운 design model window가 만들어진다. 간단하게 New File 아이콘을 눌러도 된다.

기본적인 SIMULINK 작업 방법은 그림 2.2의 Simulink Library Browser window에서 필요한 블록들을 design model 창으로 가져간 다음, 마우스를 사용하여 블록들을 연결하여 시뮬레이션을 수행한다. Simulink design model 파일을 저장하면 'filename.mdl'과 같이 "mdl"이란 확장자가 붙어서 저장된다.

2.3.2 Edit

File의 내용을 수정, 삭제, 복사 등의 작업을 한다.

2.3.3 Simulation

시뮬레이션에 필요한 조건을 설정하고 실행시킨다. 시뮬레이션 실행 전에 Simulation 메뉴에 있는 'Configuration Parameters'를 선택하여 조건을 입력한다. Configuration 파라미터로는 시뮬레이션 시작 및 종료 시간, Solver options(예를 들면 solver type, step size, tolerance) 등이 있다. 시뮬레이션을 위한 default 값들이 어떻게 설정되어 있는지 미리 확인해 보는 것이 좋다. Solver options는 주어진 모델의 특성에 맞게 선택해야 한다. 예를 들어 주어진 모델이 연속시간만 처리하는지, 이산신호만 처리하는지, 아니면 두 종류의 신호들을 함께 처리하는지 등에 따라 Solver options의 'Type' 및 'Solver'를 선택해야 한다. 이 옵션에 대해서 필요할 때 다시 설명하기로 한다.

2.3.4 Format

블록의 이름을 사용자가 바꾸거나 블록의 입출력 방향을 바꿀 수 있다. Default로 블록의 왼쪽이 입력이고 오른쪽이 출력이다. 상황에 따라 입출력 방향을 변경할 수 있다. 이 때 사용하는 메뉴가 'Flip Block'이다. 'Rotate Block'을 사용하면 입출력을 좌우에서 상하로 변경시킬 수 있다. 블록 아래에 쓰여 있는 블록 이름을 블록 위로 나타나게 하고자 하는 경우에는 'Flip Name'을 사용하며, 'Hide Name'을 사용하면 블록 이름을 숨길 수 있다. 블록 간에 선을 연결할 때 벡터 선을 스칼라 선과 구별하여 진하게 나타내고자 하는 경우에는 'Wide Vector Lines'를 선택하면 된다.

2.3.5 작업 방법

Library browser window로부터 필요한 블록들을 마우스로 선택하고 "drag and drop" 방법으로 design model window로 가져 온다. 블록 간의 연결은 마우스를 사용하여 이어주면 된다. 다른 방법으로는 신호가 출력되는 블록을 먼저 마우스로 먼저 클릭하고, 'control' 키를 누른 채 신호가 입력되는 블록을 마우스로 클릭해도 된다.

작업을 진행하기 위해서는 라이브러리에 어떤 블록들이 있는지 알아볼 필요가 있다. 이에 대해 다음 절에서 기술한다.

2.4 Library 환경

통신 시스템이나 신호처리 시스템을 설계하고 분석하기 위해서는 신호발생기, 각종 연산기 및 필터, 신호파형 분석기, 스펙트럼 분석기 등이 필요하다. SIMULINK에는 이런 기능을 가진 블록들을 라이브러리로부터 가져다 쓸 수 있도록 되어 있다. 라이브러리의 블록들은 그림 2.2에 나타난 것과 같이 기능별로 Sources, Sinks, Continuous, Discrete, Math Operations, Ports & Subsystems, User-Defined Function 등으로 구분되어 있다. 각 라이브러리를 클릭하면 라이브러리 안에 있는 여러 가지 용도의 블록들이 나타난다. 이러한 블록을 사용하기 위해서는 라이브러리를 열고 각 블록을 마우스로 드래하여 design model window로 가져오면 된다. 그러면 그 블록이 model window에 복사된다. 각 블록은 model window 안에 있을 때만 활성화된다.

2.4.1 Sources 라이브러리

Sources 라이브러리에는 신호 입력으로 사용할 수 있는 다양한 형태의 파형들이 내장되어 있다. 그림 2.4에 Sources 폴더에 있는 블록들을 보인다. 블록을 model window에 가져가서 두 번 클릭하면 블록에 관련된 파리미터를 입력할 수 있다. 블록을 마우스의 오른쪽 버튼으로 누르면 파라미터 입력 외에 여러 가지 작업을 할 수 있다. 표 2.1에는 중요 블록들에 대한 설명이 있다.

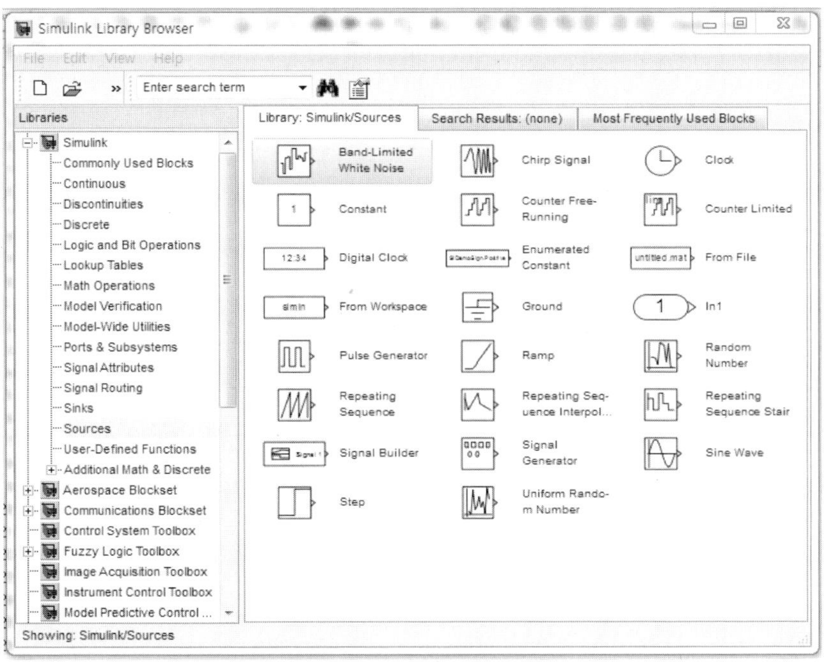

[그림 2.4] Sources Library

[표 2.1] Sources 라이브러리의 블록

블록 모양	블록명	설명
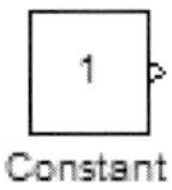 Constant	Constant	상수를 입력하는 블록으로 두 번 클릭하여 상수 값을 입력한다. Default는 1이다.
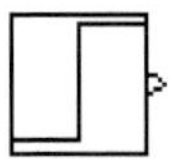 Step	Step	스텝 함수를 입력하는 블록이다. 스텝이 시작하는 시간인 Step time, 스텝의 최소값인 Initial value, 스텝의 최대값인 Final value를 입력한다. 예를 들어 [2, −1, 4]를 입력하면 −1에서 2초에 4로 값이 점프하는 스텝함수가 발생된다.
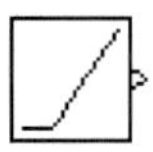 Ramp	Ramp	램프함수를 발생시키는 블록으로 입력해야 하는 파라미터로 Slope는 기울기, Start time은 시작 시간, Initial output은 초기값이다.
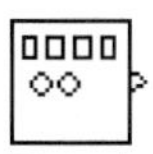 Signal Generator	Signal Generator	Sine, Square, Sawtooth, Random 파형 등을 발생시킨다. 관련 파라미터로 Amplitude, Frequency가 있다.
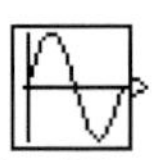 Sine Wave	Sine Wave	정현파 신호를 발생시키는 블록이다. 입력 파라미터로 Amplitude, Frequency, Phase, Sample Time이 있다.
 Repeating Sequence	Repeating Sequence	톱니파를 주기적으로 발생시키는 블록이다. 입력 파라미터로 주기를 나타내는 Time Value, 크기를 나타내는 Output Value가 있다.
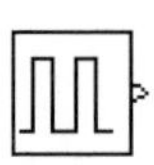 Pulse Generator	Pulse Generator	펄스가 주기적으로 나타나는 신호 발생 블록이다. 입력 파라미터로 Amplitude, Period, Pulse width, Phase delay가 있다.
 Chirp Signal	Chirp Signal	주파수가 점점 증가하는 정현파를 발생시킨다.
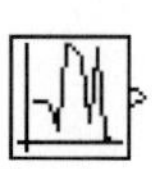 Random Number	Random Number	가우시안 분포의 값을 가진 파형을 발생시킨다.
 Clock	Clock	현재의 simulation time을 출력하는 블록이다.

블록 모양	블록명	설명
12:34 Digital Clock	Digital Clock	현재의 simulation time을 정해진 간격으로 계속 출력한다.
untitled.mat From File	From File	mat 파일로 저장되어 있는 데이터를 불러 와서 입력 신호로 사용한다.
simin From Workspace	From Workspace	MATLAB의 Workspace 상에 있는 데이터를 불러 와서 입력 신호로 사용한다.
1 In1	In1	서브시스템을 만들 때 서브시스템 내에서 입력을 정의할 때 사용한다. 블록이 추가될 때마다 포트 번호가 증가하는데, 포트 번호를 변경시키는 것도 가능하다.

2.4.2 Sinks 라이브러리

데이터의 출력을 어떤 형태로 표현 혹은 저장할 것인지를 정해주는 블록들이 있는 라이브러리이다. 그림 2.5에 Sinks 폴더에 있는 블록들을 보이며, 표 2.2에는 중요 블록들에 대한 설명이 있다.

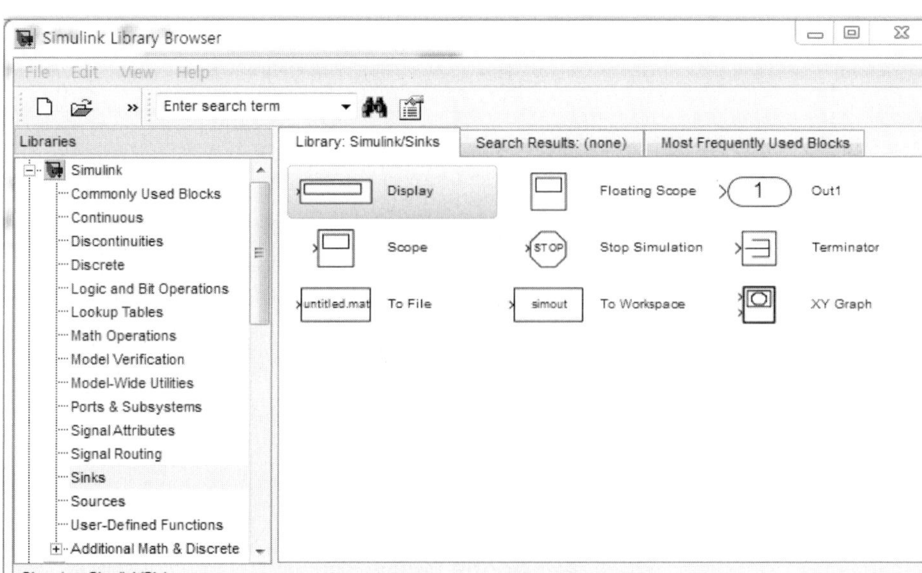

[그림 2.5] Sinks Library

[표 2.2] Sinks 라이브러리의 블록

블록 모양	블록명	설명
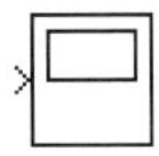	Scope	다양한 블록에서 생성된 파형을 화면에 나타낸다. 시뮬레이션 시간을 x축으로 하고, 발생된 신호 값을 y축으로 하여 그림을 그린다. 그림 2.6은 Signal Generator에서 정현파를 발생시켜 그린 그림이다.
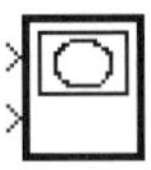	XY Graph	x축의 데이터와 y축의 데이터를 입력으로 받아 그림을 그려준다. 그림 2.7은 정현파와 여현파를 x축과 y축으로 받아들여 XY Graph로 그린 결과이다.
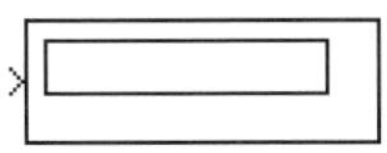	Display	숫자를 출력한다.
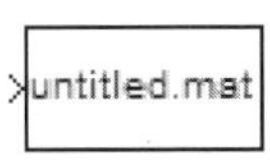	To File	출력된 데이터를 행렬이나 파일 형태로 저장하여 SIMULINK를 끝낸 후에도 MATLAB에서 사용할 수 있도록 한다.
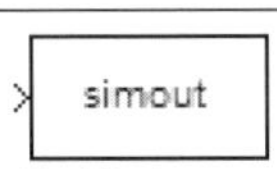	To Workspace	MATLAB의 Workspace로 데이터를 보낸다.
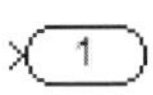	Out1	Sources의 In1처럼 서브시스템 내에서 사용하도록 Out1의 이름으로 출력한다. 블록이 추가될 때마다 포트 번호가 증가하는데, 포트 번호를 변경시키는 것도 가능하다.

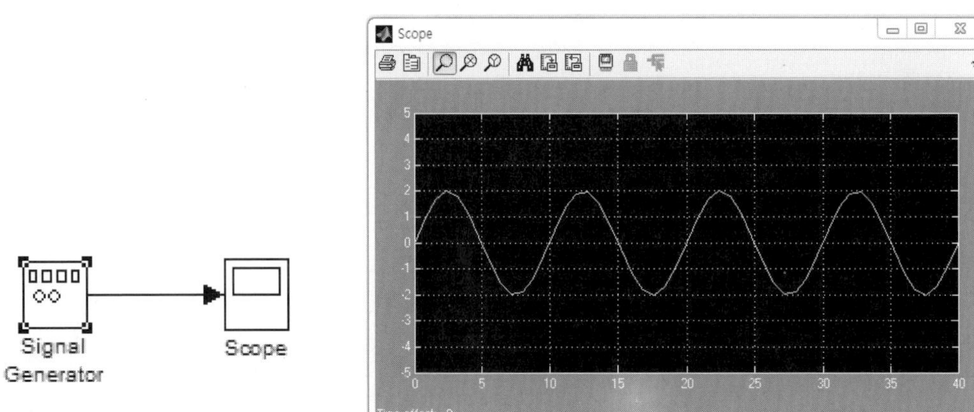

[그림 2.6] Scope 출력화면의 예

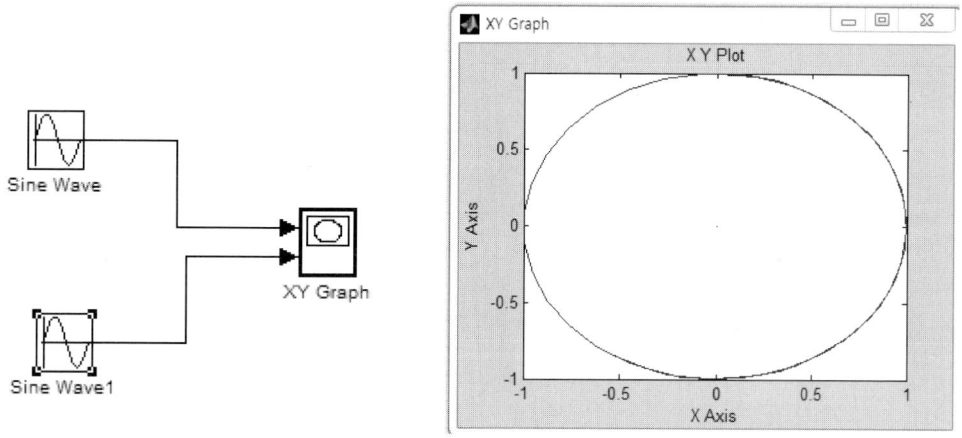

[그림 2.7 XY] Graph 출력화면의 예

2.4.3 Continuous 라이브러리

연속시간 시스템을 시뮬레이션하기 위한 블록들이 있는 라이브러리이다. 미분기와 적분기를 비롯하여 전달함수와 관련된 블록들이 있다.

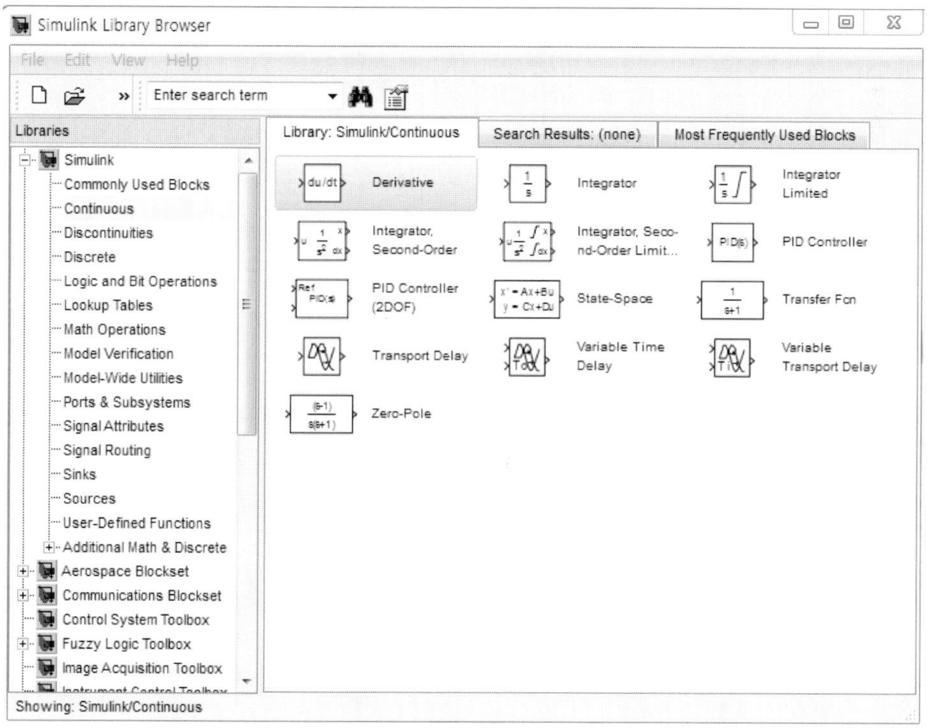

[그림 2.8] Continuous Library

[표 2.3] Continuous 라이브러리의 블록

블록 모양	블록명	설명
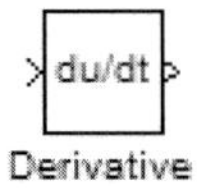	Derivative	미분 연산을 하는 블록이다.
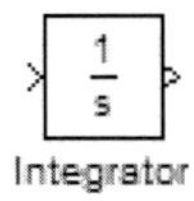	Integrator	적분 연산을 하는 블록이다.
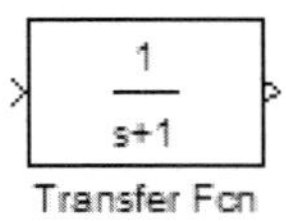	Transfer Fcn	전달함수를 나타내는 블록이다. 분자 다항식과 분모 다항식을 설정하면 된다. 파라미터로 분자다항식의 계수와 분모다항식의 계수를 넣어주면 된다. 예를 들어 Numerator = [1 2], Denominator = [1 3 4]로 설정하는 경우 전달함수는 $\frac{s+2}{s^2+3s+4}$ 가 된다.
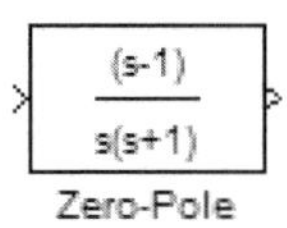	Zero–Pole	이 블록도 전달함수를 표현하는 데 사용할 수 있다. Pole과 zero의 위치를 지정하는 방식으로 전달함수를 표현한다. 즉 파리미터로 pole과 zero의 위치를 지정하는데, 예를 들어 Zeros = [1 3], Poles = [0 −2 −3], Gain = 2를 입력하면 전달함수는 $\frac{2(s-1)(s-3)}{s(s+2)(s+3)}$ 와 같이 된다. 전달함수를 분자다항식 및 분모다항식 형태로 표현하고자 하는 경우에는 Transfer Fcn 블록이 유용하고, 극점과 영점으로써 표현하고자 하는 경우에는 Zero–Pole 블록이 유용하다.

2.4.4 Discrete 라이브러리

이산시간 시스템을 시뮬레이션하기 위한 블록들이 있는 라이브러리이다. 이산시간 미적분기를 비롯하여 이산시간 전달함수, 필터(FIR 및 IIR) 블록들이 있다.

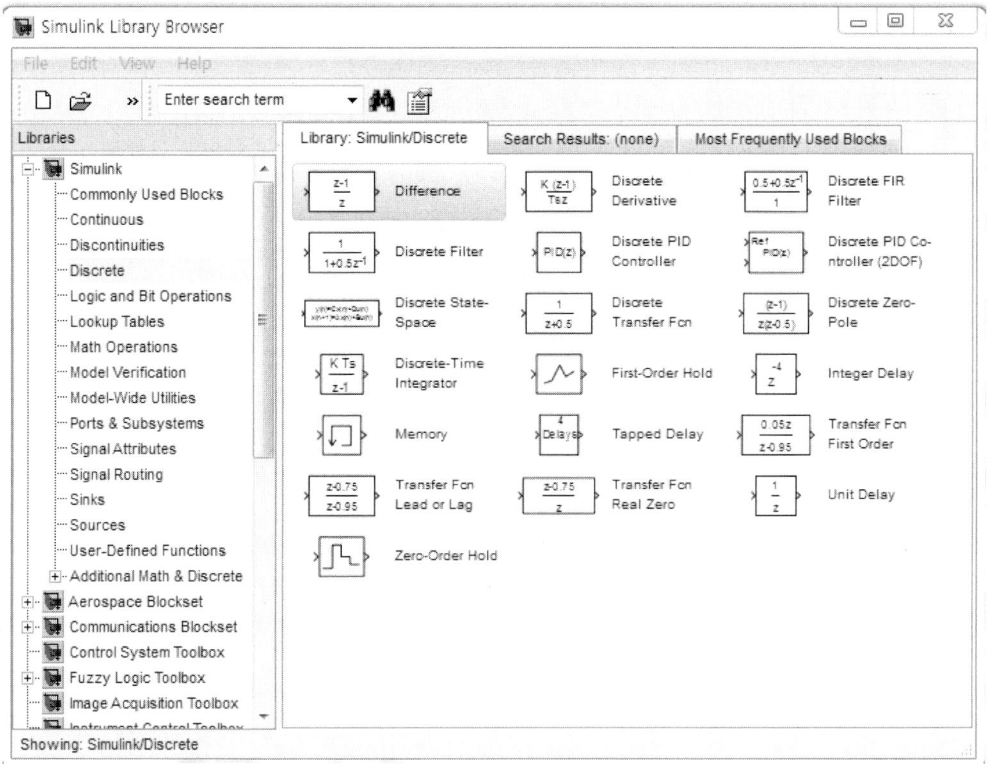

[그림 2.8] Discrete Library

[표 2.4] Discrete 라이브러리의 블록

블록 모양	블록명	설명
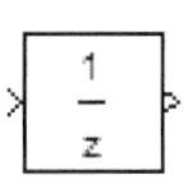 Unit Delay	Unit Delay	하나의 시간 단위 지연을 하는 블록이다.
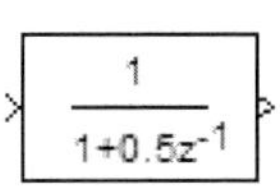 Discrete Filter	Discrete Filter	IIR 필터 블록이다. 분자다항식과 분모다항식의 계수를 파라미터로 입력한다. 예를 들어 Numerator = [1 2], Denominator = [1 5 4]를 입력하는 경우 전달함수는 $\dfrac{1+2z^{-1}}{1+5z^{-1}+4z^{-2}}$ 와 같이 된다.
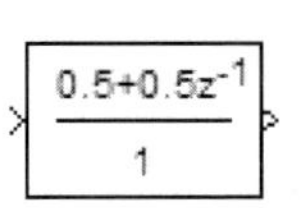 Discrete FIR Filter	Discrete FIR Filter	FIR 필터 블록이다. Numerator에 필터 계수를 넣어주면 된다. 예를 들어 Numerator = [1, 0.5, 0.3]으로 하면 전달함수는 $1+0.5z^{-1}+0.3z^{-2}$ 가 된다.

블록 모양	블록명	설명
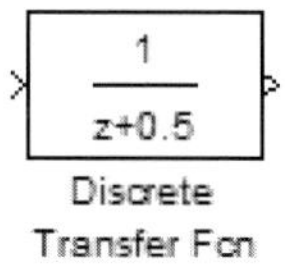	Discrete Transfer Fcn	이산시간 전달함수를 표현하는 블록이다. 분자다항식과 분모다항식의 계수를 파라미터로 입력한다. 예를 들어 Numerator = [1 2], Denominator = [1 5 4]를 입력하는 경우 전달함수는 $\frac{z+2}{z^2+5z+4}$ 와 같이 된다.
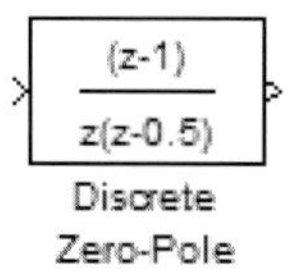	Discrete Zero–Pole	Pole과 zero를 지정하여 이산시간 전달함수를 표현하는 블록이다. 파라미터로 pole과 zero의 위치를 지정할 수 있다. 예를 들어 Zeros = [1 –0.5], Poles = [0 0.2 –0.5], Gain = 10을 입력하는 경우 전달함수는 $\frac{10(z-1)(z+0.5)}{z(z-0.2)(z+0.5)}$ 와 같이 된다.

2.4.5 Math Operations 라이브러리

여러 가지 수학 연산을 실행하는 블록들이 있는 라이브러리이다.

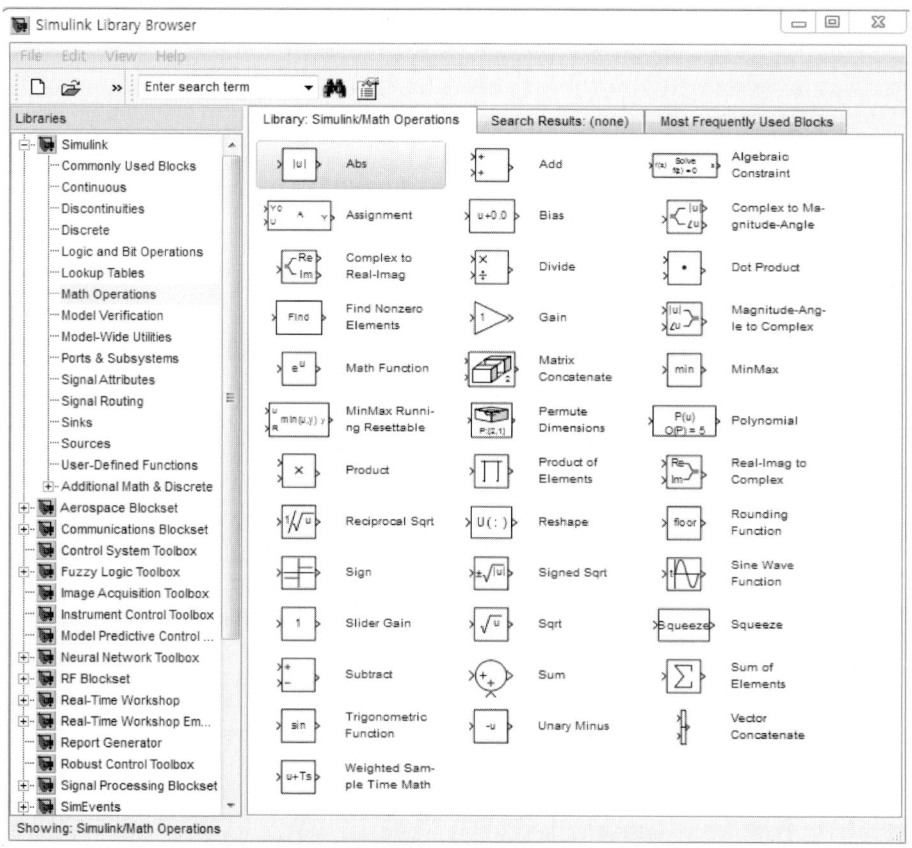

[그림 2.9] Math Operations Library

[표 2.5] Math Operations 라이브러리의 블록

블록 모양	블록명	설명
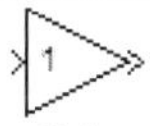 Gain	Gain	입력 신호에 gain을 곱해준다.
	Sum	입력들을(두 개 이상) 더하는 블록이다. 아이콘을 두 번 클릭하여 부호를 +에서 -로 바꾸면 뺄셈을 하는 것도 가능하다.
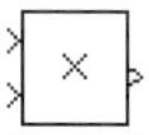 Product	Product	입력들을 곱하는 블록이다. 기본으로 두 개의 입력을 곱하게 되어 있으나 아이콘을 두 번 클릭하여 곱해지는 입력의 개수를 변경할 수 있다.
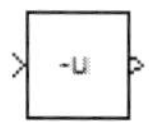 Unary Minus	Unary Minus	신호의 부호를 바꿔준다.
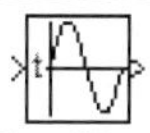 Sine Wave Function	Sine Wave Function	정현파 신호를 발생시킨다.

2.4.6 User Defined Functions 라이브러리

사용자가 MATLAB 명령어 또는 C 언어 등을 사용하여 함수 블록을 정의할 수 있다.

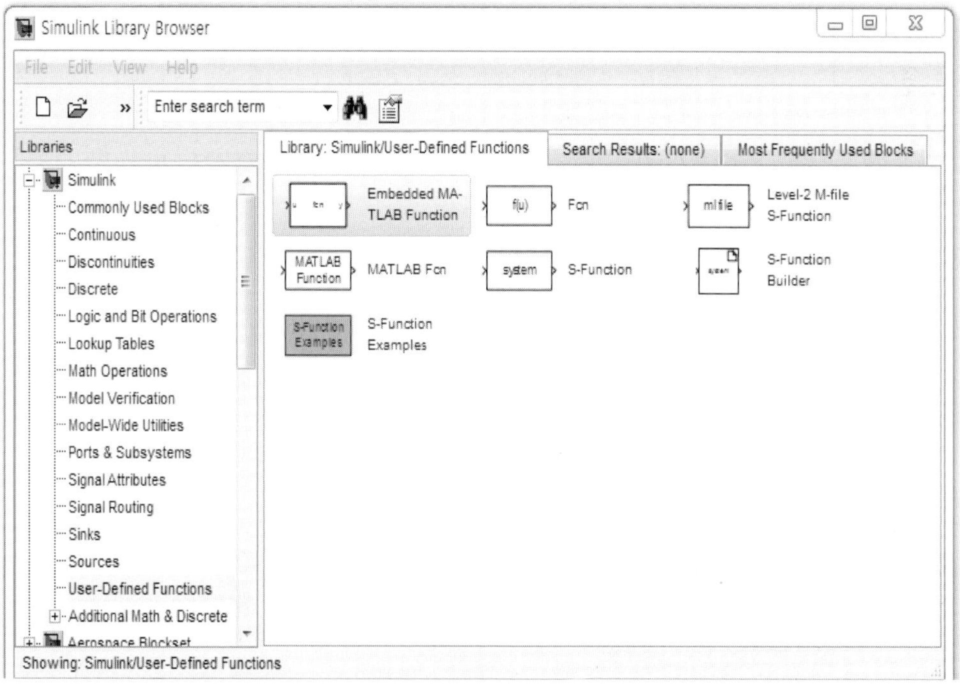

[그림 2.10] User Defined Functions Library

[표 2.6] User-Defined Functions 라이브러리의 블록

블록 모양	블록명	설명
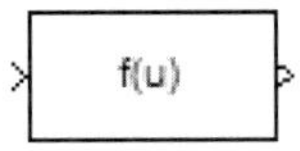 Fcn	Fcn	MUX를 통해 다수의 입력을 받아 이들을 가지고 연산하여 출력하는 한 줄 짜리의 함수를 정의할 수 있다. 아이콘을 두 번 클릭하여 함수 식을 입력할 수 있는데, u를 입력 변수로 사용하여 표현한다. 예를 들어 수식을 sin(u(1)*exp(2.3*(-u(2))))와 같이 작성할 수 있다.
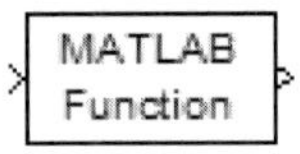 MATLAB Fcn	MATLAB Fcn	함수명(예를 들어 sin)을 이 블록에 입력하여 사용할 수 있다. 또한 MATLAB 명령어들을 가지고 함수를 정의하여 m 파일 형태의 함수명을 블록에 입력하여 사용할 수 있다.
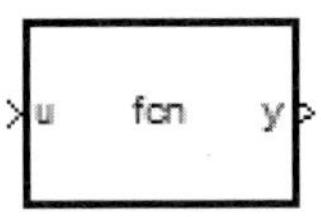 Embedded MATLAB Function	Embedded MATLAB Function	Fcn 블록은 한 줄의 명령어만 사용하므로 복잡한 코드의 구현이 불가능하다. 이 경우 MATLAB Fcn을 사용할 수 있다. 그러나 이 방법은 m 파일을 계속 가지고 다녀야 해서 불편할 때가 있다. 이러한 경우 embedded MATLAB function을 사용하면 유용하다. 블록 내에 여러 줄의 MATLAB 명령어를 써 넣을 수 있다[2)]
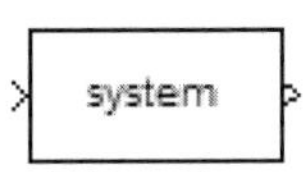 S-Function	S-Function	Embedded MATLAB Function보다 더 광범위하게 함수를 정의하여 사용할 수 있게 한 블록이다. MATLAB 명령어를 포함하여 C, FORTRAN 등의 코드를 포함시킬 수 있다. 다만 이 코드들은 S-function 표준에 부합해야 한다.

2.4.7 Commonly Used Blocks 라이브러리

많이 사용되는 블록들을 한 곳에 모아 놓은 라이브러리이다.

2) MATLAB 버전 R2011a부터는 이 블록의 명칭이 'Embedded MATLAB Function Block'으로부터 'MATLAB Function Block'으로 변경되었으며 블록의 아이콘 모양도 바뀌었다. R2010a를 사용하다가 업그레이드를 한 사용자는 R2010a 버전의 SIMULINK Release Note를 참고하기 바란다. Embedded MATLAB Function 블록이나 S-Function 블록을 사용하기 위해서는 별도의 컴파일러를 설치해야 한다. MATLAB 버전이나 컴퓨터 환경에 따라 요구되는 컴파일러가 다른데 MathWorks사의 홈페이지를 방문하여 요구되는 컴파일러를 확인하는 것이 좋다.

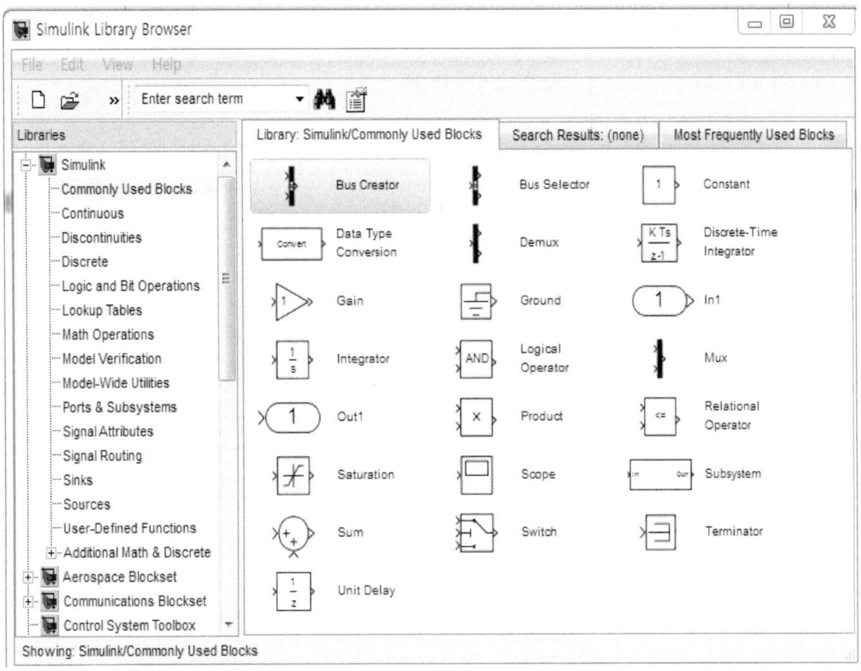

[그림 2.11] Commonly Used Blocks Library

2.4.8 블록 찾기

사용자들은 필요한 블록이 어디에 위치하는지 알아두는 것이 좋다. 그러나 블록의 이름(일부)을 알면 블록 찾기를 해서 찾아 사용하면 된다. 그림 2.12에 보인 바와 같이 Simulink Library Browser window에서 “fcn”이라고 입력한 후 ‘Enter’를 누르면 그림 2.13과 같은 결과를 얻는다. 결과로 보이는 것들은 fcn과 관련된 블록들인데 여기에서 원하는 것을 사용하면 된다.

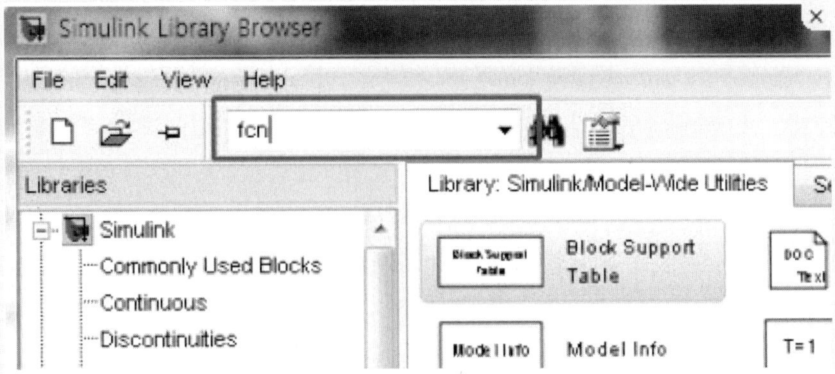

[그림 2.12] 블록 찾기 방법

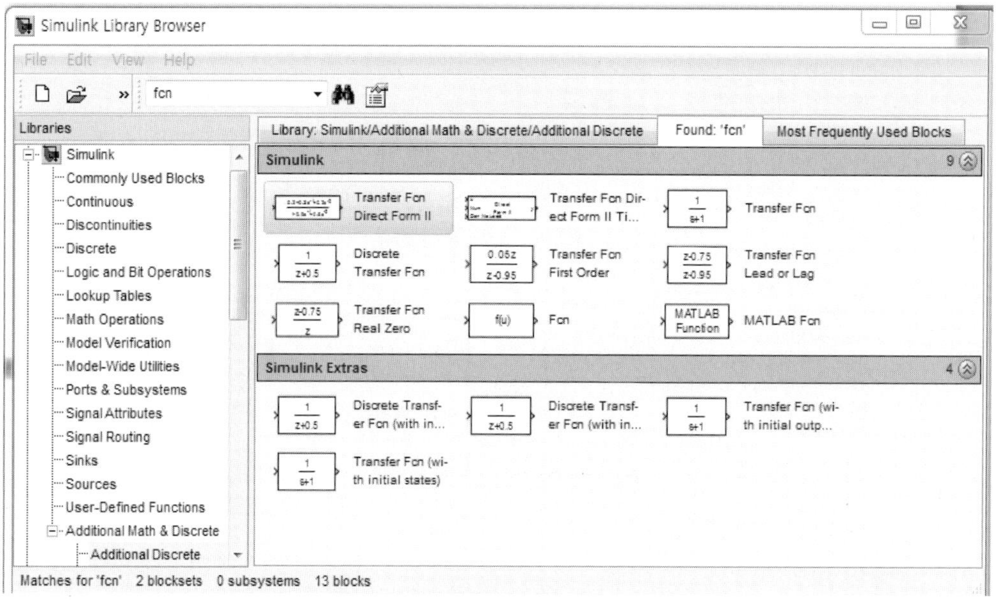

[그림 2.13] 블록 찾기 결과의 예

2.5 시뮬레이션 실행과 Configuration Parameter 설정

SIMULINK 작업 환경에서 블록 설계가 끝나면 시뮬레이션을 실행하는 단계로 넘어간다. 시뮬레이션을 시작하고 멈춤을 제어하는 명령어가 design model window의 메뉴바에 있는 'Simulation'이다. Simulation 메뉴를 클릭하면 'Start'와 'Configuration Parameters'의 항목들이 보인다. 시뮬레이터를 구동하기 전에 'Configuration Parameters' 항목에 들어가서 시뮬레이션 시작시간과 종료시간, solver 옵션(solver 종류, 스텝 크기 등)과 같이 시뮬레이션에 필요한 조건을 설정한다. 예를 들어 적분을 하는 경우 Euler, Runge Kutta 23, Runge Kutta 45, Gear, Adams 등 어떤 적분 기법을 사용할 것인지 결정한다.

새로운 model window를 생성하여 그림 2.14와 같이 간단하게 sine파를 발생시켜 Scope로 관찰하는 블록 다이어그램을 만들어 보자. 그림 (a)와 같이 블록 다이어그램을 구성하고, 그림 (b)와 같이 'Sine Wave' 블록의 파라미터를 설정해 보자. 이 예제에서는 진폭이 1이고 주파수가 0.5 Hz인 sine파를 발생시키며, Sine Type은 "Time based"를 선택하고, Time은 "Use simulation time"을 선택하자. 블록 파라미터 설정이 끝나면 시뮬레이션 실행 환경을 위한 Configuration Parameter 설정을 해야 한다. Model window에서 메뉴바에 있는 'Simulation'을 눌러서 나타나는 메뉴 중에서 'Configuration Parameters…'

를 선택하면 그림 (c)와 같은 창이 뜬다. 이 창을 보면 Solver, Data Import/Export를 비롯하여 매우 많은 종류의 파라미터를 설정하도록 되어 있다. 이 중에서 Solver 관련 파라미터를 보면 시뮬레이션 시작 및 종료 시간을 설정하고 Solver 옵션을 선택하도록 되어 있다. Simulation time range는 edit box에 입력하도록 되어 있다. Start time을 0으로 하고 Stop time을 4로 설정해 보자. Solver option은 모델의 특성에 맞게 선택해야 한다. 모델이 continuous signal만 처리하는지, 또는 discrete signal만 처리하는지, 아니면 두 종류의 신호를 모두 처리하는지에 따라 다르게 선택할 필요가 있다. Solver option은 'Type'과 'Solver'를 popup menu에서 선택하게 되어 있다. 일단 Solver option에 대해서는 수정하지 말고 다음 단계로 넘어가 보자.

시스템 파라미터 설정을 마치면 Simulation 메뉴에서 'Start'를 선택하여 시뮬레이터를 구동한다. 이렇게 하는 대신 Toolbar에 있는 ▶를 눌러도 시뮬레이션이 시작된다. 결과 그래프를 보고 시뮬레이션 조건을 변경시키고자 하면 파라미터 값을 변경한 다음 다시 Start를 실행시키면 된다. 시뮬레이션 실행 중간에 종료시키고자 하는 경우에는 Simulation 메뉴에서 'Stop'을 선택하면 되며, 실행 도중 잠시 멈추게 하려면 'Pause'를 실행시킨다. 잠시 멈추었던 시뮬레이션을 계속하려면 'Restart'를 실행시키면 된다. 시뮬레이션을 중간에 종료하는 다른 방법으로 Toolbar에 있는 ■를 눌러도 된다.

시뮬레이션 시간 설정에서 Stop time을 "inf"로 하고 실행시키면 시뮬레이션이 무한대로 수행되는데, 수행 중간에 시뮬레이션을 종료시키고자 하는 경우에는 ■를 누르면 된다.

이제 'ex2_5_1.mdl' 예제 프로그램의 시뮬레이션을 실행시켜 보자. 그림 (d)와 같은 결과가 얻어지는 것을 확인한다. 만일 Scope 출력화면이 뜨지 않으면 design model window에서 Scope 블록을 더블 클릭하면 된다.

그런데 MATLAB command window를 보면 그림 (e)와 같은 Warning 메시지가 뜨는 것을 볼 수 있을 것이다. 이것은 Solver 선정이 적합하지 않음을 의미한다. 주어진 모델이 continuous state가 없으므로 Solver를 ode45보다는 discrete(no continuous states)로 선택하는 것이 적합하다는 것이다. 그림 (f)와 같이 Solver 설정을 변경시켜 보자. Solver를 다른 종류로 변경하면 Type 선정을 위한 내용도 바뀌는 것을 알 수 있다. Warning 메시지 중에서 두 번째 것은 step size에 대한 것이다. Step size는 선택한 solver를 이용하여 연산을 실행하는 최소의 시간 단위를 말하는 것이다. Solver options에서 'Max step size'가 auto로 되어 있는데 이것을 0.05로 변경하고 시뮬레이션을 실행시켜 보자. 이제는 Warning 메시지 없이 시뮬레이션이 실행되는 것을 볼 수 있을 것이다.

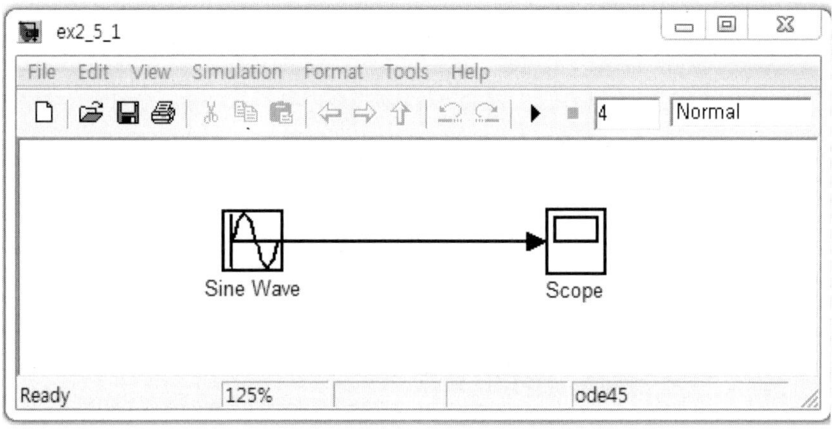

(a) Design model window

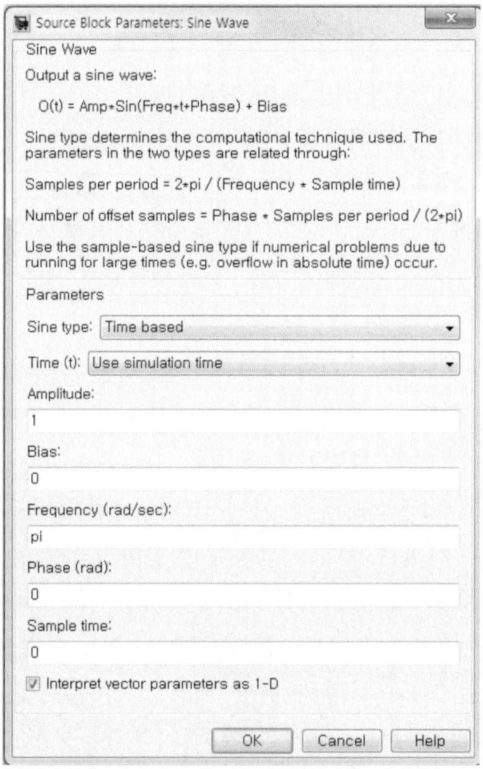

(b) Block parameter 설정

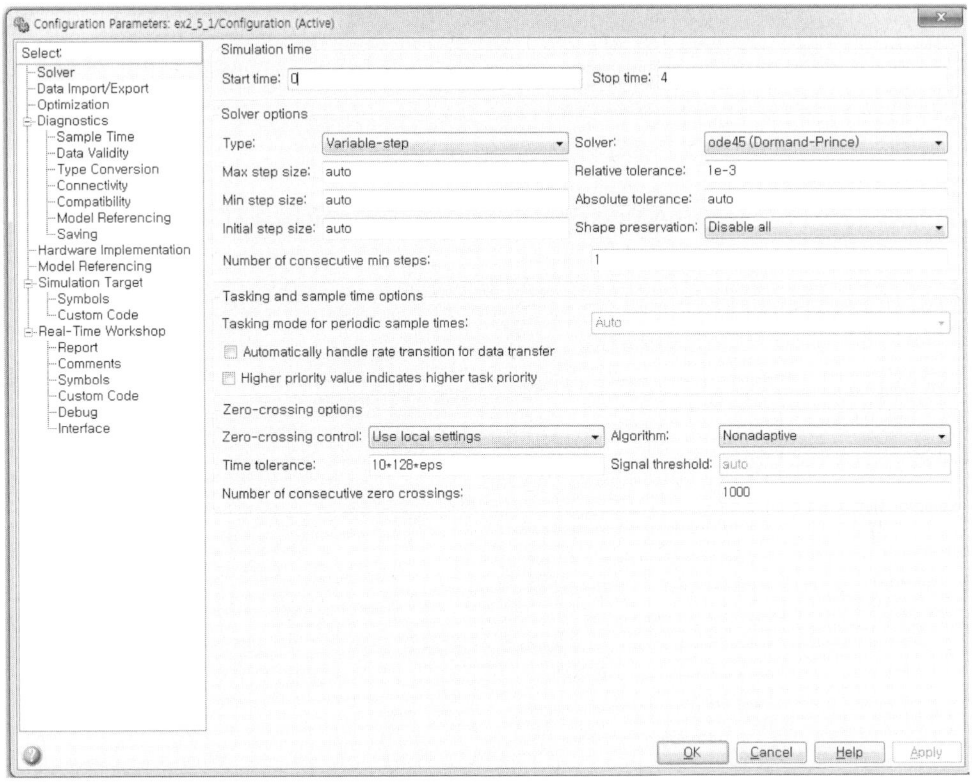

(c) Configuration parameter 설정

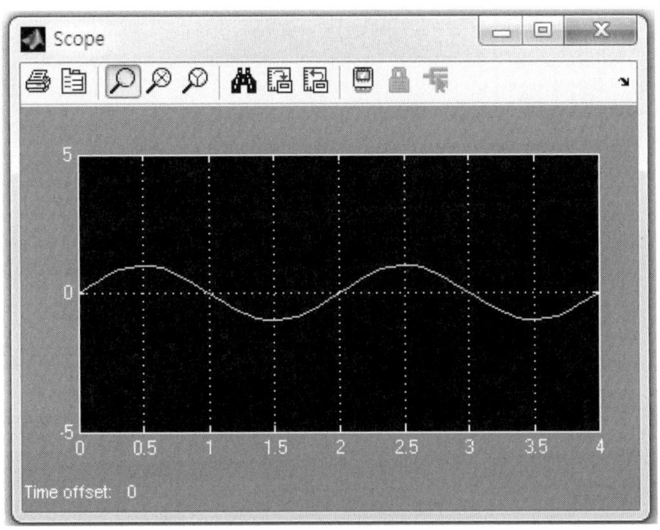

(d) Scope 출력화면

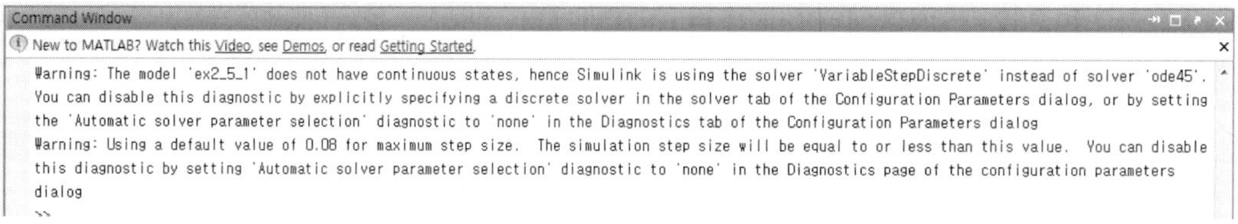

(e) MATLAB command window의 Warning 메시지

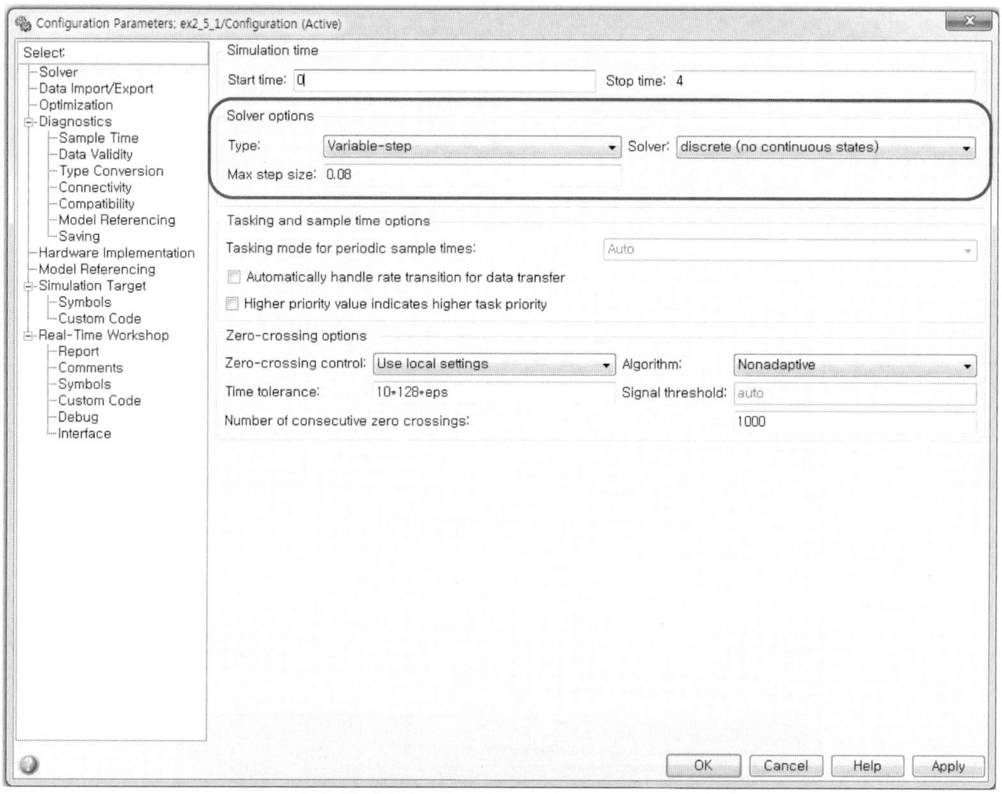

(f) Solver 옵션의 변경

[그림 2.14] 블록 다이어그램 구성과 시뮬레이션 실행(예: ex2_5_1.mdl)

2.5.1 Solver 옵션에 대한 부연 설명

SIMULINK 모델이 continuous state를 가지고 있는지, discrete state를 가지고 있는지, 또는 두 종류를 모두 가지고 있는지에 따라 적합한 solver를 선택해야 한다. Configuration Parameters dialog box에서 선택하게 되어 있는 Solver에 대해 좀더 살펴 보도록 하자. Solver options 중에 'Type'과 'Solver'는 field 옆의 popup 메뉴에서 나타나는 항목에서

선택하게 되어 있다.

먼저 'Type' 옵션에 대해 알아 보자. 이 옵션에는 'Variable-step'과 'Fixed-step'의 두 종류가 있다. 1) 'Fixed-step'을 선택하면 시뮬레이션을 수행하는 동안 고정된 시간 간격을 가지고 model state를 전개해 나간다. 2) 'Variable-step'을 선택하면 SIMULINK 엔진은 step size를 변경해 가면서 model state를 전개해 나간다. Model state가 급격히 변화하는 경우에는 정밀도를 높이기 위해 step size를 감소시키고, model state가 느리게 변화하는 경우에는 step size를 증가시켜서 계산량을 감소시킨다. 'Variable-step' 옵션을 사용하면 매번 step size를 계산해야 하는 오버헤드가 있지만 급격히 변화하는 모델이나 부분적으로 continuous state를 가지는 모델을 시뮬레이션 하는 경우 'Fixed-step' 옵션에 비해 실행 시간을 단축시킬 수 있다. 'Variable-step' 옵션을 사용하는 경우 'Max step size'를 비롯하여 여러 종류의 파라미터를 설정하게 되어 있다. 이 파라미터는 default로 "auto"로 설정되어 있는데 default 값은 solver 종류와 상관이 있으므로 solver 옵션을 먼저 설명한 다음 알아보도록 한다.

다음으로 'Solver' 옵션에 대해 알아 보자. Popup 메뉴를 보면 여러 종류가 뜨는데, 기본적으로 continuous solver와 discrete solver로 분류된다. 먼저 'discrete (no continuous states)'는 순수한 이산시간 모델을 해결하기 위한 solver이다. 나머지는 dynamic system에 내포된 continuous state를 표현하는 상미분 방정식(ordinary differential equation: ODE)을 처리하기 위한 방법들인데 "ode45", "ode 23", "ode113" 등이 있다. 만일 continuous state와 discrete state를 모두 포함하는 모델인 경우 continuous solver(보통 ode45나 ode23)를 선택한다.

'Max step size' 파라미터의 default 값에 대해 좀더 알아 보자. 만일 solver를 'discrete (no continuous states)'로 선택한 경우 가장 짧은 sample time을 최대 step size로 결정한다. 만일 'ode45' 등 continuous solver를 선택한 경우 최대 step size는 start time과 stop time에 따라 달라진다. 만일 stop tome이 "inf"라면 Max step time은 0.2가 된다. 그렇지 않으면 Max step time = (Stop time − Start time)/50으로 결정된다. 'Max step size' 파라미터는 대부분 "auto"로 설정하지만 모델이 주기성을 갖는 경우 주기/4로 설정하는 게 가장 좋다.

2.6 SIMULINK 시뮬레이션 기본 예제

2.6.1 복수 정현파의 생성과 디스플레이

간단한 예제로 여러 개의 정현파를 생성하고 한 개의 그림 창에 같이 그려 보는 예제를 구현해 보자. 먼저 진폭은 1이고 주파수가 0.5 Hz인 한 개의 sine파를 발생시켜 그려 보자. 그림 2.15와 같이 design model window에서 블록을 연결해 보자. Sine Wave Function 블록에서 내부 시간("Use simulation time")을 사용할 수 있지만 외부 clock을 사용("Use external signal")하는 방법을 사용해 본다. 라이브러리에서 필요한 블록들을 model window에 가져 간다. 블록들을 연결하는 방법은 마우스의 왼쪽 버튼을 누른 채로 선을 그어주거나, 연결선이 나갈 블록을 마우스 왼쪽 버튼으로 먼저 누르고 다음으로 Ctl 키를 누른 채 연결선이 들어올 블록을 마우스 오른쪽 버튼을 클릭하면 된다. Clock과 Sine Wave Function 블록 연결이 안 되는 경우 그 이유는 Sine Wave Function 블록의 파라미터가 Default로 "Use simulation time"으로 되어 있기 때문이다. 이를 "Use external signal"로 바꾸면 연결이 완성될 것이다.

Sine Wave Function 블록을 두 번 클릭하면 그림 2.15와 같은 파라미터 입력 창이 나타난다. 파라미터를 입력한 후 Scope 블록을 더블 클릭하면 그림 2.16과 같은 그림을 얻을 수 있다. 시뮬레이션 시간은 처음 실행할 때 default 값(10초)이 지정되어 있다. 시간을 4초로 변경시키고자 하는 경우 model window의 메뉴바에서 Simulation을 누르고 Configuration parameters에서 시간을 변경(Stop time = 4)한 후 ▶을 클릭하여 실행하면 된다.

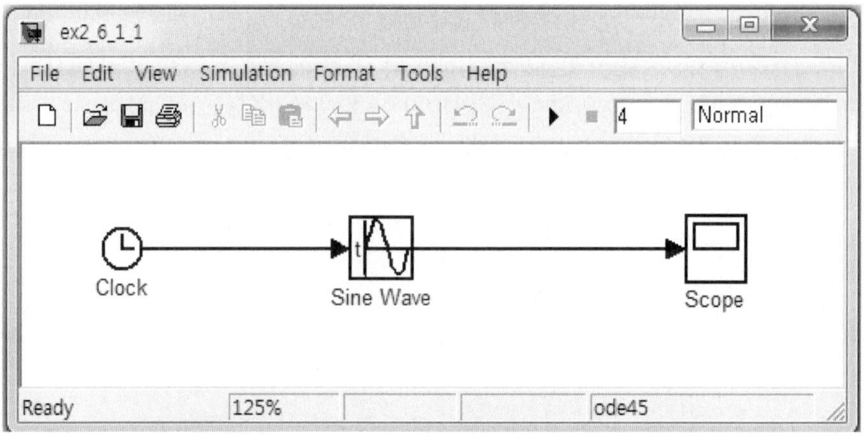

(a) Design model window에서 블록의 연결

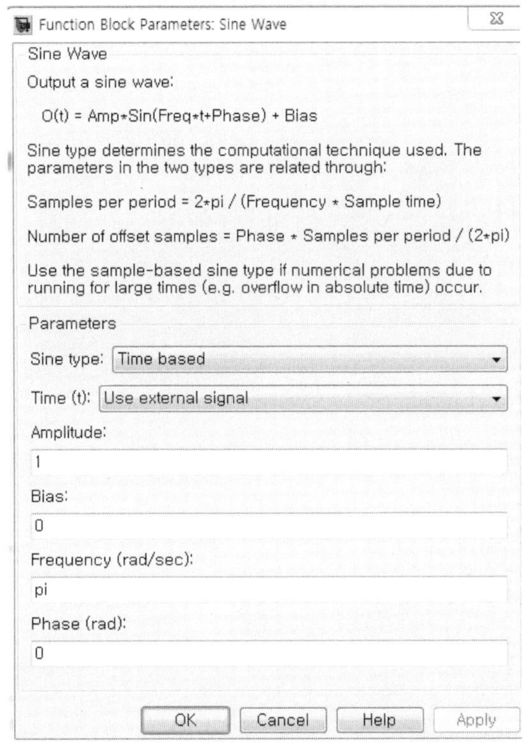

(b) Sine Wave Function 블록의 파라미터 설정

[그림 2.15] Sine파 신호의 생성(예: ex2_6_1_1.mdl)

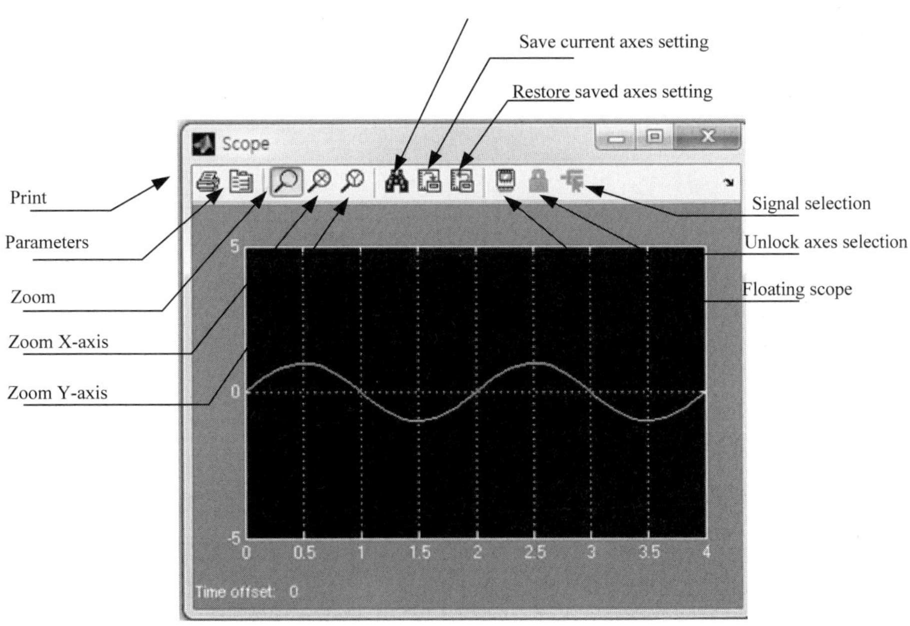

(a)

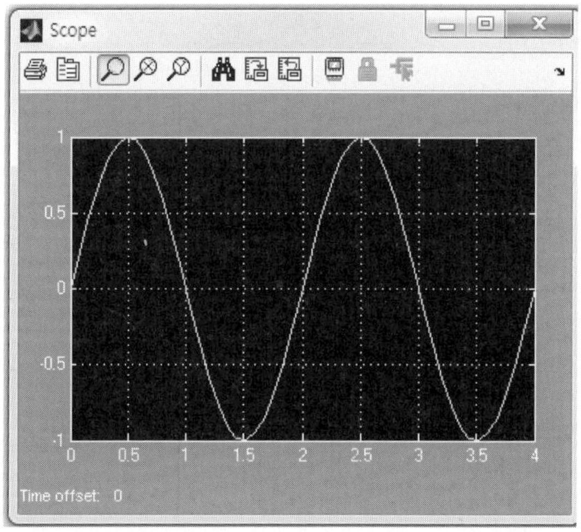

(b)

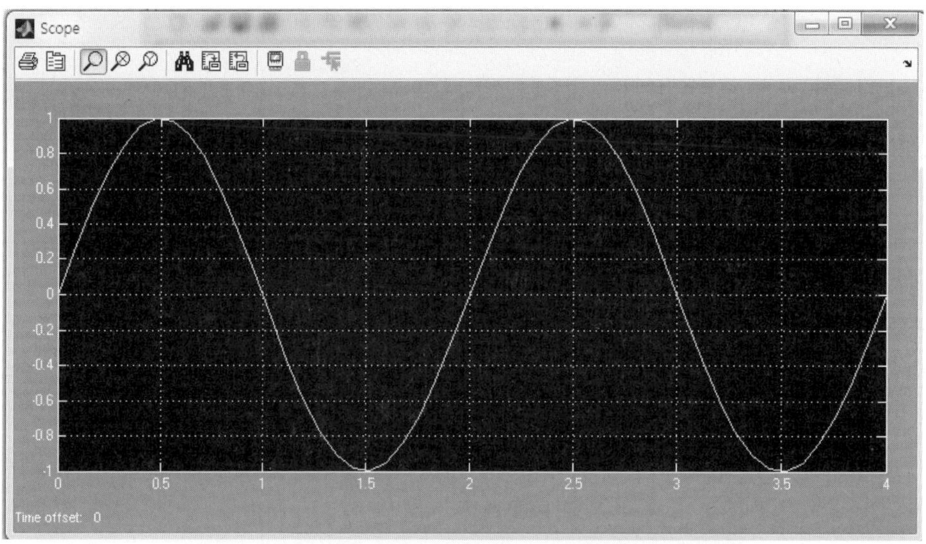

(c)

[그림 2.16] Scope window

시뮬레이션을 실행하고 Scope window를 보면 그림 2.16(a)와 같은 파형이 그려지는 것을 확인할 수 있다. Scope window에는 여러 기능을 하는 icon이 있는데 그림 2.16(a)에 기능을 표시하여 놓았다. Autoscale icon을 클릭하면 SIMULINK가 자동으로 실행 결과 그래프를 최적의 좌표범위로 조정하여 다시 그려준다. 그림 2.16(b)에는 Autoscale icon을 클릭하여 다시 그려진 그림을 보인다. 한편 마우스를 사용하여 그림창의 크기를 늘리면 큰 그림이 그려지는데, 그림 (b)의 그림 창을 마우스로 확대하여 그린 결과를 그림 (c)에 보인다.

SIMULINK를 실행하여 얻는 신호 파형을 관찰하는데 Scope window가 편리하지만 MATLAB의 Figure window가 더 유용한 경우도 있다. MATLAB Figure window로 그려진 그래프는 선의 굵기나 색깔 등 그래프 속성을 쉽게 변경시킬 수 있고, 좌표축 이름이나 title 및 설명문구, legend 등을 쉽게 추가할 수 있으며, 그림 파일 형태로 저장할 수 있어서 편리하다. 이 경우 SIMULINK 데이터를 MATLAB workspace로 보내서 처리하는데, workspace로 보내지는 데이터를 잘 처리하기 위해서는 데이터의 구조체를 알아야 한다. 데이터 구조체에 대해서는 2.7절에 설명되어 있다. SIMULINK의 Scope window와 MATLAB의 Figure window에 대해서는 2장의 부록에 설명되어 있다.

위의 예제를 조금 확장하여 원 신호를 미분, 적분하고 원 신호와 같이 세 개의 신호를 Scope에 그려 보자. 한 개의 Scope에는 하나의 window에 세 개의 그래프를 겹쳐서 그리고, 다른 Scope에는 그림 창을 세 개로 분할하여 각 창에 하나의 그래프를 그리도록 하자. 먼저 진폭이 1이고 주파수가 1/4 Hz인 sine파 신호를 발생시키고, 이 신호를 미분하고 적분한 신호를 발생시키자. 여러 개의 신호를 같이 그리는데 필요한 블록이 MUX이다. 그림 2.17과 같이 블록을 연결한다. MUX 블록을 더블 클릭하면 그림 2.18(a) 같은 파라미터 입력창이 뜨는데, 입력이 세 개이므로 'Number of Inputs'을 3으로 하면 된다. Scope1의 그림 창을 3개로 분할하기 'Parameters' 아이콘을 클릭하여 나타나는 dialog box에서 그림 2.18(b)와 같이 'Number of axes:'를 3으로 입력하면 된다. 이렇게 하면 Scope 블록에 입력 포트가 3개로 변화하는 것을 볼 수 있다. 각 입력 포트에 신호를 연결하면 된다. 시뮬레이션을 실행한 결과 그림은 그림 2.19와 같다. 그림 (a)는 3개의 그래프가 겹쳐서 그려지는 Scope의 출력이며, 그림 (b)는 각 창에 하나의 그래프가 그려지도록 한 Scope1의 출력이다.

Scope 그림 창에 제목을 붙여 주거나 y축의 범위를 지정하는 것이 가능하다. Scope1에서 title을 붙이고자 하는 그림 영역에 마우스를 가져가서 마우스의 오른 쪽 버튼을 클릭한다. 이 때 나타나는 메뉴 항목에서 'Axes properties…'를 선택한다. 그 다음 제목을 붙이거나 y축의 범위(최대값 및 최소값)를 지정하면 된다. 그림 2.19(c)에 Scope1 출력에 대해 제목을 붙이고 범위를 재설정하여 그린 결과의 예를 보인다.

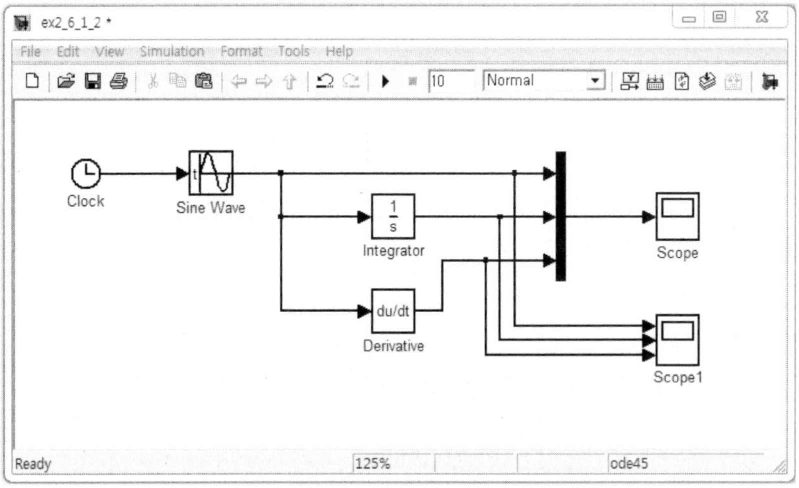

[그림 2.17] Model window에서 블록의 연결(ex2_6_1_2.mdl)

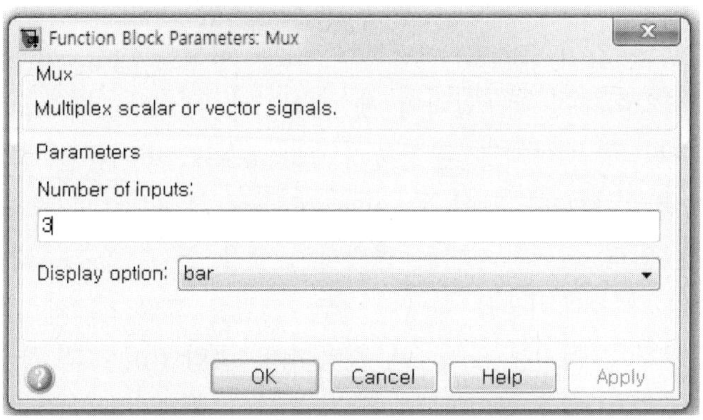

(a) MUX 입력을 3 개로 하기 위한 파라미터 설정

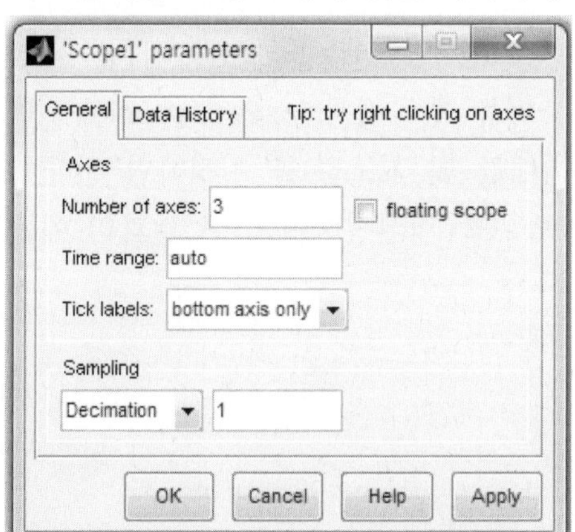

(b) Scope1 그림 창의 분할을 위한 파라미터 설정

[그림 2.18] MUX 및 Scope1 블록 파라미터 설정

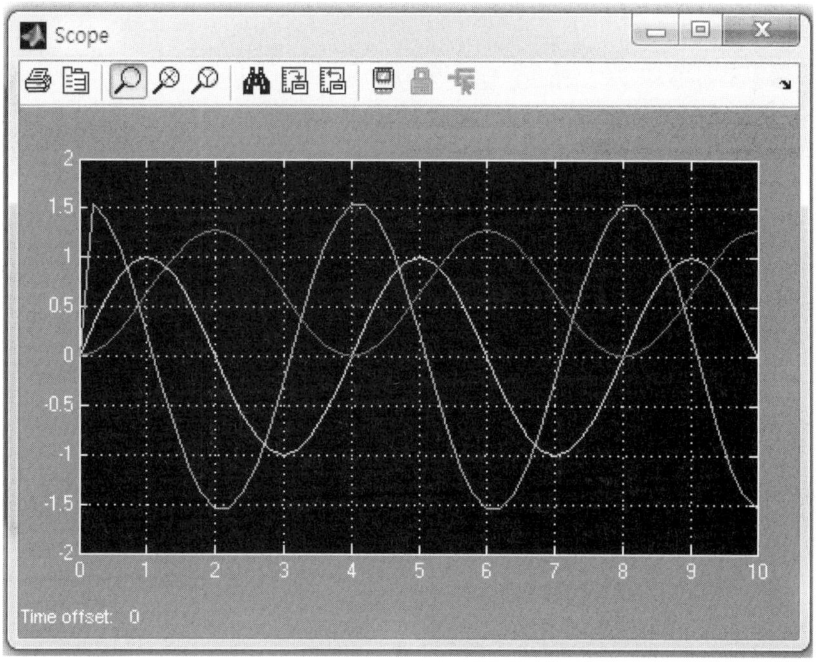

(a) Scope 출력

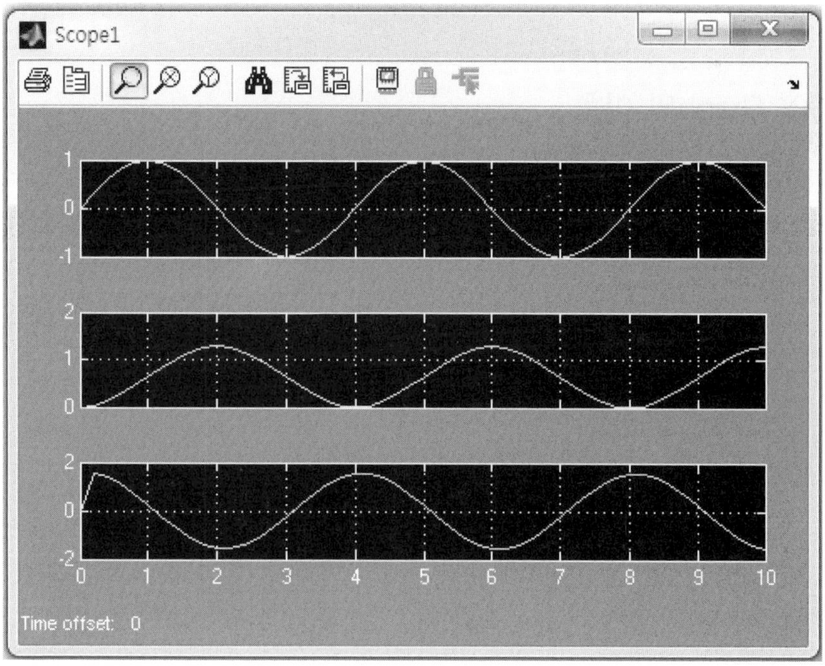

(b) Scope1 출력

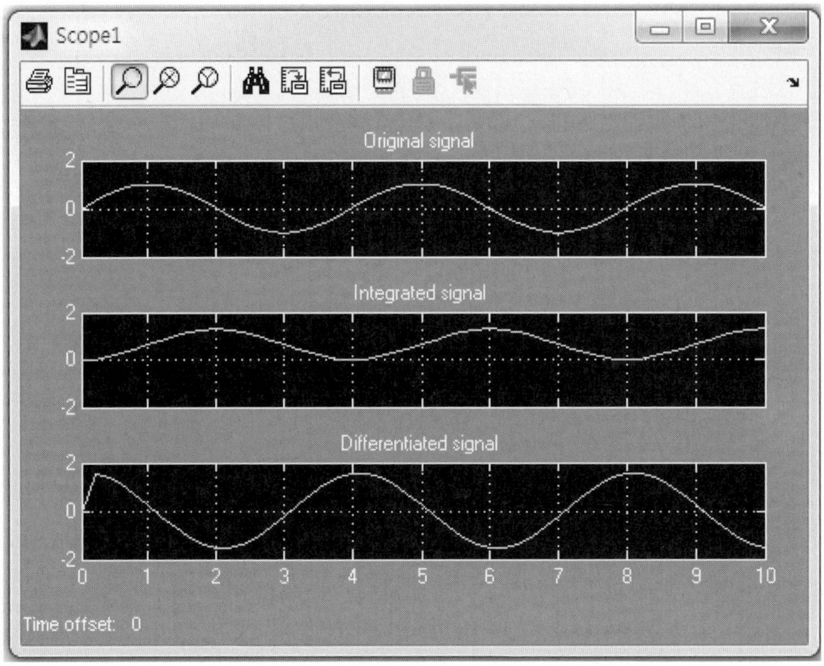

(c) Scop1에 수정을 하여 다시 그린 결과

[그림 2.19] Scope window에 그려진 결과

2.6.2 XY Graph의 이용

XY Graph를 이용하여 원호를 그리는 예제를 고려해 보자. 원호의 반지름은 0.8이고 각도는 $-\pi/4$ 에서 $\pi/4$ 로 그리기를 원한다고 하자. 반지름은 R 이고 각도가 θ 인 점의 위치를 직교좌표로 표현하면 다음과 같다.

$$x = R\cos\theta, \quad y = R\sin\theta \tag{2.1}$$

원호를 $-\pi/4$ 에서 $\pi/4$ 로 그리기 위해서는 각도를 시간의 함수로 표현하는 방법을 사용하면 된다. 즉 $\theta(t) = \omega t$ 로 하고 주파수와 시간을 목적에 맞게 설정하면 된다. 간단한 방법은 $\omega = 1$ rad/sec로 하고 시뮬레이션 시간을 $-\pi/4$ 에서 $\pi/4$ 로 설정하면 된다. 그림 2.20(a)와 같이 블록을 연결하고 (b)와 같이 정현파 블록의 파라미터를 설정한 다음 작업창의 Simulation 메뉴에서 Start time = -pi/4, Stop time = pi/4와 같이 설정하여 시뮬레이션을 실행하면 그림(c)와 같은 결과를 얻을 수 있다.

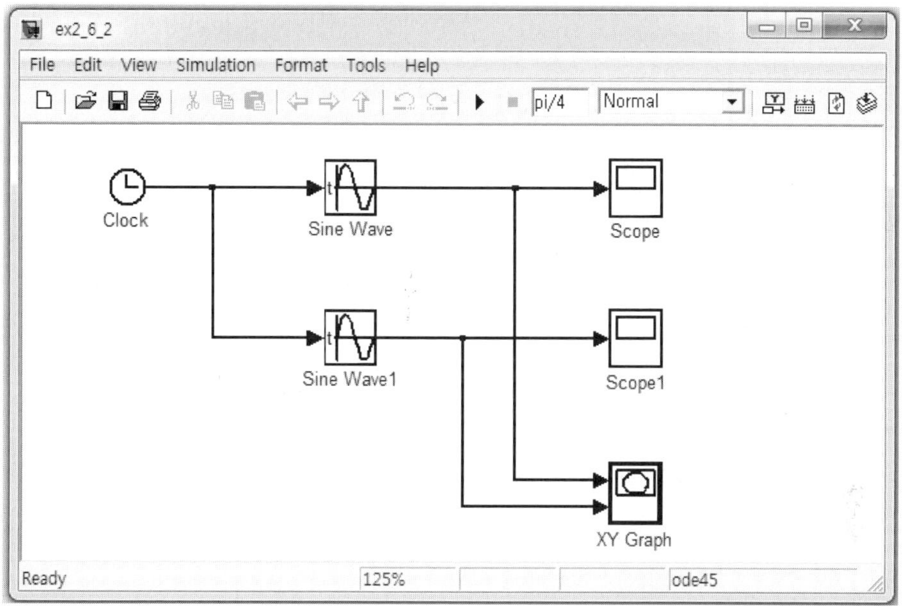
ex2_6_2
File Edit View Simulation Format Tools Help
pi/4
Normal
Clock
Sine Wave
Sine Wave1
Scope
Scope1
XY Graph
Ready
125%
ode45

(a)

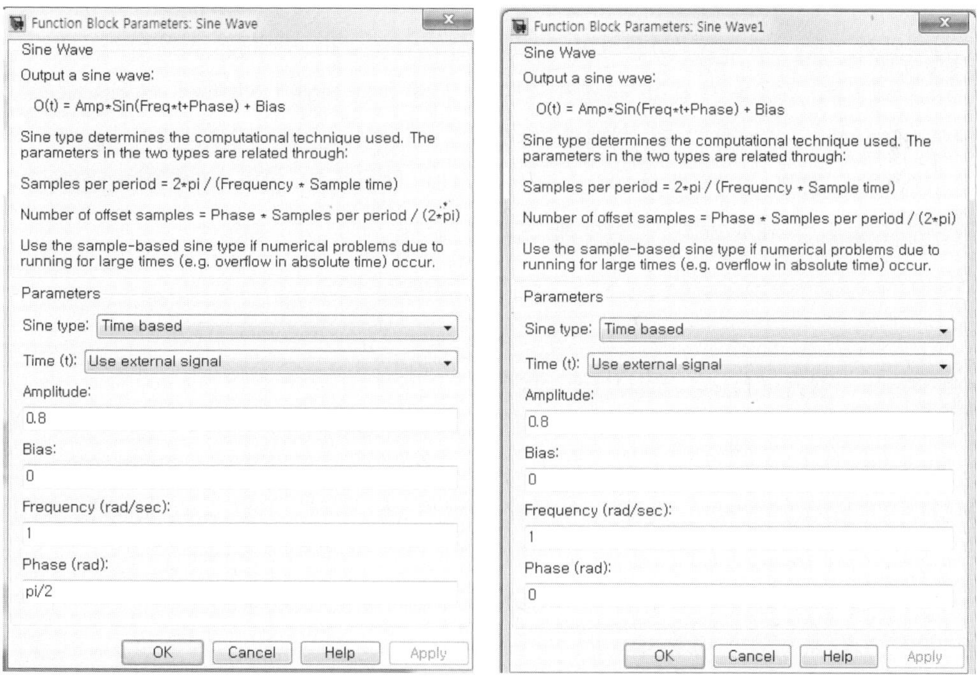
Function Block Parameters: Sine Wave
Sine Wave
Output a sine wave:
O(t) = Amp*Sin(Freq*t+Phase) + Bias
Sine type determines the computational technique used. The parameters in the two types are related through:
Samples per period = 2*pi / (Frequency * Sample time)
Number of offset samples = Phase * Samples per period / (2*pi)
Use the sample-based sine type if numerical problems due to running for large times (e.g. overflow in absolute time) occur.
Parameters
Sine type: Time based
Time (t): Use external signal
Amplitude:
0.8
Bias:
0
Frequency (rad/sec):
1
Phase (rad):
pi/2
OK
Cancel
Help
Apply
Function Block Parameters: Sine Wave1
Sine Wave
Output a sine wave:
O(t) = Amp*Sin(Freq*t+Phase) + Bias
Sine type determines the computational technique used. The parameters in the two types are related through:
Samples per period = 2*pi / (Frequency * Sample time)
Number of offset samples = Phase * Samples per period / (2*pi)
Use the sample-based sine type if numerical problems due to running for large times (e.g. overflow in absolute time) occur.
Parameters
Sine type: Time based
Time (t): Use external signal
Amplitude:
0.8
Bias:
0
Frequency (rad/sec):
1
Phase (rad):
0
OK
Cancel
Help
Apply

(b)

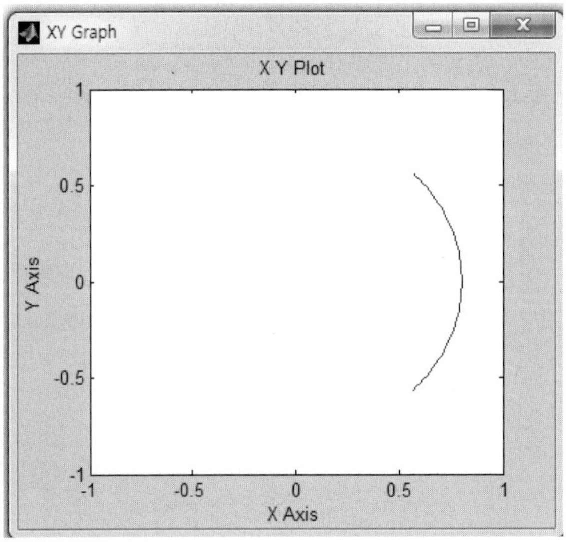

(c)

[그림 2.20] 원호 그리기 예제(ex2_6_2.mdl)

위의 예제에서 XY graph를 SIMULINK에서 그리는 대신 데이터를 MATLAB Workspace로 가져와서 plot 함수를 사용하여 그릴 수 있다. 이 방법을 사용하기 위해서는 Structure 데이터 유형을 이해할 필요가 있다. 그 이유는 SIMULINK에서 Workspace로 데이터를 보낼 때 구조체를 가진 형태로 저장되기 때문이다. 먼저 2.7절에서 데이터 유형에 대해 알아 보고, 2.9절에서 Workspace로부터 데이터를 받는 방법을 알아본 다음 2.10절에서 동일한 예제를 다시 실행해 보기로 한다.

2.7 Structure 데이터 유형

MATLAB에서도 'structure' 데이터 유형을 사용할 수 있다. 그림 2.21에 예를 보인다. (a)에 보인 것처럼 A의 구조체를 작성하면 (b)와 같은 structure 형태로 저장된다. A.data와 같이 호출하여 사용하면 된다. SIMULINK의 데이터를 workspace에 저장할 때 이와 같은 방식으로 사용하면 유용하다.

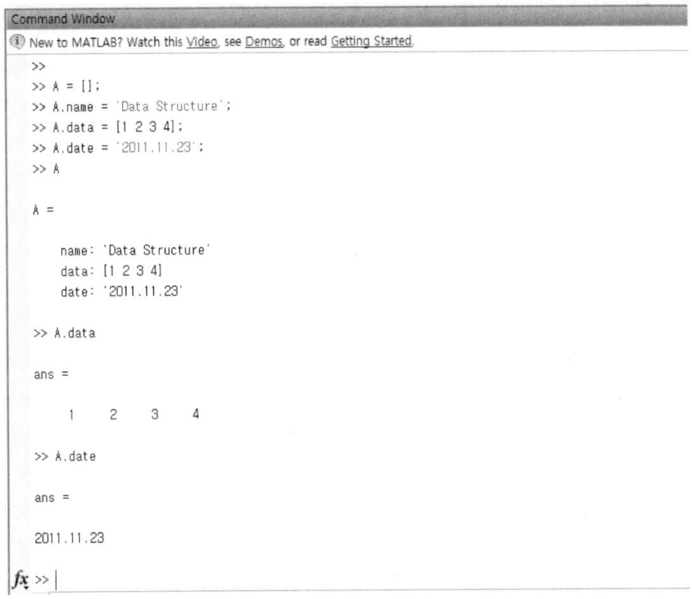

(a)

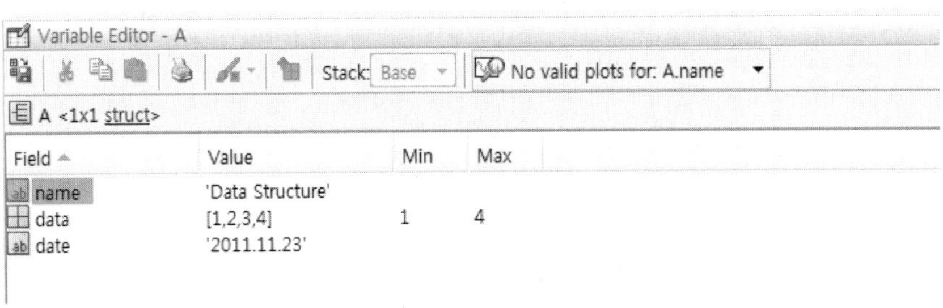

(b)

[그림 2.21] Structure 데이터 유형의 예

2.8 User-Defined Function 블록의 사용

SIMULINK는 그래픽 기반의 작업 환경을 사용하기 때문에 시스템의 구성도를 쉽게 볼 수 있고 시뮬레이션을 수행하여 쉽게 결과를 확인할 수 있는 장점이 있지만 수학적 표현이나 신호처리 알고리즘을 적용하는데 취약한 약점이 있다. 이 경우 SIMULINK에서는 사용자가 특정 기능을 MATLAB 명령어로 작성하거나 알고리즘을 C++과 같은 언어로 구현하여 함수 형태로 불러서 사용할 수 있게 되어 있다. SIMULINK의 'User-Defined Functions' 라이브러리에는 'Fcn', 'MATLAB Function', 'Embedded MATLAB Function',

'S-Function' 등의 블록이 있어서 간단한 MATLAB 함수 또는 m-파일 및 C언어로 함수를 정의하여 사용할 수 있다.

2.8.1 Fcn 블록을 이용한 신호의 생성 예제

앞서 Sine Wave 발생기 블록을 이용하여 신호를 발생시키는 예를 알아 보았다. 라이브러리에 있는 Signal Generator 블록을 이용하여 신호를 발생시키는 방법은 간단하지만 임의의 파형을 생성하는데 한계가 있다. 이 경우 Fcn 블록을 이용하여 신호를 생성시킬 수 있다.

이번 단원에서는 Fcn 블록을 이용하여 $y = 2\sin(2x) + \cos(x)$ 를 생성하고 출력을 그리는 예제를 구현해 보도록 하자. 물론 정현파 블록 두 개를 사용해도 되지만 이 예제에서는 Fcn 블록 한 개를 이용하여 간단히 구현할 수 있다. 그림 2.22(a)와 같이 model window에서 블록을 연결하고 그림 2.22(b)와 같이 파라미터를 설정한다. 이를 실행하면 그림 2.22(c)와 같은 결과를 얻을 수 있다.

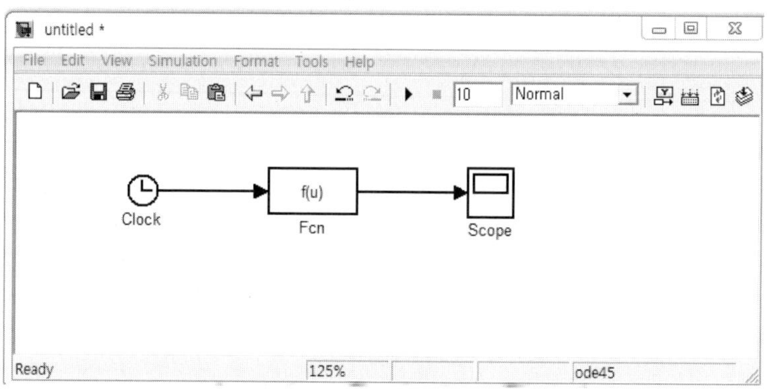

(a)

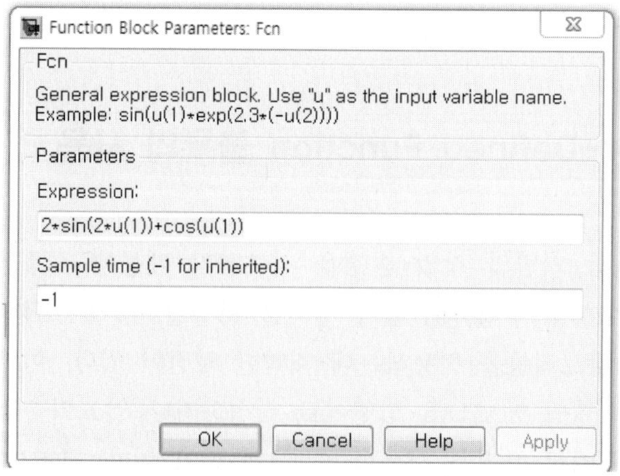

(b)

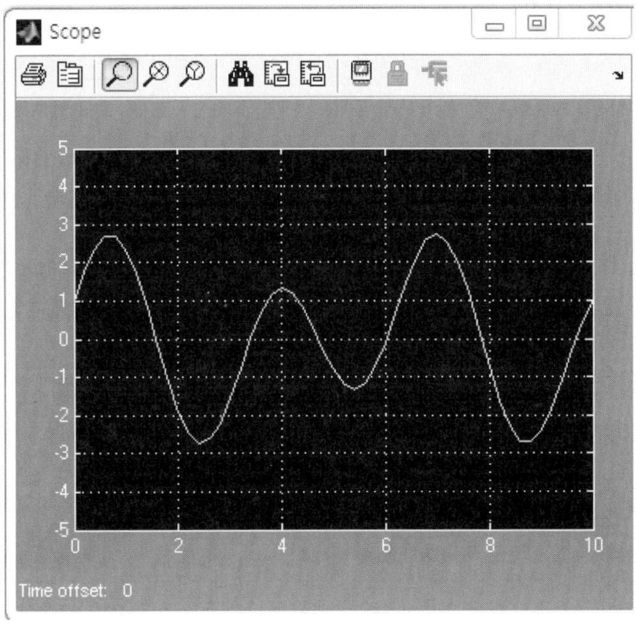

(c)

[그림 2.22] Fcn 블록을 사용한 예

2.8.2 Fcn 블록을 이용하여 미분방정식의 해를 구하는 예제

이번에는 식 (2.2)와 같은 미분방정식의 해를 구하는 예제를 실행해 보자.

$$\frac{d^2x}{dt}+2\frac{dx}{dt}+5x=0 \tag{2.2}$$

위의 식은

$$\ddot{x}=-2\dot{x}-5x \tag{2.3}$$

와 같이 표현할 수 있으므로 그림 2.23(a)와 같이 블록을 구성하면 된다. 여기서 Gain 블록의 방향을 바꿀 필요가 있다. Ctrl_R(Ctl 키를 누르면서 R 키를 누름) 키를 누르면 선택한 블록이 회전하는데, 이 방법을 사용해도 되고, 블록을 마우스 오른쪽 버튼으로 누른 상태에서 뜨는 팝업창에서 Format-〉Flip Block을 선택해도 된다. 또한 Sum 블록에서 +를 -로 바꾸면 덧셈 대신 뺄셈을 할 수 있다.

동일한 예제에 대해 시뮬레이션 모델을 Fcn 블록을 사용하여 구성한 것을 그림 2.23(b)에 보인다. MUX 블록의 1번 입력은 x를, 2번 입력은 $\dot{x}$를 연결시킨다. Fcn 블록을 더블 클릭하여 Expression에 "-5*u(1)-2*u(2)"와 같이 입력한다. 여기서 u(1)은 첫 번째 입력이고 u(2)는 두 번째 입력을 나타낸다.

시뮬레이션 실행 버튼(▶)을 눌러도 출력이 0으로 변화가 없는 것을 볼 수 있을 것이다. 그 이유는 적분을 위한 초기값을 default 값인 0 그대로 두었기 때문이다. 두 번째 적분기의 파라미터로서 초기값을 4로 변화시킨 후 다시 실행시켜 본다. 이번에는 그림 2.23(c)와 같은 결과를 얻을 수 있을 것이다.

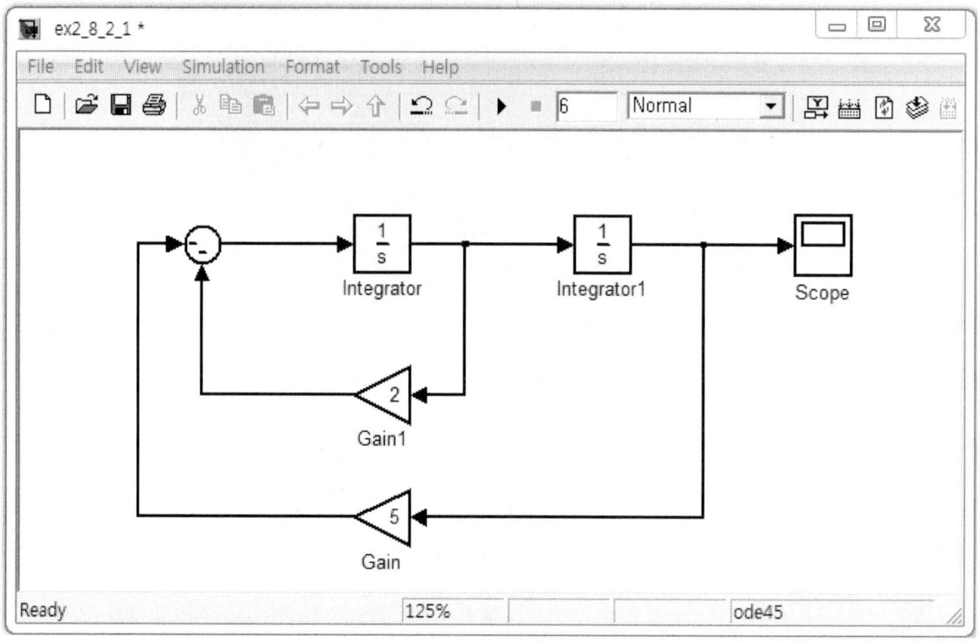

(a)

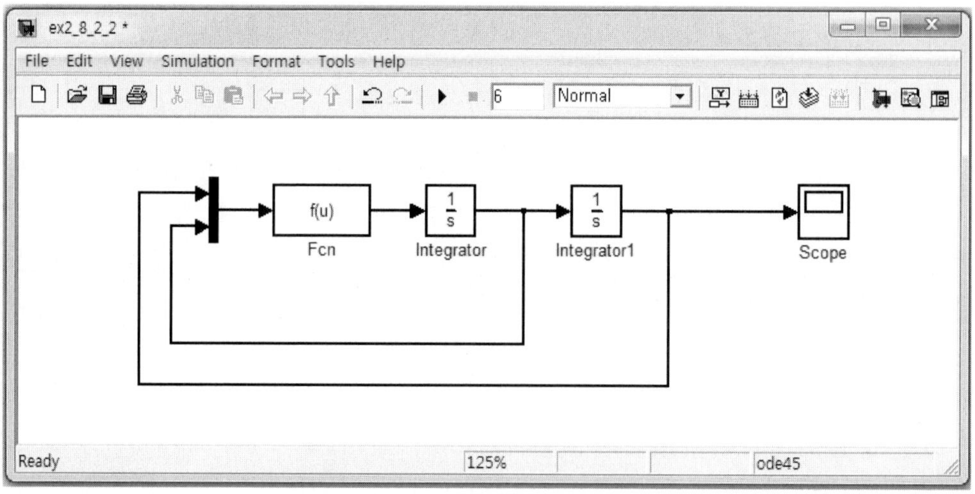

(b)

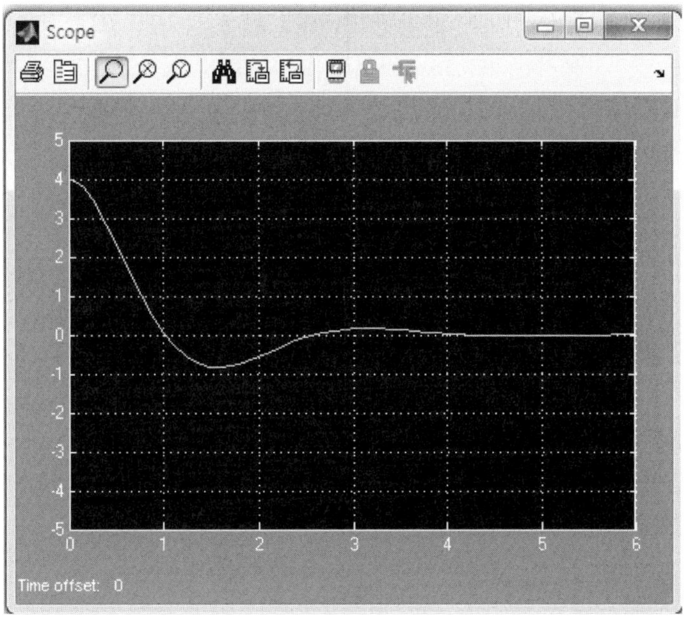

(c)

[그림 2.23] 미분방정식 예제(ex2_8_2_1.mdl, ex2_8_2_2.mdl)

2.8.3 MATLAB Function 블록 또는 Embedded MATLAB Function 블록의 이용

Fcn 블록은 매우 간단한 MATLAB 함수를 적용하기에는 편리하지만 복잡한 알고리즘 구현을 위해 적용하는 데는 한계가 있다. 이 경우 MATLAB 명령어들로 작성한 함수를 사용하면 매우 유용한데 이 방법 중의 하나가 'MATLAB Function' 블록 또는 'Embedded MATLAB Function' 블록을 사용하는 것이다[3]. 이 블록을 모델 윈도우로 가져와서 더블 클릭하면 MATLAB 함수를 작성할 수 있는 창이 열리는데 여기에 작업을 하면 된다. 그런데 이 블록을 이용하기 위해서는 Microsoft .NET Framework SDK 또는 Visual C++ 등의 컴파일러를 설치해야 한다. MATLAB 버전과 컴퓨터 플랫폼(예: Windows(32-bit), Windows(64-bit), Linux, Solaris, Mac(32-bit), Mac(64-bit) 등)에 따라 호환되는 컴파일러가 다른데, MathWorks사의 홈페이지(http://www.mathworks.co.kr/support/compilers)를 방문하여 확인하고 필요한 컴파일러를 설치한다.

MATLAB 버전 R2011a부터는 'Embedded MATLAB Function Block' 블록이 'MATLAB

3) Embedded MATLAB Function 블록은 MATLAB R2010b 이전의 버전에 있으며, R2011a 이후 버전의 사용자는 MATLAB Function 블록을 사용하면 된다.

Function Block'으로 변경되었으며 블록의 아이콘 모양도 바뀌었다. R2010a를 사용하다가 업그레이드를 한 사용자는 R2010a 버전의 SIMULINK Release Note를 참고하기 바란다. Embedded MATLAB Function 블록이나 S-Function 블록을 사용하기 위해서는 별도의 컴파일러를 설치해야 한다. MATLAB 버전이나 컴퓨터 환경에 따라 요구되는 컴파일러가 다른데 MathWorks사의 홈페이지를 방문하여 요구되는 컴파일러를 확인하는 것이 좋다.

2.9 Subsystem 블록의 생성 및 사용

복잡한 시스템에 대해여 SIMULINK 모델을 만들다 보면 하나의 model window에 모든 블록들을 배치할 공간이 부족한 경우가 발생한다. 이 경우 일정한 기능을 수행하는 부분을 하나의 subsystem 블록으로 정의하면 시스템의 모델링이 간결해진다. SIMULINK에서는 여러 개의 블록들을 모아서 하나의 subsystem 블록으로 정의하고 상위 SIMULINK model과 계층적인 링크를 유지하도록 할 수 있다.

이제 2.8.2에서 다루었던 예제에 subsystem을 적용해 보도록 하자. 그림 2.23(a)에 보인 SIMULINK model에서 두 개의 적분기를 하나의 subsystem 블록으로 만들어 보자. 먼저 subsystem 블록으로 묶일 블록들(즉 두 개의 적분기)을 shift 키를 누른 채 마우스로 선택한다. 그 다음 마우스 오른 쪽 버튼을 클릭하여 나타나는 메뉴 중에서 'Crate Subsystem'을 선택한다. 그러면 그림 2.24(a)와 같이 두 개의 적분기가 하나의 subsystem 블록으로 바뀐 것을 볼 수 있을 것이다. 생성된 subsystem 블록을 더블 클릭하면 그림 2.24(b)와 같이 내부에 두 개의 적분기가 있는 것을 확인할 수 있다.

복잡한 시스템의 경우 SIMULINK model의 subsystem 내에 또 다른 subsystem을 포함하는 계층적 구조를 갖도록 설계한다. 예를 들면 통신 시스템의 시뮬레이션에서 모델을 송신기, 채널, 수신기의 subsystem으로 구성하고 송신기 subsystem 블록은 채널 부호화기, 펄스정형 필터, 변조기 등과 같은 subsystem으로 구성할 수 있다. 이런 시스템의 경우 subsystem의 계층 구조를 볼 수 있으면 유용할 것이다. Model window를 보면 그림 2.24(a)에 표시한 아이콘(Toggle Model Browser)이 있는데 이것을 마우스로 클릭하면 subsystem 블록들의 계층 구조를 볼 수 있다. 그림 2.24(c)에 그 결과를 보인다. 다시 한번 Toggle Model Browser 아이콘을 클릭하면 계층구조를 나타낸 창이 사라진다.

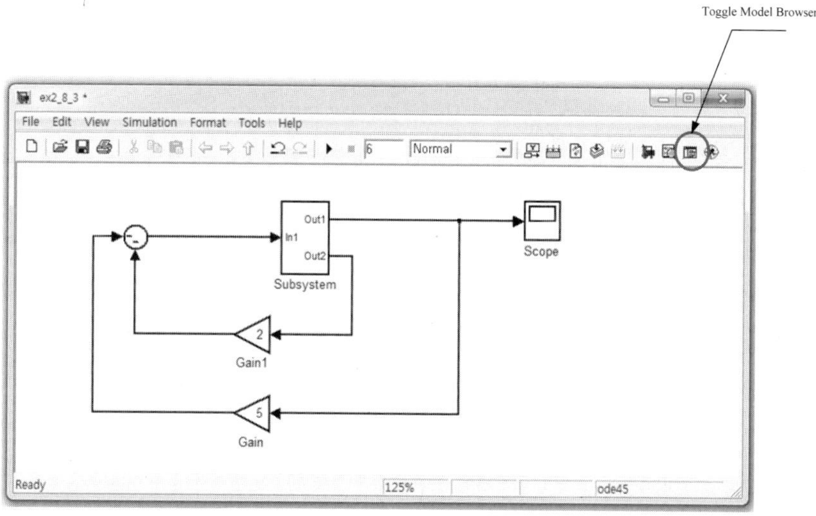

(a)

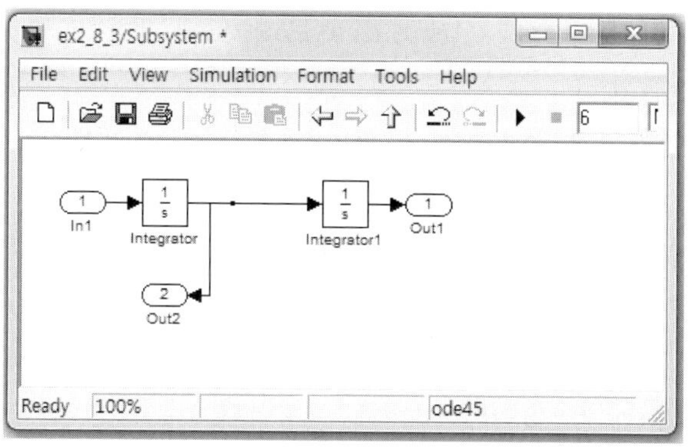

(b)

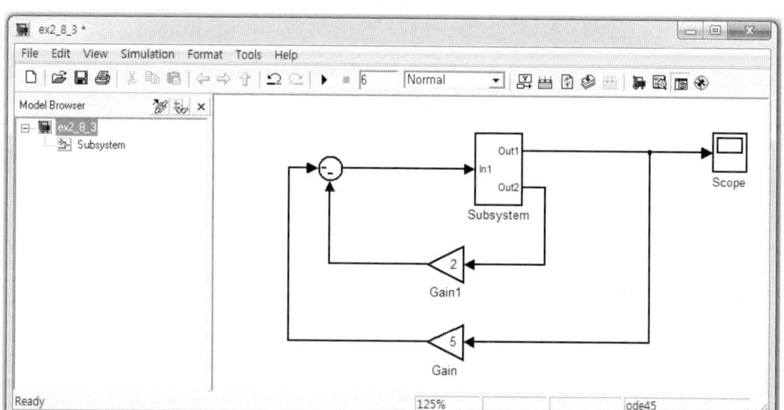

(c)

[그림 2.24] Subsystem 블록을 사용하는 방법(ex2_8_3.mdl)

2.10 SIMULINK로 데이터 가져오기

시뮬레이션을 위하여 실제 환경이나 실험실에서 수집한 데이터를 사용하는 경우가 있다. 이렇게 하기 위해서는 먼저 여러 가지 file I/O 방법을 사용하여 MATLAB으로 데이터를 import시킨다. 일단 MATLAB workspace에 데이터가 존재하게 한 후 SIMULINK로 데이터를 가져오면 된다. SIMULINK로 데이터를 가져오는 방법은 1) Inport 블록을 사용하거나 2) From Workspace 블록을 사용하면 된다.

Inport 블록을 사용하여 데이터를 가져오려면 입력 데이터가 규칙에 맞는 포맷으로 workspace에 존재해야 한다. 데이터를 발생키는 규칙은 다음과 같다:

1) 시간 벡터를 나타내는 컬럼 벡터를 발생시킨다(예: t = (0:0.01:10)').
2) SIMULINK에 입력시킬 신호 값을 나타내는 컬럼 벡터를 발생시킨다(예: u = sin(t)).
3) Simulation 메뉴의 Configuration Parameters에서 'Data Import/Export' 관련 파라미터 설정에서 Input 체크 박스를 선택하고 workspace에 있는 시간 벡터와 신호 벡터를 써 넣는다(예: [t, u]).
4) Inport 블록의 파라미터 설정에서 포트 번호를 맞게 입력한다.

예제로 진폭이 1이고 주파수가 1 Hz인 정현파를 발생시켜 0~5초 시구간의 파형을 그려 보자. 가장 간단한 방법은 그림 2.25(a)와 같이 하면 된다. 파라미터를 default 값으로 하면 파형의 상세한 부분이 보이지 않으므로 Configuration Parameters에서 Solver를 discrete로 하고 Max step size를 1/1000으로 설정한다. 시뮬레이션 시작 및 종료 시간을 각각 0초와 5초로 설정한다.

이번에는 신호를 MATLAB workspace에서 발생시킨 다음 SIMULINK로 가져가는 방법을 사용해 보자. 먼저 MATLAB command window에서 다음과 같이 시간 벡터와 신호 벡터를 발생시킨다.

```
>> time = (0:1/1000:5)';
>> signal = sin(2*pi*time);
```

그림 2.25(b)와 같이 모델을 구성하고, Simulation 메뉴의 Configuration Parameters에서 'Data Import/Export' 파라미터 설정에서 Input 체크 박스를 선택하고 workspace에 있는 시간 벡터와 신호 벡터를 그림 2.25(d)와 같이 써 넣는다. 시뮬레이션을 실행하여 그림 (e)의 결과를 얻는지 확인한다.

이번에는 Inport 블록을 사용하는 대신 From Workspace 블록을 사용하는 예를 그림 2.25(c)에 보인다. 블록을 더블 클릭하여 파라미터로서 그림 (f)와 같이 시간 벡터와 신호 벡터 이름을 써 넣는다. 시뮬레이션을 실행하여 동일한 결과를 얻는지 확인한다.

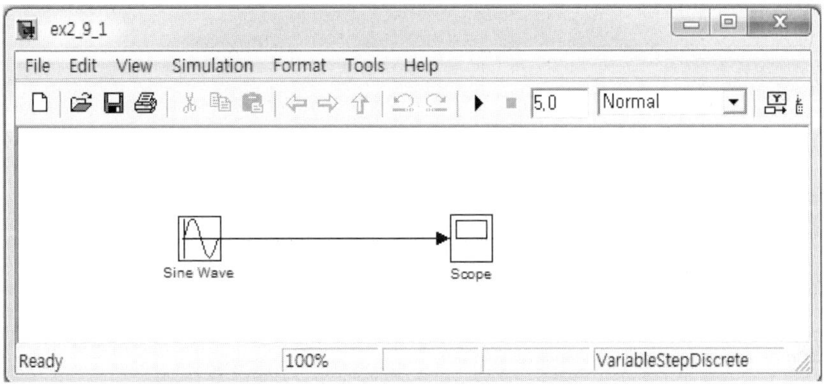

(a) Sine Wave 발생기 블록을 이용하는 방법(ex2_9_1.mdl)

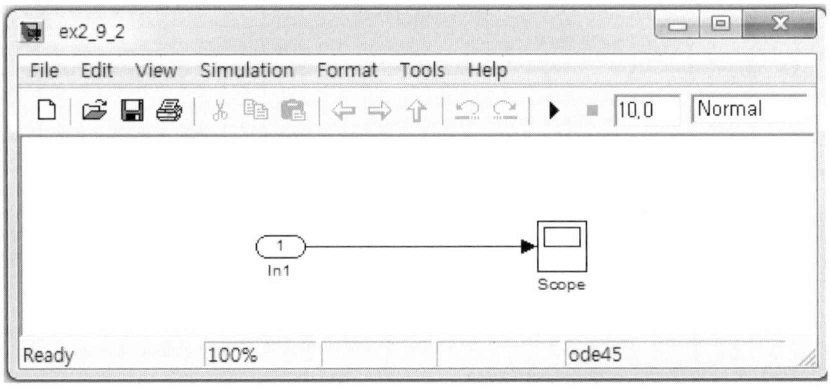

(b) Workspace의 데이터를 Inport 블록을 이용하여 가져오는 방법(ex2_9_2.mdl)

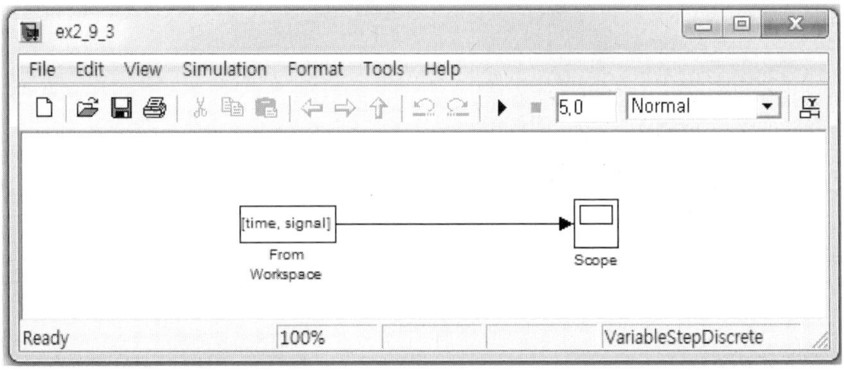

(c) From Workspace 블록을 이용하여 workspace의 데이터를 가져오는 방법(ex2_9_3.mdl)

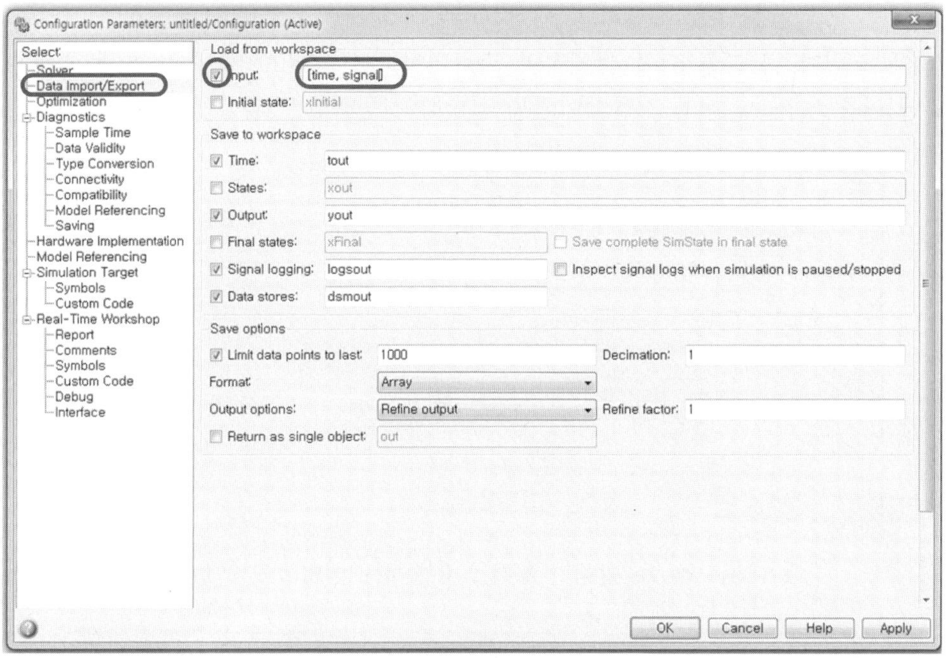

(d)

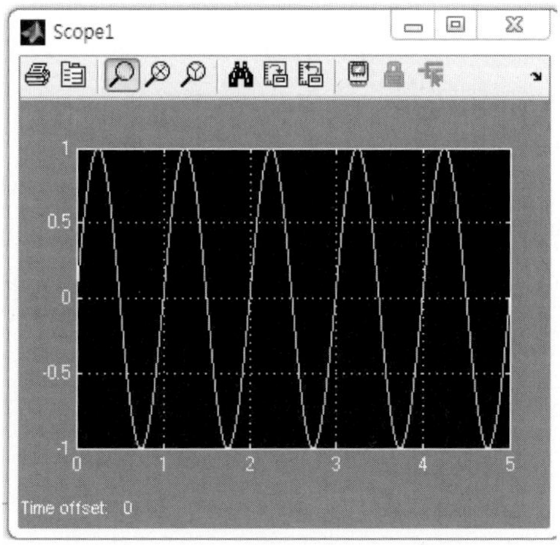

(e)

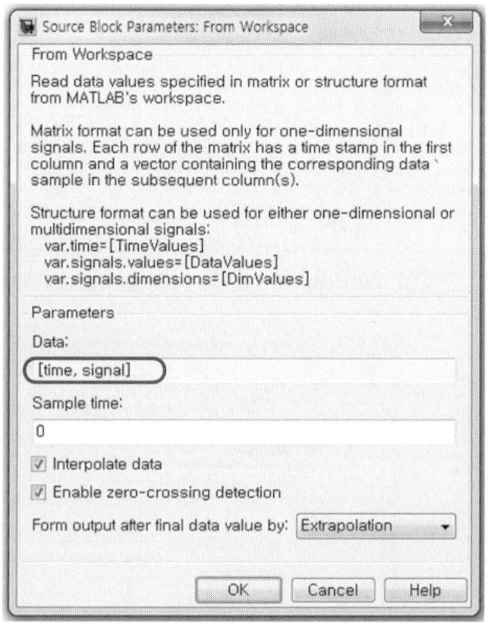

(f)

[그림 2.25] Workspace로부터 데이터를 가져오는 방법((a)는 제외)

2.11 SIMULINK 데이터의 Workspace 저장

2.11.1 데이터를 workspace로 보내는 두 가지 방법

SIMULINK로 실행하여 생성된 데이터를 MATLAB workspace로 보내는 방법을 알아 보자. Sink 라이브러리의 To Workspace라는 블록을 이용하거나 Outport 블록을 이용할 수 있다. 다음 미분방정식

$$\frac{d^2x}{dt} + 2\frac{dx}{dt} + x = 0$$
$$x(0) = 2, \frac{dx(0)}{dt} = 0 \tag{2.4}$$

에 대한 해를 구하기 위하여 그림 2.26(a)와 같이 연결하자. To Workspace 블록을 더블 클릭해서 보면 저장될 변수 이름과 저장 포맷을 지정할 수 있다. Save Format 항목에서 그림 2.26(b)와 같이 "Structure" 대신 "Structure With Time"으로 변경하면 시간도 같이 저장된다. 이렇게 하고 다시 시뮬레이션을 실행하면 그림 (c)와 같이 workspace 창에 'simout'이란 변수가 만들어진 것을 확인할 수 있다. 이 변수는 structure 구조를 갖는다. 이 simout 변수를 더블 클릭하여 내부를 보면 그림 (d)와 같이 'time'과 'signals'로 구성된 구조체를 확인할 수 있다. Signals 변수를 다시 더블 클릭하여 보이는 "values"에 원하는 데이터가 저장되어 있다.

Outport 블록을 사용하는 경우에도 2.8절과 같이 Configuration Parameters에서 시간 벡터명과 신호 벡터명을 써 넣는다. 이 벡터명은 default로 'tout'과 'yout'으로 되어 있다.

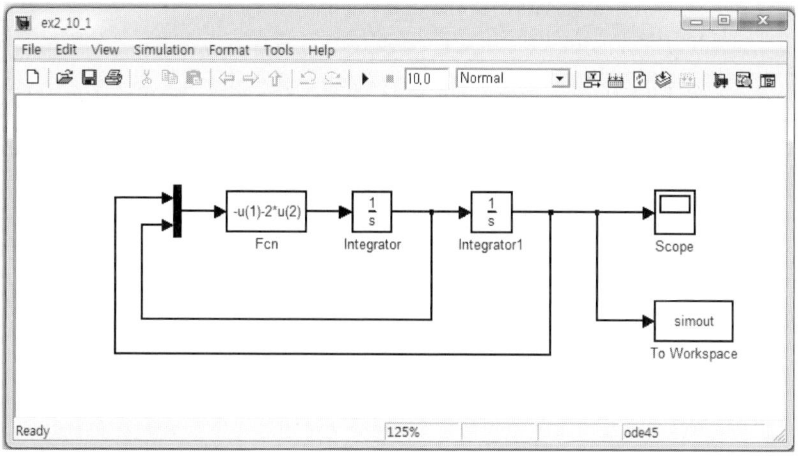

(a)

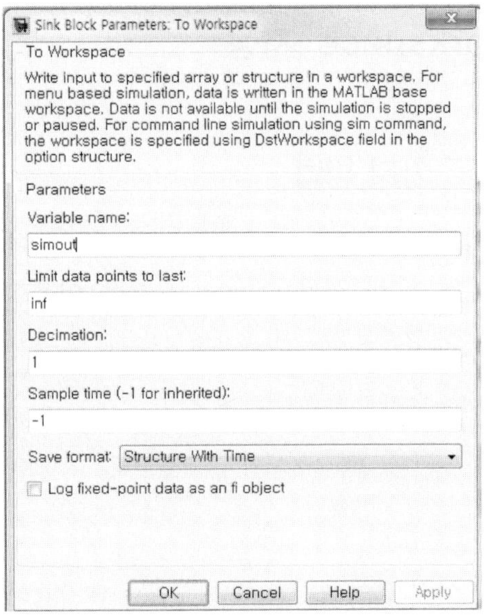

(b)

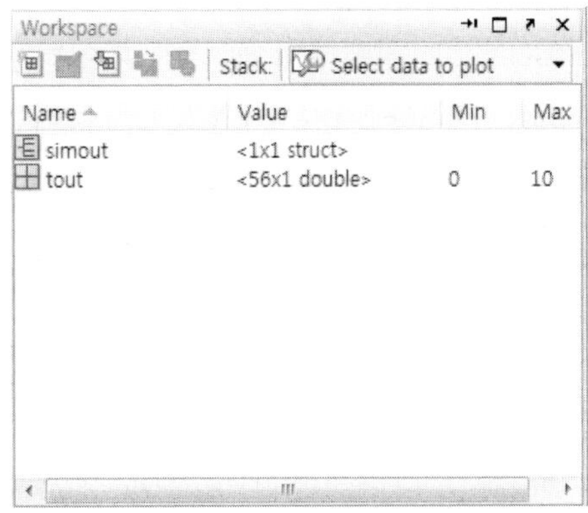

(c)

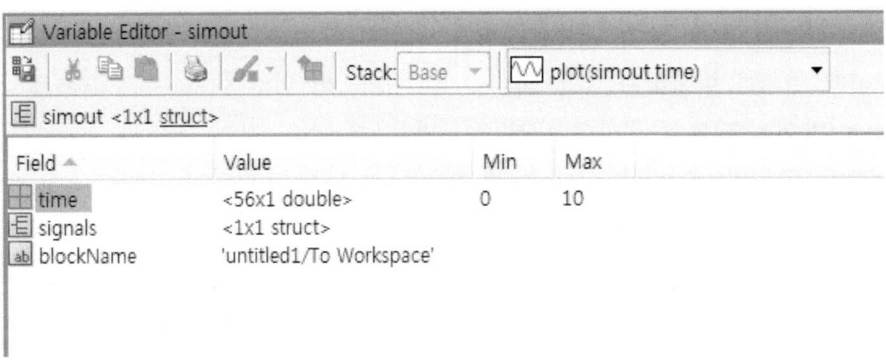

(d)

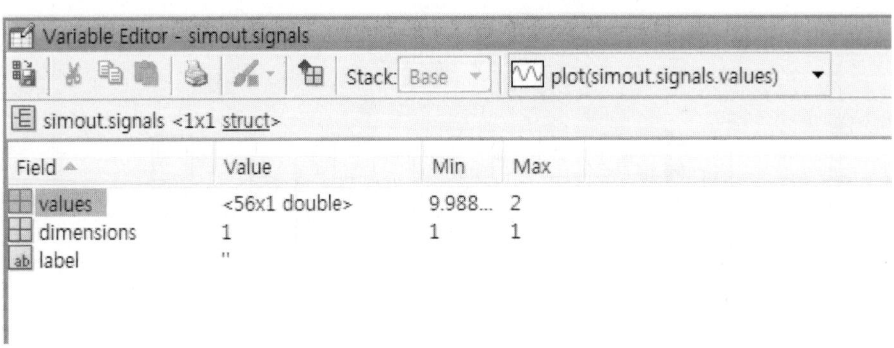

(e)

[그림 2.26] SIMULINK 데이터의 workspace 저장 예제

Workspace에 저장된 데이터로부터 그림을 그려 보자. 아래와 같은 MATLAB 명령어를 실행하여 그림 2.27의 결과가 나오는 것을 확인해 본다.

```
>> plot(simout.time, simout.signals.values)
>> grid
```

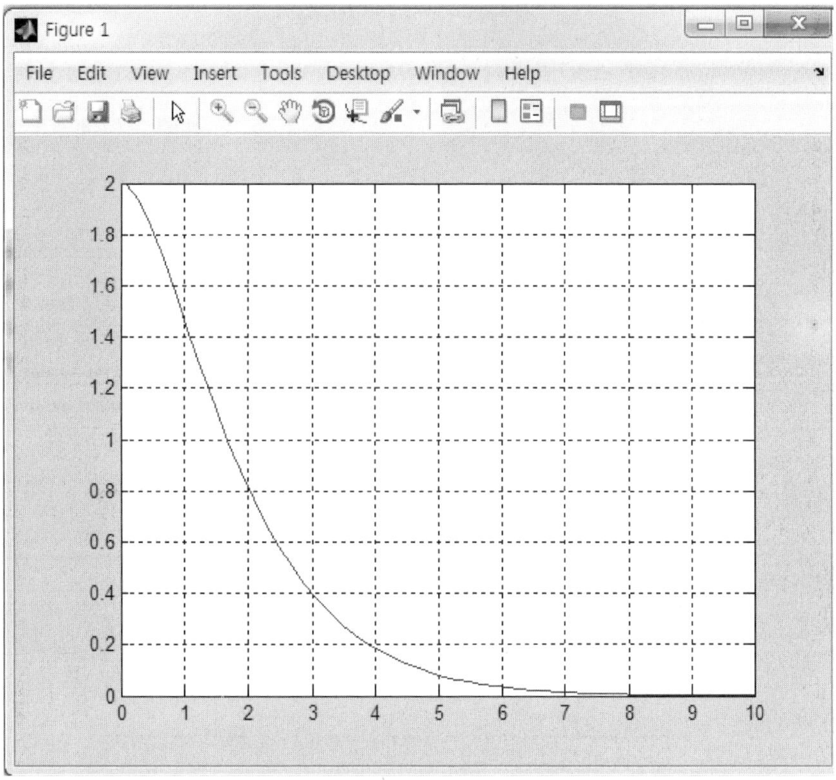

[그림 2.27] Workspace에 저장된 데이터로부터 그린 그래프

SIMULINK 데이터를 workspace에 저장하는데 위의 예제에서처럼 To Workspace를 이용하는 대신 Scope에서 바로 할 수도 있다. Scope 창에서 그림 2.28(a)에 표시된 부분을 클릭하면 (b)와 같이 파라미터 설정 창이 뜨는데 Data History 탭을 선택하면 (c)와 같은 내용이 나온다. 그림에 표시된 것은 데이터의 표시 개수다. 보통 해제하여 사용한다. 그 다음 (d)와 같이 설정하면 앞서 예제에서 한 것과 동일한 결과가 얻어진다. Workspace를 확인해 보면 (e)와 같이 'ScopeData'란 변수가 만들어져 있는 것을 볼 수 있다.

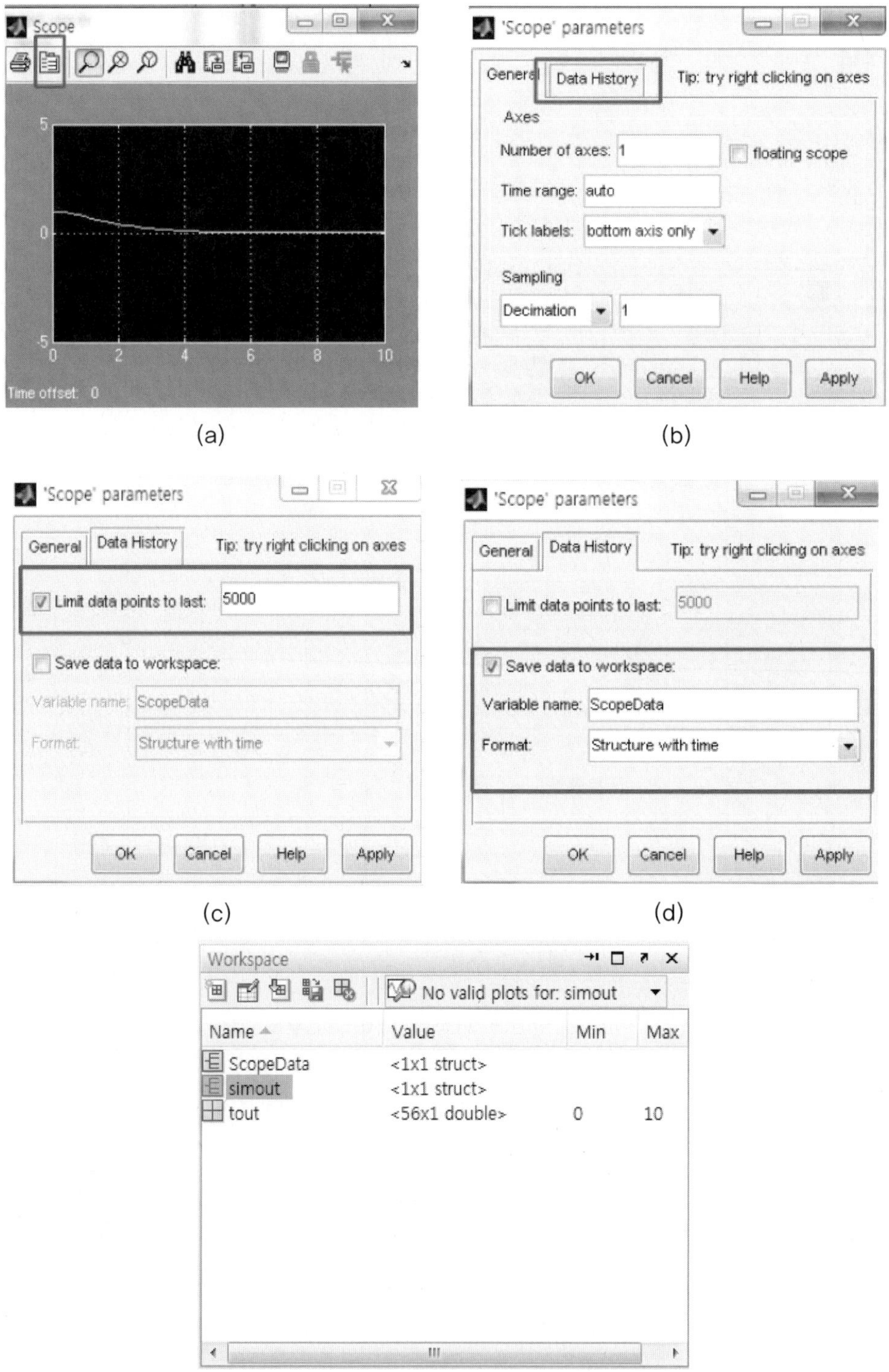

(a) (b) (c) (d) (e)

[그림 2.28] SIMULINK 데이터의 workspace 저장 예제

2.11.2 예제 2.6.2의 재실행

2.6.2절의 예제에서 SIMULINK에서 XY Graph 블록을 사용하여 그리는 대신 데이터를 workspace로 가져온 후 plot 함수를 사용하여 그리는 방법을 사용해 보자. 이 방법을 사용하면 설명문이나 grid를 쉽게 넣을 수 있어서 더 편리할 수 있다. 그림 2.29(a)와 같이 블록을 구성해 본다. Workspace에서 확인해 보면 'simout'과 'simout1'이 생성되어 있는 것을 확인할 수 있다. Simout을 더블클릭 해 보면 그림 (b)와 같은 구조체를 갖는 것을 확인할 수 있다. 여기서 XY plot을 위해 필요한 것은 'signals' 부분만이다. Signals를 다시 더블클릭 하면 그림 (c)와 같은 구조체를 다시 볼 수 있다. 여기서도 우리가 필요로 하는 것은 'values'이다. Simout1도 동일한 구조체를 갖는다는 것을 확인할 수 있다. XY plot을 위해서 command window에서 다음과 같이 명령문을 실행하면 그림 (d)와 같이 MATLAB의 Figure 창에서 결과를 얻을 수 있다.

```
>> plot(simout.signals.values, simout1.signals.values)
>> grid;
>> axis([-1 1 -1 1]);
```

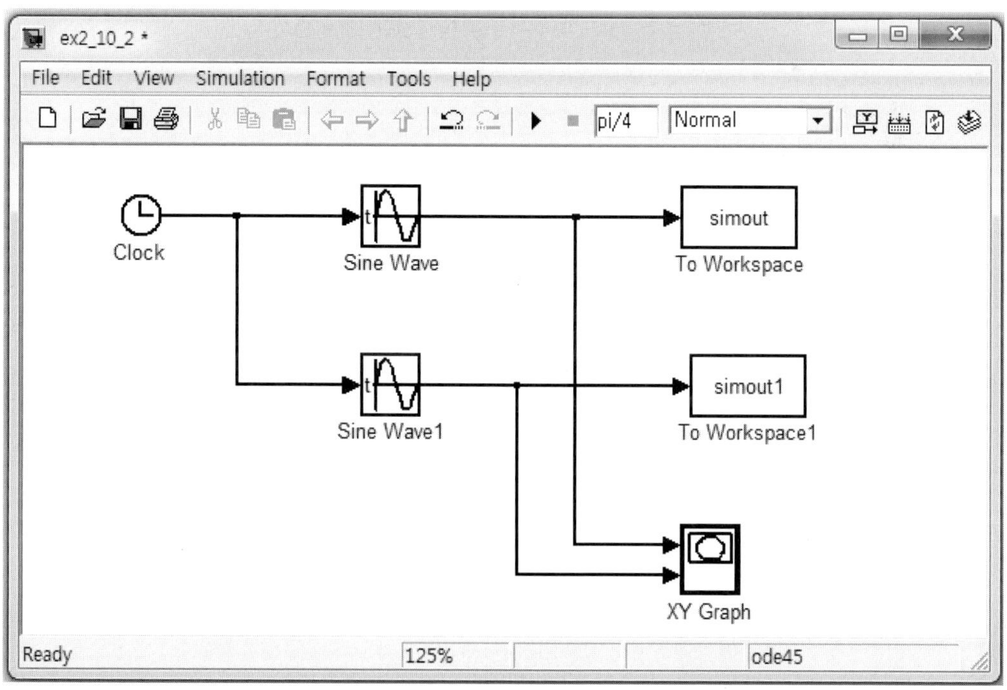

(a)

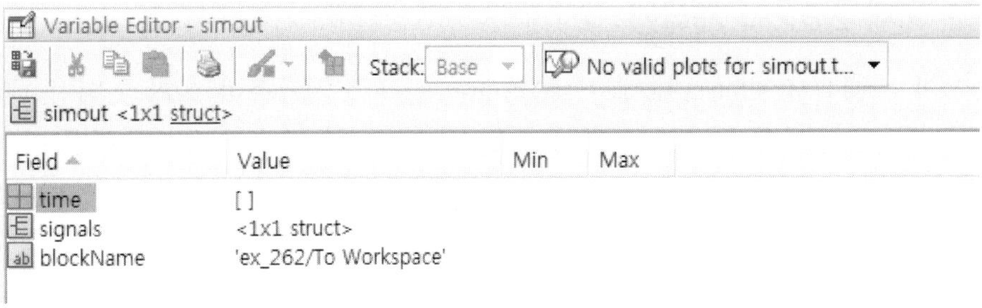

(b)

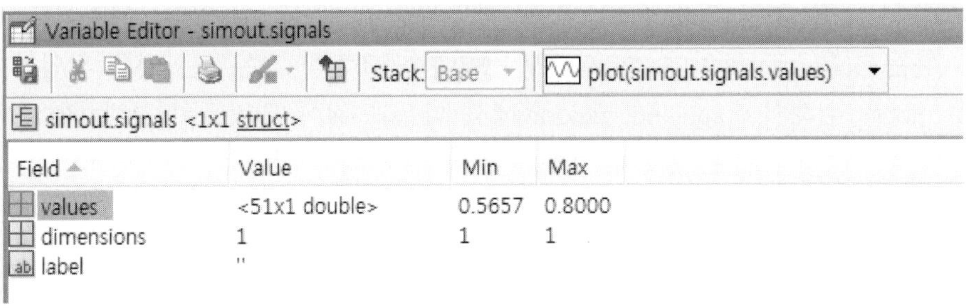

(c)

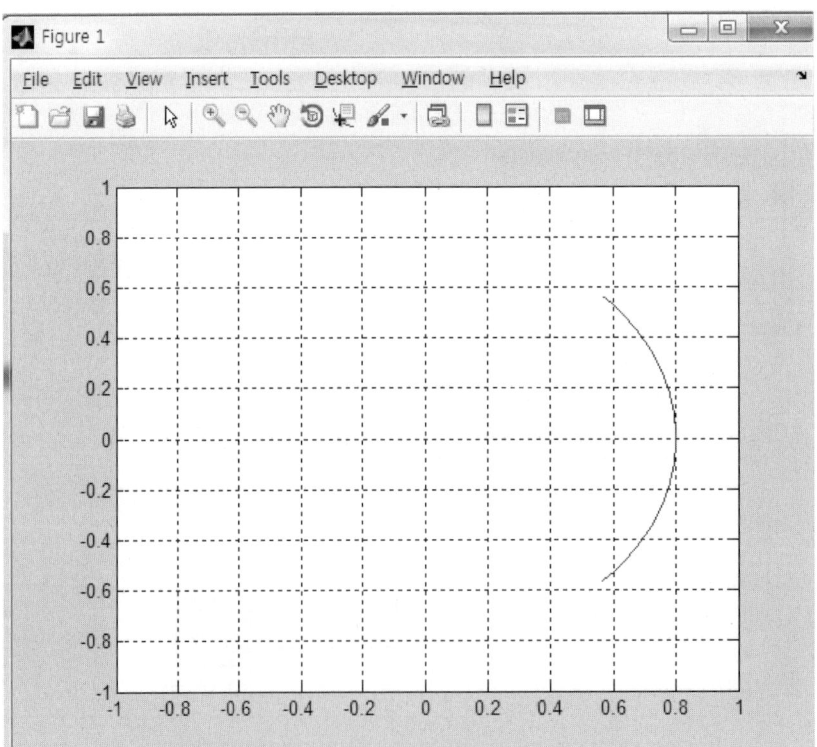

(d)

[그림 2.29] 예제 2.6.2를 다른 방법으로 구현한 예(ex2_10_2.mdl)

2.12 Workspace에서 SIMULINK로 파라미터 가져오기

지금까지 블록의 파라미터를 설정하는데 블록을 더블 클릭하여 값을 입력하는 방법을 사용하였다. 이번 절에서는 블록 파라미터를 workspace로부터 받아서 시뮬레이션을 실행하는 방법에 대해 알아 보자. 이 방법은 시뮬레이션 모델이 많은 블록으로 구성되고, 블록의 파라미터들을 변경시키면서 시뮬레이션을 실행할 때 유용하다. 시뮬레이션을 할 때마다 변경시키는 블록 파라미터들은 변수로 지정하고, 시뮬레이션 조건 별로 파라미터 값을 설정한 m-파일을 여러 종류 만들어 놓은 다음, 환경에 맞는 m-파일을 실행하여 workspace에 변수 정의를 한 후 SIMULINK 시뮬레이션을 실행하면 효율적이다.

Workspace로부터 SIMULINK로 파라미터를 넘겨서 시뮬레이션하는 방법은 다음과 같다.

1) SIMULINK 블록을 더블 클릭한다. 파라미터 설정을 숫자로 하지 않고 변수로 입력한다(이번 절 이전까지는 블록의 파라미터를 항상 숫자로만 입력했었다). 그림 2.30(a)에 offset이 있는 정현파를 발생시키는 모델의 예를 보인다. Sine Wave 블록을 더블 클릭하여 그림 (b)와 같이 Bias 파라미터를 "offset"과 같이 변수로 설정한다.
2) 다른 파라미터를 적절히 설정하고 시뮬레이션을 실행해 본다. 그러면 그림 (c)와 같은 에러 메시지가 뜰 것이다. 그 이유는 SIMULINK에서 사용된 offset이란 변수가 MATLAB에서 정의되어 있지 않기 때문이다.
3) MATLAB command window에서 다음과 같이 변수에 값을 부여하고 시뮬레이션을 다시 실행시키면 그림 (d)와 같은 결과를 얻을 수 있다.

```
>> offset = 1;
```

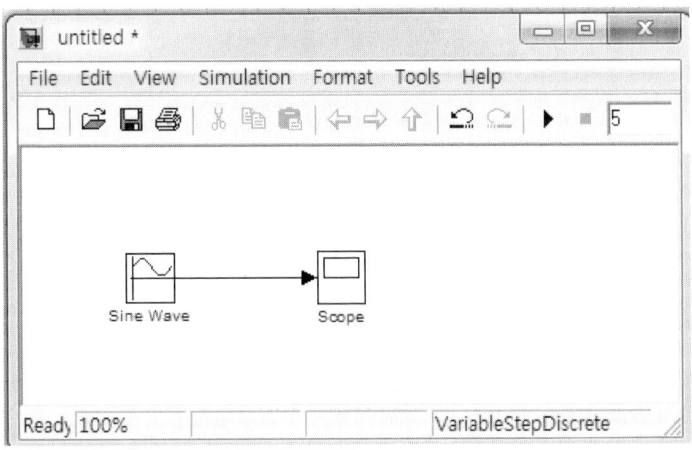

(a)

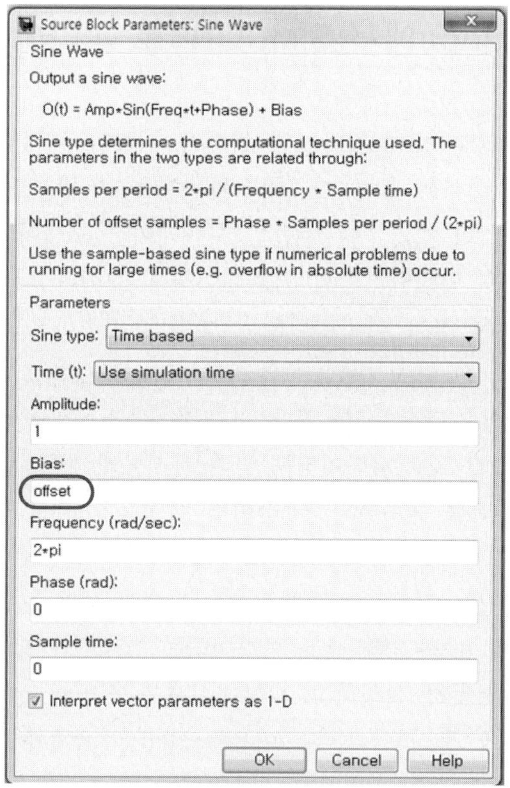
Source Block Parameters: Sine Wave
Sine Wave
Output a sine wave:
O(t) = Amp*Sin(Freq*t+Phase) + Bias
Sine type determines the computational technique used. The parameters in the two types are related through:
Samples per period = 2*pi / (Frequency * Sample time)
Number of offset samples = Phase * Samples per period / (2*pi)
Use the sample-based sine type if numerical problems due to running for large times (e.g. overflow in absolute time) occur.
Parameters
Sine type: Time based
Time (t): Use simulation time
Amplitude:
1
Bias:
offset
Frequency (rad/sec):
2*pi
Phase (rad):
0
Sample time:
0
Interpret vector parameters as 1-D
OK
Cancel
Help

(b)

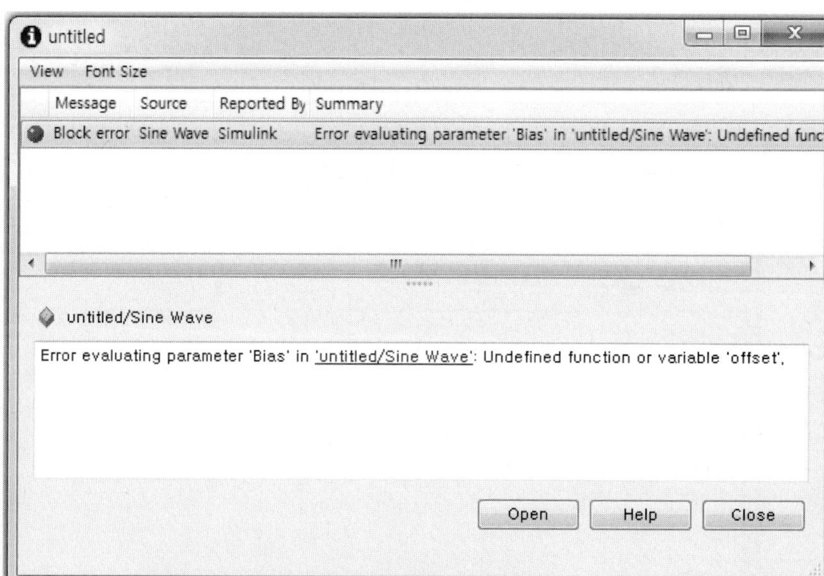
untitled
View
Font Size
Message
Source
Reported By
Summary
Block error
Sine Wave
Simulink
Error evaluating parameter 'Bias' in 'untitled/Sine Wave': Undefined func
untitled/Sine Wave
Error evaluating parameter 'Bias' in 'untitled/Sine Wave': Undefined function or variable 'offset'.
Open
Help
Close

(c)

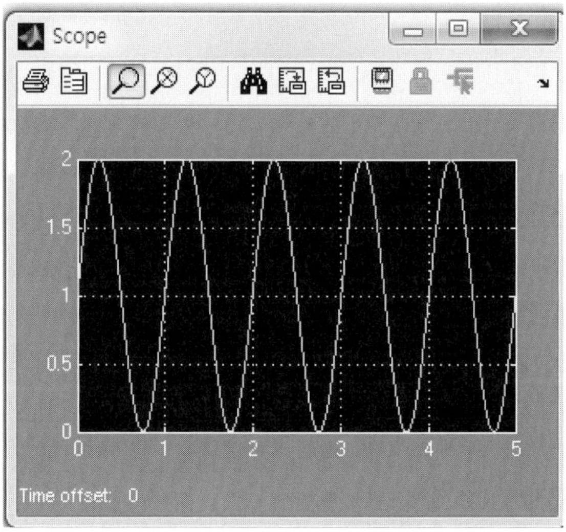

(d)

[그림 2.30] 파라미터를 workspace에서 넘겨 받아 시뮬레이션을 하는 방법

2.13 MATLAB command window에서의 SIMULINK 모델 파라미터 설정 및 시뮬레이션 실행하기

SIMULINK model window를 열고 각각의 블록 파라미터를 설정하고 모델의 Configuration parameter를 설정한 다음 시뮬레이션을 실행하는 대신 MATLAB command window에서 이와 같은 작업을 할 수 있다. 좀더 구체적으로 MATLAB command window에서 'set_param' command를 사용하면 SIMULINK 모델의 파라미터 값을 설정할 수 있으며, 'sim' command를 사용하면 시뮬레이션을 구동시킬 수 있다. 이런 방법을 사용하면 SIMULINK model window를 열 필요가 없다. 이 'sim' command는 입력 파라미터를 바꿔가면서 시뮬레이션을 여러 번 반복하는 경우에 유용하다. 예를 들어 통신 시스템의 성능 분석에서 파라미터를 변화시키면서 Monte Carlo 시뮬레이션을 하는 경우 효과적이다. E_b / N_0를 변화시키면서 'sim' command를 사용하여 비트오율을 계산하는 시뮬레이션을 반복하도록 m-파일을 작성하면 한 번의 m-파일 실행으로 원하는 결과를 얻을 수 있다. 아래에 'sim' command를 사용하여 시뮬레이션을 실행하는 예를 보인다.

```
>> for mod_index = 0:0.2:1
       [t,x,y] = sim('batch_sim_AM');
       plot(t,y)
   end;
```

이번 단원에서는 SIMULINK와 MATLAB를 연동하여 시뮬레이션하는 데 많이 사용되는 명령어인 'set_param', 'get_param', 'sim'에 대하여 알아보도록 한다.

2.13.1 set_param 및 get_param 명령어의 사용 방법

SIMULINK 모델의 Configuration parameter 및 모델을 구성하는 블록의 파라미터의 정보를 얻는데 사용되는 명령어가 'get_param'이며, 파라미터 값을 지정하는 명령어가 'set_param'이다. 두 가지 명령어의 사용 방법을 아래에 보인다.

```
>> get_param('obj', 'parameter')
>> set_param('obj', 'parameter1', value1, 'parameter2', valuee2, …)
```

여기서 'obj'는 SIMULINK 시스템(모델) 또는 블록의 경로명(path name)이다. 예를 들어 시스템 ex2_12_1.mdl의 Configuration parameter를 'Solver'는 'ode23'을 사용하고 'StopTime'은 8로 하고자 하는 경우 다음과 같이 하면 된다.

```
>> set_param('ex2_12_1', 'Solver', 'ode23', 'StopTime', '8')
```

파라미터 설정값을 가져오기 위해서는 'get_param'을 이용하면 되는데, 바로 위의 명령어를 실행한 다음

```
>> get_param('ex2_12_1', 'Solver')
```

와 같이 입력하면 그림 2.31과 같은 결과를 얻는다.

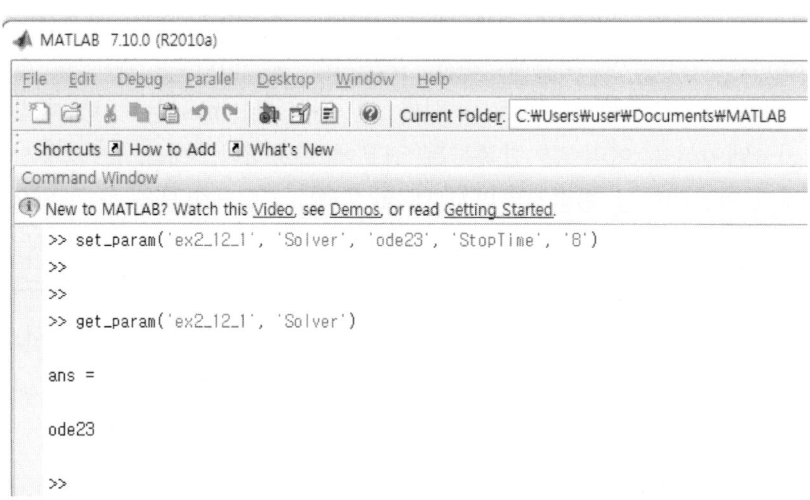

[그림 2.31] set_param 및 get_param 명령어의 사용 예

만일 다른 폴더에 있는 모델의 파라미터를 설정하고자 하는 경우에는 구체적인 경로명을 지정해 주어야 한다. 시스템 내부에 있는 블록의 파라미터(예를 들어 ex2_12_1.mdl의 'Weight'란 이름의 블록에 대한 파라미터로 'Gain'을 0.5로 설정하고자 하는 경우에는 경로명을 'ex2_12_1/Weight'와 같이 "/"을 사용하여 계층을 표현해 주고 다음과 같이 파라미터를 설정하면 된다.

```
>> set_param('ex2_12_1/Weight', 'Gain', '1.5')
```

이제 구체적인 예제로 그림 2.32에 보인 모델(ex2_12_1.mdl)을 구성해 보자. 먼저 진폭이 1이고 주파수가 1/4 Hz 및 1/6 Hz인 두 개의 sine파를 발생시킨다. 하나의 Scope에는 그림 창을 분할하여 생성된 두 개의 신호 x1과 x2의 파형을 그린다. Scope2에는 두 신호의 weighted sum(즉 x1*w1 + x2*w2)을 그리도록 한다. 원래의 블록명은 'Gain' 및 'Gain1'이지만 예제의 모델에서는 이름을 'Weight' 및 'Weight1'으로 변화시켜 놓았다. 이제 MATLAB command window에서 'Weight' 블록의 파라미터인 'Gain'을 설정하고 시뮬레이션을 실행시켜 보도록 하자. 다음과 같은 명령어를 실행하고 Scope와 Scope1을 보면 그림 2.33과 같은 결과가 얻어지는 것을 확인할 수 있다.

```
>> set_param('ex2_12_1', 'Solver', 'ode45', 'StopTime', '10'); %모델 파라미터 설정
>> set_param('ex2_12_1/Weight', 'Gain', '1.5'); %블록 파라미터 설정
>> set_param('ex2_12_1/Weight1', 'Gain', '0.5'); %블록 파라미터 설정
>> sim('ex2_12_1'); %시뮬레이션 실행
```

위의 명령어 중에서 'sim'은 다음 절에서 설명하도록 한다.

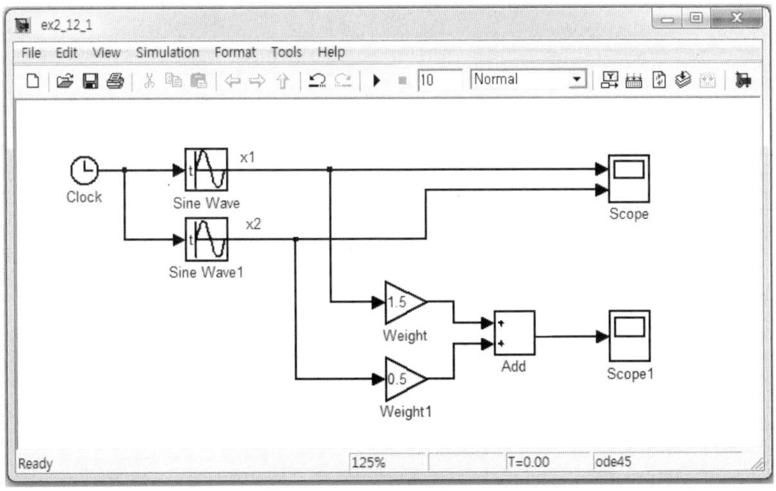

[그림 2.32] ex2_12_1.mdl

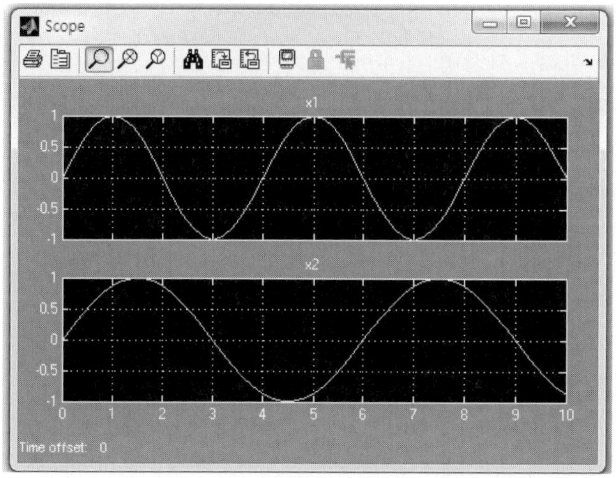

(a) Scope

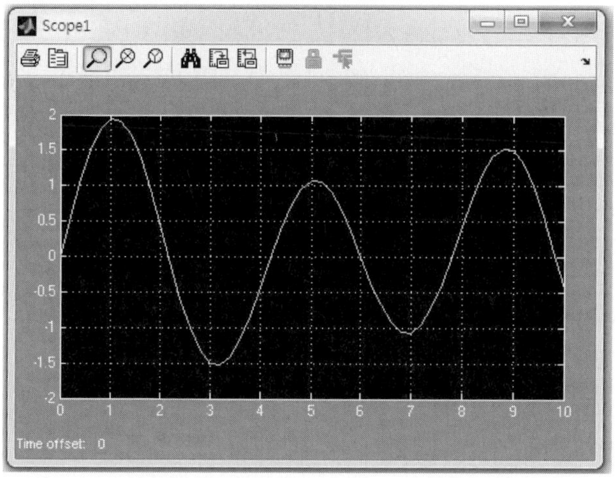

(b) Scope1

[그림 2.33] ex2_12_1.mdl의 실행 결과

지금까지 set_param 명령어를 사용하여 모델의 Configuration parameter 또는 모델 내부의 block parameter를 설정하는 방법을 알아 보았다. 그런데 파라미터 이름과 값을 pair로 지정해야 하는데 많은 파라미터 리스트를 모두 기억하기는 어려운 일이다. 따라서 help window를 띄워 놓고 원하는 파라미터를 검색하여 실행하는 것이 편리하다.

그림 2.34(a)에는 help window에서 'set_param'을 검색한 결과를 보인다. 여기에는 syntax와 사용 예만 나와 있다. 구체적으로 모델 및 블록 파라미터 리스트를 보기 위하여 아래 "How to"에 있는 "Model and Block Parameters" 링크를 클릭한다. 그러면 그림 2.34(b)와 같은 창이 뜨는데, 여기서 "Model Parameters" 링크를 클릭하면 그림 2.34(c)와 같은 창이 뜬다. 여기서 파라미터 이름과 값을 참조하면 된다. 만일 블록 파라미터의

이름과 값에 대한 정보가 필요한 경우에는 그림 2.34(b)의 창에 나타나 링크 중에서 "Block-Specific Parameters"를 클릭하여 계속 검색해 나가면 된다.

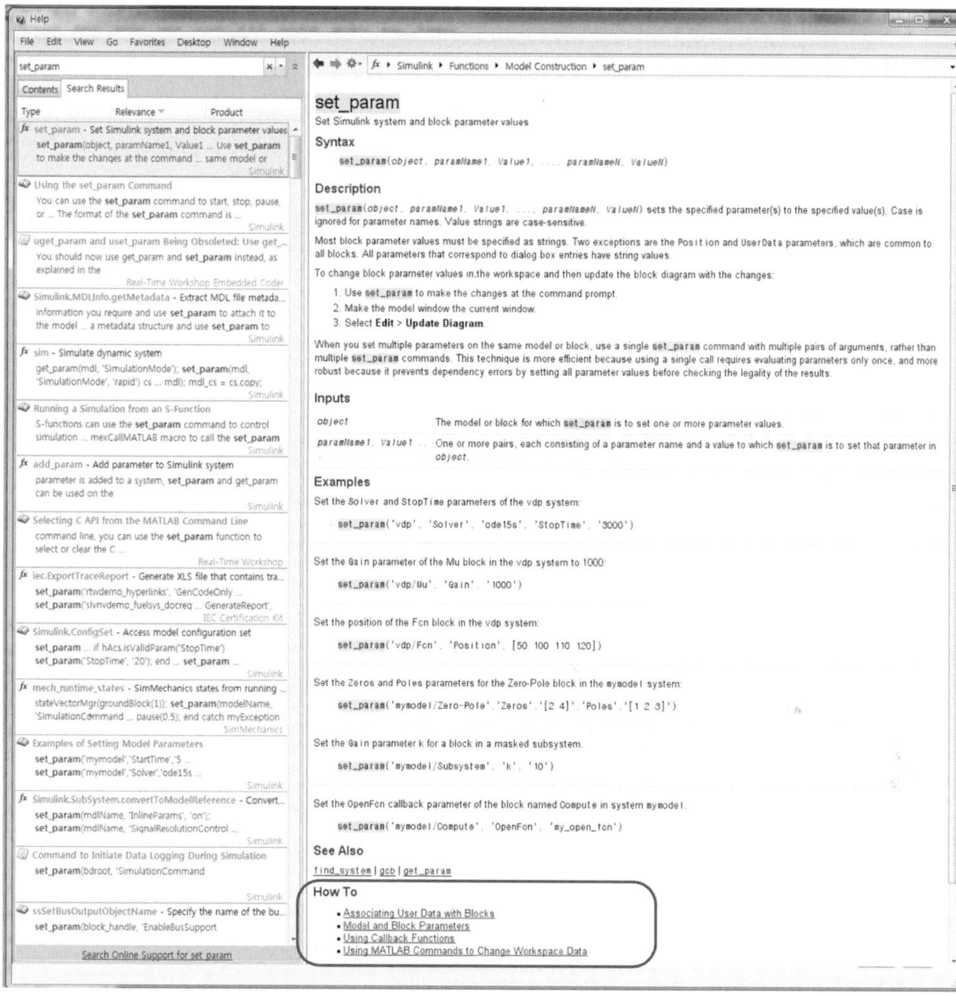

(a) help window에서 set_param을 검색한 결과

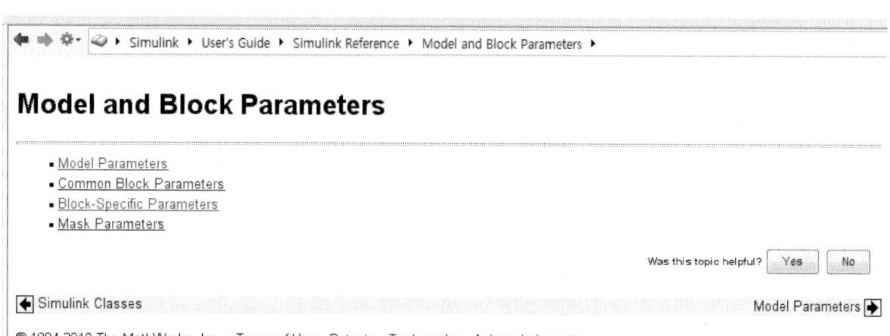

(b) 그림 (a)의 창에서 'Model and Block Parameters' 링크를 클릭한 결과

Model Parameters

On this page…
About Model Parameters Examples of Setting Model Parameters

About Model Parameters

The following sections list parameters that you can set for Simulink models and blocks, using the set_param command.

This table lists and describes, in alphabetical order, parameters that describe a model. The table also includes model callback parameters (see Using Callback Functions). The **Description** column indicates where you can set the value on a dialog box. For examples, see Examples of Setting Model Parameters.

Parameter values must be specified as quoted strings. The string contents depend on the parameter and can be numeric (scalar, vector, or matrix), a variable name, a filename, or a particular value. The **Values** column shows the type of value required, the possible values (separated with a vertical line), and the default value enclosed in braces.

Model Parameters in Alphabetical Order

Parameter	Description	Values
AbsTol	Specify the largest acceptable solver error, as the value of the measured state approaches zero. Set by **Absolute tolerance** on the **Solver** pane of the Configuration Parameters dialog box.	string — {'auto'}
AccelVerboseBuild	Controls the verbosity level during code generation for Simulink Accelerator mode, model reference Accelerator mode, and Rapid Accelerator mode. Set by **Verbose accelerator builds** on the **Optimization** pane of the Configuration Parameters dialog box.	string — {'off'} | 'on'
AlgebraicLoopMsg	Specifies diagnostic action to take when there is an algebraic loop. Set by **Algebraic loop** on the **Solver Diagnostics** pane of the Configuration Parameters dialog box.	string — 'none' | {'warning'} | 'error'
ArrayBoundsChecking	Select the diagnostic action to take when blocks write data to locations outside the memory allocated to them. Set by **Array bounds exceeded** on the **Data Validity Diagnostics** pane of the Configuration Parameters dialog box.	string — {'none'} | 'warning' | 'error'
ArtificialAlgebraicLoopMsg	Specifies diagnostic action to take if algebraic loop minimization cannot be performed for a subsystem because an input port of that subsystem has direct feedthrough. Set by **Minimize algebraic loop** on the **Solver Diagnostics** pane of the Configuration Parameters dialog box.	string — 'none' | {'warning'} | 'error'
AssertControl	Enable model verification blocks in the current model either globally or locally. Set by **Model Verification block enabling** on the **Data Validity Diagnostics** pane of the Configuration Parameters dialog box.	string — {'UseLocalSettings'} | 'EnableAll' | 'DisableAll'
AutoInsertRateTranBlk	Specify whether Simulink software	string — 'on' | {'off'}

(c) Model parameter를 검색한 결과

[그림 2.34] help window의 사용

2.13.2 sim 명령어의 사용 방법

SIMULINK 모델을 MATLAB command window에서 실행시키는 명령어가 'sim'이다. Help window에 보이는 sim 명령어의 사용법은 조금 복잡하지만 set_param 명령을 실행한 다음 아래와 같이 간단히 모델명만 넣어주고 실행하면 된다.

```
>> sim('ex2_12_1')
```

Sim 함수를 부를 때 항상 입력해야 하는 것은 모델명인데, 스트링으로 넣어 준다. 모델명을 써 줄 때 ".mdl" 확장자는 넣지 않는다.

2.14 SIMULINK에서 Annotation 사용하기

Annotation을 사용하면 1) 블록 다이어그램 모델에 주석 달기를 할 수 있고, 2) Annotation을 더블 클릭하였을 때 MATLAB 명령문을 실행할 수 있게도 할 수 있다. 예를 들어 SIMULINK에서 새 창을 열고 마우스를 annotation을 삽입할 장소로 옮겨서 더블 클릭하면 그림 2.35(a)와 같이 된다. 그 다음 그림 (b)와 같이 원하는 문자를 입력한다. 이렇게 하여 주석 달기를 하면 된다. 좀더 기능을 추가하기 위해 생성된 Annotation을 마우스로 클릭한 다음 Edit 메뉴를 보면 그림 (c)와 같은 'Annotation Properties'라는 팝업 메뉴가 나타난다. 여기서 문자열 특성을 선택할 수 있다. 더 나아가서 밑에 있는 'ClickFcn' 창에 MATLAB 명령문을 넣어주면 이 Annotation을 클릭할 때 Workspace에서 명령문이 실행되도록 할 수 있다. 그림 (d)와 같이 명령어를 삽입시켜 본다. 그 다음 블록 다이어그램 모델 창에서 Annotation을 클릭하면 해당 명령문이 실행되어 그 결과가 command window에 그림 (e)와 같이 나오는 것을 확인할 수 있다.

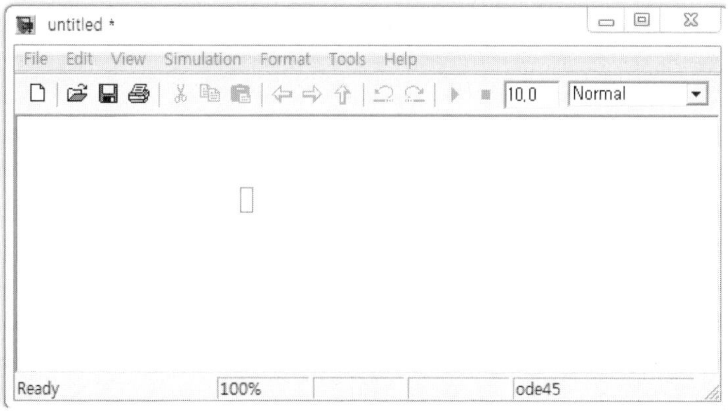

(a)

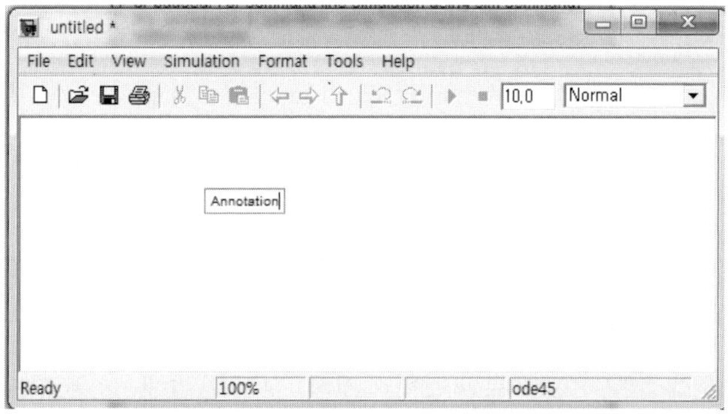

(b)

(c)

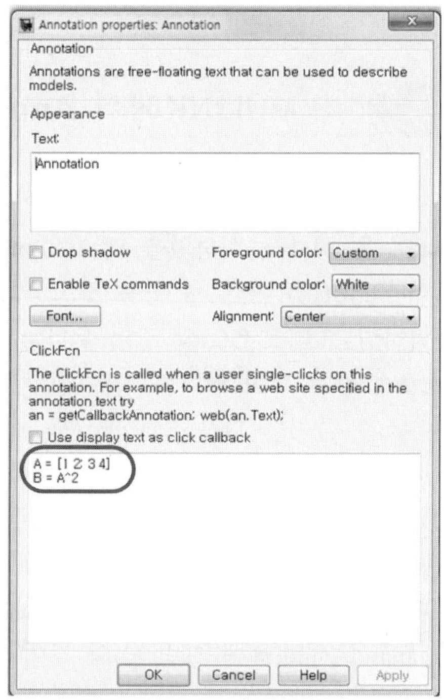

(d)

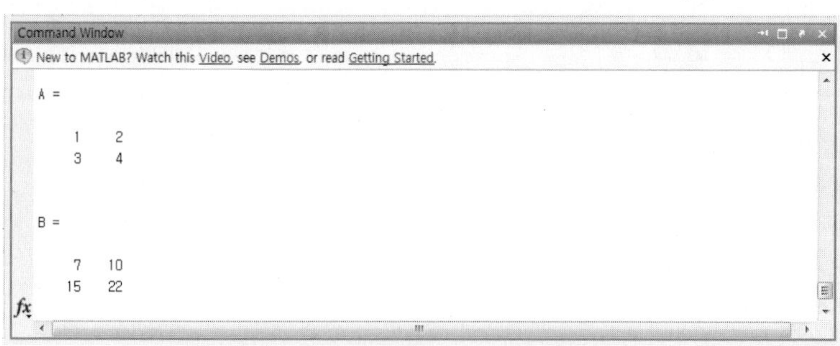

(e)

[그림 2.35] SIMULINK에서 Annotation 사용하기

2.15 연습문제

2.1 신호 $x(t)$가 다음 식과 같이 진폭이 1이고 주파수가 $f_1 = 1$ Hz인 정현파와 진폭이 0.5이고 주파수가 $f_2 = 2$ Hz인 정현파의 합이라고 가정하자.

$$x(t) = x_1(t) + x_2(t) = \sin(2\pi f_1 t) + 0.5\sin(2\pi f_2 t)$$

(a) 신호 $x(t)$를 (0, 2)의 시구간에서 발생시키고 파형을 그려 보라.

(b) 어떤 통신 채널이 주파수 성분 $f_1 = 1$ Hz에 대해서 진폭은 변화시키지 않고(즉 진폭 이득은 1) 위상을 $-\pi/4$ rad 변화시키며, 주파수 성분 $f_2 = 2$ Hz에 대해서 진폭은 변화시키지 않고 위상을 $-\pi/2$ rad 변화시킨다고 하자. 신호 $x(t)$가 이 채널을 통과하면 출력은

$$y(t) = y_1(t) + y_2(t) = \frac{1}{2}\sin(2\pi f_1 t - \frac{\pi}{4}) + \frac{1}{4}\sin(2\pi f_2 t - \frac{\pi}{2})$$

와 같이 표현된다. 이 채널은 진폭 이득이 신호의 주파수와 무관하게 동일하고, 위상 변화량은 신호의 주파수에 비례하는 특성이 있다. 출력 신호의 파형을 그려 보라.

(c) 이 채널의 입출력 신호 간에 어떤 관계가 있는지 관찰하라. 왜곡이 발생하였는가?

2.2 문제 2.1의 신호 $x(t)$가 다른 특성을 갖는 채널을 통과한 경우에 대해 살펴 보자.

(a) 통신 채널이 주파수 성분 $f_1 = 1$ Hz에 대해서 위상은 변화시키지 않고 진폭을 1/2 배로 변화시키며, 주파수 성분 $f_2 = 2$ Hz에 대해서 위상과 진폭을 모두 변화시키지 않는다고 하자. 신호 $x(t)$가 이 채널을 통과하면 출력은

$$y(t) = y_1(t) + y_2(t) = \frac{1}{2}\sin(2\pi f_1 t) + \frac{1}{2}\sin(2\pi f_2 t)$$

와 같이 표현된다. 출력 신호의 파형을 그려 보라. 왜곡이 발생하였는가?

(b) 통신 채널이 주파수 성분 $f_1 = 1$ Hz에 대해서 진폭과 위상을 변화시키지 않고, 주파수 성분 $f_2 = 2$ Hz에 대해서 진폭은 변화시키지 않고 위상을 π rad 변화시킨다고 하자. 신호 $x(t)$가 이 채널을 통과하면 출력은

$$y(t) = y_1(t) + y_2(t) = \sin(2\pi f_1 t) + \frac{1}{2}\sin(2\pi f_2 t + \pi)$$

와 같이 표현된다. 출력 신호의 파형을 그려 보라. 왜곡이 발생하였는가?

2.3 주파수가 2 Hz인 복소 지수함수, 즉

$$x(t) = e^{j2\pi ft}$$

를 (0, 2) 초의 시구간에서 1 msec 샘플 간격으로 발생시키고, 실수부와 허수부의 파형을 각각 그려 보라(실수부는 cos 함수이고 허수부는 sin 함수이어야 한다). 먼저 MATLAB workspace에서 시간 벡터를 발생시킨 다음 SIMULINK 모델 윈도우로 가져 오는 방법을 사용하자. 복소 지수함수에서 실수부와 허수부를 취할 때 'Complex to Real-Imag' 블록을 사용하면 된다. 또한 발생된 복소 지수함수의 실수부와 허수부 신호로부터 XY Graph를 그려 보라.

2.4 주파수가 1 Hz인 복소 지수함수, 즉

$$x(t) = e^{j2\pi ft}$$

를 (0, 2) 초의 시구간에서 발생시키고, 실수부와 허수부의 파형을 각각 그려 보라. 문제 2.3과 달리 이번에는 SIMULINK의 Clock 블록을 사용하여 신호를 발생시켜 보자. 발생된 신호가 이득이 2이고 위상 천이가 $\pi/4$ 만큼 일어나는 채널을 통과하는 경우를 가정하여 출력 신호의 파형을 그려 보라(발생시킨 복소 지수함수에 $A = 2e^{j\pi/4}$ 의 이득을 곱하여 실수부와 허수부 파형을 그려도 된다).

2.5 어떤 통신 채널의 주파수 응답이

$$H(f) = |H(f)|e^{j\angle H(f)}$$
where
$$|H(f)| = 1, \angle H(f) = -f\pi/4$$

라고 가정하자. 즉 진폭 응답은 상수이고 위상 응답은 선형 특성을 가진다. 이러한 채널을 통해 $x(t) = e^{j2\pi f_0 t}$ 가 전송되면 $y(t) = |H(f_0)|e^{j(2\pi f_0 t + \angle H(f_0))}$ 가 수신된다(또는 $x(t) = \cos(2\pi f_0 t)$ 가 전송되면 $y(t) = |H(f_0)|\cos(2\pi f_0 t + \angle H(f_0))$ 가 수신된다).

전송할 신호 $x(t)$가 진폭이 1이고 주파수가 $f_1 = 1$ Hz인 복소 지수함수와 진폭이 0.5이고 주파수가 $f_2 = 2$ Hz인 복소 지수함수의 합이라고 가정하자. 위의 특성을 가진 채널에 $x(t)$가 입력된다고 하고 출력을 구하는 SIMULINK 모델을 구성해 보라. (0, 2) 초의 시구간에 대해 시뮬레이션을 실행하고, 송신 및 수신 신호의 실수부 및 허수부의 파형을 그려 보라. 허수부 신호는 문제 2.1과 동일한 것을 관찰할 수 있다. 이와 같이 통신 채널의 진폭 응답이 상수이고 위상 응답이 주파수에 비례하면(즉 선형 위상이면) 왜곡이 발생하지 않는 것을 확인할 수 있다(시간 지연만 발생함). 얼마의 시간 지연이 발생하였는가?

부록 SIMULINK Scope window와 MATLAB Figure window

SIMULINK를 실행하여 얻는 신호 파형을 관찰하는데 Scope window가 편리하지만 MATLAB의 Figure window가 더 유용한 경우도 있다. MATLAB Figure window로 그려진 그래프는 선의 굵기나 색깔 등 그래프 속성을 쉽게 변경시킬 수 있고, 좌표축 이름이나 title 및 설명문구, legend 등을 쉽게 추가할 수 있으며, 그림 파일 형태로 저장할 수 있어서 편리하다. 이 경우 SIMULINK 데이터를 MATLAB workspace로 보내서 처리한다.

SIMULINK에서 발생된 데이터를 MATLAB workspace로 보내기 위해서는 'To workspace' 블록을 사용해도 되지만 여기서는 Scope window에서 그려진 그래프 데이터를 workspace로 보내는 방법에 대해 기술하고자 한다. 2.6.1절에서 정현파를 발생시켜(ex2_6_1_1.mdl) 얻어지는 Scope window의 데이터를 workspace로 보내도록 하자.

Scope window에서 'Parameters' 아이콘을 클릭하면 Scope parameter를 설정하는 창이 뜬다. 'Data History' 탭을 클릭하고 'Save data to workspace' checkbox를 클릭하면 'Variable name:'과 'Format:'이 활성화된다. Variable name에 workspace에서 사용할 변수 이름을 설정한다(default로 "ScopeData"로 설정되어 있다). Format에는 변수의 데이터 형태를 지정하면 된다. 그림 2.36(a)와 같이 포맷을 "Structure with time"으로 파라미터를 설정하고 나서 다시 한 번 시뮬레이션을 실행한다. 그러면 ScopeData라는 이름의 변수로 'signals'와 'time'을 포함하는 구조체가 workspace에 저장된다. MATLAB command window에서 확인하기 위하여 "ScopeData"를 입력하고 엔터 키를 누르면 그림 2.36(b)와 같이 데이터가 저장되어 있는 것을 볼 수 있다.

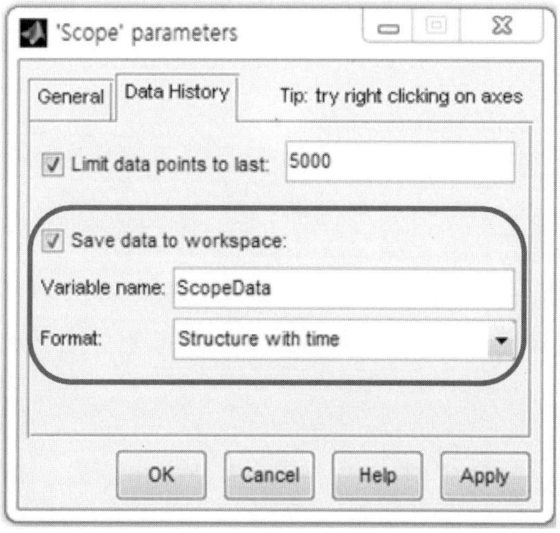

(a)

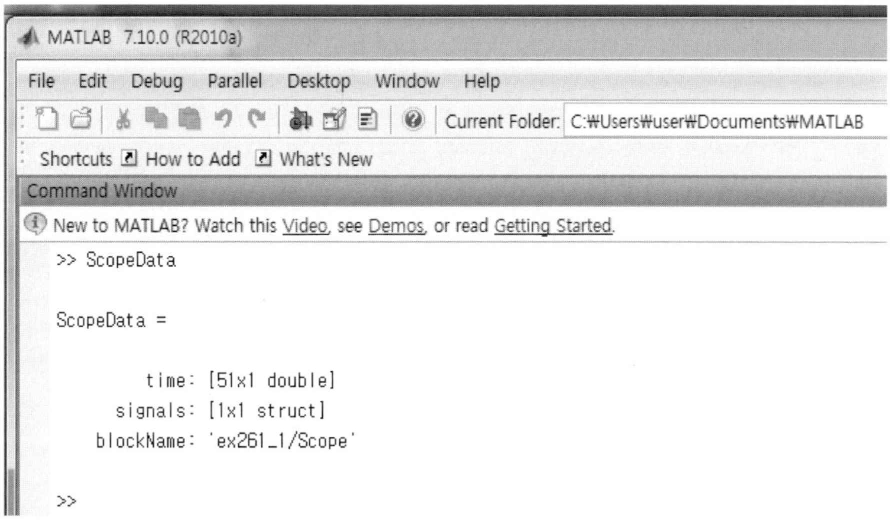

(b)

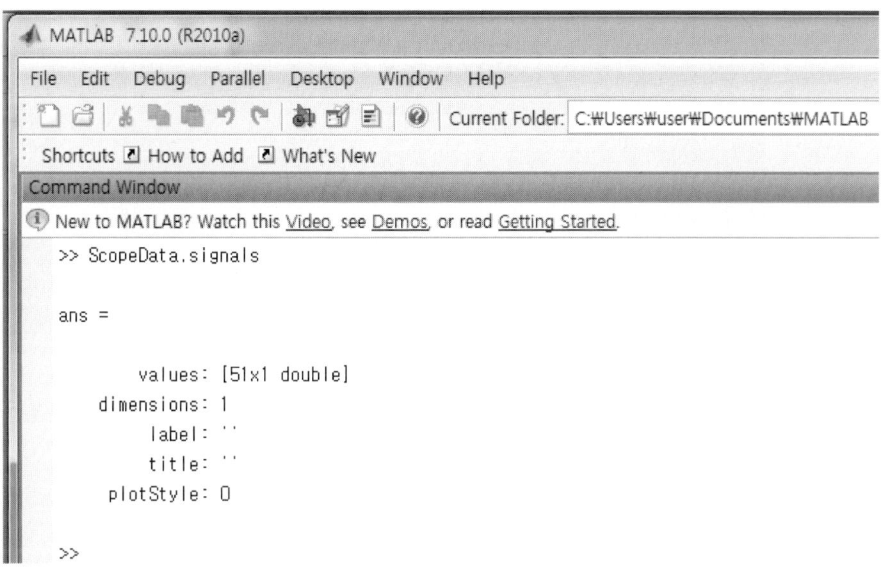

(c)

[그림 2.36] SIMULINK Scope window의 데이터를 MATLAB workspace로 보내는 방법

일단 workspace에 데이터가 있으면 'plot'과 같은 함수를 사용하여 Figure window에 그림을 그릴 수 있다. 그런데 'ScopeData.signals'를 보면 또 하나의 구조체라는 것을 알 수 있다. 그림 2.36(c)와 같이 command window에서 내용을 확인할 수 있다. 그림을 그리는데 필요한 데이터는 ScopeData.signals.values이다. 시간 벡터와 함께 그래프를 그리기 위하여 그림 2.37(a)와 같이 x 축 및 y 축 데이터를 설정하고 plot 함수를 사용하여

그리면 그림 2.37(b)의 결과가 얻어진다.

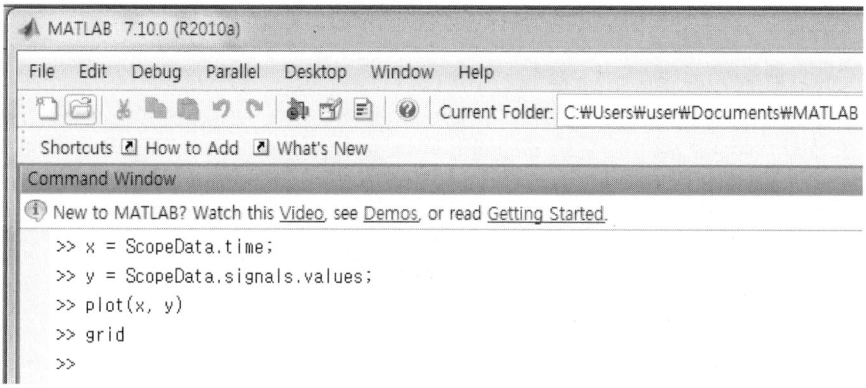

(a)

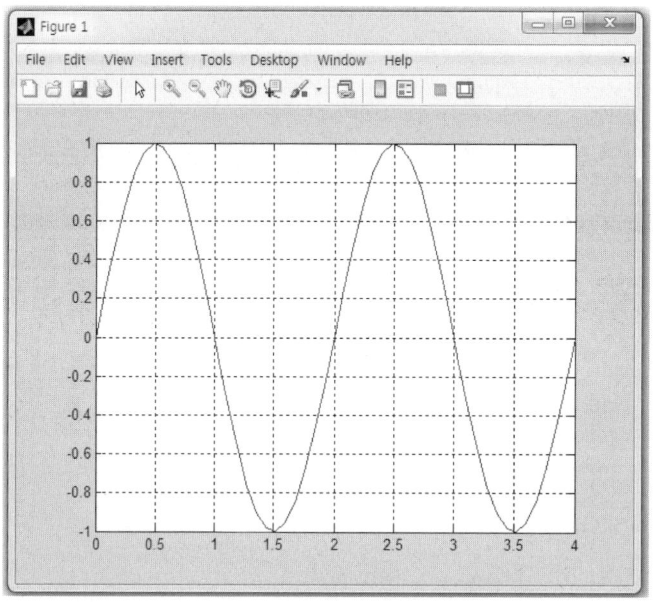

(b)

[그림 2.37] MATLAB workspace로 넘겨받은 데이터로 그림을 그리는 방법

SIMULINK에서 생성된 데이터를 가지고 더 쉽게 그림을 그릴 수 있는데 "simplot.m" 함수를 사용해도 된다. Simplot 함수는 SIMULINK에서 생성된 structure output을 가지고 그림을 그려 준다. 상세한 사용법은 help 함수를 사용하여 확인하도록 하자.

다음과 같이 simplot 함수를 실행하면 그림 2.38과 같은 그림이 그려지는 것을 확인할 수 있다.

```
>> simplot(ScopeData)
```

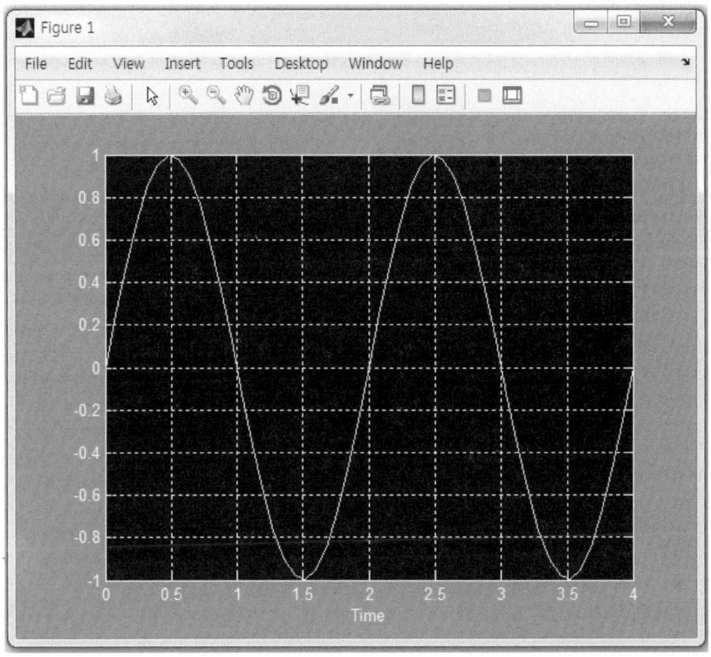

[그림 2.38] Simplot 함수를 사용하여 SUMULINK 데이터로 그림을 그리는 방법

Chapter 03

선형 시스템

Chapter 03

선형 시스템

신호의 형태나 속성을 변화시켜서 다른 신호를 만들어내는 개체를 시스템이라 정의한다. 이와 같이 시스템은 입력 신호를 변환하여 출력 신호를 만들어내는 연산자로 볼 수 있다. 그림 3.1에 연산자로 본 시스템의 개념을 보인다. 여기서 연산자 $T[\cdot]$는 함수 $x(t)$를 또 다른 함수 $y(t)=T[x(t)]$로 변환시켜 주는 것을 나타낸다. 시스템을 표현하는 방법은 시간 영역 방법과 주파수 영역 방법이 있다. 시간 영역 시스템 표현 방법은 입력-출력간의 관계를 표현함으로써 가능하다. 구체적으로 입력-출력 간의 미분방정식, 상태 변수를 사용한 표현 방식, 임펄스 응답 등이 시간 영역 시스템 표현 방식이다. 주파수 영역 표현 방식으로는 주파수 응답(또는 전달함수)을 들 수 있다. 먼저 시스템들을 특성에 따라 분류해 보고, 선형 시스템의 성질을 알아 보기로 한다.

$$x(t) \longrightarrow \boxed{T[\cdot]} \longrightarrow y(t)$$

[그림 3.1] 시스템과 입출력 신호의 관계

3.1 시스템의 분류

시스템을 분류하는 특성에는 시불변성, 선형성, 인과성, 안정성 등이 있다. 이 개념들은 주어진 시스템의 입력에 대한 출력을 구하거나 원하는 출력을 얻기 위한 시스템 구조를 설계하는데 필요하다. 시스템을 분석하거나 설계를 할 때 시스템의 수학적 모델링이 필요한데, 시스템의 수학적 모델링이 정교할수록 실제 시스템의 동작을 정확하게 분석할 수 있지만 연산이 너무 복잡해져서 처리가 불가능할 수도 있다. 따라서 모델링의 정교성과 연산의 복잡도를 고려하여 적절한 타협이 필요하다. 여기서는 시스템의 모델링에 있어 매우 중요한 의미를 가지는 시스템 특성을 간략하게 정의하고 그 의미를 살펴 보기로 한다.

시스템의 시불변성

시스템의 특성이 시간에 따라 변하는 경우 이 시스템을 시변(time-varying) 시스템이라 하며, 그렇지 않는 경우 시불변(time-invariant) 시스템이라 한다. 시스템이 동작하는 시점에 상관 없이 항상 같은 출력을 발생시키는 시스템이 시불변 시스템이다. 입력 $x(t)$에 대한 출력을 $y(t) = T[x(t)]$라 하자. 이 입력을 t_0초 후에 인가하는 경우, 즉 $x(t-t_0)$를 인가하는 경우 출력이 $y(t-t_0)$가 된다면, 즉 t_0초 후에 동일한 파형의 출력이 나온다면 이 시스템을 시불변 시스템이라 한다. 즉 시불변 시스템에서는 다음과 같은 관계가 성립한다.

$$T[x(t-t_0)] = y(t-t_0) \tag{3.1}$$

시스템의 선형성

시스템의 입력으로 $x_1(t)$를 인가했을 때 출력이 $y_1(t)$이고, 입력 $x_2(t)$에 대한 출력이 $y_2(t)$라고 하자. $x_1(t)$과 $x_2(t)$를 선형 조합(linear combination)하여 새로운 입력으로 시스템에 인가할 때, 동일한 가중치로 $y_1(t)$과 $y_2(t)$를 선형 조합한 신호가 출력된다면, 이 시스템을 선형 시스템(linear system)이라 한다. 이와 같은 관계를 중첩의 성질(superposition property)이라 하며 다음과 같이 표현된다.

$$\begin{aligned} T[\alpha x_1(t) + \beta x_2(t)] &= \alpha T[x_1(t)] + \beta T[x_2(t)] \\ &= \alpha y_1(t) + \beta y_2(t) \end{aligned} \tag{3.2}$$

이와 같이 어떤 시스템의 입력과 출력 사이에 중첩의 성질이 성립하면, 이 시스템을 선형 시스템이라 하며, 그렇지 않으면 비선형 시스템(nonlinear system)이라 한다. 많은 경우 선형 시스템으로 가정하고 해석하지만 통신 시스템에서는 일부 비선형 시스템이 요긴하게 사용되는 경우도 있다.

시스템의 인과성

시스템의 출력이 현재와 과거의 입력, 그리고 과거의 출력에 의해서만 결정되는 시스템을 인과 시스템(causal system)이라 하고, 그렇지 않은 시스템을 비인과 시스템(noncausal system)이라 한다. 다시 말해서 인과 시스템은 출력이 미래의 입력에 영향을 받지 않는 시스템을 의미한다. 비인과 시스템은 미래에 들어올 입력을 알아서 현재의 출력을 발생시키는 시스템으로, 실시간으로 동작하는 시스템에서 구현이 불가능하다. 입력이 $x(t)$ 이고 출력이 $y(t)$ 인 선형시스템의 인과성은 다음과 같이 표현할 수 있다.

$$\text{If } x(t) = 0 \quad \text{for } t \le t_0, \text{ then } y(t) = 0 \quad \text{for } t \le t_0 \tag{3.3}$$

시스템의 안정성

시스템의 여러 특성 중, 특히 시스템 구현에 있어서 안정성(stability)은 매우 중요한 성질이다. 시스템에 임의의 유한한 크기의 입력을 가했을 때, 출력이 무한한 크기로 발산하지 않는다면 그 시스템을 BIBO(Bounded Input Bounded Output) 안정 시스템(stable system)이라 한다. 반대로 유한한 크기의 입력에 대하여 출력이 발산하는 경우가 있다면, 그 시스템을 불안정 시스템(unstable system)이라 한다.

3.2 시스템의 시간 영역 표현

지금까지 시스템의 특성을 나타내는 용어를 정의하고 그 의미를 알아 보았다. 앞으로는 특별한 언급이 없는 경우 시스템이 선형 시불변(linear time invariant : LTI)이라고 가정 한다. 시스템의 분석이나 설계를 위하여 시스템의 수학적 모델링을 하는데, 시간 영역에서 접근할 수도 있고 주파수 영역(또는 s-영역)에서 접근할 수도 있다. 시간 영역에서 시스템을 수학적으로 표현하는 방법으로는 입-출력 미분방정식, 임펄스 응답, 상태변수에 의한 표현 등이 있다. 시스템을 주파수 영역에서 해석할 때는 Fourier 변환을 사용하며, s-영역에서 해석할 때는 Laplace 변환을 사용한다. 안정적인(stable) 시스템을 대상으로 하여 입력 신호의 주파수 성분과 출력 신호의 주파수 성분간의 관계를 해석하거나, 주파수 영역에서 시스템이 원하는 방향으로 동작하도록 설계를 할 때 Fourier 변환을 사용한다. 불안정한(unstable) 시스템을 포함하여 주어진 시스템의 동작을 분석하거나, 원하는 방향으로 시스템이 동작하도록(예를 들면 불안정한 시스템을 안정화하도록) 설계하는데 Laplace 변환이 사용된다.

시스템을 수학적으로 모델링(예를 들면 입-출력 미분방정식, 임펄스응답, 전달함수)을 하면 주어진 입력에 대하여 출력을 구할 수 있다. 시스템을 미분방정식으로써 표현하는 경우, 출력을 구한다는 것은 미분방정식의 해를 구하는 것과 동일하다. 시스템을 임펄스 응답으로써 표현하는 경우, 출력을 구하는 것은 입력과 임펄스 응답과의 컨볼루션 적분을 구하는 것과 동일하다.

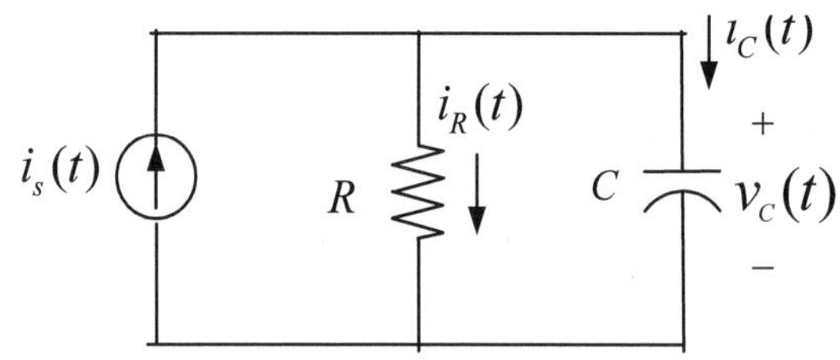

[그림 3.2] 전기회로의 예

입-출력 미분방정식(Input-output differential equation)

시스템의 한 예로 전기 회로를 들 수 있다. 전원이 입력이 되고 특정 소자에 걸리는 전압 또는 특정 소자에 흐르는 전류가 출력이 된다. 회로 해석에 의해 원하는 출력과 입력 간의 미분방정식을 유도할 수 있다. 예를 들어 그림 3.2의 회로를 고려해 보자. 여기서 전류원 $i_s(t)$가 입력 $x(t)$가 되고, 캐패시터에 걸리는 전압 $v_c(t)$를 출력 $y(t)$로 보기로 하자. 키르히호프의 전류 법칙을 적용하면 다음이 성립하는 것을 알 수 있다.

$$i_s(t) = i_R(t) + i_C(t) = \frac{v_c}{R} + C\frac{dv_C}{dt} \tag{3.4}$$

여기에 $i_s(t) = x(t)$, $v_c(t) = y(t)$를 대입하고 정리하면 다음 식을 얻는다.

$$\frac{dy(t)}{dt} + \frac{1}{RC}y(t) = \frac{1}{C}x(t) \tag{3.5}$$

위의 식은 입력과 출력을 변수로 한 미분방정식이다. 1차 도함수만 포함하므로 이 방정식은 1계(first order) 미분방정식이다. 전기회로가 R(저항), L(인덕터), C(캐패시터)를 모두 포함한다면 입출력 미분방정식은 2계(second order) 이상이 된다. 2계 미분방정식은

$$\frac{dy^2(t)}{dt^2} + a_1\frac{dy(t)}{dt} + a_2 y(t) = b_1\frac{dx(t)}{dt} + b_2 x(t) \tag{3.6}$$

와 같이 표현되며, 계수 a_1, a_2는 R, L, C 값 및 회로소자의 연결과 관련된다.[1)]

일반적인 선형 시불변 시스템의 입-출력 미분방정식은 다음과 같이 표현된다.

---

1) R, L, C의 값이 모두 0보다 크므로 계수 a_1, a_2는 0 이상이다. 계수 a_1, a_2가 모두 0보다 크다면 시스템의 전달함수의 극점이(또는 극점의 실수부가) 모두 0보다 작다는 것을 의미하고, 결과적으로 시스템이 안정적이라는 것을 보장한다.

$$\sum_{n=0}^{N} a_n \frac{d^n y(t)}{dt} = \sum_{m=0}^{M} b_m \frac{d^m x(t)}{dt} \tag{3.7}$$

위의 미분방정식의 차수는 N으로 차수가 높을수록 시스템의 역동성을 정교하게 표현할 수 있으나 미분방정식의 해를 구하는 것이 어려워진다. 미분방정식의 계수 $\{a_k, b_k\}$는 시스템의 구조에 따라 결정된다. 그림 3.2의 회로는 1차 회로이며, 미분방정식의 계수는 회로의 저항 값과 캐패시터 용량 값에 의해 결정된다. 만일 미분방정식의 계수 $\{a_k, b_k\}$가 상수가 아니라 시간의 함수라면, 이 시스템은 시변 시스템이 된다.

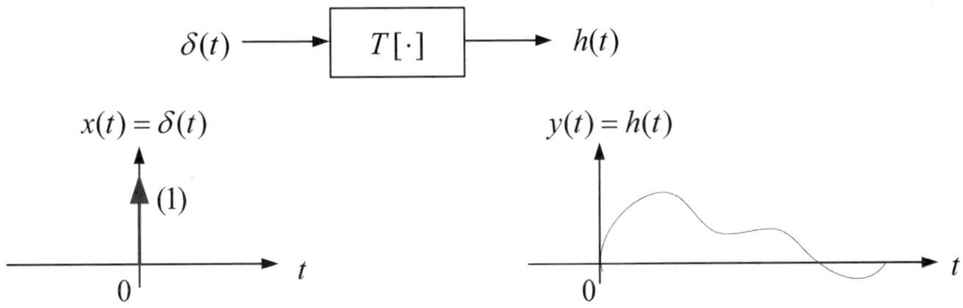

[그림 3.3] 임펄스 응답

○ 임펄스 응답

그림 3.3에 보인 바와 같이 시스템에 단위 임펄스 $\delta(t)$를 입력으로 가했을 때의 출력(또는 응답)을 임펄스 응답(impulse response)라 한다. 임펄스 응답을 $h(t)$로 표현하면

$$h(t) = T[\delta(t)] \tag{3.8}$$

이다. 임펄스 응답은 선형 시스템의 해석에서 매우 중요하다. 그 이유는 일단 임펄스 응답을 알고 있는 경우, 주어진 입력에 대한 출력을 쉽게 구할 수 있다(여기서 출력을 구하는 과정은 임펄스 응답과 입력과의 컨볼루션 적분을 연산하는 것이며 아래에 기술되어 있다). 따라서 임펄스 응답을 알고 있다는 것은 시스템을 알고 있다는 것과 동등하다.

3.3 선형 시스템의 응답과 컨볼루션

임펄스 함수의 특성으로

$$x(t) = \int_{-\infty}^{\infty} x(\tau)\delta(t-\tau)d\tau \tag{3.9}$$

를 이용하여 출력 $y(t)$ 를 표현하면, 선형성으로부터

$$y(t) = T[x(t)] = T\left[\int_{-\infty}^{\infty} x(\tau)\delta(t-\tau)d\tau\right] = \int_{-\infty}^{\infty} x(\tau)T[\delta(t-\tau)]d\tau \tag{3.10}$$

와 같이 된다. 시스템이 시불변이라면

$$h(t-\tau) = T[\delta(t-\tau)] \tag{3.11}$$

이 성립하므로 식 (3.10)은 다음과 같이 표현된다.

$$y(t) = \int_{-\infty}^{\infty} x(\tau)T[\delta(t-\tau)]d\tau = \int_{-\infty}^{\infty} x(\tau)h(t-\tau)d\tau \tag{3.12}$$

식 (3.12)와 같은 형태의 적분식을 컨볼루션 적분, 간단히 컨볼루션(convolution)이라고 부르며 다음과 같이 표기한다.

$$x(t) * h(t) \equiv \int_{-\infty}^{\infty} x(\tau)h(t-\tau)d\tau \tag{3.13}$$

3.4 선형 시불변 시스템

선형 시불변(LTI: linear time invariant) 시스템은 신호와 시스템의 해석에서 매우 중요하기 때문에 자주 사용되는 성질들을 정리해 보기로 하며, 증명은 생략한다.

i) 무기억성(memoryless)

LTI 시스템이 무기억성을 갖는다는 것은 출력이 현재 순간의 입력에만 관계되지 과거나 미래의 입력과는 무관하다는 것을 의미한다. 이러한 시스템의 출력은

$$y(t) = Kx(t),\ K\text{는 상수,} \tag{3.14}$$

와 같이 표현되므로 임펄스 응답은

$$h(t) = K\delta(t) \tag{3.15}$$

와 같이 된다.

ii) 인과성(causality)

LTI 시스템이 인과성을 가진다면 임펄스 응답은 다음과 같은 특성을 가진다.

$$h(t) = 0 \ \text{ for } \ t < 0 \tag{3.16}$$

그러면 컨볼루션에 의한 출력의 연산은 다음과 같이 된다.

$$\begin{aligned} y(t) &= \int_{-\infty}^{\infty} x(\tau)h(t-\tau)d\tau = \int_{-\infty}^{t} x(\tau)h(t-\tau)d\tau \\ &= \int_{-\infty}^{\infty} h(\tau)x(t-\tau)d\tau = \int_{0}^{\infty} h(\tau)x(t-\tau)d\tau \end{aligned} \tag{3.17}$$

iii) 안정성(stability)

시스템이 안정하다는 것은 입력의 크기가 유한하면 출력의 크기도 유한하다는 것을 의미한다. LTI 시스템에서는 안정성을 위한 조건을 임펄스 응답으로 표현할 수 있다. 즉, LTI 시스템이 안정하기 위한 필요 충분 조건은 다음과 같다.

$$\int_{-\infty}^{\infty} |h(t)|\, dt < \infty \tag{3.18}$$

3.5 전달함수(Transfer Function)

선형 시스템의 전달함수 $H(s)$는 임펄스 응답 $h(t)$의 Laplace 변환으로 정의된다. 그런데 출력은 임펄스 응답과 입력과의 컨볼루션 적분으로 표현되므로, 즉

$$y(t) = h(t) * x(t) \tag{3.19}$$

이므로, Laplace 변환의 성질에 의하여

$$Y(s) = H(s)X(s) \tag{3.20}$$

와 같이 표현할 수 있다. 따라서 전달함수는

$$H(s) = \frac{Y(s)}{X(s)} \tag{3.21}$$

와 같이 출력의 Laplace 변환을 입력의 Laplace 변환으로 나눈 것과 같다. 그러므로 시스템의 임펄스 응답을 구하기 위하여 입력을 임펄스 함수로 하고 미분방정식을 푸는 대신 s-영역에서 입출력 관계를 통해 전달함수를 구한 다음 Laplace 역변환을 해도 된다.

이번에는 입-출력 미분방정식과 전달함수와의 관계에 대해 알아 보자. 예를 들어 다음과 같은 2계 미분방정식으로 표현되는 시스템이 있다고 하자.

$$c_1 \frac{dy^2(t)}{dt^2} + c_2 \frac{dy(t)}{dt} + c_3 y(t) = d_1 \frac{dx(t)}{dt} + d_2 x(t) \tag{3.22}$$

여기서 $x(t)$는 입력 신호이고 $y(t)$는 출력 신호이다. 양변을 c_1으로 나누어주면 위의 식은 다음과 같이 표현된다.

$$\frac{dy^2(t)}{dt^2} + a_1 \frac{dy(t)}{dt} + a_2 y(t) = b_1 \frac{dx(t)}{dt} + b_2 x(t) \tag{3.23}$$

양변에 Laplace 변환을 취하면 다음과 같다.

$$\left[s^2 Y(s) - sy(0) - \dot{y}(0)\right] + a_1\left[sY(s) - y(0)\right] + a_2 Y(s) = b_1\left[sX(s) - x(0)\right] + b_2 X(s) \tag{3.24}$$

시스템의 초기조건을 모두 0으로 가정하면 시스템의 출력은 다음과 같이 된다.

$$Y(s) = \frac{b_1 s + b_2}{s^2 + a_1 s + a_2} X(s) \tag{3.25}$$

그러므로 전달함수는

$$H(s) = \frac{Y(s)}{X(s)} = \frac{b_1 s + b_2}{s^2 + a_1 s + a_2} \tag{3.26}$$

가 된다. 이와 같이 미분방정식의 차수와 계수만 알면 쉽게 전달함수를 구할 수 있다.

좀더 확장하여 식 (3.7)의 미분방정식으로 표현되는 시스템의 전달함수는

$$H(s)=\frac{b_0 s^m + b_1 s^{m-1} + \cdots + b_m}{s^n + a_1 s^{n-1} + a_2 s^{n-2} + \cdots + a_n} \tag{3.27}$$

와 같다는 것을 알 수 있다.

전달함수의 분모다항식을 0으로 하는 근을 극점(pole)이라 하고, 분자다항식을 0으로 하는 근을 영점(zero)이라 하는데, 전달함수의 극점 및 영점의 위치에 따라 시스템의 안정도 및 동작이 영향을 받는다. 예를 들어 전달함수의 극점 중 한 개라도 0보다 크다면 그 시스템은 불안정하다. 이 경우 서브 시스템을 추가하여 피드백 시스템을 구성하면 전체 전달함수의 극점이 이동하여 시스템을 안정화시키는 것이 가능하다.

3.6 Laplace 변환을 이용한 시스템 해석

3.6.1 미분방정식으로 표현된 시스템의 해

앞서 시스템을 표현하는 방법으로 미분방정식을 설명하였다. 입력이 주어지면 미분방정식의 해를 구하여 출력을 구할 수 있다. 그런데 문제는 미분방정식의 차수가 높아질수록 해를 구하기 어렵다는 것이다. 미분방정식의 해를 구하는 데 Laplace 변환을 사용하는 것이 가능하다. Laplace 변환을 미분방정식에 적용하면 미분방정식이 대수방정식으로 되어 해를 구하기가 쉽다. 대수방정식의 해를 구한 다음 Laplace 역변환을 취하면 시간영역에서의 해를 구할 수 있다.

다음과 같은 2계 미분방정식으로 표현되는 시스템을 고려해 보자.

$$\frac{dy^2(t)}{dt^2}+a_1\frac{dy(t)}{dt}+a_2 y(t)=b_1\frac{dx(t)}{dt}+b_2 x(t) \tag{3.28}$$

양변에 Laplace변환을 취하면

$$\left[s^2Y(s)-sy(0)-\dot{y}(0)\right]+a_1\left[sY(s)-y(0)\right]+a_2Y(s)=b_1\left[sX(s)-x(0)\right]+b_2X(s) \tag{3.29}$$

이 된다. 위의 식은 대수방정식이므로 쉽게 $Y(s)$를 구할 수 있다. 초기조건이 모두 0이라면 식 (3.29)에 대한 해는 다음과 같이 된다.

$$Y(s) = H(s)X(s) \tag{3.30}$$

여기서

$$H(s) = \frac{b_1 s + b_2}{s^2 + a_1 s + a_2} \tag{3.31}$$

는 전달함수이다. 그러므로 초기조건이 0인 시스템의 출력은 식 와 같이 $Y(s)$를 구한 다음 Laplace 역변환을 취하여 $y(t)$를 구하면 된다.

만일 초기 조건이 0이 아닌 경우에는 식 로부터 $Y(s)$가 다음과 같이 표현할 수 있다.

$$Y(s) = H(s)X(s) + \frac{sy(0) + \dot{y}(0) + a_1 y(0) - b_1 x(0)}{s^2 + a_1 s + a_2} \tag{3.32}$$

예제 3.1 스텝 응답

다음의 미분방정식으로 표현되는 시스템에서 입력이 $u(t)$ 및 $u(t-2)$인 경우 출력을 구하라. 초기조건은 0으로 가정하라. SIMULINK 모델을 만들 때 직접 미분방정식을 표현하는 방법과 Laplace 변환을 이용한 전달함수 표현 방법의 두 가지를 사용하라.

$$\frac{dy^2(t)}{dt^2} + 2\frac{dy(t)}{dt} + 2y(t) = 2x(t) \tag{3.33}$$

풀이

(a) 미분방정식을 직접 표현하여 해를 구하는 방법

식 (3.33)의 미분방정식을 블록 다이어그램으로 구성하기 위해

$$\ddot{y}(t) = -2\dot{y}(t) - 2y(t) + 2x(t) \tag{3.34}$$

와 같이 표현할 수 있으며, 이를 SIMULINK 블록 다이어그램으로 구성하면 그림 3.4(a)와 같다. 여기서 Fcn 블록은 입력이 $u(1) = x, u(2) = y, u(3) = dy/dt$이므로 $2*u(1) - 2*u(2) - 2*u(3)$로 결정하면 된다. 초기조건을 모두 0으로 가정하였으므로 두 적분기의 초기 조건을 0으로 설정한다. 입력이 단위 계단 함수이므로 sources 라이브러리에서 step 신호를 입력으로 인가하면 된다. 시뮬레이션을 실행하면 그림 (b)와 같은 결과가 얻어진다. 입력을 시간 $t = 2$에서 인가하는 경우에 대한 출력을 구하기 위해서는 시뮬레이션 모델에서 스텝 입력 블록의 파라미터를 Step time = 2로 하여 실행하면 된다. 이렇게 하여 얻을 결과를 그림 (c)에 보인다.

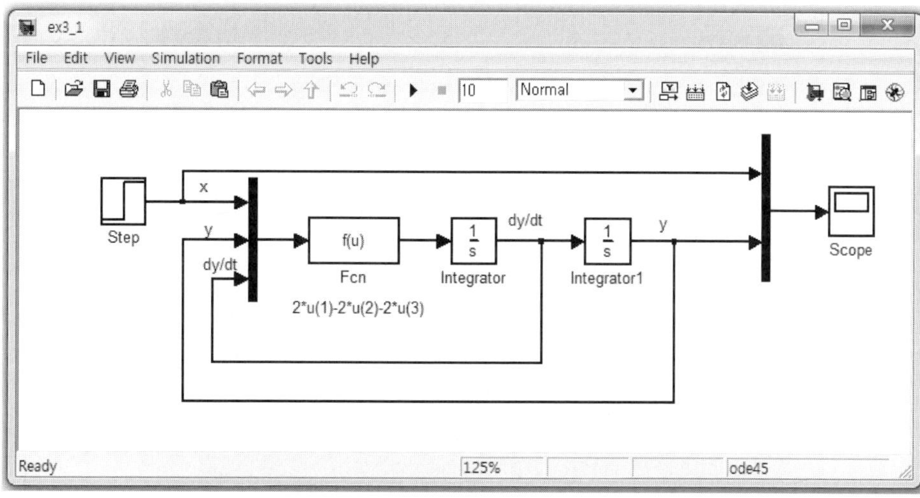

(a) 미분방정식을 직접 표현한 모델(ex3_1.mdl)

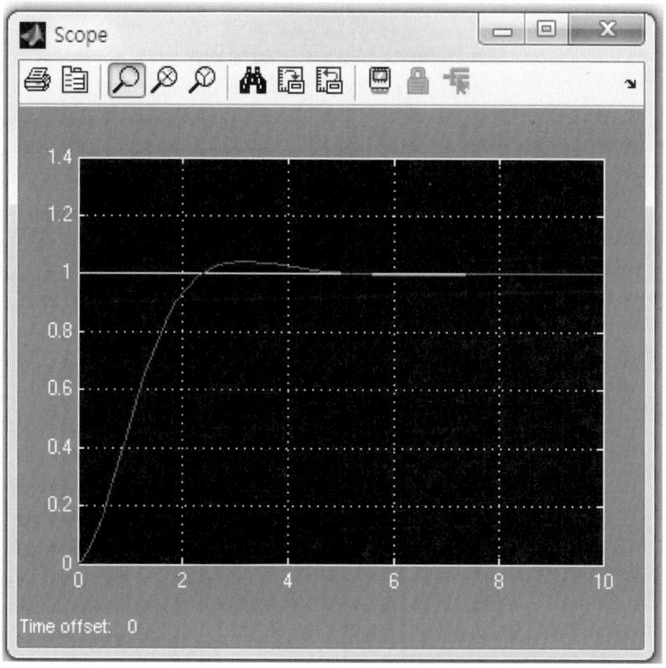

(b) $u(t)$에 대한 응답

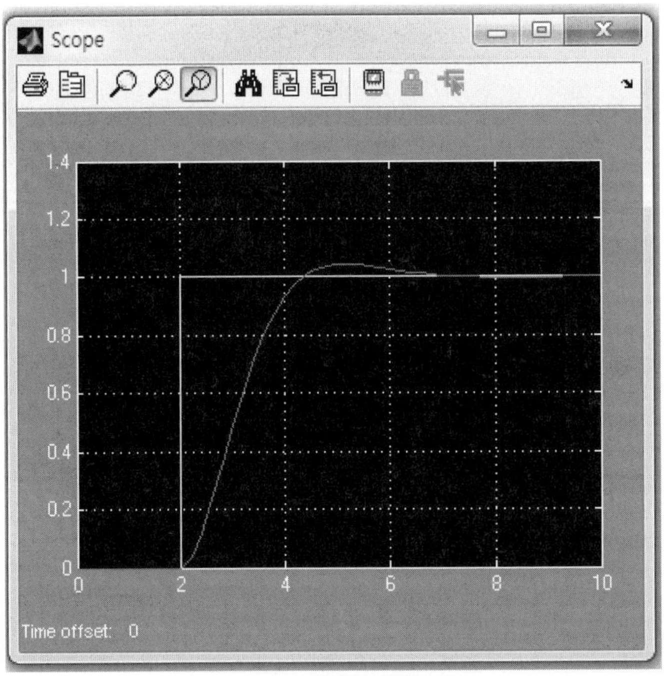

(c) $u(t-2)$ 에 대한 응답

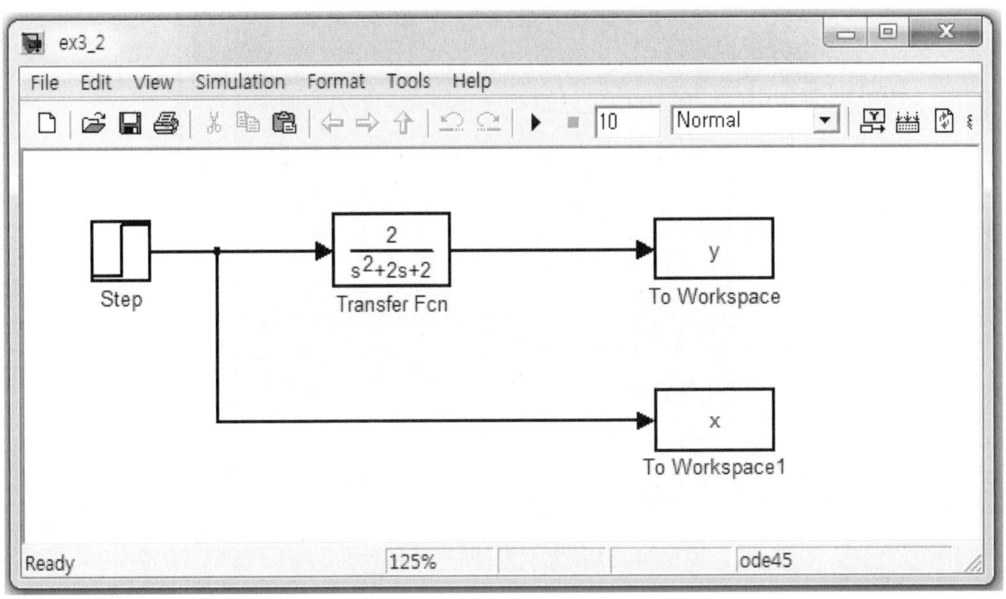

(d) 전달함수를 사용한 모델(ex3_2.mdl)

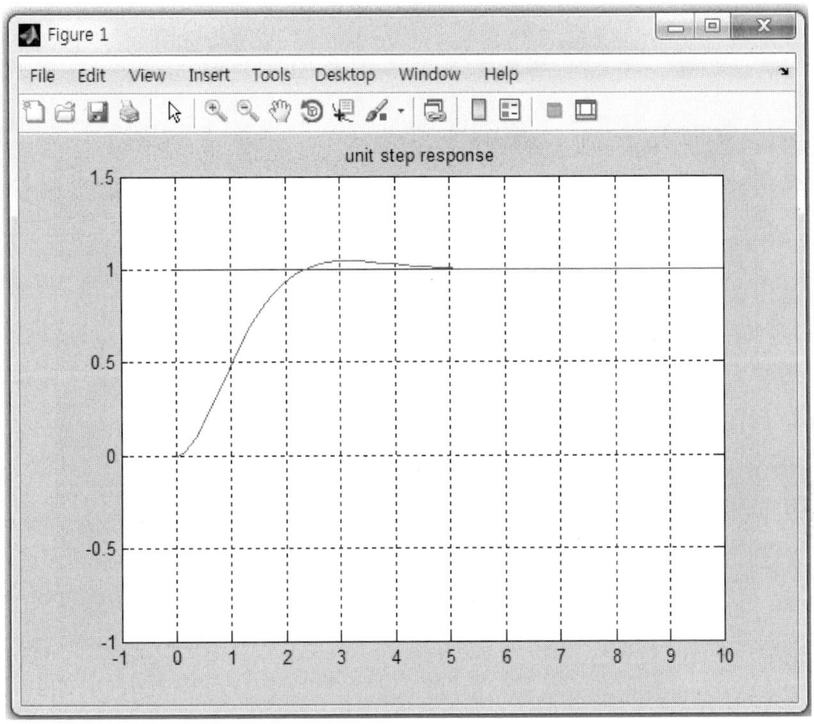

(e) $u(t)$ 에 대한 응답을 MATLAB Figure window에 그린 결과

[그림 3.4] 미분방정식 의 해를 구하기 위한 SIMULINK 모델 및 실행 결과

(b) Laplace 변환을 이용한 방법

주어진 시스템을 전달함수로 표현하면

$$H(s) = \frac{2}{s^2 + 2s + 2} \tag{3.35}$$

과 같다. 초기 조건이 0이므로 출력은 다음 식과 같이 표현된다.

$$Y(s) = H(s) \cdot X(s) \tag{3.36}$$

SIMULINK model window에서 그림 3.4(d)와 같이 블록을 연결한다. 이번에는 데이터를 MATLAB workspace로 보내고 plot 명령을 사용하여 그림을 그려 보도록 하자. 그림 (d)의 모델(ex3_2.mdl)을 실행시킨 다음 MATLAB command window에서 "whos" 명령문을 입력하여 workspace에 신호가 저장된 것을 확인한다.

```
>> whos
  Name        Size            Bytes  Class     Attributes

  tout       57x1               456  double
  x           1x1              1562  struct
  y           1x1              1560  struct
```

여기서 신호 x와 y는 구조체임을 알 수 있으며 workspace에서 변수를 더블클릭 하여 구조체를 확인할 수 있다. 다음으로 아래와 같은 명령문을 실행하면 그림 3.4 (e)의 결과를 얻는다.

```
>> plot(tout,x.signals.values,'b',tout,y.signals.values,'r');
>> axis([-1 10 -1 1.5]);
>> grid;
>> title('unit step response');
```

연습 3.1

예제 3.1에서 초기조건이 $y(0)=0.25, \dot{y}(0)=0$ 를 가정하고 해를 구하라.

3.6.2 전달함수의 다항식 표현과 극점 및 영점 표현

전달함수는 식 (3.37)과 같이 분자다항식(numerator polynomial) 및 분모다항식(denominator polynomial)으로 표현할 수도 있지만 식 과 같이 극점(pole) 및 영점(zero)을 사용하여 표현할 수 있다.

$$H(s)=\frac{b_0 s^m + b_1 s^{m-1} + \cdots + b_m}{s^n + a_1 s^{n-1} + a_2 s^{n-2} + \cdots + a_n} \tag{3.37}$$

$$H(s)=\frac{b_0 (s-z_1)\cdot(s-z_2)\cdots(s-z_m)}{(s-p_1)\cdot(s-p_2)\cdots(s-p_n)} \tag{3.38}$$

분모다항식을 0으로 하는 근을 극점이라 하고 분자다항식을 0으로 하는 근을 영점이라 한다. 전달함수의 표현을 다항식 형태에서 극점/영점 표현으로 변환시키거나 또는 반대 방향으로 변환시키는데 MATLAB 함수를 사용할 수 있다. 다항식의 근을 구하는데 사용하는 함수는 roots이며, 이를 이용하여 극점과 영점을 쉽게 구할 수 있다. 이 함수의 사용법은 다음과 같다.

```
>> roots(C)  %Find polynomial roots
```

여기서 C는 다항식의 계수들로 구성된 벡터이다. 예를 들어 N 차 다항식의 경우 벡터 C는 N+1 개의 원소를 갖고, C(1)이 다항식의 최고차 항의 계수이다.

이와 반대로 2차방정식에서 근을 알고 있는 경우 2차방정식을 다항식으로 표현하고자 할 때 MATLAB의 conv 함수를 사용하면 편리하다. 이 함수의 사용법은 다음과 같다.

```
>> conv(A, B)  %Convolution and polynomial multiplication
```

이 함수를 실행하면 벡터 A와 벡터 B의 convolution을 출력한다. 출력 벡터는 길이가 MAX({length(A)+length(B)-1, length(A), length(B)})가 된다. 만일 A, B가 다항식의 계수를 표현하는 벡터인 경우 convolution 연산 결과는 두 다항식을 곱한 것과 동등하다. 이 conv 함수를 연속적으로 적용하면 고차 다항식으로 전개할 수 있다.

예제 3.2 다항식의 곱

다음과 같은 다항식의 곱을 MATLAB 함수를 사용하여 구하라.

(a) $(s+2)\cdot(s+4)$

(b) $(s^2+4s+3)\cdot(s-2)$

(c) $(s+1)\cdot(s+3)\cdot(s+5)$

풀이

(a) MATLAB command window에서 다음과 같이 명령문을 실행하면

```
>> conv([1 2], [1 4])
ans =
     1     6     8
```

를 얻는다. 이것이 결과 다항식의 계수이므로 답은 s^2+6s+8이 된다는 것을 알 수 있다.

(b) MATLAB command window에서 다음과 같이 명령문을 실행하면

```
>> conv([1 4 3], [1 -2])
ans =
     1     2    -5    -6
```

를 얻는다. 이것이 결과 다항식의 계수이므로 답은 s^3+2s^2-5s-6이 된다는 것을 알 수 있다.

(c) MATLAB command window에서 다음과 같이 명령문을 실행하면

```
>> conv(conv([1 1], [1 3]), [1 5])
ans =
     1     9    23    15
```

를 얻는다. 이것이 결과 다항식의 계수이므로 답은 $s^3+9s^2+23s+15$ 이 된다는 것을 알 수 있다.

예제 3.3

어떤 전달함수의 영점이 -1이고 극점이 1, -3, -4라고 하자. 이 전달함수를 다항식 형태로 표현하라.

풀이

영점이 -1이므로 분자다항식은 $s+1$ 이 된다. 극점이 1, -3, -4이므로 분모다항식은 $(s-1)(s+3)(s+4)$ 가 된다. Command window에서 다음을 실행하면

```
>> conv(conv([1 -1], [1 3]), [1 4])
ans =
     1     6     5   -12
```

가 되므로 분모다항식은 $s^3+6s^2+5s-12$ 가 된다는 것을 알 수 있다. 따라서 답은

$$H(s)=\frac{b_0(s+1)}{s^3+6s^2+5s-12} \tag{3.39}$$

가 된다.

예제 3.4 다음과 같이 표현되는 전달함수의 극점과 영점을 구하라.

(a) $H(s)=\dfrac{s+1}{s^3+6s^2+5s-12}$

(b) $H(s)=\dfrac{s-3}{s^2+4s+8}$

풀이

(a) MATLAB command window에서 다음과 같이 명령문을 실행하면

```
>> roots([1   6   5   -12])
ans =
    -4.0000
    -3.0000
     1.0000
```

를 얻는다. 결과적으로 영점은 -1, 극점은 1, -3, -4가 되어 예제 3.3과 일치한다.

(b) MATLAB command window에서 다음과 같이 명령문을 실행하면

```
>> roots([1 4 8])
ans =
   -2.0000 + 2.0000i
 -2.0000 - 2.0000i
```

를 얻는다. 결과적으로 영점은 3, 극점은 $-2 \pm j2$가 된다는 것을 알 수 있다.

이제 SIMULINK에서 전달함수를 다루는 방법을 알아 보자. Continuous 라이브러리를 보면 "Transfer Fcn" 블록과 "Zero-Pole" 블록이 있는데, 전자는 전달함수가 분자 및 분모 다항식으로 표현된 경우 사용하는 블록이고, 후자는 전달함수의 극점과 영점이 주어진 경우 사용하는 블록이다.

Transfer Fcn 블록

이 블록을 사용하기 위해서는 분자 다항식과 분모 다항식을 설정해야 한다. Configuration parameters 메뉴에서 분자다항식의 계수와 분모다항식의 계수를 넣어주면 된다. 예를 들어 Numerator = [1 2], Denominator = [1 3 4]로 설정하는 경우 전달함수는

$$H(s) = \frac{s+2}{s^2+3s+4} \tag{3.40}$$

가 된다.

Zero-Pole 블록

이 블록을 사용하기 위해서는 전달함수의 pole과 zero의 위치를 지정해야 한다. Configuration parameters 메뉴에서 Zeros, Poles, Gain을 설정한다. 예를 들어 Zeros = [1 3], Poles = [0 -2 -3], Gain = [2]를 입력하면 전달함수는

$$H(s) = \frac{2(s-1)(s-3)}{s(s+2)(s+3)} \tag{3.41}$$

가 된다.

예제 3.5

전달함수가 식 (3.40) 및 식 (3.41)과 같은 시스템에 대하여 단위 스텝 응답을 구하는 SIMULINK 모델을 구성하고 결과를 그려 보라.

풀이

식 (3.40)의 전달함수는 Transfer Fcn 블록을 사용하고 식 (3.41)의 전달함수는 Zero-Pole 블록을 사용하도록 하자. 그림 3.5에 블록 다이어그램과 Transfer Fcn 블록 및 Zero-Pole 블록의 파라미터 설정을 보인다. 그림 (d)를 시뮬레이션 실행 결과를 보인다. 블록 다이어그램에서 위의 시스템은 안정적이지만 아래 시스템은 bounded input에 대하여 출력이 계속 증가하므로 불안정하다는 것을 알 수 있다.

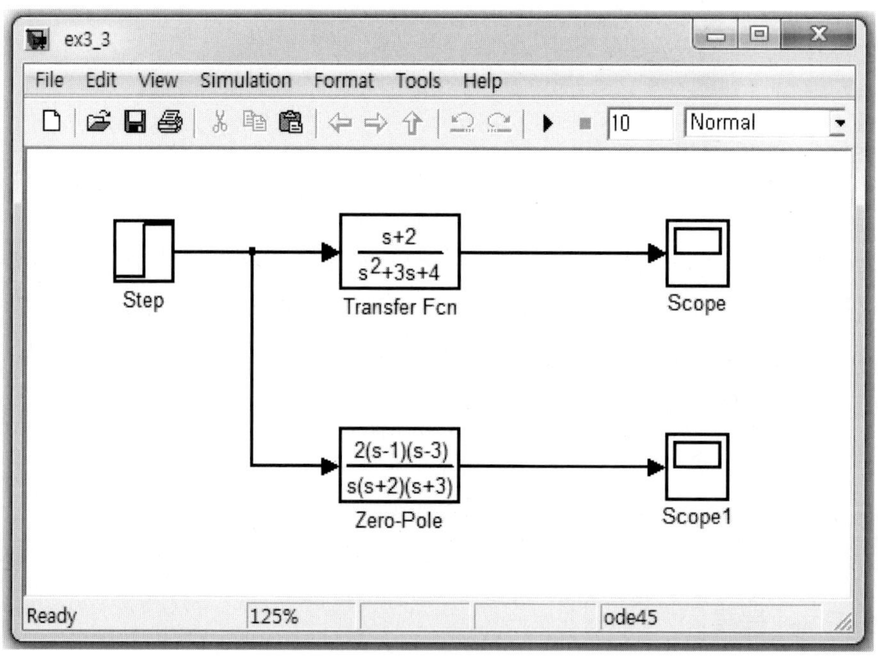

(a) 전달함수가 식 (3.40)인 시스템과 식 (3.41)인 시스템의 모델

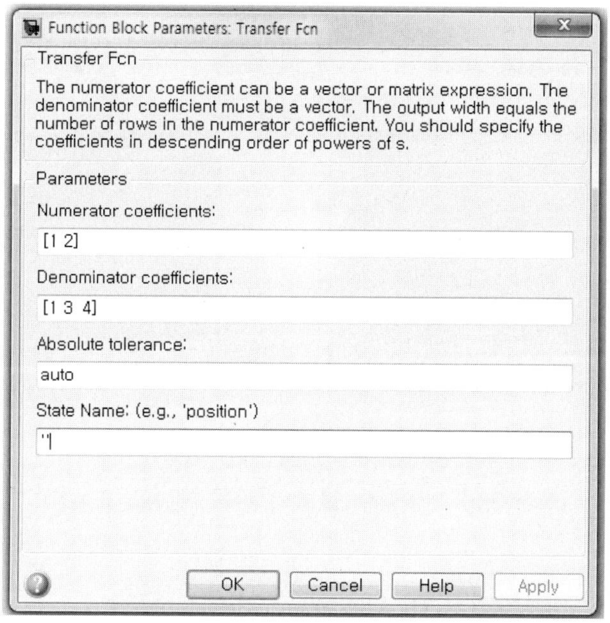

(b) Transfer Fcn 블록 파라미터 설정

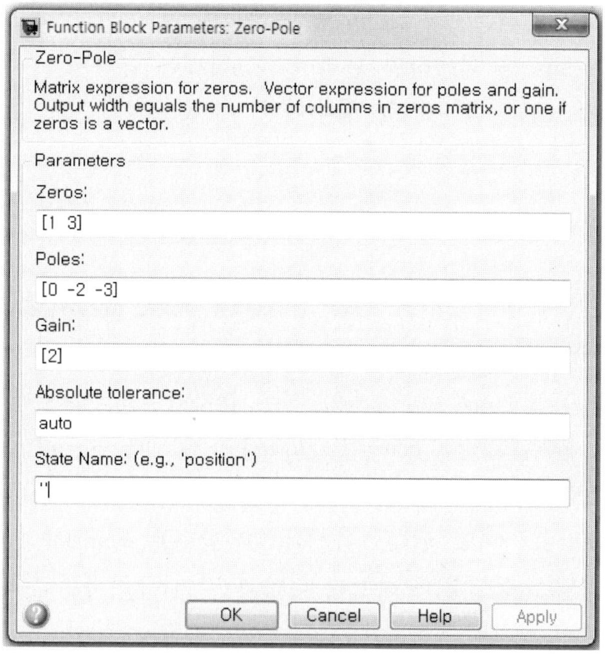

(c) Zero-Pole 블록 파라미터 설정

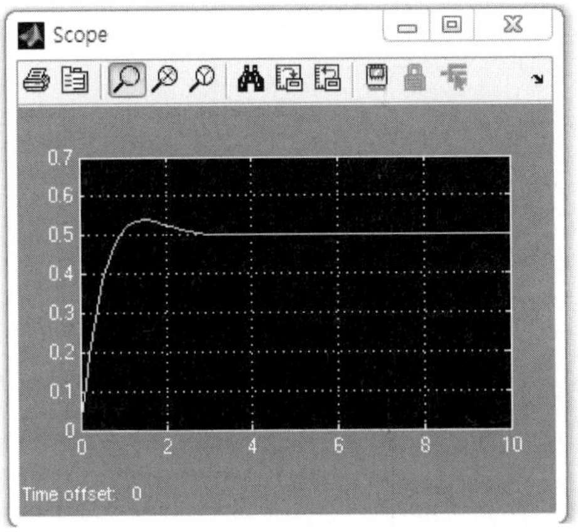

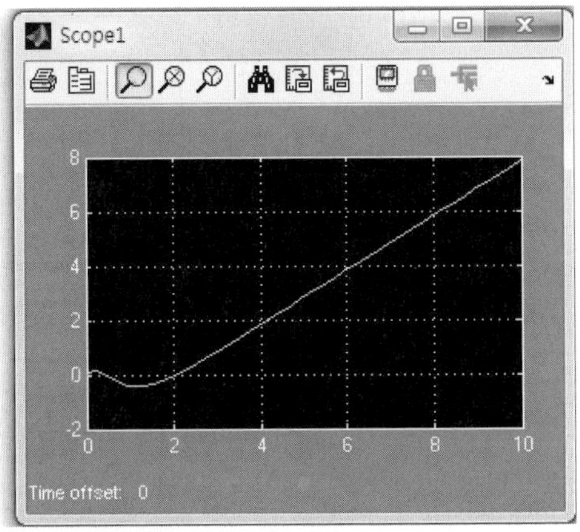

(d) 각 시스템의 스텝 응답

[그림 3.5] 전달함수 블록의 사용 예(ex3_3.mdl)

3.6.3 Laplace 역변환과 LTI 시스템의 임펄스 응답

시스템의 해석을 Laplace 변환을 이용하여 하는 경우 원하는 해가 s-domain에서 얻어진다. 즉 전달함수 $H(s)$ 또는 출력의 Laplace 변환 $Y(s)$를 얻게 되는데, 시간 영역에서의 응답을 구하기 위해서는 Laplace 역변환을 해야 한다. Laplace 역변환을 연산하는데 MATLAB 함수 impluse를 이용하면 편리하다. Impulse 함수는 LTI 시스템의 전달함수가 주어졌을 때 임펄스 응답을 구하는 함수이며, 사용법은 다음과 같다.2)

```
impulse(SYS)
impulse(SYS, TIME)
```

여기서 SYS는 전달함수이며 TIME은 시간 벡터이다. SYS는 분자다항식 계수 벡터와 분모다항식 계수 벡터를 사용하여 표현하면 된다. 예를 들어 분자다항식이 $N(s)=s^2+b_1s+b_2$이고 분모다항식이 $D(s)=s^3+a_1s^2+a_2s+a_3$인 경우 분자다항식 계수 벡터를 $\text{num}=[1\ b_1\ b_2]$으로, 분모다항식 계수 벡터를 $\text{den}=[1\ a_1\ a_2\ a_3]$라 할 때, impulse 함수 내의 SYS를 (num, den) 형식으로 써주면 된다. 다른 방법으로 MATLAB 함수인 TF를 이용하여 tf(nem, den)방식으로 표현해도 된다. 여기서 TF 함수는 Transfer Function을 표현하는 함수이다. 따라서 임펄스 응답을 구하는데 다음과 같이 표현하면 된다.

2) MATLAB의 impulse 함수는 임펄스 응답을 구하는 함수라기보다 Laplace 역변환을 구하는 함수라고 하는 게 더 정확하다. 분자 및 분모 다항식이 주어졌을 때 Laplace 역변환을 계산하여 시간영역 신호를 넘겨 준다.

```
impulse(num, den) 또는
impulse(tf(num, den))
```

예제 3.6 임펄스 응답

전달함수가 $H(s) = 1/(s+1)$ 인 경우 임펄스 응답을 구하고 그려 보라.

풀이

위의 전달함수에 대한 임펄스 응답은 $h(t) = e^{-t}u(t)$라는 것은 쉽게 알고 있다. 이를 MATLAB을 사용하여 확인해 보도록 하자. $H(s) = 1/(s+1)$이므로 num = [1], den = [1 1] 라는 것을 알 수 있다. MATLAB command window에서 다음과 같이 실행해 보자.

```
>> H = tf([1], [1  1])
Transfer function:
  1
-----
s + 1
>>
>> h = impulse(H);
>> plot(h);
>>
```

결과로 그림 3.6을 얻는 것을 확인할 수 있으며, 이는 $h(t) = e^{-t}u(t)$ 와 일치한다.

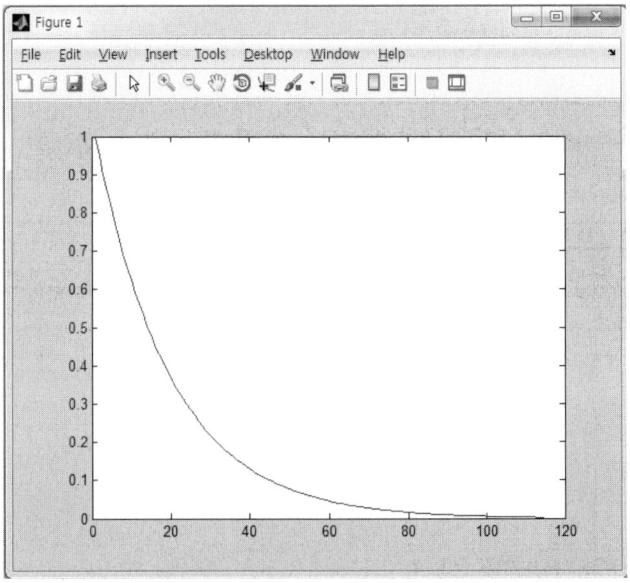

[그림 3.6] $H(s) = 1/(s+1)$ 의 임펄스 응답

MATLAB command window에서 다음과 같이 명령문을 실행해도 동일한 결과가 얻어진다.

```
>> h = impulse([1], [1 1]);
```

예제 3.7 임펄스 응답

전달함수가 다음과 같은 경우 임펄스 응답을 구하고 그려 보라.

$$H(s) = \frac{s+2}{s^2+4s+3} \tag{3.42}$$

풀이

위의 전달함수에 대한 임펄스 응답을 수식 전개로 먼저 풀어 보자. 부분인수확장(partial fraction expansion)을 사용하여 전개하면 다음과 같이 된다.

$$H(s) = \frac{s+2}{s^2+4s+3} = \frac{s+2}{(s+1)(s+3)} = \frac{1}{2}\cdot\frac{1}{s+1} + \frac{1}{2}\cdot\frac{1}{s+3} \tag{3.43}$$

따라서 임펄스 응답은 다음과 같다.

$$h(t) = \frac{1}{2}\left(e^{-t} + e^{-3t}\right)u(t) \tag{3.44}$$

이 결과를 MATLAB을 사용하여 확인해 보도록 하자. 주어진 전달함수에 대해 $\text{num} = [1 \quad 2]$, $\text{den} = [1 \quad 4 \quad 3]$이라는 것을 알 수 있다. MATLAB command window에서 다음과 같이 실행해 보자.

```
>> num = [1 2];
>> den = [1 4 3];
>> t = 0:0.1:10;
>> h1 = impulse(num, den, t);
>> h2 = 0.5*exp(-t) + 0.5*exp(-3*t);
>> plot(t,h1,t,h2,'o')
>> xlabel('time (t)')
>> ylabel('impulse response h(t)')
>> grid
```

결과로 그림 3.7을 얻는 것을 확인할 수 있으며, 이는 식 (3.44)와 일치한다.

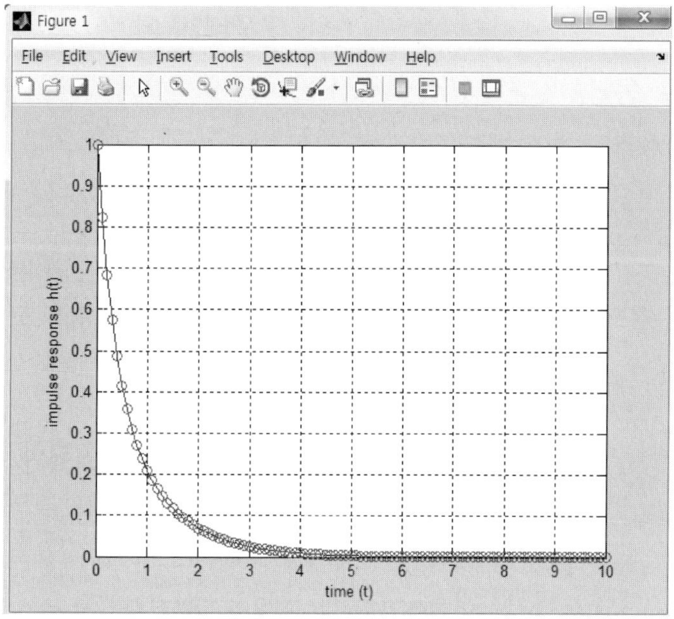

[그림 3.7] 식의 전달함수를 갖는 시스템의 임펄스 응답

연습 3.2

전달함수가 다음과 같은 경우 임펄스 응답을 구하고 그려 보라.

$$H(s) = \frac{5(s+2)(s+3)}{(s+1)(s+4)(s+5)} \tag{3.45}$$

3.6.4 LTI 시스템의 응답

LTI 시스템의 전달함수 $H(s)$를 알고 있는 경우 주어진 입력에 대한 출력을 MATLAB 함수 및 SIMULINK 모델을 이용하여 구하는 예제를 다루어 보자. 시스템의 초기조건이 0인 경우 시스템의 출력은

$$Y(s) = H(s)X(s) \tag{3.46}$$

가 되는데, $Y(s)$를 구한 다음 Laplace 역변환 연산을 하면 된다. 예제 3.8에서는 전달

함수가 주어졌을 때 램프 입력에 대한 출력을 MATLAB 함수를 사용하여 구해 보고, 예제 3.9에서는 동일한 예제를 SIMULINK를 사용하여 구해 본다.

예제 3.8 램프 응답

전달함수가 다음과 같다고 하자.

$$H(s) = \frac{s+4}{s^2+4s+3} \tag{3.47}$$

입력으로 단위 램프 함수 즉 $x(t) = r(t) = tu(t)$ 가 주어진 경우 출력을 구하고 그려 보라.

풀이

위의 전달함수에 대한 출력을 수식 전개로 먼저 풀어 보자. 입력이 단위 램프 함수인 경우 Laplace 변환은 $X(s) = 1/s^2$ 이 된다. 출력의 Laplace 변환은

$$Y(s) = H(s)X(s) = \frac{s+4}{s^2+4s+3} \cdot \frac{1}{s^2} = \frac{s+4}{s^4+4s^3+3^2} \tag{3.48}$$

와 같다. 그러므로 $Y(s)$ 를 num = [1 4], den = [1 4 3 0 0] 와 같이 분자 및 분모 다항식을 나타내는 계수 벡터로써 표현할 수 있다. 그 다음 impulse 함수를 사용하여 Laplace 역변환을 계산하면 된다. 결과가 옳게 나온 것인지 검증하기 위해 $Y(s)$ 를 부분인수확장(partial fraction expansion)을 사용하여 다음과 같이 전개해 보자.

$$\begin{aligned} Y(s) = H(s)X(s) &= \frac{s+4}{s^2+4s+3} \cdot \frac{1}{s^2} = \frac{s+4}{s^2(s+1)(s+3)} \\ &= \frac{A_1}{s} + \frac{A_2}{s^2} + \frac{A_3}{s+1} + \frac{A_4}{s+3} \end{aligned} \tag{3.49}$$

위의 식에서 계수를 구하면 다음과 같다.

$$A_1 = -\frac{13}{9}, A_2 = \frac{4}{3}, A_3 = \frac{3}{2}, A_4 = -\frac{1}{18} \tag{3.50}$$

따라서 출력은 다음과 같다.

$$y(t) = \left(-\frac{13}{9} + \frac{4}{3}t + \frac{3}{2}e^{-t} - \frac{1}{18}e^{-3t}\right)u(t) \tag{3.51}$$

MATLAB command window에서 다음과 같이 실행하여 MATLAB 함수를 사용하여 구한 출력이 식 (3.51)과 같이 나오는지 확인해 보자.

```
>> num = [1 4];
den = [1 4 3 0 0];
t = 0:0.2:10;
y1 = impulse(num, den, t);
y2 = -13/9 + (4/3)*t + (3/2)*exp(-t) - (1/18)*exp(-3*t);
plot(t,y1, 'r', t,y2,'o')
xlabel('time (t)')
ylabel('y(t)')
grid;
title('Ramp Response')
>>
```

위의 script 를 실행하면 결과로 그림 3.8이 얻어지는데, y1이 식 (3.51)을 나타내는 y2와 일치한다는 것을 알 수 있다.

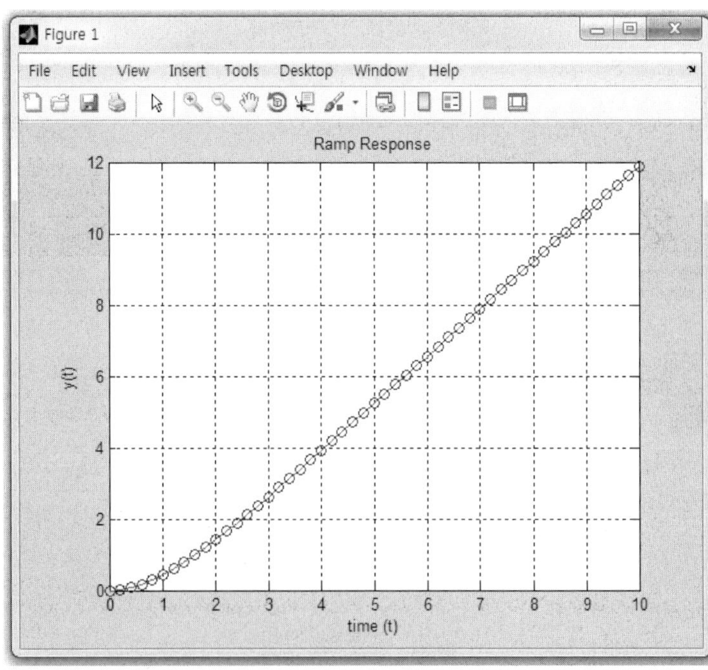

[그림 3.8] 램프 응답

위의 연산을 MATLAB 함수인 LSIM을 사용하면 쉽게 구할 수 있다. LSIM은 LTI 시스템에 대하여 임의의 입력에 대한 출력을 계산해 준다. 함수의 사용법은

```
>> lsim(SYS,U,T)
```

와 같다. 여기서 SYS는 시스템 모델(전달함수), U는 입력 신호, T는 시간 벡터이다.

예제 3.9 SIMULINK를 이용한 램프 응답 시뮬레이션

예제 3.8을 SIMULINK를 사용하여 구해 보라.

풀이

그림 3.9(a)와 같이 블록을 구성해 본다. Workspace에서 확인해 보면 x와 y가 생성되어 있는 것을 확인할 수 있다. x를 더블클릭 해 보면 그림 (b)와 같은 구조체를 갖는 것을 확인할 수 있다. Signals를 다시 더블클릭 하면 그림 (c)와 같은 구조체를 다시 볼 수 있다. 여기서도 우리가 필요로 하는 것은 values이다. y도 동일한 구조체를 갖는다는 것을 확인할 수 있다. 입력 신호와 출력 신호를 그리기 위하여 command window에서 다음과 같이 명령문을 실행하면 그림 (d)의 결과를 얻을 수 있다.

```
>> plot(tout,x.signals.values,'b',tout,y.signals.values,'r')
>> axis([0 10 0 10]);
>> grid;
```

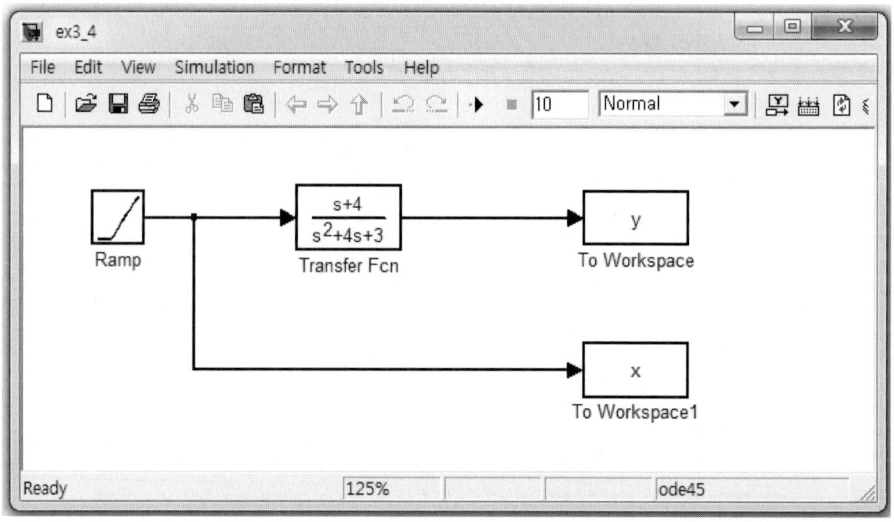

(a)

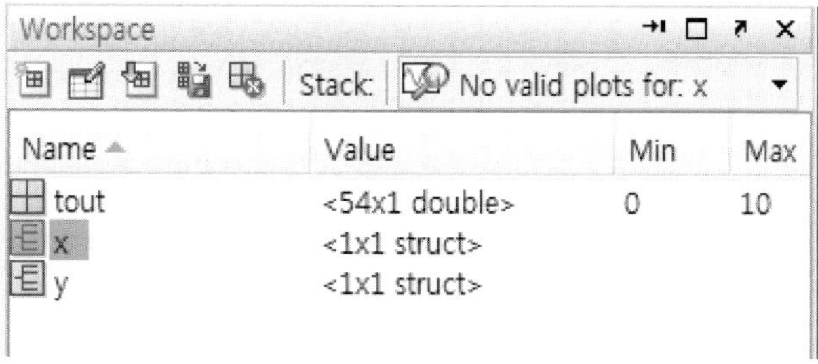

(b)

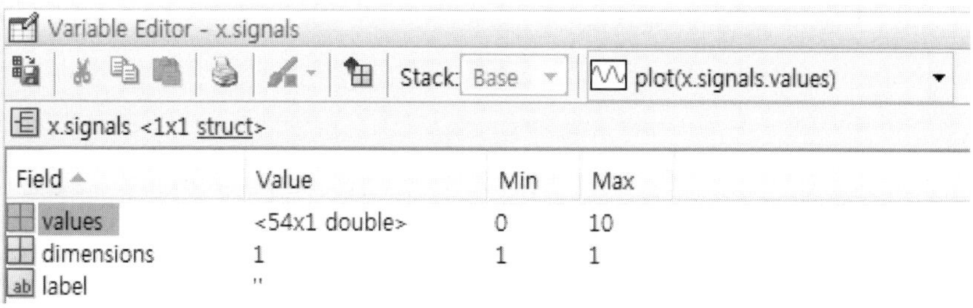

(c)

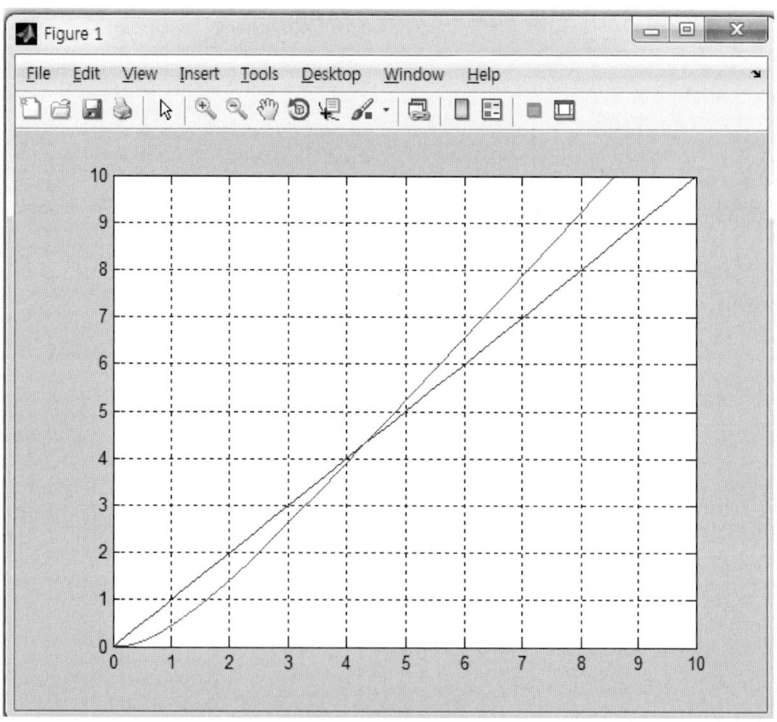

(d)

[그림 3.9] SIMULINK를 이용한 램프 응답의 계산(ex3_4.mdl)

3.7 Feedback 시스템의 시뮬레이션

여러 서브시스템들을 feedback 연결한 종합적인 시스템에 대해 SIMULINK를 이용하여 분석해 보도록 하자.

예제 3.10 제어 시스템의 분석

그림 3.10과 같이 블록 다이어그램으로 표현된 시스템에 대해 단위스텝 신호가 입력으로 주어지는 경우 출력을 구하라.

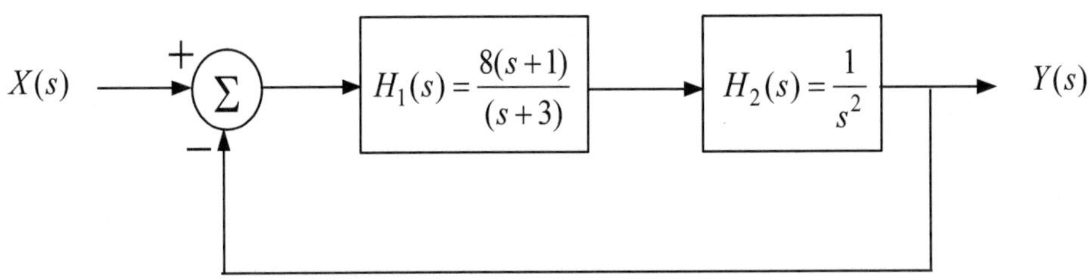

[그림 3.10] 선형 피드백 제어 시스템의 블록 다이어그램

풀이

그림 3.11(a)와 같이 블록들을 연결하고 주어진 서브시스템의 전달함수에 맞게 파라미터를 설정한다. Step 블록에서는 입력이 default로 1초에 인가되도록 되어 있다. 이 것을 0초에 인가되도록(Step time = 0) 수정한다. 다른 전달함수 블록에서도 파라미터를 수정해야 한다. Scope 블록을 더블 클릭하면 그림 (b)와 같은 결과를 얻을 수 있다. 필요하면 Autoscale 버튼을 누른다. Scope 블록을 통해 나타나는 그래프는 원하는 대로 조작하거나 label 등을 추가하기 어렵다. 이 경우 Workspace로 데이터를 보내서 plot을 통해 그래프를 그리는 것이 편리하다. 그림 (a)의 시스템에 대해 시뮬레이션을 실행한 결과로 만들어진 출력 신호 y가 workspace에 보내져 있다. MATLAB command window에서 아래와 같이 명령문을 실행하면 그림 (c)의 결과를 얻을 수 있다.

```
>> plot(tout,y.signals.values)
>> grid;
>> xlabel('time (sec)')
>> ylabel('output y(t)')
>> title('Feedback system simulation')
```

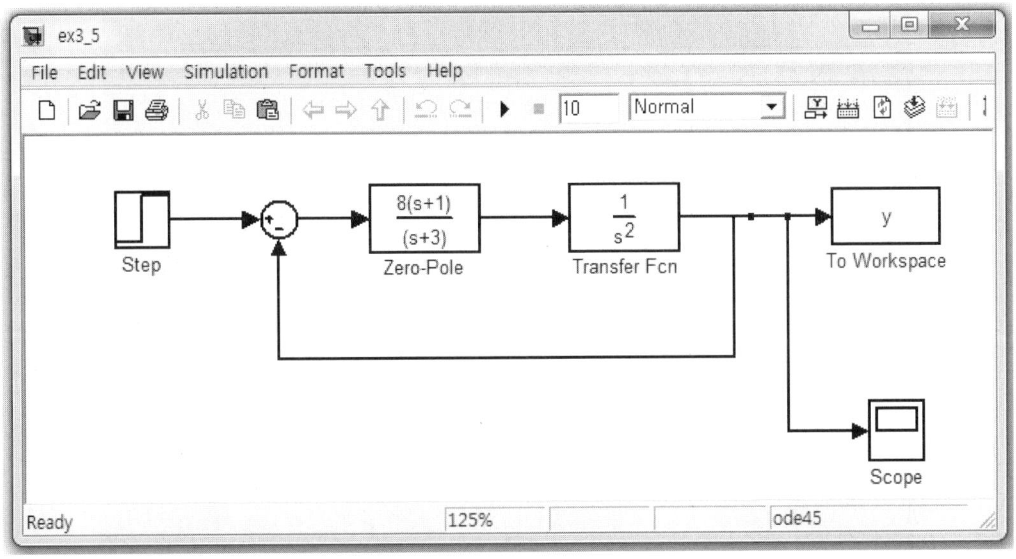
ex3_5
File Edit View Simulation Format Tools Help
10
Normal
8(s+1)
(s+3)
1
s2
y
Step
Zero-Pole
Transfer Fcn
To Workspace
Scope
Ready
125%
ode45

(a)

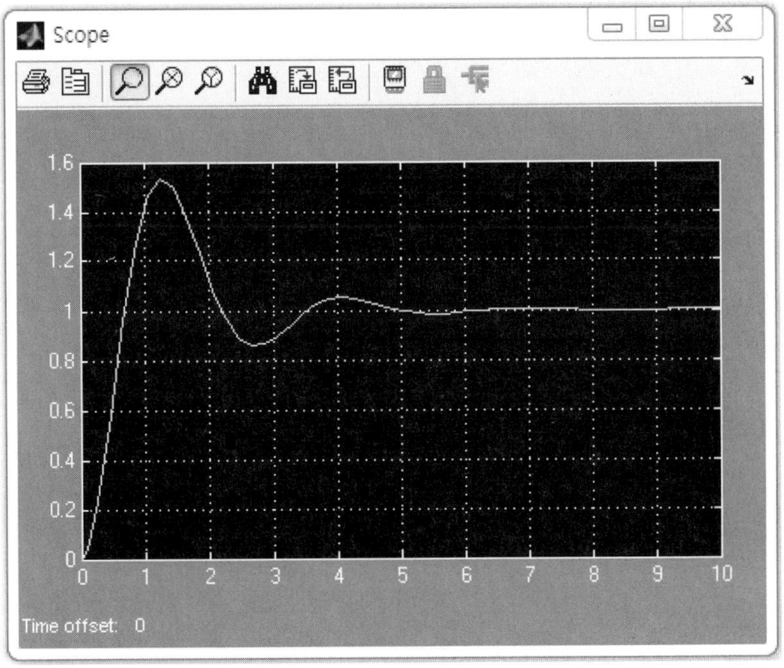
Scope
1.6
1.4
1.2
1
0.8
0.6
0.4
0.2
0
0
1
2
3
4
5
6
7
8
9
10
Time offset: 0

(b)

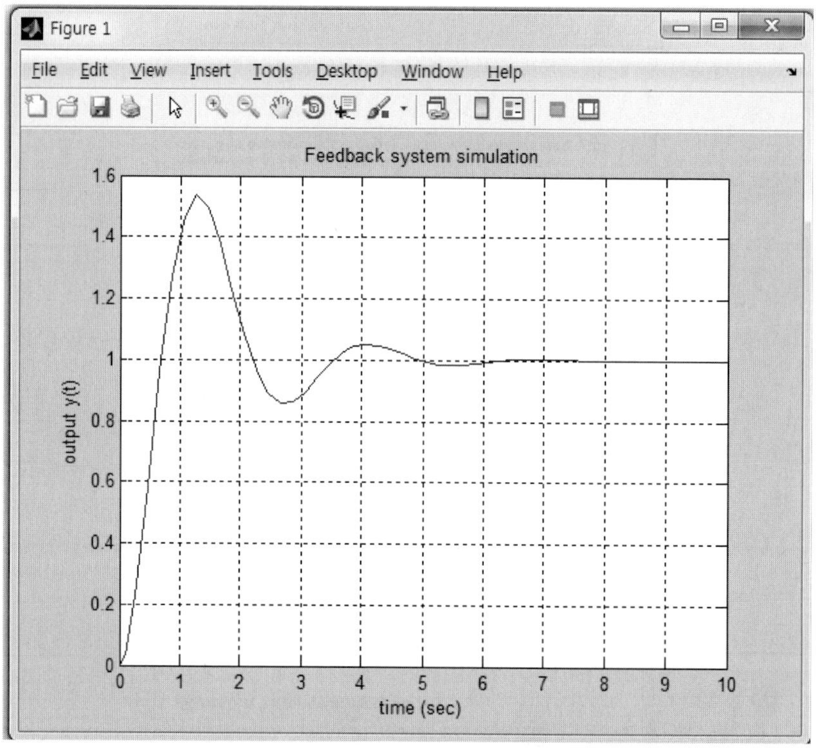

(c)

[그림 3.11] SIMULINK를 이용한 제어 시스템 시뮬레이션(ex3_5.mdl)

예제 3.11 시스템의 안정화

예제 3.5에서는 open loop 전달함수가

$$H_1(s) = \frac{2(s-1)(s-3)}{s(s+2)(s+3)} \tag{3.52}$$

와 같은 시스템은 스텝 입력에 대해 출력이 발산하여 불안정하다는 것을 알 수 있었다. 그림 3.12와 같이 전달함수가

$$H_2(s) = \frac{1}{s+4} \tag{3.53}$$

인 서브시스템을 피드백 이득으로 한 시스템을 구성하면 closed loop 시스템이 안정화되는 것을 확인하고자 한다. 그림 3.12(a)의 블록 다이어그램으로 표현된 시스템의 모델을 구성하고, 단위스텝 신호가 입력으로 주어지는 경우 출력을 구하라.

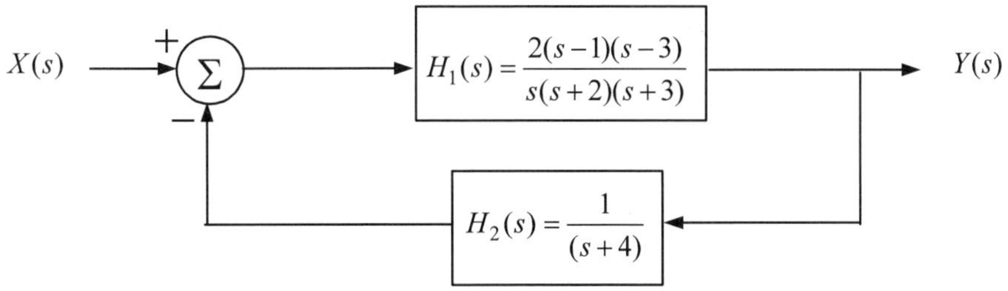

(a) 시스템의 블록 다이어그램

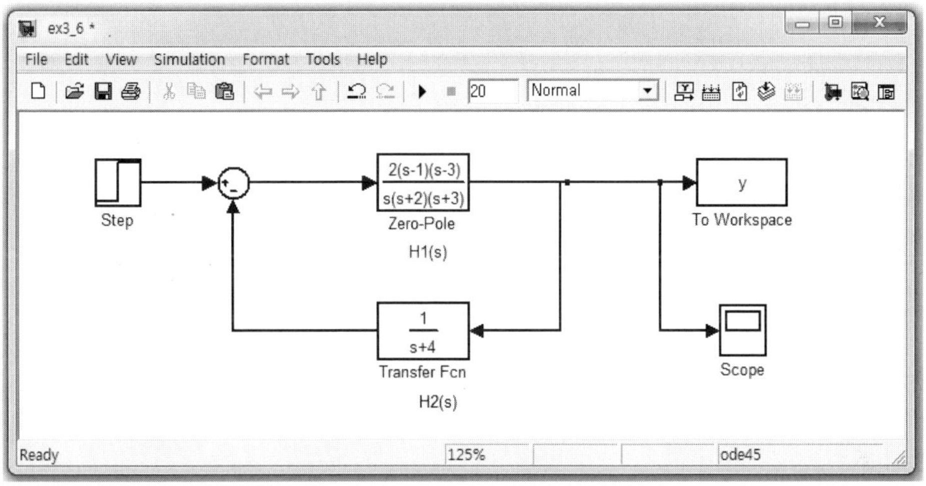

(b) SIMULINK 모델

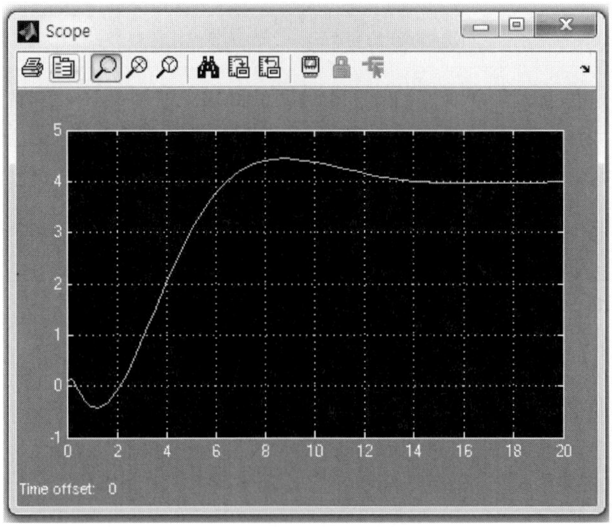

(c) 단위스텝 응답

[그림 3.12] 선형 피드백 제어 시스템(ex3_6.mdl)

풀이

그림 3.12(b)와 같이 블록들을 연결하고 주어진 서브시스템의 전달함수에 맞게 파라미터를 설정한다. 시뮬레이션을 실행하면 그림 (c)의 결과가 얻어지는 것을 확인한다. 스텝 입력에 대해 출력이 발산하지 않는 것을 볼 수 있다.
시스템이 안정화되는 결과를 해석적으로 확인해 보자. Closed loop 전달함수는 다음과 같이 된다.

$$H(s) = \frac{H_1(s)}{1 + H_1(s)H_2(s)} = \frac{\frac{2(s-1)(s-3)}{s(s+2)(s+3)}}{1 + \frac{2(s-1)(s-3)}{s(s+2)(s+3)} \cdot \frac{1}{(s+4)}} = \frac{2(s-1)(s-3)(s+4)}{s^4 + 9s^3 + 28s^2 + 32s + 6} \tag{3.54}$$

이 시스템의 극점을 구해 보자. MATLAB command window에서 roots 함수를 이용하여 전달함수의 분모 다항식의 근을 구해 보면 다음의 결과가 얻어진다.

```
>> roots([1 9 28 32 6])

ans =

  -3.0000
  -2.8846 + 0.5897i
  -2.8846 - 0.5897i
  -0.2307

>>
```

위의 결과를 보면 모든 극점의 실수부가 0보다 작다는 것을 알 수 있다. 그러므로 이 시스템은 안정하다는 결론을 내릴 수 있다. 또한 단위스텝 입력에 대한 응답은 Laplace 변환의 final value theorem

$$\begin{aligned} \lim_{t \to \infty} y(t) &= \lim_{s \to 0} sY(s) \\ &= \lim_{s \to 0} sH(s)X(s) \\ &= \lim_{s \to 0} H(s) \quad \text{since } X(s) = \frac{1}{s} \\ &= 4 \end{aligned} \tag{3.55}$$

을 적용하면 4로 수렴하는 것도 알 수 있어서 시뮬레이션 결과와 일치한다.

3.8 연습문제

3.1 [미분방정식으로 표현된 선형 시스템의 출력 계산]

어떤 시스템의 입출력 미분방정식이 다음과 같다고 하자.

$$\frac{dy^2(t)}{dt^2} + a_1 \frac{dy(t)}{dt} + a_2 y(t) = bx(t)$$

(a) 미분방정식을 표현한 SIMULINK 모델을 구성하라. 미분방정식의 계수가 $a_1 = 4, a_2 = 4, b = 4$ 이고 초기 조건이 $y(0) = 0, \dot{y}(0) = 0$ 라고 가정하자. 단위 스텝 입력 $x(t) = u(t)$ 가 주어졌다고 할 때 출력을 (0, 5) 초의 시구간에 대해 그려 보라. 출력이 유한한 값으로 수렴하는가?

(b) 미분방정식의 계수가 $a_1 = 4, a_2 = 8, b = 8$ 이고 초기 조건이 $y(0) = 0.5, \dot{y}(0) = -1$ 인 경우 출력을 그려 보라. 출력이 유한한 값으로 수렴하는가?

(c) 미분방정식의 계수가 $a_1 = 1, a_2 = -2, b = 1$ 이고 초기 조건이 $y(0) = 0.2, \dot{y}(0) = 1$ 인 경우 출력을 그려 보라. 출력이 유한한 값으로 수렴하는가?

3.2 [전달함수로 표현된 선형 시스템의 출력 계산]

문제 3.1의 시스템은 다음과 같은 전달함수를 가진다.

$$H(s) = \frac{b}{s^2 + a_1 s + a_2}$$

미분방정식 대신 전달함수 블록을 포함한 SIMULINK 모델을 구성하라. 전달함수의 계수가 $a_1 = 4, a_2 = 8, b = 8$ 인 시스템을 고려하자. 초기 조건을 모두 0으로 가정하고, 단위 스텝 입력 $x(t) = u(t)$ 에 대한 출력을 그려 보라.

3.3 [선형 시스템의 state space 표현: 생략 가능]

문제 3.2의 전달함수를 가진 시스템에 대하여 초기 조건이 0이 아닌 경우에 대한 출력을 구해 보라. 문제 3.1(b)와 같은 경우에 대하여, 즉 $a_1 = 4, a_2 = 8, b = 8$ 이고 초기 조건이 $y(0) = 0.5, \dot{y}(0) = -1$ 인 경우 출력을 구해 보라. 초기 조건이 0이 아닌 경우에는 문제 3.2와 같이 'Transfer Fcn'을 사용할 수 없음을 유의하라. 초기 조건이 0인 경우에만 $Y(s) = H(s)X(s)$ 가 성립하기 때문이다. 초기 조건이 0이 아닌 경우에는 'State-Space' 블록을 사용하면 된다. 시스템의 state space 표현은

$$\dot{\mathbf{x}} = \mathbf{Ax} + \mathbf{Bu}$$
$$\mathbf{y} = \mathbf{Cx} + \mathbf{Du}$$

와 같이 행렬로 표현된다. 여기서 $\mathbf{x}, \mathbf{y}, \mathbf{u}$는 각각 상태벡터, 출력, 입력이다. State-Space 블록을 사용하기 위해서는 $\mathbf{A}, \mathbf{B}, \mathbf{C}, \mathbf{D}$의 행렬들과 초기 상태벡터 $\mathbf{x}(0)$를 구해야 한다. 전달함수로부터 state space 표현을 위한 행렬을 얻기 위해서 'tf2ss' 함수를 이용하면 된다.

```
>> Num = [b];
>> Denom = [1 a1 a2];
>> [A,B,C,D] = tf2ss(Num,Denom)
```

와 같이 하면 필요한 행렬을 얻을 수 있다. 이 결과로부터 초기 상태벡터 $\mathbf{x}(0)$를 구하고 시뮬레이션을 실행하여 문제 3.1(b)와 동일한 결과가 얻어지는지 확인한다.

3.4 [전달함수의 pole-zero 모델]

어떤 시스템의 전달함수가 다음과 같이 표현된다고 하자.

$$H(s) = G\frac{(s-z_1)(s-z_2)}{(s-p_1)(s-p_2)(s-p_3)(s-p_4)}$$

SIMULINK 모델을 Zero-Pole 블록을 사용하여 구성하라. 이 시스템의 입력으로 $x(t) = u(t-1)$이 인가된다고 가정하고, 다음의 각 경우에 대하여 출력을 그려 보라.

(a) $G = 6, z_1 = 1, z_2 = 2, p_1 = -1, p_2 = -2, p_3 = -3, p_4 = -4$

(b) $G = 6, z_1 = 1, z_2 = 2, p_1 = -1, p_2 = -2, p_3 = j, p_4 = -j$

(c) $G = 6, z_1 = 1, z_2 = 2, p_1 = -1, p_2 = -2, p_3 = -0.1 + j, p_4 = -0.1 - j$

3.5 [다항식으로 표현된 전달함수]

어떤 시스템의 전달함수가 다음과 같다고 하자.

$$H_1(s) = \frac{2s^2 + 6s}{s^3 + 5s^2 + 2s - 8}$$

(a) 이 전달함수의 극점과 영점을 구하라. 이 시스템은 안정적인가?

(b) 시스템의 임펄스 응답을 구하고 (0, 5) 초의 시구간에서 그려 보라.

(c) 단위 스텝 함수 $x(t) = u(t)$가 입력될 때의 출력을 구하고 (0, 5) 초의 시구간에서 그려 보라.

3.6 [Feedback 시스템에 의한 시스템의 안정화]

문제 3.5의 시스템에 대하여 다음 그림과 같이 feedback 시스템을 구성하였다고 하자.

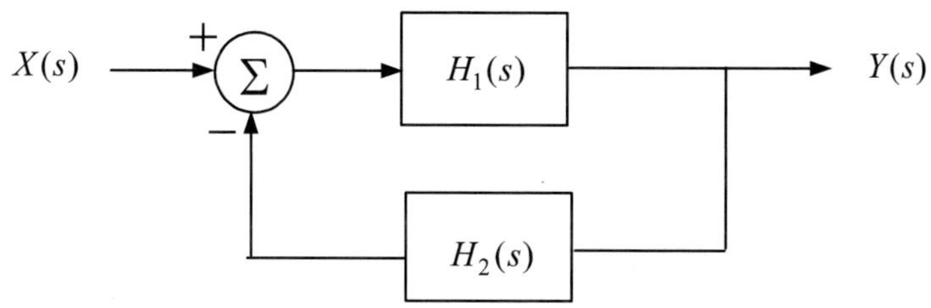

Feedback 서브시스템의 전달함수는 다음과 같다고 하자.

$$H_2(s) = \frac{b}{s+a}$$

여기서 전달함수의 계수를 $a = -1, b = 10$ 으로 설계한 경우 단위 스텝 입력 $x(t) = u(t)$ 에 대한 출력을 구하여 그려 보라. Closed loop 시스템을 안정적으로 하기 위한 (a, b) 의 조건은 무엇인가?

Chapter 04

신호 해석

Chapter

04 신호 해석

신호의 시간 영역 해석은 시간에 따라 신호가 어떤 값을 가지는지 나타내는 것을 기본으로 한다. 시스템의 시간 영역 해석은 입력 신호와 출력 신호와의 관계를 시간을 변수로 한 함수 관계로 바라보는 것으로 입출력 신호를 변수로 한 미분방정식을 사용하여 시스템을 표현하거나 선형시스템의 경우 임펄스 응답으로써 시스템을 표현하는 방법이 사용된다. 시스템이란 가해진 신호(또는 입력)에 대해 대응되는 신호(또는 출력)를 발생시키는 개체라 할 수 있으므로 시스템을 안다는 것은(또는 표현한다는 것은) 입력 신호가 주어지면 출력 신호를 계산할 수 있다는 것을 의미하게 된다. 따라서 입출력 미분방정식 또는 임펄스 응답으로써 시스템을 표현하면 주어진 입력에 대해 미분방정식의 해를 구하거나 컨볼루션 적분을 계산함으로써 출력을 구할 수 있다.

신호의 주파수 영역 해석은 신호가 어떤 주파수 성분을 얼마나 많이 가지고 있는지를 나타내는 것이 기본이다. 시간영역 시스템 해석이 시간별로 입력신호의 값을 출력신호 값에 매핑하는 관계를 나타내는 것과 같이 시스템의 주파수영역 해석은 주파수별로 입력신호의 주파수 성분 크기와 출력신호의 주파수 성분 크기와의 관계를 나타내는 것이다. 예를 들어 입력의 어떤 주파수 이상의 성분은 출력에서는 억제되고 입력의 다른 주파수 성분은 잘 통과시키는 특성을 보이는 시스템은 필터로서 동작을 하게 된다.

신호가 가진 주파수 성분의 양을 나타내기 위해서는 신호 공간을 주기성을 가진 basis 함수로써 축조하는 것을 기반으로 하는데, 주로 사용되는 basis 함수가 정현파 함수(또는 복소지수함수)이다. 푸리에 이론이란 신호를 여러 주파수의 정현파 신호의 합(가중치가 있는)으로 나타내는 이론이며, 신호와 주파수 성분(스펙트럼) 간의 관계를 알 수 있도록 해준다. 주어진 신호에 대한 푸리에 변환은 신호가 가진 주파수 성분별 양을 나타낸다. 만일 신호가 주기 신호라면 주파수 영역에서 볼 때 모든 주파수 성분을 갖지 않고 기본주파수의 정수 배 주파수 성분만을 갖는데, 이것이 푸리에 급수 표현이다. 먼저 주기 신호에 대한 푸리에 급수 표현을 알아 보고, 비주기 신호에 대한 푸리에 변환에 대해 알아 본다. 신호 해석을 컴퓨터와 같은 디지털 장치로써 처리하기 위해서는 신호를 디지털 신호로 변환해야 하는데, 이 경우 연속시간 아날로그 신호의 스펙트럼과 이산시간 디지털 신호의 스펙트럼 간의 차이가 발생하므로 그 관계를 잘 이해할 필요가 있다.

이번 장에서는 먼저 푸리에 급수 및 푸리에 변환에 관한 이론을 정리하고, 디지털 연산에 의해 주파수 영역 해석을 하는 DFT(Discrete Fourier Transform)에 대해 알아 본다. 그 다음 SIMULINK를 사용하여 신호를 해석하는 방법을 살펴 본다. SIMULINK 시뮬레이션을 위해 정현파 또는 여러 가지 파형의 신호를 발생시키는 방법과 잡음의 발생 방법, 그리고 신호의 스펙트럼을 그리는 여러 가지 방법에 대해 알아 본다. 다음에는 아날로그 및 디지털 필터 블록을 사용하여 신호 처리를 하는 예를 다루도록 한다.

4.1 푸리에 급수(Fourier Series)

주기 신호는 기본 주파수(기본 주기의 역수)의 정수 배 주파수를 가진 정현파들을 크기와 위상을 적절히 조절하여 더함으로써 합성할 수 있는데, 이것이 푸리에 급수의 이론이다. 신호를 합성하는 여러 주파수의 정현파들이 어떤 크기와 위상을 갖는지 안다는 것은 신호에 대한 모든 정보를 안다는 것과 동등하다. 따라서 신호를 구성하는 주파수 성분들의 크기와 위상을 제시하는 것은 신호에 대한 시간 파형을 묘사함으로써 표현하는 방법과 다른 또 하나의 표현 수단이 되는데, 이것이 신호의 주파수 영역 표현 방법이다.

기본 주파수의 정수배 주파수를 가진 정현파 및 여현파들은 주기신호 공간을 축조하는 basis 함수로 사용될 수 있다. 이 basis 함수들의 선형조합으로써 임의의 주기 신호를 표현할 수 있는데 이것을 삼각(trigonometric) Fourier 급수라 한다. 주기가 T 인 임의의 주기 신호 $x(t)$ 는

$$x(t) = a_0 + \sum_{n=1}^{\infty} [a_n \cos n\omega_o t + b_n \sin n\omega_o t], \left(\omega_o = \frac{2\pi}{T} \right) \tag{4.1}$$

와 같이 표현할 수 있다. 여기서 n 차 고조파의 Fourier 계수는

$$\begin{aligned} a_n &= \frac{< x(t), \cos n\omega_0 t >}{\int_{T_o} \left|\cos n\omega_0 t\right|^2 dt} = \frac{2}{T_0} \int_{T_o} x(t) \cos n\omega_0 t dt \\ b_n &= \frac{< x(t), \sin n\omega_0 t >}{\int_{T_o} \left|\sin n\omega_0 t\right|^2 dt} = \frac{2}{T_0} \int_{T_o} x(t) \sin n\omega_0 t dt, \qquad n = 1, 2, 3, \cdots \end{aligned} \tag{4.2}$$

와 같이 되는데, 기본 주파수의 n 배 주파수 정현파/여현파 성분의 크기를 나타낸다.
복소 지수함수를 사용하여 Fourier 급수를 표현하면 더욱 간결한 형태가 된다. 다음의 표현을 복소 지수 (complex exponential) Fourier 급수라 한다.

$$x(t) = \sum_{n=-\infty}^{\infty} c_n \exp(jn\omega_o t) \tag{4.3}$$

여기서 Fourier 계수는

$$c_n = \frac{1}{T}\int_{T_0} x(t)\exp(-jn\omega_o t)dt \tag{4.4}$$

와 같이 되어 복소수이며, 크기 $|c_n|$ 및 위상 $\angle c_n$ 을 각각 진폭 스펙트럼 및 위상 스펙트럼이라 한다.

이와 같이 삼각 Fourier 급수에서는 $\{a_n, b_n\}$ 이, 복소지수 Fourier 급수에서는 $\{|c_n|, \angle c_n\}$ 이 기본주파수의 n 배 주파수($n\omega_0$) 성분의 양을 나타낸다.

예를 들어 그림 4.1(a)와 같이 펄스 폭이 τ 이고 주기가 T 인 구형 펄스열의 Fourier 계수를 구하면

$$\begin{aligned} c_n &= \frac{1}{T}\int_{-\tau/2}^{\tau/2}(1)\exp(-jn\omega_o t)dt = \frac{1}{-jn\omega_o T}\exp(-jn\omega_o t)\Big|_{-\tau/2}^{\tau/2} \\ &= \frac{\sin\left(\dfrac{n\omega_o\tau}{2}\right)}{n\pi} \\ c_0 &= \frac{\omega_o\tau}{2\pi} = \frac{\tau}{T} \end{aligned} \tag{4.5}$$

가 되며, 모양은 그림 4.1(b)와 같다. 주기 신호의 경우 모든 주파수 성분이 존재하는 것이 아니라 기본 주파수의 정수배 주파수 성분만 존재하므로 스펙트럼이 이산적 (discrete)이 된다. 즉 스펙트럼 형태가 그림 4.1(b)와 같이 선으로 나타나므로 이를 선 스펙트럼(line spectrum)이라 한다.

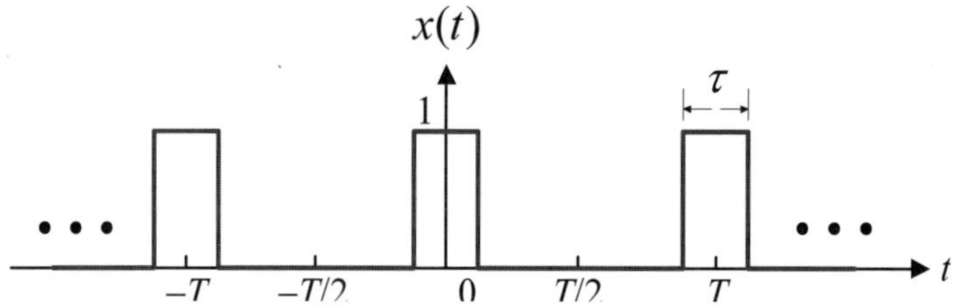

(a)

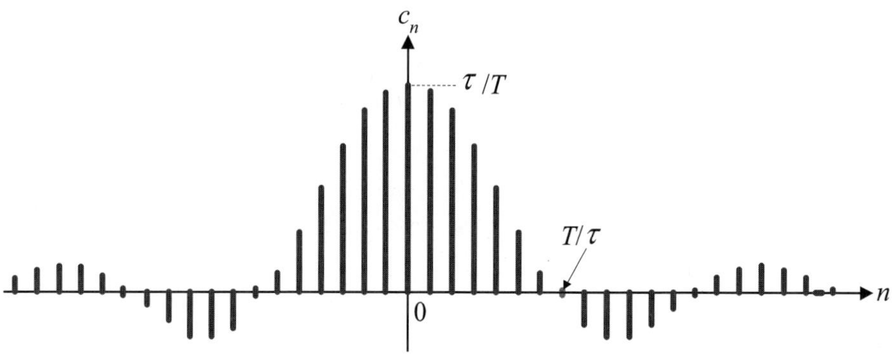

(b)

[그림 4.1] 구형 펄스의 파형과 Fourier 계수

전력 스펙트럼

주기 신호는 전력신호이며, 평균 전력은 신호 크기의 제곱에 대한 시 평균으로 정의된다. Parseval의 정리는 주기 신호의 평균 전력이 모든 푸리에 계수의 크기의 제곱을 더한 것과 같다는 것을 제시한다. 즉

$$P = \frac{1}{T_0}\int_{T_0} |x(t)|^2\, dt = \sum_{n=-\infty}^{\infty} |c_n|^2 \tag{4.6}$$

와 같이 된다. 그러므로 $|c_n|^2$의 분포를 살펴 보면 전력이 주파수별로 어떻게 분포되는지를 알 수 있으며, 특정 주파수 대역의 신호의 전력을 나타낼 수 있게 된다. 따라서 $|c_n|^2$을 **전력 스펙트럼**(power spectrum)이라 부른다.

4.2 푸리에 변환(Fourier Transform)

Fourier 급수는 주기 신호를 주파수 성분들의 합으로 표현한 것인데, 대상을 비주기 신호를 포함하도록 확장하여 주어진 신호의 주파수 성분을 나타낸 것이 Fourier 변환이다. Fourier 급수에서 Fourier 변환으로의 확장은 주기 신호의 주기를 무한대로 수렴시켜 비주기 함수를 만드는 방식으로 간단히 설명할 수 있다. 앞 절에서 살펴 본 구형 펄스열에서 펄스의 폭은 고정시키고 주기만 2배로 늘렸을 때의 선 스펙트럼 변화를 살펴 보자. 그림 4.2 (b)는 (a)에 비해 주기가 두 배로 늘어난 경우의 Fourier 계수를 보여주고 있다. 그림 4.2 (b)의 스펙트럼을 보면 기본 주파수가 반으로 줄어들므로 선스펙트럼 간격(즉 기본 주파수의 크기)이 절반으로 줄어들어 스펙트럼 모양이 조밀하게 된다. 따라서 주기를 무한대로 수렴시키면 모든 주파수에 대해 연속적으로 스펙트럼이 형성될 것임을 예상할 수 있으며, 이 개념으로부터 Fourier 변환은 다음과 같이 정의한다.

$$\begin{aligned} X(\omega) &= \int_{-\infty}^{\infty} x(t)\exp(-j\omega t)dt \\ x(t) &= \frac{1}{2\pi}\int_{-\infty}^{\infty} X(\omega)\exp(j\omega t)\ d\omega \end{aligned} \tag{4.7}$$

주파수를 변수로 하여 Fourier 변환을 표현하면 다음과 같이 된다.

$$\begin{aligned} X(f) &= \int_{-\infty}^{\infty} x(t)\exp(-j2\pi ft)dt \\ x(t) &= \int_{-\infty}^{\infty} X(f)\exp(j2\pi ft)\ df \end{aligned} \tag{4.8}$$

신호 $x(t)$ 의 Fourier 변환 $X(\omega)$ 는 주파수 ω 의 성분이 얼마나 되는지를 나타내는데, 일반적으로 복소수이다. 따라서 극좌표 형식을 사용하여 표현하면 다음과 같이 된다.

$$X(\omega) = |X(\omega)| \angle X(\omega) \tag{4.9}$$

여기서 $|X(\omega)|$ 와 $\angle X(\omega)$ 를 각각 진폭 스펙트럼과 위상 스펙트럼이라 부른다.

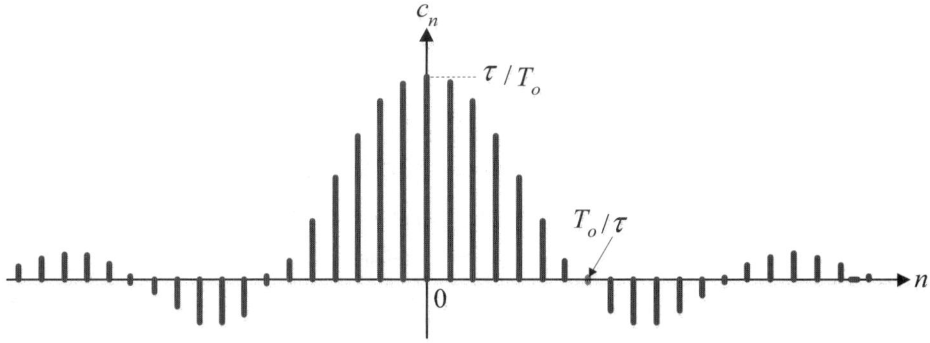

(a) $T=T_o$

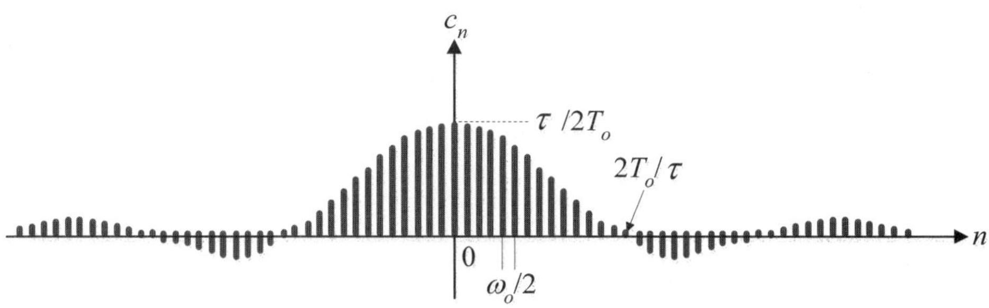

(b) $T=2T_o$

[그림 4.2] 주기 함수의 주기 변화에 따른 선 스펙트럼의 변화의 예

다음 식으로 표현되는 구형 펄스의 Fourier 변환을 구해 보자.

$$x(t) = \Pi(t/\tau) = \begin{cases} 1 & |t| \le \tau/2 \\ 0 & \text{otherwise} \end{cases} \tag{4.10}$$

$$X(\omega) = \int_{-\tau/2}^{\tau/2} \exp(-j\omega t)dt = \frac{\sin(\omega\tau/2)}{\omega/2} = \tau Sa\left(\frac{\omega\tau}{2}\right) \tag{4.11}$$

여기서 $Sa(\cdot)$ 함수는 다음과 같이 정의된다.

$$Sa(x) = \frac{\sin(x)}{x} \tag{4.12}$$

그림 4.3에 구형 펄스와 Fourier 변환의 결과를 보인다. $X(\omega)$는 일반적으로 복소 함

수이나 식 (4.10)과 같이 $x(t)$가 좌우 대칭인 실 함수인 경우 $X(\omega)$도 좌우 대칭이면서 실 함수가 된다.

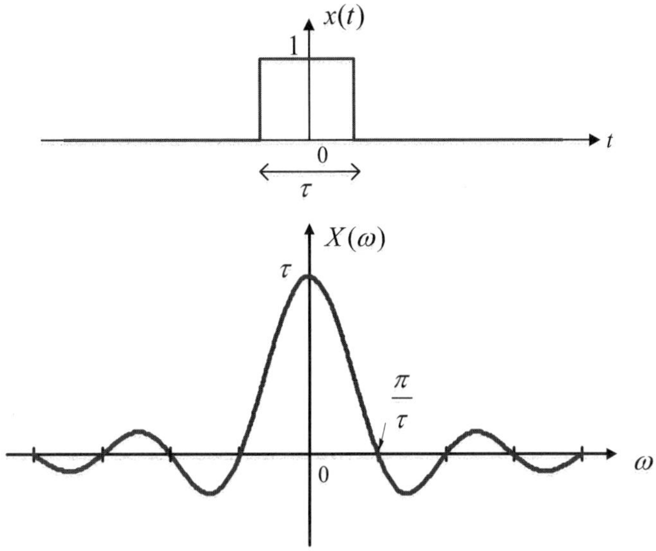

[그림 4.3] 구형 펄스의 파형과 Fourier 변환

전력 신호의 경우 Parseval의 정리는 시간 영역에서 전력을 적분하여 주기로 나눠서 구한 평균전력이나 주파수 영역에서 전력 스펙트럼(즉 푸리에 계수 크기의 제곱 $|c_n|^2$)을 모두 더한 것이나 동일하다는 것을 제시한다. 에너지 신호의 경우도 유사하게 모든 시구간에서 신호를 제곱하고 적분하여 계산한 에너지나 주파수 영역에서 푸리에 변환 크기의 제곱(즉 $|X(f)|^2$을 적분한 것이나 동일하다. 즉

$$E = \int_{-\infty}^{\infty} |x(t)|^2 \, dt = \int_{-\infty}^{\infty} |X(f)|^2 \, df \tag{4.13}$$

와 같다. $|X(f)|^2$을 살펴보면 신호의 에너지가 주파수상에서 어떻게 분포되어 있는지를 알 수 있으며, 특정 주파수 밴드에 있는 신호의 에너지를 구할 수 있다. 이와 같은 이유로 $|X(f)|^2$를 **에너지 스펙트럼 밀도**(energy spectral density: ESD)라 부른다.

4.3 푸리에 변환의 디지털 연산 : DFT

시간 분해능(time resolution)과 주파수 분해능(frequency resolution)

신호 $x(t)$의 푸리에 변환 $X(f)$를 컴퓨터나 디지털 하드웨어를 사용하여 수치적으로 구하기 위해서는 $x(t)$를 이산 시간 $t = nT_s$에서 표본화(sampling)한 값들을 사용해야 한다. 또한 $X(f)$를 나타내기 위해서도 이산 주파수 $f = kf_0$에서 $X(f)$를 표본화한 값들을 사용해야 한다. 따라서 컴퓨터를 사용하여 신호를 시간영역에서 표현하기 위한 시간 분해능은 $\Delta t = T_s$이 되고, 스펙트럼을 주파수영역에서 표현하기 위한 주파수 분해능은 $\Delta f = f_0$가 된다. 즉 신호를 시간영역에서 $\Delta t = T_s$ 간격으로 표본화하여 만들어진 이산 신호 $\{x_n = x(nT_s),\ n\text{은 정수}\}$로부터 푸리에 변환을 구하여, 이산 주파수, 즉 $\Delta f = f_0$의 정수배 주파수에서의 스펙트럼 $\{X_k = X(kf_0),\ k\text{는 정수}\}$를 구하고자 하는 것이다. 그런데 이산시간 신호의 푸리에 변환은 주파수상에서 주기신호이므로 모든 주파수에서 스펙트럼을 표현할 필요 없이 한 주기의 스펙트럼, 즉 유한한 개수의 이산 주파수 스펙트럼만 살펴보면 된다.

한편 푸리에 변환의 연산을 수치적으로 하기 위해서는 유한한 개수의 신호 표본을 사용해야 한다. 유한한 개수의 데이터를 가지고 연산을 해야 하므로 시간 제한된(time limited) 신호를 대상으로 해야 한다. 그러나 일반적인 신호는 시간 제한적이 아니므로 적당한 구간 T에서 신호를 절단하여 처리한다. 여기서 T를 관찰 시구간(observation time interval)이라 하자. 이상을 정리하면 다음과 같다.

> 관찰 시구간 T를 $\Delta t = T_s$ 간격으로 신호를 표본화하여 만들어진 $N = T/\Delta t$개 샘플의 이산 신호 $\{x_n = x(nT_s),\ n = 0,1,2,\cdots,N-1\}$로부터 푸리에 변환을 구하여, 이산 주파수, 즉 $\Delta f = f_0$의 정수배 주파수에서의 스펙트럼 $\{X_k = X(kf_0),\ k = 0,1,2,\cdots,N-1\}$를 구하고자 한다.

시간 영역 표본화 ⇒ 주기성의 스펙트럼

신호 $x(t)$를 $\Delta t = T_s$마다(또는 표본화 주파수 $f_s = 1/T_s = 1/\Delta t$로) 임펄스 함수를 사용하여 표본화한 신호는 다음과 같이 표현할 수 있다.

$$x_s(t) \triangleq x(t)\cdot \sum_{n=-\infty}^{\infty} \delta(t-nT_s) = \sum_{n=-\infty}^{\infty} x(nT_s)\delta(t-nT_s)$$
$$= \sum_{n=-\infty}^{\infty} x_n \delta(t-nT_s) \tag{4.14}$$

이 신호의 푸리에 변환은 다음과 같이 된다.

$$\mathcal{F}[x_s(t)] = \int_{-\infty}^{\infty} x_s(t) e^{-j2\pi f t} dt = \int_{-\infty}^{\infty} \sum_{n=-\infty}^{\infty} x(n\Delta t)\delta(t-n\Delta t) e^{-j2\pi f t} dt$$
$$= \sum_{n=-\infty}^{\infty} x(n\Delta t) e^{-j2\pi f nT_s} \tag{4.15}$$
$$= \sum_{n=-\infty}^{\infty} x_n \, e^{-j2\pi f n\Delta t}$$

여기서 x_n은 $x_n \triangleq x(nT_s)$로 정의한 이산시간 신호이다. 표본화된 신호의 스펙트럼은 주파수상에서 주기성을 가지며 다음과 같은 관계를 갖는다.

$$x(t) \xrightarrow[\text{every } \Delta t]{\text{sample}} x_s(t) \overset{F}{\longleftrightarrow} \frac{1}{\Delta t} \sum_{m=-\infty}^{\infty} X\left(f - \frac{m}{\Delta t}\right) = f_s \sum_{n=-\infty}^{\infty} X(f - mf_s) \tag{4.16}$$

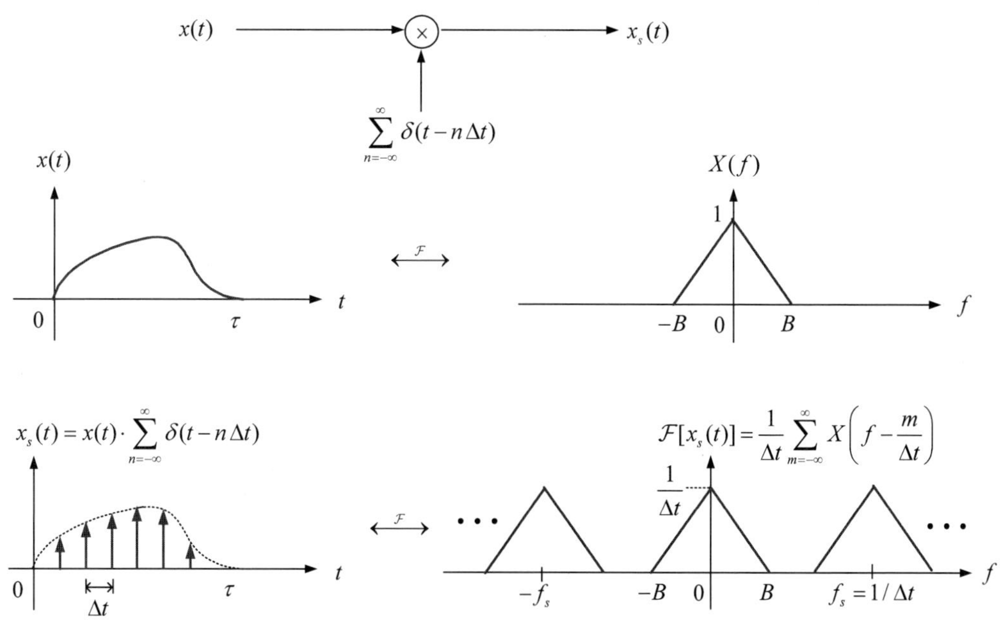

[그림 4.4] 시간 영역 표본화와 스펙트럼의 주기성 관계

주파수 영역 표본화 ⇒ 시간영역에서의 주기성

이번에는 푸리에 변환쌍이 $y(t) \overset{F}{\longleftrightarrow} Y(f)$ 인 신호에 대하여 $Y(f)$ 를 주파수상에서 $\Delta f = f_0$ 마다 표본화하였을 때 이에 대응하는 시간 함수는 어떤 특성을 갖는지 알아 보기로 하자. 결과는 위의 시간 영역 표본화의 경우에 쌍대성을 적용하여 쉽게 예측할 수 있다. 주파수 영역에서 임펄스를 사용하여 표본화한 신호는 다음과 같이 표현할 수 있다.

$$\begin{aligned} Y_s(f) &\triangleq Y(f) \cdot \sum_{k=-\infty}^{\infty} \delta(f - kf_0) = \sum_{k=-\infty}^{\infty} Y(kf_0)\delta(f - kf_0) \\ &= \sum_{k=-\infty}^{\infty} Y_k \delta(f - kf_0) \end{aligned} \tag{4.17}$$

여기서 Y_k 는 $Y_k \triangleq Y(kf_0)$ 로 정의한 이산 주파수의 스펙트럼이다. 스펙트럼 $Y(f)$ 를 주파수 $\Delta f = f_0$ 마다 표본화한 스펙트럼 $Y_s(f)$ 의 푸리에 역변환은 $y(t)$ 가 시간상에서 주기 $T_0 = 1/f_0$ 마다 반복되는 주기 신호가 된다. 따라서 다음의 푸리에 변환쌍이 성립한다.

$$\frac{1}{\Delta f} \sum_{m=-\infty}^{\infty} y\left(t - \frac{m}{\Delta f}\right) = T_0 \sum_{m=-\infty}^{\infty} y(t - mT_0) \overset{F}{\longleftrightarrow} Y_s(f) \xleftarrow[\text{every } \Delta f]{\text{sample}} Y(f) \tag{4.18}$$

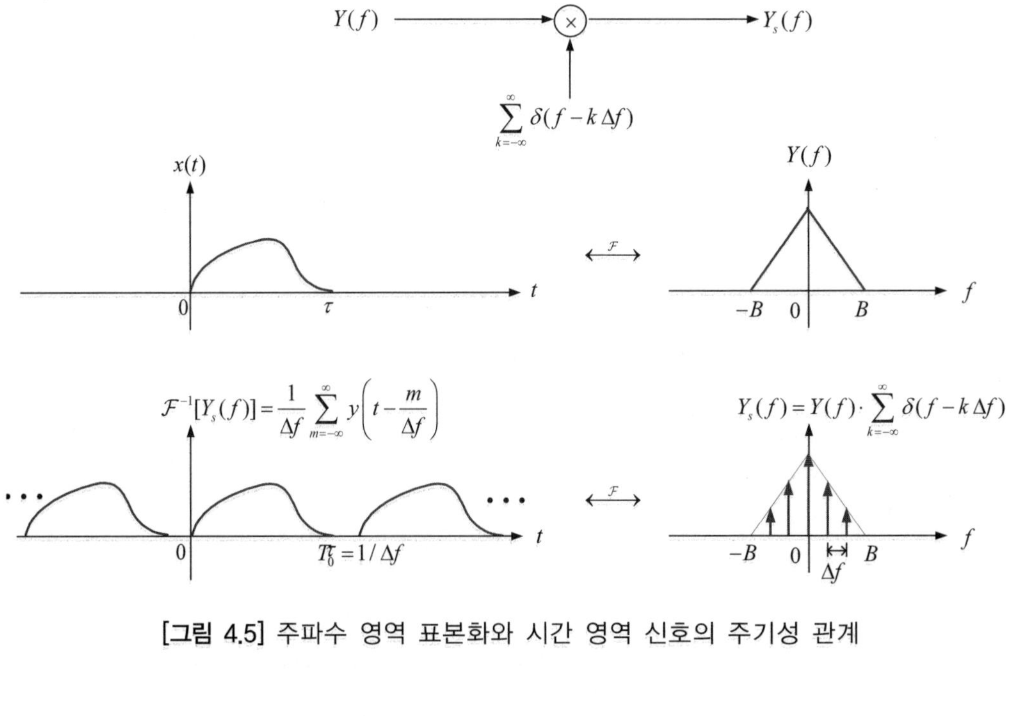

[그림 4.5] 주파수 영역 표본화와 시간 영역 신호의 주기성 관계

시간 및 주파수 영역 표본화 ⇒ 시간영역 및 주파수 영역에서의 주기성

신호를 디지털 시스템으로 처리하기 위해서는 시간 영역과 주파수 영역에서 모두 유한한 표본으로 표현해야 한다. 즉 디지털 신호 처리를 위해서는 시간 영역뿐만 아니라 주파수 영역에서도 표본화가 이루어져야 한다. 앞서 살펴본 그림 4.5는 시간 영역에서의 표본화와 주파수 영역에서의 주기화를 나타내며 그림 4.6은 주파수 영역에서의 표본화와 시간 영역에서의 주기화를 보여준다. 다음 단계로 시간 영역에서 $x(t)$에 대하여 표본화하고 주기화하여 얻어진 신호의 푸리에 변환은 $x(t)$의 스펙트럼이 주파수상에서 표본화되고 주기화된 것이라는 것을 추론할 수 있다.

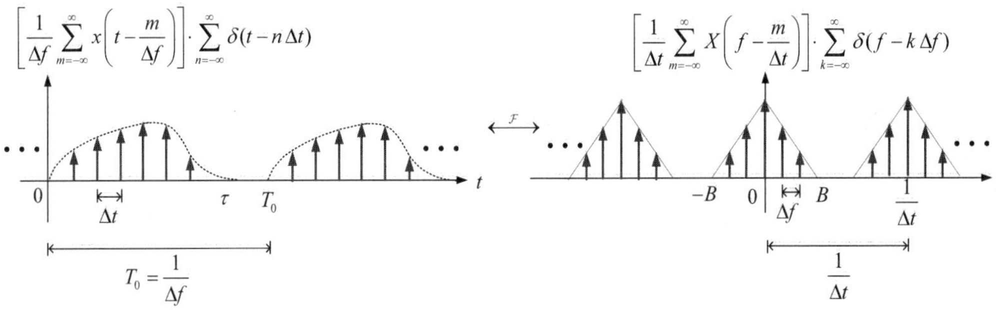

[그림 4.6] 주기 확장 및 표본화된 신호의 스펙트럼

시간상에서 표본화 간격 T_s로 표본화하고(따라서 신호의 시간 분해능은 $\Delta t = T_s$가 된다) 동시에 주기 T_0로 주기화시킨 이산시간 신호를 생각하자. 그러면 한 주기에 해당하는 이산시간 신호의 샘플 수는 $N = T_0/\Delta t$가 된다. 시간영역에서 Δt간격으로 표본화하므로 스펙트럼은 주파수상에서 주기 $1/\Delta t$를 가지며, 또한 시간영역에서 주기 T_0를 가지므로 스펙트럼은 $\Delta f = 1/T_0$의 정수배 주파수에서만 값을 갖는 이산 스펙트럼이 된다(따라서 스펙트럼의 주파수 분해능은 $\Delta f = 1/T_0$이 된다). 그러면 주파수상에서 한 주기에 해당하는 스펙트럼의 샘플 개수는 $(1/\Delta t)/\Delta f = T_0/\Delta t = N$가 되어 시간영역 이산신호 한 주기의 샘플 수와 같게 된다.

시간상에서 표본화 간격 $\Delta t = T_s$로 표본화하고 동시에 주기 T_0로 주기화시킨 이산시간 신호를 표현하면

$$\left(x(t)\cdot\sum_{n=-\infty}^{\infty}\delta(t-n\Delta t)\right) * \sum_{k=-\infty}^{\infty}\delta(t-kT_0) \tag{4.19}$$

와 같으며, 이 신호의 푸리에 변환은 다음과 같다.

$$
\begin{aligned}
&\frac{1}{\Delta t}\sum_{n=-\infty}^{\infty} X\left(f-\frac{n}{\Delta t}\right)\cdot\frac{1}{T_0}\sum_{k=-\infty}^{\infty}\delta\left(f-\frac{k}{T_0}\right) \\
&=\frac{\Delta f}{\Delta t}\sum_{n=-\infty}^{\infty}\sum_{k=-\infty}^{\infty} X\left(k\Delta f-\frac{n}{\Delta t}\right)\delta\left(f-k\Delta f\right)
\end{aligned}
\tag{4.20}
$$

○ 이산 푸리에 변환(Discrete Fourier Transform: DFT)

위에서 살펴본 바와 같이 신호를 Δt 간격으로 표본화하고 동시에 주기 $T_0 = 1/\Delta f$ (여기서 Δf는 주파수 표본화 간격, 즉 주파수 분해능)으로 주기화시킬 때 주기가 표본화 간격 Δt의 정수배가 되도록 하면 다음이 성립한다.

$$
\frac{T_o}{\Delta t} = \frac{1}{\Delta t\,\Delta f} = N \tag{4.21}
$$

따라서 시간 영역에서 신호의 한 주기나 주파수 영역에서 스펙트럼의 한 주기가 모두 N개의 샘플로 구성된다.

$x_s(t)$의 푸리에 변환을 주파수 영역에서 표본화하면 한 주기의 스펙트럼 샘플들은 식 (4.15)와 식 (4.16)으로부터 다음과 같이 표현된다.

$$
\begin{aligned}
\frac{1}{\Delta t}X(k\Delta f) &= \sum_{n=0}^{N-1} x_n\, e^{-j2\pi k\Delta f\, n\Delta t} \\
&= \sum_{n=0}^{N-1} x_n\, e^{-j\frac{2\pi kn}{N}}, \quad k = 0,1,\cdots,N-1
\end{aligned}
\tag{4.22}
$$

위의 식에서 $X_k \triangleq X(k\Delta f)/\Delta t$ 로 정의하면

$$
X_k = \sum_{n=0}^{N-1} x_n\, e^{-j2\pi kn/N} \tag{4.23}
$$

를 얻으며, 이를 DFT(Discrete Fourier Transform)라 한다. 따라서 관측 시구간 T_0 동안 $\Delta t = T_0/N$의 간격으로 $x(t)$를 표본화하여 얻은 N개의 이산신호 $\{x_n\}_{n=0,1,2,\cdots,N-1}$ 으로부터 구한 DFT $\{X_k\}_{k=0,1,2,\cdots,N-1}$는 연속시간 신호 $x(t)$의 푸리에 변환 $X(f)$를 주파수상에서 분해능 $\Delta f = 1/T_0$로 표본화한 이산 스펙트럼과 같다(크기는 $1/\Delta t$ 배).

한편 식 (4.23)의 양변에 $e^{j2\pi km/N}$을 곱하고 $k=0,1,\cdots,N-1$에 대하여 합을 구하면 다음과 같이 된다.

$$\begin{aligned}\sum_{k=0}^{N-1} X_k e^{j\frac{2\pi km}{N}} &= \sum_{k=0}^{N-1}\sum_{n=0}^{N-1} x_n e^{-j\frac{2\pi kn}{N}} e^{j\frac{2\pi km}{N}} \\ &= \sum_{n=0}^{N-1} x_n \sum_{k=0}^{N-1} e^{j\frac{2\pi k(m-n)}{N}}\end{aligned} \tag{4.24}$$

그런데

$$\sum_{k=0}^{N-1} e^{j\frac{2\pi kl}{N}} = \begin{cases} N & l=0, \pm N, \pm 2N, \cdots \\ 0 & \text{기타} \end{cases} \tag{4.25}$$

이므로(증명은 연습) 식 (4.24)는 다음과 같이 된다.

$$\begin{aligned}\sum_{k=0}^{N-1} X_k e^{j\frac{2\pi km}{N}} &= \sum_{n=0}^{N-1} x_n \sum_{k=0}^{N-1} e^{j\frac{2\pi k(m-n)}{N}} \\ &= x_m \cdot N\end{aligned} \tag{4.26}$$

따라서 이산 푸리에 역변환은 다음과 같이 표현할 수 있다.

$$x_m = \frac{1}{N}\sum_{k=0}^{N-1} X_k e^{j\frac{2\pi km}{N}} \tag{4.27}$$

이상 DFT에 관하여 정리해 보기로 하자. 먼저 신호 $x(t)$에 대한 관측 구간(또는 주기) T_0, 표본화 주기 Δt, 그리고 주파수 분해능(또는 주파수 영역 표본화 간격) Δf, DFT 연산을 위한 샘플 수 N을 결정해야 한다. Δt는 스펙트럼 중첩 현상(aliasing)이 발생하지 않도록 $f_s = 1/\Delta t \ge 2B$ (B는 신호의 최대 주파수 성분)이 되도록 선택한다. 주파수 분해능 Δf는 신호의 주기화에서 겹침이 발생하지 않도록 $T_0 = 1/\Delta f \ge \tau$ (τ는 신호의 지속 구간)이 만족되도록 결정하며 Δf를 충분히 작게 선택할수록(또는 T_0를 크게 선택할수록) 높은 정밀도의 스펙트럼을 얻을 수 있다. 그러나 주파수 분해능이 작을수록 $N = T_0/\Delta t = 1/(\Delta t \Delta f)$가 커지므로 처리해야 할 계산량이 증가한다. 신호 $x(t)$의 표본값으로 이루어진 이산 신호 $x_n = x(nT_s)$에 대한 DFT 쌍은 다음과 같다. 그림 4.7에 이산 신호 $\{X_k\}_{k=0,1,2,\cdots,N-1}$와 DFT 신호 $\{x_n\}_{n=0,1,2,\cdots,N-1}$의 예를 보인다.

$$X_k = \sum_{n=0}^{N-1} x_n e^{-j\frac{2\pi kn}{N}}$$
$$x_n = \frac{1}{N}\sum_{k=0}^{N-1} X_k e^{j\frac{2\pi kn}{N}} \tag{4.28}$$

주파수 영역 이산 신호 X_k는 $x(t)$의 푸리에 변환 $X(f)$와 다음과 같은 관계를 가진다.

$$X_k = \frac{1}{\Delta t} X(k\Delta f) \tag{4.29}$$

식 (4.28)의 DFT 연산에서 하나의 표본 X_k를 계산하는데 N개의 복소수 곱셈과 $N-1$개의 복소수 덧셈이 요구된다. 따라서 $\{X_k,\ k = 0,1,2,\cdots,N-1\}$를 모두 구하는데 N^2개의 복소수 곱셈과 $N(N-1)$개의 복소수 덧셈이 요구된다. 따라서 N의 값이 큰 경우 많은 계산량과 이에 따른 시간이 소요된다. 1965년 Turkey와 Cooley는 N의 값을 2의 지수로 하고 복소 지수함수의 특성을 사용하여 계산량을 $N\log N$ 급으로 줄인 알고리즘을 개발하였다. 이 알고리즘을 고속 푸리에 변환(Fast Fourier Transform: FFT)이라 하며 디지털 신호처리에 많이 사용되고 있다.

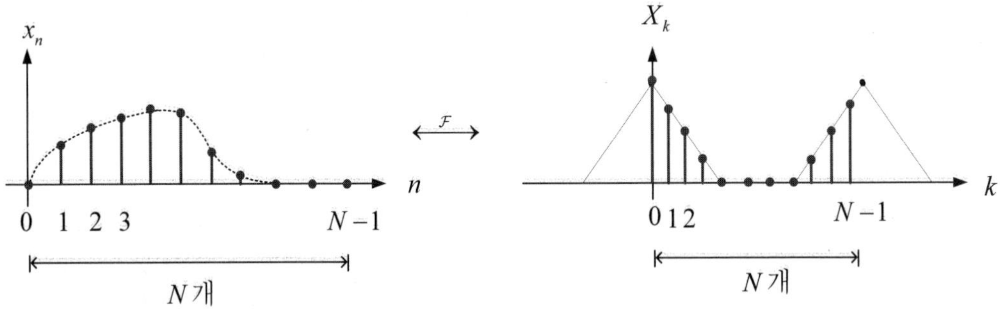

[그림 4.7] DFT

4.4 SIMULINK 시뮬레이션을 위한 신호의 생성

제2장에서 정현파 신호를 발생시키는 방법과 발생된 신호를 그리는 방법에 대해 알아본 바 있다. SIMULINK 시뮬레이션을 위해 신호를 발생시키는 방법을 다시 요약하면 다음과 같다.

- SIMULINK 'Sources' 라이브러리에서 'Sine Wave' 블록을 이용하는 방법
- MATLAB Workspace에서 신호를 발생시킨 후 SIMULINK 'Sources' 라이브러리에서 'From Workspace' 블록 또는 'Inport' 블록을 이용하여 가져 오는 방법
- SIMULINK 'User-Defined Functions' 라이브러리에서 함수 블록을 이용하여 신호를 발생시키는 방법

신호의 파형을 그리는데 SIMULINK 'Sinks' 라이브러리에서 있는 'Scope' 블록을 이용하면 간단하다. 신호의 스펙트럼을 그리기 위해서는 'Signal Processing Blockset'의 'Signal Processing Sinks' 라이브러리에 있는 'Spectrum Scope' 블록을 이용할 수 있다.[1)] 그런데 'Spectrum Scope' 블록에 입력되는 신호는 디지털 신호이어야 한다. 예를 들어 'Sine Wave' 블록을 통해 발생된 신호의 스펙트럼을 그리기 위해서는 디지털 신호로 변환해야 하는데 'Discrete' 라이브러리에 있는 'Zero-Order Hold' 블록을 사용하면 된다. 그 다음 'Spectrum Scope'에 입력시키면 된다.[2)]

한편 'Signal Processing Blockset'의 'Signal Processing Sources' 라이브러리에도 'Sine Wave' 블록이 있는데 SIMULINK 기본 라이브러리에 있는 'Sine Wave' 블록에 비해 좀더 많은 기능이 있다. 이번 단원에서는 이 블록을 이용하는 방법과 샘플링하여 처리하는 방법 등을 알아보며, 정현파 외에 좀더 다양한 신호를 발생시키는 방법에 대해 알아본다. 그 다음에는 발생시킨 신호에 대해 스펙트럼을 그리는 방법에 대해 알아본다.

4.4.1 Sine Wave 블록을 이용한 정현파 신호의 생성

SIMULINK 기본 라이브러리에 있는 'Sine Wave' 블록과 Signal Processing Blockset에 있는 'Sine Wave' 블록을 이용하여 정현파를 발생시키는 방법과 이산시간 정현파를 만드는 방법에 대해 알아보도록 하자.

예제 3.1 [기본 라이브러리의 'Sine Wave' 블록을 사용한 정현파 생성과 샘플링]

1) SIMULINK 기본 라이브러리에 있는 'Sine Wave' 블록을 사용하여 진폭이 10이고 주파수가 1 Hz인 정현파 $y(t)$ 를 발생시키고 [0 2]초의 구간에 대해 Scope 블록을 사용하여 파형을 그려 보라.
2) 발생된 신호를 1/20 초 주기로 샘플링하여 만들어진 이산시간 신호 $y_1[n]$ 을 Scope에 그리고, 또한 MATLAB Workspace로 보내어 'stem' 함수를 사용하여 그려 보라.
3) 위에서 만들어진 이산신호 $y_1[n]$ 을 2:1로 upsample하여(신호 샘플 중간에 0을 삽

1) MATLAB 및 SIMULINK 외에 Signal Processing Toolbox가 설치되어 있어야 한다.
2) SIMULINK 기본 라이브러리에 있는 'Sine Wave' 블록의 출력을 'Spectrum Scope' 블록에 직접 연결하면 에러 메시지가 뜬다.

입하여) 만들어진 신호 $y_2[n]$을 Scope에 그리고 또한 MATLAB Workspace로 보내어 'stem' 함수를 사용하여 그려 보라.

풀이

그림 4.8(a)와 같이 모델을 구성한다. 'Sine Wave' 블록, 'Zero-Order Hold' 블록, 'Upsample' 블록, 'To Workspace' 블록의 파라미터는 그림 (b)와 같이 설정한다. 모델 윈도우의 Simulation 메뉴에서 'Configuration Parameters…'을 선택하여 시뮬레이션 실행 환경을 그림 (c)와 같이 설정한다. 시뮬레이션을 실행시키면 그림 (d)와 같은 결과가 얻어진다. Scope에는 신호 $y(t)$, Scope1에는 $y(t)$를 샘플링하여 만들어진 신호 $y_1[n]$, Scope2에는 $y_1[n]$을 upsample하여 만들어진 신호 $y_2[n]$을 보인다.

만일 Sine Wave 블록 파라미터 설정에서 'Sample time'을 0으로 하는 대신 1/20으로 하면 연속시간 신호 대신 1/20 초 주기로 샘플링된 이산시간 신호가 발생된다.

MATLAB Workspace로 보내진 신호 샘플을 그리기 위해 그림 (e)와 같은 script를 실행시키면 그림 (f)와 같은 결과가 얻어진다. Figure1이 $y_1[n]$의 파형이고 Figure2가 $y_2[n]$의 파형이다.

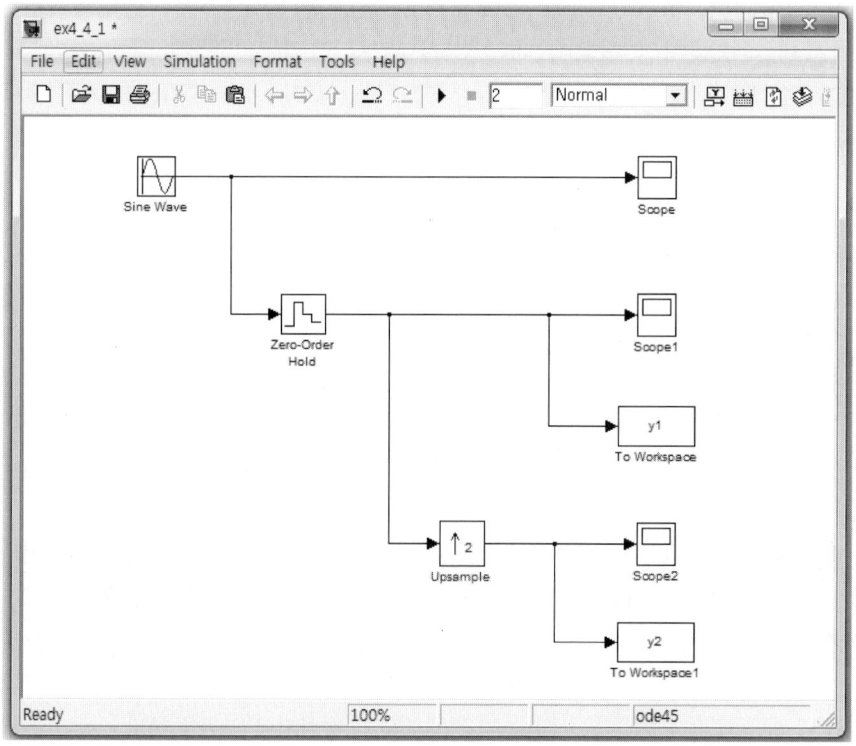

(a) 블록 다이어그램

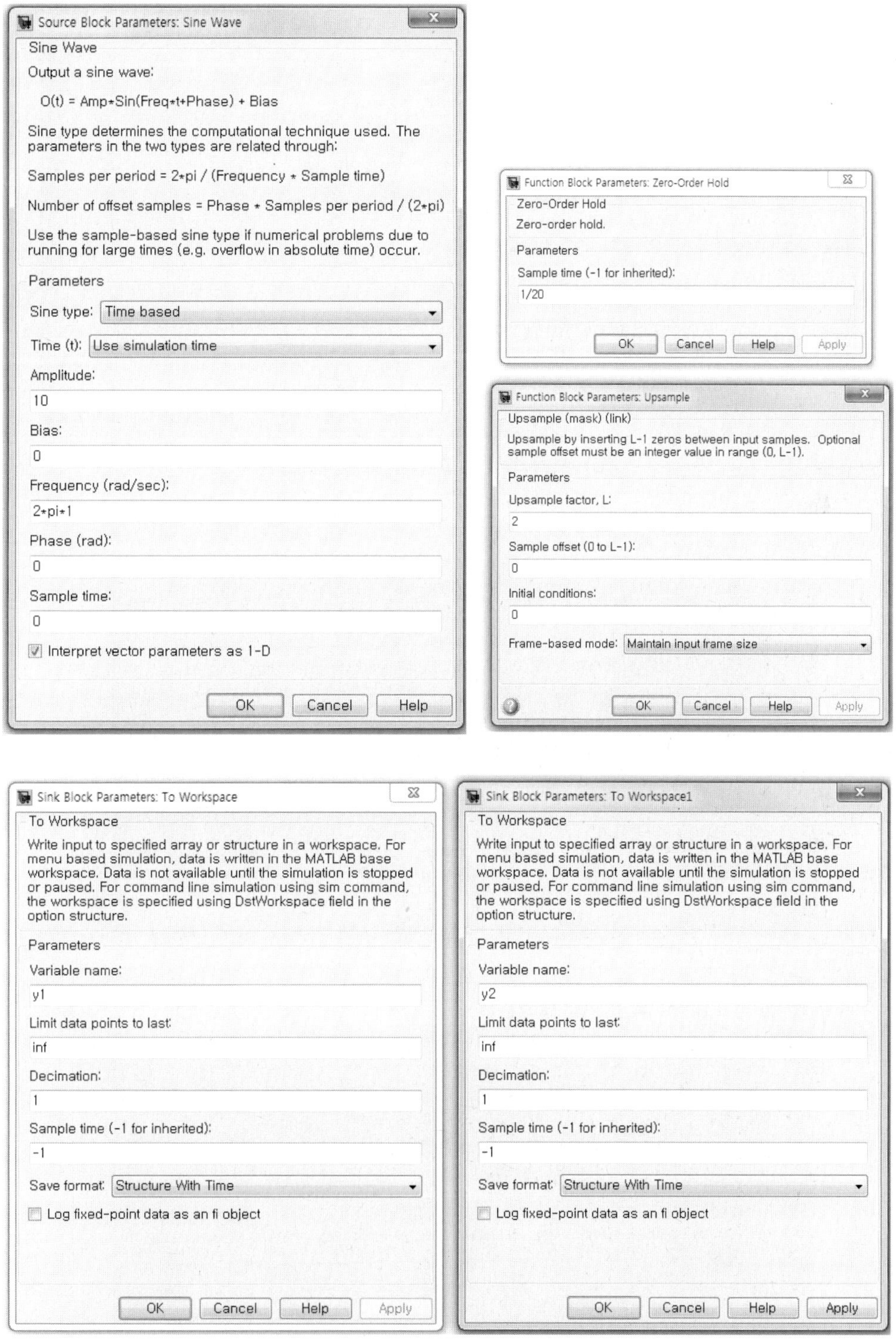
Source Block Parameters: Sine Wave
Sine Wave
Output a sine wave:
O(t) = Amp*Sin(Freq*t+Phase) + Bias
Sine type determines the computational technique used. The parameters in the two types are related through:
Samples per period = 2*pi / (Frequency * Sample time)
Number of offset samples = Phase * Samples per period / (2*pi)
Use the sample-based sine type if numerical problems due to running for large times (e.g. overflow in absolute time) occur.
Parameters
Sine type: Time based
Time (t): Use simulation time
Amplitude:
10
Bias:
0
Frequency (rad/sec):
2*pi*1
Phase (rad):
0
Sample time:
0
Interpret vector parameters as 1-D
OK
Cancel
Help
Function Block Parameters: Zero-Order Hold
Zero-Order Hold
Zero-order hold.
Parameters
Sample time (-1 for inherited):
1/20
OK
Cancel
Help
Apply
Function Block Parameters: Upsample
Upsample (mask) (link)
Upsample by inserting L-1 zeros between input samples. Optional sample offset must be an integer value in range (0, L-1).
Parameters
Upsample factor, L:
2
Sample offset (0 to L-1):
0
Initial conditions:
0
Frame-based mode: Maintain input frame size
OK
Cancel
Help
Apply
Sink Block Parameters: To Workspace
To Workspace
Write input to specified array or structure in a workspace. For menu based simulation, data is written in the MATLAB base workspace. Data is not available until the simulation is stopped or paused. For command line simulation using sim command, the workspace is specified using DstWorkspace field in the option structure.
Parameters
Variable name:
y1
Limit data points to last:
inf
Decimation:
1
Sample time (-1 for inherited):
-1
Save format: Structure With Time
Log fixed-point data as an fi object
OK
Cancel
Help
Apply
Sink Block Parameters: To Workspace1
To Workspace
Write input to specified array or structure in a workspace. For menu based simulation, data is written in the MATLAB base workspace. Data is not available until the simulation is stopped or paused. For command line simulation using sim command, the workspace is specified using DstWorkspace field in the option structure.
Parameters
Variable name:
y2
Limit data points to last:
inf
Decimation:
1
Sample time (-1 for inherited):
-1
Save format: Structure With Time
Log fixed-point data as an fi object
OK
Cancel
Help
Apply

(b) 블록 파라미터의 설정

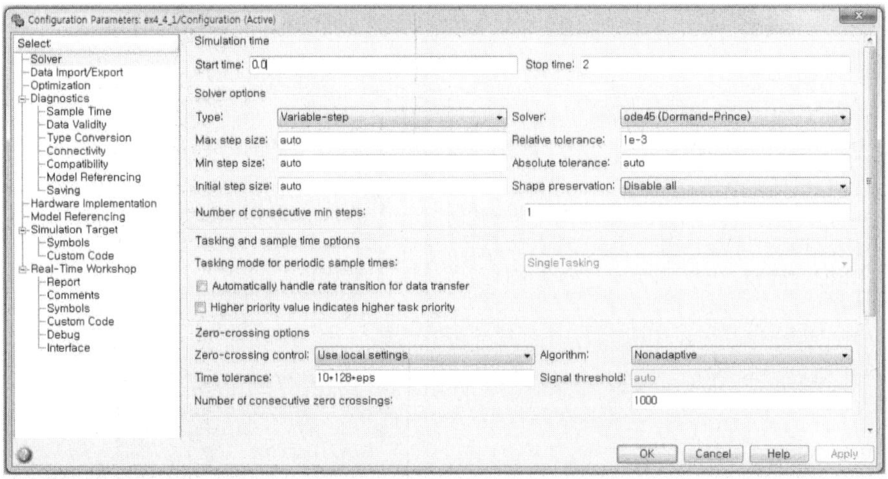

(c) 시뮬레이션 파라미터의 설정

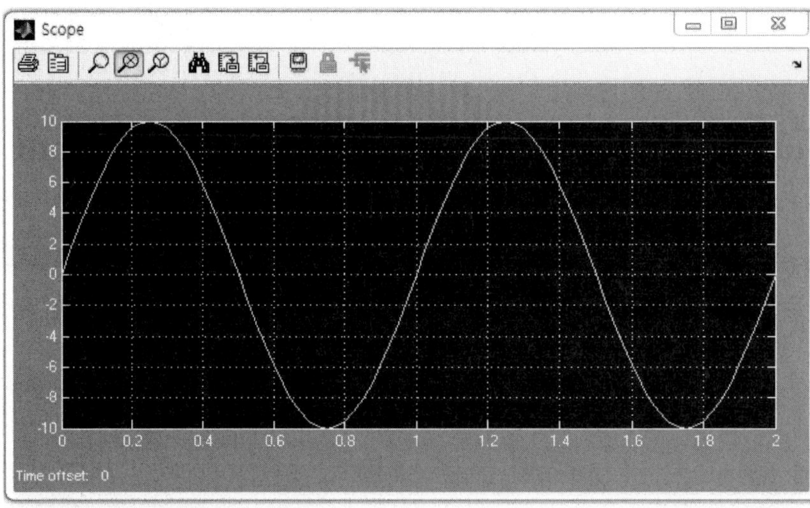

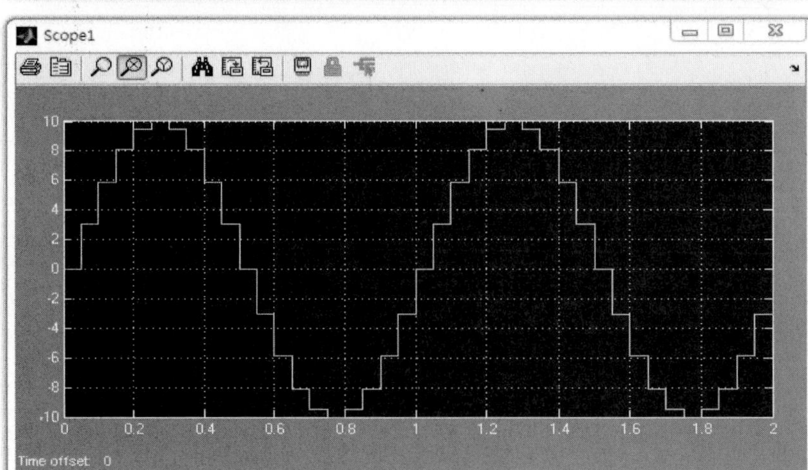

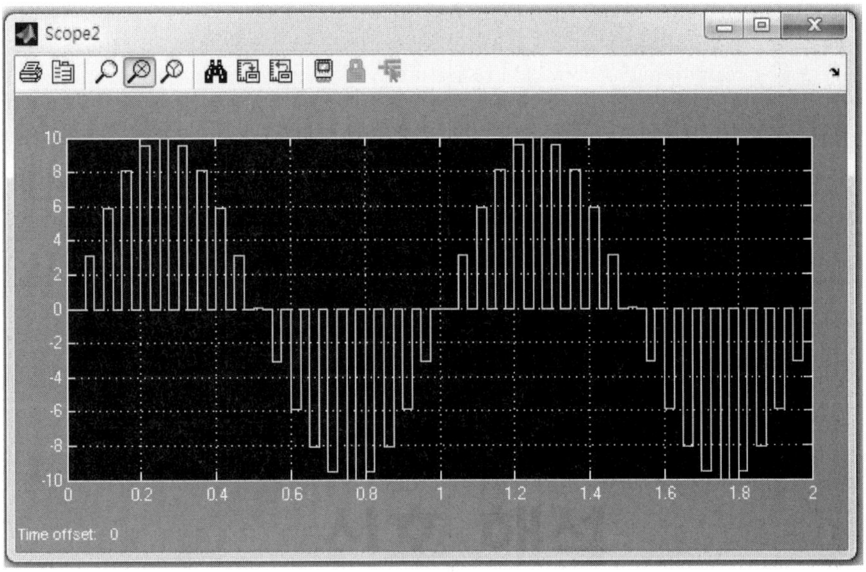

(d) SIMULINK Scope에 출력된 신호의 파형

```
>> figure(1);
>> stem(y1.time, y1.signals.values)
>> figure(2)
>> stem(y2.time, y2.signals.values)
```

(e) Workspace로 보내진 신호를 그리기 위한 MATLAB 명령문

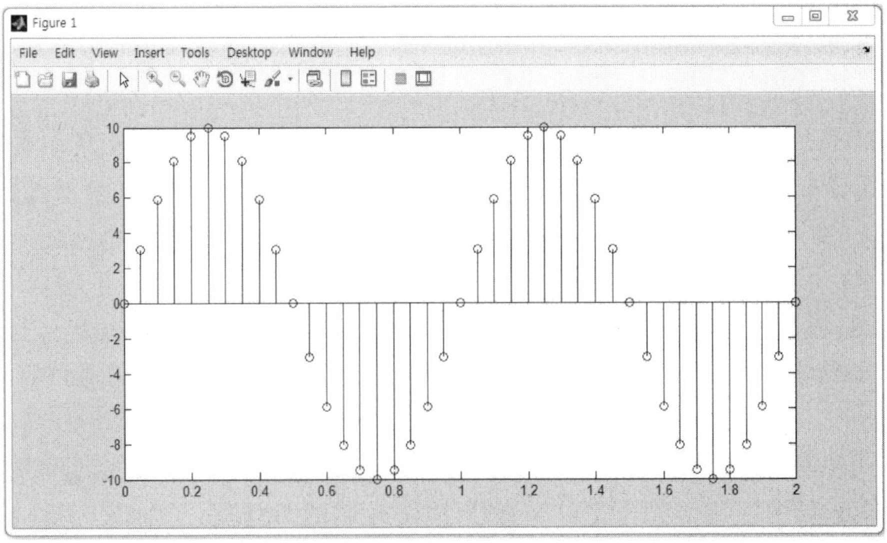

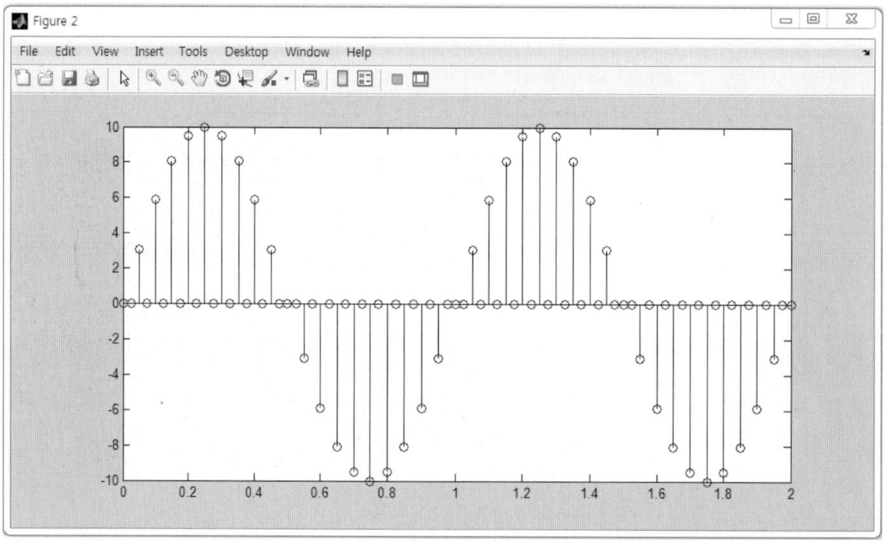

(f) MATLAB Figure 윈도우에 그려진 이산신호 파형

[그림 4.8] 정현파 생성과 샘플링 및 upsampling (ex4_4_1.mdl)

예제 4.2 [Signal Processing Blockset의 'Sine Wave' 블록을 사용한 정현파 생성]

1) Signal Processing Blockset의 'Sine Wave' 블록을 사용하여 예제 4.1과 동일하게 진폭이 10이고 주파수가 1 Hz인 연속시간 정현파를 발생시키고 [0 2]초의 구간에 대해 Scope 블록을 사용하여 파형을 그려 보라.
2) 1/20 초 주기로 샘플링된 이산시간 정현파 신호를 발생시키고 Scope에 파형을 그려 보라.

풀이

Signal Processing Blockset의 'Sine Wave' 블록은 SIMULINK 기본 라이브러리의 'Sine Wave' 블록과 기능 및 사용자 인터페이스가 조금 다르다. 기능 면에서 큰 특징으로 프레임 단위로 신호를 발생시킬 수 있고, data type을 지정(예를 들면 double 외에 fixed-point 등이 가능)할 수 있다는 것을 들 수 있다. 그리고 다른 것 중의 하나로 SIMULINK 기본 라이브러리의 'Sine Wave' 블록에서는 주파수를 rad/sec로 설정하지만 Signal Processing Blockset의 'Sine Wave' 블록에서는 주파수를 Hz 값으로 주어야 한다는 것이다.

그림 4.9(a)에 연속시간 정현파 발생을 위한 모델과 블록 파라미터의 결정 방법을 보이며, 그림 (b)에는 발생된 신호의 파형을 보인다. 그림 (c)에는 연속시간 정현파 발생

을 위한 모델과 블록 파라미터의 결정 방법을 보이고, 그림 (d)에는 발생된 신호의 파형을 보인다.

블록 파라미터에서 'Sample mode'를 "Continuous"로 선택하면 연속시간 신호가 발생되고, "Discrete"로 선택하면 이산시간 신호가 발생된다. 연속시간 신호와 이산시간 신호에 따라 'Sine Wave' 블록 아이콘의 모양이 변화되는 것을 볼 수 있다. 이산시간 신호를 위해서는 'Sample time'을 지정해야 한다. 이 예제에서는 1/20으로 설정하면 된다. 이산 신호 발생 모드에서 또 한가지 중요한 블록 파라미터가 있는데, 'Samples per frame'이다. 이것은 신호를 프레임 단위로, 즉 버퍼에 채워서 처리를 하기 위한 것으로, 프레임 기반의 처리를 하면 연산 효율이 높아진다. 일단 이 파라미터는 1로 설정하고, 프레임 기반의 신호처리에 대해서는 나중에 설명하기로 한다.

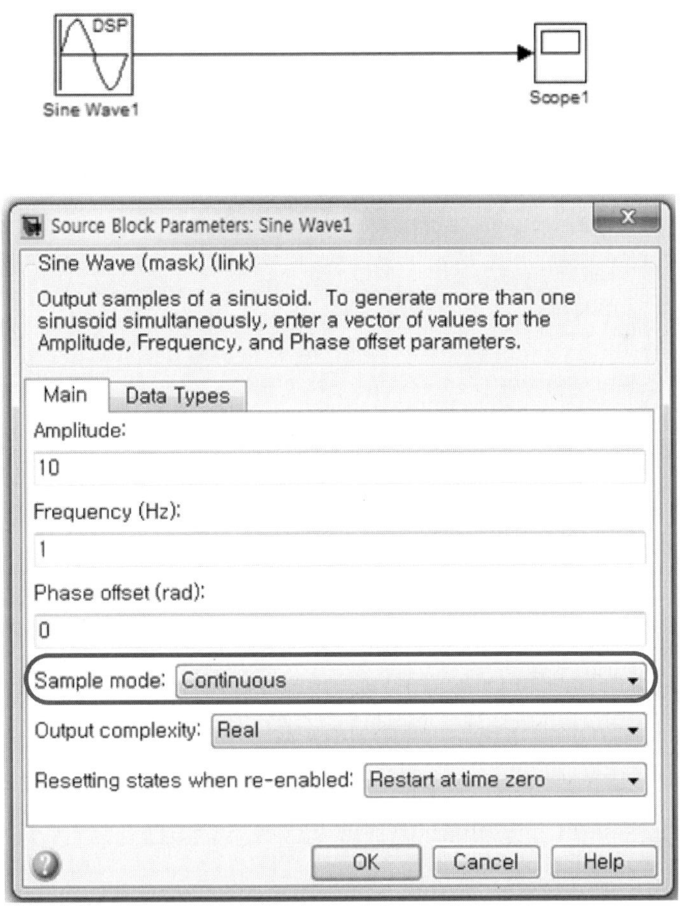

(a) 연속시간 정현파 발생 모델과 블록 파라미터 설정

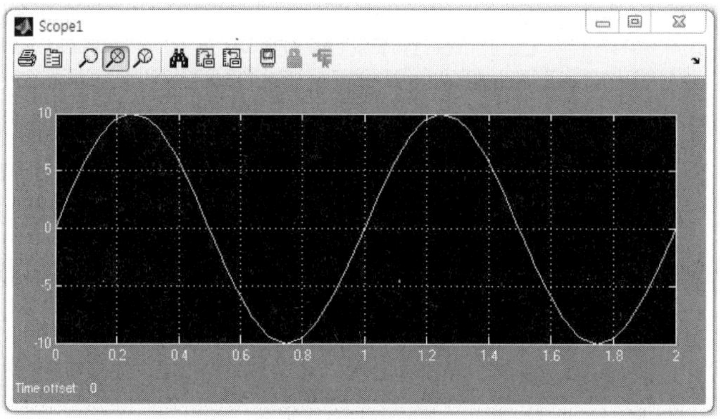

(b) 발생된 연속시간 정현파의 파형

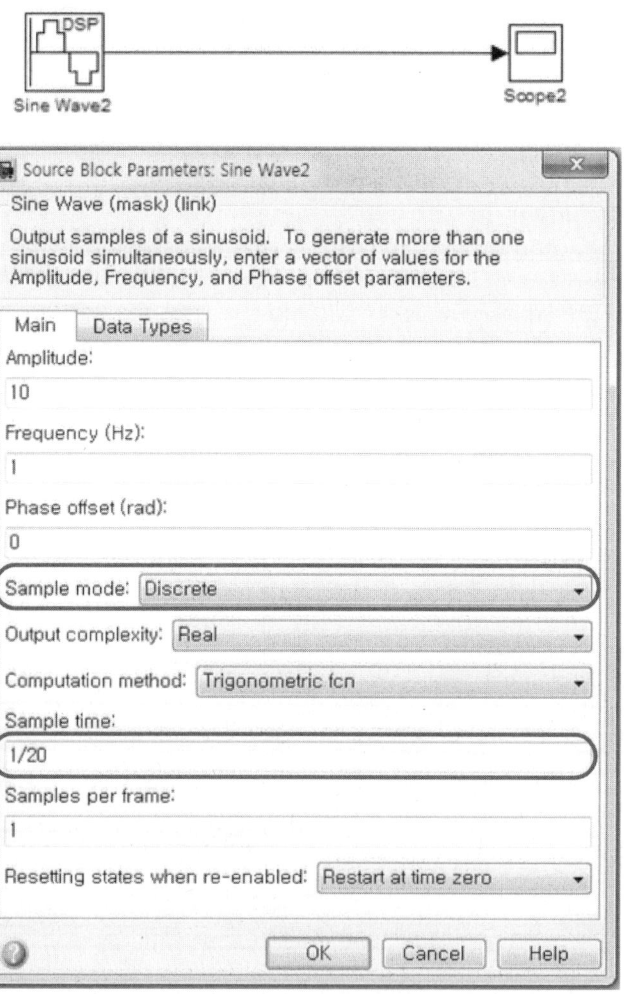

(c) 이산시간 정현파 발생 모델과 블록 파라미터 설정

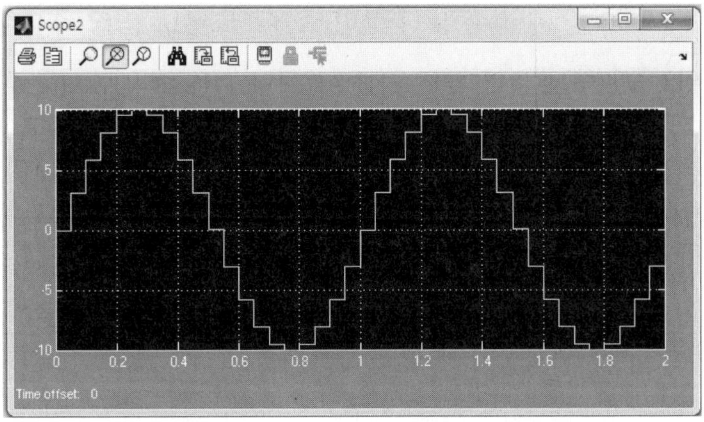

(d) 발생된 연속시간 정현파의 파형

[그림 4.9] Signal Processing Blockset을 이용한 정현파 생성(ex4_4_2.mdl)

4.4.2 Signal Generator 블록을 이용한 정현파 신호의 생성

SIMULINK 'Sources' 라이브러리에 있는 'Signal Generator' 블록을 사용하면 정현파, 구형파, 톱니파의 주기 신호를 발생시킬 수 있고, -1과 1 사이의 난수(random number)를 발생시킬 수 있다. 이 블록의 파라미터로는 Waveform, Time, Amplitude, Frequency가 있다. 'Waveform' 파라미터를 통해 정현파, 구형파, 톱니파, 난수와 같은 신호 파형의 모양을 지정한다. 'Time' 파라미터를 통해 'Use simulation time'과 'Use external signal' 중 하나를 선택하여 시뮬레이션을 한다.

주의해야 할 것은 'Simulation' 메뉴 중 'Configuration Parameters…' 설정에서 'Max step size'를 "auto"로 지정하면 구형파의 모양이 Scope에 제대로 디스플레이되지 않을 수 있다는 것이다. 이 경우 'Max step size'를 충분히 작은 값(예를 들면 1/100)으로 지정하면 급격한 신호값의 점프가 제대로 표현된다. 그림 4.10에 'Signal Generator' 블록을 사용하여 발생시킨 신호 파형의 예를 보인다.

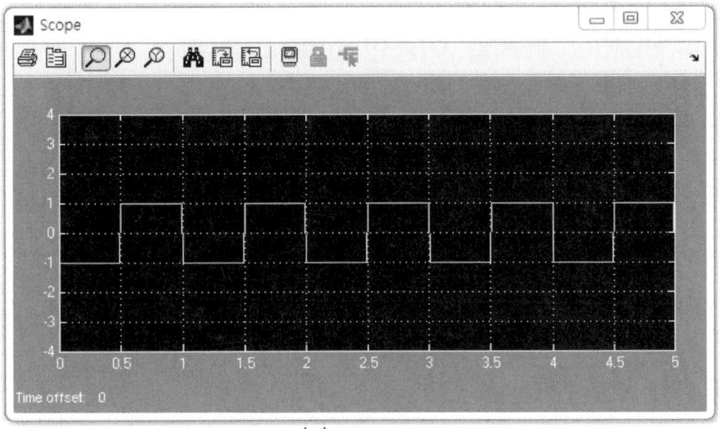

(a) square

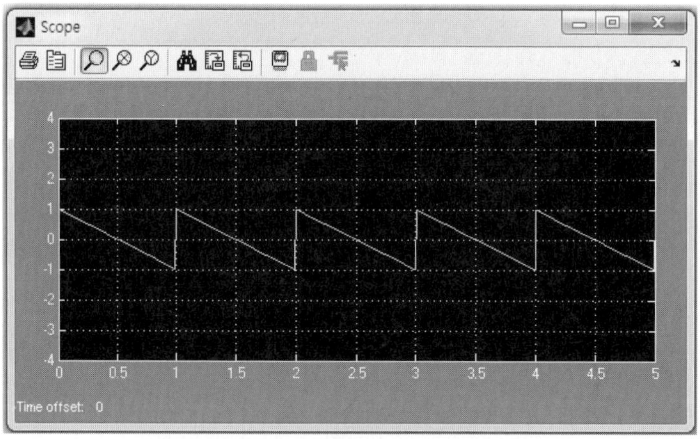

(b) sawtooth

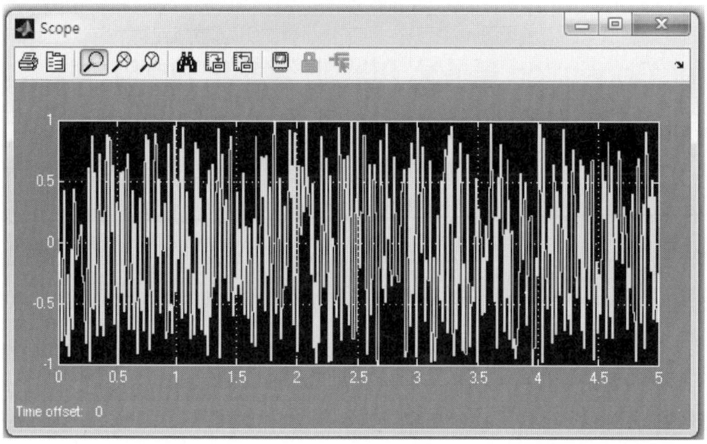

(c) random

[그림 4.10] 'Signal Generator' 블록을 이용하여 발생시킨 신호파형의 예

4.4.3 Signal Builder 블록을 이용한 신호의 생성

SIMULINK Sources 라이브러리에 있는 'Signal Builder' 블록을 사용하면 사용자가 임의의 파형 모양을 가진 신호를 발생시킬 수 있다. 그림 4.11(a)와 같이 블록을 연결한 후 Signal Builder 블록을 더블클릭하면 Signal Builder dialog box가 나타난다. 그림 4.11(b)에 Signal Builder dialog box의 예와 각 영역의 기능에 대한 표시를 보인다. Group panes에는 신호 그룹에 속해 있는 신호들의 파형을 보여 준다. 신호 파형과 함께 꼭지점을 보이고 있는데 마우스로 꼭지점을 이동시킴으로써 신호 파형을 변화시킬 수 있다. 이에 대해서는 나중에 설명하도록 한다.

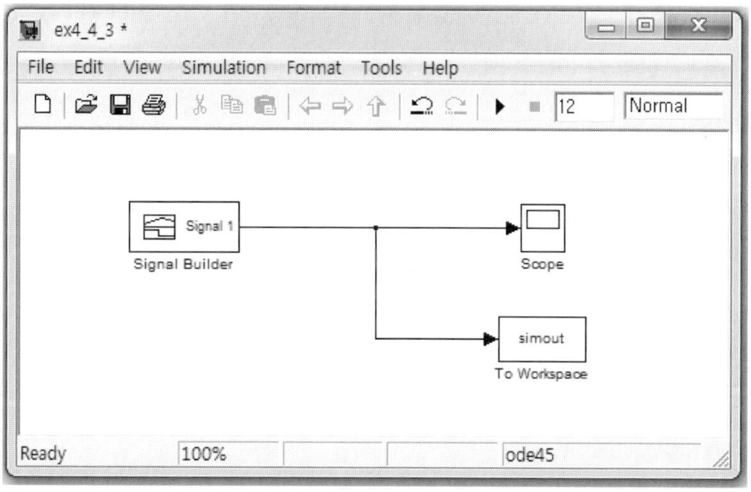

(a) Signal Builder 블록의 연결

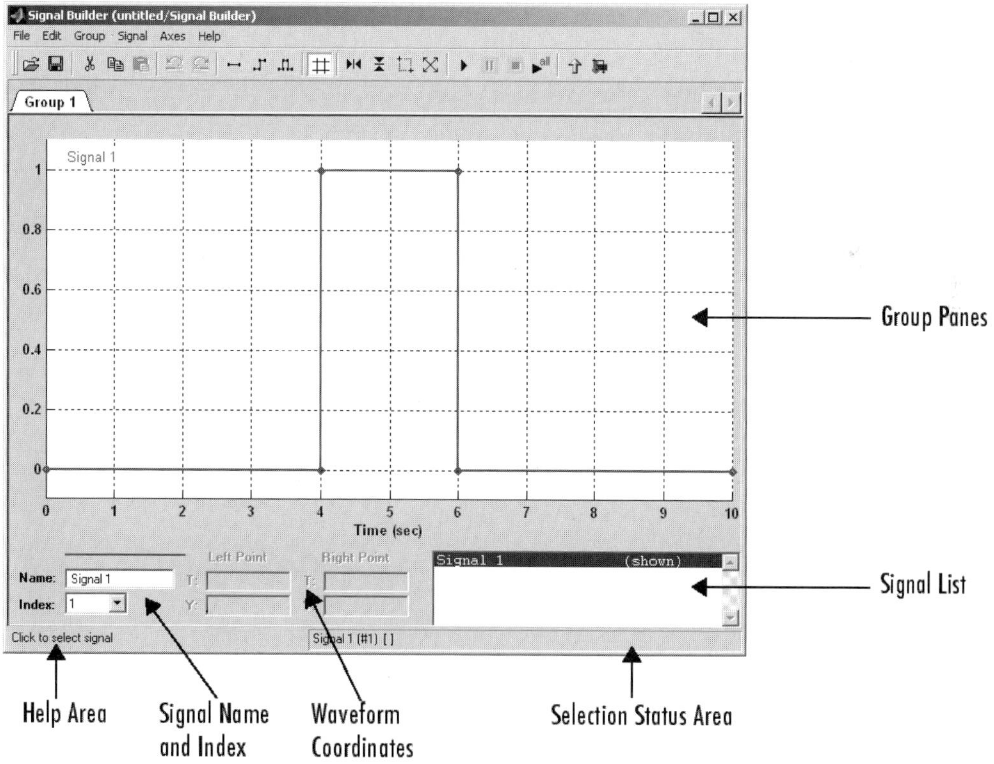

(b) Signal Builder dialog box

[그림 4.11] 'Signal Builder' 블록을 사용한 신호의 생성

Signal Builder dialog box에서는 사용자가 그룹별로 신호를 관리할 수 있게 되어 있다. 각 그룹에서는 신호를 여러 개 생성할 수 있으며, 새로운 신호 그룹을 만들 수 있다. Signal Builder 블록은 default로 구형 펄스 한 개의 신호 소스가 있는 신호 그룹을 생성한다. 신호 그룹에 신호를 추가하여 발생시킬 수 있다. 새로운 신호 그룹을 생성하고자 하는 경우에는 Signal Builder dialog box에서 Group1 tab을 클릭한 다음 'Group' 메뉴에서 'Copy'를 선택하면 새로운 그룹("Group2")가 생성되는데, Group1의 신호가 복사되어 있는 것을 확인할 수 있다.

Simulation 옵션

이제 Signal Builder dialog box 메뉴에서 자주 사용하는 것들에 대해 알아 보자. File 메뉴에서 'Simulation options…'를 선택하면 'Signal values after final time', 'Sample time', 'Enable zero crossing'의 옵션을 설정할 수 있게 되어 있다.

1) Signal values after final time: Signal Builder에서 신호를 발생시키는 시구간(예를 들어 0~10초)에 비해 모델 윈도우에서 설정한 시뮬레이션 시구간(예를 들어 0~12초)이 더 긴 경우 10초 이후 2초간의 신호가 부족한데 이 부분을 어떻게 채우는가를 결정하는 옵션이다. 'Hold final value', 'Extrapolate', 'Set to zero' 중 하나를 선택할 수 있다. 'Hold final value' 옵션을 선택하면 마지막 신호값(즉 10초에서의 값)을 유지하게 되며, 'Extrapolate' 옵션을 선택하면 외삽법을 사용하여 신호를 추가한다(예를 들어 직선이라면 기울기를 유지하여 신호를 연장한다). 'Set to zero' 옵션을 선택하면 나머지 시구간의 신호는 0으로 채워준다.
2) Sample time: 연속시간 신호를 발생시키고자 하는 경우에는 "0"의 값을 써준다. 이산시간 신호를 원하는 경우에는 샘플링 주기(예 1/5)를 써주면 된다.
3) Enable zero crossing: Signal Builder 블록이 zero crossing 이벤트를 검출할 수 있도록 할 것인지 아닌지를 지정한다. "on"과 "off" 중에서 선택한다.

예를 들어 그림 4.11(a)와 같이 블록을 연결한 모델에 대해 그림 4.12(a)와 같이 0~10초 시구간(default로 0~10초이지만 이 시구간의 설정은 Signal Builder dialog box의 Axes 메뉴에서 'Change Time Range'를 통해 지정할 수 있다)에서 신호 파형을 설계했다고 하자. 모델 윈도우에서 시뮬레이션 시구간을 12초로 한 후 시뮬레이션을 실행시키고 Scope에 나타난 신호 파형을 관찰해 보자. 'Signal values after final time' 옵션을 'Hold final value', 'Extrapolate', 'Set to zero'로 하여 시뮬레이션을 실행시키면 그림 4.12(b)~(d)와 같은 결과가 얻어진다. 만일 'Sample time' 옵션을 1/5로 하고 시뮬레이션을 실행하면 그림 (e)와 같은 이산시간 신호가 만들어지는 것을 볼 수 있다.

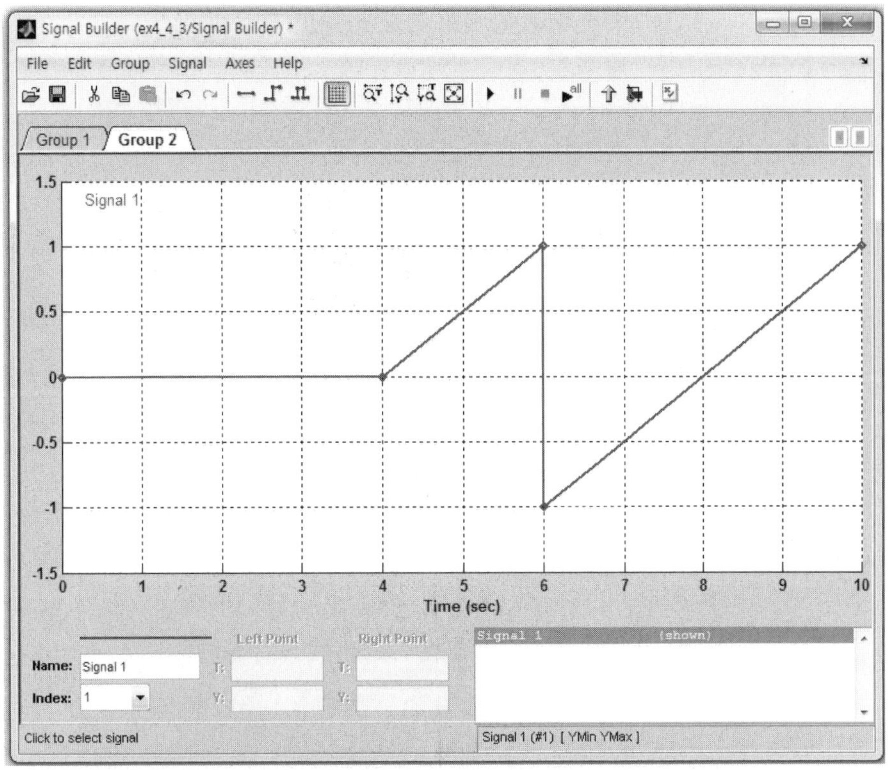

(a) Signal Builder dialog box에서 설계한 신호 파형

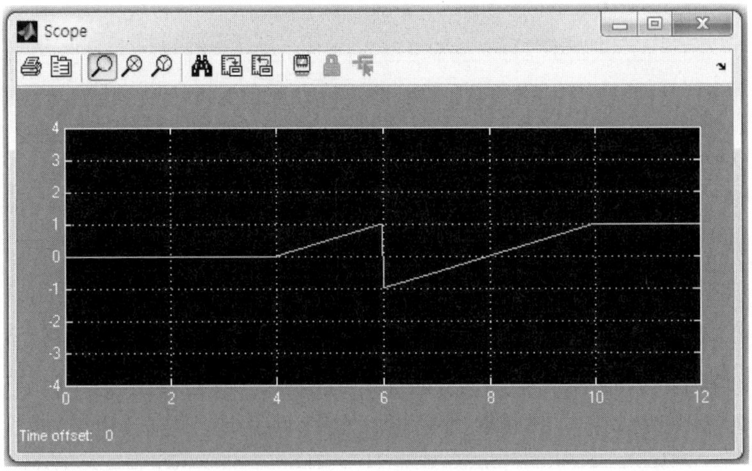

(b) 'Signal values after final time'를 'Hold final value'로 한 경우

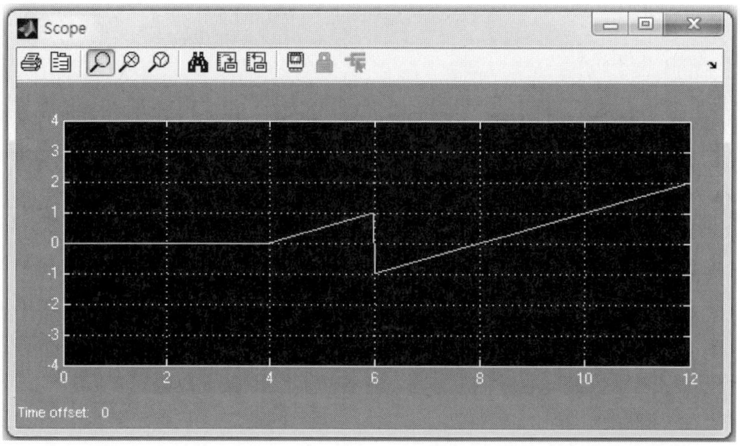

(c) 'Signal values after final time'을 'Extraploate'로 한 경우

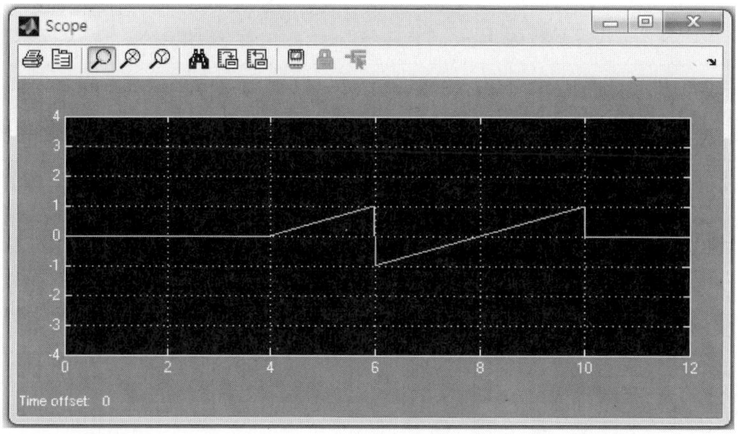

(d) 'Signal values after final time'을 'Set to zero'로 한 경우

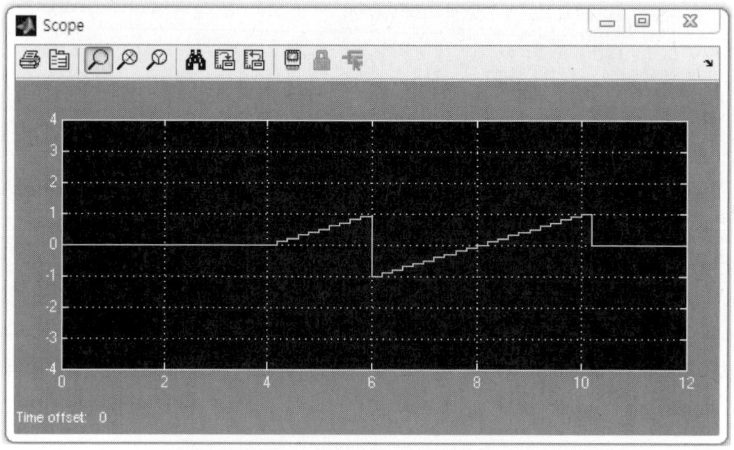

(e) 'Sample time'을 1/5로 한 경우

[그림 4.12] 'Signal Builder' 블록에서 Simulation option의 사용

신호 시구간의 설정

Signal Builder dialog box 메뉴 중에서 'Axes' 메뉴에서 'Change Time Range'를 사용하여 신호파형 설계에서 시구간을 지정할 수 있다. Default로 0~10초로 되어 있으나 'Min time'과 'Max time'에 값을 입력하여 변경하면 된다. 'Axes' 메뉴의 다른 용도는 grid 관련 설정과 디스플레이 범위의 지정 등이다.

신호그룹 내 새로운 신호의 추가

Signal Builder dialog box 메뉴 중에서 'Signal' 메뉴는 신호 그룹에 새로운 신호를 추가하는데 사용된다. 예를 들어 Signal 메뉴에서 'New'를 선택하고 'Triangle'을 지정하면 그림 4.13(a)와 같이 삼각파 신호("Signal 2")가 만들어지는 것을 볼 수 있다. 그 다음 모델 윈도우를 확인하면 그림 (b)와 같이 Signal Builder 블록 아이콘에 outport가 한 개 더 만들어져 있는 것을 확인할 수 있다. Outport1으로 Siganl 1이 출력되고 outport2로 Signal 2가 출력된다. Outport2에 Scope1을 연결하여 파형을 확인해 보면 그림 (c)와 같다.

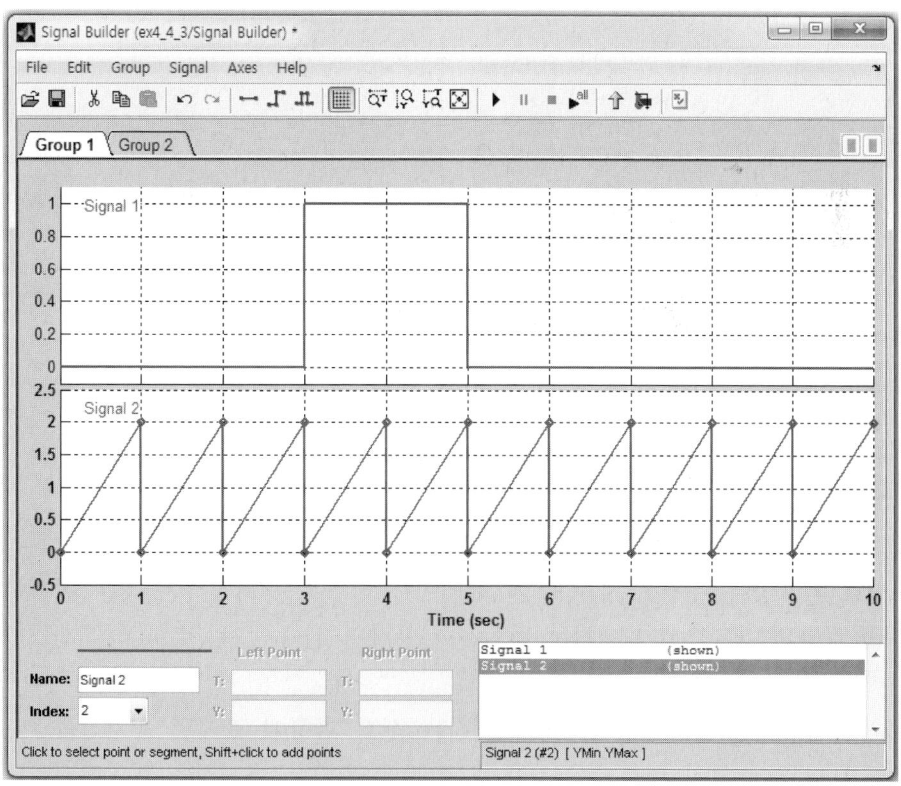

(a) Signal Builder dialog box에서 설계한 신호 파형

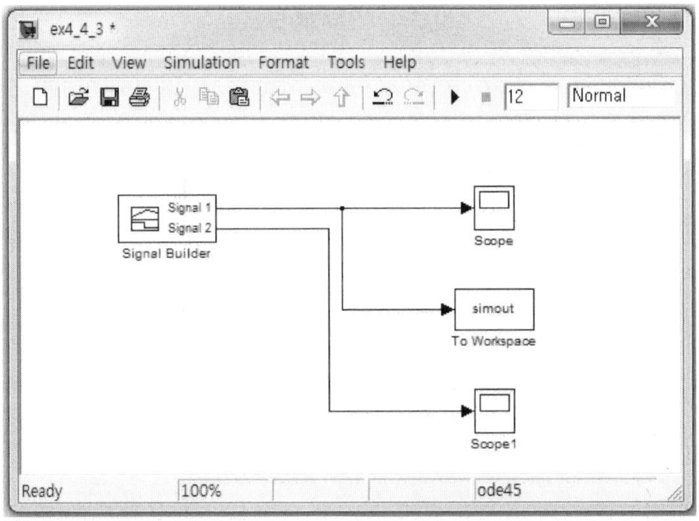

(b) Signal Builder 블록에 추가된 outport

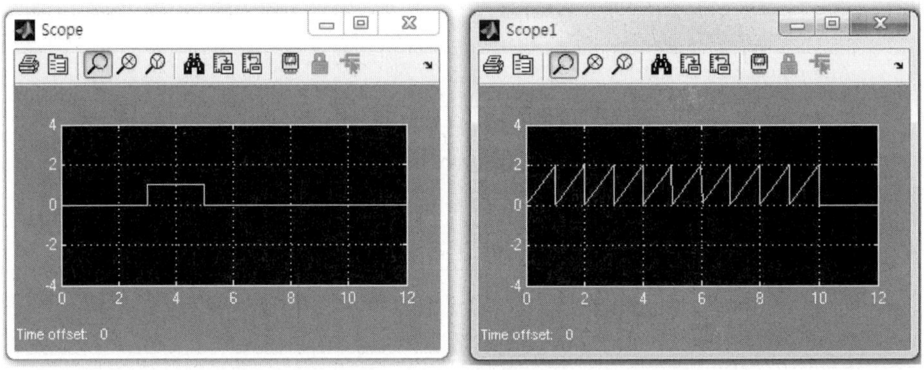

(c) Scope에 디스플레이된 신호의 파형

[그림 4.13] Signal Builder dialog box에서 'Signal' 메뉴를 통한 추가 신호의 생성

○ 신호 모양의 변경

Signal Builder dialog box의 Group pane에서 신호 파형을 임의의 모양으로 변경할 수 있다. 신호의 모양은 유지한 채 신호의 레벨이나 펄스폭을 조정하는 것은 간단히 신호 파형을 클릭하고 마우스를 드랙하는 방법을 사용하면 된다. 그림 4.14(a)에 신호 레벨을 변화시키는 예를 보인다.

신호의 모양을 임의로 변형시키기 위해서는 신호 파형에 표시된 꼭지점을 이동시킨다. 그림 4.14(b)에 보인 파형에서 좌표 (3, 0.4)에 위치한 꼭지점을 변화시키려면 먼저 마우스를 그 꼭지점에 가져가고 클릭을 한다. 그러면 그림 (b)와 같이 해당 꼭지점 주위로 작은 원이 생기고, 아래 'Waveform coordinates' 박스에 꼭지점의 좌표가 숫자로 나타난다. 꼭지점의 위치를 이동시키기 위해서는 마우스로 꼭지점을 드랙하거나 아니면 키보드에 있는 방향키를 누르면 된다. 다른 방법으로 꼭지점 좌표를 나타낸 박스에 원하는 값을 직접 입력해도 된다. 마우스를 드랙하는 경우 정확한 값으로 미세 조정하는 것이 어려우므로 방향키를 누르거나 꼭지점 좌표값을 직접 숫자로 입력하는 게 편할 수 있다. 그림 (c)에는 선택한 신호 꼭지점을 (2.5, 0.3)으로 변경한 결과를 보인다.

신호의 모양을 임의로 바꾸기 위해서는 꼭지점을 추가할 필요가 있다. Shift 키를 누른 채 꼭지점을 추가하고자 하는 위치의 신호 파형 위에 마우스를 옮긴 후 클릭하면 그림 (d)와 같이 꼭지점이 생긴다. 이제 새로 생긴 꼭지점을 마우스로 클릭하여 선택하고 드랙을 하거나 아니면 키보드 방향키를 누르거나 또는 꼭지점 좌표 값을 입력하여 모양을 변경시키면 된다. 그림 (e)에 그 결과의 예를 보인다.

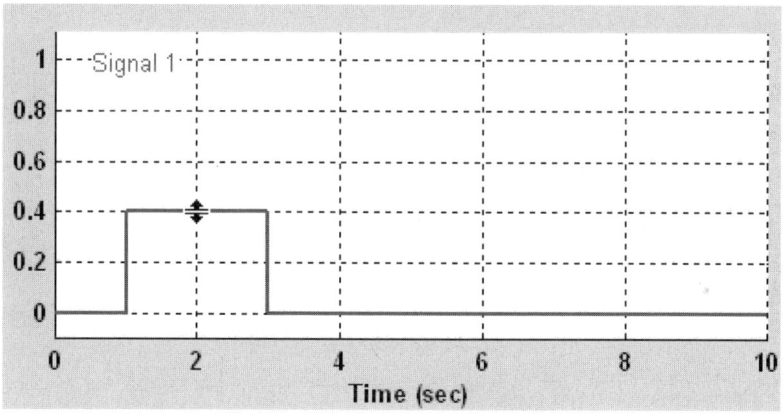

(a) 신호 레벨의 조정

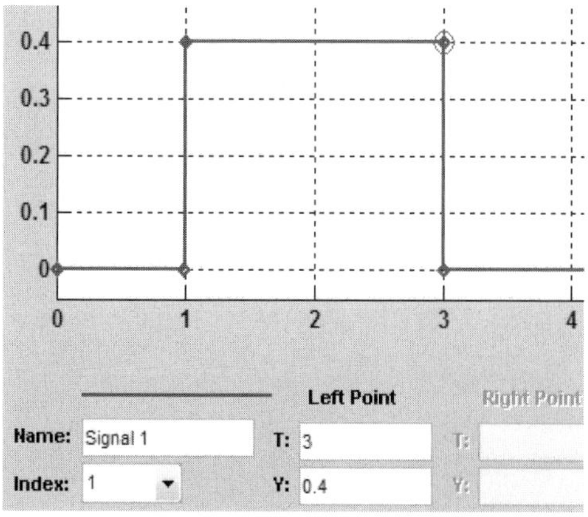

(b) 변경대상 신호 꼭지점의 선택

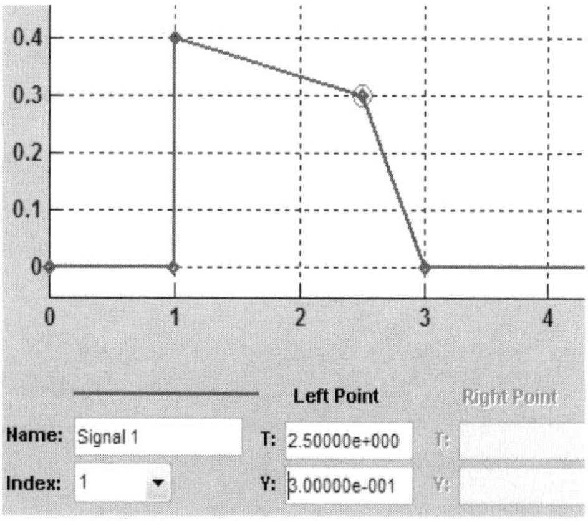

(c) 신호 꼭지점을 변화시킨 결과

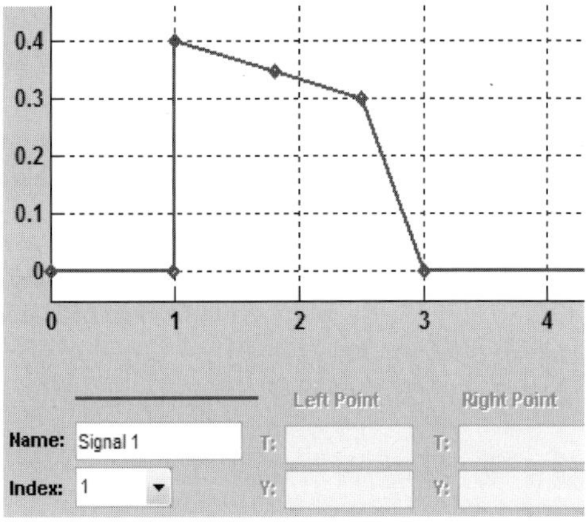

(d) 신호 꼭지점의 추가

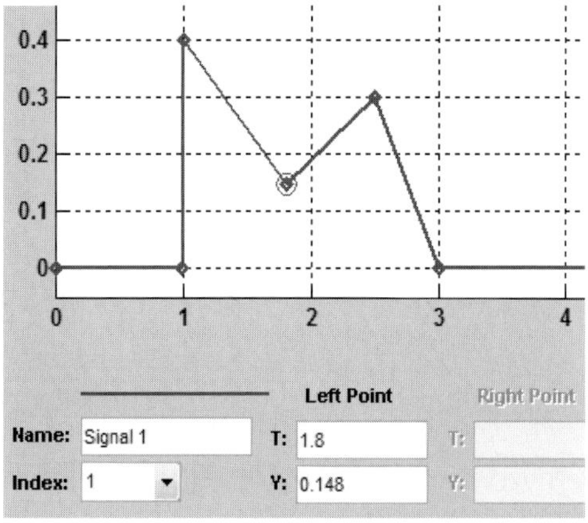

(e) 신호파형 변경의 예

[그림 4.14] Signal Builder dialog box에서 신호 모양의 변경

4.4.4 Workspace에서 신호를 발생시키고 inport 블록을 통하여 SIMULINK로 가져오는 방법

MATLAB workspace에서 신호를 발생시킨 다음 inport 블록을 통하여 SIMULINK로 가져와서 시뮬레이션을 실행할 수 있다. 예제를 통하여 신호를 발생시키는 방법을 알아보도록 하자.

예제 4.3 [Workspace에서 신호를 발생시키고 inport를 통해 가져 오기]

발생시키고자 하는 신호가 다음 식과 같이 표현된다고 하자.

$$x(t) = \begin{cases} 2 & -2 \le t \le -1 \\ 2 - 2\cos(0.5\pi t) & -1 \le t \le 1 \\ 2 & 1 \le t \le 2 \\ 4 - t & 2 \le t \le 4 \\ 0 & \text{otherwise} \end{cases} \tag{4.30}$$

1) MATLAB 명령어를 사용하여 -5 ~ 5초의 시구간에 대하여 신호를 발생시키고 Figure 윈도우에 그려 보라.
2) 발생되어 workspace에 저장되어 있는 신호를 SIMULINK inport 블록을 통하여 가져온 다음 Scope 블록을 사용하여 디스플레이 하라.

풀이

그림 4.15(a)와 같은 MATLAB script를 실행하면 그림 (b)와 같은 그림이 그려진다. 그림 (c)와 같이 inport 블록을 Scope 블록에 연결하고, Simulation 메뉴의 'Configuration Parameters'에서 'Data Import/Export' 항목을 클릭하여 변수명을 workspace에서 발생시킨 것과 일치하게 수정한다. 시뮬레이션 시구간을 맞게 설정하고 시뮬레이션을 실행하면 그림 (d)와 같은 파형이 Scope에 나타나는 것을 볼 수 있다. 그림에서 "Time offset: -5"를 확인한다. Autoscale을 클릭하여 Time offset을 0으로 한 그림을 다시 그릴 수 있다.

```
ts=0.1; % sampling period
t=[-5:ts:5]'; % time vector
x=zeros(size(t));  % Generate input signal
x(31:40)=2*ones(1,10);                  % x(t)=0    for -2<t<-1
x(41:61)=2-2*cos(0.5*pi*t(41:61));      % x(t)=2-2cos(pi*t/2)  for -1<t<1
x(62:71)=2*ones(1,10);                  % x(t)=1    for 1<t<2
x(72:91)=4-t(72:91);                    % x(t)=4-t    for 2<t<4
plot(t,x); axis([-5 5 -2 4]);
grid;
```

(a) 신호 발생을 위한 MATLAB 명령어

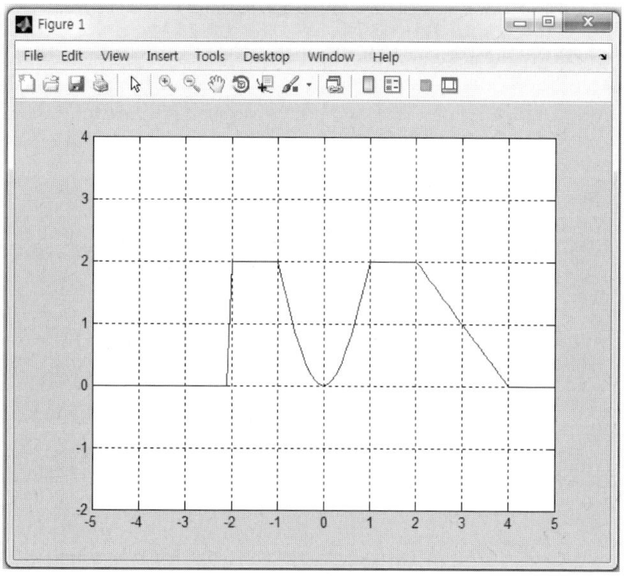

(b)

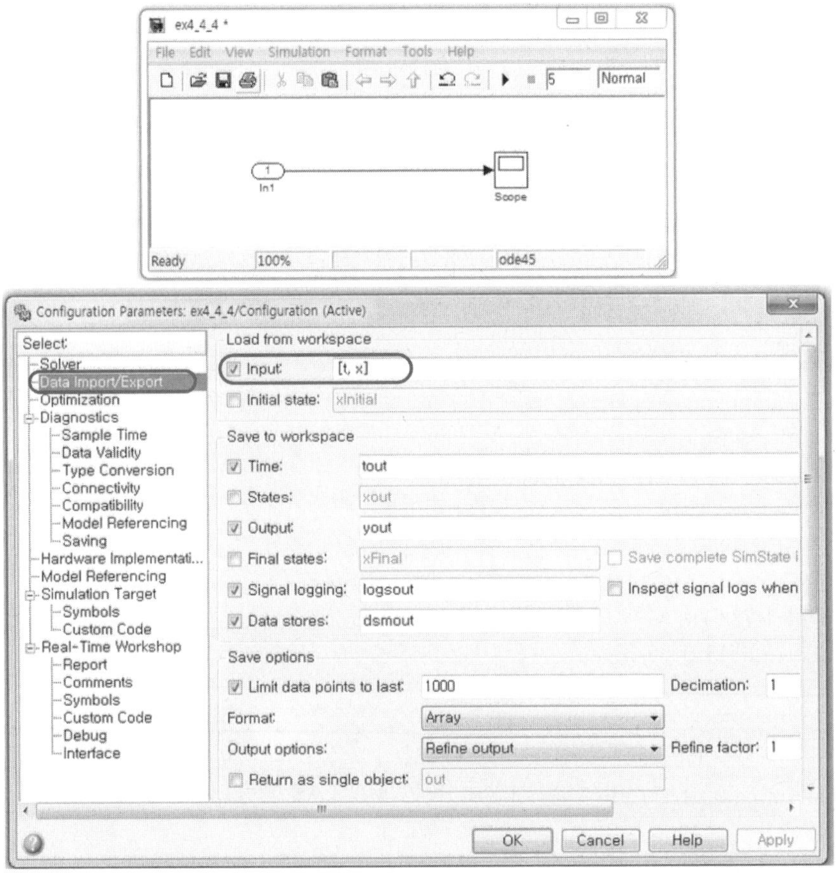

(c) 블록 다이어그램 및 configuration parameter 설정

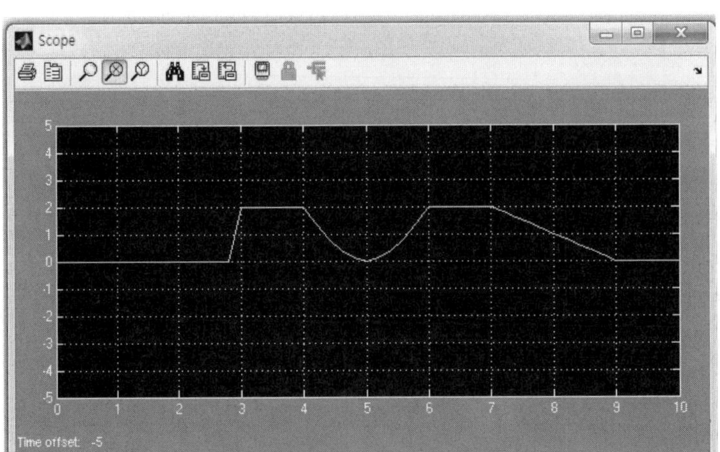

(d) Scope에 그려진 신호 파형

[그림 4.15] Workspace에서 신호를 발생시키고 inport블록을 통하여 가져오는 방법

4.5 스펙트럼 그리기

앞 절에서는 신호를 발생시키는 방법에 대해 알아보았다. 이번 절에서는 발생된 신호의 스펙트럼을 그려주는 방법에 대해 알아보기로 한다. 두 가지 방법을 살펴볼텐데, 한 가지 방법은 MATLAB command 윈도우에서 FFT 연산을 하여 스펙트럼을 Figure 윈도우에 그리는 것이고, 다른 방법은 SIMULINK의 Signal Processing Blockset에 있는 'Spectrum Scope'를 이용하여 그리는 것이다.

먼저 FFT를 이용한 스펙트럼 분석에서 설정해야 할 파라미터들로서 주파수 분해능(Δf), 샘플링 주파수(f_s), 신호 관측 구간(T), FFT length(N) 간의 관계를 정리해 보자. 주파수 분해능은 신호 관측구간의 역수이고, 샘플링 주파수는 샘플링 주기(즉 시간 분해능 Δt)의 역수이므로 다음과 같은 관계가 성립한다.

$$\begin{aligned} T &= N \cdot \Delta t = \frac{N}{f_s} \\ \Delta f &= \frac{1}{T} = \frac{f_s}{N} \end{aligned} \tag{4.31}$$

그러면 스펙트럼에서는 $f_s/2$ Hz 까지의 주파수 성분을 관찰할 수 있게 된다.

4.5.1 MATLAB Command 윈도우에서 FFT 연산을 하여 그리는 방법

예제를 통하여 방법을 익히도록 하자.

예제 4.4 [구형 펄스의 스펙트럼]

1) 식과 같이 펄스폭이 2인 구형 펄스를 Signal Builder 블록을 사용하여 발생시킨다. 신호 시구간은 0~10 초로 하라.

$$y(t) = \begin{cases} 1 & 3 \le t \le 5 \\ 0 & \text{otherwise} \end{cases} \tag{4.32}$$

2) 신호를 0.1초 주기로 샘플링하여 이산시간 신호로 만들어서 MATLAB workspace로 보낸다.
3) 신호의 푸리에 변환을 구하고 진폭 스펙트럼을 그려 보라.

풀이

1) 그림 4.16(a)와 같이 모델 윈도우에서 블록 다이어그램(ex4_5_1.mdl 참조)을 구성한다. Signal Builder에서 그림 (b)와 같이 신호를 설계하고, Zero-Order Hold 블록에서 'Sample time' 파라미터를 "1/10"로 설정한다. To Workspace 블록에서 'Save format' 파라미터는 "Structure With Time"으로 선택한다.
2) 그 다음 모델 윈도우에서 Simulation 메뉴의 'Configuration Parameters'로 가서 시뮬레이션 시간을 0~10초가 되도록 선정한다. 시뮬레이션을 실행하면 Workspace에 시간 벡터(simout.time)와 신호파형 벡터(simout.signals.values)가 저장되어 있는 것을 확인한다. 신호 파형을 그려서 그림 (c)와 같이 되는 것을 확인한다.
3) MATLAB 함수를 사용하여 푸리에 변환을 계산한다. 기본적으로 MATLAB의 fft 함수를 사용하면 되는데, 조금 변형시킨 함수 fft_mod.m을 이용해 보도록 하자. 0의 주파수 성분을 중앙에 오도록 그림을 그리기 위하여 matlab toolbox에 있는 fftshift 함수를 사용한다. 그림 (d)와 같은 스크립트를 실행하여 진폭 스펙트럼을 구한 후 그려 보면 그림 (e)와 같은 결과가 얻어진다.

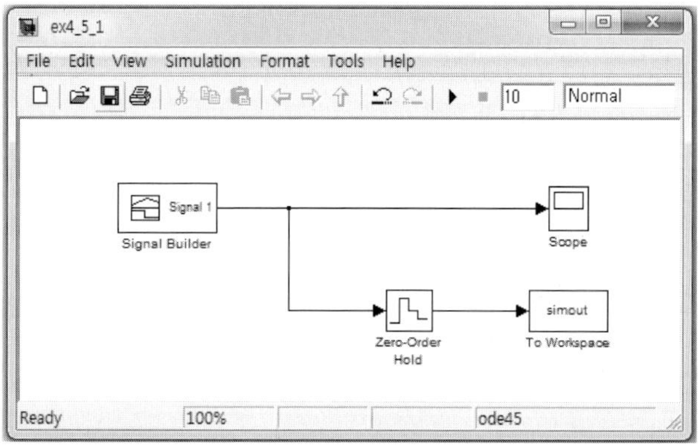

(a) 신호 발생을 위한 블록 다이어그램(ex4_5_1.mdl)

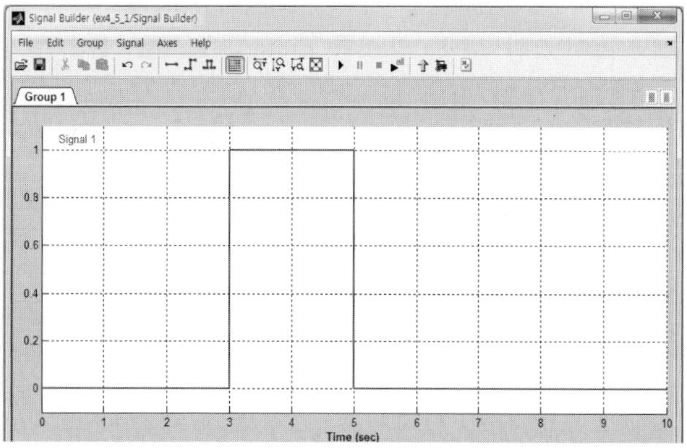

(b) Signal Builder에서 설계한 신호 파형

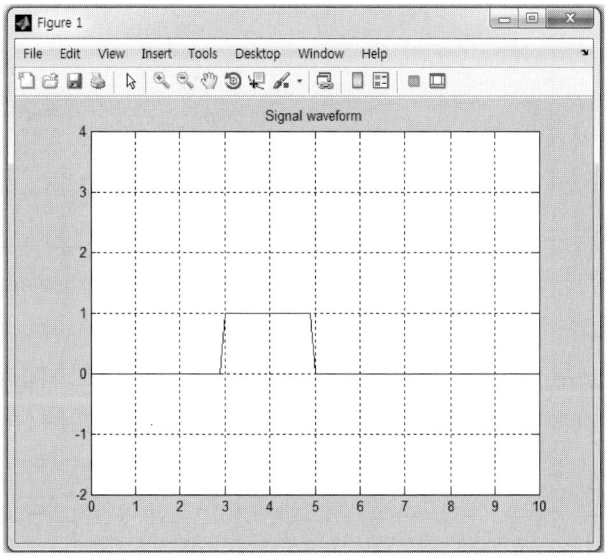

(c) MATLAB에서 그려본 신호 파형

```
>> df=0.01; %frequency resolution
>> fs=10; %sampling frequency
>> ts=1/fs; %sampling period
>> %t=[0:ts:10]; %observation time interval
>> y=simout.signals.values; %generated signal
>> t=simout.time; %time vector
>> y=y'; t=t';
>> [Y,y1,df1]=fft_mod(y,ts,df);
>> Y1=Y/fs; %scaling
>> f=[0:df1:df1*(length(y1)-1)]-fs/2; %frequency vector (range to plot)
>> figure(1);
>> plot(t,y); axis([0 10 -2 4]); grid;
>> title('Signal waveform');
>> mag_Y1=fftshift(abs(Y1));
>> figure(2);
>> plot(f,mag_Y1);
>> title('Magnitude spectrum'); grid;
```

(d) 진폭 스펙트럼을 연산하여 그리기 위한 MATLAB 명령문(script4_5_1.m)

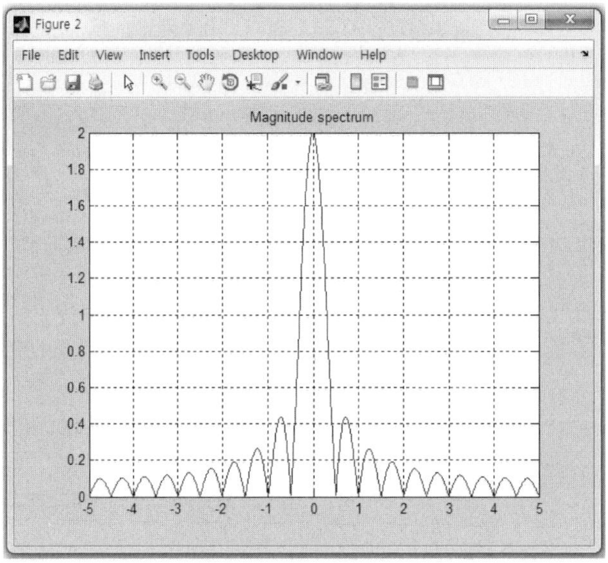

(e) 진폭 스펙트럼

[그림 4.16] 구형파 펄스의 파형과 스펙트럼

과제 1

(a) 펄스폭이 2이고 크기가 1인 삼각 펄스의 파형, 즉 $x(t) = \Lambda(t)$ 에 대해 예제 4.4의 과정을 반복하라.

(b) 신호 펄스의 폭을 두 배로 늘리고 예제 4.4의 과정을 반복하라. 스펙트럼이 어떻게 변화하는가?

과제 1

펄스 폭 2초가 반 파장인 정현파 펄스, 즉 $x(t) = \cos(\pi t/2)[u(t+1) - u(t-1)]$를 발생시키고 신호 파형과 진폭 스펙트럼을 그려 보라. 신호 구간은 -5 ~ 5초를 사용하라. 진폭 스펙트럼을 그릴 때 진폭 값은 dB 스케일을 사용하라.

4.5.2 SIMULINK Signal Processing Blockset의 Spectrum Scope를 이용하는 방법

신호의 스펙트럼을 관찰하는데 Signal Processing Blockset에 있는 'Spectrum Scope' 블록을 이용하면 편리하다. Spectrum Scope 블록은 전력 신호에 대해 전력스펙트럼 예측 알고리즘을 실행하여 계산한 평균 전력스펙트럼을 그려주는 기능을 갖고 있다. 따라서 이 블록을 이용하기 위해서는 전력스펙트럼 예측 연산을 위한 조건으로 FFT 길이, buffer 크기 및 중첩 정도, 윈도우 모양 등의 파라미터를 설정해야 한다.

Spectrum Scope 블록은 입력이 이산시간 신호이어야 한다. 만일 입력 신호가 연속시간 신호라면 먼저 이산신호로 변환시켜야 한다. 신호를 발생시키고 Spectrum Scope에 스펙트럼을 그려보도록 하자.

예제 4.5 [정현파의 스펙트럼]

Sine Wave 블록을 사용하여 진폭이 10이고 주파수는 1 KHz인 정현파를 발생시킨 다음 Spectrum Scope 블록을 이용하여 전력 스펙트럼을 그려 보라. 샘플링 주파수는 $f_s = 100$ KHz를 사용하고, FFT length는 4096을 사용하라.

풀이

Sine Wave 블록에서 아날로그 신호를 발생시키는 경우 Spectrum Scope 블록으로 입력시키기 전에 샘플링을 해야 한다. 그러나 Sine Wave 블록에서 출력을 샘플링하여 이산시간 신호를 발생시킨 경우에는 바로 Soectrum Scope 블록에 입력시켜도 된다.

1) 먼저 그림 4.17(a)에 보인 모델(ex4_5_2.mdl)과 같이 연속시간 신호로서 정현파를 발생시켜 보자. Sine Wave 블록에서 파라미터를 "Amplitude = 10, Frequency = 2*pi*1000, Sample time = 0"으로 설정한다.
2) 연속시간 신호를 발생시켰으므로 Spectrum Scope에 입력하기 전에 이산시간 신호로 변환해야 한다. 이를 위해 Discrete 라이브러리에 있는 Zero-Order Hold 블록을 사용한다. 설정할 파라미터로 Sample time이 있는데 에일리어싱이 발생하지 않도록 충분히 작은 값을 사용해야 한다. "Sample time = 1e-5"로 설정해 보자. 이렇게 하면 샘플링 주파수가 $f_s = 100$ KHz가 되며, Spectrum Scope에 보여지는 주파수 영역은 최대 $f_s/2 = 50$ KHz가 된다.
3) Signal Processing Blockset의 Signal Processing Sinks 라이브러리에 있는 Spectrum Scope을 가져 와서 이산시간화 된 신호와 연결한다.
4) Spectrum Scope 블록을 더블 클릭하여 필요한 파라미터를 입력한다. Scope Properties 탭에서 그림 4.17(b)와 같이 입력한다. 현재의 예제와 같이 sample-based signal인(frame-based signal이 아닌) 경우 Buffer input 체크박스를 선택하고 Buffer size를 적절히 선정한다. Buffer size, Buffer overlap, FFT length, Window type 등은 스펙트럼 예측에 관련된 파라미터 들이다. FFT length와 Buffer size를 4096으로 선택하자.
5) 모델 윈도우로 가서 Simulation 메뉴에서 Configuration Parameters를 "Start time = 0, Stop time = 0.04096, Solver Type = Fixed-step, Fixed-step size = 1e-5"로 설정한

다. 샘플링 주기가 10^{-5} 초이므로 시뮬레이션 시구간($T = 0.04096$ 초) 동안 4096 ($N = T / \Delta t = T \cdot f_s = 0.04096 \times 10^5$) 개의 신호 샘플을 처리하게 된다. 시뮬레이션을 실행하여 그림 4.17(c)와 같은 결과가 얻어지는지 확인한다. 필요하면 Display properties를 변경하여 그래프를 수정한다.

6) 그림 (a)처럼 연속시간 신호를 발생시키고 Zero-Order Hold 블록을 사용하는 대신 그림 (d)에 보인 모델(ex4_5_3.mdl)과 같이 신호발생 블록에서 출력을 샘플링해도 된다. 이 때 Sine Wave 블록에서 파라미터를 "Amplitude = 10, Frequency = 2*pi*1000, Sample time = 1e-5"로 설정한다.

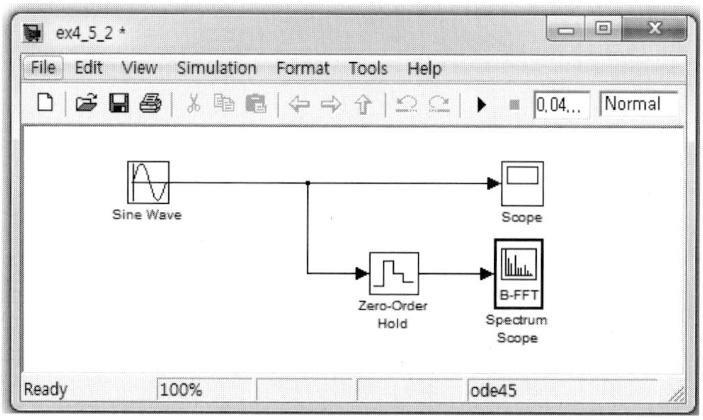

(a) ex4_5_2.mdl

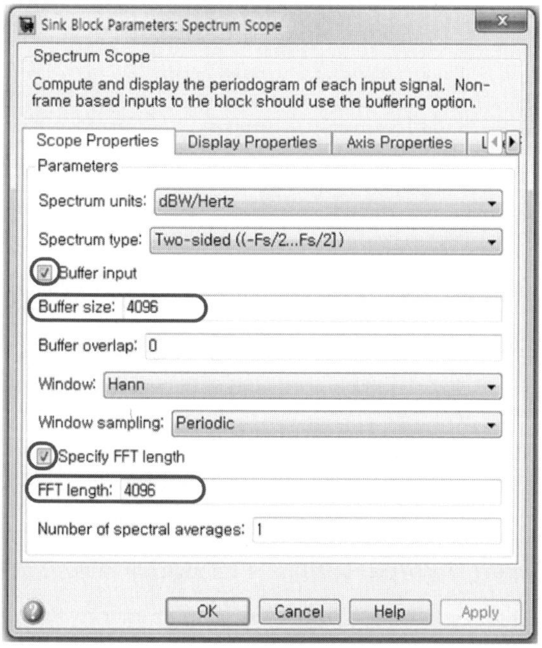

(b) Spectrum Scope 블록 파라미터 설정

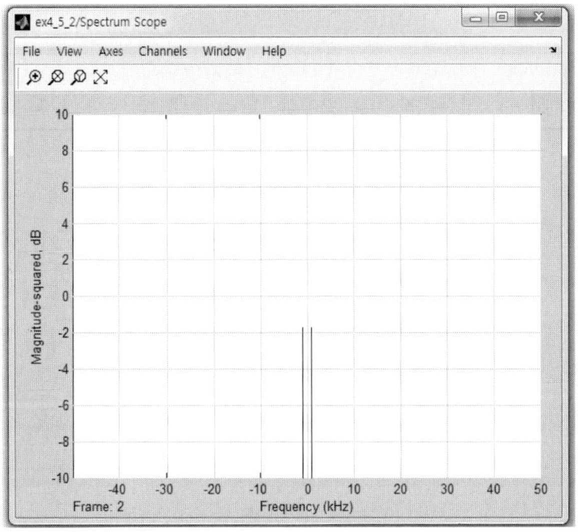

(c) 진폭 스펙트럼

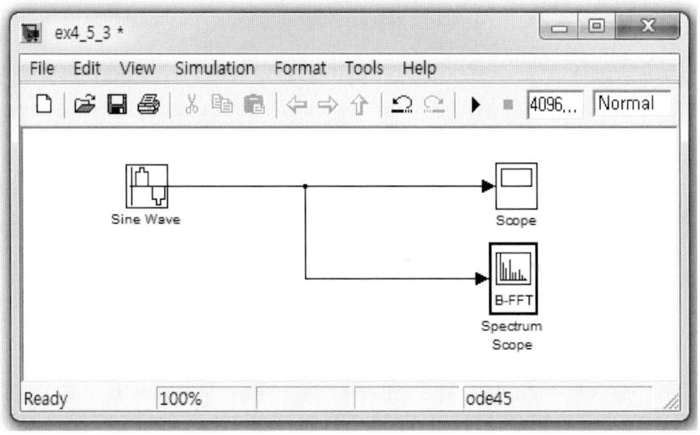

(d) ex4_5_3.mdl

[그림 4.17] Spectrum Scope를 사용하여 스펙트럼 그리기

예제 4.6

예제 4.5에서 발생시킨 정현파를 반파 정류기(half wave rectifier)를 통과시킨 후 출력 파형과 전력 스펙트럼을 그려 보라.

풀이

반파 정류기를 위해 그림 4.18(a)에 보인 모델(ex4_5_4.mdl)과 같이 'Saturation' 블록을 이용해 보자. 파라미터는 "Upper limit = inf, Lower limit = 0"으로 설정한다. 시뮬레이션을 실행하면 그림 (b)의 파형과 그림 (c)의 스펙트럼이 얻어진다.

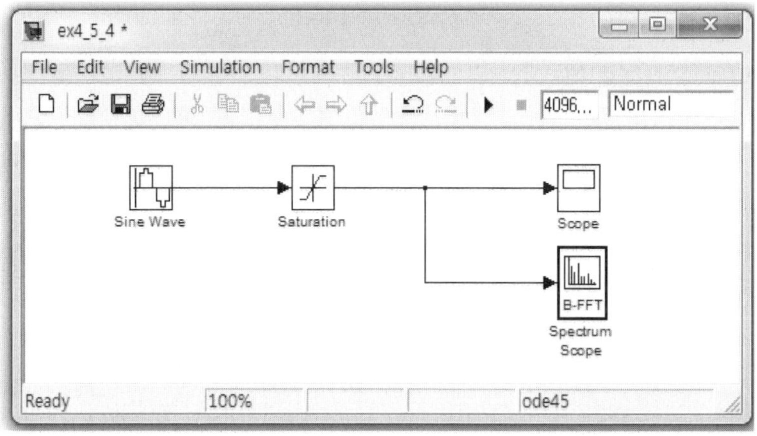

(a) ex4_5_4.mdl

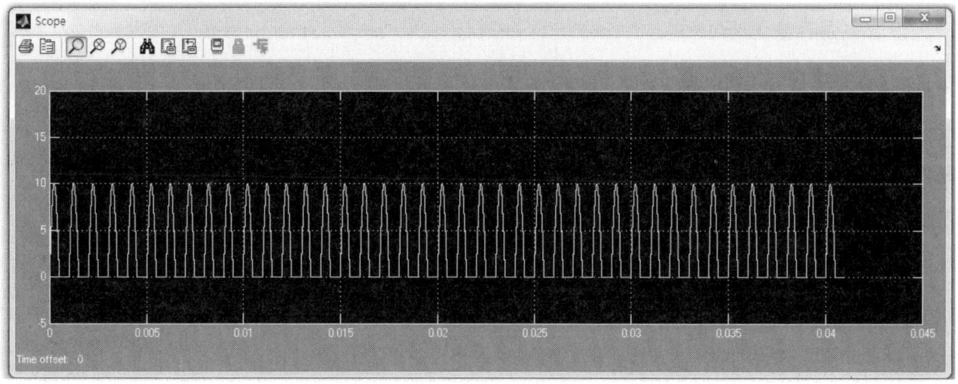

(b) Scope 출력

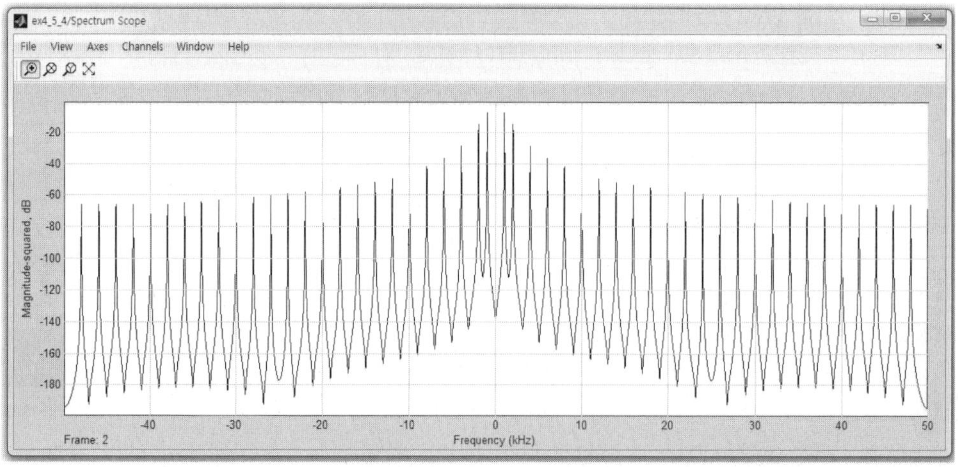

(c) Spectrum Scope 출력

[그림 4.18] 반파 정류기를 통과한 정현파의 스펙트럼

예제 4.7

예제 4.4와 같이 Signal Builder를 통해 구형파 펄스를 발생시키되 신호가 0.05~0.06초에서 1이고 나머지는 0이 되도록(결과적으로 펄스폭은 10msec) 하고 Spectrum Scope를 사용하여 스펙트럼을 그려 보라. 신호 관찰 구간은 100 msec로 하고, FFT length는 4096으로 하라.

풀이

예제 4.4 모델의 Signal Builder에서 신호 파형을 그림 4.19(a)와 같이 수정한다. Zero-Order Hold의 파라미터는 "Sample time = 0.1/4096"으로 설정한다. 모델 윈도우에서 시뮬레이션 시간은 0~0.1초로 설정한다. 시뮬레이션을 실행하면 그림 (b)와 같은 스펙트럼이 얻어진다.

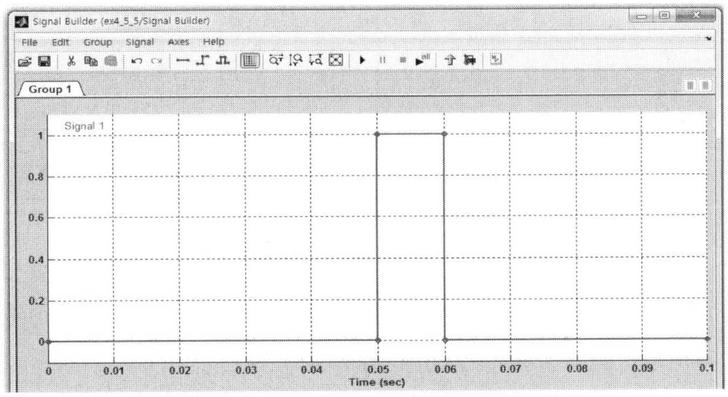

(a) Signal Builder dialog box

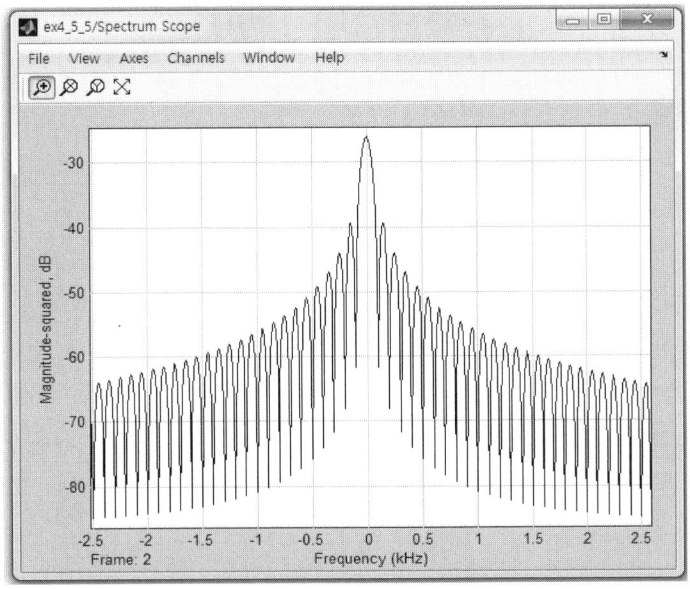

(b) Spectrum Scope 출력

[그림 4.19] 구형 펄스의 스펙트럼(ex4_5_5.mdl 참고)

4.6 필터 블록의 사용

Signal Processing Blockset의 라이브러리에는 아날로그 필터 블록과 디지털 필터 블록들이 있어서 SIMULINK 모델 윈도우로 가져다가 사용할 수 있다.

4.6.1 아날로그 필터

Signal Processing Blockset의 'Filtering / Filter Implementations' 라이브러리에는 'Analog Filter Design' 블록이 있는데, 이 블록을 사용하여 lowpass, highpass, bandpass, bandstop 필터를 설계하여 적용할 수 있다. 가능한 필터 종류는 Butterworth, Cehbyshev type I, Chebyshev type II, elliptic 필터가 있다. Butterworth 필터는 통과대역에서 'maximally flat'의 특성을 가진다. Chebyshev type I 필터는 통과대역에서 'equiripple'이고 저지대역에서는 'monotonic' 특성을 가지며, Chebyshev type II 필터는 통과대역에서 'monotonic'이고 저지대역에서는 'equiripple' 특성을 가진다. Elliptic 필터는 통과대역 및 저지대역에서 'equiripple' 특성을 갖는다.

필터 파라미터로는 필터 차수, 대역 관련 주파수, 리플의 크기가 있다. 예를 들어 Butterworth loapass 필터의 경우 필터 차수와 passband edge frequency(rad/sec)를 설정해야 한다. 블록을 더블 클릭하면 Dialog box가 나오는데 필터 종류와 파라미터를 입력하면 된다. 주의해야 할 점은 필터 입력이 sample-based, continuous-time, scalar 신호이어야 한다는 것이다.

예제 4.8 [아날로그 필터의 적용]

(a) 주파수가 50 Hz, 100 Hz, 200 Hz인 세 개의 정현파 $s_1(t) = 10\sin(100\pi t)$, $s_2(t) = 10\cos(200\pi t)$, $s_3(t) = -10\sin(400\pi t)$를 발생시키고, 이 세 신호를 더하여 만들어지는 신호의 파형과 스펙트럼을 그려 보라. 스펙트럼을 그리기 위하여 샘플링 주파수는 1 KHz를 사용하고, FFT length는 4096을 사용하라.

(b) 그 다음에는 아날로그 lowpass 필터를 적용하여 200Hz 성분을 감쇄시키도록 하고 스펙트럼을 그려 보라. Butterworth 필터를 사용하고 passband edge frequency는 110 Hz로 선택하라.

풀이

(a) 그림 4.20(a)에 보인 모델(ex4_6_1.mdl)과 같이 블록 다이어그램을 구성한다. Zero-Order Hold 블록의 파라미터로 "Sample time = 1e-3"와 같이 입력하여 샘플

링 주파수가 1KHz가 되도록 한다. Spectrum Scope에서 “Buffer size = 4096, FFT length = 4096”이 되도록 설정한다. Simulation 메뉴의 Configuration Parameters에서 “Start tome = 0, Stop time = 4.096”으로 설정한다. 이렇게 설정하면 신호 관찰 시구간 동안의 신호 샘플 수는 $N = T \cdot f_s = 4096$이 되며, 주파수 분해능은 $\Delta f = 1/T = 1/4.096 \approx 0.24$Hz가 된다. 그림 4.20(b)에 신호 파형의 일부를 보인다. 이 그림에서는 신호 파형의 모양을 쉽게 볼 수 있도록 일부 구간을 선택하여 확대하였다. 그림 4.20(c)에는 스펙트럼 모양을 보인다(Axes 메뉴에서 ‘Autoscale’을 선택하여 다시 그린 결과임). 샘플링 주파수가 1 KHz이므로 스펙트럼에 나타나는 주파수 범위는 샘플링 주파수의 절반인 500 Hz까지이다. 50 Hz, 100 Hz, 200 Hz의 주파수 성분에 피크가 나타나는 것을 볼 수 있다.

(b) 이번에는 그림 4.20(d)와 같이 합성된 신호가 아날로그 필터를 통과하도록 모델(ex4_6_2.mdl)을 수정한다. Analog Filter Design 블록을 더블 클릭하여 파라미터를 “Filter type = Lowpass, Filter order = 8, Passband edge frequency (rad/sec) = 2*pi*110”으로 설정한다. 그림 4.20(e)에는 필터 전후의 신호 파형을 보이며, 그림 (f)에는 필터 출력의 스펙트럼을 보인다. 200 Hz의 주파수 성분이 약 40 dB 감쇠된 것을 확인할 수 있다.

(c) [추가 작업: 생략 가능]
SIMULINK ‘Plot Tools’를 이용하면 앞서 그린 스펙트럼의 특정 영역을 상세히 관찰하거나 특정 주파수 성분의 값을 숫자로 읽어 들일 수 있다. MATLAB Command 윈도우에서 다음과 같은 명령어를 실행시켜 보자.

```
>> plottools on
```

그러면 그림 4.20(g)와 같은 새로운 ‘Figures’ 창이 생성된다. Spectrum Scope1으로 가서 그림을 클릭한 후 마우스 오른 쪽 버튼을 누르면 pop-up 창이 나오는데 “Copy”를 선택한다. 그 다음 ‘Figures’ 창으로 가서 ‘Edit’ 메뉴에서 “Paste”를 선택하면 Spectrum Scope1의 그래프가 복사되어 나타난다. 그 다음 ‘Data Cursor’ 아이콘을 누른 다음 그래프에서 원하는 위치로 마우스를 옮긴 후 클릭하며 그 좌표에서의 값이 숫자로 나타난다. 예를 들어 200 Hz 주파수 성분 위치로 마우스를 가져가서 클릭하면 값을 숫자로 읽을 수 있어서 그 주파수 성분이 필터를 통과하면서 몇 dB 감쇠했는지 알 수 있다. 그림 4.20(h)에 그 예를 보인다.

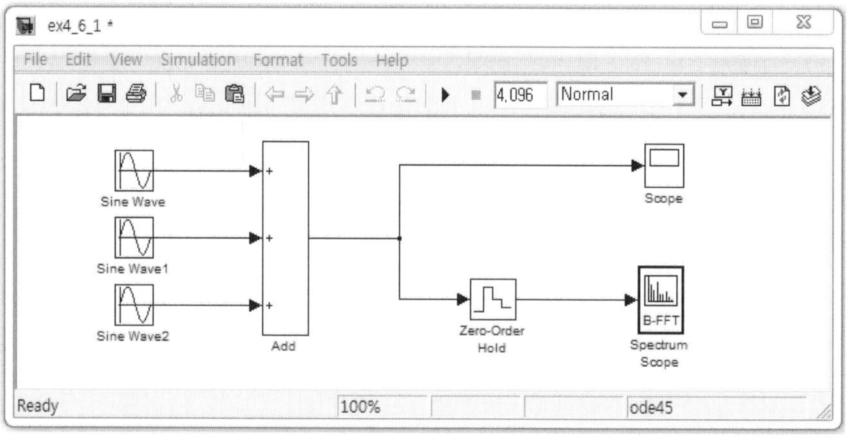

(a) 세 정현파 신호의 합성(ex4_6_1.mdl)

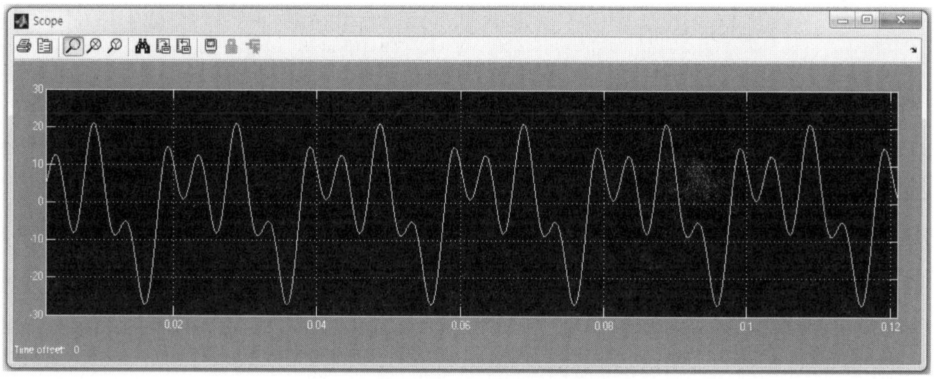

(b) Scope에 그려진 신호 파형

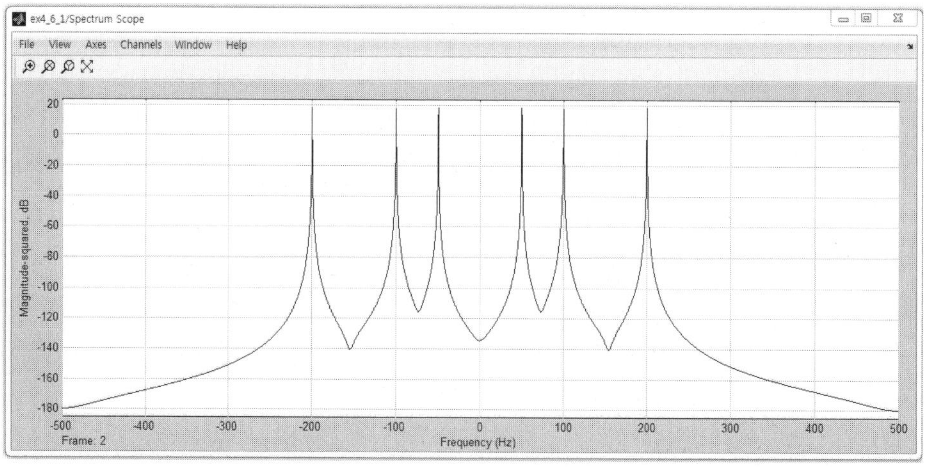

(c) Spectrum Scope 출력

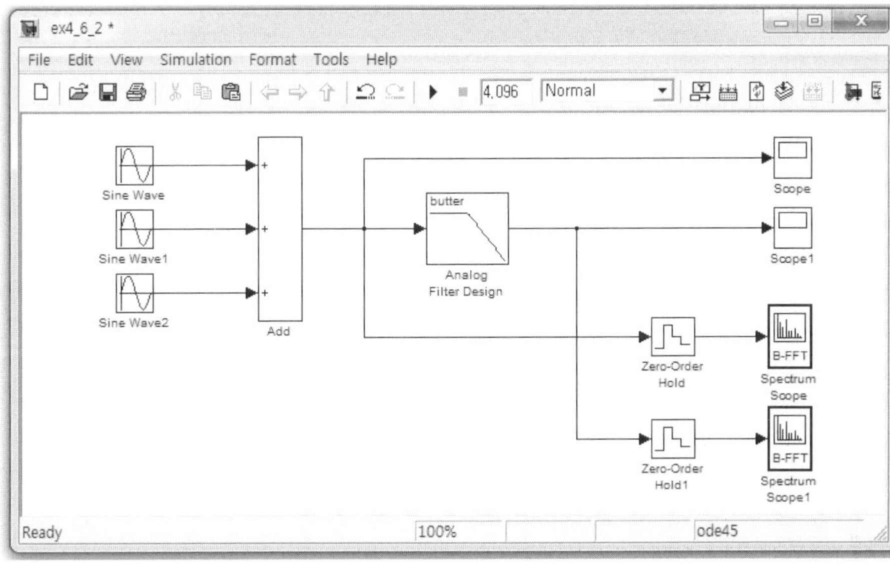

(d) 아날로그 필터의 적용(ex4_6_2.mdl)

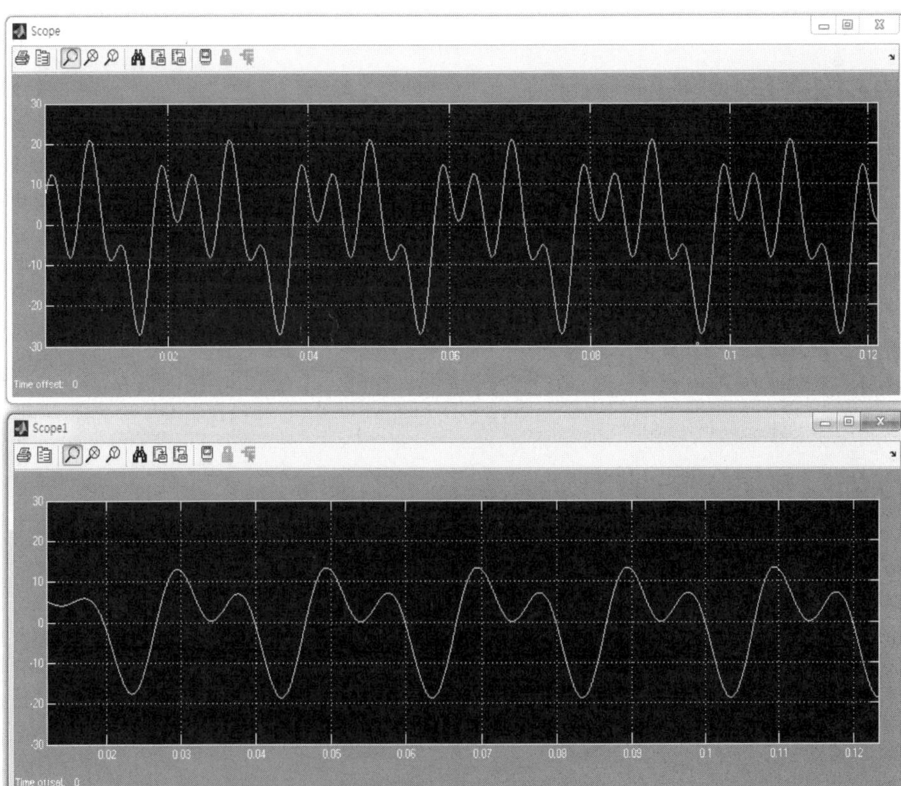

(e) 필터 전후의 신호 파형

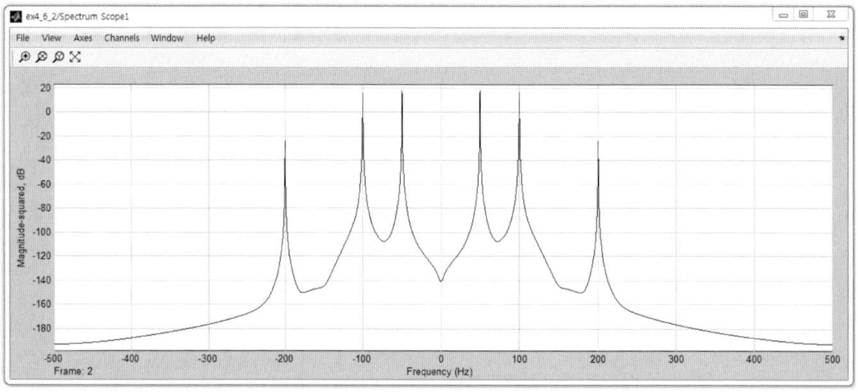

(f) 아날로그 필터를 통과한 신호의 스펙트럼

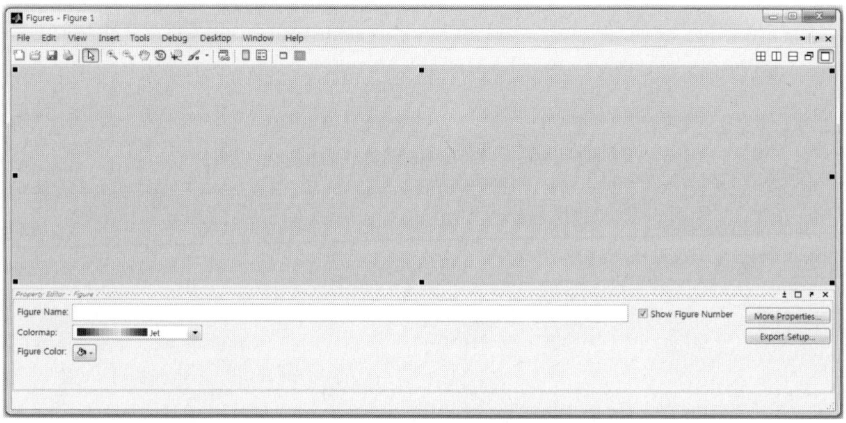

(g) SIMULINK Polt Tools에 의해 만들어지는 Figures 창

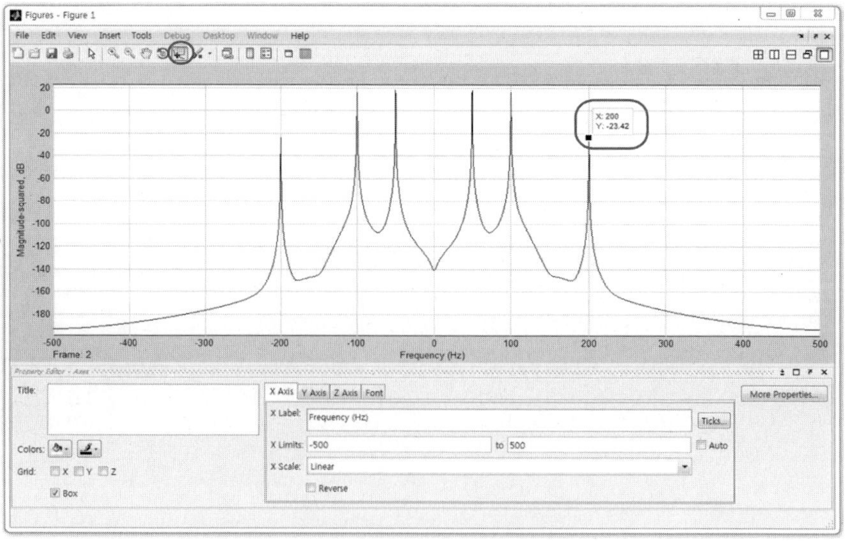

(h) SIMULINK Polt Tools의 사용

[그림 4.20] 아날로그 필터의 효과

4.6.2 디지털 필터

Signal Processing Blockset의 'Filtering / Filter Implementations' 라이브러리에는 'Digital Filter Design' 블록이 있는데, 이 블록을 사용하여 FIR 또는 IIR 필터를 설계하고 구현할 수 있다. Digital Filter Design 블록은 'Filter Design and Analysis Tool (FDATool) GUI를 이용하여 필터를 설계하도록 한다. 이 블록을 더블 클릭하면 그림 4.21과 같은 Dialog Box가 나타난다. 여기서 필터 종류와 주파수 사양을 결정하면 된다. 'Frequency Specifications'에서는 정규화된 주파수를 사용해도 되고 주파수 값 자체를 사용해도 된다. 정규화된 주파수를 사용하는 경우 0과 1 사이의 값을 넣어주도록 되어 있는데, 값이 1이란 것은 처리 가능한 주파수 성분의 최대값 즉 샘플링 주파수의 절반($f_s/2$)을 의미한다.[3] 원하는 주파수 사양을 입력하고 'Design Filter' 버튼을 클릭하면 설계된 필터의 주파수 응답이 그림으로 나타나서 눈으로 확인할 수 있다.

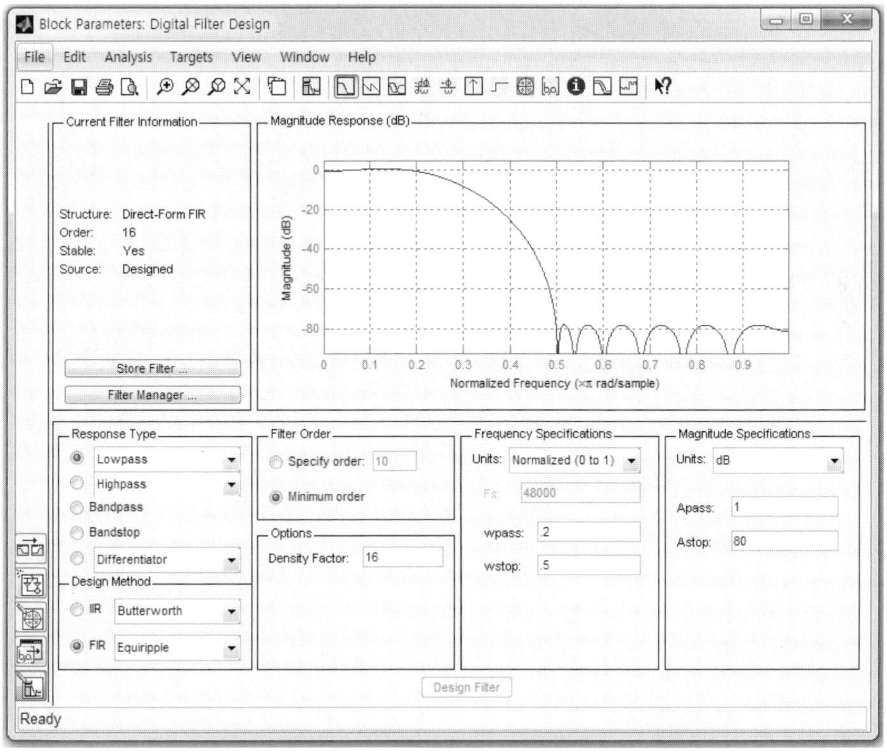

[그림 4.21] Digital Filter Design 블록의 Dialog Box

3) 예를 들어 샘플링 주파수가 8 KHz인 경우 스펙트럼이 그려지는 주파수 범위는 -4 KHz ~ 4 KHz가되며, passband edge frequency를 2 KHz로 설정하는 것은 정규화된 주파수 0.5에 해당된다.

예제 4.9

예제 4.8과 동일한 신호를 발생시키고, 디지털 필터를 사용하여 200 Hz 주파수 성분을 감쇄시키는 모델의 블록 다이어그램을 구성해 보자. 샘플링 주파수는 예제 4.8과 동일하게 1 KHz를 사용하고 FFT length는 4096을 사용하라.

풀이

이번 예제에서는 연속시간 신호를 발생시키고 디지털 필터 입력 전에 Zero-Order Hold 블록을 통하여 샘플링하는 대신 신호발생 블록에서 샘플링하여 출력하도록 해 보자. 세 개의 Sane Wave 블록에서 파라미터를 "Sample time = 1e-3"으로 설정한다. 그림 4.22(a)와 같이 블록 다이어그램(ex4_6_3.mdl)을 구성한다. Digital Filter Design 블록을 더블 클릭하여 나타나는 Dialog Box에서 'Frequency Specifications'를 "Units = Hz, Fs = 1000, Fpass = 110, Fstop = 150"으로 입력한다. 그 다음 'Design Filter' 버튼을 누르면 그림 (b)와 같이 설계된 필터의 주파수 응답이 나나난다. 모델 윈도우로 가서 Configuration Parameters 메뉴에서 "Start time = 0, Stop time = 4.096, Solver Type = Fixed-step, Fixed-step size = 1e-3"으로 설정한다. 시뮬레이션을 실행하면 그림 (c)와 같은 스펙트럼이 얻어진다. 200 Hz의 주파수 성분이 크게 감쇄한 것을 관찰할 수 있다.

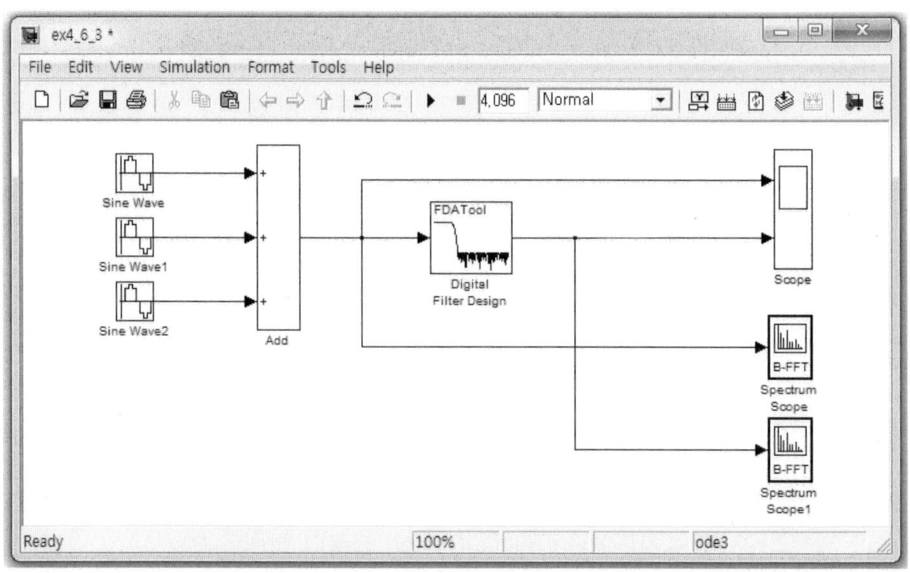

(a) 신호의 생성 및 디지털 필터의 적용(ex4_6_3.mdl)

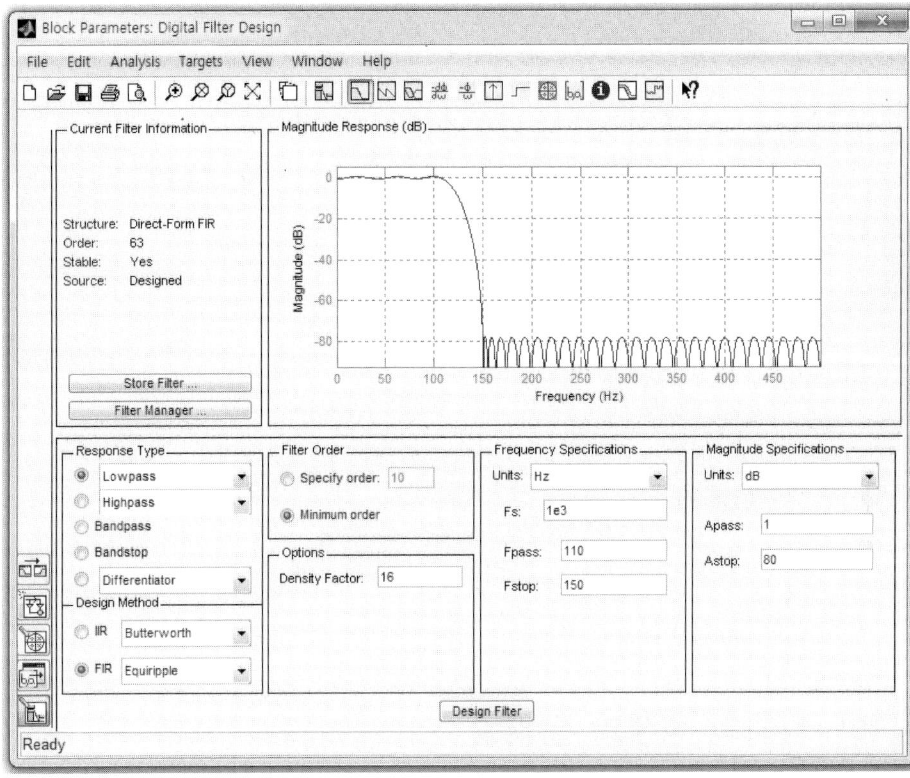

(b) Digital Filter의 설계

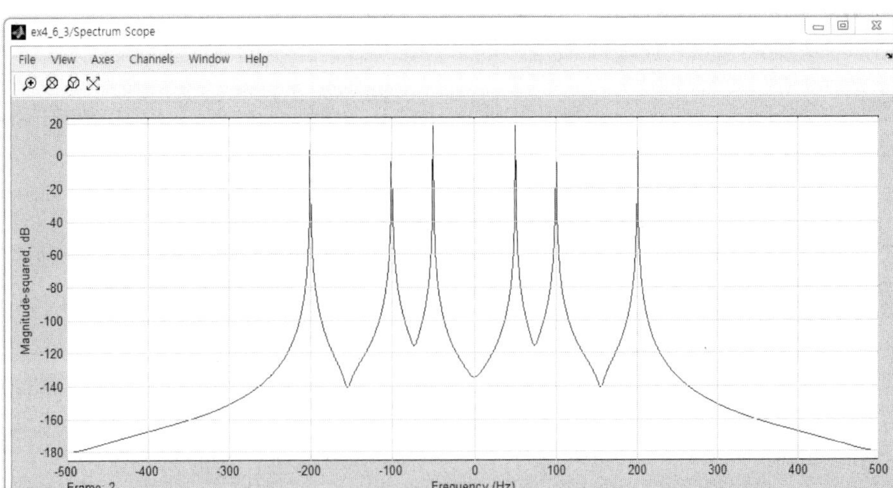

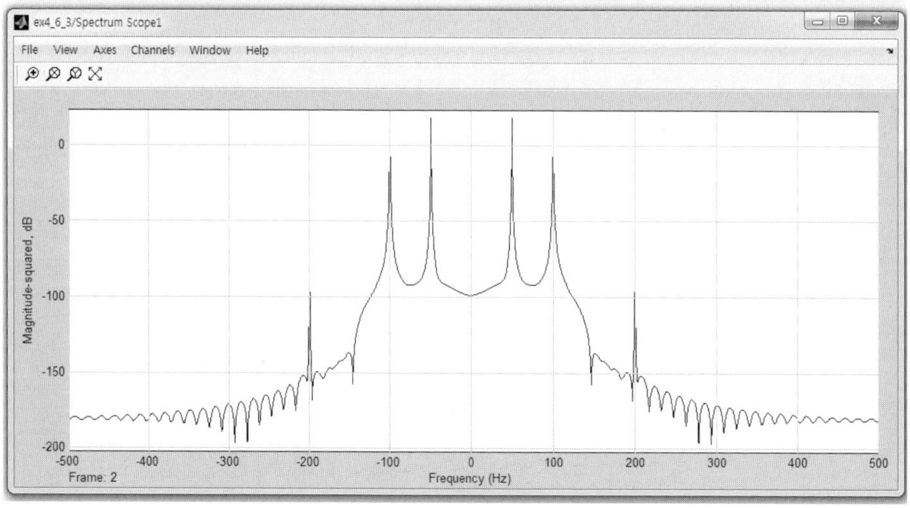

(c) Spectrum Scope 출력

[그림 4.22] 디지털 필터의 효과

4.7 잡음의 생성과 필터링

통신 시스템에는 필연적으로 잡음이 더해진다. 따라서 통신 시스템의 동작과 성능을 분석하는 시뮬레이션에서는 잡음을 생성시켜서 신호에 더해줄 필요가 있다. 잡음 중에서 가장 대표적인 것이 부가성 백색 가우시안 잡음(AWGN: additive white Gaussian noise)이다. 이 잡음은 특정 시점에서의 전압 값이 가우시안 분포를 가진 확률변수이며, 백색잡음이란 전력 스펙트럼이 상수라는 것을 의미한다. 따라서 모든 주파수 성분을 일정하게 다 가지고 있다는 것을 의미하며, 자기상관함수(autocorrelation function)가 임펄스 함수가 되어 아무리 시간 차가 작아도 두 잡음 샘플 간에는 상관성이 없다는 특성이 있다.

컴퓨터를 사용하여 통신 시스템을 시뮬레이션하기 위해서는 잡음도 이산시간 신호로써 발생시켜야 한다. 이산 AWGN 잡음은 각 신호 샘플이 가우시안 분포를 가지며, 인접한 신호 샘플이 서로 독립적인 이산시간 랜덤 프로세스이다. Communications Blockset의 comcommunicatio Sources/Noise Generators 라이브러리에는 'Gaussian Noise Generator' 블록이 있어서 SIMULINK 모델 윈도우로 가져가서 시뮬레이션을 하면 된다. 이 블록을 위한 파라미터로는 평균, 분산, 샘플링 주기, 그리고 난수 발생을 위한 seed가 있다. 그림 4.23에는 Gaussian Noise Generator 블록 파라미터 설정을 위한 Dialog

Box를 보인다. 이 블록의 출력은 smaple-based 또는 frame-based 형태로 할 수 있다. 'Frame-based outputs' 체크박스를 체크하면 frame-based 출력이 만들어지는데, Dialog Box가 바뀌어 프레임당 샘플 수를 입력하도록 되어 있다. 이 박스가 체크되지 않으면 sample-based 출력이 만들어진다. 'Interpret vector parameters as 1-D' 체크박스는 sample-based 출력 생성시에만 활성화되는데, 이 박스를 체크하면 출력이 1차원 신호가 된다. 만일 이 박스를 체크하지 않으면 2차원 신호가 출력된다.

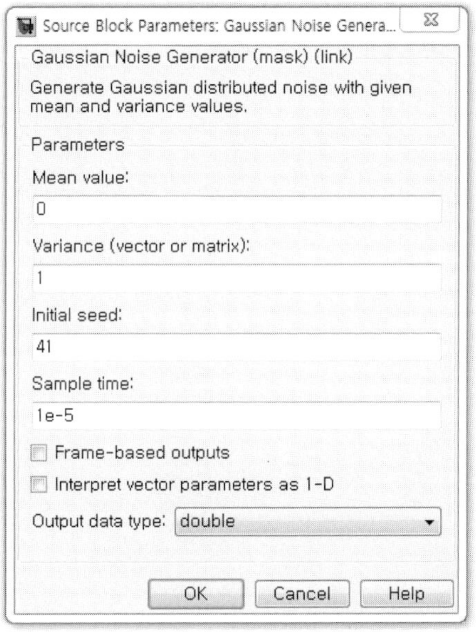

[그림 4.23] Gaussian Noise Generator 블록의 Dialog Box

예제 4.10

AWGN 잡음을 발생시키고 lowpass 필터를 통과시키도록 블록 다이어그램을 구성하고, 필터링 전후의 신호 샘플과 스펙트럼을 그려 보라. 잡음의 평균은 0이고 분산은 1이 되도록 한다. 필터의 passband 및 stopband edge frequency는 정규화된 주파수로 각각 0.3과 0.4를 사용하라. 샘플링 주파수는 100 KHz를 사용하고 FFT length는 4096을 사용하라.

풀이

Gaussian Noise Generator 블록을 모델 윈도우로 가져가서 그림 4.23과 같이 파라미터를 설정한다. Lowpass 필터로 예제 4.9에서 사용한 'Digital Filter Design' 블록을 사용해도 되고, Signal Processing Blockset의 Filtering/Filter Design 라이브러리에 있는

'Lowpass Filter' 블록을 이용해도 좋다. 그림 4.24(a)에 보인 모델에는 두 종류의 블록을 모두 사용하도록 구성하였다. Lowpass Filter 블록의 Dialog Box에서 파라미터를 설정하고 'View Filter Response' 버튼을 누르면 설계한 필터의 주파수 응답이 나타난다. 그림 (b)에 Lowpass Filter 블록의 Dialog Box와 주파수 응답을 보인다.

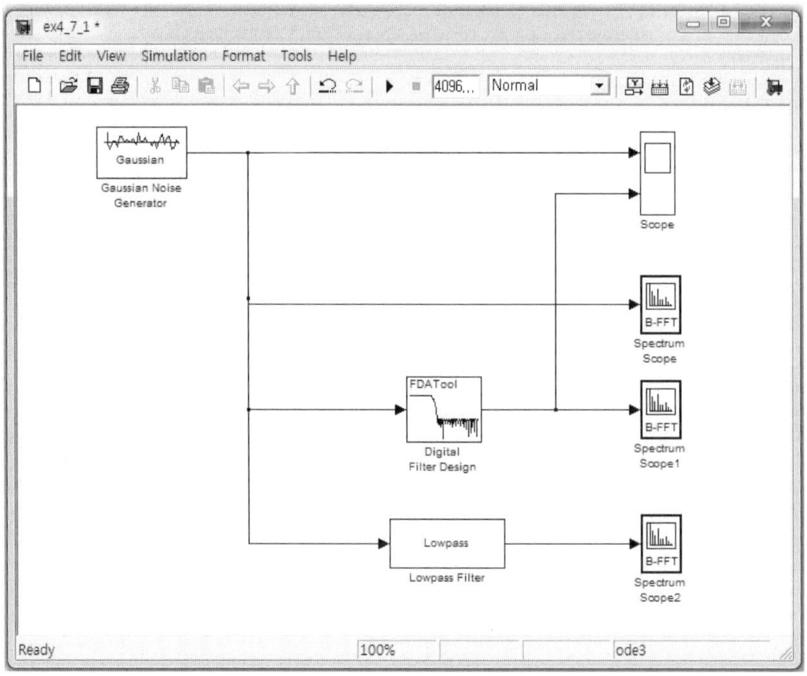

(a) 잡음의 생성 및 lowpass 필터의 적용(ex4_7_1.mdl)

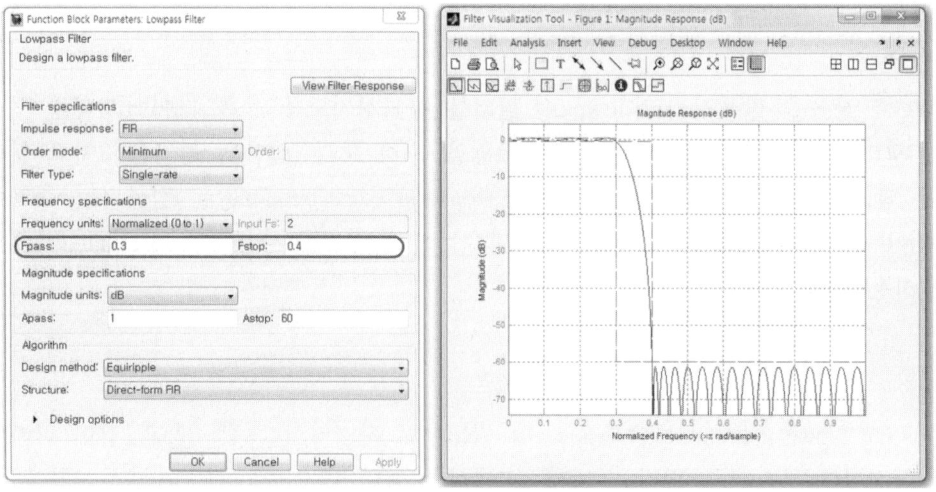

(b) Lowpass Filter의 설계

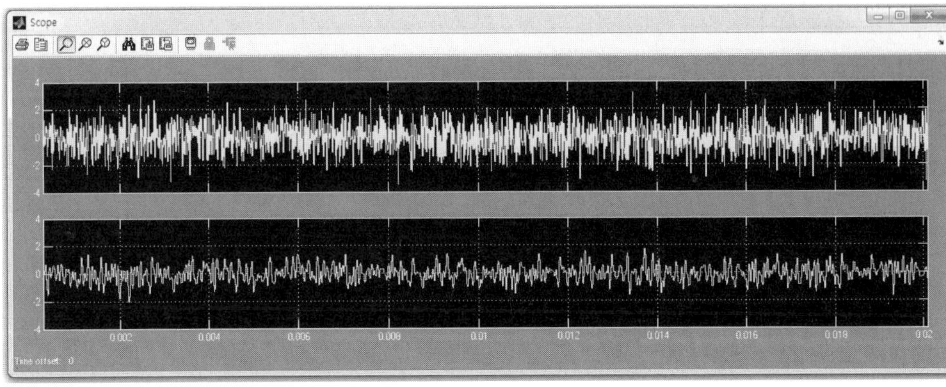

(c) 필터링 전후의 신호 파형

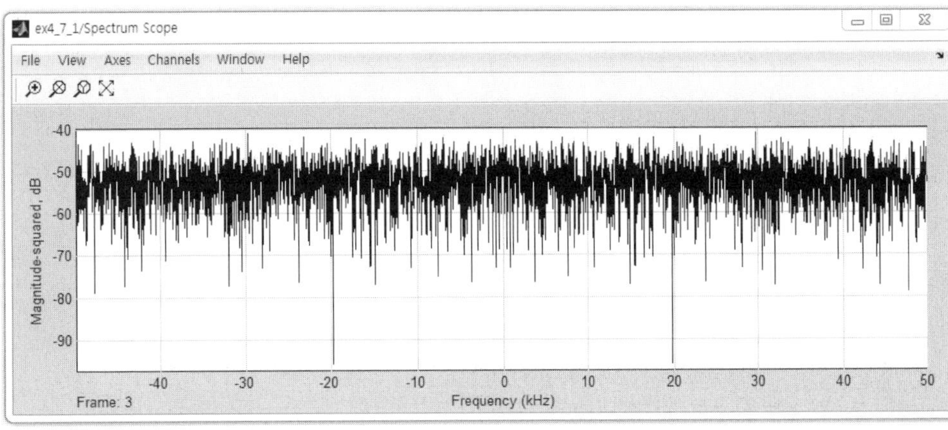

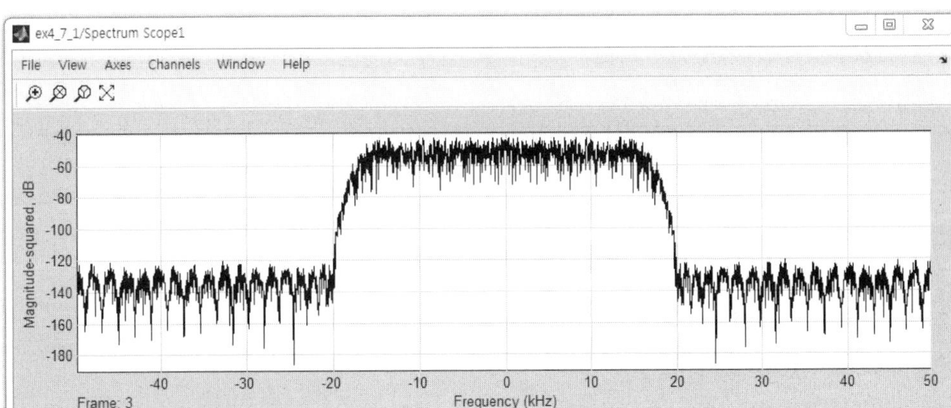

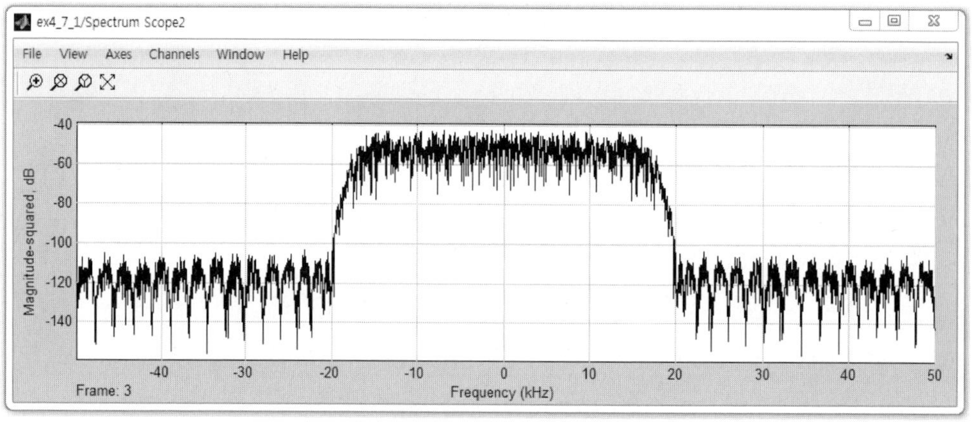

(d) 필터링 전후의 Spectrum Scope 출력

[그림 4.24] 잡음의 생성과 필터링

과 제 [잡음이 더해진 정현파]

정현파 신호에 AWGN 잡음이 더해진 신호의 파형을 그려 보고, 이 신호가 필터를 통과하게 하여 출력 신호의 파형을 그려 보라.

4.8 연습문제

4.1 [주기 신호의 스펙트럼]

정현파 신호 $x(t)=\sin t$ 를 반파 정류(half wave rectify)한 신호를 $x_1(t)$ 라 하고, 전파 정류(full wave rectify)한 신호를 $x_2(t)$ 라 하자.

(a) $x_1(t)$ 와 $x_2(t)$ 도 역시 주기 신호이므로 푸리에 급수로 표현할 수 있다($x_2(t)$ 의 기본 주파수는 $x_1(t)$ 의 기본주파수의 두 배가 되는 것에 유의한다). 두 신호의 푸리에 계수가 다음과 같이 되는 것을 유도해 보라.

$$
\begin{aligned}
&\text{For } x_1(t), T_0 = 2\pi \Rightarrow \omega_0 = 1 \\
&\quad c_1 = c_{-1} = \frac{1}{4} \\
&\quad c_n = \frac{1}{\pi(1-n^2)}\cos\left(\frac{n\pi}{2}\right), \quad n \neq \pm 1 \\
&\text{For } x_2(t), T_0 = \pi \Rightarrow \omega_0 = 2 \\
&\quad c_n = \frac{2}{\pi(1-4n^2)}
\end{aligned}
$$

(b) $x(t)=\sin t$ 를 발생시키고, $x_1(t)$ 와 $x_2(t)$ 를 생성하는 SIMULINK 모델을 구성하라. 세 신호의 파형과 스펙트럼을 그려 보라. 신호를 0.1초 주기로 샘플하고 1024 point FFT를 사용하여 스펙트럼을 그려 보라. Spectrum scope를 관찰하여 $x_2(t)$ 의 기본 주파수는 $x_1(t)$ 의 기본주파수의 두 배가 되는 것을 확인한다.

4.2 [주기 신호의 스펙트럼]

주기가 T_0초이고 펄스 폭이 τ 인 구형 펄스열(주기 신호)을 발생시키고 신호 파형과 스펙트럼을 그려 보라. 신호의 진폭은 1이고 단극성 신호를 가정하라. 신호를 0.01 초 주기로 샘플링하고 1024 point FFT를 사용하라.

(a) $T_0=1,\ \ \tau/T_0=0.1$ 인 경우

(b) $T_0=1,\ \ \tau/T_0=0.5$ 인 경우

(c) $T_0=0.5,\ \ \tau/T_0=0.1$ 인 경우

4.3 [비주기 신호의 스펙트럼]

다음과 같이 펄스 폭이 τ 인 구형파(비주기 신호)를 발생시키고 신호 파형과 스펙트럼을 그려 보라. 신호 생성을 위해 Signal Builder를 이용하여 설계하거나 계단함수 발생기('Step' 블록) 두 개를 이용하면 된다. 신호를 0.01 초 주기로 샘플링하고 1024 point FFT를 사용하여 스펙트럼 연산을 하라.

$$x(t) = rect\left(\frac{t-t_0}{\tau}\right) = u(t-t_0) - u(t-t_0-\tau)$$

(a) $t_0 = 1, \quad \tau = 1$ 인 경우

(b) $t_0 = 1, \quad \tau = 2$ 인 경우

4.4 [Signal Builder 블록을 사용한 신호의 생성]

Signal Builder 블록을 사용하여 다음과 같이 펄스 폭이 2이고 펄스 중앙이 $t = 4$ 에 위치하는 구형 펄스와 삼각 펄스를 발생시켜 보라. 발생된 신호에 Spectrum Scope 블록을 연결하여 진폭 스펙트럼을 그려 보라. 신호 구간을 (0, 10) 초로 하고, 10/4096 초 주기로 샘플링 한 다음 4096 point FFT를 사용하여 스펙트럼을 그린다.

$$x_1(t) = rect\left(\frac{t-4}{2}\right)$$

where

$$rect(t) = \begin{cases} 1 & -1/2 \le t \le 1/2 \\ 0 & \text{otherwise} \end{cases}$$

$$x_2(t) = \Lambda(t-4)$$

where

$$\Lambda(t) = \begin{cases} 1-|t| & -1 \le t \le 1 \\ 0 & \text{otherwise} \end{cases}$$

두 신호의 스펙트럼 모양을 비교 관찰하라. $x_1(t)$ 스펙트럼의 first-null bandwidth는 0.5 Hz이고, $x_2(t)$ 스펙트럼의 first-null bandwidth는 1 Hz가 되는 것을 확인하라. 스펙트럼의 main lobe는 삼각 펄스가 두 배로 넓지만 side lobe의 경우 삼각 펄스가 더 작다. Spectrum Scope에 그려진 결과가 이론적인 계산 결과와 일치하는가? Spectrum Scope의 스펙트럼을 확대하여 관찰할 필요가 있을 것이다.

4.5 [MATLAB 함수를 이용한 스펙트럼 계산]

문제 4.4의 신호를 Signal Builder에 의해 발생시키고, (0, 10) 초 시구간의 신호를 0.1 초 주기로 샘플링하여 workspace로 보내도록 모델을 구성하라. 그 다음 workspace

로 넘겨진 신호 데이터를 가지고 MATLAB 함수를 이용하여 푸리에 변환을 계산하고 진폭 스펙트럼을 그려 보라. 이와 같이 처리하는 경우 스펙트럼의 주파수 분해능은 얼마인가?

4.6 [MATLAB workspace에서의 신호 생성]

MATLAB workspace에서 아래 식과 같은 신호를 발생시킨 다음 inport 블록을 통하여 SIMULINK로 가져와서 신호의 파형을 그려 보라.

$$x(t) = e^{-|t|}, \quad -5 \le t \le 5$$

4.7 [랜덤 펄스열과 스펙트럼]

펄스 폭이 1 msec인 랜덤 이진 펄스열(random binary pulse train)을 발생시키고 파형과 스펙트럼을 그려 보라. 신호는 양극성, 즉 +1 또는 -1의 값을 갖도록 하며, 발생된 신호를 10 KHz의 샘플링 주파수로 이산 시간화 하고 4096 point FFT를 사용하여 스펙트럼을 그려 보라. 랜덤 이진 펄스열을 발생시키기 위하여 Communications Blockset의 Comm Sources 라이브러리에 있는 'Bernoulli Binary Generator' 블록을 이용하면 편리하다. 블록 파라미터로 'Sample time'을 1/1000으로 설정하면 펄스 폭이 1 msec인 펄스열을 얻을 수 있다. 단, 이 신호 발생기의 출력은 단극성, 즉 값이 +1 또는 0이므로 출력을 2배 하고 1을 빼주면 양극성 신호를 얻을 수 있다. Zero-Order Hold의 'Sample time'을 1e-4로 하고 Spectrum Scope를 연결하면 된다. 스펙트럼을 관찰하여 first-null 대역폭이 1 KHz인지 확인해 본다. 신호의 파형을 자세히 관찰하고자 하면 'Scope parameters' 아이콘을 클릭하여 'Time range'를 작은 값(예 0.05)으로 축소하거나 Zoom 기능을 활용하면 된다. 또한 Spectrum Scope에서 스펙트럼 모양을 잘 관찰하기 위하여 Axes 메뉴에서 Autoscale을 선택할 필요도 있을 것이다.
시뮬레이션을 실행하여 다음과 유사한 파형 및 스펙트럼이 얻어지는지 확인한다.

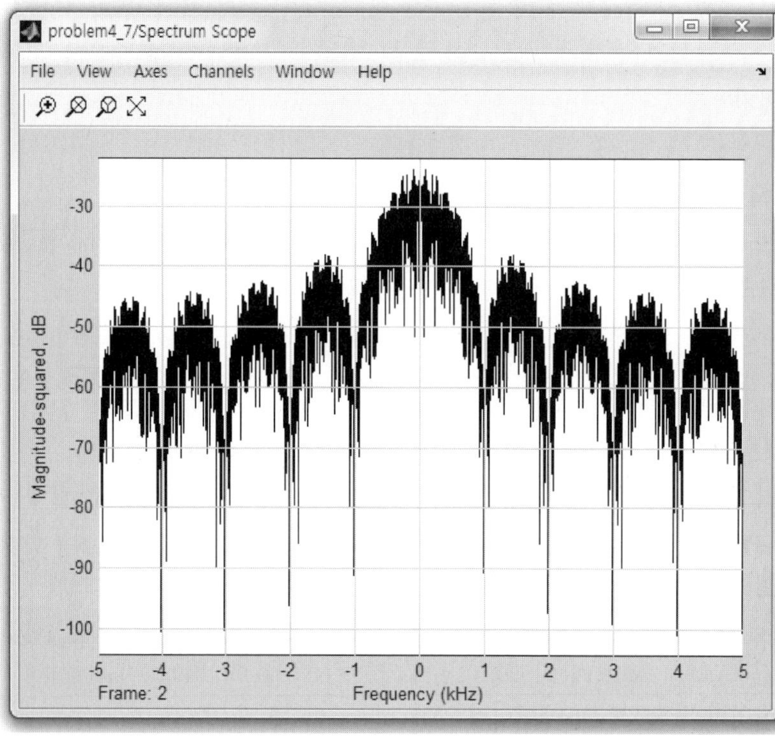

4.8 [아날로그 필터의 사용]

문제 4.7에서 발생시킨 구형파 기반의 랜덤 펄스열을 아날로그 저역통과 필터에 통과시켜 파형과 스펙트럼의 변화를 관찰하라. Butterworth 필터를 사용하고 passband edge frequency는 800 Hz로 설정하라. 사각형의 펄스 모서리가 둥글게 변화하는 것을 관찰할 수 있을 것이다. 필터의 대역폭을 더 작게(예 500 Hz) 변화시켜 시뮬레이션을 실행하여 파형과 스펙트럼 모양의 변화를 관찰해 본다. 저역통과 필터가 대역제한된 통신 채널을 모델링한 것으로 볼 때, 신호의 대역폭에 비해 채널의 대역폭이 작은 경우 왜곡이 발생한다는 것을 이 시뮬레이션을 통해 확인할 수 있다. 채널의 대역폭이 작을수록 왜곡이 심해지고 펄스의 퍼짐 현상이 심해져서 인접 심볼에 영향을 준다(심볼 간 간섭이라 한다).

4.9 [디지털 필터의 사용]

문제 4.7에서 발생시킨 구형파 기반의 랜덤 펄스열을 디지털 저역통과 필터에 통과시켜 파형과 스펙트럼의 변화를 관찰하라. 디지털 필터 유형은 FIR Equiripple 필터를 사용하고, 샘플링 주파수는 10 KHz를 사용하라. 필터 입출력 신호의 파형과 스펙트럼 모양을 비교 관찰한다. 신호 파형의 경우 저역통과 필터를 통과한 신호는 모서리가 둥글게 변화하는 것 외에 지연이 발생하는 것을 관찰할 수 있을 것이다. 필터설계 파라미터(예를 들면 저지대역 주파수, 저지대역 진폭응답 크기 제한값, 필터 구조 등)를 변화시켜 가면서 신호 파형과 스펙트럼 모양을 관찰해 본다.

4.10 [잡음 환경에서의 필터 효과]

문제 4.7의 이진 랜덤 펄스열에 잡음이 더해진 경우를 고려하자. Gaussian Noise Generator 블록을 추가하여 출력을 이진 랜덤 펄스열 신호와 더한다. 이 신호를 디지털 저역통과 필터에 통과시켜 파형과 스펙트럼의 변화를 관찰하라. Gaussian Noise Generator 블록에서 파라미터로 'Sample time'은 0.1 msec(즉 샘플링 주파수는 10 KHz)로 하고, 'Mean'은 0, 'Variance'는 0.5로 설정하라. 디지털 필터의 설계에서 passband 및 stopband edge frequency는 정규화된 주파수로 각각 0.1과 0.15를 사용하라. 샘플링 주파수는 10 KHz를 사용할 때 이와 같은 정규화 주파수는 실제 몇 Hz에 해당하는가? 원래의 데이터 신호(구형 펄스열), 잡음이 더해진 신호, 필터를 통과한 신호의 파형을 같이 그려서 비교한다. 필터 통과 전후 신호의 스펙트럼 모양을 비교 관찰한다. 필터설계 파라미터와 잡음의 분산을 변화시켜 가면서 신호 파형과 스펙트럼 모양을 관찰해 본다.

Chapter 05

아날로그 변조

Chapter 05

아날로그 변조

5.1 양측파대 억압 반송파 진폭 변조 (DSB-SC; DSB)

5.1.1 DSB-SC 변조 방식

진폭 변조는 반송파 신호 $s_c(t) = A\cos(2\pi f_c t + \theta)$의 주파수와 위상은 고정시키고 진폭 A를 정보신호 $m(t)$에 비례하게 하는 변조 방식이다. DSB-SC 변조 방식에서는 변조된 신호의 진폭을 $A(t) = km(t)$가 되도록 한다. 편의상 $k=1, \theta=0$으로 가정하자. 그러면 DSB-SC 변조된 신호는 다음과 같이 표현된다.

$$s_m(t) = m(t)\cos\omega_c t \tag{5.1}$$

변조된 신호의 푸리에 변환은 다음과 같이 표현된다.

$$S_m(f) = \frac{1}{2}\left[M(f - f_c) + M(f + f_c)\right] \tag{5.2}$$

그림 5.1은 DSB-SC 변조과정에서의 신호 파형과 스펙트럼의 예를 보인다.

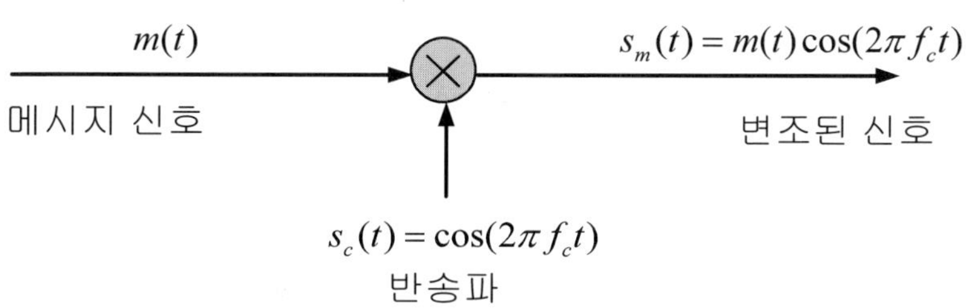

(a) 변조기

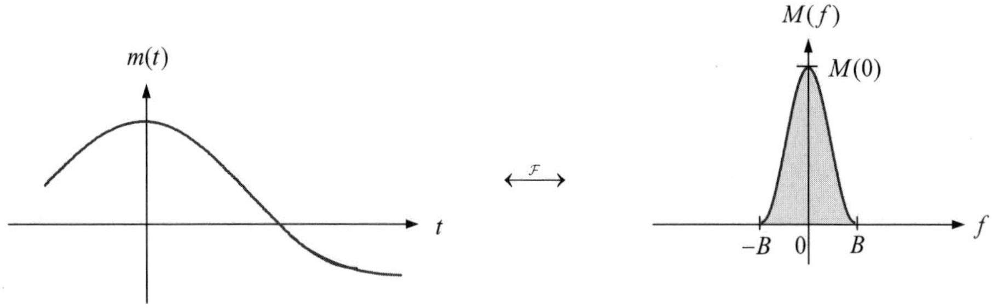

(b) 기저대역 신호의 파형과 스펙트럼

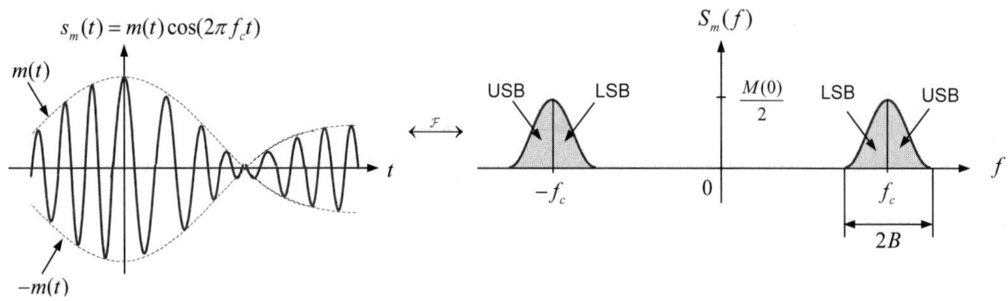

(c) DSB-SC 변조된 신호의 파형과 스펙트럼

[그림 5.1] DSB-SC 변조 과정

5.1.2 DSB-SC 신호의 복조

그림 5.2(a)에 복조기의 개념도를 보인다. 변조 과정에서와 같이 수신된 신호에 다시 한 번 반송파를 곱해주면 주파수 영역에서 스펙트럼이 좌우로 f_c만큼 천이되므로 f_c의 위치에 있던 스펙트럼은 기저대역과 $2f_c$의 위치로 이동하고, $-f_c$의 위치에 있던 스펙트럼은 기저대역과 $-2f_c$의 위치로 이동하게 된다. 그러므로 저역통과 필터를 사용하여 기저대역 성분만 통과시키고 $\pm 2f_c$의 위치에 있는 성분을 제거하면 원래의 신호를 얻을 수 있다. 그림 5.2(c)에 주파수 영역에서 복조 과정에서의 신호의 스펙트럼을 보인다.

위의 복조 과정을 시간 영역에서 살펴 보자. 수신된 DSB-SC 신호에 수신기의 국부 발진기에서 발생시킨 반송파를 다시 곱한 신호를 $y(t)$라 하면 $y(t)$는 다음과 같이 표현된다.

$$y(t) = s_{\mathrm{m}}(t)\cos(2\pi f_c t) = m(t)\cos^2(2\pi f_c t) = \frac{1}{2}m(t)[1+\cos(4\pi f_c t)] \tag{5.3}$$

반송파 주파수가 정보 신호 $m(t)$의 주파수 성분에 비해 충분히 크다면 $y(t)$를 저역통과 필터에 통과시켰을 때 식 (5.3)에 있는 신호 성분 $m(t)/2$만 통과되고 고주파 성분은 제거되어 정보 신호를 복원할 수 있게 된다. 그림 5.2(b)에 수신 과정에서의 신호 파형을 보인다. 저역통과 필터가 시간 영역에서 동작하는 것은 평균화 과정으로 이해할 수도 있다. 그림 5.2(b)에서 $y(t)$의 파형에 평균화를 취하면 $m(t)/2$가 되는 것을 알 수있다.

복조 과정의 주파수 영역 해석을 수식으로 표현하기 위하여 식 (5.3)에 푸리에 변환을 취하면 다음과 같이 된다.

$$\begin{aligned}\mathcal{F}[s_{\mathrm{m}}(t)\cos(2\pi f_c t)] &= \frac{S_m(f+f_c)+S_m(f-f_c)}{2} \\ &= \frac{1}{2}M(f)+\frac{1}{4}M(f+2f_c)+\frac{1}{4}M(f-2f_c)\end{aligned} \tag{5.4}$$

따라서 저역통과 필터를 사용하면 $M(f)/2$의 기저대역 신호를 얻는다.

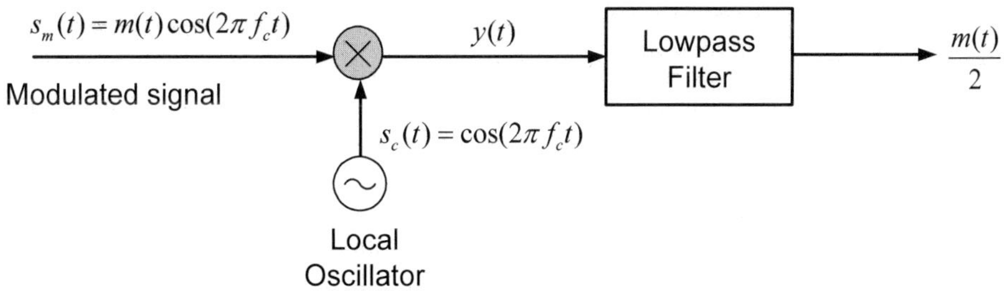

(a) 복조기

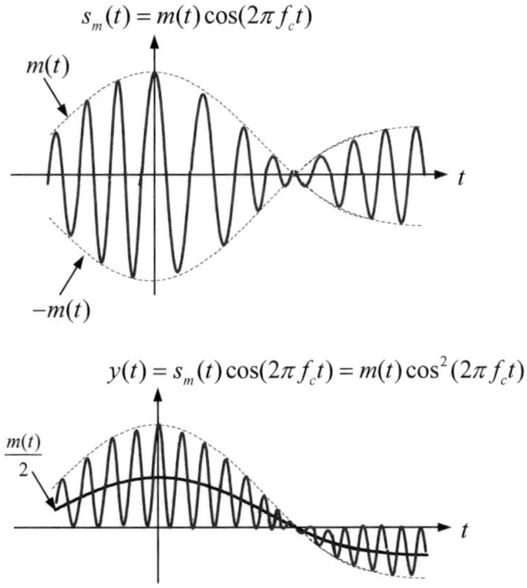

(b) 복조과정에서의 신호 파형

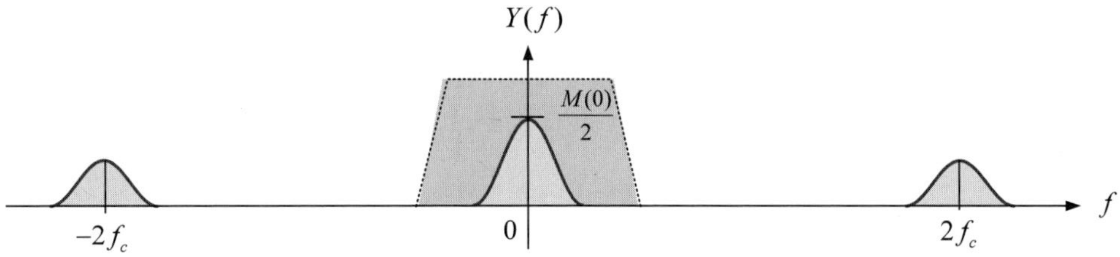

(c) 복조 신호의 스펙트럼

[그림 5.2] DSB-SC 신호의 복조 과정

동기 검파

DSB-SC 신호의 복조 과정에서 수신 신호에 곱해주는 반송파는 송신기에서 사용한 반송파와 정확히 일치(즉 주파수와 위상이 동일)한다고 가정하였다. 이와 같이 수신 신호에서 반송파의 위상을 추출하여 복조하는 방식을 동기 검파(synchronous detection 또는 coherent detection)라고 한다. 따라서 동기 검파를 사용하는 복조기에서는 변조기에서 사용한 반송파와 주파수 및 위상이 동일한 정현파 신호를 발생시킬 수 있는 국부 발진기를 갖추어야 한다. 만일 변조된 신호를 실어 나르는 반송파와 수신기에서 발생시킨 정현파가 주파수 및 위상이 일치하지 않는 경우 복조기 출력 파형은 정보 신호의 파형과 다르게 되어 신호 복원 품질이 저하된다.

DSB-SC 수신기의 국부 발진기와 반송파가 동기되지 않을 때의 문제점에 대해 알아보자. 수신기의 국부 발진기와 송신측의 반송파간에 주파수 및 위상에서 각각 Δf 및 $\Delta\theta$ 의 오차가 있다고 하자. 수신 신호와 오차가 있는 반송파를 곱한 신호는

$$\begin{aligned} y(t) &= s_m(t)\cos[(2\pi(f_c+\Delta f)t)+\Delta\theta] \\ &= m(t)\cos(2\pi f_c t)\cos[(2\pi(f_c+\Delta f)t)+\Delta\theta] \\ &= \frac{1}{2}m(t)\cos(2\pi\Delta f t+\Delta\theta)+\frac{1}{2}m(t)\cos[(2\pi(2f_c+\Delta f)t)+\Delta\theta] \end{aligned} \tag{5.5}$$

가 된다. 저역통과 필터를 통하면

$$\{y(t)\}_{\text{LPF}} = \frac{1}{2}m(t)\cos(2\pi\Delta f t+\Delta\theta) \tag{5.6}$$

를 얻는다. 만일 주파수 오차는 없고 위상 오차만 있다면

$$\{y(t)\}_{\text{LPF}} = \frac{1}{2}m(t)\cos(\Delta\theta) \tag{5.7}$$

가 된다. 따라서 위상 오차에 따라 출력의 크기가 작아진다는 것을 알 수 있다. 만일 $\Delta\theta$가 $90°$에 근접하면 출력 신호가 없어진다. 이 경우 복조기는 전혀 기능을 하지 않는다. 이번에는 위상 오차는 없고 주파수 오차만 있다고 가정하자. 복조기의 출력은

$$\{y(t)\}_{\text{LPF}} = \frac{1}{2}m(t)\cos(2\pi\Delta f t) \tag{5.8}$$

가 된다. 그러므로 복조기 출력 파형은 원하는 신호에 낮은 주파수 Δf의 정현파를 곱한 형태가 된다.

5.2 양측파대 전송 반송파 진폭변조(DSB-TC; AM)

5.2.1 DSB-TC 변조 방식

DSB-SC 변조 방식으로 전송한 신호를 복조하기 위해서는 동기 검파기(coherent detector)를 사용해야 하는데, 변조 과정에서 사용된 반송파와 동일한 주파수 및 위상을 가진 반송파를 수신기에서 추출해야 하는 어려움이 있다. 수신 신호로부터 반송파를 쉽게 복구하는 방법으로 송신측에서 변조되지 않은 반송파를 추가로 전송하는 방안을 생각할 수 있다. 즉 DSB-SC 변조된 신호와 함께 반송파를 같이 전송한다. 반송파가 추가된 피변조 신호를 $s_{\text{AM}}(t)$라 하면

$$\begin{aligned} s_{\text{AM}}(t) &= s_{\text{DSB}}(t) + A_c \cos 2\pi f_c t \\ &= [m(t) + A_c]\cos 2\pi f_c t \end{aligned} \tag{5.9}$$

와 같이 표현할 수 있다. DSB 신호 외에 추가로 반송파를 전송하기 때문에 이 변조 방식을 양측파대 전송 반송파(Double Sideband Transmitted Carrier: DSB-TC) 변조방식이라 한다.

DSB-TC 변조된 신호의 스펙트럼은 식 (5.9)에 푸리에 변환을 취하여

$$S_{\text{AM}}(f) = \frac{1}{2}[M(f-f_c) + M(f+f_c)] + \frac{A_c}{2}[\delta(f-f_c) + \delta(f+f_c)] \tag{5.10}$$

와 같이 된다. 그림 5.3(a)에 DSB-TC 변조기의 개념도를 보이며, 그림 5.3(b)에 신호 스펙트럼의 예를 보인다.

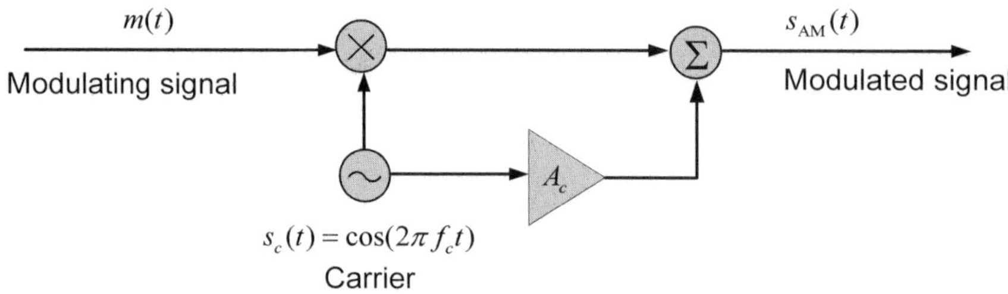

(a) 변조기

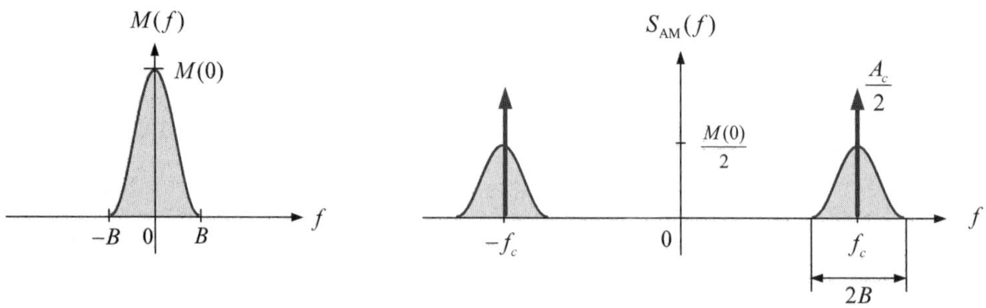

(b) 기저대역 신호와 DSB-TC 변조된 신호의 스펙트럼

[그림 5.3] DSB-TC 변조 과정

추가 반송파의 진폭과 변조지수

DSB-TC 신호의 포락선은 $|m(t)+A_c|$인데 만일 $m(t)+A_c \geq 0$라면 $|m(t)+A_c| = m(t)+A_c$가 된다. 그림 5.4에 추가 반송파의 진폭 A_c에 따른 신호의 파형과 포락선을 보인다. 만일 $m(t)+A_c \geq 0$이 만족된다면 변조된 신호의 포락선은 정보 신호 $m(t)$와 동일한 모양을 갖는다는 것을 알 수 있다. 이 경우 수신기에서는 수신 신호의 포락선만 추출함으로써 $m(t)+A_c$를 복원할 수 있으며, 여기서 직류 성분만 제거하면 원 신호 $m(t)$를 복원할 수 있다. 신호에서 포락선을 추출하는 것은 매우 간단히 구현할 수 있으며, 이와 같은 포락선 검출기를 사용한 복조기는 반송파의 복구를 필요로 하지 않으므로 비동기 검파(noncoherent detection)라 한다.

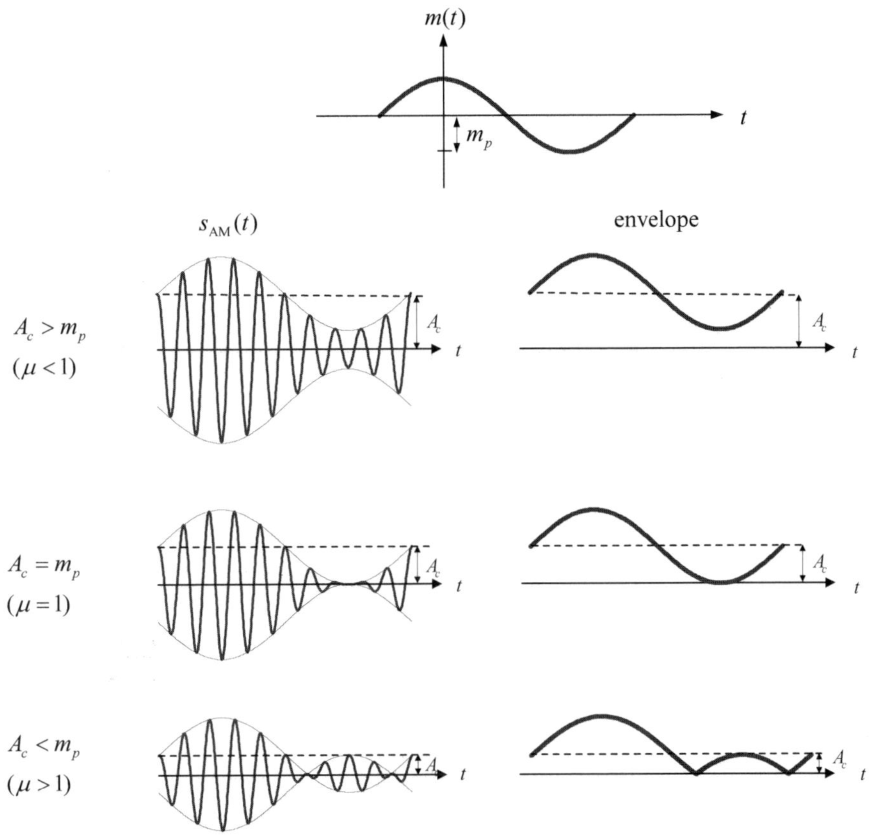

[그림 5.4] DSB-TC 신호와 포락선

DSB-TC 신호의 포락선 검파가 가능하기 위한 조건을 다시 써보면

$$m(t) + A_c \geq 0 \quad \text{for all } t \tag{5.11}$$

가 된다. 정보 신호의 피크 값을

$$m_p = |\min m(t)| \tag{5.12}$$

와 같이 정의하자. 앞으로 편의상 $m_p = |\min\ m(t)| = \max|m(t)|$라고 하자. 그러면 식 (5.11)의 조건은 다음과 같이 표현된다.

$$A_c \geq m_p \tag{5.13}$$

이와 같이 정보 신호의 피크 값과 추가 반송파 진폭의 상대적인 크기에 따라 포락선 검파가 가능한지가 결정된다. 이 비율을 변조지수(modulation index)라 하며 다음과 같이 정의한다.

$$\mu \triangleq \frac{m_p}{A_c} = \frac{\text{기저대역 신호의 최대진폭}}{\text{추가 반송파의 최대진폭}} \tag{5.14}$$

따라서 포락선 검파가 가능할 조건을 변조지수를 사용하여 표현하면 $0 < \mu \le 1$이 된다. 만일 $\mu > 1$(즉 $A_c < m_p$)이면 포락선 검파가 불가능한데, 이 경우를 과변조(overmodulation) 되었다고 한다. 이 경우에는 동기 검파기를 사용하여 복조해야 한다.

DSB-TC 변조된 신호는 변조지수를 사용하여 다음과 같이 표현할 수 있다.

$$\begin{aligned} s_{\mathrm{AM}}(t) &= [A_c + m(t)]\cos 2\pi f_c t \\ &= A_c[1+\mu m_n(t)]\cos 2\pi f_c t \end{aligned} \tag{5.15}$$

여기서 $m_n(t)$는

$$m_n(t) \triangleq \frac{m(t)}{m_p} = \frac{m(t)}{\max|m(t)|} \tag{5.16}$$

로 최대값이 1이 되도록 정규화된 신호이다.

5.2.2 DSB-TC 신호의 복조

AM 신호는 $[A_c + m(t)]$를 DSB-SC 변조한 것과 같으므로 동기 검파기를 사용하여 복조할 수 있다. 그러나 동기 검파기를 사용한다는 것은 AM 변조의 장점을 활용하지 않은 것으로 볼 수 있다. 여기서는 수신 신호로부터 반송파 추출을 하지 않는 비동기 검파를 사용하는 AM 복조기에 대하여 알아 보기로 한다. 제곱법 검파(square-law detection)를 이용한 포락선 검파기의 원리를 알아 보자. 그림 5.5에 제곱법 검파기의 구조를 보인다. 변조 신호 제곱을 수행하는 첫 번째 블록에서의 출력은 다음과 같다.

$$\begin{aligned} s_{\mathrm{AM}}^2(t) &= A_c^2[1+\mu m_n(t)]^2 \cos^2 2\pi f_c t \\ &= \frac{1}{2}A_c^2[1+\mu m_n(t)]^2 + \frac{1}{2}A_c^2[1+\mu m_n(t)]^2 \cos 4\pi f_c t \end{aligned} \tag{5.17}$$

저역통과 필터를 통과하면 저주파 성분인 첫 번째 항만 남게 된다. 따라서 제곱근을 취하면 AM 신호의 포락선을 얻을 수 있다.

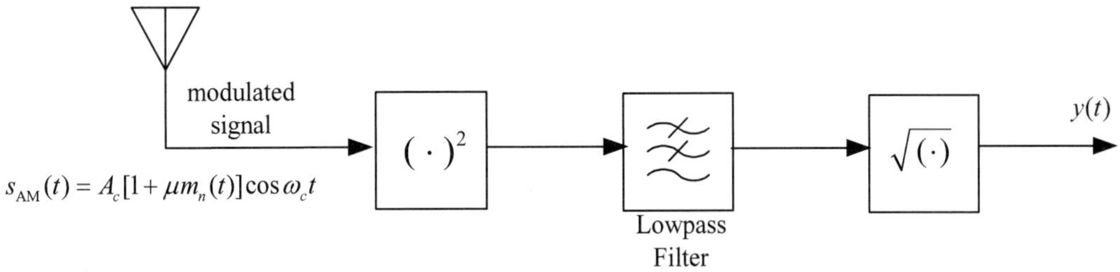

[그림 5.5] 제곱법 포락선 검파기

힐버트(Hilbert) 변환과 포락선 추출

어떤 신호 $m(t)$를 Hilbert 변환하는 것은 이 신호를 다음과 같은 전달함수를 가진 시스템에 통과시킨 것으로 볼 수 있다.

$$\begin{aligned} H(f) &= -j\,\mathrm{sgn}(f) \\ &= \begin{cases} -j & f>0 \\ j & f<0 \end{cases} = \begin{cases} 1\cdot e^{-j90^\circ} & f>0 \\ 1\cdot e^{j90^\circ} & f<0 \end{cases} \end{aligned} \tag{5.18}$$

따라서 이 시스템은 입력 신호의 크기는 변화시키지 않고 위상만 $-\pi/2$ 천이시킨다. 이 시스템에 입력 $m(t)$가 들어오는 경우 출력 신호 $\hat{m}(t)$ (즉 Hilbert 변환된 신호)의 스펙트럼을 $\hat{M}(f)$ 라 하면

$$\begin{aligned} \hat{M}(f) &= H(f)M(f) \\ &= \begin{cases} -jM(f) & f>0 \\ jM(f) & f<0 \end{cases} \end{aligned} \tag{5.19}$$

와 같이 된다.

한편 신호 $m(t)$에 대한 analytic 신호는 다음과 같이 정의된다.

$$m_{\text{analytic}}(t) = m(t) + j\hat{m}(t) \tag{5.20}$$

이 신호를 푸리에 변환하면 다음과 같이 된다.

$$\begin{aligned} M_{\text{analytic}}(f) &= M(f) + j\hat{M}(f) \\ &= \begin{cases} M(f) + j\{-jM(f)\} & f > 0 \\ M(f) + j\{jM(f)\} & f < 0 \end{cases} \\ &= \begin{cases} 2M(f) & f > 0 \\ 0 & f < 0 \end{cases} \end{aligned} \tag{5.21}$$

따라서 analytic 신호는 양의 주파수 부분만 취하여 두 배로 곱한 신호로 볼 수 있다.

만일 신호 $x(t)$가 중심 주파수가 f_c인 대역통과 신호라 하면, 이 신호의 스펙트럼은 주파수 f_c와 $-f_c$를 중심으로 한 두 개의 스펙트럼 성분으로 구성된다. 이 신호 $x(t)$에 대한 analytic 신호 $x_{\text{analytic}}(t)$는 양의 주파수 스펙트럼만 취한 것이며, 이 신호에 $e^{-j2\pi f_c t}$를 곱하면 스펙트럼이 왼 쪽으로 f_c만큼 이동되어 기저대역 신호가 된다. 이를 $x(t)$에 대한 저주파 등가 신호(lowpass equivalent signal)라 한다. 즉

$$x_{\text{lowpass}}(t) = x_{\text{analytic}}(t)e^{-j2\pi f_c t} \tag{5.22}$$

따라서 다음의 관계가 성립한다.

$$|x_{\text{lowpass}}(t)| = |x_{\text{analytic}}(t)| \tag{5.23}$$

일반적인 대역통과 신호는 $x(t) = A(t)\cos(2\pi f_c t + \theta(t))$와 같이 표현된다. 이 신호의 복소 포락선(complex envelope)은

$$\tilde{x}(t) = A(t)e^{j\theta(t)} \tag{5.24}$$

와 같이 정의되는 기저대역 신호이다. 복소 포락선과 대역통과 신호는 다음과 같은 관계를 가진다.

$$\begin{aligned} x(t) &= \text{Re}\left\{\tilde{x}(t)e^{j2\pi f_c t}\right\} = \text{Re}\left\{A(t)e^{j\theta(t)}e^{j2\pi f_c t}\right\} \\ &= \frac{1}{2}A(t)e^{j\theta(t)}e^{j2\pi f_c t} + \frac{1}{2}A(t)e^{-j\theta(t)}e^{-j2\pi f_c t} \end{aligned} \tag{5.25}$$

이 신호에 대한 analytic 신호는 양의 주파수 성분만 취하여 2배를 한 신호이므로 다음과 같이 된다.

$$x_{\text{analytic}}(t) = A(t)e^{j\theta(t)}e^{j2\pi f_c t} \tag{5.26}$$

따라서 저주파 등가 신호는 식 (5.22)로부터

$$\begin{aligned} x_{\text{lowpass}}(t) &= x_{\text{analytic}}(t)e^{-j2\pi f_c t} = A(t)e^{j\theta(t)} \\ &= \tilde{x}(t) \end{aligned} \tag{5.27}$$

가 되어 식 (5.24)의 복소 포락선이 된다는 것을 알 수 있다. 따라서 다음의 결과를 얻는다.

$$|x_{\text{lowpass}}(t)| = |x_{\text{analytic}}(t)| = |A(t)| \tag{5.28}$$

이상의 결과를 DSB-TC 변조된 신호의 포락선을 구하는 데 적용해 보자. DSB-TC 변조된 신호는 $x(t) = A_c[1+\mu m_n(t)](\cos 2\pi f_c t + \theta)$ 와 같이 표현되므로 이 신호에 대한 저주파 등가 신호(또는 복소 포락선은)

$$x_{\text{lowpass}}(t) = A_c[1+\mu m_n(t)]e^{j\theta} \tag{5.29}$$

와 같이 되며, 포락선은

$$A_c|1+\mu m_n(t)| = |x_{\text{analytic}}(t)| \tag{5.30}$$

와 같이 된다. 따라서 수신 신호에 대한 analytic 신호를 구하여 절대값을 취하면 된다.

MATLAB에서 hilbert.m으로 제공되는 Hilbert 변환 함수는 실제로는 analytic 신호를 만들어낸다. 그러므로 수신된 신호에 대해 hilbert.m 함수를 적용하여 analytic 신호를 구한 후 절대값을 취하면 신호의 포락선을 얻을 수 있다.

5.3 SIMULINK를 이용한 진폭변조 시뮬레이션

5.3.1 AM 변조 과정

SIMULINK를 이용하여 AM 변조기를 구성하고 신호 파형 및 스펙트럼을 그려보도록 하자.

AM 송신기 블록 다이어그램 설계

SIMULINK의 Library Browser 윈도우에서 필요한 블록을 model 윈도우로 가져와서 진폭변조 송신기 블록다이어그램을 구성해 보자.

예제 5.1 [DSB-TC 신호의 발생]

메시지 신호가 진폭이 2이고 주파수가 5 Hz인 정현파라고 하자. DSB-TC 진폭 변조하는 시스템의 블록 다이어그램을 구성하고, 메시지 신호와 변조된 신호의 파형을 그려 보라. 변조지수는 $\mu = 1$로 하고, 반송파 $s_c(t) = \cos(2\pi f_c t)$의 주파수는 $f_c = 50\text{Hz}$를 사용하라.

풀이

1) 메시지 신호를 위하여 Sources 라이브러리로부터 Sine Wave 블록을 가져와서 파라미터를 알맞게 설정한다. Default로 주파수 단위는 rad/sec를 사용하므로 5 Hz에 해당하는 각주파수를 $2\pi \times 5$로 설정해야 한다. 그림 5.6(a)와 같이 파라미터를 설정한다.
2) DSB-TC 변조를 위해 메시지 신호에 상수를 더한 후 반송파를 곱해야 한다. 상수의 크기를 결정하기 위해

$$\begin{aligned} s_{\text{AM}}(t) &= [A_c + m(t)]\cos 2\pi f_c t \\ &= A_c\left[1 + \frac{m_p}{A_c}\cdot\frac{m(t)}{m_p}\right]\cos 2\pi f_c t \\ &= A_c[1 + \mu m_n(t)]\cos 2\pi f_c t \end{aligned} \tag{5.31}$$

   와 같이 써 보자. 여기서 $\mu = m_p / A_c$이고, 메시지 신호의 최대값은 2이므로 $A_c = \mu m_p = 1\cdot 2 = 2$가 된다. 'Sources' 라이브러리에서 'Constant' 블록을 가져와서 블록 파라미터 설정에서 상수 값을 결정한다. 'Math Operations' 라이브러리에서 'Add' 또는 'Sum' 블록을 가져와서 메시지 신호와 상수가 더해지도록 한다.
3) 나머지 필요한 블록은 반송파를 위한 추가의 Sine Wave 블록과 곱셈 블록이다. Cos

함수를 반송파로 사용하므로 파라미터를 그림 5.6(b)와 같이 위상을 $\pi/2$ 로 설정한다. 그림 5.6(c)와 같이 블록들을 연결한다. 그림에 있는 ex5_3_1.mdl 블록 다이어그램에서 'Carrier' 블록은 'Sine Wave' 블록을 가져와서 명칭만 변경한 것이다.

4) Scope에 그려진 파형이 예상한 대로 그려졌는가? 그렇지 않다면 아래에 설명한 대로 시뮬레이션 환경을 수정해야 할 것이다.

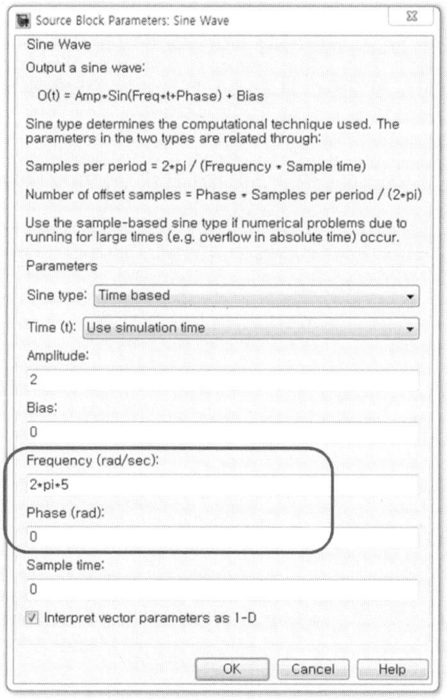

(a)

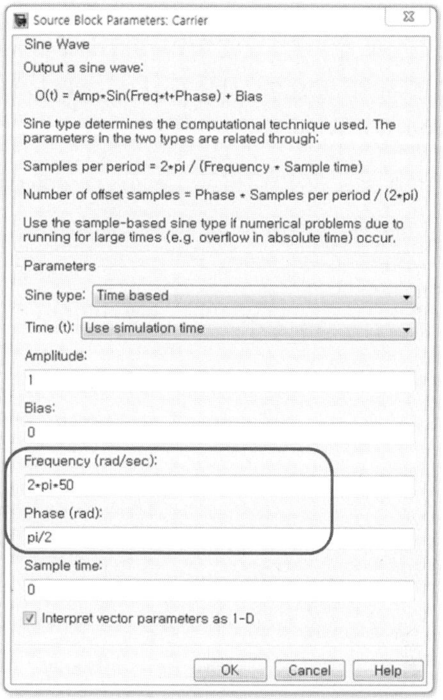

(b)

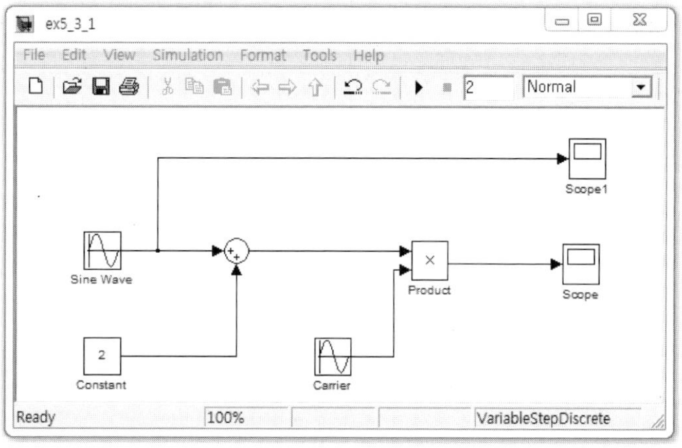

(c)

[그림 5.6] AM 송신기(ex5_3_1.mdl)

시뮬레이션 파라미터의 설정

예제 5.1에서 구성한 블록 다이어그램에 대해 시뮬레이션 파라미터를 별도로 지정하지 않고(즉 default 값으로만 하여) 시뮬레이션을 실행하면 Scope에 그려진 신호 파형이 예상한 것과 다르게 나올 수 있을 것이다. 그 이유는 시뮬레이션 파라미터를 적절히 설정하지 않았기 때문이다. 시뮬레이션을 실행하기 전 model 윈도우에 있는 'Simulation' 메뉴에서 'Configuration Parameters' dialog를 열고 'Solver options'에 있는 값을 수정해야 한다. 여기서 우리가 수정해야 하는 것은 **Max step size**이다. 이 파라미터 값을 충분히 작게 선택하지 않으면 시뮬레이션 출력 파형의 상세한 부분을 얻을 수 없어서 해상도가 떨어진다.

Max step size 파라미터는 default로 auto로 설정되어 있는데, 이렇게 하면 시뮬레이션의 start time과 stop time에 따라 자동적으로 결정된다. Auto로 설정한 경우 step size는

$$\Delta = \frac{(\text{stop time - start time})}{50} \tag{5.32}$$

와 같이 결정되어 시뮬레이션 시구간이 긴 경우 step size가 커져서 해상도가 떨어지는 결과를 얻게 된다.

예제 5.2 [Max Step Size 수정]

예제 5.1에서 설계한 시스템을 실행하여 0~2초 구간에서 메시지 신호와 변조된 신호의 파형을 그려 보라. Discrete solver를 사용하고 step size는 1/400을 사용하라.

풀이

Configuration Parameters에서 Solver options를 다음과 같이 설정한다:

Variable-step

Discrete solver

Step size = 1/400

파라미터를 그림 5.7(a)와 같이 설정하고 시뮬레이션을 실행하면 그림 (b)의 결과가 나오는 것을 확인한다. Scope에 보이는 파형이 크기가 적절하지 않은 경우 현미경처럼 생긴 'Autoscale' 아이콘을 누르면 스케일이 자동적으로 창 크기에 맞게 변화된다.

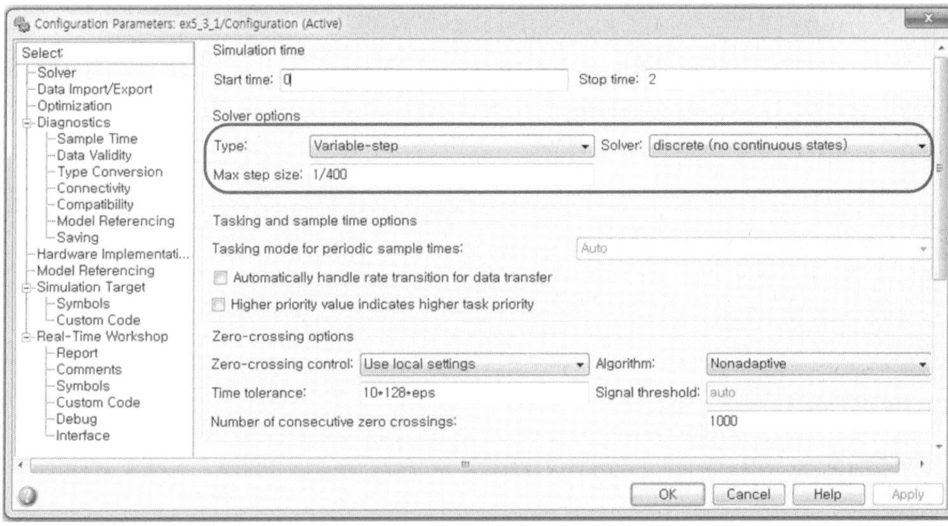

(a)

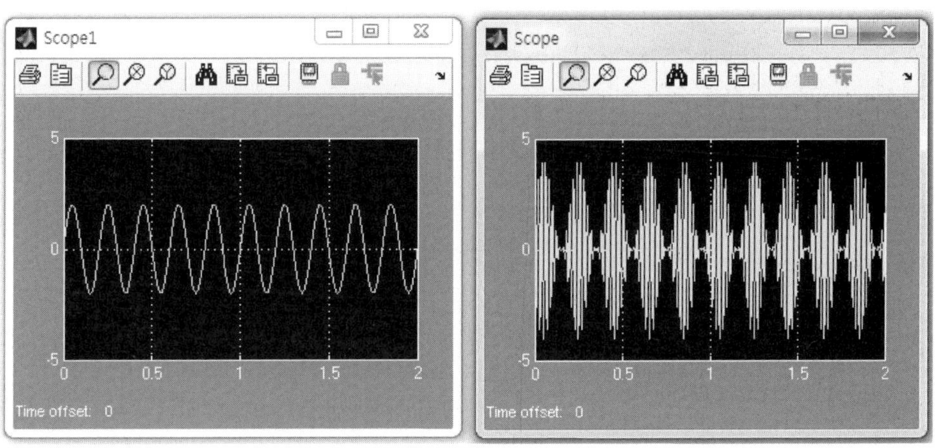

(b)

[그림 5.7] 시뮬레이션 파라미터의 설정과 시뮬레이션 결과 파형

○ AM 변조기 서브시스템 만들기

시스템을 구성하는 블록이 많아져서 복잡해지면 눈에 잘 들어오지 않는다. 이 경우 몇 개의 블록을 모아서 하나의 서브시스템으로 만들면 전체 블록 다이어그램이 간단하게 표현된다. 예제 5.1에서 설계한 블록 다이어그램에서 AM 변조기를 구성하는 블록들을 서브시스템으로 구성해 보자.

1) 그림 5.8(a)와 같이 마우스를 드랙하여 AM 변조기를 구성하는 블록들을 선택한다.

2) 마우스 오른 쪽 버튼을 눌러 나타나는 context 메뉴에서 'Create Subsystem' 옵션을 선택한다. 이렇게 하는 대신 Edit 메뉴에서 'Create Subsystem'을 선택해도 된다. 그러면 선택한 블록들이 한 개의 subsystem 블록으로 바뀌어 그림 (b)와 같이 된다. Subsystem 이름은 블록명을 클릭하여 수정할 수 있다. 그림 (b)는 서브시스템명을 "AM Modulator"로 수정한 결과이다. 서브시스템을 더블 클릭하면 그림 (c)와 같이 내부를 볼 수 있다.

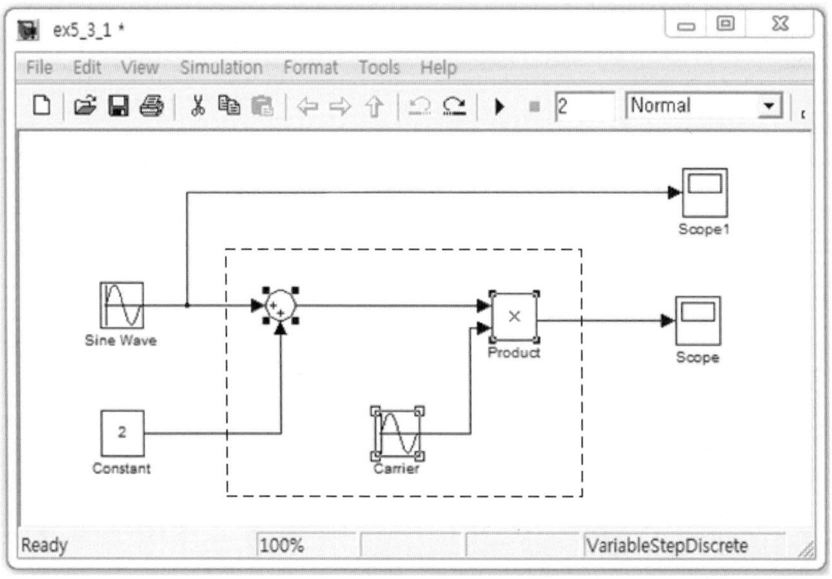

(a) 서브시스템에 포함될 블록들

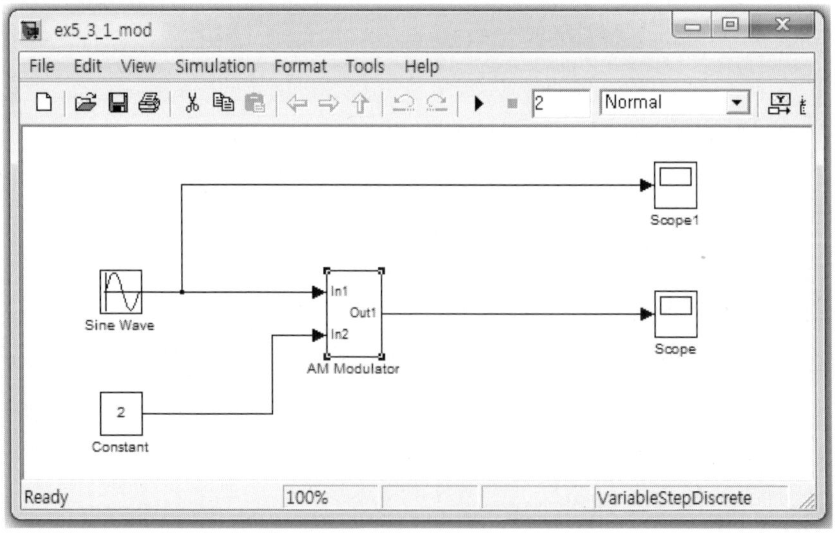

(b) 생성된 서브시스템

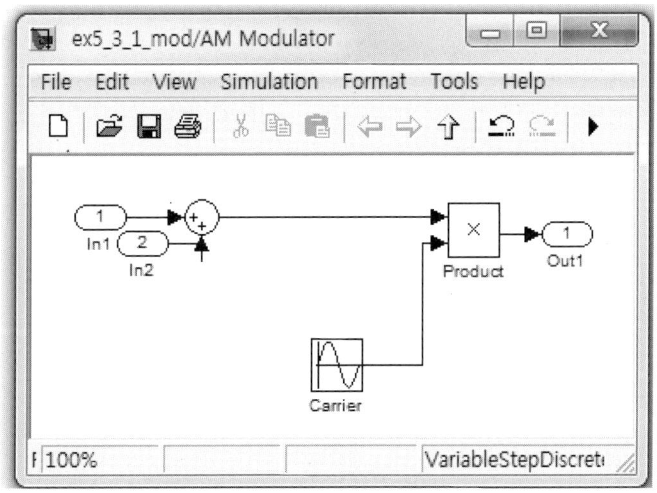

(c) 서브시스템 내부

[그림 5.8] AM 변조기의 서브시스템화

스펙트럼 그리기

신호의 스펙트럼을 관찰하는데 Signal Processing Blockset에 있는 'Spectrum Scope' 블록을 이용하면 편리하다. Spectrum Scope 블록은 입력되는 이산시간 신호에 대해 FFT 연산을 기반으로 한 전력 스펙트럼 예측 알고리즘을 수행하여 스펙트럼을 그린다. 입력 신호가 연속시간 신호인 경우 먼저 이산 신호로 변환시켜야 한다.

1) 그림 5.8(a) 모델에서 스펙트럼을 그릴 대상 신호에 대해 이산 신호화 한다. 이를 위해서는 Discrete 라이브러리에 있는 **Zero-Order Hold** 블록을 사용한다. 설정할 파라미터로 sampling time이 있는데 에일리어싱이 발생하지 않도록 충분히 작은 값을 사용해야 한다. 1/400을 선택해 보자.
2) Signal Processing Blockset의 Signal Processing Sinks 라이브러리에 있는 Spectrum Scope을 가져 와서 이산 시간화된 신호와 연결한다. 구성된 블록 다이어그램은 그림 5.9(a)와 같다.
3) Spectrum Scope 블록을 더블 클릭하여 필요한 파라미터를 입력한다. Scope Properties 탭에서 그림 5.9(b)와 같이 입력한다. 예제 5.1과 같이 sample-based signal인 경우 Buffer input 체크박스를 선택하고 Buffer size를 적절히 선정한다. Buffer size, Buffer overlap, FFT length, Window type 등은 스펙트럼 예측에 관련된 파라미터들이다.
4) 시뮬레이션을 실행하여 그림 5.9(c)와 같은 결과가 얻어지는지 확인한다. 필요하면 Spectrum Scope의 Axes 메뉴에서 'Autoscale'을 선택하여 그래프를 수정한다.

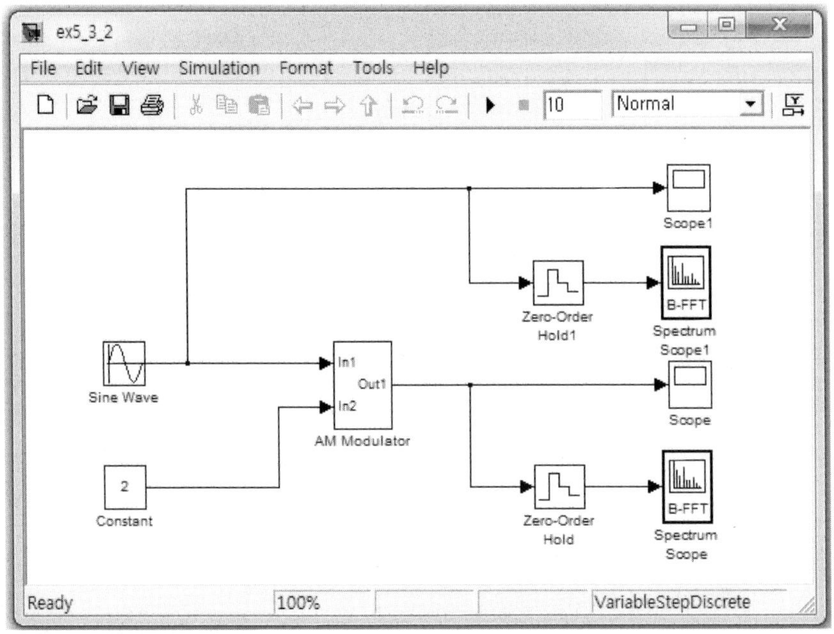
ex5_3_2
File Edit View Simulation Format Tools Help
10
Normal
Scope1
Zero-Order Hold1
B-FFT
Spectrum Scope1
Sine Wave
In1
Out1
In2
AM Modulator
Scope
2
Constant
Zero-Order Hold
B-FFT
Spectrum Scope
Ready
100%
VariableStepDiscrete

(a)

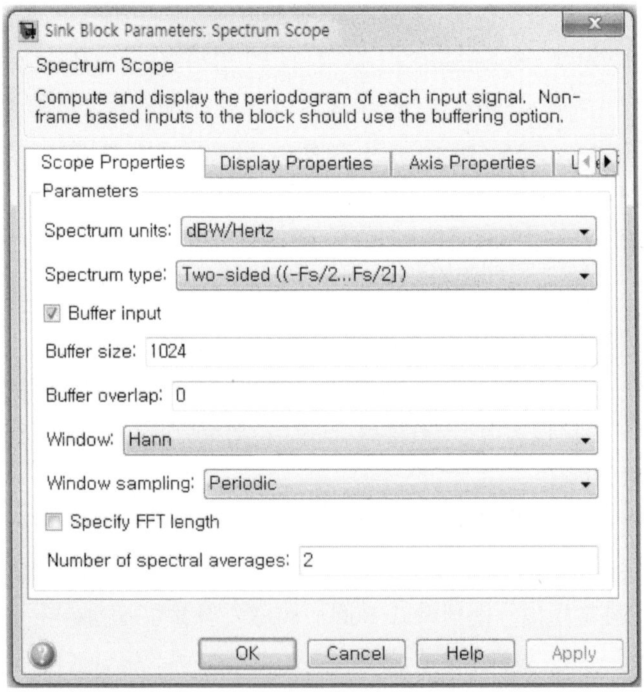
Sink Block Parameters: Spectrum Scope
Spectrum Scope
Compute and display the periodogram of each input signal. Non-frame based inputs to the block should use the buffering option.
Scope Properties
Display Properties
Axis Properties
Parameters
Spectrum units: dBW/Hertz
Spectrum type: Two-sided ((-Fs/2...Fs/2])
Buffer input
Buffer size: 1024
Buffer overlap: 0
Window: Hann
Window sampling: Periodic
Specify FFT length
Number of spectral averages: 2
OK
Cancel
Help
Apply

(b)

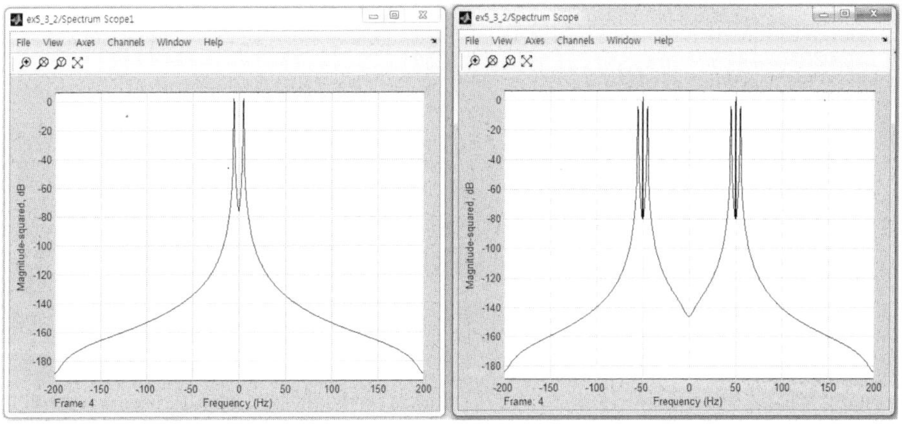

(c)

[그림 5.9] 스펙트럼 그리기

과 제

Signal Builder 블록을 통하여 메시지 신호를 삼각 펄스 및 다른 모양의 파형을 가지도록 발생시켜서 예제 5.1의 과정을 반복하라.

5.3.2 AM 변조기의 입력을 workspace로부터 받아서 시뮬레이션 하기

앞의 진폭변조 예제에서는 메시지 신호 및 추가 반송파의 크기(즉 DC offset)를 SIMULINK 블록에서 미리 결정하고 시뮬레이션을 실행하는 방식을 사용하였다. 이번 단원에서는 이들(DC offset이나 메시지 신호)을 SIMULINK 모델에서 변수로 지정하고, MATLAB workspace로부터 받아서 시뮬레이션을 하는 방식을 사용해 보도록 하자.

예제 5.3 [AM 변조에서 상수(DC offset)를 workspace로부터 넘겨 받기]

진폭이 2이고 주파수가 5 Hz인 정현파 신호를 100 Hz 주파수의 반송파를 사용하여 DSB-TC 진폭 변조하고자 한다. 추가 반송파의 크기를 1, 2, 3으로 변화시키면서 AM 변조된 파형을 그려 보라. 이 때 추가 반송파의 크기는 workspace로부터 넘겨 받도록 블록 다이어그램 모델을 구성하라. Configuration parameter 설정에서 simulation time은 0~2초로 선택하고, solver 옵션은 discrete solver, fixed-step, step size=1/1000을 사용하라.

풀이

그림 5.10(a)와 같이 모델을 구성한다. 'Constant' 블록에서 상수 값을 숫자로 입력하는 대신 변수명 "offset"을 써준다(현 상태에서 시뮬레이션을 실행하면 에러 메시지가

뜬다). Simulation 메뉴의 'Configuration Parameters'에서 시뮬레이션 조건을 그림 (b)와 같이 설정한다. MATLAB command window에서

```
>>offset = 1;
```

와 같이 실행한다. 그 다음 SIMULINK 시뮬레이션을 실행하면 그림 (c)의 결과를 얻는다. Scope에 보이는 파형이 크기가 적절하지 않은 경우 'Autoscale' 버튼을 누르면 스케일이 자동적으로 창 크기에 맞게 변화된다. 그림의 상세 부분이 잘 안보이면 Scope 창 크기를 늘리거나 신호 일부를 선택하여 확대하면 된다. Command window에서 계속 offset을 2와 3으로 설정하고 시뮬레이션을 실행하면 그림 (d)와 (e)를 얻는다.

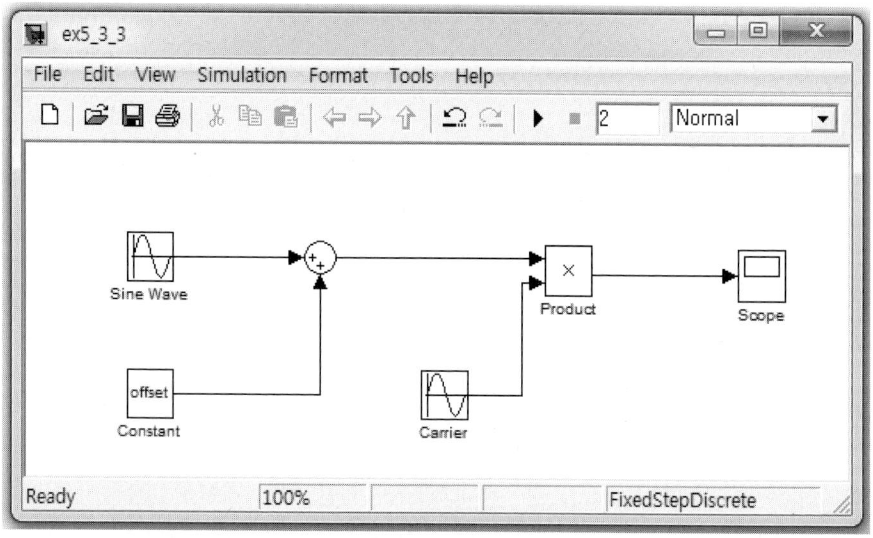

(a) 블록 다이어그램

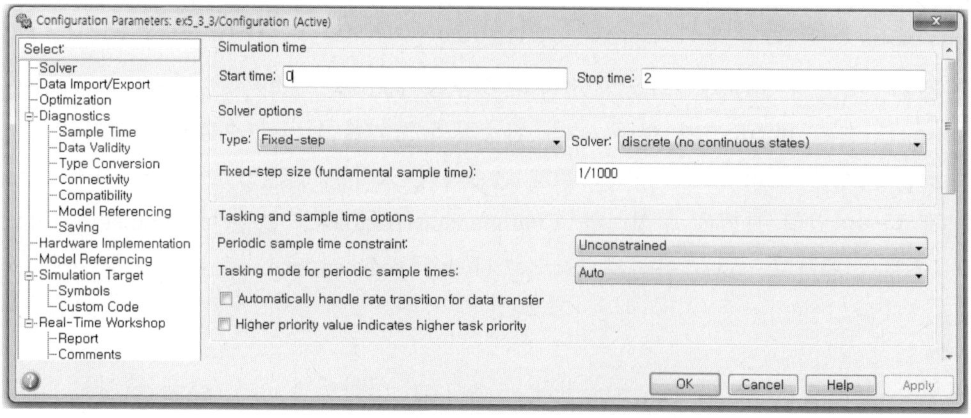

(b) Configuration parameter 설정

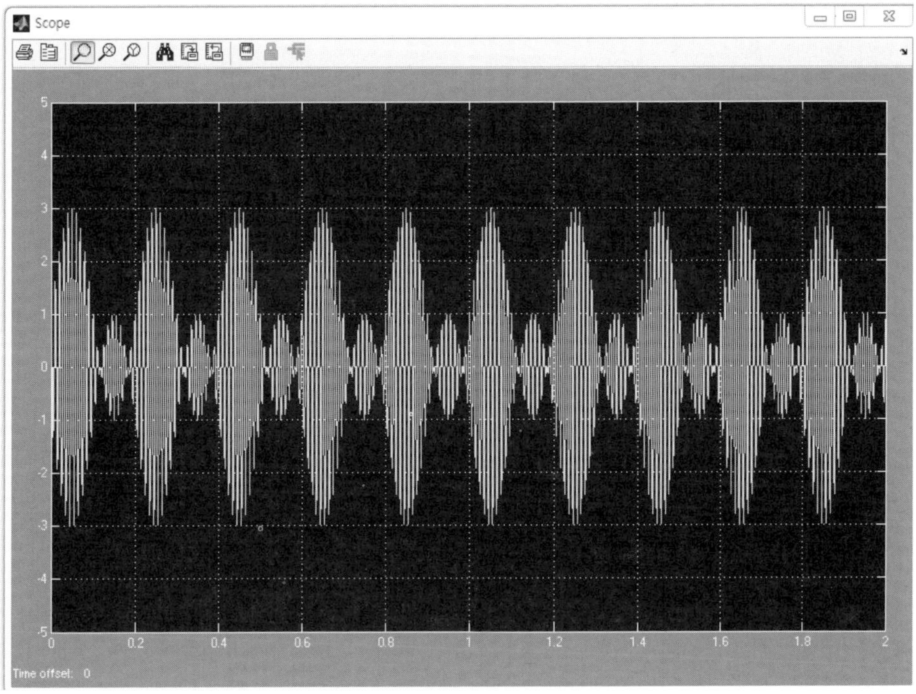

(c) offset=1($\mu = 2$)인 경우 변조된 신호의 파형

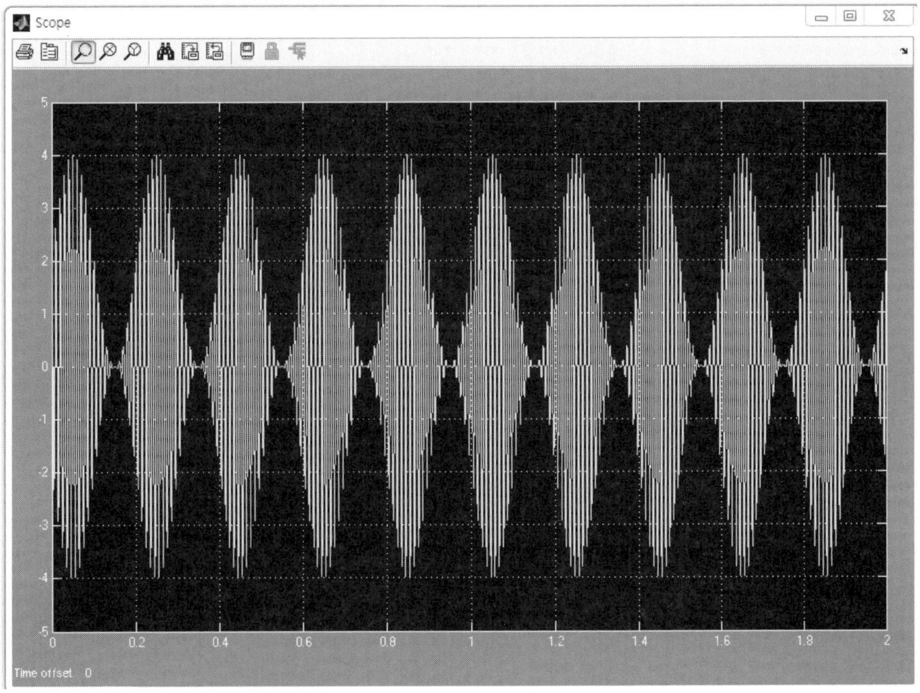

(d) offset=2($\mu = 1$)인 경우 변조된 신호의 파형

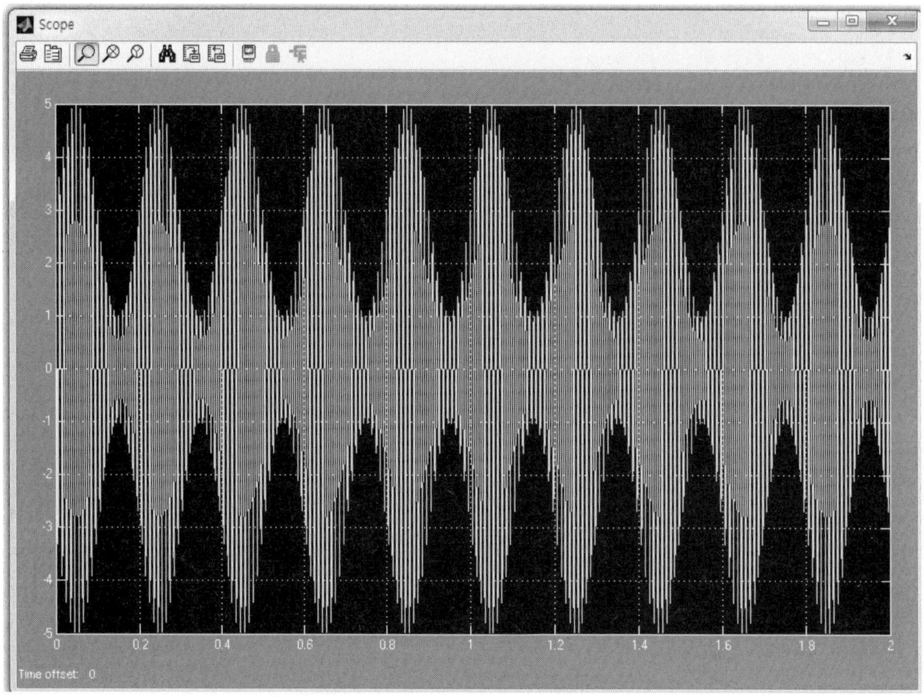

(e) offset=3($\mu = 2/3$)인 경우 변조된 신호의 파형

[그림 5.10] AM 변조에서 DC offset을 workspace로부터 받아서 시뮬레이션 하기(ex5_3_3.mdl)

예제 5.4 [메시지 신호를 workspace로부터 넘겨 받아서 AM 변조하기]

메시지 신호가 펄스폭이 2이고 최대값이 1인 삼각 펄스, 즉 $x(t) = \Lambda(t)$ 라고 하자. 시구간 [-2, 2] 초에서 메시지 신호를 발생시키고, 반송파 $x_c(t) = \cos(2\pi f_c t)$ 로 DSB-TC 진폭 변조하고자 한다. 반송파 주파수는 $f_c = 50\text{Hz}$를 가정하자. 메시지 신호를 MATLAB workspace에서 발생시키고 SIMULINK가 넘겨 받도록 블록 다이어그램 모델을 설계하라. AM 변조를 위한 추가 반송파의 크기를 0(즉 DSB-SC 변조에 해당)과 1로 변화시키면서 파형을 그려 보라. 신호의 파형을 그리기 위하여 샘플링은 $t_c = 1/1000\,\text{sec}$를 사용하라.

풀이

1) 그림 5.11(a)와 같이 모델을 구성한다. Inport를 통해 workspace에서 발생시킨 메시지 신호가 입력된다. Inport를 통해 입력시킬 데이터는 시간을 나타내는 컬럼 벡터와 신호값을 가진 컬럼 벡터의 구조를 가져야 한다.

2) 그림 (b)와 같이 메시지 신호를 발생시키는 m-파일을 작성하고 MATLAB command 윈도우에서 실행시킨다. 시간 벡터 **t** 와 신호 벡터 **x** 가 만들어진 것을 확인한다. 추가 반송파의 크기를 지정하기 위해 command 윈도우에서 "offset = 0"을 실행한다.
3) 블록 다이어그램 모델에서 시뮬레이션 조건을 설정한다. 먼저 그림 (c)와 같이 Configuration parameters의 'Data Import/Export'를 선택하여 'Input' 체크박스를 체크하고, [t, x]로 시간 벡터명과 신호 벡터명을 맞게 써 준다. 이번에는 Configuration parameters 'Solver' 설정에서 simulation time 은 [-2, 2] 초로 선택하고, solver 옵션은 discrete solver, fixed-step, step size=1/1000을 사용한다. 그림 (d)에 파라미터 설정 결과를 보인다.
4) 시뮬레이션을 실행하여 Scope에 나타난 신호 파형을 확인한다. Scope의 그림에는 [0,4] 초의 구간에 대한 파형과 함께 왼쪽 아래에 "Time offset: -2"와 같이 표시되는데 이는 실제 시구간이 [-2, 2]임을 나타낸다. 'Autoscale' 아이콘을 누르면 좌표축이 실제 시구간으로 조정되어("Time offset: 0"으로 바뀐다) 그림 (e)와 같은 모양으로 된다.
5) Command window에서 "offset=1"로 지정하고 시뮬레이션을 실행하면 그림 (f)를 얻는다.

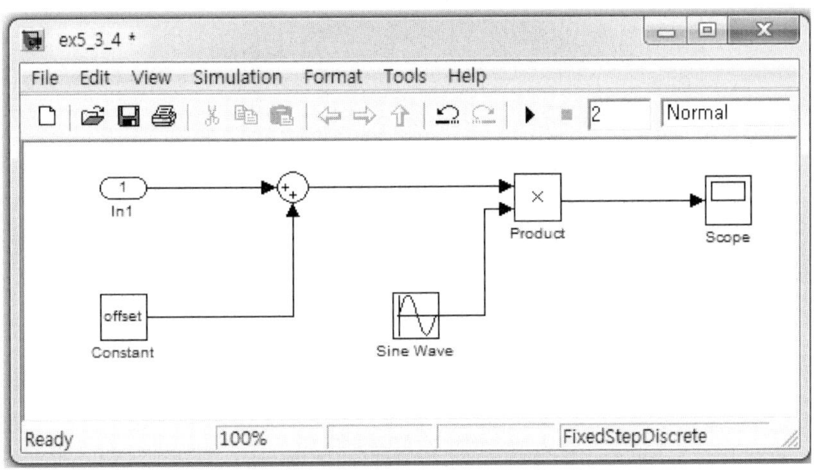

(a) 블록 다이어그램(ex5_3_4.mdl)

```
%*************************************************
% Generation of triangular pulse
% tau : pulse width [sec]
% [T1, T2] : observation time interval [sec]
%*************************************************
% Generation of triangular pulse
% tau : pulse width [sec]
% [T1, T2] : observation time interval [sec]
```

```
%*************************************************
clear
T1=-2; T2=2;
ts=1/1000; %sampling period
t=[T1:ts:T2]'; %observation time interval
tau=2; %pulse width
% Signal generation of triangular pulse
x=zeros(size(t));
midpoint=floor((T2-T1)/2/ts)+1;
L1=midpoint-fix(tau/2/ts);
L2=midpoint+fix(tau/2/ts)-1;
x(L1:midpoint)=(2/tau)*t(L1:midpoint)+1; %2/tau is the slope
x(midpoint+1:L2)=-(2/tau)*t(midpoint+1:L2)+1;
%plot(t,x); axis([T1, T2 -2 4]);
```

(b) 메시지 신호 발생을 위한 MATLAB 스크립트(signal_triangle.m)

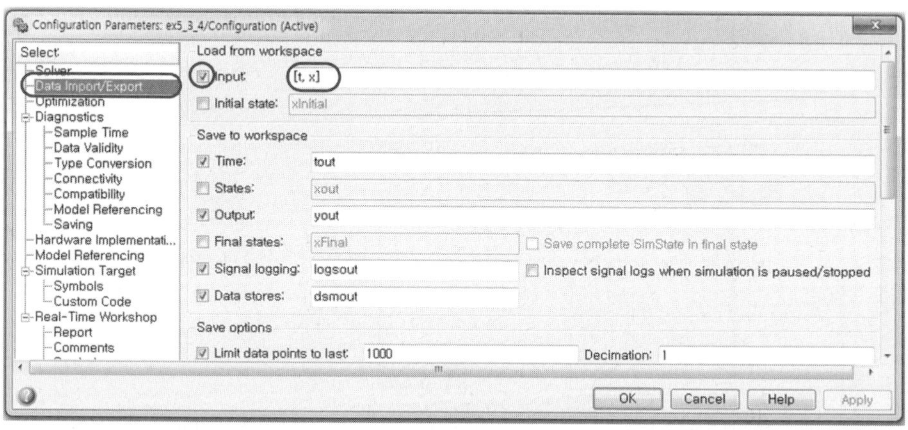

(c) Configuration parameter의 'Data Import/Export' 설정

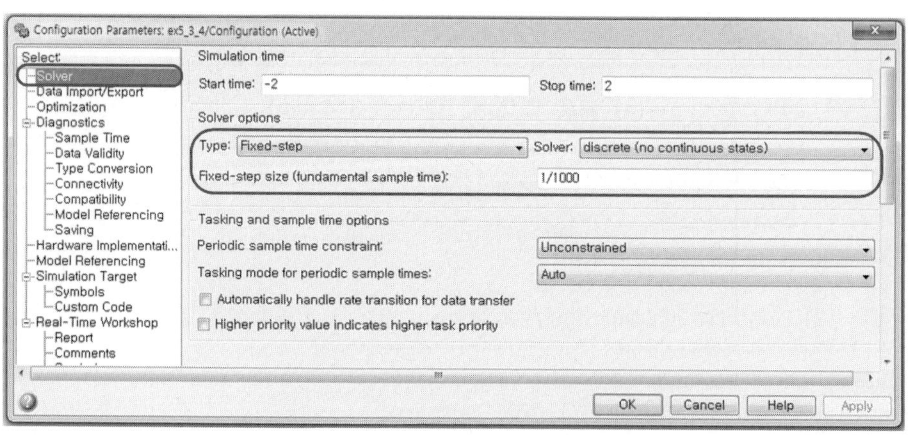

(d) Configuration parameter의 'Solver' 옵션 설정

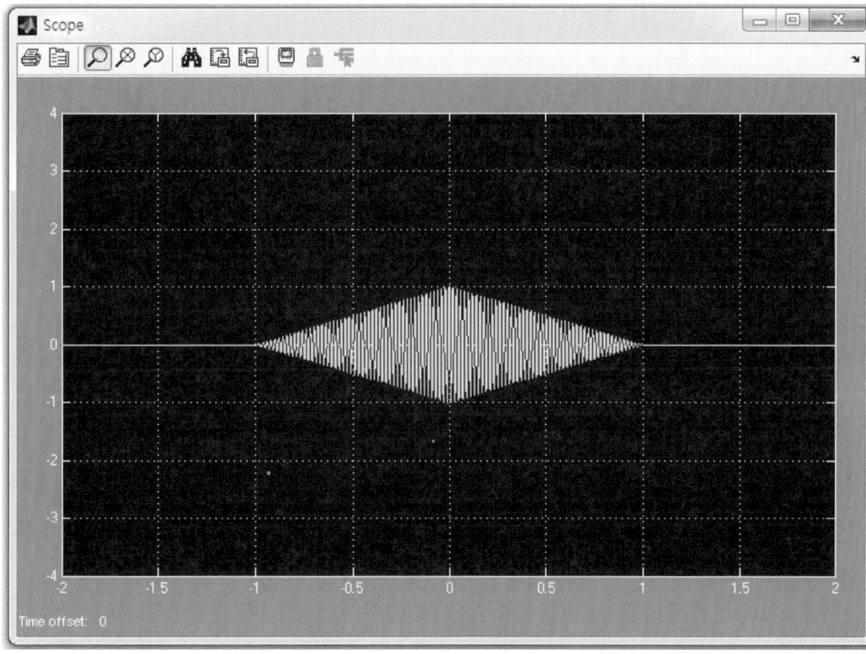

(e) 변조된 파형(offset=0)

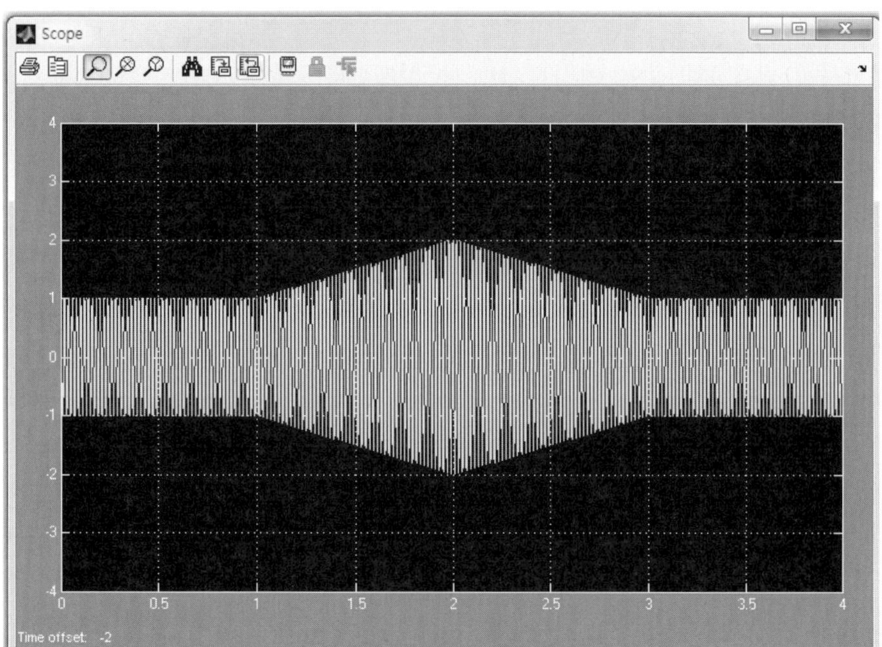

(f) 변조된 파형(offset=1)

[그림 5.11] 메시지 신호를 workspace로부터 받아서 진폭 변조하기

5.3.3 진폭변조 신호의 복조

DSB-SC 또는 DSB-TC 신호는 동기식 검파를 사용하여 복조가 가능하며, DSB-TC 신호는 변조지수가 1 이하인 경우 비동기식 검파가 가능하다. 이번 단원에서는 SIMULINK를 사용하여 동기식 및 비동기식 복조를 하는 예제를 다루도록 한다.

동기식 검파(Coherent Detection)

예제 5.5 [DSB-SC 및 DSB-TC 신호의 동기식 검파]

메시지 신호가 예제 5.4에서 가정한 것과 같은 펄스 폭 2의 삼각파 신호라고 하자. 이번 예제에서는 메시지 신호를 SIMULINK Signal Builder 블록을 사용하여 발생시켜 보자. DSB-SC 및 DSB-TC 변조를 하고, 변조된 신호에 대해 동기식 수신기를 구현하여 복조기 출력을 그려 보라. 반송파 주파수는 50 Hz를 사용하며, 수신기에서 반송파 복구는 오차가 없다고 가정하라.

풀이

1) 그림 5.12(a)와 같이 블록 다이어그램을 구성한다(ex5_3_5.mdl). Signal Builder 블록에서 그림 (b)와 같이 메시지 신호를 설계한다. 그림 (a)에서 'AM Modulator' 블록은 앞의 예제에서 설계한 진폭변조 서브시스템이다.
2) 반송파 복구가 완벽하다고 가정하였으므로 송신기 서브시스템에 있는 정현파 발생기와 파라미터를 동일하게 설정한다. 기저대역 신호만 추출을 해야 하므로 저역통과 필터에 통과시켜야 하는데, Signal Processing Blockset의 'Filtering' 라이브러리에서 'Analog Filter Design' 블록을 사용한다. 필터 블록 파라미터를 그림 (c)와 같이 설정해 보자.
3) DSB-SC 변조를 위해서는 'offset' 변수를 0으로 설정한다. 시뮬레이션 모델에서 'Constant' 블록에서 offset을 변수로 하고 workspace로부터 값을 넘겨 받도록 설계하였으므로 시뮬레이션을 실행시키기 전에 MATLAB command window에서 "offset=0"의 명령어를 실행한다. 그 다음 SIMULINK에서 시뮬레이션을 실행하여 복조기 출력을 그려 본다. 그림 (d) ~ (f)는 단계별 신호 파형을 보여 준다. 그림 (d)는 변조된 신호 파형이고, 그림 (e)는 수신된 신호에 반송파를 곱한 신호 파형이며, 그림 (f)는 복조기 출력 신호의 파형이다.
4) 이번에는 DSB-TC 변조를 위해 MATLAB command window에서 "offset=1"로 지정하고 시뮬레이션을 실행하여 결과를 확인한다.

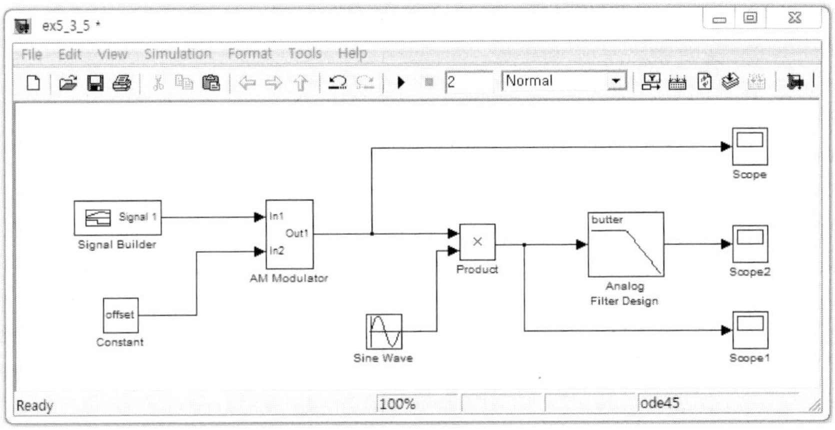

(a) 블록 다이어그램(ex5_3_5.mdl)

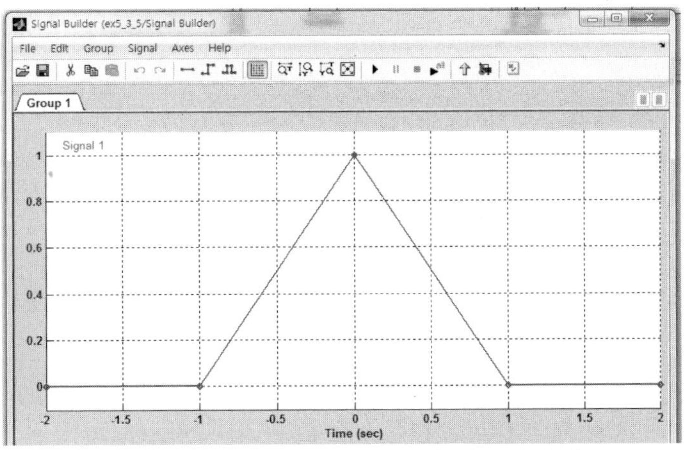

(b) Signal Builder에서 메시지 신호의 설계

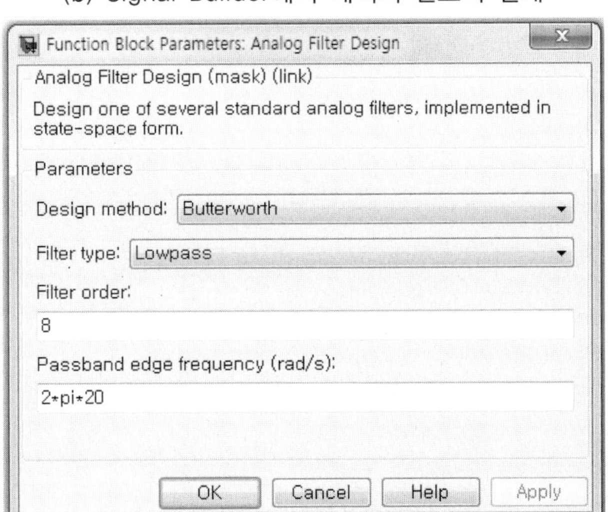

(c) Analog 필터 블록 파라미터 설정

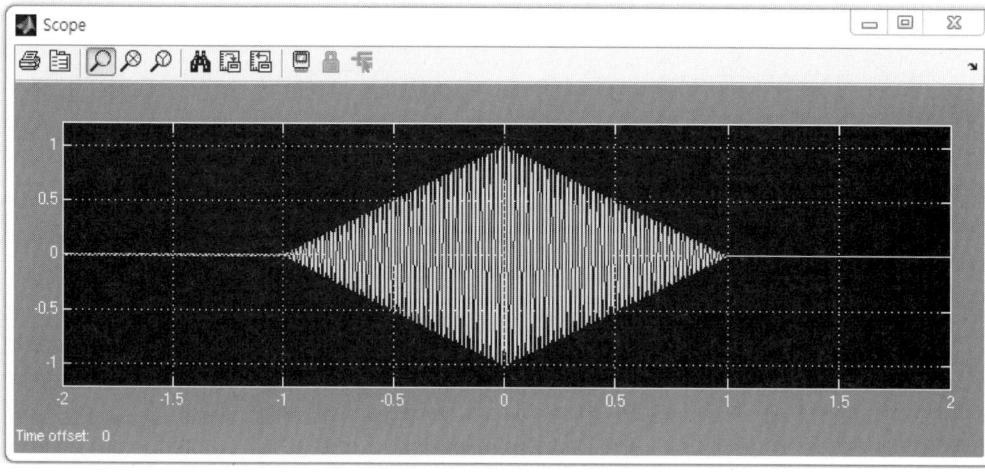

(d) DSB-SC 변조된 파형

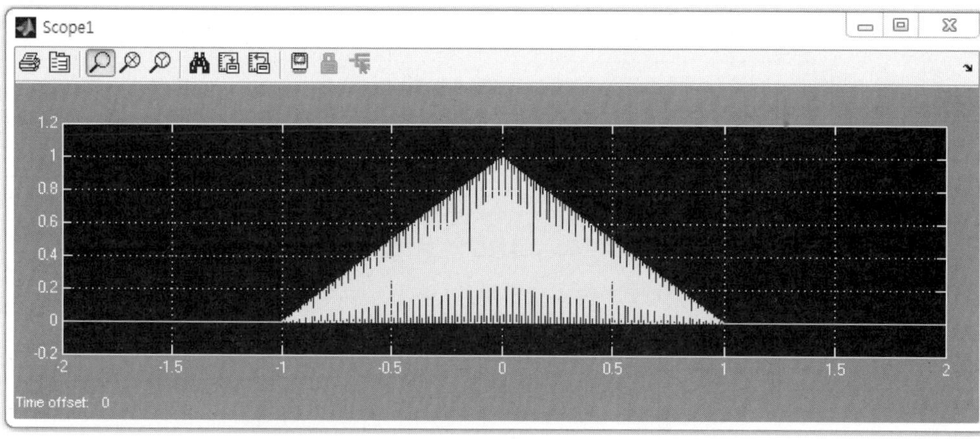

(e) 수신 신호에 반송파를 곱한 신호 파형

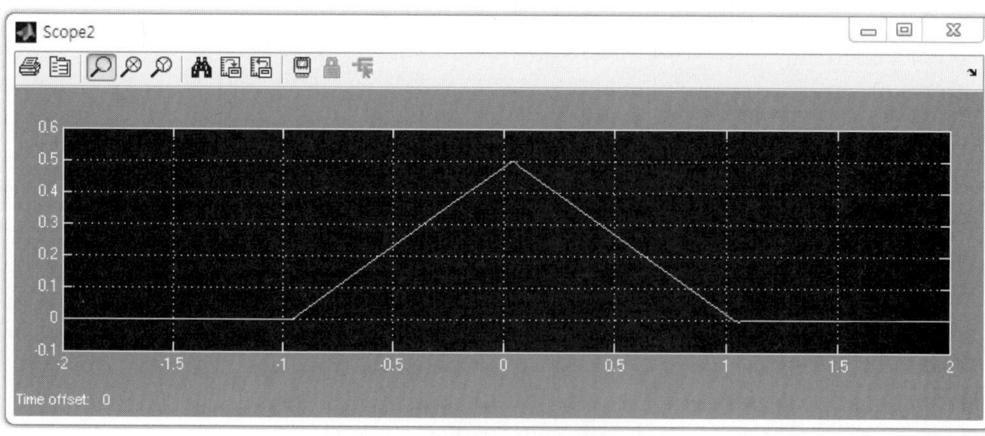

(f) 복조된 신호 파형

[그림 5.12] AM 신호의 동기식 복조

과제

예제 5.6에서 수신기의 반송파 복구가 완벽하지 않은 경우 어떤 영향을 미치는지 확인하라. 주파수 오차가 있는 경우와 위상 오차가 있는 경우 복조기 출력 신호의 파형을 그려 본다.

비동기식 검파(Noncoherent Detection)

예제 5.6 [DSB-TC 신호의 비동기식 검파]

SIMULINK Signal Builder에서 (최대값, 최소값)이 (1, -1)이고 주기가 1 초인 톱니파 신호를 (0, 5) 초 구간 동안 발생시켜 메시지 신호로 사용한다. 변조지수를 1로 하여 DSB-TC 변조를 하고, 이 신호에 대해 비동기식 복조를 하는 수신기의 블록 다이어그램을 설계하라. 반송파 주파수는 50 Hz를 사용하라. 변조된 신호와 복조된 신호를 Scope에 그려 보라.

풀이

1) Signal Builder에서 신호 구간을 (0, 5) 초로 설정한 다음(Axes 메뉴에서 'Change Time Range'를 선택하여 설정하면 됨) 'Signal' 메뉴에서 'New'를 선택하고 'Triangle'을 지정하여 새로운 신호를 발생시킨다. 이 때 세 가지 파라미터를 설정하게 되어 있는데, "Frequency = 1, Amplitude = 1, Offset = 0"으로 지정한다. 그러면 그림 5.13(a)와 같은 파형이 만들어진다.
2) Signal Builder 출력과 'offset'이 AM Modulator 서브시스템으로 입력되도록 한다. 비동기식 검파를 위해서는 포락선 검출을 해야 하는데 수신 신호에 대해 analytic signal을 구하고 절대값을 취하면 된다. Signal Processing Blockset의 'Transforms' 라이브러리에 있는 'Analytic Signal' 블록을 가져와서 변조된 신호를 입력시킨다. 그런데 'Analytic Signal' 블록은 입력이 이산시간 신호이어야 한다. 따라서 AM 변조된 신호를 먼저 샘플링한 다음 'Analytic Signal' 블록에 입력되도록 한다. 샘플링을 위해 'Zero-Order Hold' 블록을 사용하는데 샘플링 주기는 충분히 작게(1/2000) 선택한다. 그 다음 SIMULINK 'math Operations' 라이브러리에서 'Abs' 블록을 연결하여 절대값을 계산한다. 완성된 블록 다이어그램은 'ex5_3_6.mdl'과 같다.
3) 변조지수가 1인 DSB-TC 변조를 위하여 MATLAB command window에서 "offset=1"의 명령어를 실행한다. 그 다음 SIMULINK에서 'Configuration Parameter' 설정(시뮬레이션 시구간을 0~5 초로 하고 Solver는 Max step size=1/2000으로 설정)을 한 다

음 시뮬레이션을 실행하여 복조기 출력을 그려 본다. 그림 (c)는 변조된 신호 파형이고, 그림 (d)는 복조기 출력 신호의 파형이다.

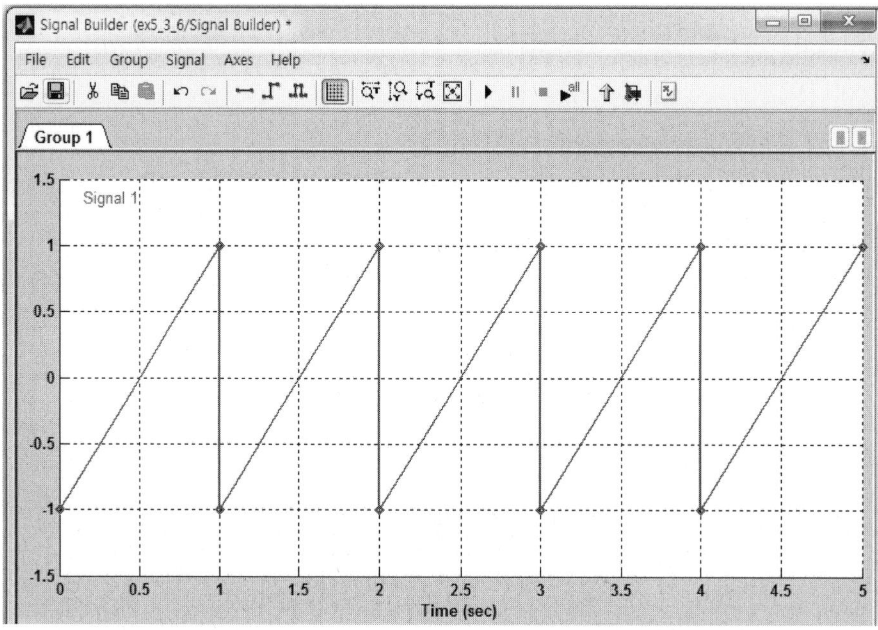

(a) Signal Builder에서 메시지 신호의 설계

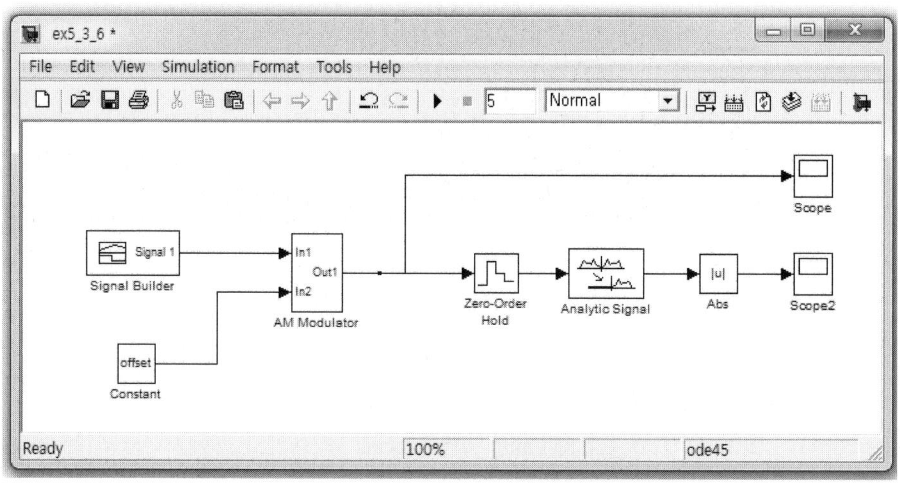

(b) 송수신기 블록 다이어그램(ex5_3_6.mdl)

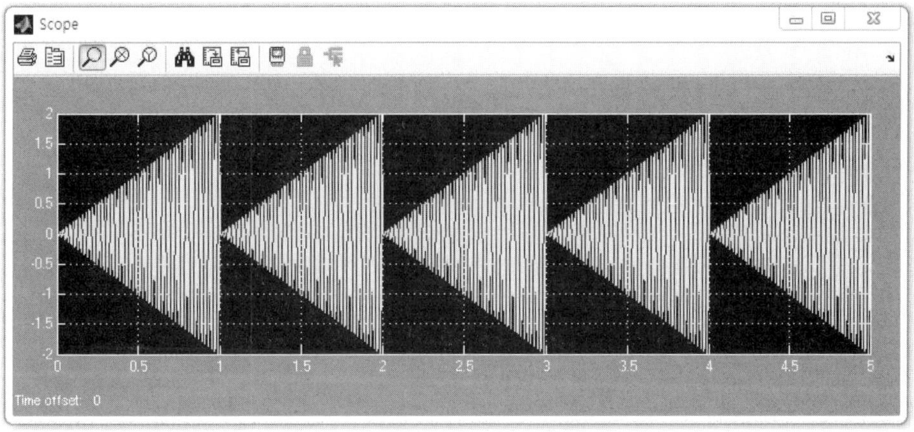

(c) DSB-TC 변조된 파형

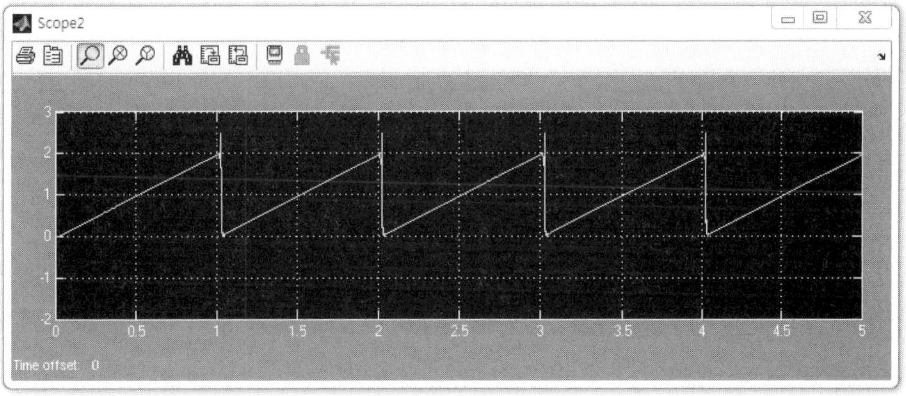

(d) 복조된 신호 파형

[그림 5.13] AM 신호의 비동기식 복조

과제

예제 5.6에서 변조지수를 1.0, 1.5로 변화시켜 가면서 위의 실습과 동일한 과정을 반복하라.

5.4 주파수 변조

변조된 반송파는 $s_m(t) = A(t)\cos\theta(t) = A(t)\cos(2\pi f_c t + \phi(t))$ 와 같이 표현되는데, 진폭 변조는 메시지 신호에 의해 $A(t)$를 변화시키는 변조 방식이고, 각 변조는 메시지 신호에 의해 $\theta(t)$를 변화시키는 변조 방식이다. 각 변조는 다시 주파수 변조(FM)와 위상 변조(PM)로 나뉘어지는데, 주파수 변조는 메시지 신호에 따라 반송파의 순시 주파수를 변화시키는 변조방식이고, 위상 변조는 메시지에 따라 반송파의 위상을 변화시키는 변조방식이다.

5.4.1 순시 주파수와 각 변조

복소 평면에서 크기는 일정하고 각이 시간에 따라 변화하는 신호는 $Ae^{j\theta(t)}$와 같이 표현할 수 있다. 만일 등속도로 회전한다면 각은 시간에 비례하여 $\theta(t) = \omega_0 t + \phi_0$와 같이 쓸 수 있으며, 주기 신호가 되어 주기는 $2\pi/\omega$이고 주파수는 $f_0 = \omega_0/2\pi$이다. 즉 주파수는 각의 시간 변화율($1/2\pi$로 스케일링은 하고)이 된다. 만일 등속도로 회전하지 않는다면 각은 시간에 비례하지 않아서 위상이 상수가 아니므로 $\theta(t) = \omega_0 t + \phi(t)$와 같은 형태로 쓸 수 있다. 이 경우 주기 신호는 아니지만 순시 주파수(instantaneous frequency)를 각의 시간 변화율로서 정의한다. 즉 순시 주파수와 각의 관계는 다음과 같다.

$$f_i(t) = \frac{1}{2\pi}\frac{d\theta(t)}{dt} \text{ [Hz] 또는 } \omega_i(t) = \frac{d\theta(t)}{dt} \text{ [rad/sec]}$$
$$\theta(t) = \int_{-\infty}^{t} 2\pi f_i(\tau)d\tau = \int_{0}^{t} 2\pi f_i(\tau)d\tau + \phi_0 \tag{5.33}$$

각 변조는 정보 신호 $m(t)$에 의하여 반송파의 각을 변화시키는 변조 방식으로 각 변조에는 두 가지 방식이 있다. 한 가지는 $m(t)$가 $\theta(t)$를 선형적으로 변화시키는 방식이다. $\phi_0 = 0$을 가정하면

$$\theta(t) = 2\pi f_c t + D_p m(t) = 2\pi(f_c t + k_p m(t)) \tag{5.34}$$

와 같이 표현할 수 있다. 여기서 D_p는 비례상수이고 f_c는 반송파 주파수이다. 이와 같은 변조 방식을 위상 변조(Phase Modulation: PM)라 한다. 따라서 PM 변조된 신호는

$$s_{\mathrm{PM}}(t) = A\cos\theta(t) = A\cos[2\pi(f_c t + k_p m(t))] \tag{5.35}$$

와 같이 표현할 수 있으며, 순시 주파수는 다음과 같다.

$$f_i(t) = \frac{1}{2\pi}\frac{d\theta(t)}{dt} = f_c + k_p\frac{dm(t)}{dt} \tag{5.36}$$

따라서 PM 변조된 신호의 순시 주파수는 정보 신호의 미분값에 따라 선형적으로 변화한다.

각 변조의 다른 방식은 순시 주파수를 메시지 신호에 따라 선형적으로 변화시키는

FM 변조에서 정보 신호의 크기에 따라 순시 주파수가 반송 주파수로부터 벗어나는 정도를 **주파수 편이**(frequency deviation)라 한다. 식 (5.37)로부터 주파수 편이는

$$f_d(t) \triangleq f_i(t) - f_c = k_f m(t) \tag{5.41}$$

와 같이 표현된다. 최대 주파수 편이 Δf 는

$$\Delta f = \max|f_d(t)| = k_f \max|m(t)| \tag{5.42}$$

와 같다. 최대 주파수 편이를 정보 신호 $m(t)$ 의 대역폭 B 로 정규화한 값, 즉

$$\beta = \frac{\Delta f}{B} \tag{5.43}$$

를 FM 변조지수로 정의한다.

FM 변조된 신호의 순시 주파수가 가질 수 있는 범위는 정보 신호의 크기와 주파수 민감도 k_f에 의해 결정된다. 주파수 민감도 k_f를 작게 하면 순시 주파수의 범위가 작아지며, 그 결과 FM 신호의 대역폭도 작아진다. 이렇게 작은 값의 k_f를 사용한 변조 방식을 협대역 FM이라 하고, 큰 값의 k_f를 사용한 변조 방식을 광대역 FM이라 한다. 그러나 아무리 k_f를 작게 선택하더라도 FM 신호의 대역폭을 진폭 변조의 대역폭보다 작게 할 수는 없다.

5.4.2 FM 신호의 복조

FM 신호에서 정보는 순시 주파수 $f_i(t) = f_c + k_f m(t)$에 담겨 있다. FM 변조기는 입력의 전압 크기에 비례하여 출력의 주파수가 변하는 전압-주파수 변환기라 할 수 있다. 복조기는 역으로 입력 신호의 주파수에 비례하여 출력의 전압이 변하는 주파수-전압 변환기가 된다. 따라서 그림 5.15와 같이 FM 신호의 주파수 대역에서 선형 주파수 응답을 가진 전달함수를 가진 회로를 구성하면 입력의 순시 주파수에 비례하는 출력을 얻게 할 수 있다.

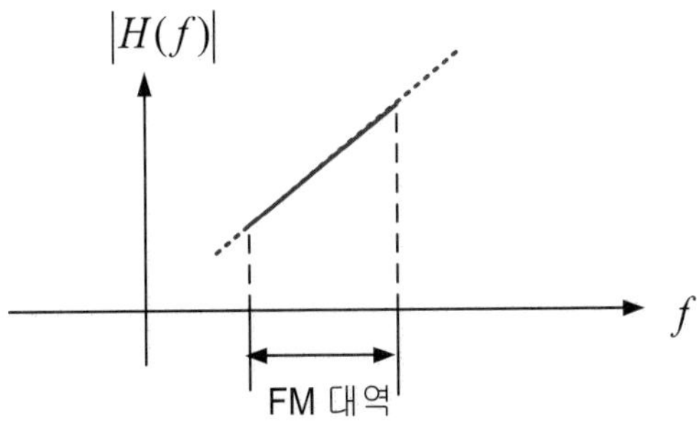

[그림 5.15] FM 복조기의 주파수 응답

주파수 변별기

출력 전압을 입력 신호의 주파수에 비례하게 하는 가장 기본적인 회로가 미분기이다. 미분기의 전달 함수는

$$H(f) = j2\pi f = 2\pi|f|\angle 90^\circ \tag{5.44}$$

가 되어 주파수 성분 $\cos(2\pi f_c t)$은 $2\pi f_c \cos(2\pi f_c t + 90^\circ)$가 되어 주파수가 큰 성분일수록 진폭이 커져서 출력된다. 그림 5.16(a)에 미분기의 주파수 응답을 보인다. 미분기에 FM 신호가 입력되면 출력은 다음과 같이 된다.

$$\begin{aligned}\frac{ds_{\mathrm{FM}}(t)}{dt} &= \frac{d}{dt}\left[A\cos\left\{2\pi\left(f_c t + k_f\int_0^t m(\tau)d\tau\right)\right\}\right]\\ &= -2\pi A\left(f_c + k_f m(t)\right)\sin\left[2\pi(f_c t + k_f\int_0^t m(\tau)d\tau)\right]\end{aligned} \tag{5.45}$$

따라서 미분기 출력 신호의 모양은 AM 신호 모양과 유사하여 AM 신호의 복조에서와 같이 포락선 검파기를 통하여 메시지 신호를 복구할 수 있다. AM 신호와의 차이점은 FM 신호를 미분한 신호는 진폭 변조와 주파수 변조가 동시에 일어난 형태가 된다는 것이다. 그림 5.16(b)에 FM 신호의 입력에 대한 미분기의 출력 파형을 보이며, 그림 5.16(c)에 미분기를 이용한 FM 복조기의 구조를 보인다.

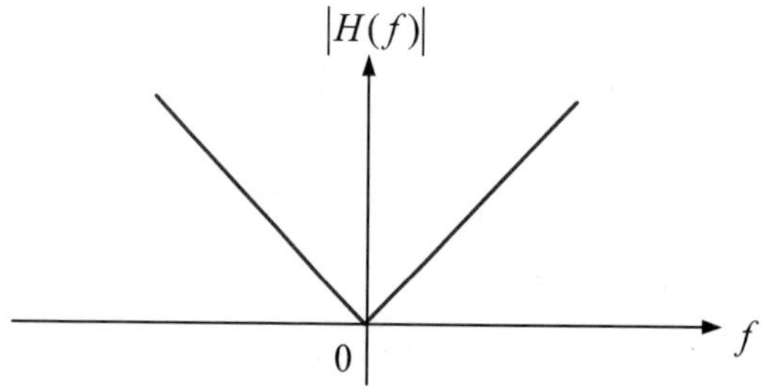

(a) 미분기의 주파수 응답

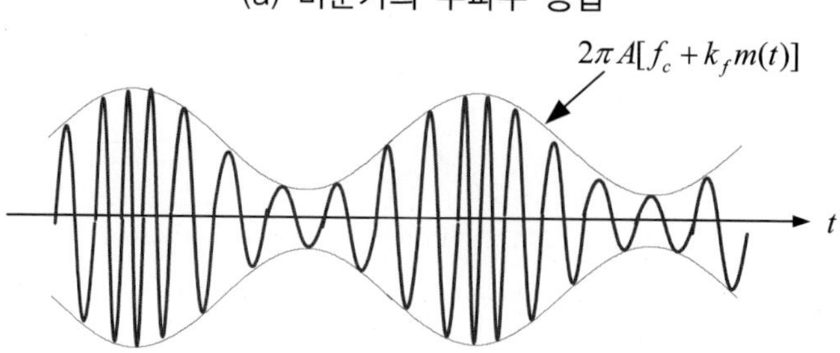

(b) FM 신호의 입력에 대한 미분기의 출력 파형

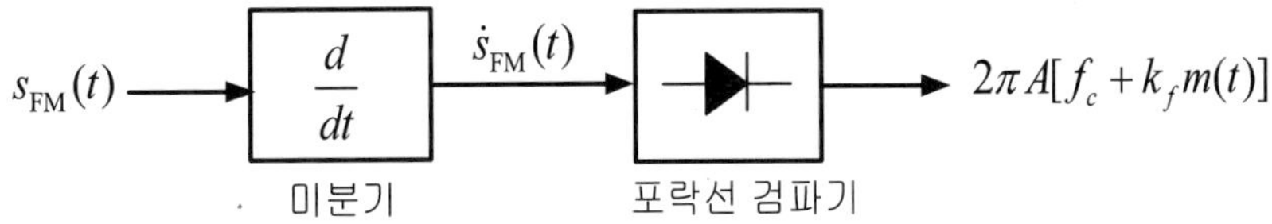

(c) 미분기를 이용한 FM 복조기의 구조

[그림 5.16] 미분기와 FM 신호의 복조

5.5 SIMULINK를 이용한 FM 변복조 시뮬레이션

5.5.1 FM 변조

예제 5.7 [VCO를 이용한 FM 변조]

Signal Generator 블록을 사용하여 진폭이 1이고 주기가 5 초인 톱니파를 발생시킨 다음 VCO를 사용하여 FM 변조를 하라. 주파수 민감도는 $k_f = 8$ volt/Hz로 하고, 반송파 주파수는 10 Hz를 사용하라.[1)]

풀이

Communications Blockset에 있는 'Synchronization' 라이브러리에 있는 'Continuous-Time VCO' 블록을 이용해 보자. 그림 5.17(a)와 같이 블록 다이어그램을 구성한다(ex5_5_1.mdl 참고).

1) Signal Generation 블록에서 파라미터를 "Waveform = sawtooth, Amplitude = 1, Frequency = 0.2"와 같이 설정한다.
2) 입력이 $m(t)$인 경우 VCO 블록은 다음과 같은 출력을 발생시킨다.

$$s_{FM}(t) = A\cos[2\pi(f_c t + k_f \int_0^t m(\tau)d\tau) + \phi_0] \tag{5.46}$$

여기서 f_c는 'Quiescent frequency'이며(즉 입력이 0일 때의 출력 주파수이며) k_f는 'Input sensitivity(Hz/V)'로 주파수 민감도이고, ϕ_0는 초기 위상이다. VCO 블록의 파라미터를 "Output amplitude = 1, Quiescent frequency = 10, Input sensitivity = 8, Initial phase = 0"으로 설정한다.

---

1) 변조된 파형을 육안으로 잘 볼 수 있게 하기 위하여 실제와 달리 매우 낮은 반송파 주파수를 예제에서 사용하였다.

3) Scope 블록의 파라미터를 "Number of axes = 2"로 설정하여 입력 포트가 두 개가 되도록 한다. 한 입력 포트는 Signal Generator 출력을 연결하고 다른 입력 포트는 VCO 출력을 연결한다.
4) Simulation 시간을 0~10 초로 설정하고 시뮬레이션을 실행하여 그림 (b)와 같은 결과가 얻어지는지 확인한다. 파형이 잘 안보이면 화면 크기를 좌우로 늘리거나 zoom 기능을 사용하여 확대해서 관찰한다.

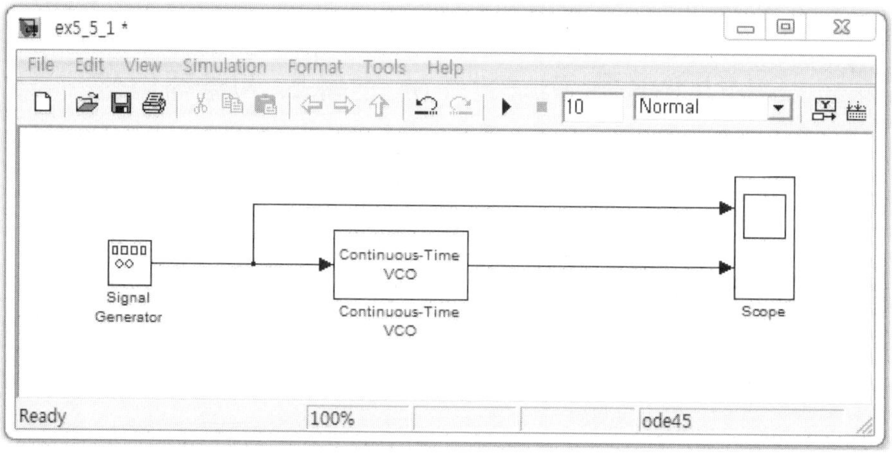

(a) FM 변조기 블록 다이어그램(ex5_5_1.mdl)

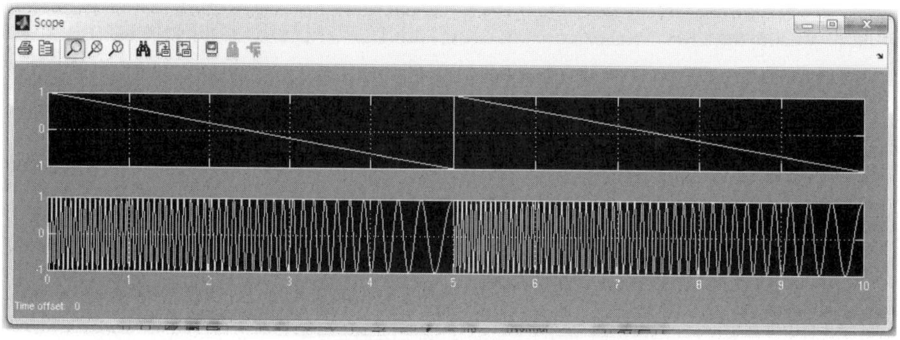

(b) 메시지 신호와 변조된 신호의 파형

[그림 5.17] FM 변조

5.5.2 FM 복조

예제 5.8 [미분기와 포락선 검출기를 이용한 FM 신호의 복조]

예제 5.7에서 발생시킨 FM 신호를 미분기와 포락선 검출기를 이용하여 복조하고, 메시지 신호와 복조된 신호의 파형을 그려 보라.

풀이

1) FM 신호를 미분기 블록에 입력되도록 한다. 미분기는 SIMULINK의 'Continuous' 라이브러리에 있는 'Derivative' 블록을 사용하면 된다.
2) 포락선 검출을 위해서는 Analytic signal을 얻은 후 절대값을 취하면 된다. Signal Processing Blockset의 'Transforms' 라이브러리에 있는 'Analytic Signal' 블록과 SIMULINK의 'Math Operations' 라이브러리에 있는 'Abs' 블록을 사용하면 된다. 그런데 'Analytic Signal' 블록은 입력이 이산시간 신호이어야 하므로 입력 신호를 먼저 샘플링해야 한다. 이를 위해 'Zero-Order Hold' 블록을 사용한다. 'Zero-Order Hold' 블록의 파라미터로 "Sample time = 1/500"으로 설정한다. FM 변복조 과정의 블록 다이어그램은 그림 5.18(a)와 같다.
3) Simulation 시간을 0~10 초로 설정하고 시뮬레이션을 실행하여 그림 (b)와 같은 결과가 얻어지는지 확인한다.

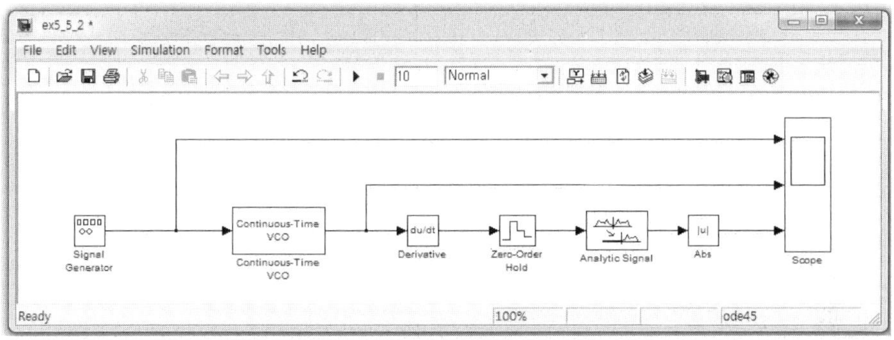

(a) FM 변복조기 블록 다이어그램(ex5_5_2.mdl)

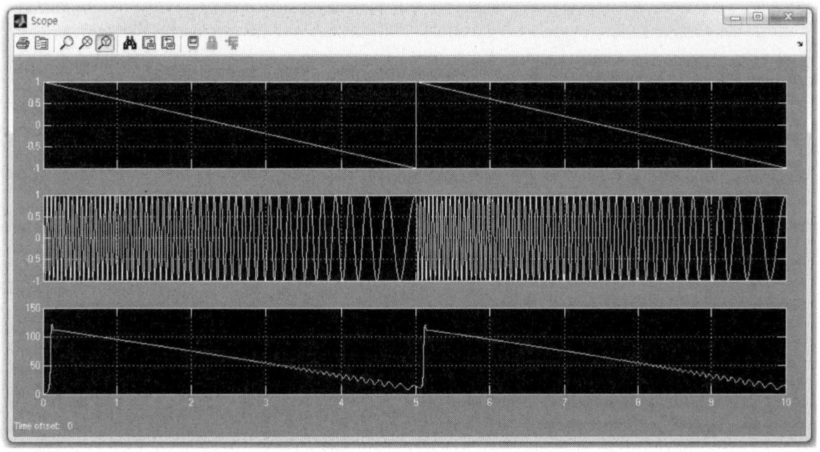

(b) 메시지 신호, 변조된 신호 및 복조된 신호의 파형

[그림 5.18] FM 복조

5.6 연습문제

5.1 [DSB-TC 진폭 변조]

메시지 신호가 다음 수식과 같은 지수 함수라 하자. 이 신호를 DSB-TC 진폭 변조를 하여 신호 파형과 스펙트럼을 그려 보라. 변조지수는 $\mu = 0.5$로 하고, 반송파 주파수는 $f_c = 50\text{Hz}$를 사용하라. 시뮬레이션 시구간은 (0, 2) 초로 하고, 신호를 1/512 초 주기로 샘플링한 다음 1024 point FFT를 사용하여 스펙트럼 연산을 하도록 모델을 구성하라.

$$x(t) = e^{-2t}, \quad 0 \le t \le 2$$

5.2 [DSB-TC 진폭 변조]

Signal Builder를 사용하여 다음의 신호를 발생시켜라.

$$x(t) = \begin{cases} t & 0 \le t < 1 \\ t-2 & 1 \le t < 2 \\ 0 & 2 \le t < 4 \end{cases}$$

이 신호를 메시지 신호로 가정하고 DSB-TC 진폭 변조를 하여 신호 파형과 스펙트럼을 그려 보라. 변조지수는 $\mu = 0.5$로 하고, 반송파 주파수는 $f_c = 50\text{Hz}$를 사용하라. 신호 구간 (0, 4) 초가 1024개 신호 샘플이 되도록(즉 샘플링 주기가 4/1024) 샘플링한 다음 1024 point FFT를 사용하여 스펙트럼 연산을 하도록 모델을 구성하라.

5.3 [DSB-SC 신호의 동기식 복조]

문제 5.2의 메시지 신호를 DSB-SC 변조하고 동기식 검파를 사용하여 신호를 복조하라. 반송파 주파수는 $f_c = 50\text{Hz}$를 사용하고, 수신기에서 반송파 복구에 대한 다음 가정에 대해 시뮬레이션을 실행하여 복조된 신호의 파형을 그려 보라. (c)와 같이 위상 오차가 π보다 큰 경우 복조된 신호 파형은 극성이 반대로 되는 것을 관찰하라.

(a) 위상 오차가 없는 경우
(b) $\pi/3$의 위상 오차가 있는 경우
(c) $4\pi/3$의 위상 오차가 있는 경우

5.4 [DSB-TC 신호의 비동기식 복조]

문제 5.2의 메시지 신호를 DSB-TC 변조하고 비동기식 검파를 사용하여 신호를 복조하라. 변조 지수를 다음과 같이 변화시키면서 시뮬레이션을 실행하여 복조된 신호의 파형을 그려 보라. 모든 경우에 대해 복조가 옳게 되는가?

(a) 변조지수 $\mu = 1.5$ 의 경우
(b) 변조지수 $\mu = 1.0$ 의 경우
(c) 변조지수 $\mu = 0.5$ 의 경우

5.5 [FM 변조]

Signal Builder를 사용하여 다음의 메시지 신호를 발생시켜라.

$$x(t) = \begin{cases} 2t & 0 \le t < 1 \\ 4-2t & 1 \le t < 2 \\ 2t-6 & 2 \le t < 3 \\ 0 & 3 \le t < 4 \end{cases}$$

이 신호를 FM 변조하고 메시지 신호 및 변조된 신호의 파형과 스펙트럼을 그려 보라. 주파수 민감도는 $k_f = 10\,\text{volt/Hz}$로 하고, 반송파 주파수는 20 Hz를 사용하라.

5.6 [FM 신호의 복조]

문제 5.5에서 발생시킨 FM 신호를 미분기와 포락선 검출기를 이용하여 복조하라. 메시지 신호, 변조된 신호, 미분기 출력 및 복조된 신호의 파형을 그려 보라.

Chapter 06

표본화와 양자화

Chapter

06 표본화와 양자화

6.1 표본화

표본화 이론은 어떤 조건 하에서 아날로그 신호를 일정한 주기로 표본화하여도 원래의 신호가 가지고 있는 정보에 손실이 일어나지 않게 할 수 있다는 것이다. 다시 말해서 이산 시간의 표본값들을 가지고 모든 시구간에서 원래의 아날로그 신호를 복원시키는 것이 가능하다는 것이다. 여기서 필요한 조건으로는 원래의 아날로그 신호에 대한 것과 표본화 과정에 대한 것이 있다. 신호에 대한 조건은 대역폭이 한정되어 있다는 것이고, 표본화 과정에 대한 조건은 표본화 속도를 신호가 가진 최고 주파수 성분의 2배 이상으로 해야 한다는 것이다.

6.1.1 이상적인 표본화(Ideal Sampling)

어떤 신호 $x(t)$가 최대 주파수 B Hz로 대역제한 되었다고 가정하자. 이 신호를 일정한 시간 간격 $T_s \le 2B$ sec로 (또는 표본화 속도를 $f_s \ge 2B$ samples/sec로) 주기적으로 표본화하면 그 표본 값들로부터 원래 신호 $x(t)$를 왜곡 없이 복원시킬 수 있다. 여기서 시간 T_s를 표본화 주기라 하며 $f_s = 1/T_s$를 표본화 주파수라 한다. 왜곡 없는 표본화를 위한 최저 표본화 주파수, 즉 신호가 가진 최대 주파수 성분의 두 배 주파수를 나이퀴스트율(Nyquist rate)이라 한다. 만일 나이퀴스트율보다 낮은 주파수로 표본화를 하면 주파수 상에서 에일리어싱(aliasing) 현상이 발생하여 신호를 복구할 때 왜곡이 생긴다.

표본화된 신호 $x_s(t)$를 표현하는 방법으로 $t = nT_s$에서의 신호 값 $x(nT_s)$를 가중치로 갖는 임펄스열로 표현할 수 있다. 즉

$$x_s(t) = \sum_{n=-\infty}^{\infty} x(nT_s)\delta(t - nT_s) \tag{6.1}$$

와 같이 표현할 수 있다. 주기가 T_s인 임펄스열을

$$\tilde{\delta}_{T_s}(t) \triangleq \sum_{n=-\infty}^{\infty} \delta(t - nT_s) \tag{6.2}$$

라고 표기하면, 표본화된 신호는 주어진 신호 $x(t)$와 임펄스열 함수 $\tilde{\delta}_{T_s}(t)$를 곱하여 얻을 수 있다. 즉,

$$x_s(t) = x(t) \cdot \tilde{\delta}_{T_s}(t) = \sum_{n=-\infty}^{\infty} x(nT_s)\delta(t - nT_s) \tag{6.3}$$

와 같이 된다. 표본화 과정은 그림 6.1과 같이 주어진 신호 $x(t)$에 임펄스열 신호를 곱하는 과정으로 이해할 수 있다. 그러나 임펄스열 신호를 실제로 구현하는 것은 불가능하므로 이와 같은 이상적인 표본화는 실현이 불가능하고, 이론적인 토대를 마련해 준다는 의미에서 매우 중요하다. 실제로는 임펄스열 대신 구형 펄스열과 같은 신호를 사용하여 표본화한다.

푸리에 변환의 곱셈/컨볼루션 성질에 의해 식 (6.3)의 푸리에 변환은 다음과 같이 표현된다.

$$\mathcal{F}[x_s(t)] = \mathcal{F}[x(t) \cdot \sum_{n=-\infty}^{\infty} \delta(t - nT_s)] = \mathcal{F}[x(t)] * \mathcal{F}[\sum_{n=-\infty}^{\infty} \delta(t - nT_s)] \tag{6.4}$$

여기서 임펄스 열의 푸리에 변환은

$$\mathcal{F}[\sum_{n=-\infty}^{\infty} \delta(t - nT_s)] = f_s \sum_{n=-\infty}^{\infty} \delta(f - nf_s), \ \left(f_s = \frac{1}{T_s}\right) \tag{6.5}$$

이므로 식 (6.4)는 다음과 같이 된다.

$$\mathcal{F}[x_s(t)] = X(f) * f_s \sum_{n=-\infty}^{\infty} \delta(f - nf_s) = \frac{1}{T_s} \sum_{n=-\infty}^{\infty} X(f - nf_s) \tag{6.6}$$

그러므로 신호 $x(t)$를 시간 T_s마다 표본화한 신호 $x_s(t)$의 푸리에 변환은 $X(f)$가 주파수상에서 주기 $f_s = 1/T_s$마다 반복되는 주기 함수가 된다는 것을 알 수 있다. 이상으로부터 다음의 푸리에 변환쌍이 성립되는 것을 알 수 있으며, 이를 그림 6.1에 보인다.

$$x(t) \xrightarrow[T_s]{\text{sample}} x_s(t) \xleftrightarrow{\mathcal{F}} \frac{1}{T_s}\tilde{X}_{f_s}(f) = \frac{1}{T_s} \sum_{n=-\infty}^{\infty} X(f - nf_s) \tag{6.7}$$

그림 6.1에서 각 스펙트럼이 겹치지 않으면 표본화된 신호로부터 차단 주파수가 $f_s/2$인 저역통과 필터를 통과시킴으로써 원래 신호를 재생시킬 수 있다는 것을 알 수 있다. 스펙트럼이 겹치지 않을 조건은

$$f_s > 2B \tag{6.8}$$

가 되도록, 즉 신호의 최대 주파수의 2배보다 크게 표본화 주파수를 결정하는 것이다. 이 조건을 바꾸어 말하면 표본화 간격을

$$T_s < \frac{1}{2B} \tag{6.9}$$

가 되도록 하는 것이다. 표본화한 신호 $x_s(t)$로부터 $x(t)$를 다시 복원할 수 있는 최저 표본화 주파수 $f_s = 2B$를 나이퀴스트율이라 한다.

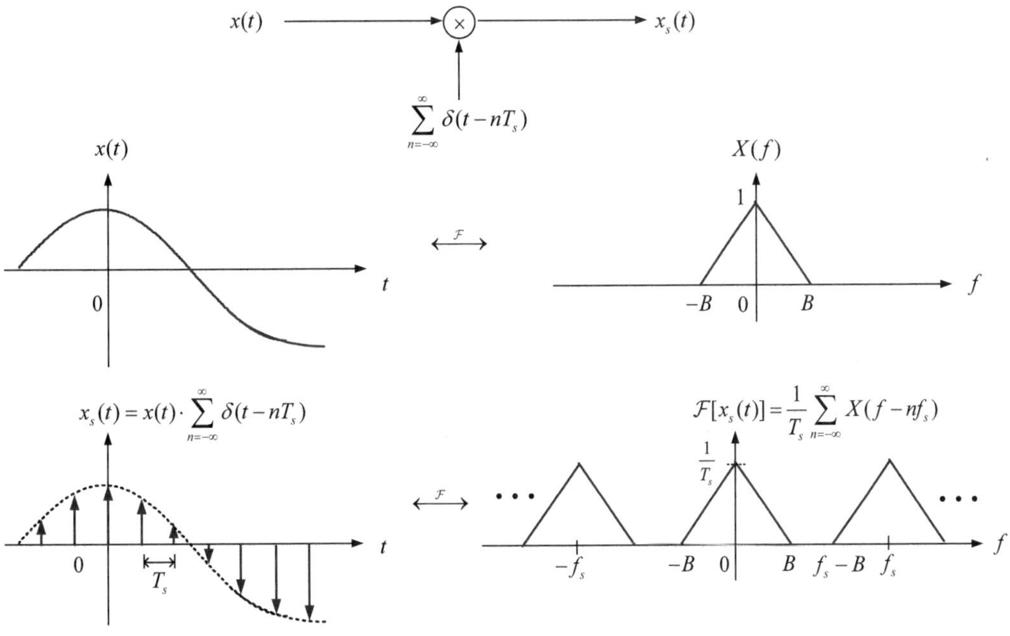

[그림 6.1] 이상적인 임펄스 표본화

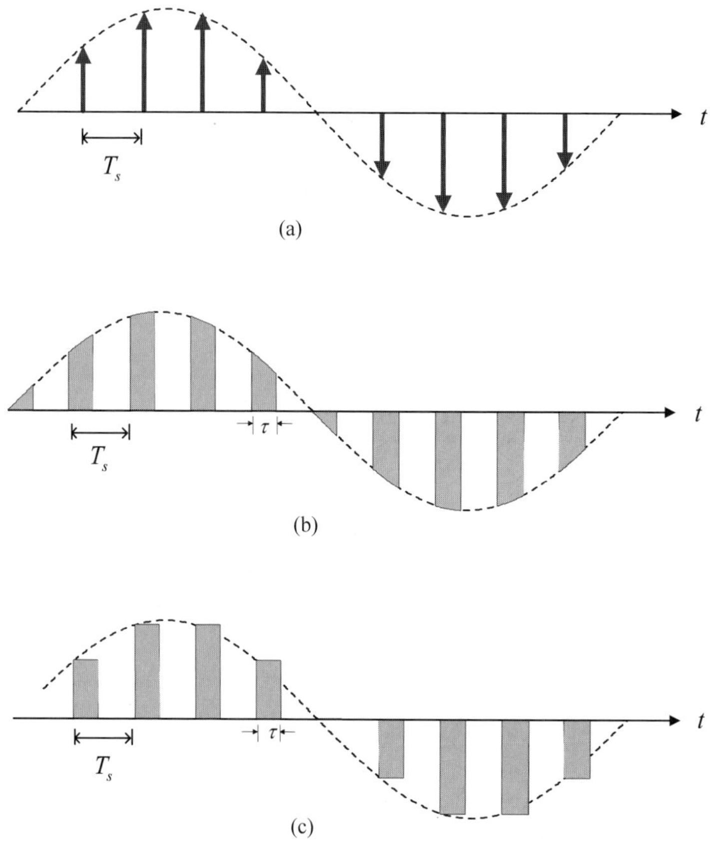

(a) 이상적인 임펄스 표본화 (b) 자연 표본화 (c) 평탄 표본화

[그림 6.2] 실제적 표본화

6.1.2 실제적 표본화

앞서 설명한 임펄스 표본화의 구현상 가장 큰 문제점은 임펄스열 신호를 구현할 수 없다는 것이다. 실제의 표본화 과정에서는 임펄스열 대신 유한한 펄스폭을 가진 구형 펄스열을 사용한다. 실제적 표본화는 두 가지 방식이 있는데, 한 가지는 그림 6.2(b)와 같이 펄스의 폭은 일정하지만 펄스 구간 동안에 펄스의 진폭이 일정하지 않고 아날로그 신호의 파형을 따라 변하도록 하는 방식으로 자연 표본화(natural sampling)라 한다. 다른 방식은 그림 6.2(c)와 같이 펄스의 진폭이 표본화 순간의 아날로그 신호의 값으로 펄스 구간 동안 일정하게 유지되도록 하는 방식으로 평탄 표본화(flat-top sampling)라 한다.

자연 표본화된 신호 $x_{ns}(t)$는 다음과 같이 표현할 수 있다.

$$x_{ns}(t) = x(t) \cdot \tilde{p}_{T_s}(t) \tag{6.10}$$

여기서 $\tilde{p}_{T_s}(t)$는 크기가 1이고 펄스폭이 τ이며 주기가 T_s인 구형 펄스열이다. 즉

$$\tilde{p}_{T_s}(t) = \sum_{n=-\infty}^{\infty} \Pi\left(\frac{t - nT_s}{\tau}\right) \tag{6.11}$$

이다. 자연 표본화된 신호는 그림 6.3(a)와 같이 구형 펄스열을 곱하여 발생시킬 수 있는데, 구형펄스열을 곱하는 것은 게이트(gate) 회로를 이용한 스위치로써 구현할 수 있다. 스위치는 표본화 펄스열 $\tilde{p}_{T_s}(t)$에 동기되어 주기적으로 닫히며, 스위치가 닫히는 구간 τ 동안 입력 신호 $x(t)$의 파형이 그대로 출력되며 스위치가 열린 동안에는 출력이 0이 된다. 따라서 출력 신호의 파형은 그림 6.2(b)와 같이 된다.

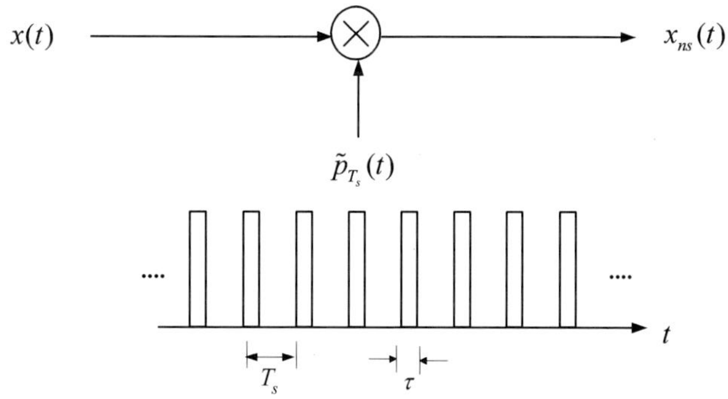

(a) 신호 발생 모델

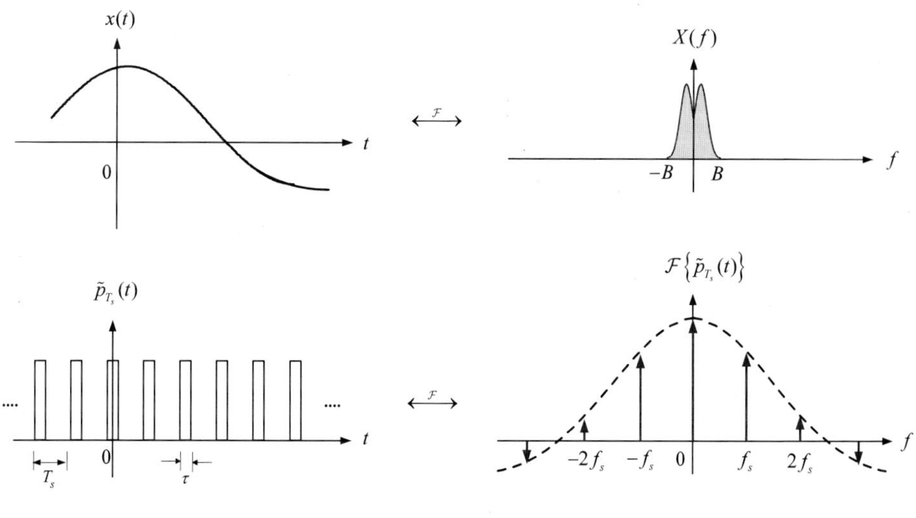

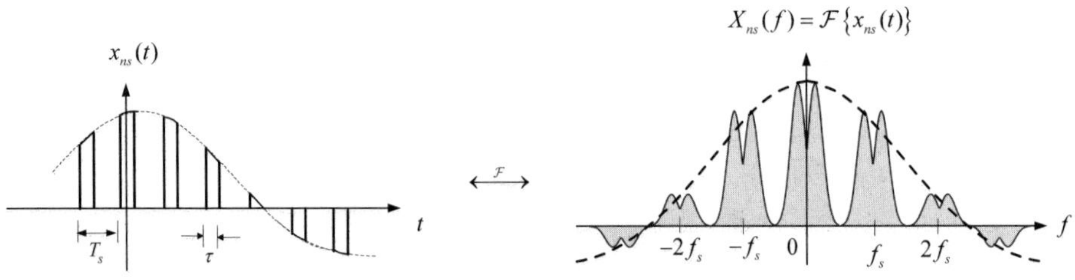

(b) 표본화기 출력파형과 스펙트럼

[그림 6.3] 자연 표본화

구형 펄스열에서 원점에 위치한 한 주기의 구형 펄스를 $p(t)$라 하고 이 신호의 푸리에 변환을 $P(f)$라 하면

$$p(t) = \Pi\left(\frac{t}{\tau}\right)$$
$$P(f) = \tau\,\mathrm{sinc}(f\tau) \tag{6.12}$$

와 같이 된다. 그러면 표본화 펄스열 $\tilde{p}_{T_s}(t)$는

$$\tilde{p}_{T_s}(t) = p(t) * \sum_{n=-\infty}^{\infty} \delta(t - nT_s) \tag{6.13}$$

와 같이 표현할 수 있으며, 푸리에 변환은

$$\begin{aligned}\mathbf{F}[\tilde{p}_{T_s}(t)] &= \mathbf{F}[p(t)]\cdot\mathbf{F}\left[\sum_{n=-\infty}^{\infty}\delta\big(t-nT_s\big)\right] = P(f)\cdot f_s\sum_{n=-\infty}^{\infty}\delta(f-nf_s)\\ &= \sum_{n=-\infty}^{\infty} f_s P(nf_s)\,\delta(f-nf_s)\end{aligned} \tag{6.14}$$

와 같이 된다. 식 (6.12)를 대입하여 다음을 얻는다.

$$\mathbf{F}[\tilde{p}_{T_s}(t)] = \sum_{n=-\infty}^{\infty} c_n\,\delta(f - nf_s) \tag{6.15}$$

여기서

$$c_n = f_s\tau\,\mathrm{sinc}(nf_s\tau) \tag{6.16}$$

이다. 이와 같이 구형 펄스열의 푸리에 변환은 주파수 영역에서 임펄스열이 된다. 이상적인 임펄스 표본화와 다른 점을 살펴 보자. 이상적인 표본화에서 사용한 시간 영역 임펄스열의 푸리에 변환은 일정한 크기(f_s)를 가진 주파수상 임펄스열이다. 그러나 자연 표본화에서 사용한 구형 펄스열의 푸리에 변환은 주파수상에서 크기가 일정하지 않은 (c_n) 임펄스열이다.

식 (6.10)과 식 (6.15)로부터 자연 표본화된 신호의 푸리에 변환은 다음과 같이 된다.

$$\begin{aligned} X_{ns}(f) &= \mathbf{F}[x(t)\cdot \tilde{p}_{T_s}(t)] \ = \mathbf{F}[x(t)] * \mathbf{F}[\tilde{p}_{T_s}(t)] \\ &= X(f) * \sum_{n=-\infty}^{\infty} c_n\, \delta(f - nf_s) \ = \sum_{n=-\infty}^{\infty} c_n\, X(f - nf_s) \end{aligned} \tag{6.17}$$

이 관계를 그림 6.3(b)에 보인다. 자연 표본화된 신호의 스펙트럼을 보면 원래의 아날로그 신호의 스펙트럼 모양이 주기적으로 반복되는 것을 알 수 있다. 이것은 이상적인 임펄스 표본화와 유사하다. 차이점은 임펄스 표본화에서는 $X(f)$가 동일한 이득 f_s 만큼 곱해져서 반복되는데 비해 자연 표본화에서는 $X(f)$가 다른 이득 c_n 만큼 곱해져서 반복된다는 것이다. 그러나 표본화 정리가 계속 유효하여 표본화 주파수를 $f_s > 2B$가 되도록 선택하면 스펙트럼 중첩이 발생하지 않으며, 저역통과 필터를 사용하면 표본화된 신호로부터 원래의 아날로그 신호를 복원할 수 있다.

이번에는 펄스 진폭이 펄스 구간 동안 일정하게 유지되도록 하는 평탄 표본화(flat-top sampling)에 대해 알아 보자. 이 평탄 표본화는 'sample and hold' 회로를 사용하여 구현할 수 있다. 수식상 간단화를 위하여 펄스의 진폭은 펄스 구간의 중앙에서의 신호 값으로 보자[1]. 그러면 평탄 표본화된 신호는 다음과 같이 표현된다.

$$x_{ft}(t) = \sum_{n=-\infty}^{\infty} x(nT_s)p(t - nT_s) \tag{6.18}$$

여기서 $p(t)$는 식 (6.12)와 같이 정의된 펄스폭 τ의 구형 펄스이다. 한편 이상적인 임펄스 표본화가

$$x_s(t) = x(t)\cdot \tilde{\delta}_{T_s}(t) = \sum_{n=-\infty}^{\infty} x(nT_s)\delta(t - nT_s) \tag{6.19}$$

1) 이 경우 비인과 시스템이지만 신호 해석 상 문제가 되지 않는다(진폭 스펙트럼은 동일하다).

와 같이 표현되므로, 평탄 표본화된 신호는 그림 6.4(a)와 같이 임펄스 표본화된 신호를 임펄스 응답이 $p(t)$인 시스템을 통과시킨 출력으로 모델링할 수 있다. 즉,

$$\begin{aligned} x_s(t) * p(t) &= \sum_{n=-\infty}^{\infty} x(nT_s)[\delta(t-nT_s) * p(t)] \\ &= \sum_{n=-\infty}^{\infty} x(nT_s)p(t-nT_s) = x_{ft}(t) \end{aligned} \tag{6.20}$$

따라서 평탄 표본화된 신호의 스펙트럼은 임펄스 표본화된 신호의 스펙트럼과 표본화 펄스 $p(t)$의 스펙트럼 $P(f)$를 곱한 것이 된다. 그러므로 스펙트럼의 모양이 원 신호의 스펙트럼 $X(f)$와 달라진다. 그림 6.4(b)에 평탄 표본화된 신호의 스펙트럼 모양을 보인다. 구형 펄스의 폭이 작을수록 스펙트럼의 변형이 작게 일어난다는 것을 예상할 수 있다. 앞서 알아본 자연 표본화와 달리 평탄 표본화에서는 스펙트럼 변형이 일어나므로 신호의 복원 과정에서 $P(f)$의 영향을 보상해줄 필요가 있다.

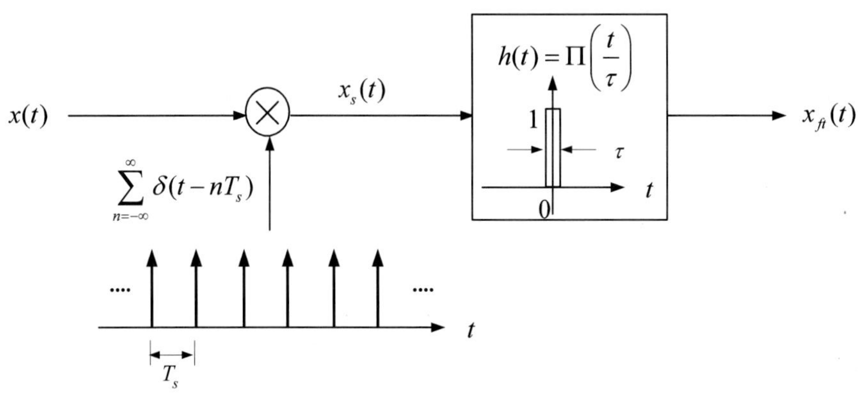

(a)

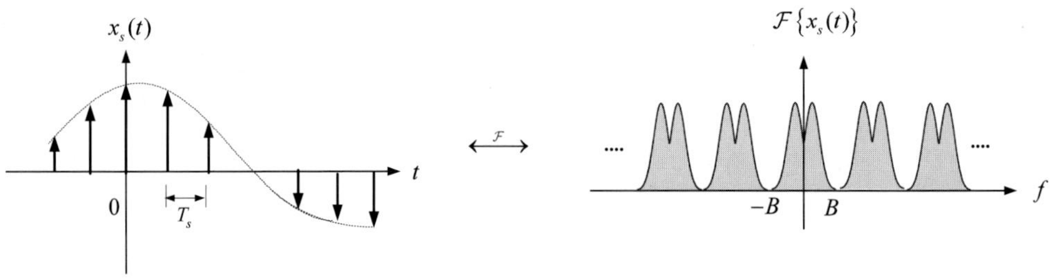

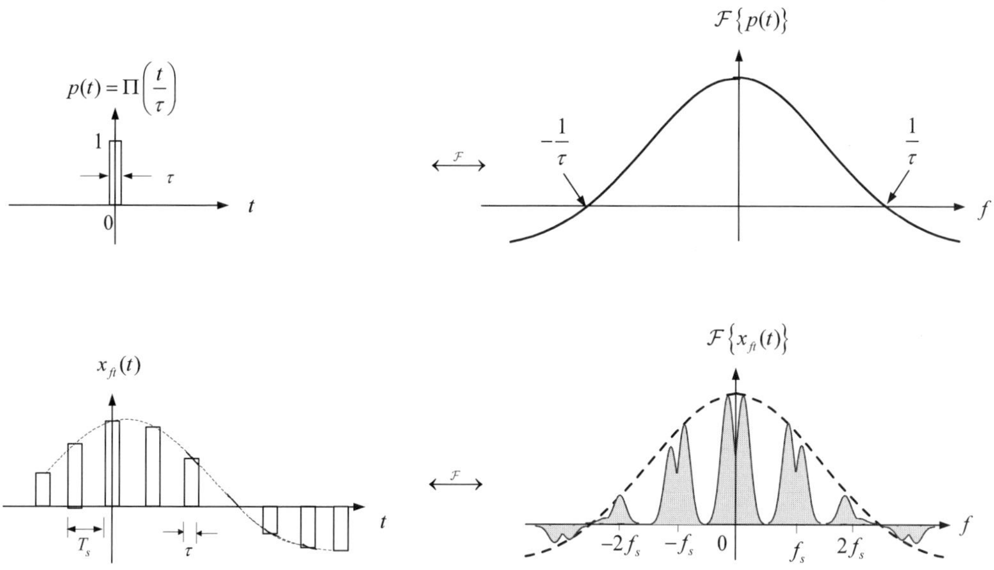

(b)

[그림 6.4] 평탄 표본화

(a) 신호 발생 모델　　(b) 표본화기 출력파형과 스펙트럼

6.2 펄스부호 변조(PCM)

표본화기의 출력 샘플은 연속적인 값을 가질 수 있는데, 신호의 크기를 이산적인 값으로 표현하여 전송하는 방식을 펄스부호 변조(PCM; Pulse Code Modulation)라 한다. 신호샘플의 크기를 이산적인 값으로 표현한다는 것은 유한한 자릿수로써 크기를 나타낸다는 것으로서 양자화(quantization) 과정에 의하여 이 변환이 이루어진다. 아날로그 신호 $x(t)$가 가질 수 있는 값의 범위 $(-x_p,\ x_p)$의 구간을 M 개의 구간으로 분할하면 각 표본의 크기는 M 개 수치 중 하나로 근사화된다. 여기서 각 부분 구간의 크기는 $\Delta \equiv 2x_p/M$이 된다. 그림 6.5에는 아날로그 신호의 크기 범위를 $M=16$ 의 구간으로 나누어 각 부분 구간에 놓여진 표본 값을 부분 구간의 중간값으로 근사화하는 양자화의 예를 보인다. 이와 같은 양자화를 거치면 신호는 M 진(M-ary) 디지털 신호가 된다. 표본을 M 개의 레벨로 양자화하여 T_s마다 M 개 중의 하나의 크기를 가진 펄스를 전송하는 방식을 M-ary PAM 변조라 한다.

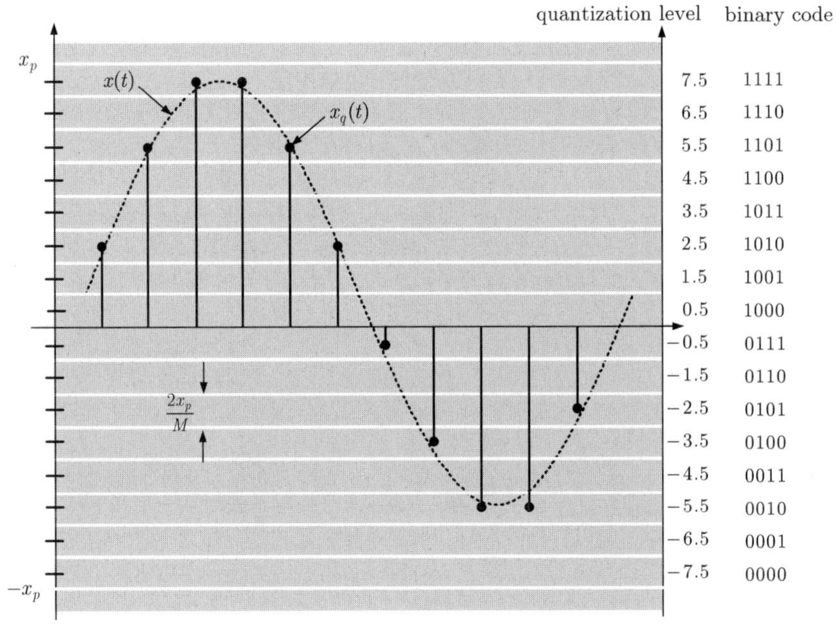

[그림 6.5] 표본화된 신호의 양자화 및 부호화의 예(양자화 준위의 개수 $M = 16$의 경우)

만일 펄스의 크기가 두 종류라면 수신기에서의 판단은 매우 간단하다. 예를 들어 펄스의 크기를 A 또는 0으로 하여 전송한다면 수신단에서는 펄스의 유무만 판단하면 되므로 매우 간단해진다. 양자화된 표본값을 한 자릿수의 M 진수로 표현하는 대신 여러 자릿수의 2진수로 표현하는 것이 가능하다. 이 때 필요한 자릿수(비트 수)는 $\log_2 M$ 이상인 정수가 될 것이다. $M = 16$인 정수는 4 비트의 2진수로 표현이 가능하다. M-ary PAM 변조가 T_s마다 M 진수로 표현된 크기의 펄스 한 개를 전송하는 것에 비해 펄스부호 변조(PCM)는 T_s마다 2진수로 부호화된 여러 개(비트 수 만큼)의 펄스를 전송하는 방식이다. 그림 6.6에 2진 부호와 PCM 신호의 예를 보인다. 이와 같이 PCM에서는 1과 0의 두 개의 수에 해당하는 펄스만 전송하므로 수신기가 간단하고, 전송 잡음에 의한 파형의 왜곡이 정보 왜곡으로 이어지는 정도가 다른 변조 방식에 비해 낮다.

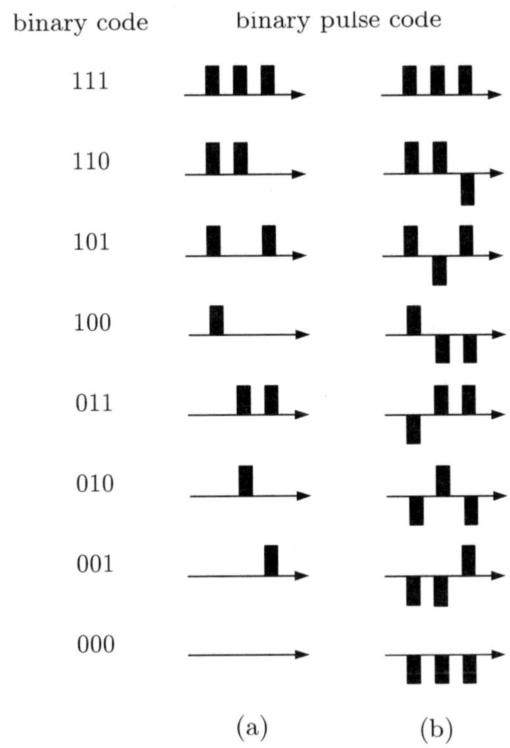

[그림 6.6] 2진 펄스 부호의 예($M = 8$ 의 경우)
(a) 단극성 펄스 (b) 양극성 펄스

6.3 양자화(Quantization)

아날로그 신호를 디지털 신호로 변환하기 위해서는 표본화, 양자화, 부호화 과정을 거쳐야 한다. 표본화기에서 출력된 이산시간 신호는 크기가 연속되는 값을 가진다. 양자화 과정은 신호의 크기를 미리 정한 유한한(M개) 값 중에서 제일 근사한 값으로 대체시키는 과정이다. 양자화기에 입력되는 신호 $x(t)$의 범위가 $(-x_p,\ x_p)$라고 하고 M 개의 균일한 구간으로 분할하여 양자화한다고 하자. 여기서 x_p는 신호의 최대값이어야 할 필요는 없으며, $(-x_p,\ x_p)$의 범위를 벗어나는 신호의 값은 $\pm x_p$로 제한된다. 즉 x_p는 신호의 파라미터가 아니고 양자화기의 상수이다. 진폭 범위를 M 개의 균등한 구간으로 나누면 각 구간의 폭은 $\Delta = 2x_p/M$이 되며, 신호 표본값은 그 표본이 속한 구간의 중간값으로 근사화된다. 진폭 범위를 균일한 구간으로 나누어 양자화하는 방식을 선형 양자화(linear quantization 또는 uniform quantization)라 하며 그림 6.7(a)에 선형 양자화기의 입출력 특성을 보인다. 이에 비해 그림 6.7(b)와 같이 균일하지 않은 구간으로 나누어 양자화하는 방식을 비선형(nonlinear 또는 nonuniform) 양자화라 한다.

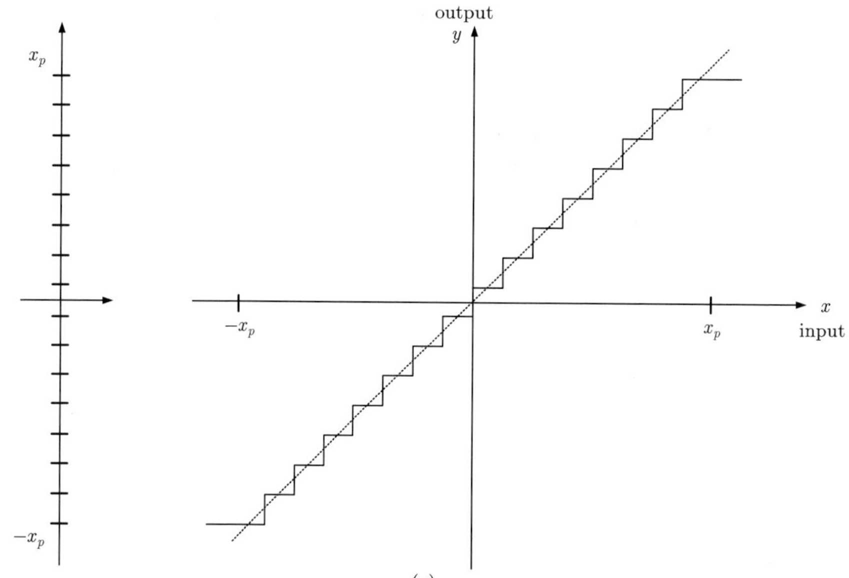

(a)

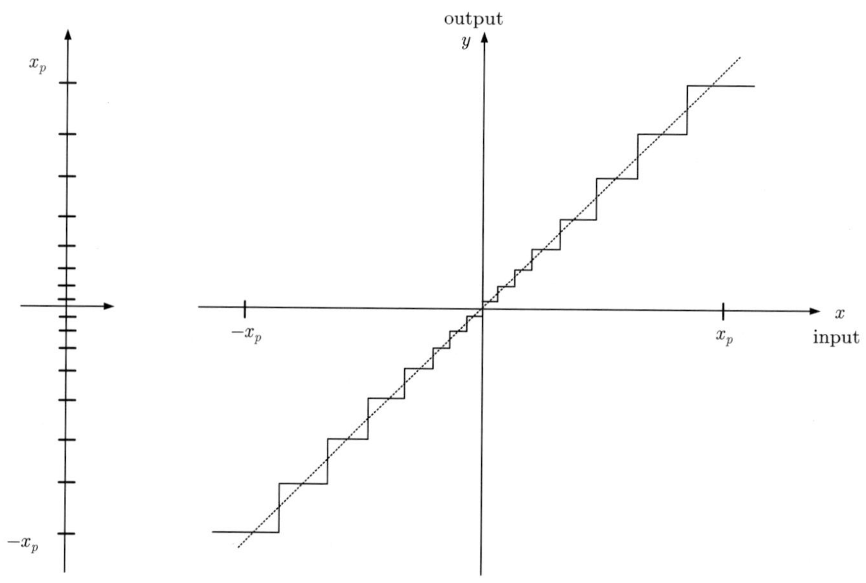

(b)

[그림 6.7] 양자화기의 입출력 특성

(a) 선형 양자화 (b) 비선형 양자화

양자화 다음 단계로 각 양자화 준위에 대응되도록 디지털 숫자로 표현하는데, 대표적인 방식이 0과 1로 구성된 2진 숫자로 표현하는 것이다. 양자화 준위의 개수가 $M = 2^n$을 만족한다면 양자화기 출력을 n 비트의 2진 숫자로 부호화할 수 있다. PCM 전송에서는 표본화 주기 T_s마다 n 개의 2진 펄스를 전송한다.

양자화 과정에서는 원래 신호의 값을 사전에 정한 유한한 개수의 값으로 대체하기 때문에 오차를 피할 수 없다. 표본 펄스의 원래 크기와 양자화된 크기 사이의 차를 양자화 오차(quantization error)라 하며 이는 신호에 대해 잡음과 같은 효과를 주므로 양자화 잡음(quantization noise)이라 부르기도 한다. 양자화 준위의 간격을 Δ라 하면 양자화 잡음의 크기는 $\Delta/2$이하가 된다. 양자화 잡음을 줄이기 위해서는 양자화 준위 수를 증가시키는 방법을 사용할 수 있는데, 이 경우 전송할 이진 펄스의 개수가 증가하여 전송 대역폭이 증가하는 결과가 발생한다.

표본 시간 kT_s에서 신호 $x(t)$의 원래 표본과 양자화된 표본을 각각 $x(kT_s)$와 $x_q(kT_s)$라 하면 양자화 잡음 $q(kT_s)$는

$$q(kT_s) = x(kT_s) - x_q(kT_s) \tag{6.21}$$

와 같이 표현할 수 있다. 양자화 잡음의 전력은 양자화 준위 간격 Δ의 제곱에 비례(또는 양자화 준위의 개수 M의 제곱에 반비례)한다. PCM 복조기 출력에서 신호 대 양자화 잡음의 비(SNR)는

$$\frac{S_o}{N_o} = 12\frac{E[x^2(t)]}{\Delta^2} = 3M^2\frac{E[x^2(t)]}{x_p^2} \tag{6.22}$$

와 같이 된다. 신호의 전력 $E[x^2(t)]$와 신호의 피크값 x_p가 고정되어 있다면 SNR은 양자화 준위 개수 M의 제곱에 비례한다. 따라서 양자화 준위 개수를 두 배로 증가시키면, 즉 양자화 비트 수를 하나 증가시키면, SNR은 6 dB 증가하게 된다.

6.3.1 비선형 양자화와 압신(Companding)

식 (6.22)의 SNR은 수신기에서 재생된 신호의 품질을 나타내는 지표라 할 수 있다. 신호의 피크값 x_p와 양자화 준위의 개수 M이 고정되어 있다면 SNR은 신호의 전력 $E[x^2(t)]$에 비례한다. 그런데 신호의 전력은 사람에 따라 다르고, 회로의 특성에 따라서도 변화한다. 양자화 잡음의 전력은 고정되어 있는 반면 신호의 전력은 환경에 따라 다르므로 결과적으로 SNR이 다르게 되어 재생된 신호의 품질이 다르게 된다. 동일한 사

람인 경우에도 작은 소리로 말할 때에는 수신 신호의 음질이 크게 악화된다. 통계적으로 사람 음성의 경우 큰 소리보다는 작은 소리의 시간 점유율이 높다고 알려져 있으며, 이것은 대부분의 시간대에서 SNR이 낮을 것이라는 것을 의미한다.

이러한 문제를 해결하는 방법을 알아 보기로 하자. 바람직한 양자화 방법은 신호의 크기에 영향을 받지 않고 일정한 SNR을 얻을 수 있는 방식이라 할 수 있다. 위에 언급한 불균일한 신호 품질 문제점의 근원은 신호의 크기와 상관 없이 양자화 잡음의 전력은 일정하다는 데 있으며, 이것은 양자화 간격을 균일하게 $\Delta = 2x_p/M$으로 선정한 것에 기인한다. M을 증가시키면 잡음 전력이 줄어들지만 PCM 전송 대역폭이 증가한다는 문제점이 있다. 따라서 M은 고정시키고 수신 신호의 품질을 개선시키는 방법을 생각해 보자. 비선형 양자화는 양자화 간격을 균일하게 하는 것이 아니라 그림 6.7(b)와 같이 양자화기 입력의 크기가 작은 영역에서는 양자화 간격을 작게 하고 크기가 큰 영역에서는 양자화 간격을 크게 하는 방식이다. 이렇게 하면 양자화기 입력의 크기가 작은 경우에는 양자화 잡음의 전력이 작아지고, 입력의 크기가 큰 경우에는 양자화 잡음의 전력이 커진다. 따라서 신호의 전력이 작은 경우에는 잡음의 전력도 작아지고, 신호의 전력이 큰 경우에는 잡음의 전력도 커져서 전체적으로 SNR에 큰 차이가 없게 된다.

이와 같은 비선형 양자화를 사용하면 신호의 크기에 따른 SNR의 변화를 줄일 수 있다는 장점이 있지만 선형 양자화기에 비해 구현이 복잡하다는 단점이 있다. 비선형 양자화를 사용하는 대신 먼저 신호 표본을 그림 6.8과 같은 입출력 특성을 가진 소자로 압축(compression)시킨 후 선형 양자화를 해도 동일한 효과를 얻을 수 있다. 그림 6.8의 압축기는 작은 입력 신호에 대해서는 입력의 변화량 Δx를 큰 변화량 Δy로 변환시키고, 큰 신호에 대해서는 입력의 큰 변화량이 축소되어 출력되도록 동작한다. 이러한 압축-선형 양자화는 비선형 양자화처럼 신호 크기와 상관 없이 균일한 SNR이 얻어지도록 하지만 압축 과정에서 신호의 왜곡이 일어났기 때문에 수신기에서 압축에 대한 역 과정을 거쳐야 원 신호를 복구할 수 있다. 압축에 대한 역 과정을 신장(expansion)이라 하며, 압축과 신장을 하는 장치를 압신기(compander: compressor+expander)라 한다.

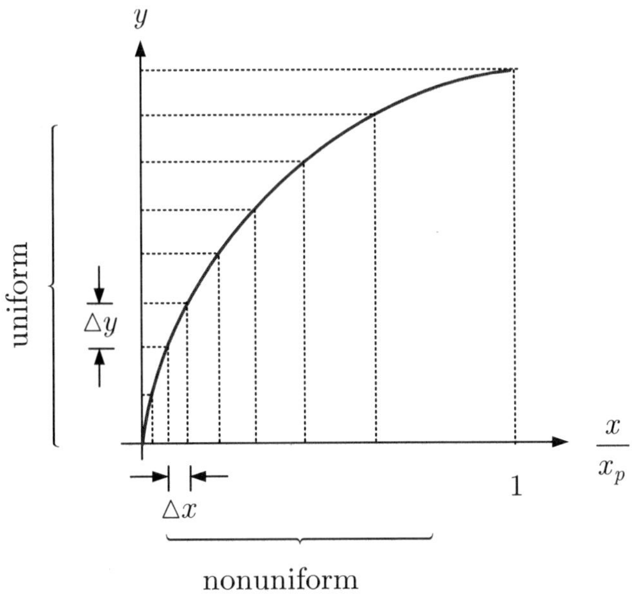

[그림 6.8] 비선형 양자화 효과를 얻기 위한 신호의 압축

압신 방법에는 북미나 한국에서 사용하는 μ-law 압신 방식과 유럽의 여러 나라에서 사용하는 A-law 압신 방식이 있는데 CCITT에서는 이 두 가지의 압축 방식을 국제 표준으로 지정하였다. μ-law(신호 값이 0보다 큰 부분에 대한) 압축에 사용되는 비선형 함수는

$$y = \frac{1}{\ln(1+\mu)} \ln\left(1 + \mu \frac{x}{x_p}\right) \quad 0 \le \frac{x}{x_p} \le 1 \tag{6.23}$$

와 같으며, A-law(신호 값이 0보다 큰 부분에 대한) 압축에 사용되는 비선형 함수는

$$y = \begin{cases} \dfrac{A}{1+\ln A}\left(\dfrac{x}{x_p}\right) & 0 \le \dfrac{x}{x_p} \le \dfrac{1}{A} \\ \dfrac{1}{1+\ln A}\left(1 + \ln \dfrac{Ax}{x_p}\right) & \dfrac{1}{A} \le \dfrac{x}{x_p} \le 1 \end{cases} \tag{6.24}$$

와 같다. 그림 6.9에 두 압축 방식의 입출력 특성을 보인다. 압축 파라미터 μ 또는 A는 압축의 정도를 나타낸다. 입력 신호의 크기 변화 범위가 40 dB 이상인 경우 SNR을 일정하게 하기 위해서는 μ 값이 100 이상 되어야 한다. 현재 8 비트로 양자화하는(즉 양자화 준위 개수는 256개) 시스템에서는 μ=255의 값을 사용하고 있으며, A-law에서는 비슷한 결과를 줄 수 있는 값으로 A=87.6을 사용하고 있다.

형 예측(linear prediction)이라 한다. 그림 6.10에 디지털 필터로 구성한 선형 예측기의 구조를 보인다. 이산 신호에 대한 표현을 간단히 하기 위하여 k 번째 표본 순간의 신호 값을 $x[k] \triangleq x(kT_s)$와 같이 표기하자. $x[k]$에 대한 선형 예측 값 $\hat{x}[k]$을 과거 N개의 신호 표본으로 구하는 경우

$$\hat{x}[k] = a_1 x[k-1] + a_2 x[k-2] + \cdots + a_N x[n-N] \tag{6.25}$$

과 같이 표현할 수 있다. 여기서 $\{a_1, a_2, \cdots, a_N\}$은 상수로 선형 조합을 위한 가중치이다. 실제의 신호 표본 값 $x[k]$와 선형 예측 값 $\hat{x}[k]$과의 차인 예측 오차(prediction error)는

$$d[k] = x[k] - \hat{x}[k] \tag{6.26}$$

로 주어지는데, 선형예측 계수 $\{a_1, a_2, \cdots, a_N\}$을 얼마나 잘 결정하는가에 따라 오차의 정도가 정해진다. 보통 $\{a_1, a_2, \cdots, a_N\}$는 예측 오차의 제곱 평균(MSE)이 최소가 되도록 결정한다. 한편 선형 예측기의 차수(order) N은 과거 몇 개의 표본으로 현재의 표본을 예측하는가를 나타내는데, 이 값이 클수록 예측의 정확도를 높일 수 있지만 구현이 복잡해진다.

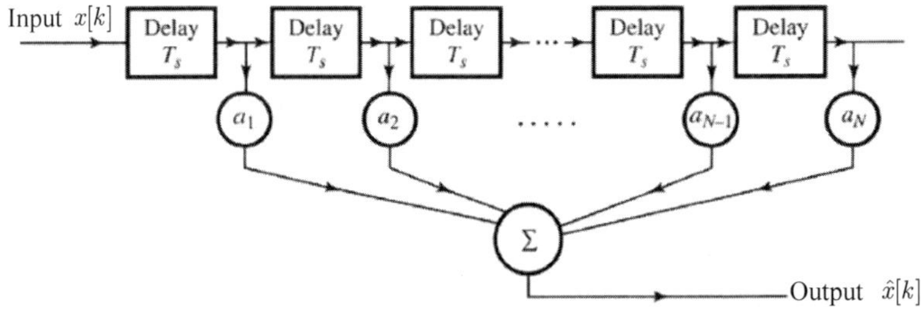

[그림 6.10] 선형 예측기

6.4.2 DPCM 시스템

DPCM의 기본 개념은 신호 표본 $x[k]$와 이 표본에 대한 예측 값 $\hat{x}[k]$의 차 $d[k] = x[k] - \hat{x}[k]$를 양자화하여 전송하는 것이다. 여기서 $\hat{x}[k]$는 과거의 N개 표본 $\{x[k-1], x[k-2], \cdots, x[n-N]\}$으로부터 예측되며, 신호의 복원은 $x[k] = \hat{x}[k] + d[k]$와 같이 할 수 있다. 그러나 $d[k]$를 양자화한 $d_q[k]$가 실제로 전송되므로 수신측에서는 $d[k]$가 아닌 $d_q[k]$를 가

지고 있다. 또한 송신측에서는 $x[k]$의 예측을 구하기 위한 과거의 표본 $\{x[k-1], x[k-2], \cdots, x[n-N]\}$을 가지고 있지만, 수신측에서는 양자화된 과거 표본 $\{x_q[k-1], x_q[k-2], \cdots, x_q[n-N]\}$만을 가질 수 있으므로 $\hat{x}[k]$를 얻을 수 없다.

한편 $x_q[k]$를 $\{x_q[k-1], x_q[k-2], \cdots, x_q[n-N]\}$로써 선형 예측한 $\hat{x}_q[k]$는 얻을 수 있다. 그러나 이 경우 송신측에서는 $\hat{x}[k]$를 사용하고 수신측에서는 $\hat{x}_q[k]$를 사용하므로 재생된 신호는 오차가 커질 것이라는 것을 예상할 수 있다. 이를 해결하는 방법으로 송신기에서도 $\hat{x}[k]$ 대신 $\hat{x}_q[k]$를 사용하는 것이다. 즉 $x[k]-\hat{x}[k]$를 양자화하여 전송하는 것이 아니라 $d[k] \equiv x[k] - \hat{x}_q[k]$로 하고 양자화하여 전송한다. 수신측에서는 $\hat{x}_q[k]$를 발생시킬 수 있고, 수신된 $d[k]$에 의하여 $x_q[k]$를 재생할 수 있다.

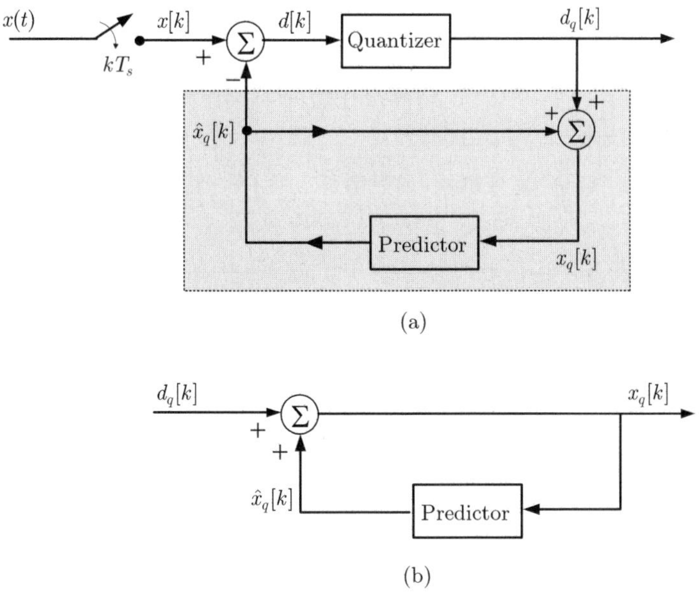

(a) 송신기 (b) 수신기

[그림 6.11] DPCM 시스템

그림 6.11에 DPCM 시스템의 구조를 보인다. 예측기의 입력은 $x[k]$가 아니라 $x_q[k]$이다. 선형 예측기에서는 과거의 N개 표본 $\{x_q[k-1], x_q[k-2], \cdots, x_q[n-N]\}$를 가지고 $\hat{x}_q[k]$를 예측하여 출력한다. 입력 신호 표본 $x[k]$와 예측기 출력의 차이값인

$$d[k] \equiv x[k] - \hat{x}_q[k] \tag{6.27}$$

를 양자화하여

$$d_q[k] = d[k] + q[k] \tag{6.28}$$

를 얻으며, 이 신호 $d_q[k]$가 전송된다. 여기서 $q[k]$는 양자화 오차이다. 예측기의 출력 $\hat{x}_q[k]$와 전송되는 신호 $d_q[k]$를 더하면, 식 (6.27)로부터

$$\begin{aligned} \hat{x}_q[k] + d_q[k] &= x[k] - d[k] + d_q[k] \\ &= x[k] + q[k] \\ &= x_q[k] \end{aligned} \tag{6.29}$$

가 되어 예측기로 궤환되어 다시 입력된다.

이번에는 그림 6.11(b)에 보인 DPCM 수신기의 구조를 살펴 보자. 그림 6.11(a)의 송신기에서 음영 표시한 블록은 예측기 출력 $\hat{x}_q[k]$와 전송되는 신호인 $d_q[k]$를 더하여 $x_q[k]$를 만들어내므로 이 과정이 바로 수신 과정이라는 것을 알 수 있다. 따라서 DPCM 수신기는 송신기의 음영으로 표시된 부분이 되어 그림 6.11(b)와 같이 구성할 수 있다. 복원된 신호 $x_q[k]$를 복호하고 저역통과 필터를 거쳐서 원래의 아날로그 신호를 얻는다.

6.5 델타 변조(DM)

DPCM에서 신호 표본 간의 상관도가 높을수록 예측을 위한 과거 표본 개수 N을 작게 선택해도 된다. N이 작으면 예측기의 구조가 단순해진다. 신호를 표본화할 때 나이퀴스트율보다 더 빠르게 과표본화(oversampling)하면 표본 간의 상관도가 증가하므로 N을 작은 값으로 선택해도 되며, 예측 오차가 작아져서 양자화 비트 수 n을 작게 선택해도 된다. 표본화 속도를 매우 빠르게 하여 신호 표본 간 상관도를 크게 높이고 양자화 비트 수 n을 1로 한 방식이 델타변조이다. 델타 변조(Delta Modulation: DM)는 신호를 나이퀴스트율보다 몇 배 빠른 속도로 과표본화하고, 1차 예측기($N=1$)를 사용하여 표본을 예측하며, 1 비트만 사용하여($n=1$) 양자화하는 방식이다. 따라서 DM은 DPCM의 특별 경우로 볼 수 있다.

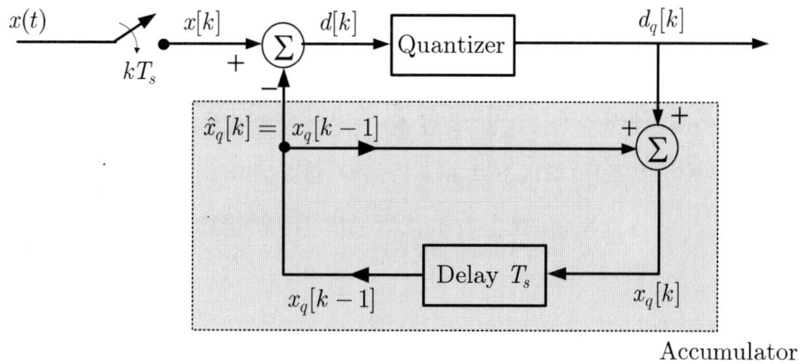

(a)

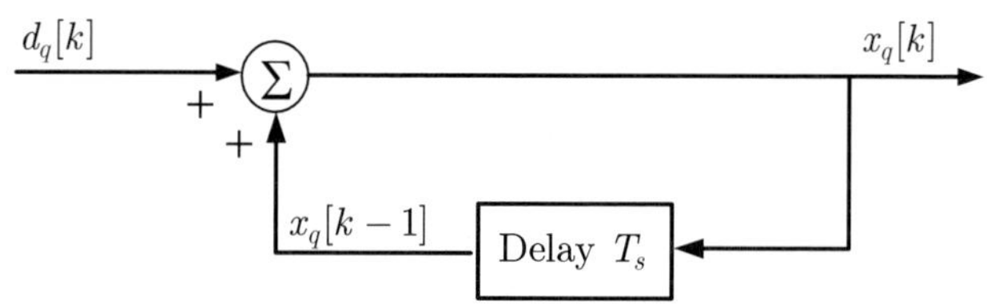

(b)

(a) 송신기 (b) 수신기

[그림 6.12] 델타 변조(DM) 시스템

그림 6.12에 DM의 송수신기 구조를 보인다. $x_q[k]$에 대한 1차 선형 예측은 간단히

$$\hat{x}_q[k] = x_q[k-1] \tag{6.30}$$

로 하며, 이것은 $x_q[k]$를 T_s만큼 지연시킨 것이다. 따라서 DPCM에서의 예측기는 DM에서는 지연 소자가 된다. DPCM에서의 양자화기 입력을 나타내는 식 (6.27)은 DM에서는

$$\begin{aligned} d[k] &= x[k] - \hat{x}_q[k] \\ &= x[k] - x_q[k-1] \end{aligned} \tag{6.31}$$

와 같이 된다. 이것을 1 비트로 양자화한다는 것은 $d[k] > 0$이면 $d_q[k] = 1$로 부호화하고, $d[k] < 0$이면 $d_q[k] = 0$으로 부호화한다는 것이다. 즉

$$d_q[k] = \begin{cases} 1 & \text{if } x[k] > x_q[k-1] \\ 0 & \text{if } x[k] < x_q[k-1] \end{cases} \tag{6.32}$$

와 같이 하여, 1 비트 양자화기는 입력 표본과 양자화된 이전 표본을 비교하여 1 또는 0을 출력한다.

이번에는 원 신호를 재생하기 위하여 $d_q[k]$로부터 $x_q[k]$를 복원하는 과정을 살펴 보자. DPCM의 식 (6.29)에 $\hat{x}_q[k] = x_q[k-1]$을 대입하여 다음을 얻는다.

$$x_q[k] = x_q[k-1] + d_q[k] \tag{6.33}$$

여기서 k 대신 $k-1$을 대입하면 식 (6.33)은

$$x_q[k-1] = x_q[k-2] + d_q[k-1] \tag{6.34}$$

와 같이 된다. 반복하여 k를 줄이면서 위의 식을 전개하고, 초기 값을 $x_q[0] = 0$으로 하면, 이 식들을 모두 더함으로써 다음을 얻는다.

$$x_q[k] = \sum_{i=1}^{k} d_q[i] \tag{6.35}$$

따라서 신호의 재생 과정은 수신된 신호를 누진하여 더한 것이며, 복조기는 단순히 누진기(accumulator) 또는 적분기(integrator)로써 구현할 수 있다. 이 과정은 수신기뿐만 아니라 송신기에서도 그림 6.12(a)에서 음영으로 표시된 부분에 적용된다. 즉 송신기 출력으로부터 선형 예측기를 통하여 입력으로 궤환되는 부분을 누진기/적분기를 사용하여 구현할 수 있다.

그림 6.13에 실제적인 DM 변복조기의 구조를 보인다. 그림 6.12(a)의 1차 예측기를 포함한 궤환 부시스템을 6.13(a)의 송신기에서는 적분기로 대체하였다. 적분기는 1 비트 양자화를 거쳐 T_s마다 $+\Delta$ 또는 $-\Delta$의 2진 값을 갖고 출력되는 신호를 적분함으로써 증가 또는 감소하는 계단파를 발생시킨다. 앞서 언급한 바와 같이 1 비트 양자화기는 비교기로 대체하였다. 이와 같은 적분기나 비교기는 구조가 매우 간단하므로 DM 변복조기는 저렴하게 구현할 수 있다.

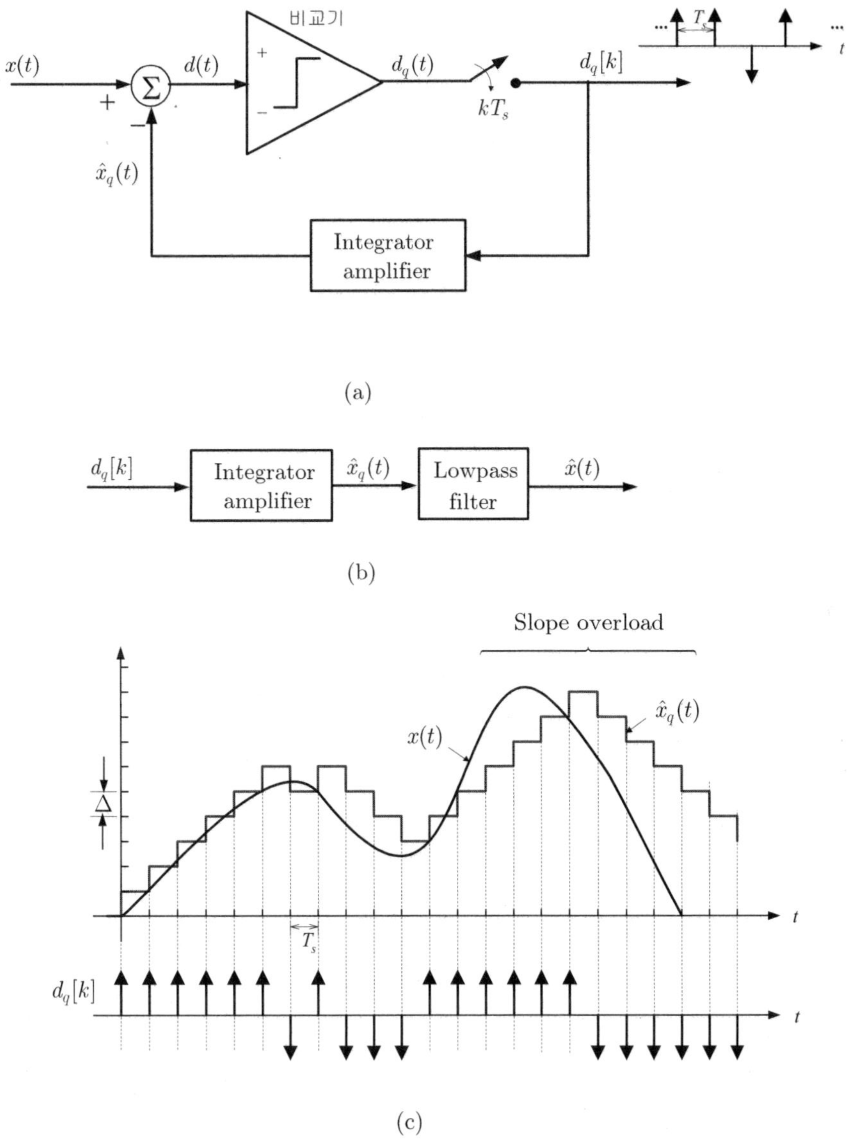

[그림 6.13] 실제적인 델타 변조 시스템

송신기에서 아날로그 신호 $x(t)$는 예측 신호로 간주되는 궤환 신호 $\hat{x}_q(t)$와 비교된다. $x(t) > \hat{x}_q(t)$이면 비교기는 양의 상수 $d_q(t) = +\Delta$를 출력하고, $x(t) < \hat{x}_q(t)$이면 $d_q(t) = -\Delta$를 출력한다. 비교기의 출력은 f_s의 주파수로 표본화하여 2진 펄스열 $d_q[k]$를 발생시킨다(임펄스 열로 간주하기로 하자). 여기서 f_s는 나이퀴스트율보다 몇 배 큰 값으로 선정한다. 이와 같이 비교기/표본화기를 작동시키면 $T_s = 1/f_s$마다 $d_q = \pm\Delta$의

값을 갖는 펄스열을 발생시키는 1 비트 양자화기로 동작하게 된다. 양자화된 신호의 전송에서는 양자화기 출력이 $+\Delta$ 인 경우에는 +1로 부호화하고, 양자화기 출력이 $-\Delta$ 인 경우에는 0으로 부호화하여 1 또는 0에 해당하는 펄스를 전송로에 실어준다.

비교기의 다른 입력인 $\hat{x}_q(t)$ 를 얻기 위하여 식 (6.30)과 식 (6.35)를 적용한다. 즉

$$\hat{x}_q[k] = x_q[k-1] = \sum_{i=1}^{k-1} d_q[i] \tag{6.36}$$

이므로 $\hat{x}_q(t)$ 는 비교기(양자화기) 출력을 적분하여 얻는다. 양자화기 출력은 T_s 마다 일정한 $\pm\Delta$ 의 크기를 갖는 임펄스이므로 이를 적분하면 출력은 계단파가 된다. 즉 적분기는 계단파 발생기로서 T_s 마다 일정한 크기 Δ 만큼 한 단계 증가하거나 감소하는 출력을 발생시킨다. 결과적으로 적분기의 출력은 그림 6.13(c)와 같이 신호 $x(t)$를 추적하게 되며 이는 곧 $x(t)$에 대한 근사적인 양자화 신호 $\hat{x}_q(t)$ 가 된다.

시스템의 전체 동작을 정리해 보자. $x(t) > \hat{x}_q(t)$ 이면, 즉 예측된 신호가 아날로그 입력 신호보다 작으면 $d_q[k]$는 양의 값을 갖도록 하여 적분기에 의해 $\hat{x}_q(t)$ 를 단위 계단 크기(step size) Δ 만큼 증가시켜서 $x(t)$를 따라가도록 한다. 반대로 $x(t) < \hat{x}_q(t)$ 이면 $d_q[k]$는 음의 값을 갖도록 하여 적분기에 의해 $\hat{x}_q(t)$ 를 단위 계단 크기 Δ 만큼 감소시켜서 $x(t)$를 따라가도록 한다. 이와 같이 $\hat{x}_q(t)$ 는 $x(t)$를 계단 함수로 근사화한 신호이다. 복조기에서는 $\hat{x}_q(t)$ 를 저역통과 필터에 통과시켜서 $x(t)$에 좀더 근접하도록 한다.

6.6 SIMULINK를 이용한 시뮬레이션

SIMULINK로 양자화 및 부호화 시뮬레이션을 할 수 있는 블록들은 Signal Processing Blockset의 'Quantizers' 라이브러리와 Communications Blockset의 'Source Coding' 라이브러리에서 찾을 수 있다.

6.6.1 선형 양자화 및 PCM 부호화

Signal Processing Blockset의 Quantizers 라이브러리에는 'Quantizer', 'Uniform Encoder', 'Uniform Decoder' 블록이 있어서 SIMULINK 모델로 가져가서 양자화 및 PCM 부호화 시뮬레이션에 사용할 수 있다. Quantizer 블록은 입력 신호를 균일한 레벨로 양자화하여 계단형의 출력 신호를 만들어준다. Quantizer 블록의 입력을 x라 할 때 출력 y는 다음과 같이 결정된다.

$$y = q \cdot \mathrm{round}(x/q) \tag{6.37}$$

여기서 q는 양자화 구간(step size)을 나타내는 파라미터이며, round( )는 반올림 연산자를 나타낸다.

'Uniform Encoder' 블록은 입력 샘플을 선형 양자화하고, 양자화된 값을 정수 형태로 변환하여 출력한다. 즉 선형 양자화 및 부호화의 두 단계 과정으로 구성되어 있다. 블록 파라미터는 'Peak'와 'Bits'가 있는데, 양자화 단계에서는 입력을 2^n개의 균등한 구간으로 나누어 $[-V,(1-2^{-n+1})V]$ 중의 하나로 입력 샘플을 매핑시킨다. 여기서 V는 'Peak' 파라미터이고 n은 'Bits' 파라미터이다. 만일 입력이 $[-V,(1-2^{-n+1})V]$의 범위를 벗어나면 경계값으로 포화된다. 다음의 부호화 단계에서는 양자화된 값을 2^n 개 중의 한 정수로 변환시킨다. 'Uniform Encoder' 블록의 다른 파라미터로 'Output type'은 출력 포맷을 지정한다. 이 파라미터를 "Unsigned Integer"로 선택한 경우 양자화된 값 $-V$는 0으로, $(1-2^{-n+1})V$는 2^n-1로 변환되어 출력된다. 만일 "Signed Integer"로 파라미터를 선택하면 $-V$는 -2^{n-1}으로, $(1-2^{-n+1})V$는 2^n-1로 변환되어 출력된다. 예를 들어 Uniform Encoder 블록의 파라미터를 "Peak = 2, Bits = 3, Output type = Unsigned"와 같이 선정한 경우 $-2 \sim 2$ 범위의 입력을 8 개의 구간으로 나누어, 입력이 $[-2,-1.5)$ 구간에 있으면 0으로, 입력이 $[-1.5,0)$ 구간에 있으면 1로, …, 입력이 $[1.5,2)$의 구간에 있으면 7로 매핑하여 출력한다. 또한 입력이 -2보다 작거나 2 이상인 경우 각각 0과 7로 출력한다.

'Uniform Decoder' 블록은 'Uniform Encoder' 블록의 역과정 동작을 수행한다. 이 블록은 $[-V,(1-2^{-n+1})V]$ 범위를 2^n개의 균등한 구간으로 나누고, 정수로 표현된 입력을 구간별 하나의 값으로 매핑시키고 부동소숫점(floating-point) 값 형태로 출력한다. 예를 들어 'Uniform Decoder' 블록의 파라미터를 "Peak = 2, Bits = 3"와 같이 선정한 경우 입출력 관계는 $0 \to -2.0$, $1 \to -1.5$, $2 \to -1.0$, $3 \to -0.5$, $4 \to 0.0$, $5 \to 0.5$, $6 \to 1.0$, $7 \to 1.5$ 과 같이 된다.

예제 6.1 [표본화 및 선형 양자화]

진폭이 2이고 주파수가 1 Hz인 정현파를 발생시키고 10 msec 주기로 표본화를 하라. 양자화 구간을 0.5로 균등하게 하여 표본화된 정현파 신호를 양자화하라. 또한 표본화된 정현파 신호를 Uniform Encoder 블록을 사용하여 양자화-부호화하고, 다시 Uniform Decoder 블록을 사용하여 아날로그 신호로 복원하라. Uniform Encoder 블록에서 입력의 범위를 $-2 \sim 2$로 설정하고, 양자화 비트 수는 3을 사용하라. 각 과정에서 신호의 파형을 Scope 블록을 사용하여 그려 보라.

풀이

1) 그림 6.14(a)의 모델에 보인 것처럼 먼저 'Sine Wave' 블록을 사용하여 정현파를 발생시킨다. 표본화를 위하여 'Sample and Hold' 블록을 사용하고, 표본화를 위한 클록을 위하여 'Pulse Generator' 블록을 연결한다. 10 msec 주기로 표본화를 하기 위하여 Pulse Generator 블록 파리미터를 "Period = 1e-2"로 설정한다. 그림 (b)에는 Sine Wave 블록과 Pulse Generator 블록의 파라미터 설정을 보이며, 발생시킨 정현파와 표본화된 신호의 파형을 그림 (c)에 보인다.
2) 선형 양자화를 위하여 'Quantizer' 블록을 연결하고, 파라미터는 "Quantization interval = 0.5"로 설정한다. Quantizer 블록에 의하여 양자화된 신호의 파형을 그림 (d)에 보인다.
3) 선형 양자화 및 부호화를 위하여 Uniform Encoder 블록을 Sample and Hold 블록의 출력과 연결한다. Uniform Encoder 블록의 파라미터를 "Peak = 2, Bits = 3, Output type = Unsigned"와 같이 설정한다. Uniform Decoder를 뒤에 연결하여 양자화/부호화된 데이터로부터 아날로그 신호를 다시 복원하도록 한다. 복원된 아날로그 신호를 그림 (d)에 Quantizer 블록 출력 신호와 함께 보인다.
4) Quantizer 출력은 [-2,2] 범위의 값을 갖는데 비해 Uniform Encoder/Decoder 출력은 [-2,1.5] 범위의 값을 갖는 것을 관찰한다.

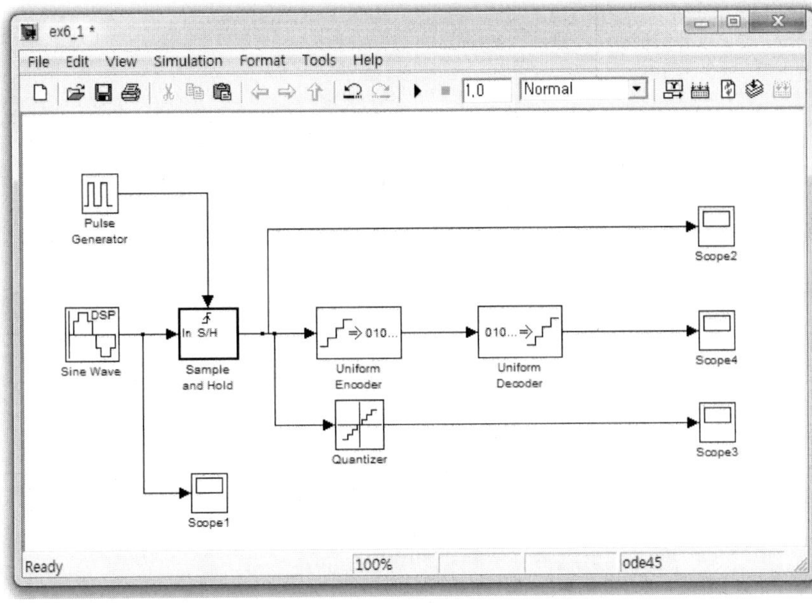

(a) 시뮬레이션 모델(ex6_1.mdl)

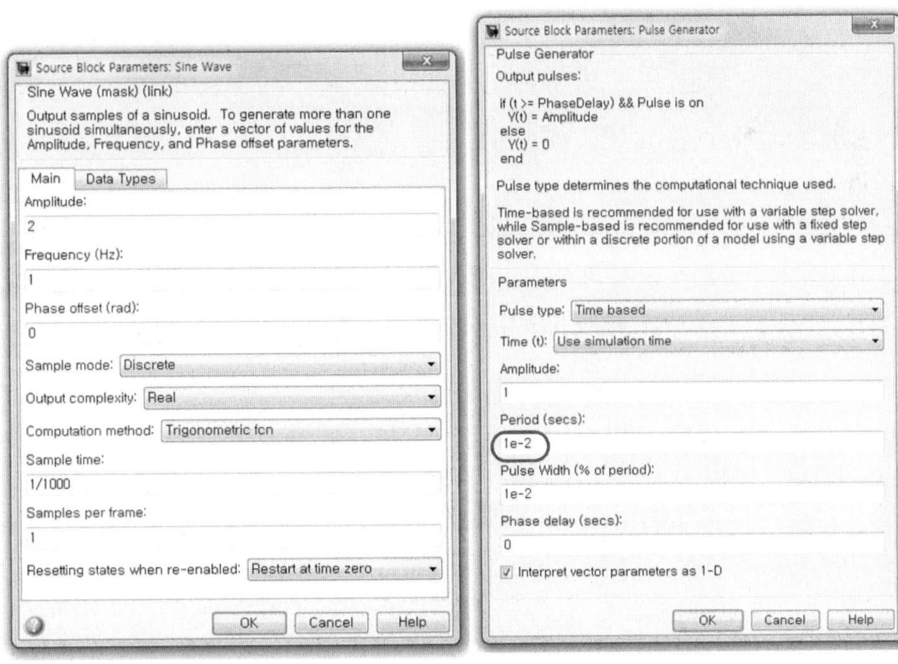

(b) 파라미터 설정

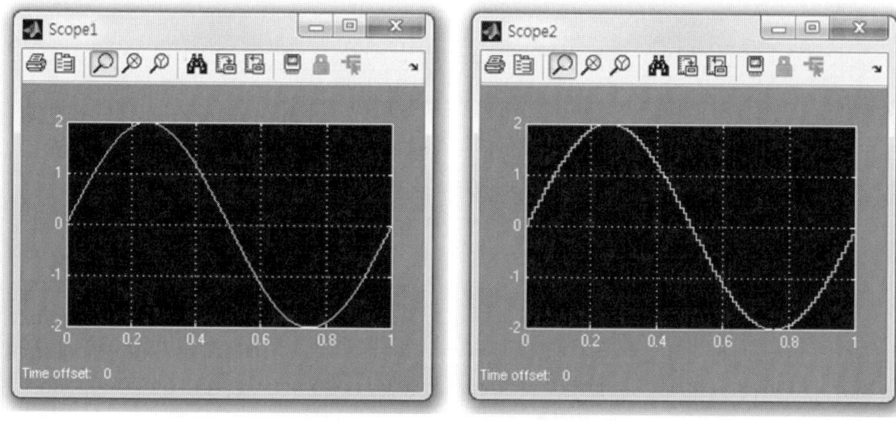

(c) 발생된 정현파 신호와 표본화된 신호의 파형

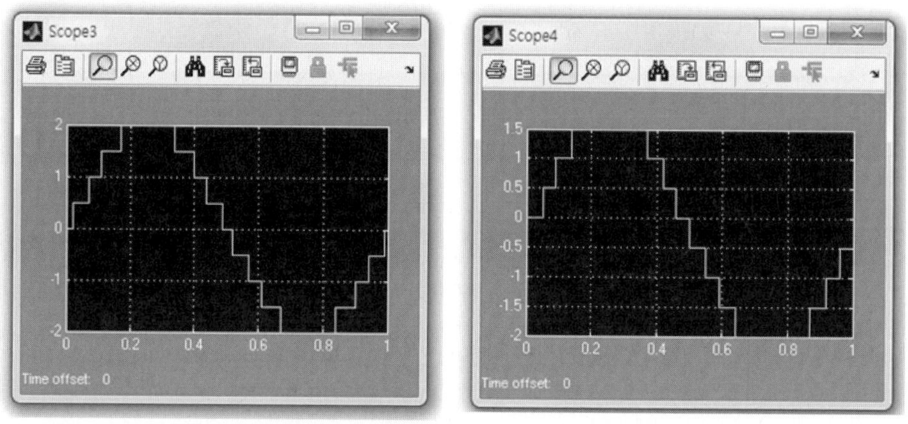

(d) Quantizer 블록의 출력 파형과 Uniform Encoder/Decoder 블록의 출력 파형

[그림 6.14] 표본화와 선형 양자화

6.6.2 비선형 양자화와 PCM 부호화

비선형 양자화를 구현하는 간접적인 방법은 Compander와 선형 양자화를 사용하는 것이다. Communications Blockset의 Source Coding 라이브러리에 있는 'Quantizing Encoder'를 사용하면 양자화 구간 분할을 임의로 설정할 수 있고 codebook을 설계할 수 있어서 비선형 양자화를 직접적으로 구현할 수 있다. 이 단원에서는 비선형 양자화를 직접적으로 설계하는 대신 compression과 선형 양자화를 사용하는 간접적인 비선형 양자화를 실현해 보도록 한다. 먼저 μ-law compander의 동작을 살펴 보고, compander와 함께 선형 양자화기를 사용하여 비선형 양자화를 구현하는 예제를 다룬다.

예제 6.2 [μ-law Cpmpanding]

진폭이 2이고 주파수가 1 Hz인 정현파를 발생시키고 10 msec 주기로 표본화를 하라. μ-law Compressor 및 Expander를 연결하고, 각 과정에서 신호의 파형을 Scope 블록을 사용하여 그려 보라.

풀이

1) 그림 6.15(a)의 모델과 같이 블록을 연결해 보자. μ-law Cpmpanding을 위하여 'Mu-Law Compressor' 블록과 'Mu-Law Expander'를 이용한다. 이 블록들에서 파라미터로 μ 값과 신호의 피크값을 각각 255 및 2로 설정해준다.
2) Compressor의 입출력 특성을 확인하기 위해 입출력을 'XY Graph' 블록에 연결해 보자. 시뮬레이션을 실행하여 그림 (b)와 같은 Compressor 입출력 그래프가 그려지는 것을 확인한다.
3) 그림 (c)의 첫 번째 파형은 발생된 정현파 신호이고, 두 번째 파형은 Compressor에 의해 변형된 신호이며, 세 번째 파형은 Expander에 의해 다시 복원된 신호를 나타낸다.

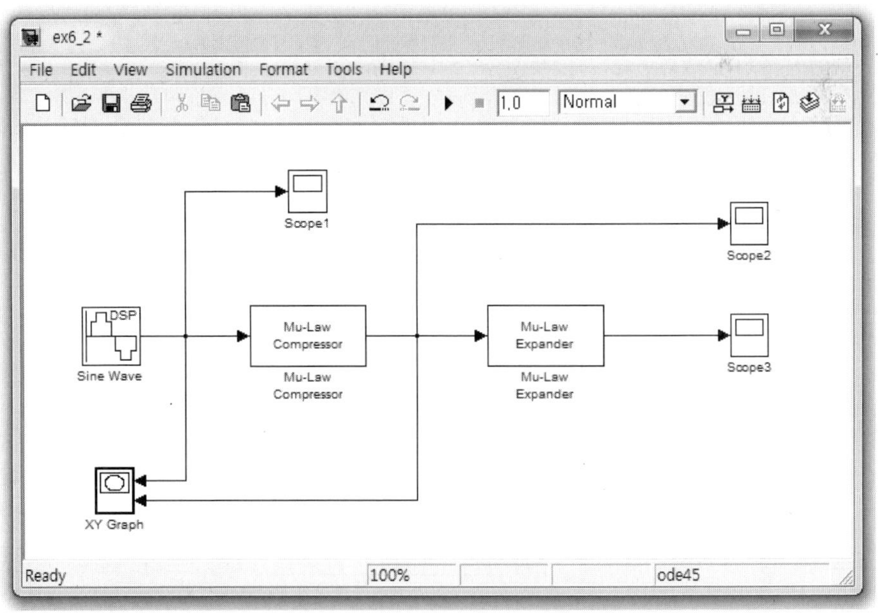

(a) 시뮬레이션 모델(ex6_2.mdl)

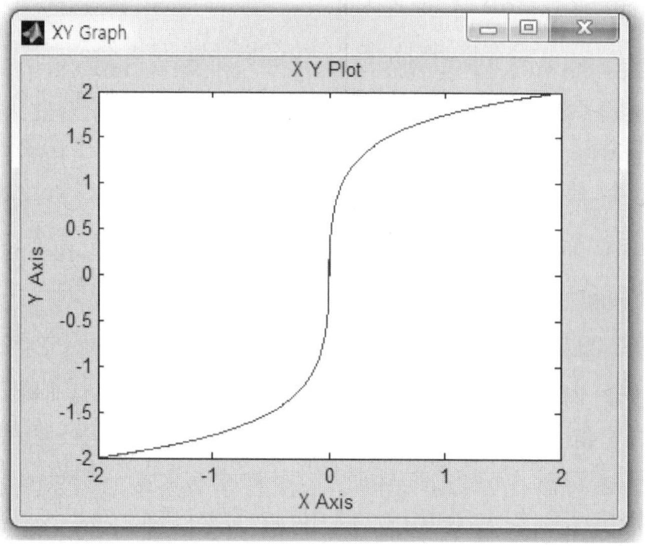

(b) Compressor의 입출력 관계

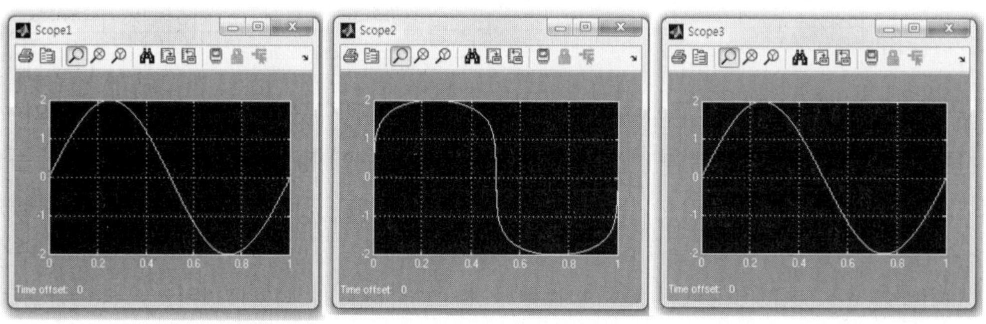

(c) 발생된 신호와 Compressor 및 Expander를 거친 신호의 파형

[그림 6.15] Companding의 동작

예제 6.3 [μ–law Cpmpanding를 사용한 양자화]

진폭이 1이고 주파수가 1 Hz, 2 Hz, 3 Hz인 세 개의 정현파를 더하여 만들어지는 신호를 고려하자. 이 신호를 μ-law compressor에 통과시킨 후 선형 양자화/부호화를 하라. 복호를 한 후 expander에 통과시켜 복원된 신호를 그려 보라. 또한 companding 없이 선형 양자화를 하여 파형을 그려 보라. 표본화에서는 10 msec 주기를 사용하고, 양자화는 6 비트를 사용하라. 각 과정에서 신호의 파형을 Scope 블록을 사용하여 그려 보라.

풀이

1) 그림 6.16(a)의 모델과 같이 먼저 세 개의 정현파를 생성하고 출력을 더하여 신호를 발생시킨다.
2) 비선형 양자화를 위해 신호를 Mu-Law Compressor 블록에 연결한 후 표본화를 한다. 그 다음 Uniform Encoder와 Uniform Decoder에 연결하여 양자화/부호화 및 역의 과정을 하도록 한다. Mu-Law Expander에 연결하여 원 신호를 복원한다. 이 블록들에서 파라미터로 μ 값과 신호의 피크값을 각각 255 및 3으로 설정해준다.
3) 선형 양자화를 위해 Compressor 및 Expander 없이 신호를 Sample and Hold 블록 및 Uniform Encoder/Decoder 블록과 연결해 본다.
4) 시뮬레이션을 실행하여 그림 (b),(c)의 그래프가 그려지는 것을 확인한다. 그림 (b)의 첫 번째 파형은 발생된 신호이고, 두 번째 파형은 Compressor에 의해 변형된 신호이며, 세 번째 파형은 양자화된 신호이다. Expander에 의해 다시 복원된 신호가 그림 (c)의 왼 쪽 파형이다. 한편 Companding 과정 없이 선형 양자화된 신호의 파형을 그림 (c)의 오른 쪽에 보인다.

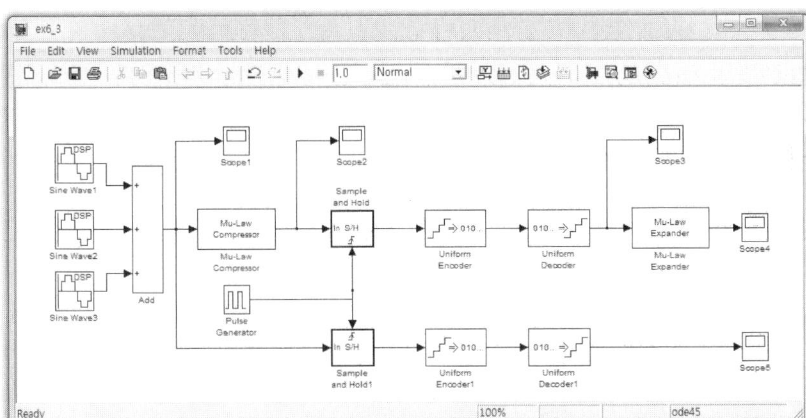

(a) 시뮬레이션 모델(ex6_3.mdl)

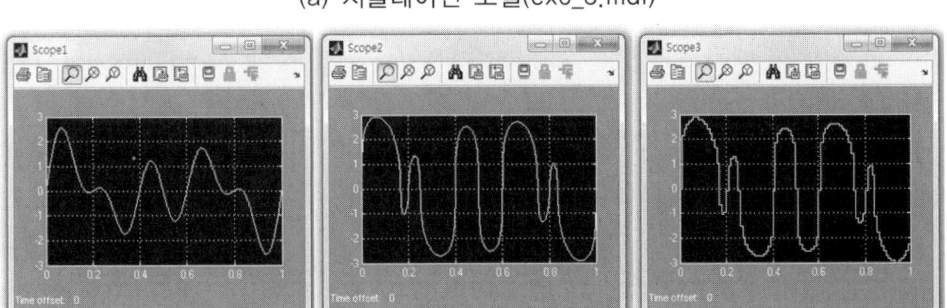

(b) 발생된 신호, Compressor 출력, Expander 출력

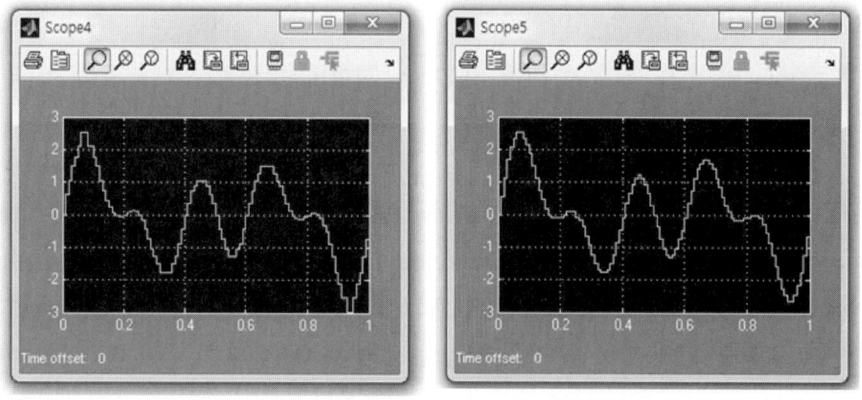

(c) 비선형 양자화된 신호, 선형 양자화된 신호

[그림 6.16] Companding을 이용한 비선형 양자화의 실현

6.6.3 음성 신호의 부호화와 방식별 SNR 비교

음성의 경우 큰 진폭의 신호에 비해 작은 신호의 시간 점유율이 높기 때문에 비선형 양자화를 사용하는 것이 전체적인 SNR 측면에서 유리하다. ITU G.711 코덱은 PSTN 급 통화품질을 제공하는 PCM 코덱 표준으로, 음성을 8 KHz의 주파수로 표본화하고 A-law 또는 μ-law companding 변환에 의해 샘플당 8 비트로 부호화하여 64 kbps 비트율의 데이터를 제공한다[2]. Signal Processing Blockset의 Quantizers 라이브러리에는 G.711 Codec 블록이 제공되어 있다. 이 블록은 16-bit signed integer 형태의 PCM 입력 샘플을 A-law 또는 μ-law 양자화를 하여 8-bit unsigned integer 형태의 부호어를 출력한다(또는 역의 과정으로 8-bit 부호어를 받아서 복호화하여 16-bit PCM 샘플을 출력한다). 좀더 구체적으로 G.711 A-law 방식에서는 16-bit PCM 데이터에서 부호 비트와 마지막 세 비트를 무시하고 나머지 12 비트의 값을 변환하여 8 비트 정수로 출력한다. G.711 μ-law 방식에서는 16-bit PCM 데이터에서 부호 비트와 마지막 두 비트를 무시하고 나머지 13 비트의 값을 변환하여 8 비트 정수로 출력한다.

MathWorks사에서 제공하고 있는 SIMULINK Demo 모델 중에 "dspg711cmp.mdl"은 음성을 선형 양자화한 결과와 A-law 또는 μ-law 양자화를 한 결과를 비교 분석할 수 있도록 한다. 각 양자화 방식에 대해 SNR을 계산하여 비교하여 그래프로 출력하도록 구현되어 있다. 이 Demo 모델을 사용하여 양자화 방식을 비교 분석해보도록 하자.

2) ITU-T Recommendation G.711, "Pulse Code Modulation (PCM) of Voice Frequencies," General Aspects of Digital Transmission Systems; Terminal Equipments, International Telecommunication Union (ITU), 1993.

MATLAB에서 dspg711cmp.mdl을 찾아 열어 보자. 이 모델은 그림 6.17(a)와 같은 블록 다이어그램으로 구성되어 있다. 사전에 표본화하여 ".wav" 형태로 저장되어 있는 음성 신호 데이터를 8 비트로 선형 양자화하고, 또한 A-law 및 μ-law 변환을 사용하여 8 비트 양자화를 한다. 각각의 방식으로 양자화된 데이터를 복원하여 원 신호와 비교하여 SNR을 계산하고 그래프로 그리도록 되어 있다. 그림 (b)는 그림 (a)의 블록 다이어그램에서 'Data Logging' 서브시스템의 구조를 보이고 있다. 1번 포트로는 원 신호가 입력되고, 2~4번 포트로는 각각 선형 PCM, A-law PCM, μ-law PCM 방식에 의해 부호화/복호화된 신호가 입력된다. 세 가지 방식의 신호에 대하여 원 신호와의 차이(즉 양자와 잡음)를 계산하고 SNR을 구하여 결과를 같이 그려 준다.

이 Demo 모델에서 사용하는 음성 데이터는 "cleve"란 신호명으로 workspace에서 가져오게 되어 있다. 그림 (a)의 모델에서 "Speech"란 명칭으로 표기되어 있는 블록은 Signal Processing Blockset의 'Signal Processing Sources' 라이브러리에 있는 'Signal From Workspace' 블록이다. 이 블록의 파라미터를 그림 (c)에 보인다. 신호명은 "cleve"이고, Sample time과 Samples per frame 파라미터는 변수로 각각 1/Fs, frmSize로 설정되어 있다. 모델 윈도우의 메뉴바에서 'View'를 클릭하고 'Model Explorer'를 선택하면 그림 (d)와 같은 Model Explorer 윈도우가 뜬다. 여기서 dspg711cmp 하부의 'Model Workspace'를 클릭하면 상세한 값을 확인할 수 있다. 실제의 음성 데이터는 "speech_dft.wav"의 파일명으로 저장되어 있으며, wavread 함수를 사용하여 파일로부터 workspace로 읽어 들인다는 것을 확인할 수 있다.

시뮬레이션 실행 결과를 그림 (e)에 보인다. 위에 있는 Scope 출력은 원 신호와 양자화 잡음의 전력을 보인다. 아래 Scope의 출력은 선형 PCM, A-law PCM, μ-law PCM 방식의 SNR을 비교하여 보이고 있다. 선형 PCM에 비해 A-law PCM 및 μ-law PCM의 SNR이 높은 것을 관찰할 수 있다.

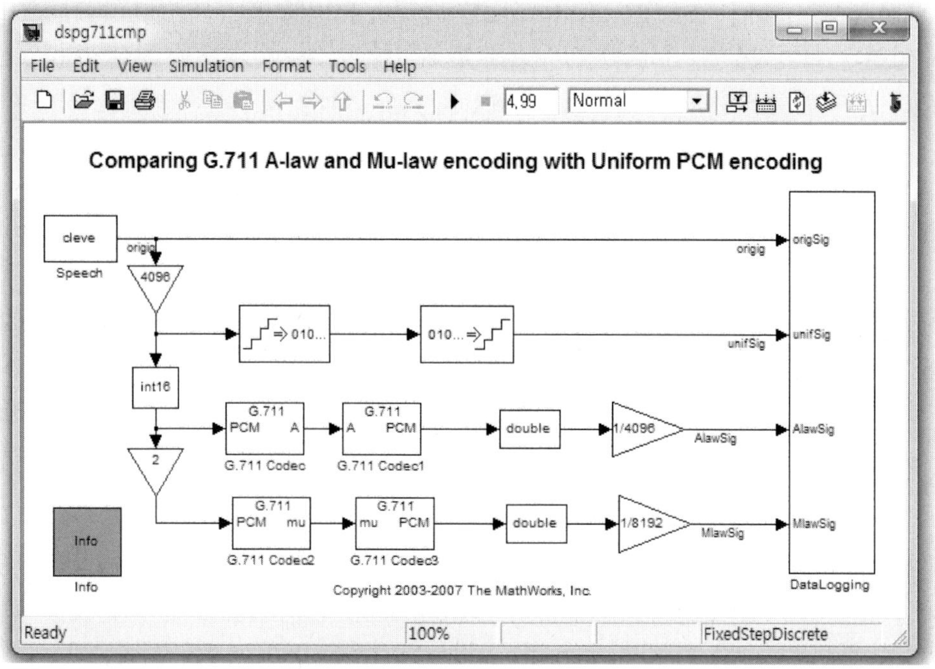

(a) 시뮬레이션 모델(dspg711cmp.mdl)

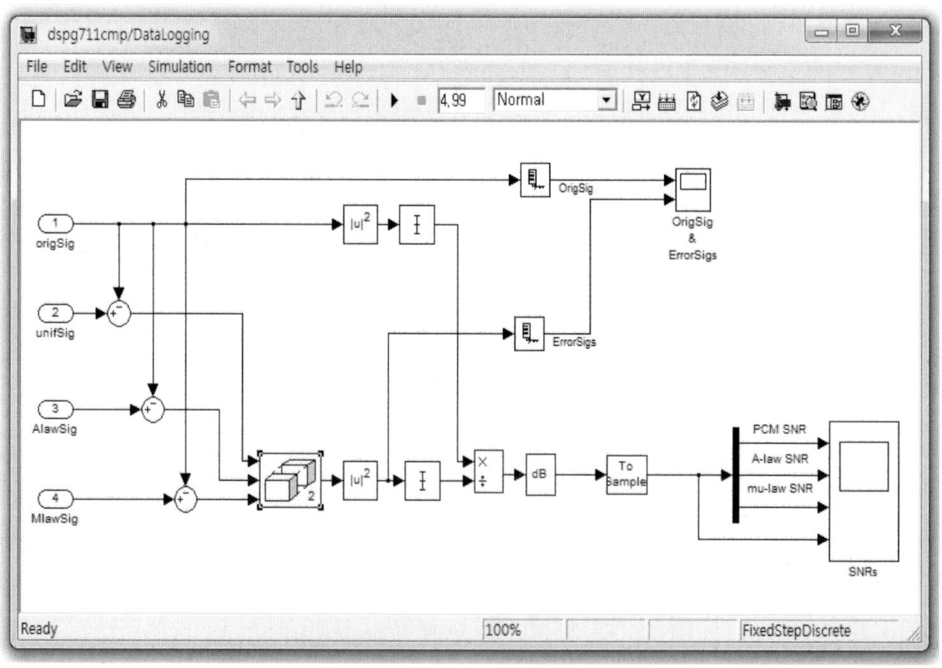

(b) Data Logging 서브시스템의 구성

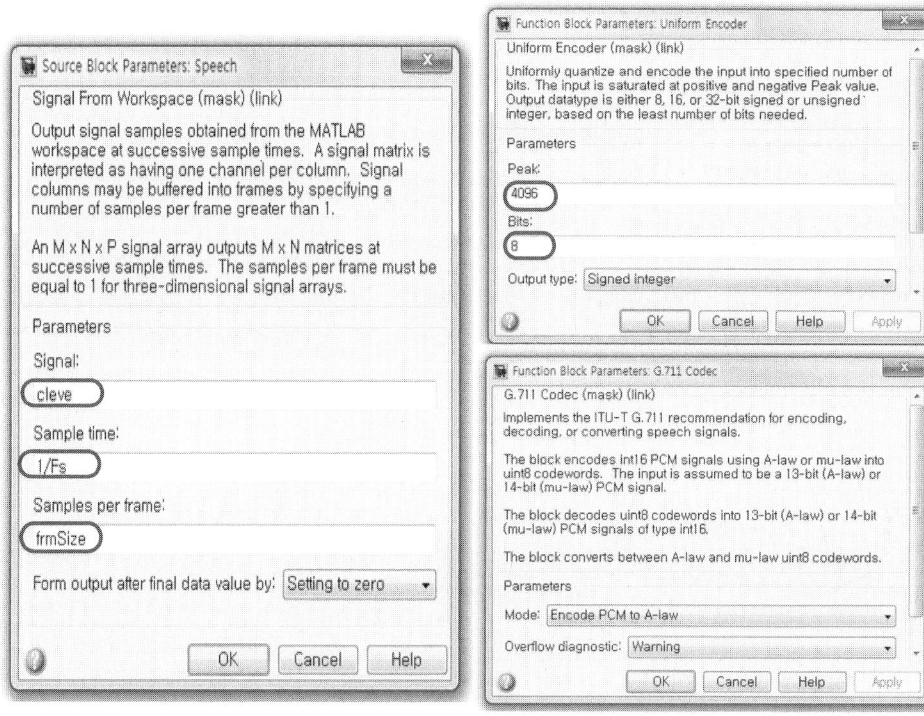

(a) 주요 블록의 파라미터

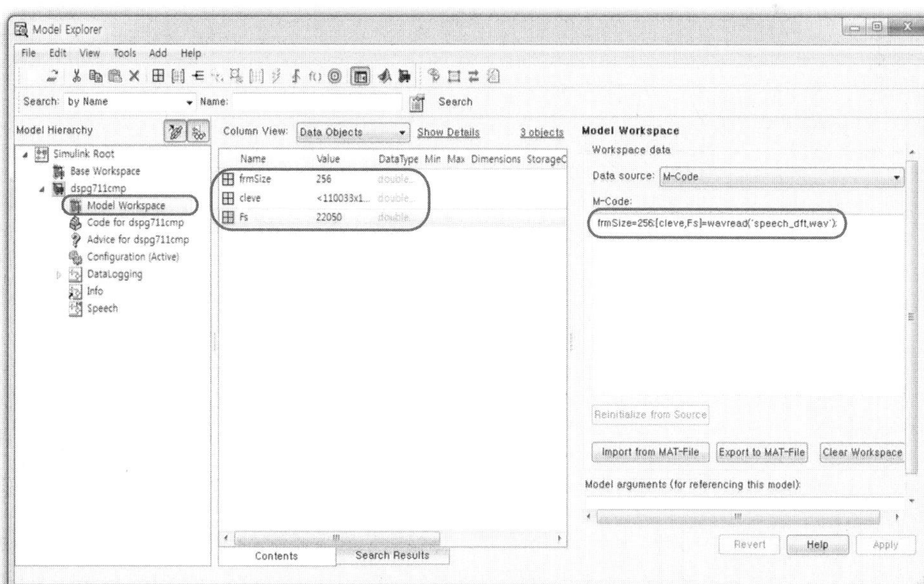

(b) Model Explorer

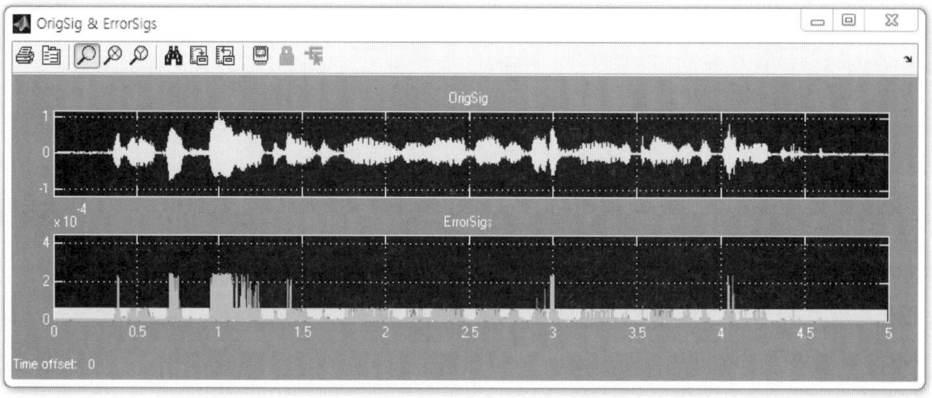

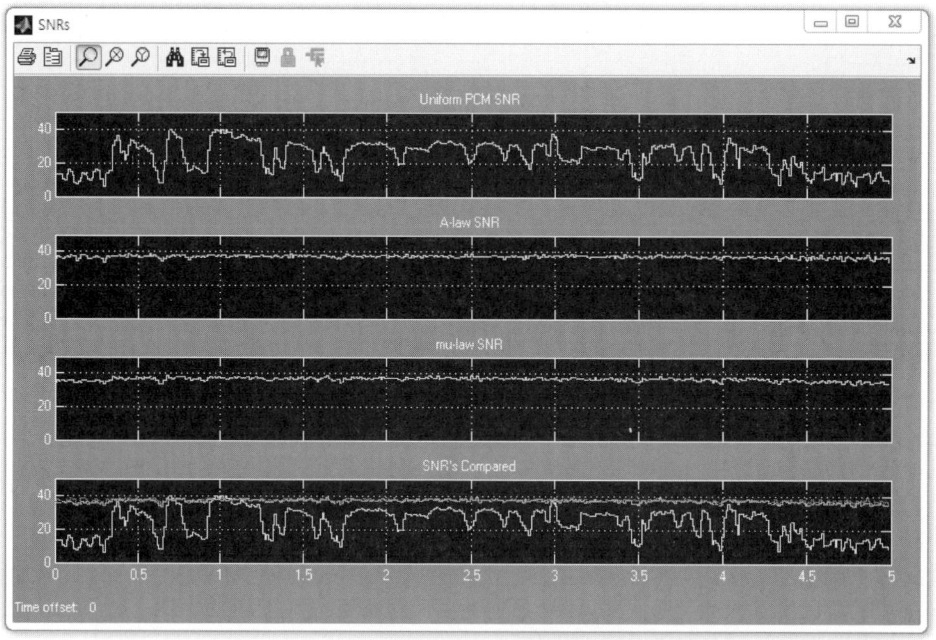

(c) 시뮬레이션 실행 결과

[그림 6.17] G.711 Codec 블록을 이용한 양자화기의 성능 분석

6.6.4 DPCM

DPCM은 표본화된 신호 샘플 $x[k]$를 양자화하는 것이 아니라 현재의 신호 샘플과 현재의 신 샘플을 예측한 값과의 차이 즉 $d[k]=x[k]-\hat{x}[k]$를 양자화하는 방식이다. 따라서 송수신기 구조에는 현재의 신호 샘플을 예측하기 위한 선형예측기(linear predictor)가 포함되어 있다. 과거의 샘플들을 선형 조합하여 현재의 샘플을 예측하기 때문에 메모리 소자가 필요하다. 가장 단순한 형태의 신호 예측 방법은 바로 이전의 신호 샘플값을 사

용하는 것이다. 즉 $\hat{x}[k] = x[k-1]$로 하여 $d[k] = x[k] - x[k-1]$를 양자화하면 구조가 간단하다. 따라서 선형예측기는 단순히 지연소자가 된다. 다음 예제에서는 이러한 단순한 선형예측기를 사용하여 DPCM을 구현해보도록 한다.

예제 6.4 [DPCM]

예제 6.2와 동일한 신호를 발생시키고 DPCM 송수신기를 구현하라. 신호 샘플의 예측값은 바로 이전 신호 샘플의 양자화된 값을 사용하라. 각 과정에서 신호의 파형을 Scope 블록을 사용하여 그려 보라. 신호의 표본화 주파수는 100 Hz를 사용하라.

풀이

1) 그림 6.18(a)와 같이 모델(ex6_4_dpcm.mdl)을 구성해 보자. 여기서 "Predictor"로 칭한 서브시스템은 현재의 신호 샘플을 예측하는 필터로서 이 예제에서는 단순히 단위시간의 지연소자를 사용하면 된다.
2) Quantizer 블록에서 "Quantization interval = 0.25"로 설정하고 시뮬레이션을 실행해 보자. 그림 (b)와 같은 결과가 얻어지는 것을 확인한다. Scope1의 출력은 원 신호의 파형이며, Scope2의 출력은 현재의 신호 샘플과 예측값과의 차이를 양자화한 결과를 보여준다. Scope3의 출력은 수신기에서 다시 복원한 신호 파형을 나타낸다.
3) 그림 (c)에는 보다 현실적인 DPCM 송수신기의 구조(ex6_4_dpcm1.mdl)를 보인다. 송신기에서는 Quantizer 블록 대신 Uniform Encoder를 사용하여 양자화하고 부호화해서 전송한다. 수신기에서는 Uniform Decoder를 사용하여 복호화한 다음 신호를 복원한다.
4) 원 신호의 최대값과 최소값 범위보다 신호 샘플과 예측치의 차이가 갖는 값의 범위가 작기 때문에 양자화 비트수를 작게 선택해도 좋을 것이다. Uniform Encoder/Decoder 블록에서 피크값을 1로 하고 양자화 비트수를 3으로 설정해 보자. 시뮬레이션을 실행하여 그림 (d)와 같은 결과가 얻어지는 것을 확인한다. Scope1의 출력은 원 신호의 파형이며, Scope2의 출력은 현재의 신호 샘플과 예측값과의 차이를 보여준다. Scope3의 출력은 양자화한 결과를 보여주며, Scope4의 출력은 수신기에서 다시 복원한 신호 파형을 나타낸다.
5) 양자화 파라미터를 변화시켜가며 시뮬레이션을 실행해 보고, 예제 6.2와 비교해 본다.

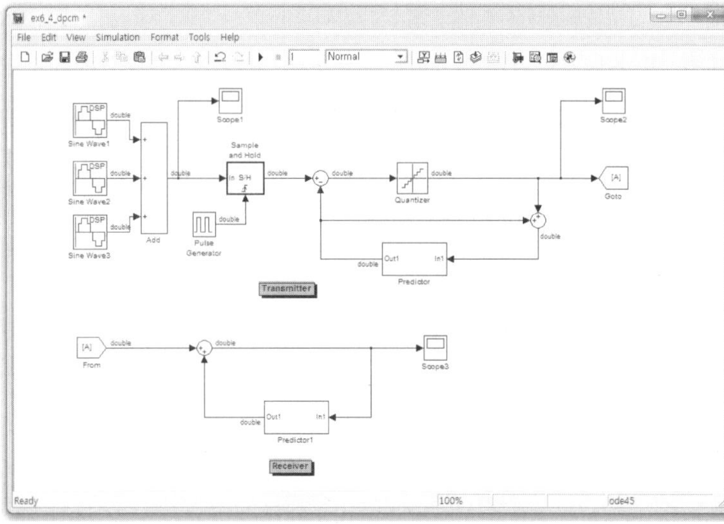

(a) DPCM 송수신기 모델(ex6_4_dpcm.mdl)

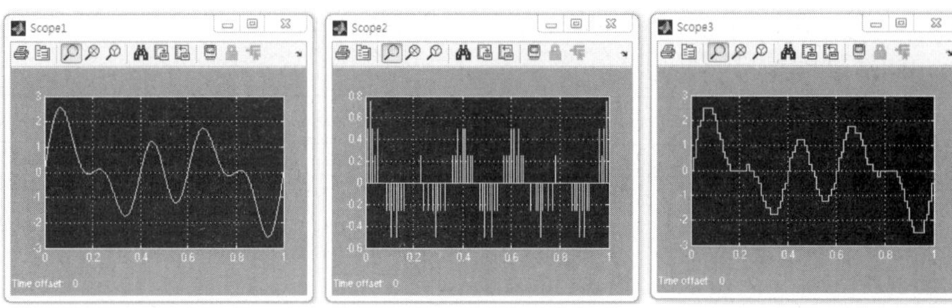

(b) 원 신호, 양자화기 출력, 복원된 신호

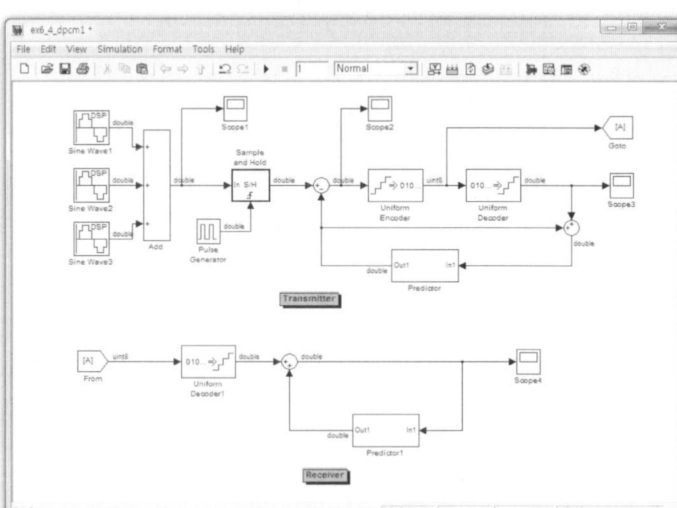

(c) DPCM 송수신기 모델(ex6_4_dpcm1.mdl)

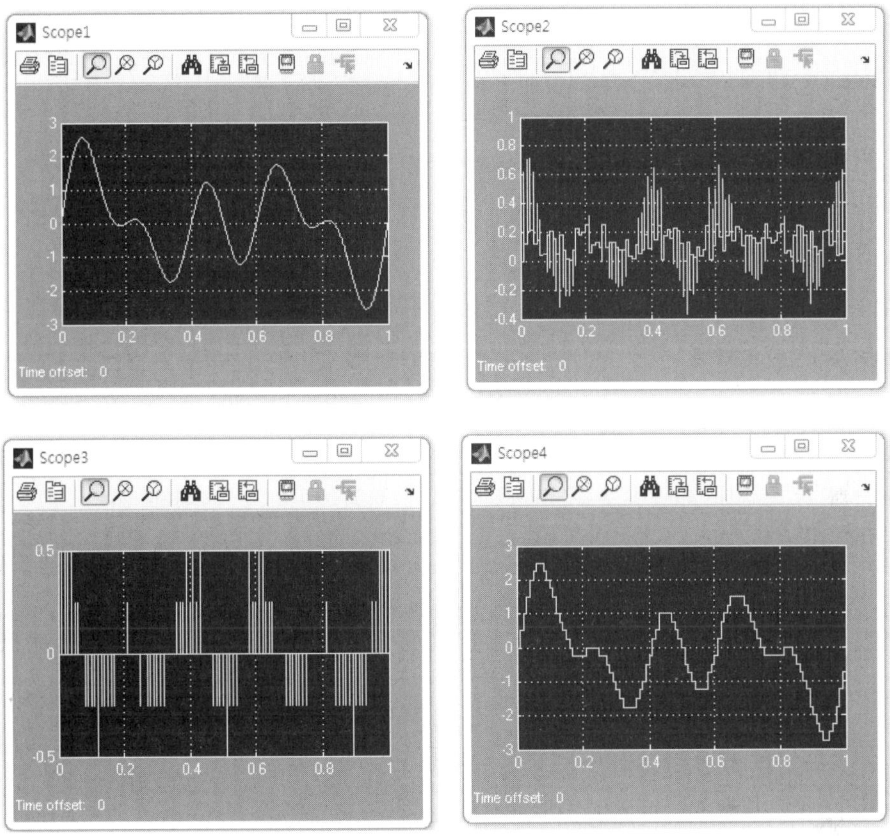

(d) 원 신호, 양자화기 입력, 양자화기 출력, 복원된 신호

[그림 6.18] DPCM

6.6.5 Delta Modulation

Delta Modulation은 DPCM의 특별한 경우로 볼 수 있다. DPCM에서 표본화율을 충분히 높이면 신호 샘플 간의 상관도가 증가하여 현재의 신호 샘플과 이전 샘플 간의 차이가 매우 작게 된다. 그러면 신호 예측기는 단순히 이전 신호 샘플을 사용하면 되고(즉 지연소자만으로 예측기를 구현하면 되고) 양자화 비트 수는 1 비트만 사용해도 된다. Delta Modulation에서는 한 비트로 양자화하는 것을 비교기를 사용하여 구현해도 된다.

예제 6.5 [Delta Modulation]

예제 6.2와 동일한 신호를 발생시키고 Delta Modulation 송수신기를 구현하라. 예제 6.4의 DPCM 모델을 수정하여 Uniform Encoder 대신 비교기를 사용하여 구현하라. 추가로 고려해야 할 파라미터는 step size인데 여러 값을 사용하여 시뮬레이션을 실행해 본다. 신호의 표본화 주파수는 100 Hz를 사용하라.

풀이

1) 그림 6.19(a)와 같이 모델(ex6_5_dm.mdl)을 구성해 보자. 이 모델에서는 1 비트 양자화기를 'Sign' 블록과 'Lookup Table" 블록을 사용하여 구현하였다. Sign 블록은 입력이 0보다 크면 1을 출력하고, 입력이 0이면 0을 출력하고, 입력이 0보다 작으면 -1을 출력한다. Sign 블록 뒤에 Lookup Table 블록을 연결하여 $x[k]-\hat{x}[k]\geq 0$ 이면 Δ를 출력으로 하고, $x[k]-\hat{x}[k]<0$ 이면 -Δ를 출력으로 하도록 하자. 여기서 Δ는 step size이다. 이렇게 하기 위하여 그림 (b)와 같이 Lookup Table 블록의 파라미터를 설정하자.
2) 시뮬레이션 실행 결과로 얻어진 파형을 그림 (c)에 보인다. 첫 번째 그림은 원 신호의 파형이고, 두 번째 그림은 수신기에서 복원한 신호의 파형이다.
3) 표본화 주파수와 step size를 변화시키면서 시뮬레이션을 실행해 본다. 그림 (d)는 step size를 0.1에서 0.5로 변화시켰을 때 얻어진 신호 파형을 보인다.

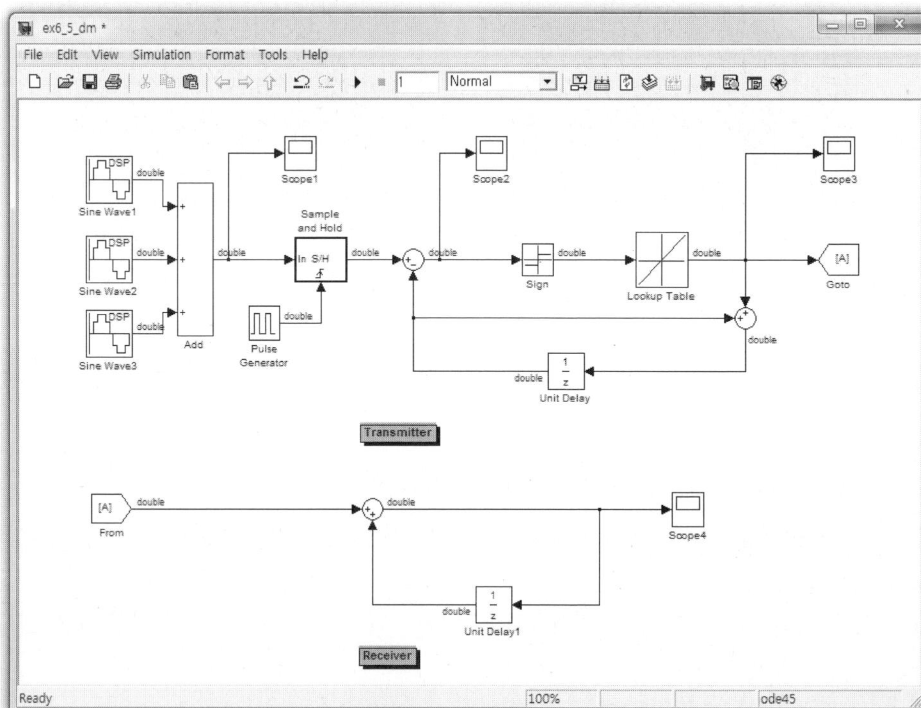

(a) DM 송수신기 모델(ex6_5_dm.mdl)

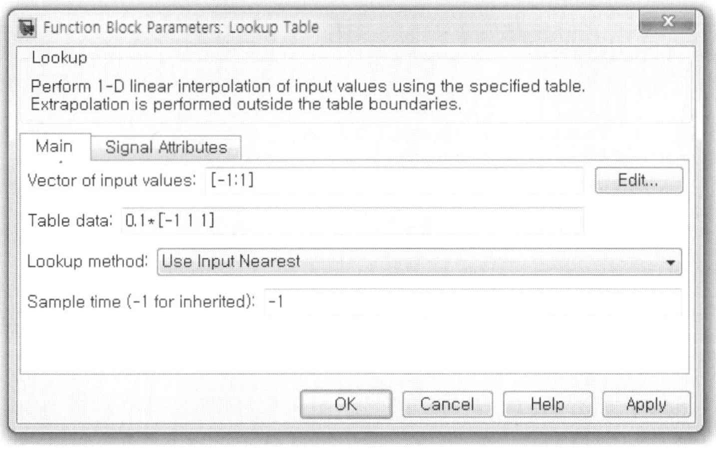

(b) Lookup Table 블록의 파라미터 설정

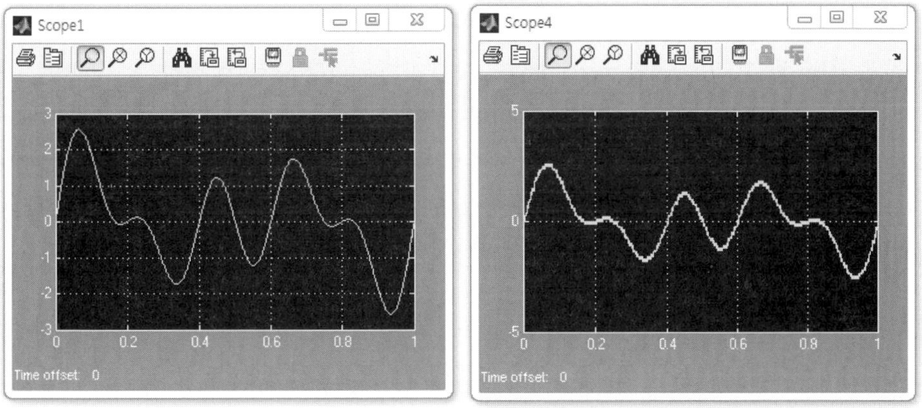

(c) 원 신호 파형과 복원 신호의 파형(Step size = 0.1)

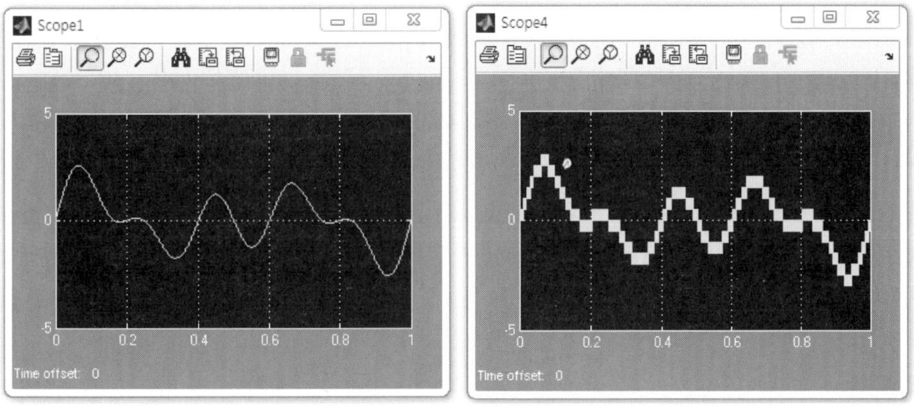

(d) 원 신호 파형과 복원 신호의 파형(Step size = 0.5)

[그림 6.19] Delta Modulation

6.7 연습문제

6.1 [선형 양자화]

진폭이 1이고 주파수가 1 Hz인 정현파를 1 msec 주기로 표본화한 신호를 발생시키고 선형 양자화를 하는 실습을 해 보자. 발생된 신호를 Uniform Encoder 블록을 사용하여 양자화-부호화하고, 다시 Uniform Decoder 블록을 사용하여 아날로그 신호로 복원하라. 원래의 정현파 신호와 함께 복원된 신호 및 양자화 잡음 신호를 같이 그려 보라. 또한 SNR을 계산하여 dB 값을 출력하도록 모델을 구성하라.

이 실습에서는 프레임 기반으로 데이터를 처리하여 시뮬레이션을 하는데, 프레임 기반의 처리에 대해서는 7.3절의 설명을 참고한다. 프레임 기반의 시뮬레이션에서 신호를 Scope에 디스플레이할 때 먼저 Unbuffer 블록을 사용하여 샘플 기반으로 변환해야 함을 유의한다. 신호 발생에서는 Signal Processing Blockset에 있는 Sine Wave 블록을 사용하고, 'Samples per frame' 파라미터는 100으로 설정하라. SNR을 구하기 위해서는 신호와 잡음의 평균 전력을 구해야 하는데, 신호를 제곱한 후 Signal Processing Blockset의 Statistics 라이브러리에 있는 'Mean' 블록을 사용하면 된다.

Uniform Encoder 및 Uniform Decoder 블록에서 양자화 비트수를 변화시키면서 SNR의 변화를 관찰한다.

6.2 [G.711 코덱을 사용한 비선형 양자화]

진폭이 1이고 주파수가 1 KHz인 정현파를 100 KHz로 표본화하여 원 신호로 가정하자. 이 신호를 G.711 코덱을 사용하여 부호화하고 다시 복호화하여 원 신호와 복원된 신호의 파형을 그려 보자. G.711 코덱은 입력을 16비트 정수로 가정하기 때문에 신호 발생기의 출력 데이터 포맷을 int16 유형으로 변환하는 것이 필요하다. 이를 위하여 Signal Processing Blockset의 Signal Management-Signal Attributes 라이브러리에서 'Data Type Conversion' 블록을 사용하는데, 블록 파라미터 설정에서 'Output data type'을 int16으로 설정한다. 또한 데이터 포맷을 정수로 변환하기 전에 먼저 신호발생기의 출력을 충분히 크게 증폭시킬 필요가 있다. 신호발생기의 출력을 8192배 증폭시킨 다음 Data Type Conversion 블록에 입력되도록 하자. μ-law companding 변환을 사용하고 부호화를 하라. 문제 6.1과 같이 프레임 기반의 시뮬레이션을 하며 (정현파 신호를 발생시킬 때 Signal Processing Blockset에 있는 Sine Wave 블록을 사용하여 프레임 단위로 데이터를 생성한다), SNR을 계산하여 dB 값을 출력하도록 모델을 구성하라. 시뮬레이션 시구간을 4 msec로 설정하고 시뮬레이션을 실행하여 원 신호, 복원된 신호, 양자화 잡음 신호의 파형을 관찰하고, SNR 값을 확인한다.

6.3 [DPCM]

진폭이 128이고 주파수가 40 Hz인 정현파를 100 KHz로 표본화하여 발생시켜서 이 신호를 원 신호로 사용하자. 다음의 두 가지 양자화 방식을 구현하고 SNR을 계산하라. 문제 6.1~6.2와 같이 프레임 기반의 시뮬레이션을 실행하라.

(a) Quantizer 블록을 사용하여 선형 양자화를 하라. 양자화는 신호의 전 범위(즉 -128 ~ +128)를 8 비트를 사용하여(즉 Quantization interval을 $2*128/2^8$로 하여) 양자화하라. SNR은 몇 dB인가?

(b) Quantizer 블록과 predictor를 사용하여 DPCM을 구현하라. Predictor는 간단하게 한 비트 지연기를 사용하며, Signal Processing Blockset의 Signal Management 라이브러리에 있는 'Delay Line' 블록을 이용하라. 양자화는 -64 ~ +64의 범위를 7 비트를 사용하라. SNR은 몇 dB인가?

6.4 [Delta Modulation]

진폭이 128이고 주파수가 40 Hz인 정현파를 원 신호로 사용하여 Delta Modulation (DM)을 구현해 보자. 신호를 1 MHz의 주파수로 표본화하여 DM 변조를 하라. Step size는 10을 사용하라. 시뮬레이션 시구간을 40 msec로 설정하고 시뮬레이션을 실행하여 원 신호, 복원된 신호, 양자화 잡음 신호의 파형을 관찰하고, SNR 값을 확인한다. 표본화 주파수와 Step Size를 변화시키면서 신호 파형과 SNR의 변화를 관찰한다.

Chapter 07

Communications Blockset을 이용한 디지털 통신 시스템 시뮬레이션

Chapter 07

Communications Blockset을 이용한 디지털 통신 시스템 시뮬레이션

7.1 Communications Blockset

Communications Blockset의 여러 라이브러리에 있는 블록을 SIMULINK에서 가져가 사용하면 통신 시스템의 분석을 편리하게 할 수 있다. Communications Blockset은 변조된 신호의 eye diagram이나 scatter diagram 등을 눈으로 쉽게 확인할 수 있는 블록을 포함하고 있고, 통신 채널의 영향과 통신 신호처리 블록들을 포함하고 있어서 통신 시스템의 모델링과 성능 분석을 쉽게 할 수 있다.

7.1.1 Communications Blockset 열기

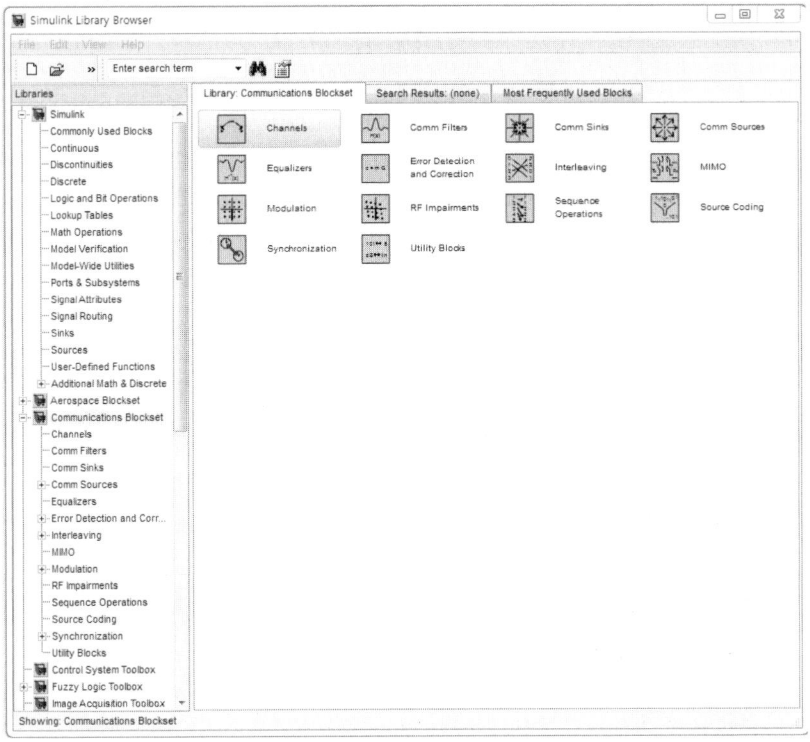

(a)

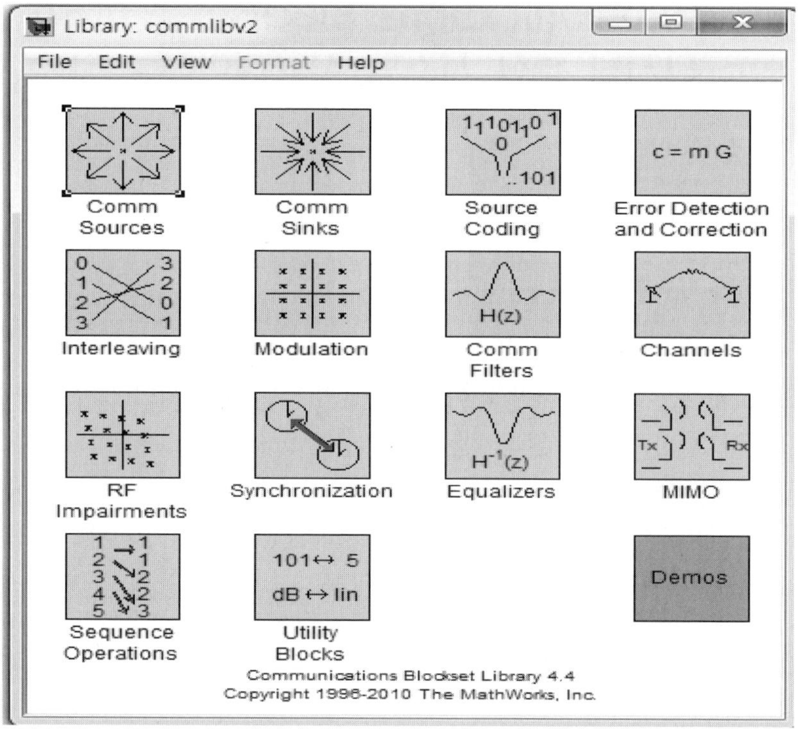

(b)

[그림 7.1] ASK 신호 파형과 ASK 신호의 발생 방법

Communications blockset에 있는 라이브러리는 그림 7.1(a)와 같이 Simulink Library Browser에서 폴더를 클릭하여 볼 수 있다. 다른 방법으로 MATLAB command line에서도

```
>> commlib
```

와 같이 명령문을 입력하면 그림 7.1(b)와 같이 Communications Blockset window가 열린다. 이 윈도우 안에는 여러 종류의 라이브러리 아이콘이 보이는데, 아이콘을 더블 클릭하면 해당 라이브러리에 포함된 블록들이 보인다.

7.1.2 Communications Blockset Library

Communications Blockset에는 Comm Sources, Comm Sinks 등 여러 가지의 라이브러리가 있다. 표 7.1에 Communications Blockset에 있는 주요 라이브러리와 그 안에 포함된 블록들을 보인다.

[표 7.1] Communications Blockset의 주요 라이브러리와 내부 블록

라이브러리명	블 록	
Comm Sources	Noise Generators	Gaussian Noise Generator, Rayleigh Noise Generator, Uniform Noise Generator
	Random Data	Bernoulli Binary Generator, Poisson Integer Generator, Random Integer Generator
	Sequence Generator	PN Sequence Generator, Walsh Sequence Generator, Hadamard Sequence Generator, Gold Sequence Generator, Kasami Sequence Generator, Barker Code Generator, OVSF Code Generator
Comm Sinks	Discrete-Time Eye Diagram Scope, Discrete-Time Scatter Plot Scope, Discrete-Time Signal Trajectory Scope, Error Rate Calculation	
Source Coding	Quantizers Library Link, Quantizing Encoder/Decoder, A-Law Compander, Mu-Law Compander, Differential Encoder/Decoder	
Error Detection and Correction	CRC	CRC Generator, CRC Syndrome Detector
	Block	BCH, Hamming, Binary Cyclic, Binary Linear, RS, LDPC
	Convolutional	Convolutional Encoder, Viterbi Decoder, APP Decoder
Interleaving	Block Interleaving, Convolutional Interleaving	
Modulation	Analog	DSBSC, DSB, SSB, FM, PM
	Digital	AM: M-PAM, General QAM, Rectangular QAM FM: M-FSK PM: BPSK, DBPSK, DQPSK, M-DPSK, M-PSK, QPSK, OQPSK CPM: CPFSK, CPM, MSK, GMSK TCM: General TCM, M-PSK TCM, Rectangular QAM TCM
Channels	AWGN, Binary Symmetric Channel, Multipath Rayleigh Fading Channel, Rician Fading Channel	
RF Impairments	Free Space Path Loss, I/Q Imbalance, Phase Noise, Phase/Frequency Offset, Memoryless Nonlinearity, Receiver Thermal Noise	
Utility Blocks	Bipolar to Unipolar Converter, Bit to Unteger Converter, Complex Phase Shift, dB Conversion, Data Mapper, EVM Measurement, MER Measurement	

7.2 랜덤 데이터의 발생

디지털 통신 시스템을 분석하기 위해서는 (의사)랜덤 데이터를 발생시켜 메시지로 사용할 필요가 있다. 송신측에서 랜덤 비트열을 발생시켜 전송하고 수신기에서 복구한 비트열을 송신된 비트열과 비교함으로써 디지털 통신 시스템의 비트오율 성능을 분석하

는 방법이 많이 사용된다. 이번 절에서는 이진 랜덤 비트열을 SIMULINK 모델에서 발생시키는 방법에 대해 알아 본다.

7.2.1 Comm Sources 라이브러리의 Bernoulli Binary Generator 블록을 이용하는 방법

Bernoulli Binary Generator 블록을 사용하면 랜덤 이진 수열을 발생시킬 수 있다. 그림 7.2(a)에 블록 다이어그램 모델을 보인다. Bernoulli Binary Generator 블록에 관계된 파라미터로는 0의 발생 확률, initial seed, sample time이 있다. 블록 파라미터의 설정과 함께 시뮬레이션 조건을 설정해야 한다.

시뮬레이션 조건에서 시구간을 설정하고 Bernoulli Binary Generator 블록 파라미터의 sample time을 설정하면 발생되는 비트 수가 결정된다. 예를 들어 1000 bps[bits per sec]로 데이터를 시구간 [0, 0.01] 초 동안 발생시키는 경우 Bernoulli Binary Generator 블록 파라미터 값과 시뮬레이션 조건을 각각 그림 (b)와 (c)처럼 설정하면 된다. 이렇게 하면 10 비트의 데이터가 발생되는데, Scope에서 본 파형은 그림 (d)와 같고 workspace로 보내진 데이터를 확인해 보면 그림 (e)와 같이 된다. 만일 1200 bps로 데이터를 발생시키려면 그림 (f)와 같이 sample time을 1/1200으로 설정한다. 시뮬레이션 조건을 그대로 하고 시뮬레이션을 실행하여 Scope 출력과 workspace에서 확인할 수 있는 데이터는 각각 그림 (g), (h)와 같다.

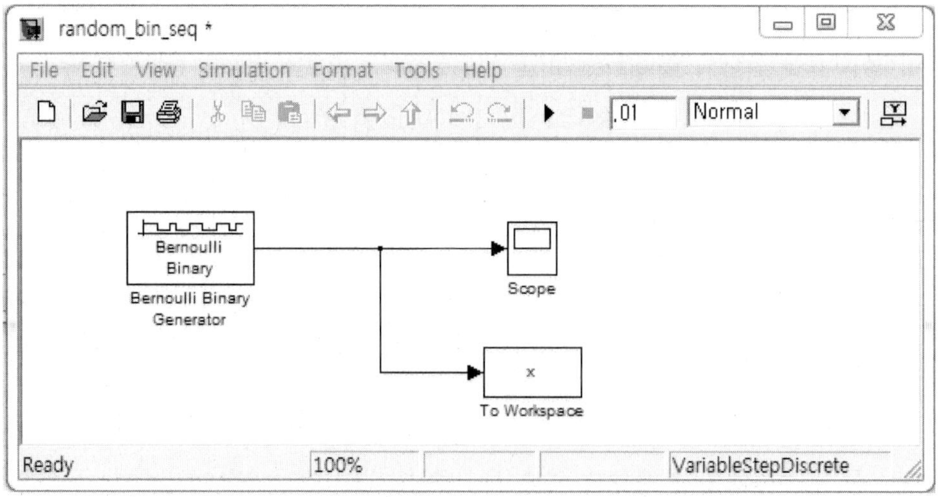

(a)

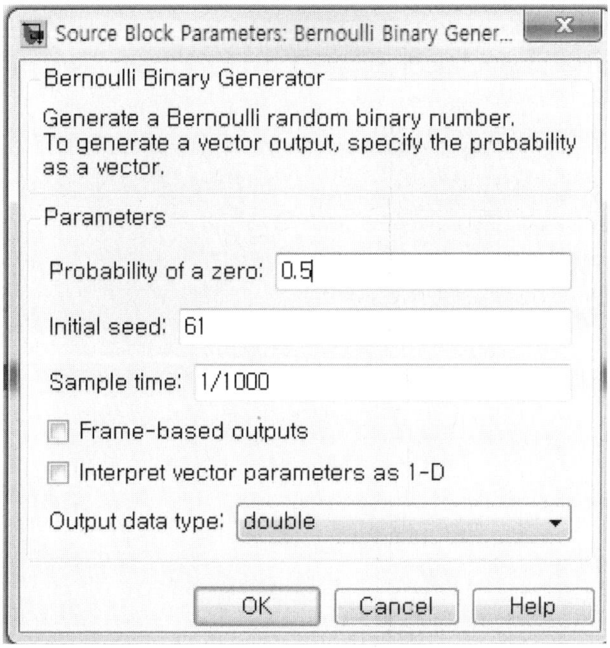
Source Block Parameters: Bernoulli Binary Gener...
Bernoulli Binary Generator
Generate a Bernoulli random binary number.
To generate a vector output, specify the probability as a vector.
Parameters
Probability of a zero: 0.5
Initial seed: 61
Sample time: 1/1000
Frame-based outputs
Interpret vector parameters as 1-D
Output data type: double
OK
Cancel
Help

(b)

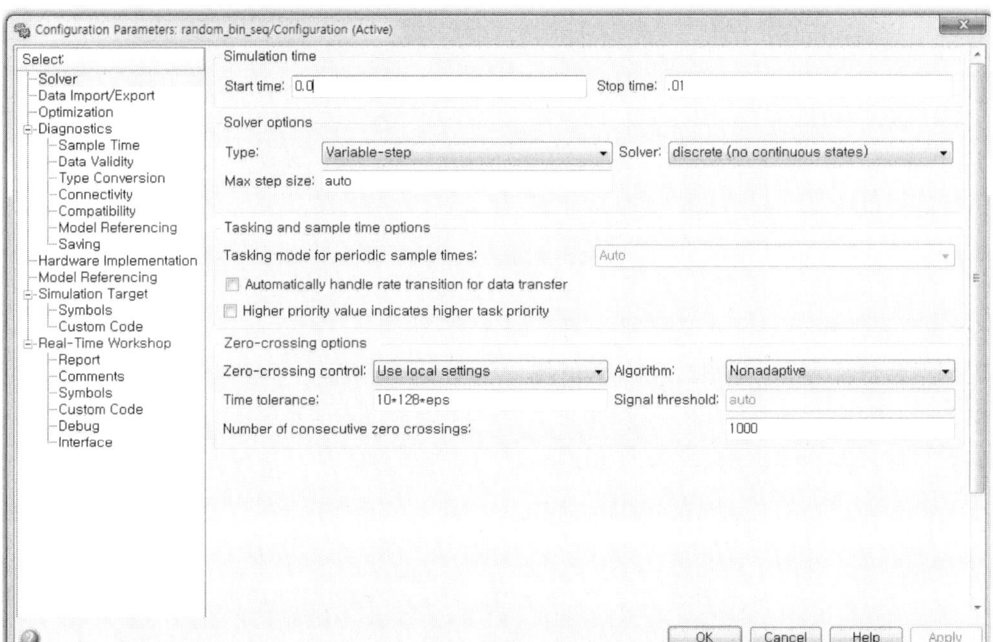
Configuration Parameters: random_bin_seq/Configuration (Active)
Select:
Solver
Data Import/Export
Optimization
Diagnostics
Sample Time
Data Validity
Type Conversion
Connectivity
Compatibility
Model Referencing
Saving
Hardware Implementation
Model Referencing
Simulation Target
Symbols
Custom Code
Real-Time Workshop
Report
Comments
Symbols
Custom Code
Debug
Interface
Simulation time
Start time: 0.0
Stop time: .01
Solver options
Type: Variable-step
Solver: discrete (no continuous states)
Max step size: auto
Tasking and sample time options
Tasking mode for periodic sample times:
Auto
Automatically handle rate transition for data transfer
Higher priority value indicates higher task priority
Zero-crossing options
Zero-crossing control: Use local settings
Algorithm: Nonadaptive
Time tolerance: 10*128*eps
Signal threshold: auto
Number of consecutive zero crossings: 1000
OK
Cancel
Help
Apply

(c)

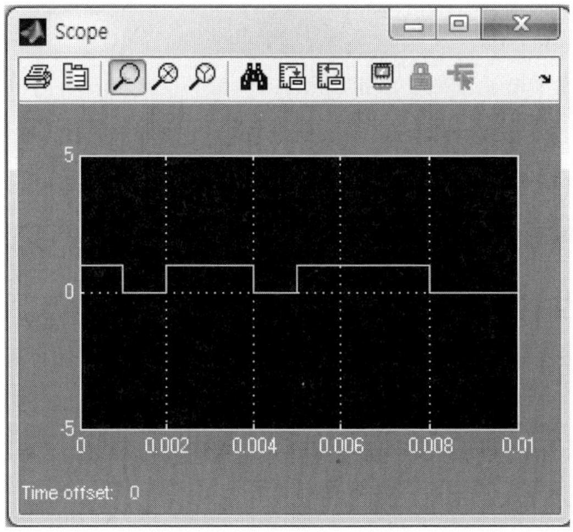
Scope
5
0
-5
0
0.002
0.004
0.006
0.008
0.01
Time offset: 0

(d)

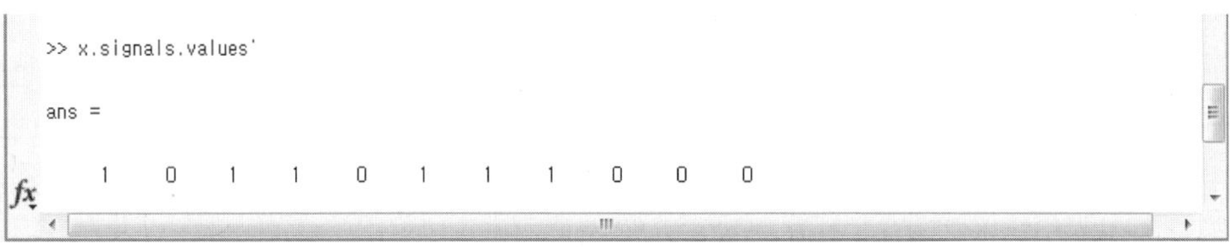
>> x.signals.values'
ans =
1 0 1 1 0 1 1 1 0 0 0

(e)

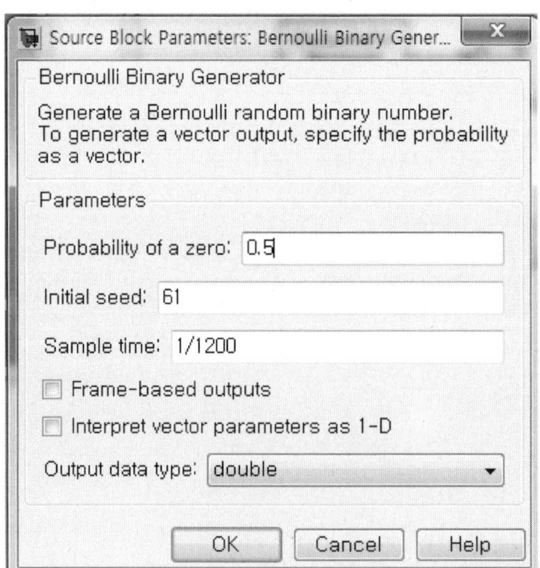
Source Block Parameters: Bernoulli Binary Gener...
Bernoulli Binary Generator
Generate a Bernoulli random binary number.
To generate a vector output, specify the probability
as a vector.
Parameters
Probability of a zero: 0.5
Initial seed: 61
Sample time: 1/1200
Frame-based outputs
Interpret vector parameters as 1-D
Output data type: double
OK
Cancel
Help

(f)

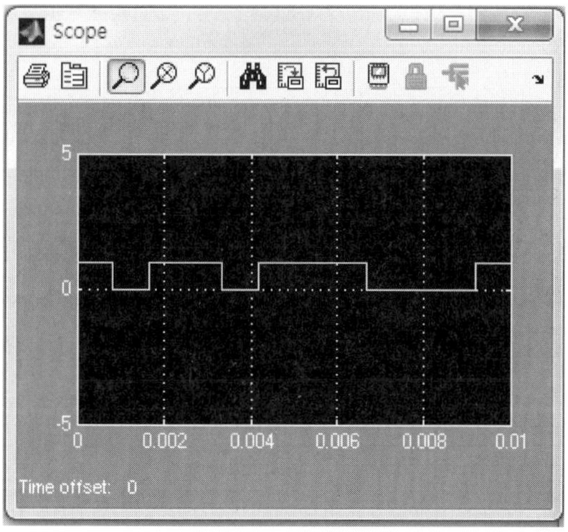

(g)

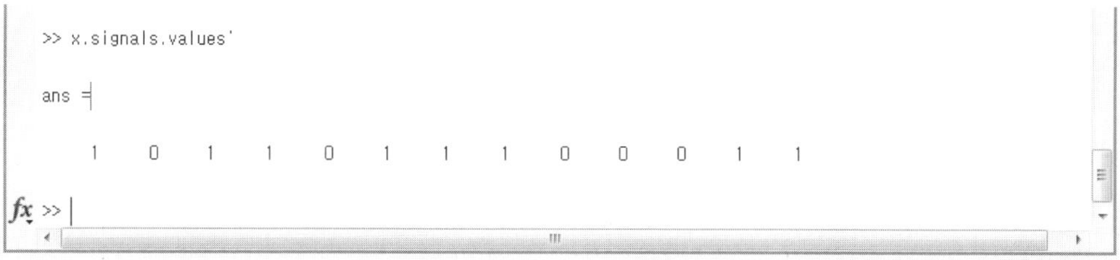

(h)

[그림 7.2] Bernoulli Binary Generator 블록을 이용한 랜덤 비트열의 발생

7.2.2 Comm Sources 라이브러리의 Noise Generator 블록을 이용하는 방법

Noise Generator, DSP Constant, Relational Operator 블록들을 사용해도 랜덤 이진 수열을 발생시킬 수 있다. 그림 7.3(a)에 블록 다이어그램 모델을 보이며, (b)와 (c)에 블록 파라미터의 설정을 보인다. Relational Operator 블록은 Commonly Used Blocks 라이브러리에 있는데, 파라미터를 바꿈으로써 〉, 〉=, ==, ~= 등 관계연산자로 사용할 수 있다. Uniform Noise Generator가 0과 1 사이의 값을 갖는 난수를 발생시키도록 하고, 발생된 값을 0.5와 비교하여 크면 1로 하고 작으면 0으로 하게 하여 이진 데이터로 변환시킨다. Constant 블록에서 상수 값은 0.5로 선택하고, Sample time은 inf로 하거나 Noise Generator의 Sample time과 맞춰주면 된다. 여기서 블록의 Sample time이 inf라는 것은 블록의 출력이 변화하지 않는다는 것을 의미한다.

7.2.1절과 같은 조건으로 시뮬레이션을 수행하면 동일한 결과가 얻어지는 것을 확인할 수 있다.

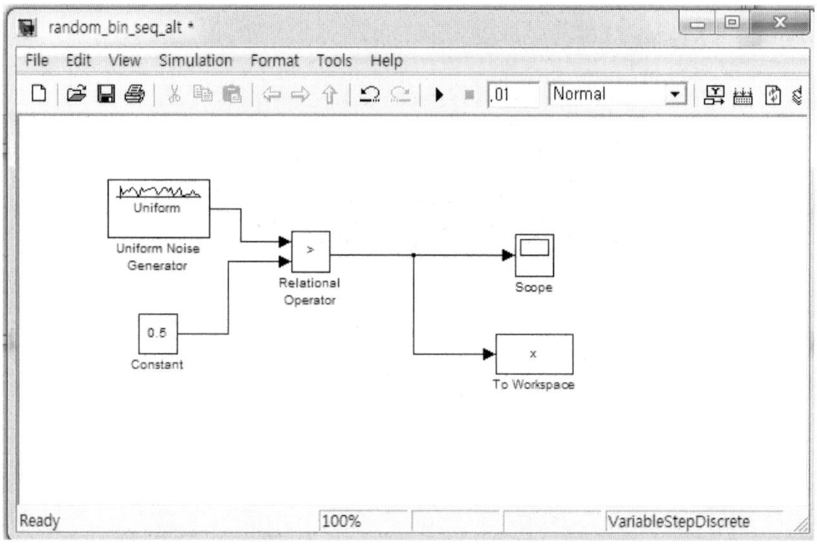

(a)

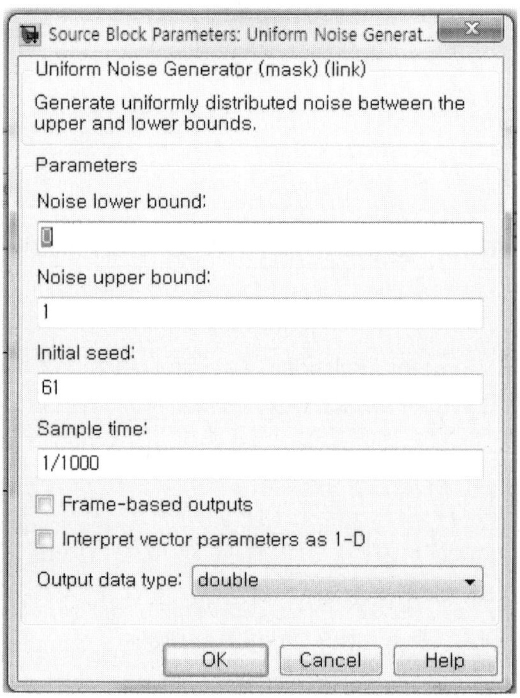

(b)

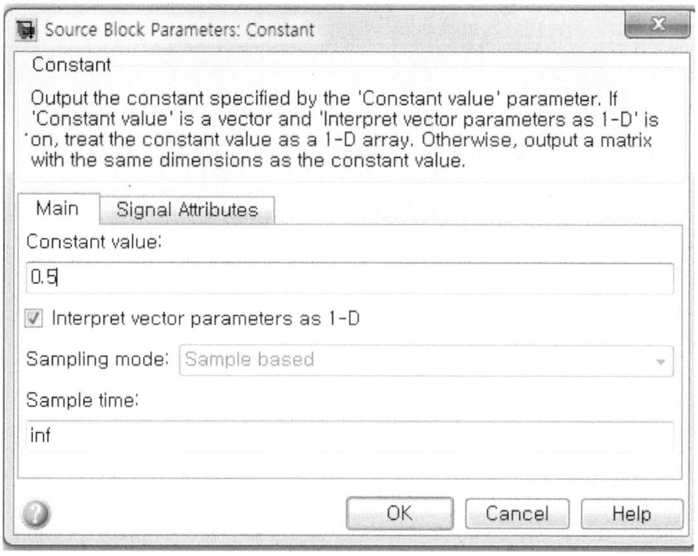

(c)

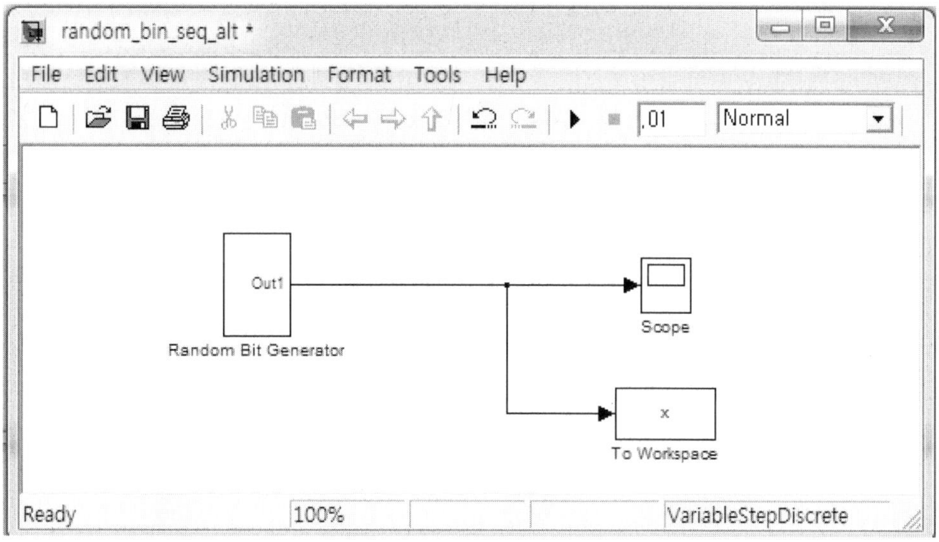

(d)

[그림 7.3] Noise Generator 블록을 이용한 랜덤 비트열의 발생

그림 7.3(a)에서 랜덤 이진 비트열을 발생시키는 블록들을 하나의 서브시스템으로 만들 수 있다. Uniform Noise Generator, Constant, Relational Operator로 구성된 블록을 선택하여 Subsystem으로 만들면(Edit 메뉴에서 만들거나 마우스 오른쪽 버튼을 클릭하여 "Create Subsystem" 선택) 그림 7.3(d)와 같이 된다. 서브시스템명은 변경이 가능하다.

7.3 프레임 기반 데이터 처리

7.3.1 샘플 기반 데이터 처리와 프레임 기반 데이터 처리

모델에서 샘플 단위로 데이터가 흘러가면서 처리되는 것을 샘플 기반 데이터 처리라 하고, 여러 개의 샘플들이 한 번에 전송되면서 일괄적으로 처리되는 것을 프레임 기반 데이터 처리라고 한다. 프레임 기반 데이터 처리를 하면 MATLAB의 행렬 연산 능력의 장점을 이용함으로써 시뮬레이션 오버헤드를 감소시킬 수 있다. 또한 통신 알고리즘에서는 프레임 단위로 연산을 수행해야 하는 경우가 많이 있다. 예를 들어 주파수 영역 신호 분석에서는 프레임 기반의 데이터 처리가 필요하다.

7.3.2 프레임 기반 데이터의 발생

Signal Processing Blockset과 Communications Blockset의 signal sources 라이브러리에 있는 블록에서 발생되는 신호는 프레임 기반 데이터로 처리할 수 있다. 프레임 기반 데이터를 발생시키기 위해서는 소스 블록에서 파라미터 설정을 그림 7.4에 보인 예와 같이 한다. 즉 "Frame-based outputs" 체크 박스를 선택하고, 프레임 당 샘플 개수를 입력한다.

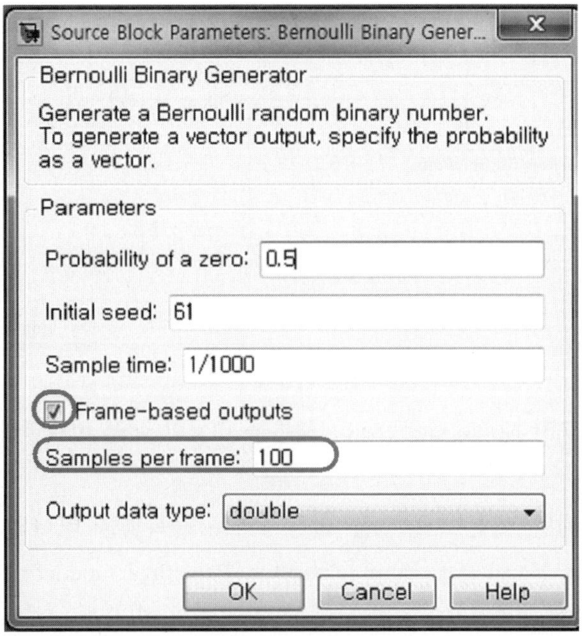

[그림 7.4] 프레임 기반 데이터의 발생을 위한 파라미터 설정의 예

7.3.3 프레임 기반 신호의 디스플레이

프레임 기반 데이터로서의 신호를 그림으로 나타내기 위하여 두 가지 방법을 사용할 수 있다. 한 가지 방법은 Signal Processing Blockset에 있는 Vector Scope를 사용하는 것이고, 다른 방법은 SIMULINK Scope을 그대로 사용하면서 Scope에 신호를 입력하기 전에 먼저 Unbuffer 블록을 사용하여 프레임 기반 신호를 샘플 기반 신호로 변환시키는 것이다. 이 Unbuffer 블록은 Signal Processing Blockset의 Signal Management 라이브러리에 있다.

그림 7.5(a)에 프레임 기반 데이터를 발생시킨 후 파형을 그리는 두 가지 방법을 보인다. 블록 다이어그램 모델에서 프레임 기반의 데이터는 신호 흐름선이 두 겹으로 나타나는 것을 볼 수 있다. Unbuffer 출력은 샘플 기반 신호이므로 한 겹의 실선으로 나타난다. 그림 7.4와 같이 파라미터를 설정하고(데이터율은 1 kbps이고 100 비트 단위로 프레임 처리), 시뮬레이션 시구간을 [0, 0.2]로 하여 시뮬레이션을 실행하여 그려지는 신호를 그림 7.5(b)와 (c)에 보인다.

발생된 데이터 크기를 확인하기 위해 MATLAB command 윈도우에서 size 명령문을 사용해 보자. 시뮬레이션 조건에서 0.2 초를 포함시켰으므로 0~0.099 초의 100 개 비트, 0.1~0.199 초의 100 비트, 0.2~0.299 초의 100 비트가 발생되어 총 300 비트의 데이터가 발생되어 그림 7.5(d)와 같은 결과를 얻는다.

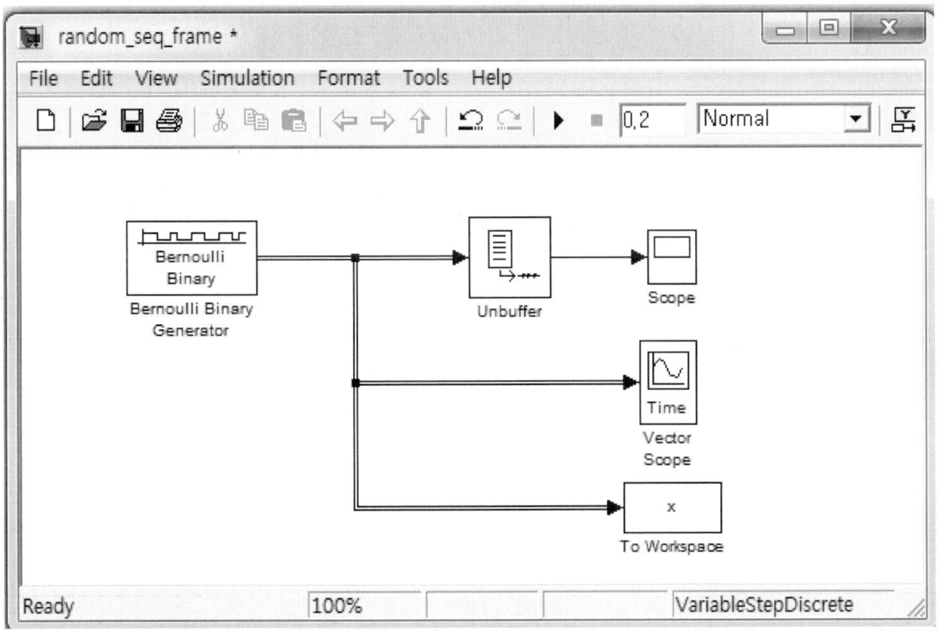

(a)

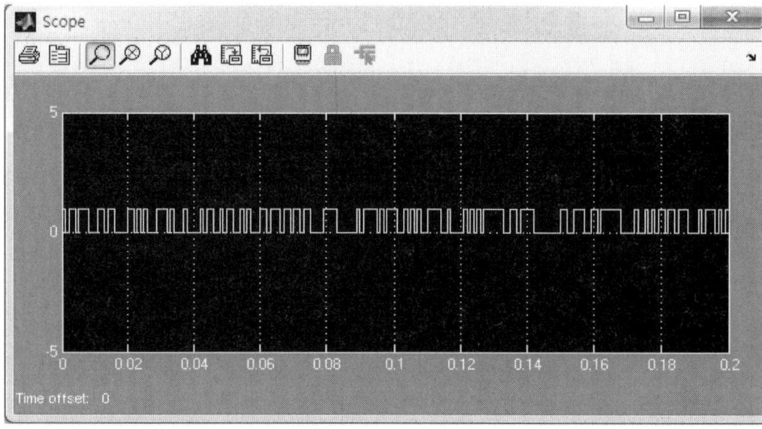

(b)

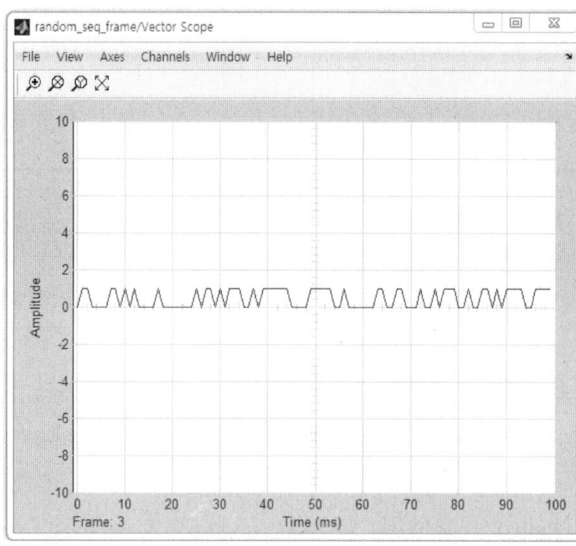

(c)

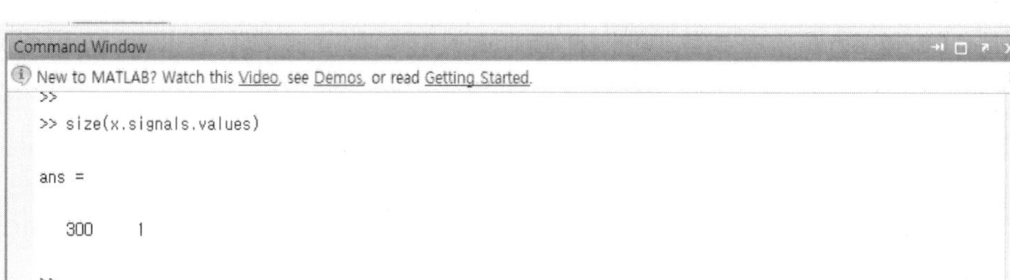

(d)

[그림 7.5] 프레임 기반 데이터 처리

7.3.4 샘플기반/프레임기반/멀티채널 신호의 연산

샘플 기반의 신호 표현

샘플 기반의 데이터 처리에서도 멀티채널의 신호를 벡터나 행렬로써 표현할 수 있다. 각 샘플 시간에서 멀티 채널의 신호는 row 벡터로 표현한다. $1\times N$ 벡터는 N개의 독립된 채널에서 샘플 시점에서의 신호 값을 의미한다.

프레임 기반의 신호 표현

신호가 단일 채널인 경우 프레임 기반 데이터 처리에서 신호는 $M\times 1$ column 벡터로 표현된다. 여기서 M은 프레임을 구성하는 샘플의 개수이다. 멀티채널의 프레임 기반 데이터 처리에서는 신호가 $M\times N$ 행렬로써 표현된다. 행렬의 각 열은 해당 채널의 신호 프레임을 의미하며, 각 행은 샘플 시점에서 여러 채널의 신호 값을 의미한다. 프레임 기반 데이터 처리를 하면 SIMULINK 블록들은 입력 데이터를 열 단위로 연산을 한다.

멀티채널 신호 처리

Signal Processing Blockset이나 Communications Blockset의 블록들은 모두 프레임 기반 데이터 처리가 가능하다. 그러나 Signal Processing Blockset의 블록들이 멀티채널 데이터 처리가 가능한 반면 Communications Blockset의 블록들은 단일 채널의 데이터만 처리가 가능하다.

예제 7.1 [프레임 기반의 신호 및 멀티채널 신호의 처리]

(a) 주파수가 1 Hz이고 진폭이 1인 정현파를 1/4 초마다 표본화한 신호를 발생시키고, 프레임 당 8 개의 샘플이 포함되도록 하라. 발생된 신호를 3 배 증폭한 다음 Vector Scope에 파형을 그려 보라.

(b) 발생시킨 신호와 증폭된 신호를 각각 다른 채널로 구성하여 Vector Scope에 두 채널의 신호 파형을 그려 보라.

풀이

(a) DSP Blockset에서 Sine Wave 블록을 가져 와서 그림 7.6(a)와 같이 모델을 구성하고 블록 파라미터는 그림 (b)와 같이 선정한다. 그림 (a)에 나타나 있는 것처럼 프레임 기반 신호의 dimension이 표기되도록 하려면 그림 (c)와 같이 모델 윈도우에서 'Format' 메뉴를 설정한다. 시뮬레이션을 실행하면 그림 (d) 와 같은 파형이 나타난다.

(b) 신호발생 블록으로부터 만들어진 신호와 증폭된 신호를 멀티채널 신호로 통합하기 위해 Signal Processing Blockset의 라이브러리에서 'Matrix Concatenate' 블록을 사용하여 그림 (e)와 같이 모델을 구성한다. 시뮬레이션을 실행하면 Vector Scope에 그림 (f)와 같은 파형이 그려진다. Channel legend를 추가하기 위해서는 Vector Scope 블록 파라미터 설정 창을 열고 'Display Property' 탭을 클릭한 다음 해당 파라미터를 선택하면 된다. 채널 별 파형의 특성(선 모양 및 색깔 등)을 변경하기 위해서는 Vector Scope 창의 메뉴바에서 'Channels' 메뉴를 선택하여 선택사항을 변경하면 된다.

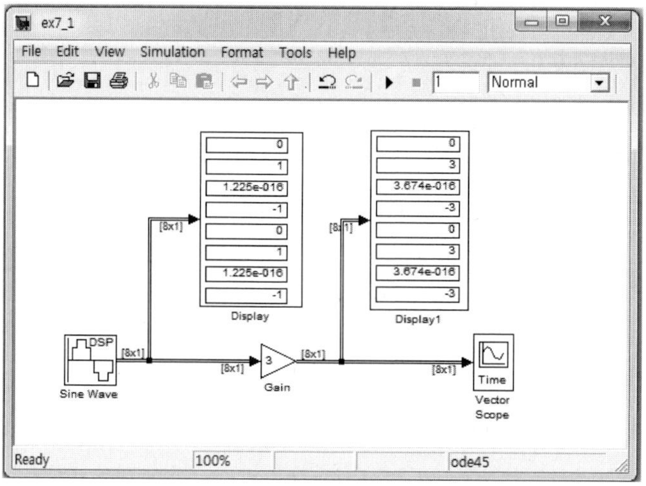

(a)

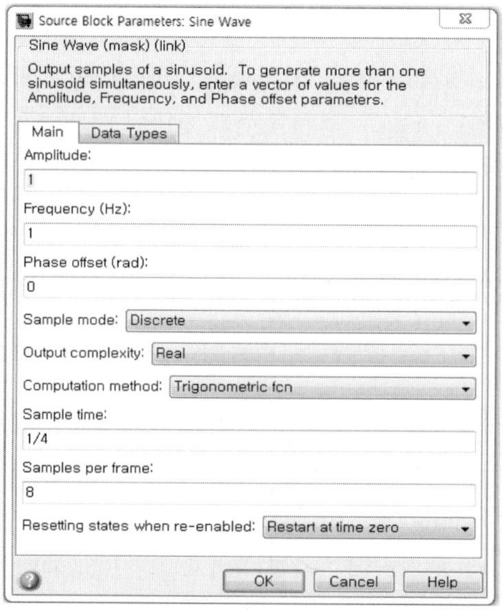

(b)

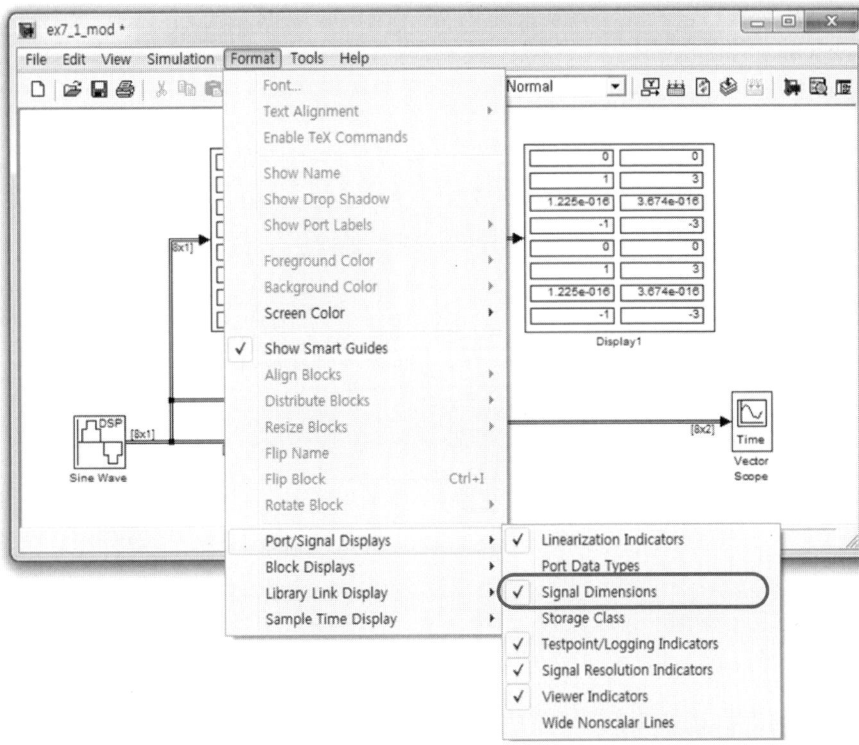
ex7_1_mod *
File Edit View Simulation Format Tools Help
Font...
Text Alignment
Enable TeX Commands
Show Name
Show Drop Shadow
Show Port Labels
Foreground Color
Background Color
Screen Color
Show Smart Guides
Align Blocks
Distribute Blocks
Resize Blocks
Flip Name
Flip Block Ctrl+I
Rotate Block
Port/Signal Displays
Block Displays
Library Link Display
Sample Time Display
Linearization Indicators
Port Data Types
Signal Dimensions
Storage Class
Testpoint/Logging Indicators
Signal Resolution Indicators
Viewer Indicators
Wide Nonscalar Lines
Normal
Display1
Sine Wave
Time
Vector Scope

(c)

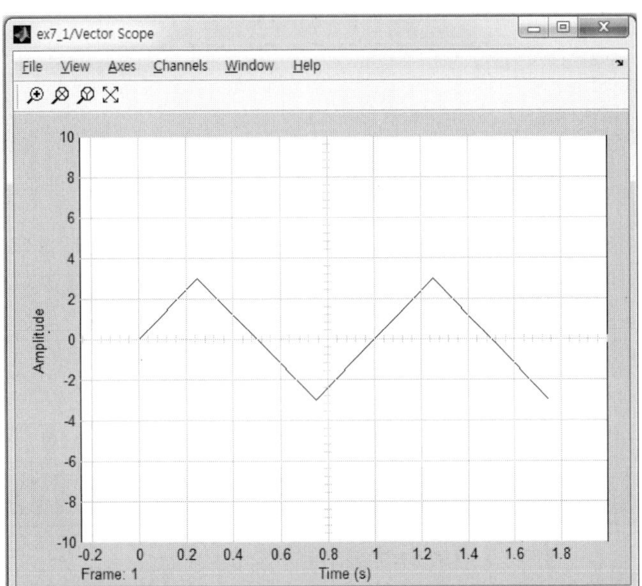
ex7_1/Vector Scope
File View Axes Channels Window Help
Amplitude
Frame: 1
Time (s)

(d)

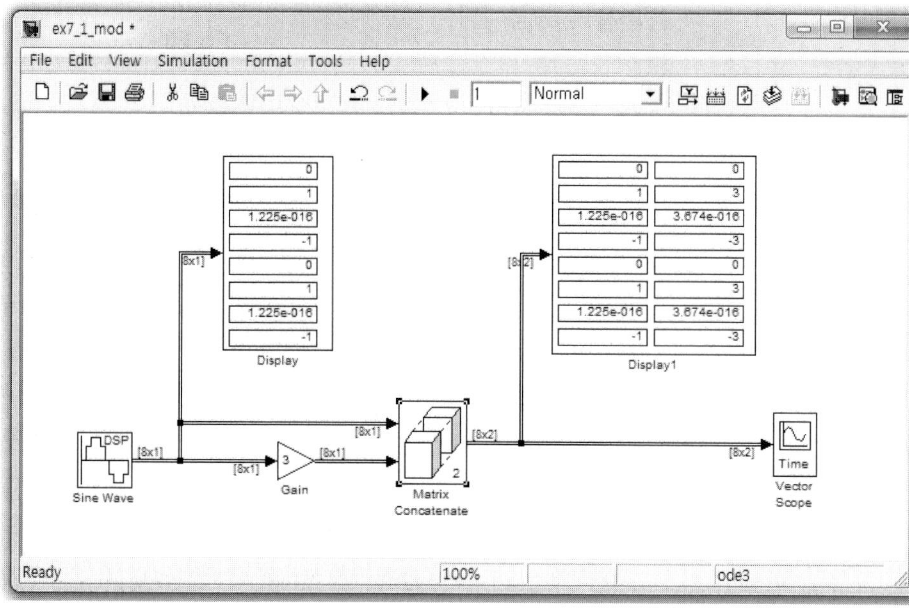

(e)

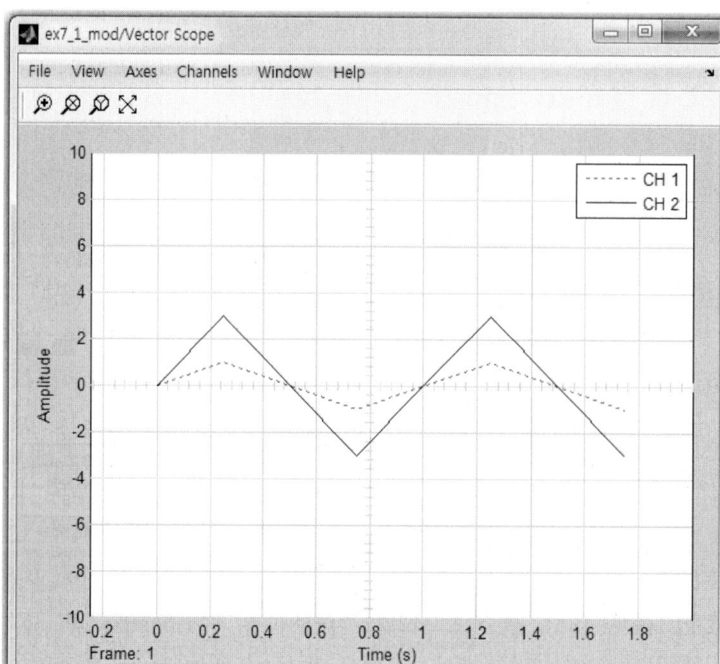

(f)

[그림 7.6] 프레임 기반 및 멀티채널 신호 처리의 예(ex7_1.mdl 참고)

7.4 디지털 대역통과 변조

MATLAB/SIMULINK를 이용한 디지털 통신 시스템을 분석하기 전에 먼저 주요 디지털 대역통과 변조 방식에 대하여 정리해 보도록 하자.

ASK(Amplitude Shift Keying)

진폭천이 변조 방식(Amplitude Shift Keying: ASK)은 정보 데이터에 의하여 반송파의 진폭을 결정하는 변조 방식이다. 이진 통신에서는 두 가지의 진폭이 사용되는데, 정보 비트가 1이면 반송파의 진폭을 A로 하고 정보 비트가 0이면 진폭을 0으로 한다. 따라서 전송 신호는 다음과 같이 표현된다:

$$s(t)=\begin{cases} s_1(t)=A\cos(2\pi f_c t) & \text{for binary 1,} \quad 0\le t\le T_b \\ s_2(t)=0 & \text{for binary 0,} \quad 0\le t\le T_b \end{cases} \tag{7.1}$$

이와 같은 이진 ASK 신호의 파형은 데이터가 1인 구간에서는 반송파가 있고 데이터가 0인 구간에서는 반송파가 없는 형태가 되므로 OOK(On-Off Keying) 변조라고 부르기도 한다. 그림 7.7에 이진 ASK 신호 파형의 예를 보인다.

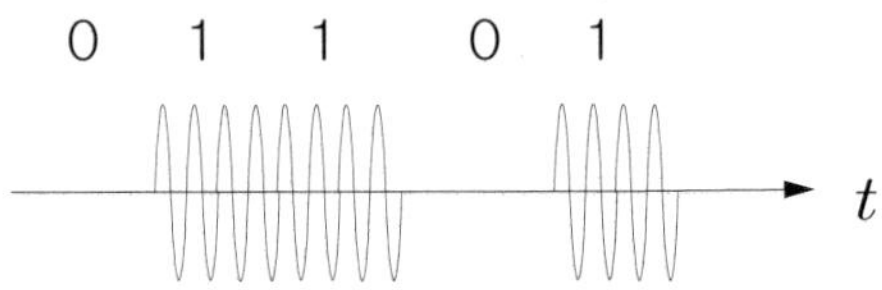

[그림 7.7] ASK 신호의 파형

FSK(Frequency Shift Keying)

주파수천이 변조 방식(Frequency Shift Keying: FSK)은 정보 데이터에 의하여 반송파의 순시 주파수가 여러 값 사이에서 천이되도록 하는 전송 방식이다. 이진 FSK 변조의 경우 변조된 신호는 두 개의 순시 주파수를 갖는다. 이진 FSK 신호는 다음과 같이 표현할 수 있다.

$$s(t)=\begin{cases} s_1(t)=A\cos(2\pi f_1 t) & \text{for binary 1,} \quad 0\le t\le T_b \\ s_2(t)=A\cos(2\pi f_2 t) & \text{for binary 0,} \quad 0\le t\le T_b \end{cases} \tag{7.2}$$

FSK 신호는 진폭이 일정하기 때문에 채널의 진폭 변화에 덜 민감하다. FSK는 두 개의 서로 다른 주파수를 사용하여 정보를 전달하므로 수신기에서는 두 개의 주파수 중 어느 주파수로 들어오는지만 검출하면 되므로 간단히 수신기를 구성할 수 있으며 진폭 왜곡에 상당히 강인하다. 그림 7.8에 이진 FSK 변조된 파형의 예를 보인다. FSK 신호의 파형은 반송 주파수가 서로 다른 두 개의 OOK 신호의 합으로 볼 수 있다.

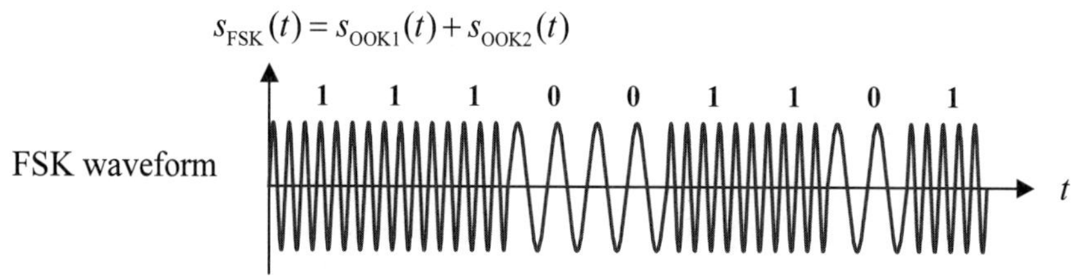

[그림 7.8] FSK 신호의 파형

PSK(Phase Shift Keying)

위상천이 변조(PSK: Phase Shift Keying)는 정보 데이터 심볼 값에 따라 반송파의 위상이 여러 가지 상태로 천이되도록 하는 변조 방법이다. 정보 데이터가 이진 비트열인 경우 전송되는 신호는 데이터에 따라 반송파의 위상이 둘 중 하나의 값으로 천이되는데, 이러한 변조 방식을 이진 위상천이변조(BPSK: Binary Phase Shift Keying)라 한다. BPSK 신호는 다음과 같이 표현할 수 있다.

$$s(t) = \begin{cases} s_1(t) = A\cos(\omega_c t + \theta_1), & \text{for binary 1} \\ s_2(t) = A\cos(\omega_c t + \theta_1 + \pi) = -s_1(t), & \text{for binary 0} \end{cases} \tag{7.3}$$

여기서 임의의 상수 θ_1을 0으로 가정하면 BPSK 신호는 간단히

$$s(t) = \pm A\cos\omega_c t, \quad 0 \le t \le T_b \tag{7.4}$$

와 같이 표현되어, 데이터에 따라 신호의 부호가 결정된다. 그러므로 BPSK 신호는 기저대역 양극성 NRZ 신호를 DSB 변조하여(즉 양극성 NRZ 신호와 반송파 $A\cos\omega_c t$를 곱하여) 발생시킬 수 있다. 그림 7.9에 BPSK 신호 파형의 예를 보인다.

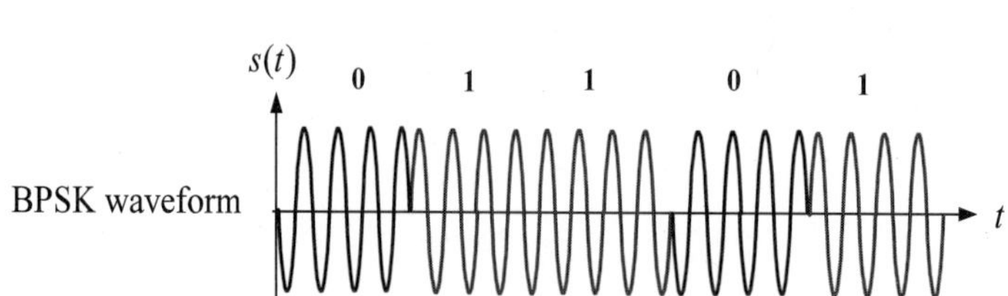

[그림 7.9] PSK 신호의 파형

DPSK(Differential Phase Shift Keying)

PSK 변조방식은 수신기에서 재생한 반송파의 위상에 모호성이 있어서 복조기의 출력이 0과 1을 완전히 반대로 판단하는 결과가 나올 수 있다. 차동 위상천이 변조(DPSK)는 수신기에서 인접한 비트 구간에서 반송파의 위상 차만 알면 복조가 가능한 방식이다. 즉 반송파의 절대 위상에 정보가 담겨 있는 것이 아니라 인접 비트 구간에서의 상대적인 위상에 정보가 담겨 있어서 DPSK 수신기에서는 비트 구간마다 신호의 위상이 0° 인지 180° 인지를 구별해서 비트 판정을 하는 것이 아니라 현재 비트 구간에서의 신호 위상이 이전 비트 구간에서의 위상과 같은지 다른지만 구별하여 비트를 판정한다. 따라서 재생된 반송파가 원래의 반송파와 반대의 극성을 가진 것인지 아닌지에 관한 모호함이 복조에 영향을 주지 않는다.

그림 7.10에 DPSK 신호를 발생시키는 방법을 보인다. BPSK에서는 $b(t)$를 DSB 변조하여 전송하지만, DPSK에서는 b_i를 부호화하여 만들어진 새로운 비트 열 g_i로부터 만들어진 NRZ 신호 $g(t)$를 DSB 변조하여 전송한다. 새로운 비트 열 g_i는 현재의 정보 비트 b_i와 이전의 부호화된 데이터 비트 g_{i-1}을 XOR(Exclusive OR) 연산을 하여 발생시킨다. 이 과정은 그림과 같이 부호화된 신호 $g(t)$를 한 비트 구간 T_b만큼 지연시킨 $g(t-T_b)$를 XOR 게이트의 한 입력으로 하고 다른 입력은 $b(t)$가 되도록 하여 발생시킨다. 표 7.1에 그림 7.10 회로의 동작을 진리표로 작성한 결과를 보인다. 이 표를 살펴보면 $b_i=0$의 경우 g_i는 이전 비트 g_{i-1}과 동일하게, 즉 $g(t)=g(t-T_b)$이 되도록 부호화된다는 것을 알 수 있다. 한편 정보 비트가 $b_i=1$인 경우에는 g_i는 이전 비트 g_{i-1}과 다르게, 즉 $g(t)=\overline{g(t-T_b)}$이 되도록 부호화된다.

이와 같이 입력이 1이면 출력의 논리 값을 이전 값과 다르게 하고, 입력이 0이면 출력의 논리 값을 이전 상태와 동일하게 하는 부호화 방법을 차동 부호화(differential encoding)라 한다. 이러한 부호화기는 매우 간단히 구현되고 데이터 모뎀의 전송률(throughput)을 변화시키지 않는다. DPSK에서는 부호화기 출력 신호 $g(t)$를 DSB 변조하여 전송하므로, 결과적으로 정보 비트가 $b_i=0$이면 반송파의 위상이 이전 비트 구간과 동일하고, 반대로 정보 비트가 $b_i=1$이면 반송파의 위상이 180° 반전되어 전송된다. 즉 정보 비트가 반송파 위상의 반전 유무를 결정하게 된다. 그러므로 DPSK 신호의 복조에서도 비트 구간마다 위상 반전이 있는지 없는지만 검출하면 데이터를 복원할 수 있게 된다.

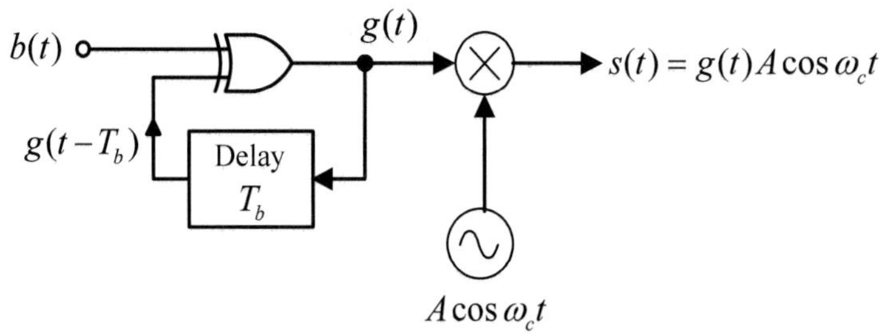

(a) DPSK 변조기

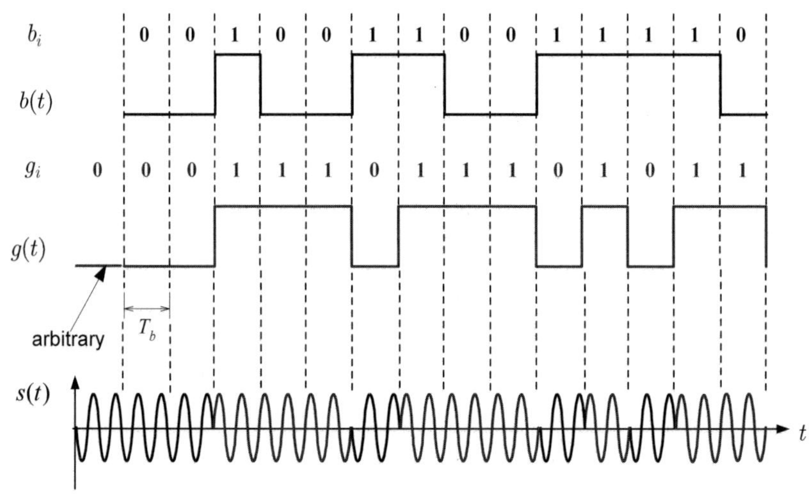

(b) 부호화 비트 및 DPSK 파형의 예

[그림 7.10] DPSK 변조기와 파형

[표 7.1] 차동 부호화기 진리표

정보 비트		이전 부호화기 출력		현 부호화기 출력		
b_i	$b(t)$	g_{i-1}	$g(t-T_b)$	g_i	$g(t)$	
0	-1	**0**	-1	**0**	-1	$g(t) = g(t-T_b)$
0	-1	**1**	1	**1**	1	
1	1	**0**	-1	**1**	1	$g(t) = \overline{g(t-T_b)}$
1	1	**1**	1	**0**	-1	

QPSK(Quadrature Phase Shift Keying)

대역통과 변조의 반송파 $\cos\omega_c t$ 와 90° 위상 차를 갖는 $\sin\omega_c t$ 는 서로 직교한다. 따라서 이 두 개의 직교 반송파를 사용하여 다중화시킴으로써 데이터율을 두 배로 증가시킬 수 있다. 즉 데이터율이 R_b 인 한 개의 BPSK 신호를 전송하는데 필요한 대역폭($B = 2/T_b = 2R_b$)을 가지고 두 개의 BPSK 신호를 전송할 수 있다. 그림 7.11에 변복조기의 구조를 보인다. 입력되는 신호의 데이터율이 R_b 라면 직/병렬 변환기를 거치면 홀수 비트로부터 만들어진 신호 $b_o(t)$ 와 짝수 비트로부터 만들어진 신호 $b_e(t)$ 는 데이터율이 $R_b/2$ 로 절반이 되며, 따라서 신호의 값이 $2T_b$ 동안 유지된다. 즉 심볼 길이가 $T_s = 2T_b$ 로 비트 길이의 두 배로 늘어난다. 이 두 개의 신호를 직교 반송파 $\cos\omega_c t$ 와 $\sin\omega_c t$ 를 사용하여 BPSK 변조한 후 더하여 전송한다. 따라서 변조된 신호는

$$s_{\text{QPSK}}(t) = \begin{cases} \sqrt{2}A\cos\left(\omega_c t + \dfrac{3\pi}{4}\right) \leftrightarrow (b_o, b_e) = (0\,0) \\ \sqrt{2}A\cos\left(\omega_c t - \dfrac{3\pi}{4}\right) \leftrightarrow (b_o, b_e) = (0\,1) \\ \sqrt{2}A\cos\left(\omega_c t + \dfrac{\pi}{4}\right) \leftrightarrow (b_o, b_e) = (1\,0) \\ \sqrt{2}A\cos\left(\omega_c t - \dfrac{\pi}{4}\right) \leftrightarrow (b_o, b_e) = (1\,1) \end{cases} \quad 0 \le t \le 2T_b \tag{7.5}$$

와 같이 된다. QPSK는 BPSK에 비해 절반의 대역폭($B = 1/T_b$)을 사용한다.

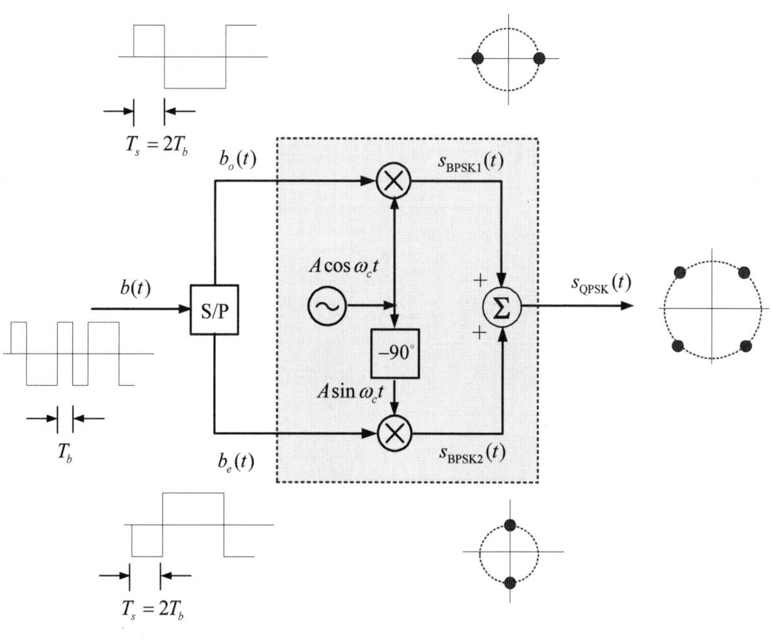

(a) 송신기

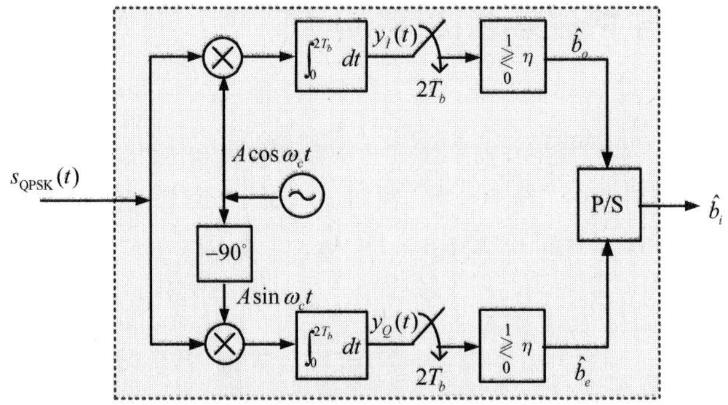

(b) 수신기

[그림 7.11] QPSK 시스템

그림 7.12에 입력 신호로부터 $b_o(t)$와 $b_e(t)$가 생성되는 예를 보인다. 신호 $b(t)$의 펄스 폭은 T_b 이며, $b_o(t)$와 $b_e(t)$의 펄스 폭은 $T_s = 2T_b$ 이다. 이로부터 만들어지는 QPSK 신호는 심볼 길이($T_s = 2T_b$)마다 반송파의 위상이 $0, \pm\pi/2, \pm\pi$ 만큼 변화할 수 있다. 그림 7.13에 QPSK 반송파의 가능한 위상천이를 보인다. QPSK 신호의 복조는 그림 7.11(b)와 같은 수신기를 이용하여 구현할 수 있다. 수신신호에 직교 반송파를 곱하고 $2T_b$ 구간 동안 적분함으로써 홀수 비트와 짝수 비트에 대한 상관 수신기가 구현되며 문턱 값 판정기를 통하여 정보 비트열이 복원된다.

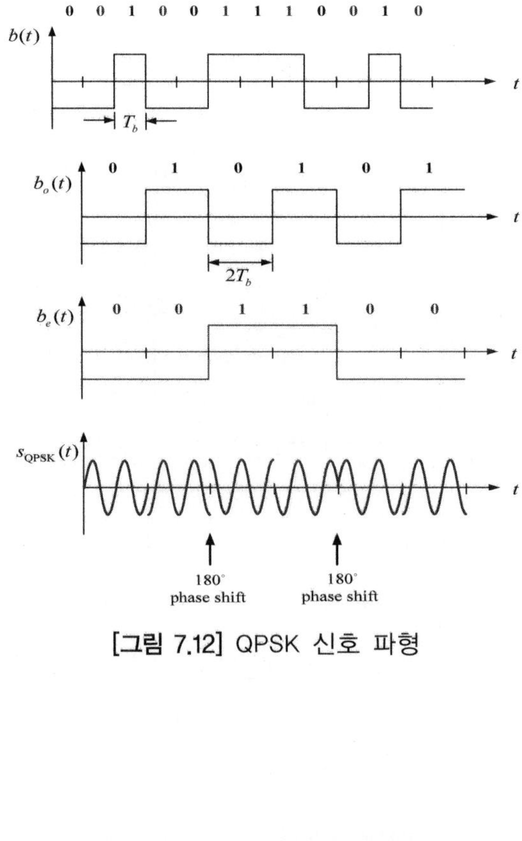

[그림 7.12] QPSK 신호 파형

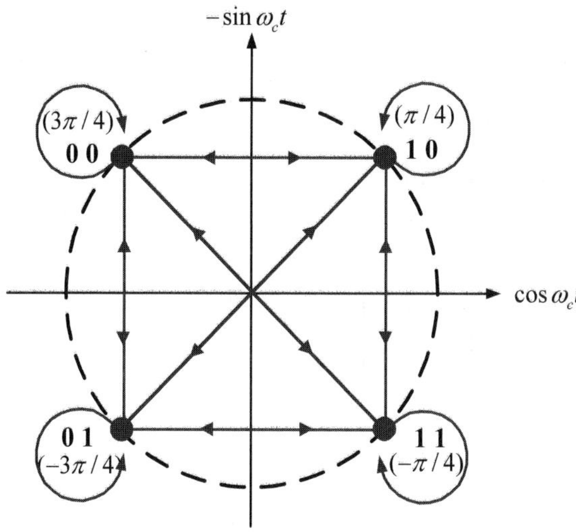

[그림 7.13] QPSK 신호의 가능한 위상 천이

OQPSK(Offset QPSK)

QPSK 신호의 반송파 위상은 $2T_b$ 마다 변할 수 있다. 만일 $2T_b$ 후에 $b_o(t)$와 $b_e(t)$ 모두 부호가 변화하면 반송파 위상의 천이는 π 만큼 생긴다. 변조된 신호가 스펙트럼의 부대엽(sidelobe)을 줄이기 위한 필터를 통과하게 되면 파형의 정 포락선(constant envelope) 특성이 손상된다. 특히 180° 의 위상천이는 포락선을 순간적으로 0이 되게 한다. 따라서 선형성이 매우 좋은 전력 증폭기의 사용이 요구된다. 이것은 이동 단말기와 같이 저렴하고 전력 효율이 좋은 증폭기의 사용이 바람직한 경우 적합하지 않게 된다.

OQPSK 변조 방식은 $b_o(t)$와 $b_e(t)$ 중 하나가 시간 상으로 반 심볼 길이만큼, 즉 $T_s/2 = T_b$ 만큼 지연되도록 만들고 직교 반송파로 다중화/변조하는 전송 방식이다. 두 신호간 시간차가 생기게 함으로써 $b_o(t)$와 $b_e(t)$가 동시에 부호 변화가 일어나는 것을 방지하여, 변조된 신호의 반송파 위상이 180° 천이되는 현상이 발생하지 않는다. 그림 7.14에 OQPSK의 홀짝수 비트 신호와 위상 천이 성질을 보인다. QPSK가 $T_s = 2T_b$마다 위상 천이가 일어나는데 비해 OQPSK는 $T_s/2 = T_b$마다 최대 90° 의 위상 천이가 일어날 수 있으며, 필터를 통과하였을 때 QPSK와 달리 포락선이 순간적으로 0으로 떨어지는 일이 발생하지 않는다. 즉 OQPSK 신호도 대역제한 필터를 통과하였을 때 포락선 변동이 생길 수 있지만 QPSK에 비해 변화 폭이 작다. 이러한 이유로 OQPSK는 시스템이나 채널에 비선형성이 있는 경우, 또는 이동 단말기와 같이 증폭기의 높은 효율이 요구되는 경우 유리하다.

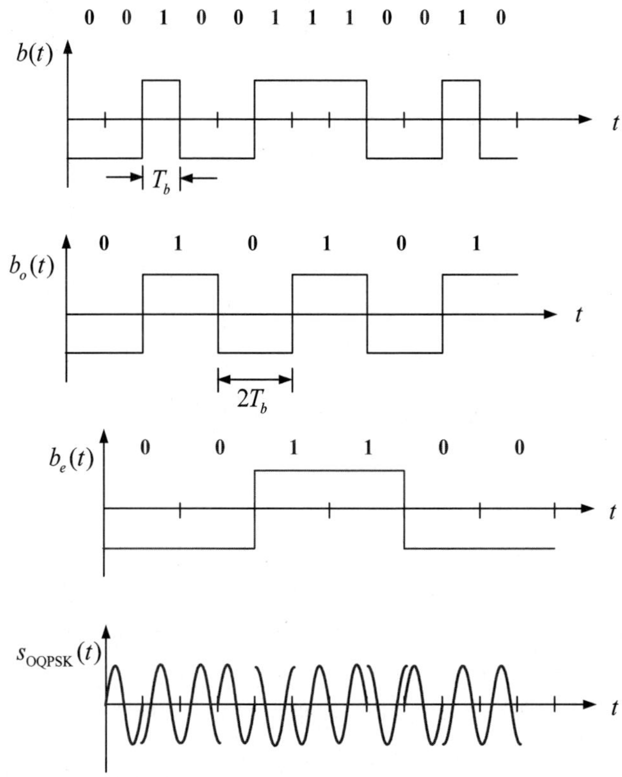

(a)

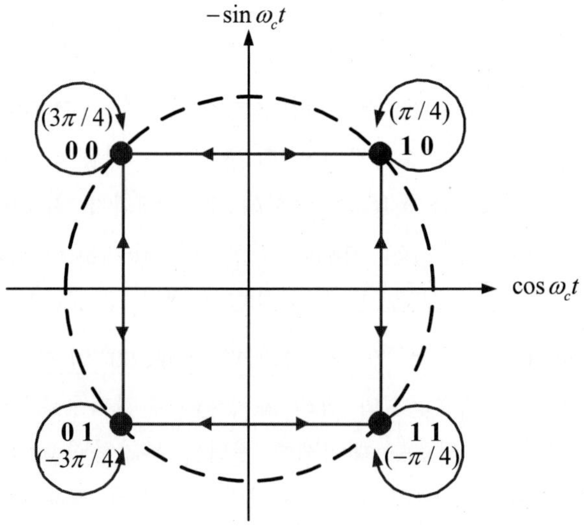

(b)

[그림 7.14] OQPSK 신호와 반송파 위상 천이

MSK(Minimum Shift Keying)

OQPSK에서는 I 채널과 Q 채널 신호간에 시간차를 두어 위상 변화를 90°로 제한함으로써 변조된 신호의 진폭 변화가 QPSK 신호에 비해 작게 된다. OQPSK에서 위상 변화 폭을 더 줄이면 대역 외 스펙트럼 특성을 더 좋게 만들 수 있을 것이다. MSK는 기저대역 신호에 대해 펄스 정형을 함으로써 OQPSK 변조된 신호의 위상이 연속적으로 변하게 하는 변조 방식이다. QPSK나 OQPSK에서는 기저대역 파형으로 크기 변화가 급격한 구형파를 사용하지만 MSK에서는 반주기의 정현파 펄스를 사용한다. 즉 MSK는 OQPSK 변조에서 기저대역 신호를 펄스 폭이 $2T_b$인 구형파 대신 반 주기가 $2T_b$인 정현파를 사용한 변조 방식이다. 정현파 펄스는 크기 변화가 완만하므로 MSK 변조된 신호의 파형은 QPSK 변조된 신호에 비해 주엽은 1.5 배 증가하지만 부엽의 크기가 대폭 감소한다.

그림 7.15에 MSK 신호의 발생 과정을 보인다. 그림 (a)와 같은 데이터 비트열 $b(t)$를 OQPSK에서와 같이 홀수 비트 열 $b_o(t)$와 짝수 비트 열 $b_e(t)$로 분해한다. 따라서 $b_o(t)$와 $b_e(t)$는 주기가 $T_s = 2T_b$가 된다. 여기서 $b_e(t)$는 $b_o(t)$에 비해 반 심볼, 즉 한 비트 구간, T_b만큼 지연되도록 한다. 그림 (b)와 (c)에 홀수 비트 열 신호와 짝수 비트 열 신호의 예를 보인다. 각 기저대역 신호에 주기가 $4T_b$인 정현파 중 절반의 파형을 사용하여 펄스정형을 한다. T_b의 홀수 배마다 위상이 변화하는 $b_o(t)$에는 $\cos(\pi t/2T_b)$를 곱하고, T_b만큼 지연되어 T_b의 짝수 배마다 위상이 변화하는 $b_e(t)$에는 $\cos(\pi(t-T_b)/2T_b) = \sin(\pi t/2T_b)$를 곱한다. 그림 (d)에 펄스정형 파형을 보인다. 이와 같이 하면 각 채널의 신호는 심볼 구간의 끝에서 항상 값이 0이 된다. 두 채널의 신호를 직교하는 반송파 $\cos 2\pi f_c t$와 $\sin 2\pi f_c t$로 각각 BPSK 변조하여 그림 (e)와 (f)와 같은 신호를 얻는다. 최종적으로 이 두 채널의 신호를 더하면 그림 (g)와 같은 전송 신호가 만들어진다.

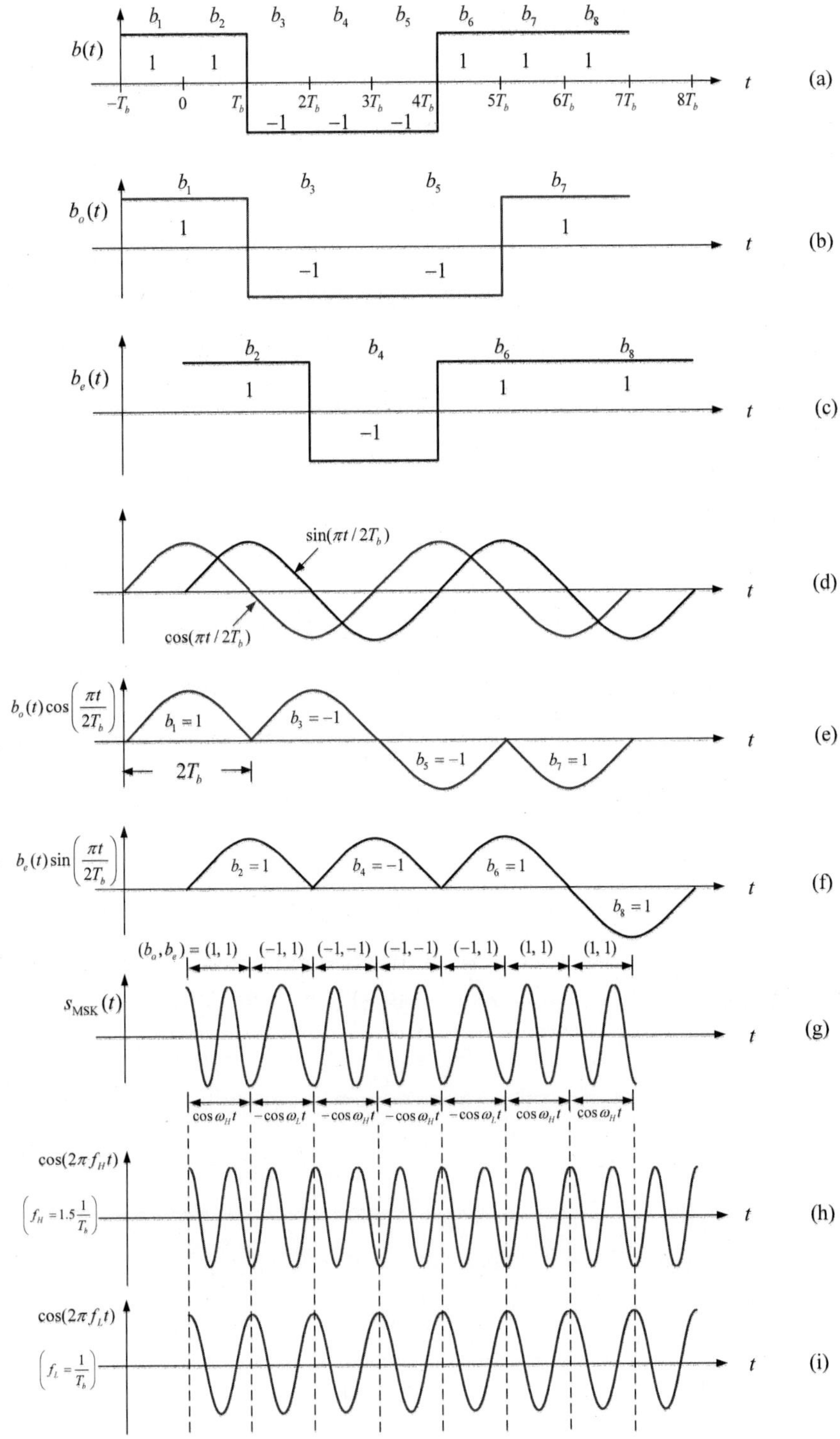

[그림 7.15] MSK 신호의 발생 과정

MSK 변조된 신호를 수식으로 표현하면 다음과 같다.

$$s_{\mathrm{MSK}}(t) = A\left[b_o(t)\cos\left(\frac{\pi t}{2T_b}\right)\right]\cos(2\pi f_c t) + A\left[b_e(t)\sin\left(\frac{\pi t}{2T_b}\right)\right]\sin(2\pi f_c t) \tag{7.6}$$

이 식을 삼각함수 공식을 이용하여 다음과 같이 쓸 수 있다.

$$\begin{aligned} s_{\mathrm{MSK}}(t) &= A\left[\frac{b_o(t) - b_e(t)}{2}\right]\cos\left[2\pi\left(f_c + \frac{1}{4T_b}\right)t\right] \\ &\quad + A\left[\frac{b_o(t) + b_e(t)}{2}\right]\cos\left[2\pi\left(f_c - \frac{1}{4T_b}\right)t\right] \\ &= Ab_1(t)\cos(2\pi f_H t) + Ab_2(t)\cos(2\pi f_L t) \end{aligned} \tag{7.7}$$

여기서

$$b_1(t) = \frac{b_o(t) - b_e(t)}{2},\ b_2(t) = \frac{b_o(t) + b_e(t)}{2},\ f_H = f_c + \frac{1}{4T_b},\ f_L = f_c - \frac{1}{4T_b} \tag{7.8}$$

한편 식 (7.8)에서 $b_o(t)$와 $b_e(t)$는 모두 ± 1의 값을 갖는다. 따라서 $b_o(t) = b_e(t)$이면 $b_1(t) = 0$, $b_2(t) = b_0(t)$이 되며, $b_o(t) = -b_e(t)$이면 $b_1(t) = b_o(t)$, $b_2(t) = 0$이 된다. 그러므로 식 (7.7)은 다음과 같이 표현할 수 있다.

$$s_{\mathrm{MSK}}(t) = \begin{cases} Ab_o(t)\cos 2\pi f_H t, & \text{if } b_o(t) = -b_e(t) \\ Ab_o(t)\cos 2\pi f_L t, & \text{if } b_o(t) = b_e(t) \end{cases} \tag{7.9}$$

이와 같이 MSK 신호는 $b_o(t)$와 $b_e(t)$에 의하여 두 개의 주파수 중 하나가 결정되므로 이진 FSK 신호와 동등하다고 볼 수 있다. 여기서 두 주파수 차이는

$$\Delta f = f_H - f_L = \frac{1}{2T_b} \tag{7.10}$$

로 두 개의 정현파 신호가 직교할 최소의 주파수 차가 된다.

MASK(M-ary ASK)

MASK는 정보 데이터에 따라 반송파의 진폭을 M개중 하나로 결정하여 전송하는 변조 방식이다. 동기식 검파를 하는 기저대역 M-진 진폭 변조에서는 k 비트의 데이터에 따라, 즉 심볼에 따라 $\{\pm Ap(t),\ \pm 3Ap(t),\ \cdots,\ \pm A(M-1)p(t)\}$ 중 하나를 $T_s = kT_b$ 초

마다 전송한다. 여기서 $p(t)$는 길이가 $T_s = kT_b$ 인 펄스이며, 진폭이 1인 구형파 신호로 가정하기로 한다. 만일 비동기 검파가 가능하도록 한다면 신호의 진폭 값을 모두 0 이상의 값을 갖도록 하면 된다. 기저대역 M-진 진폭 변조된 신호에 대해 반송파를 곱하면 MASK 신호가 된다. 따라서 MASK 변조된 신호는 다음과 같이 표현된다.

$$s_{\mathrm{MASK}}(t) = A_i p(t)\cos(2\pi f_c t), \quad 0 \le t \le kT_b$$
$$A_i \in \{\pm A, \pm 3A, \cdots, \pm (M-1)A\}$$

그림 7.16에 MASK 변복조기의 예를 보인다. 송신기의 앞 단에는 k 비트의 데이터, 즉 심볼 단위로 펄스의 진폭을 대응시키는 레벨 변환기가 있다. 이 레벨 변환기는 심볼마다 M 개의 진폭 중 하나를 대응시키는 규칙을 가지고 있다. 두 개의 신호 레벨만 갖는 데이터율 R_b의 펄스열이 레벨 변환기에 입력되면, 데이터율이 R_s이고 M 개의 신호 레벨을 갖는 펄스 열이 출력된다. 레벨 변환기에서 출력된 다중진폭 펄스 신호는 반송파와 곱해져서 전송된다. 전송 대역폭은 펄스의 크기와 상관 없기 때문에 MASK 신호의 대역폭은 이진 ASK의 대역폭에 비해 $1/k$배가 된다.

이와 같은 MASK 신호를 복조하기 위해서는 수신기에서 $p(t)\cos(2\pi f_c t)$에 정합된 필터를 구성한다. 그림 7.16(b)에 보인 수신기에서는 수신된 신호를 $\cos(2\pi f_c t)$와 곱한 후 $p(t)$와 kT_b 동안 상관을 취한다. 상관기 출력을 표본하여 M 개의 가능한 출력값과 비교한다. 상관기 출력값과 가장 가까운 출력에 대응하는 메시지 심볼을 결정하고 이에 따른 k 비트 데이터를 출력한다.

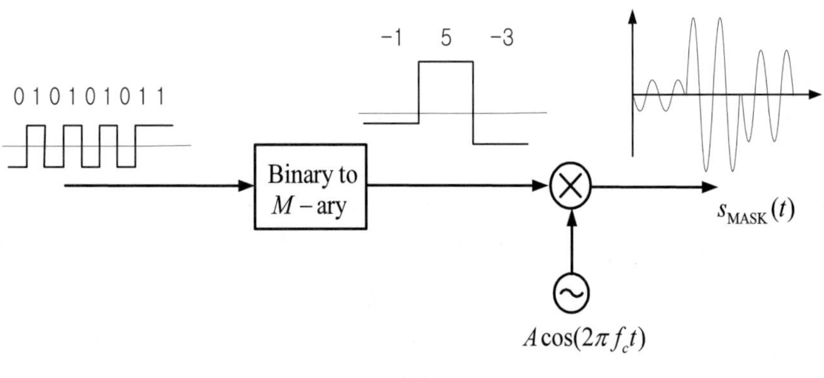

(a)

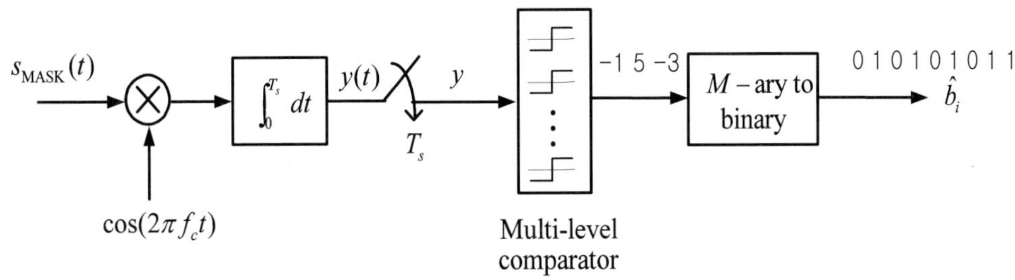

(b)

[그림 7.16] MASK 송수신기

MFSK(M-ary FSK)

MFSK에서는 k 비트로 구성된 심볼의 $M = 2^k$ 개 심볼 상태를 표현하는데, 길이 $T_s = kT_b$ 구간에서 직교하는 M 개 주파수의 정현파를 사용한다. 따라서 MFSK 변조된 신호는 다음과 같이 표현할 수 있다.

$$s_{\text{MFSK}}(t) = A\cos(2\pi f_i t),\ 0 \le t \le T_s,\ i = 1,2,\cdots,M \tag{7.11}$$

신호들 간의 직교성을 위하여 반송파 주파수를 다음과 같이 선정한다.

$$f_i = \frac{N + li}{T_s} = \frac{N + li}{kT_b} \tag{7.12}$$

여기서 N과 l은 임의의 정수이다. 이와 같이 주파수를 선정하면 MFSK의 인접한 반송파 주파수는

$$f_{i+1} - f_i = \frac{l}{T_s} \tag{7.13}$$

이 된다. 그림 7.17에 $l = 1$인 경우의 MFSK 스펙트럼을 보인다. MFSK 신호의 대역폭(null-to-null 대역폭)은 $l = 1$인 경우 $B \simeq M/T_s = 2^k/kT_b$,가 되어 k에 따라 지수적으로 증가한다. MASK가 심볼 길이의 증가(즉 k의 증가)에 따라 전송 대역폭이 반비례하여 감소(즉 대역폭 효율이 증가)하는 것과 다르게 MFSK는 심볼 길이에 따라 전송 대역폭이 지수적으로 증가하여 대역폭 효율이 급격하게 떨어진다. MASK에서는 심볼 길이의 증가에 따라 비트오율 성능은 저하되는데 비해 MFSK에서는 비트오율 성능이 개선된다.

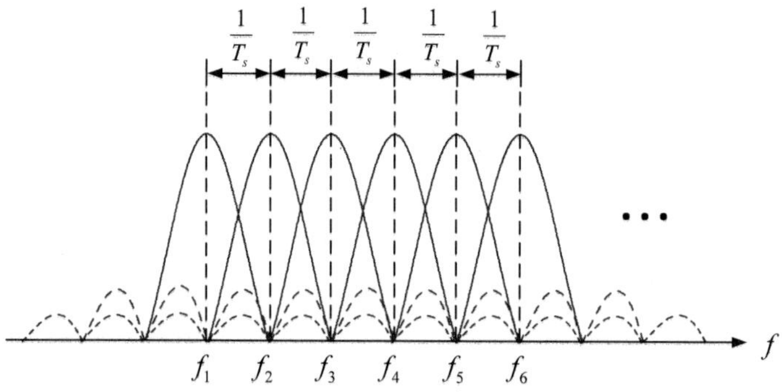

[그림 7.17] MFSK 스펙트럼($l = 1$인 경우)

MPSK(M-ary PSK)

정보 데이터 k 비트 단위로 심볼을 구성하여 가능한 $M = 2^k$ 개의 심볼 상태를 반송파의 위상에 대응시켜 심볼 단위로 전송하는 방식이 MPSK 변조이다. MPSK에서는 각 신호 위상의 차이가 $2\pi / M$ 가 되어 변조된 신호는 다음과 같이 표현된다.

$$s_{\text{MPSK}}(t) = A\cos(2\pi f_c t + \theta_i), \quad 0 \le t \le T_s, \quad i = 0, 1, \cdots, M-1$$
$$\theta_i = \frac{2\pi i}{M} \tag{7.14}$$

여기서 $T_s = kT_b$ 이다. MPSK 신호를 동위상 성분과 역위상 성분으로 분해하여 표현하면

$$\begin{aligned} s_{\text{MPSK}}(t) &= A\cos\theta_i \cos 2\pi f_c t - A\sin\theta_i \sin 2\pi f_c t \\ &= I(t)\cos 2\pi f_c t - Q(t)\sin 2\pi f_c t \end{aligned} \tag{7.15}$$

와 같이 된다. 그림 7.18에 $M = 8$ 인 경우의 MPSK 신호 성상도를 보인다.

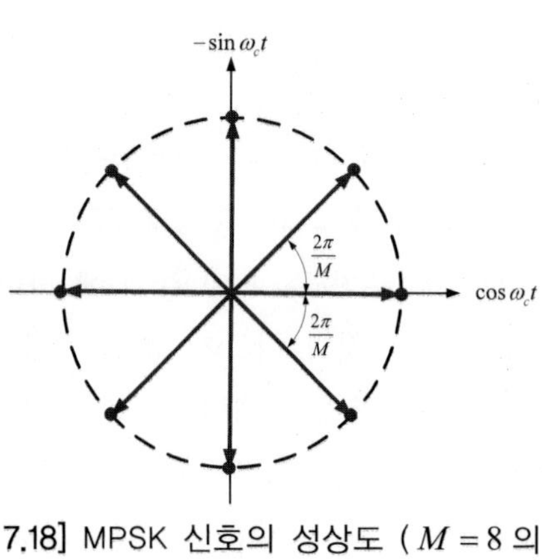

[그림 7.18] MPSK 신호의 성상도 ($M = 8$ 의 경우)

심볼 구간의 길이가 $T_s = kT_b$ 이므로 MPSK 신호의 대역폭은 BPSK에 비하여 $1/k$ 배가 된다. 따라서 M(또는 k)이 커질수록 대역폭 효율이 높아진다. 그러나 M이 증가하면 심볼을 구별하는 신호 간 위상차가 감소하여 복조시 오류를 유발하기 쉬울 것이라는 것을 쉽게 예측할 수 있다. MPSK 신호는 위상에 심볼 정보가 실려 있으므로 동기식 수신기를 사용하여 복조를 해야 한다. 수신 신호와 $A\cos 2\pi f_c t$ 및 $A\sin 2\pi f_c t$ 와의 상관을 구하여 $I(t)$ 와 $Q(t)$ 만 구하면 $I(t)+jQ(t)$ 의 각도로부터 심볼을 복조할 수 있다. 그림 7.19에 MPSK 수신기의 구조를 보인다.

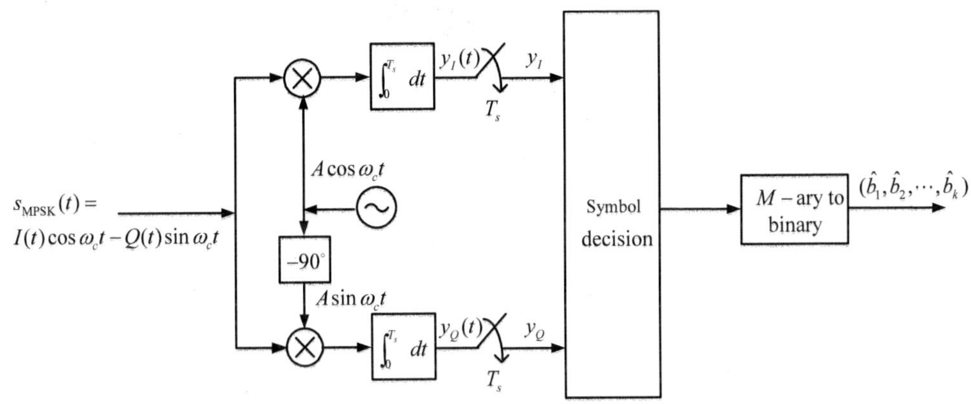

[그림 7.19] MPSK 수신기의 구조

QAM(Quadrature Amplitude Modulation)

정보 데이터에 따라 진폭과 위상을 변화시키는 방식, 즉 MASK와 MPSK를 결합한 변조 방식을 Quadrature Amplitude Modulation(QAM) 또는 Amplitude Phase Keying(APK)이라고 한다. MASK에서는 k 비트로 구성된 심볼에 따라 2^k 개의 심볼 상태를 반송파의 진폭으로 구별을 하며, MPSK에서는 k 비트로 구성된 심볼에 따라 2^k 개의 심볼 상태를 반송파의 위상으로 구별을 한다. 이 두 방식을 결합한 QAM에서는 $2k$ 비트로 구성된 심볼에 따라 2^{2k} 개의 심볼 상태를 반송파의 진폭과 위상으로 구별을 하게 된다. 즉 QAM에서는 심볼 길이와 비트 길이의 관계가 $T_s = 2kT_b$ 가 되며, $M = 2^{2k}$ 이 된다. QAM 변조된 신호는

$$\begin{aligned} s_{\mathrm{QAM}}(t) &= A_i \cos(2\pi f_c t + \theta_i), \qquad 0 \le t \le T_s,\ i = 0,1,\cdots,M-1 \\ &= A_i \cos\theta_i \cos\omega_c t - A_i \sin\theta_i \sin\omega_c t \end{aligned} \tag{7.16}$$

와 같이 표현할 수 있다. QAM 신호의 성상도(constellation), 즉 복소 평면 상의 $(A_i \cos\theta_i, A_i \sin\theta_i)$의 위치는 임의로 설계가 가능하지만 이에 따라 시스템의 비트오율 성능이 달라진다. 그림 7.20에 $M = 16$인 경우 QAM 신호 성상도의 한 예를 보인다. 이 그림에서는 QAM 신호점을 격자(lattice)형으로 배치한 경우를 나타낸다. 이와 다르게 여러 개 반지름의 동심원 상의 점으로 신호 성상도를 구성하는 것도 가능하다.

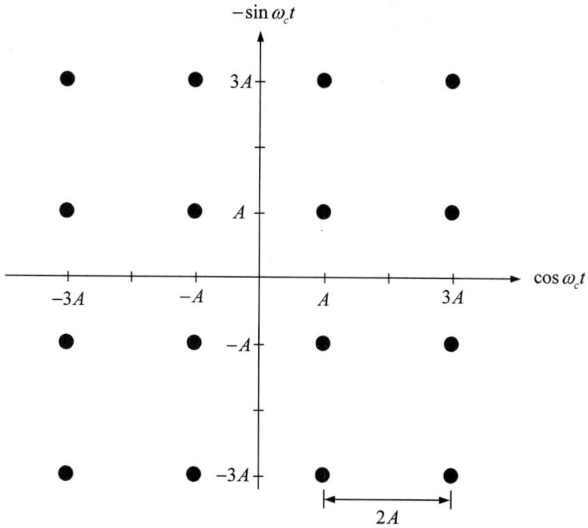

[그림 7.20] 16진-QAM의 신호 성상도

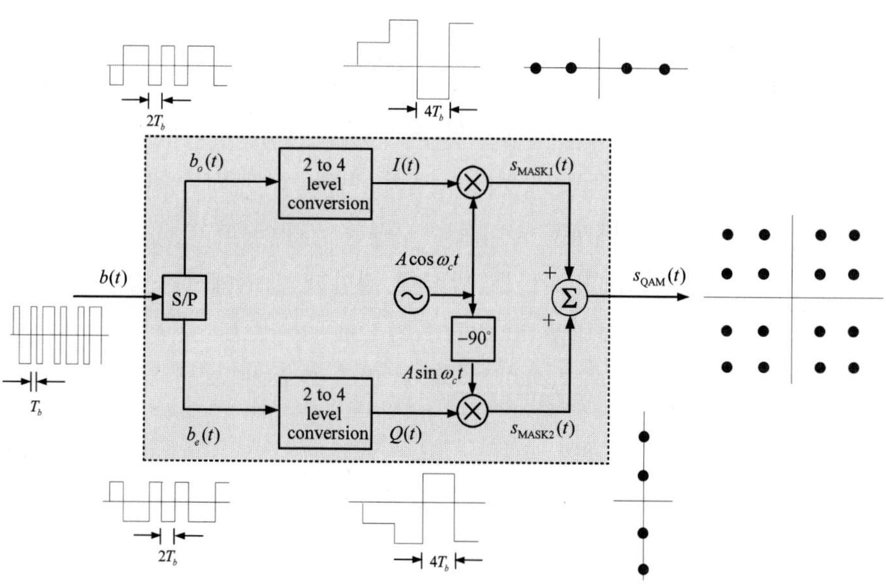

(a) 송신기

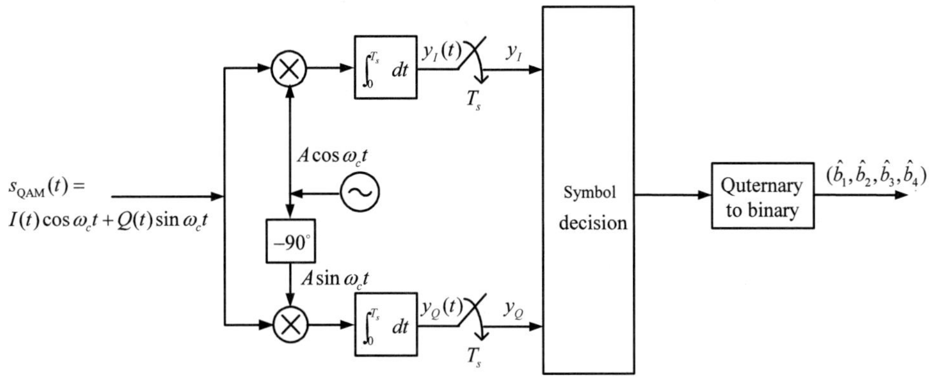

(b) 수신기

[그림 7.21] 16진-QAM 송수신기 구조

그림 7.21에 16진-QAM의 송신기와 수신기의 구조 예를 보인다. $M = 16(k = 2)$의 경우, 4 개의 비트 단위로 반송파의 진폭 A_i와 위상 θ_i를 할당하여 전송한다. 그림 7.21(a)의 송신기에서는 먼저 정보 비트 열이 직/병렬 변환기를 통하여 홀수 비트 열 $b_o(t)$와 짝수 비트 열 $b_e(t)$로 분리된다. 두 개의 비트 열은 다시 두 비트 단위로 진폭이 다른 신호 $I(t)$와 $Q(t)$를 생성한다. 따라서 $I(t)$와 $Q(t)$는 신호의 레벨은 4 종류가 되며, $T_s = 4T_b$마다 신호의 레벨이 변화한다. 두 신호 $I(t)$와 $Q(t)$는 각각 정현파와 여현파를 통하여 변조되어 더해져서 전송된다. 따라서 QAM 변조된 신호는 다음과 같이 표현된다.

$$
\begin{aligned}
s_{QAM}(t) &= AI(t)\cos 2\pi f_c t + AQ(t)\sin 2\pi f_c t, \quad 0 \le t \le 4T_b \\
I(t), Q(t) &\in \{-3, -1, +1, +3\}
\end{aligned}
\tag{7.17}
$$

여기서 $I(t)$와 $Q(t)$는 각각 홀수 비트 열 $b_o(t)$와 짝수 비트 열 $b_e(t)$로부터 레벨 변환을 하여 얻는데, 심볼 오류시 비트 오류 개수를 적게 하기 위하여 보통 Gray 코드를 사용하여 레벨을 결정한다.

7.5 SIMULINK를 이용한 디지털 변조 구현과 신호 성상도 그리기

7.5.1 디지털 변조 모델 구성하기

랜덤 비트열을 발생시킨 다음 디지털 변조를 하는 모델을 구성해 보자. Communications Blockset의 Digital Baseband Modulation 라이브러리를 보면 여러 가지의 변조 블록들이 있다. M-ary 변조를 하는 경우에는 랜덤 비트열 발생 블록을 변조하기 전에 비트를 심볼로 표현하는 블록이 필요하다. Communications Blockset의 Utility Blocks 라이브러리에 있는 Bit to Integer Converter 블록을 이용하면 된다.

예를 들어 QPSK 변조를 한다고 하자. 이 경우 두 비트가 하나의 심볼을 형성하므로 Bit to Integer Converter 블록의 파라미터를 Number of bits per integer = 2로 설정하면 된다. 그림 7.22(a)에 QPSK 변조를 하는 모델의 예를 보인다. 그림 (b)와 같이 블록 파라미터를 설정하면 1000 bps로 랜덤 비트열이 발생되고, 200 비트의 데이터가 한 프레임을 형성한다. 따라서 Bernoulli Binary Generator 출력은 프레임 단위로 200×1 벡터가 되고 Bit to Integer Converter 출력은 100×1 벡터가 된다. 그림 (c)와 같이 QPSK Modulator Baseband 블록의 파라미터를 설정하고 'View Constellation' 버튼을 클릭하면 설계한 신호 성상도가 나타난다.

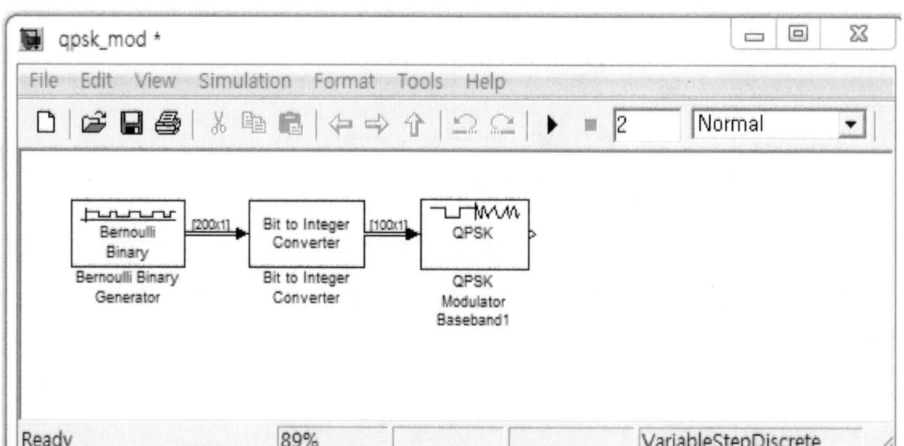

(a)

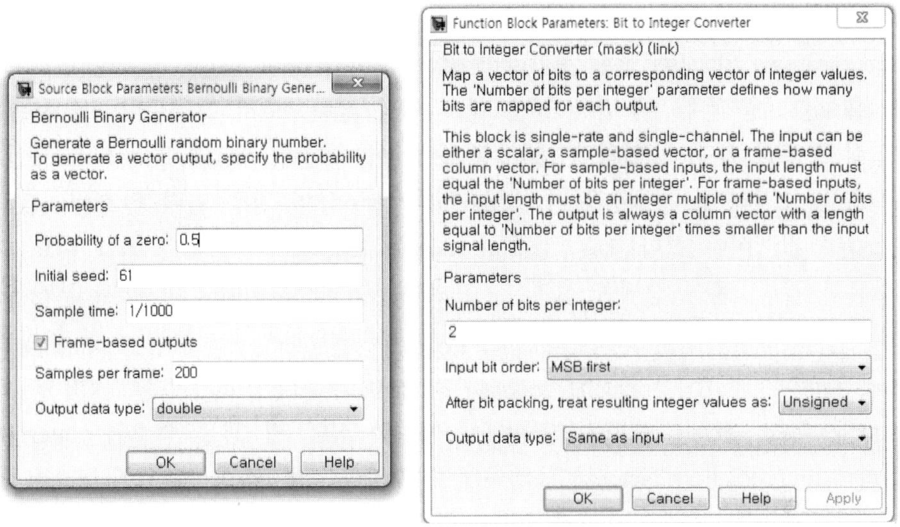

(b)

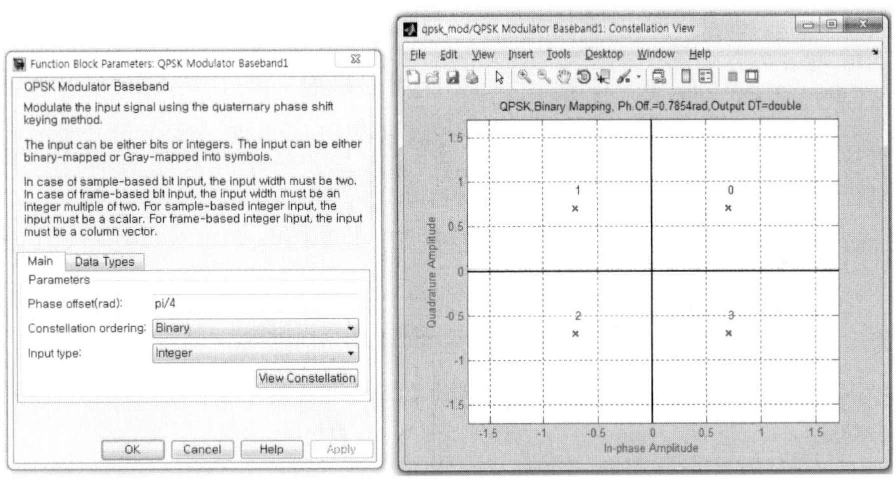

(c)

[그림 7.22] QPSK 변조 모델

7.5.2 신호 성상도 그리기: Scatter Diagram

통신 시스템의 성능 분석을 위해 대역통과 변조된 신호를 복소 포락선 형식으로 표현하면 기저대역으로 처리할 수 있어서 편리하다. 복소 포락선은 scatter diagram을 이용하여 그림으로 표현할 수 있다. Scatter diagram은 복소 신호의 실수부 및 허수부(in-phase 및 quadrature 성분)를 그림으로 나타내는 도구이다. Scatter diagram을 사용하면 펄스 정형, 통신채널 등 여러 통신 과정에서의 영향이 신호의 진폭과 위상을 어떻게 왜곡시키는지 볼 수 있다.

Communications Blockset에 있는 Discrete-Time Scatter Plot Scope 블록은 변조된 신호의 궤적을 신호 공간에서 동위상 성분 대 역위상 성분으로서 그려준다. 이 블록은 한 개의 입력 포트를 갖는데 입력 신호는 복소수이어야 한다. Sample-based mode인 경우 입력 신호는 스칼라 값이어야 하며, frame-based mode의 경우 입력 신호는 컬럼 벡터 또는 스칼라 값이어야 한다. Discrete-Time Scatter Plot Scope 블록을 위한 주요 파라미터는 다음과 같다. 좀더 상세한 설명은 Help에서 Communications Blockset 문서를 참고한다.

- Samples per symbol: 변조기 블록에서 설정한 심볼 별 샘플 수 또는 interpolation 블록의 interpolation factor와 동일하게 설정한다. 펄스정형 필터(예: raised cosine 필터)를 사용한 경우 여기서 설정한 upsampling factor와 동일하게 설정한다.
- Points displayed: 한 번에 그릴 심볼의 총 개수로 변조기의 알파벳 사이즈, M의 10배 이상으로 설정한다.
- New points per display: 새로운 그림을 그릴 때마다 새로 받아들이는 심볼의 개수이다. 속도를 빠르게 그리고자 하면 'points displayed'와 동일하게 설정하고, 움직이는 모양을 자세히 관찰하려면 작은 값을 선택한다.
- Y-axis maximum: Scope 화면 y축의 최대값으로 파라미터 설정 다이어로그 박스의 'Axis Properties'에서 설정할 수 있다(default 값에서 변경을 원하는 경우). 예상되는 신호 최대값의 10% 정도 크게 설정하는 것이 바람직하다.
- Y-axis minimum: Scope 화면 y축의 최소값으로 Y-axis maximum과 같은 방식으로 설정한다.
- In-phase X-axis label: x 축의 이름으로 'Axis Properties'에서 변경할 수 있다.
- Quadrature Y-axis label: y 축의 이름으로 'Axis Properties'에서 변경할 수 있다.

QPSK 변조 모델에 scatter diagram을 연결하여 신호 성상도를 그려 보자. 그림 7.23(a)와 같이 모델을 구성하고 QPSK 변조 블록과 scatter diagram 블록의 파라미터를 그림 7.23(b)와 같이 설정한다. 그림 (c)와 같은 결과가 얻어지는 것을 볼 수 있다. QPSK 변조 블록에서 위상 offset을 그림 (d)와 같이 0으로 변화시키면 신호 성상도가 그림 (e)와 같이 그려진다.

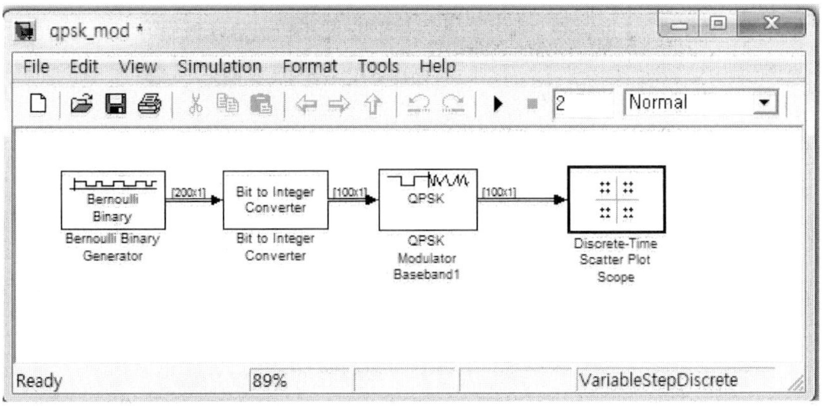
qpsk_mod *
File Edit View Simulation Format Tools Help
2
Normal
Bernoulli Binary
[200x1]
Bit to Integer Converter
[100x1]
QPSK
[100x1]
Bernoulli Binary Generator
Bit to Integer Converter
QPSK Modulator Baseband1
Discrete-Time Scatter Plot Scope
Ready
89%
VariableStepDiscrete

(a)

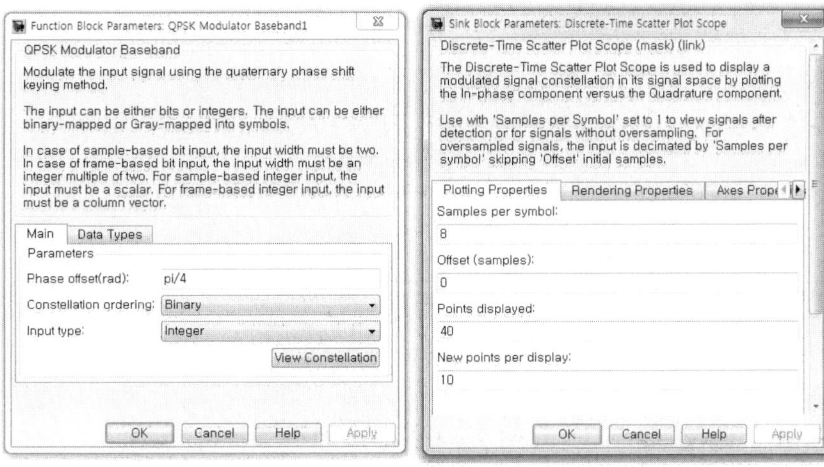
Function Block Parameters: QPSK Modulator Baseband1
QPSK Modulator Baseband
Modulate the input signal using the quaternary phase shift keying method.
The input can be either bits or integers. The input can be either binary-mapped or Gray-mapped into symbols.
In case of sample-based bit input, the input width must be two. In case of frame-based bit input, the input width must be an integer multiple of two. For sample-based integer input, the input must be a scalar. For frame-based integer input, the input must be a column vector.
Main
Data Types
Parameters
Phase offset(rad): pi/4
Constellation ordering: Binary
Input type: Integer
View Constellation
OK Cancel Help Apply
Sink Block Parameters: Discrete-Time Scatter Plot Scope
Discrete-Time Scatter Plot Scope (mask) (link)
The Discrete-Time Scatter Plot Scope is used to display a modulated signal constellation in its signal space by plotting the In-phase component versus the Quadrature component.
Use with 'Samples per Symbol' set to 1 to view signals after detection or for signals without oversampling. For oversampled signals, the input is decimated by 'Samples per symbol' skipping 'Offset' initial samples.
Plotting Properties
Rendering Properties
Axes Prope
Samples per symbol: 8
Offset (samples): 0
Points displayed: 40
New points per display: 10
OK Cancel Help Apply

(b)

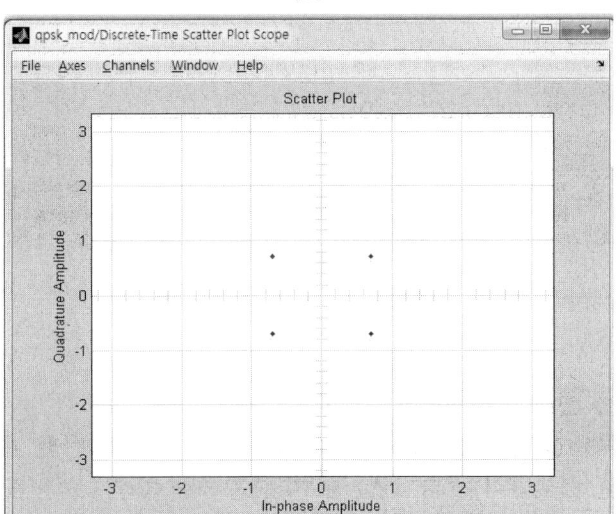
qpsk_mod/Discrete-Time Scatter Plot Scope
File Axes Channels Window Help
Scatter Plot
Quadrature Amplitude
In-phase Amplitude
3
2
1
0
-1
-2
-3

(c)

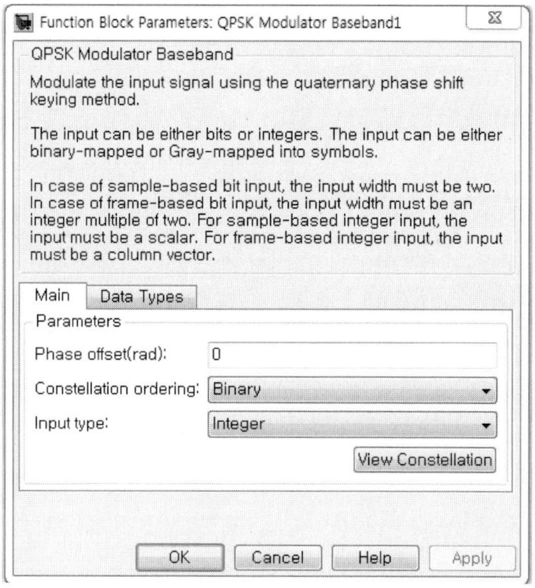

(d)

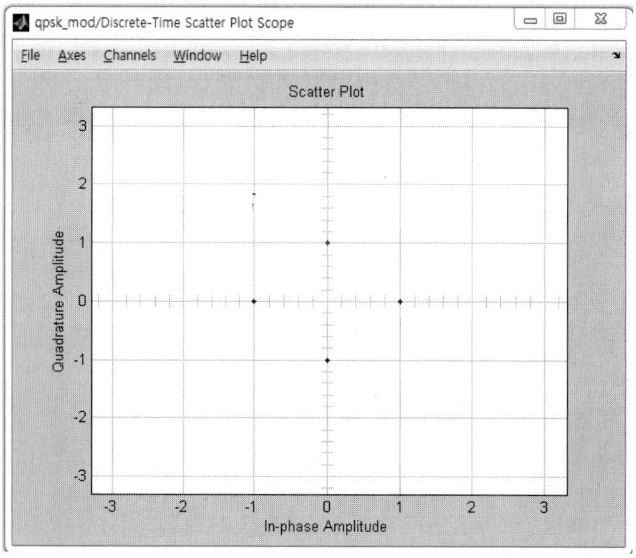

(e)

[그림 7.23] QPSK 신호 성상도

예제 7.2 [잡음이 있는 환경에서의 신호 성상도]

데이터율 $R_b = 1\,\text{kbps}$ 로 이진 랜덤 비트열을 200 비트 발생시키고, QPSK 변조를 하는 모델을 구성하라. 변조된 신호에 AWGN 잡음이 더해진다고 가정하고 수신된 신호의 성상도를 그려 보라. $E_b/N_0 = 10\text{dB}$ 를 가정하라.

풀이

AWGN 잡음을 추가하기 위해 Communications Blockset의 'Channels' 라이브러리에 있는 'AWGN Channel' 블록을 사용하면 편리하다. 그림 7.24(a)에 블록 다이어그램의 예를 보인다. 그림 (b)에 'AWGN Channel' 블록 파라미터의 설정을 보인다. QPSK 변조를 하므로 "Number of bits per symbol = 2"로 설정한다. 'Bernoulli Binary Generator' 블록에서 "Sample time = 1/1000"으로 설정하였으므로 "Symbol period = 1/500"으로 설정한다. 시뮬레이션을 실행하면 그림 (c)와 같은 신호 성상도가 얻어진다.

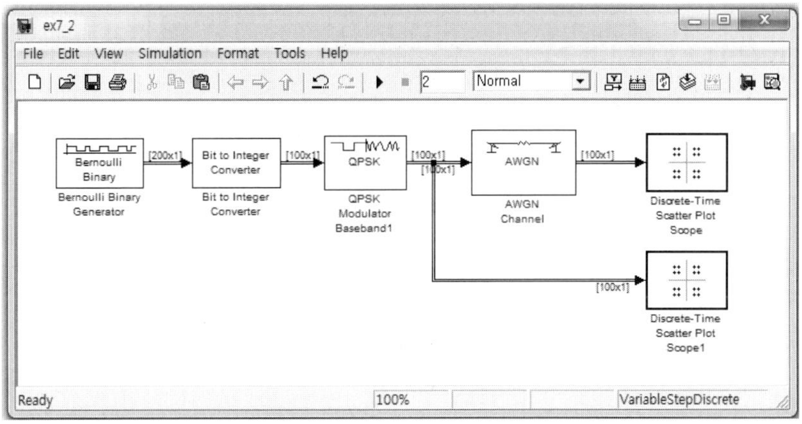

(a)

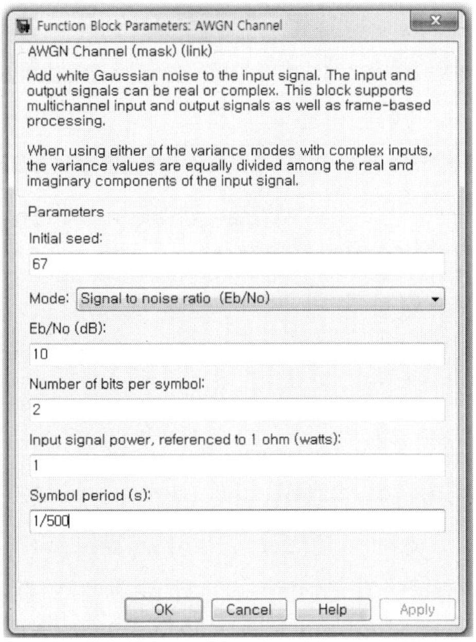

(b)

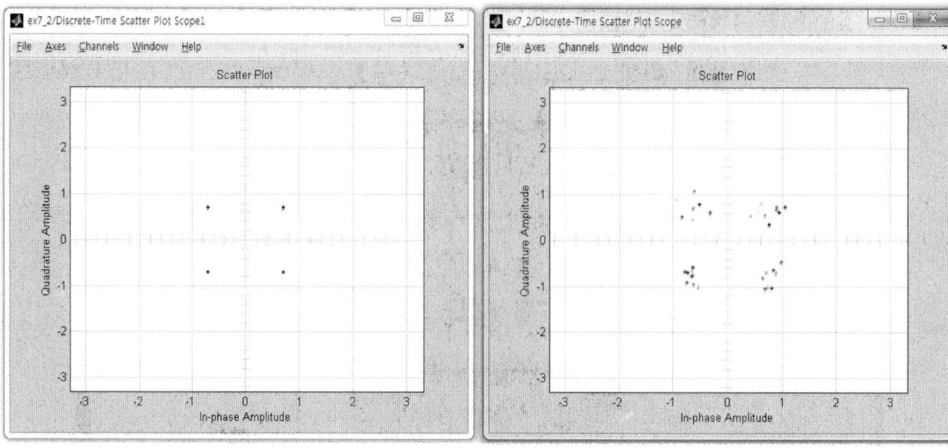

(c)

[그림 7.24] AWGN 잡음이 있는 환경에서의 QPSK 신호 성상도

7.6 펄스정형 필터와 Eye Diagram

7.6.1 펄스정형 필터(Pulse Shaping Filter)와 심볼간 간섭(ISI)

디지털 통신에서 물리적인 통신 채널을 통해 전송되는 신호는 아날로그 신호이다. 즉 디지털 데이터 스트림을 나타내는 아날로그 펄스열이 전송된다. 각 심볼을 대응되는 아날로그 펄스 신호로 변환시키는 과정을 펄스 정형(pulse shaping)이라 하며, 이 과정은 심볼열을 펄스정형 필터를 통과시키는 과정을 통해 이루어진다.

펄스의 대역폭이 유한한 경우 대역 제한된 통신 채널의 대역폭보다 신호의 대역폭이 작기만 하면 주파수 성분의 손상이 발생하지 않는다. 그러나 펄스의 파형이 시간 제한적이지 못하게 된다. 펄스 파형이 심볼 길이보다 크게 되면 인접 심볼과의 중첩이 일어나서 간섭을 유발하게 된다. 이것이 심볼간 갑섭(Intersymbol interference: ISI)이다. 반대로 펄스 파형을 시간 제한적으로 설계하는 경우 신호의 대역폭이 주파수 제한적이지 않게 되어 통신 채널의 대역폭이 유한한 경우 주파수 성분의 손실이 일어나서 채널의 통과한 신호는 인접 심볼로 퍼지는 현상이 발생하여 역시 ISI가 생기게 된다.

Nyquist 펄스는 시간 제한적이지 않지만 표본화 순간에는 값이 0이 되어 인접 심볼에 영향을 주지 않는다. 펄스 파형이

$$p(t) = \begin{cases} 1 & t = 0 \\ 0 & t = \pm nT_b \end{cases} \tag{7.18}$$

의 조건을 만족하면

$$x(t) = \sum_k a_k p(t - kT_b) \tag{7.19}$$

와 같이 신호를 발생시켜도 $t = 0, T_b, 2T_b, 3T_b, \cdots$에서의 표본 값은 다른 어떤 펄스로부터 간섭을 받지 않고 오직 (표본화 순간과 펄스의 중앙이 일치하는) 하나의 펄스 값으로 주어진다. 즉 펄스들이 시간적으로 중첩은 되지만 표본화 시점에서는 상호 영향을 미치지 않으므로 ISI가 0이 된다. 그림 7.25에 이 조건을 만족시키는 예를 보인다. 이와 같은 조건을 만족시키는 펄스의 한 예로 sinc 함수를 들 수 있다. 즉

$$p(t) = \mathrm{sinc}\left(\frac{t}{T_b}\right) = \mathrm{sinc}(R_b t) \tag{7.20}$$

와 같은 펄스를 사용하면 ISI를 0으로 만들 수 있다. 한편 이 펄스의 푸리에 변환은

$$P(f) = T_b \Pi(T_b f) \tag{7.21}$$

가 되어 $P(f)$는 그림 7.25 (c)와 같이 대역폭이 $W_o = 1/2T_b = R_b/2\,\mathrm{Hz}$인 사각 스펙트럼을 갖는다. 그러므로 이 펄스를 대역폭이 $R_b/2\mathrm{Hz}$ 이상인 대역제한 채널을 통과시키더라도 스펙트럼 손실이 발생하지 않아서 왜곡이 일어나지 않는다.

데이터율이 R_b bps인 정보 비트열을 라인 코딩하여 기저대역으로 전송할 때 신호의 최소 대역폭은 $W_o = R_b/2\mathrm{Hz}$가 되며, 이 때의 펄스 파형은 식 (7.20)과 같은 sinc 함수가 된다. 이렇게 라인 코딩된 신호를 대역폭이 $R_b/2\mathrm{Hz}$ 이상인 대역제한 채널에 통과시키더라도 수신 신호로부터 데이터를 복구할 때 ISI가 발생하지 않는다. 바꾸어 말하면, 주어진 채널의 대역폭이 B Hz인 경우 이 채널을 통해 ISI 없이 전송할 수 있는 최대 데이터율은 $2B$ bps가 된다.

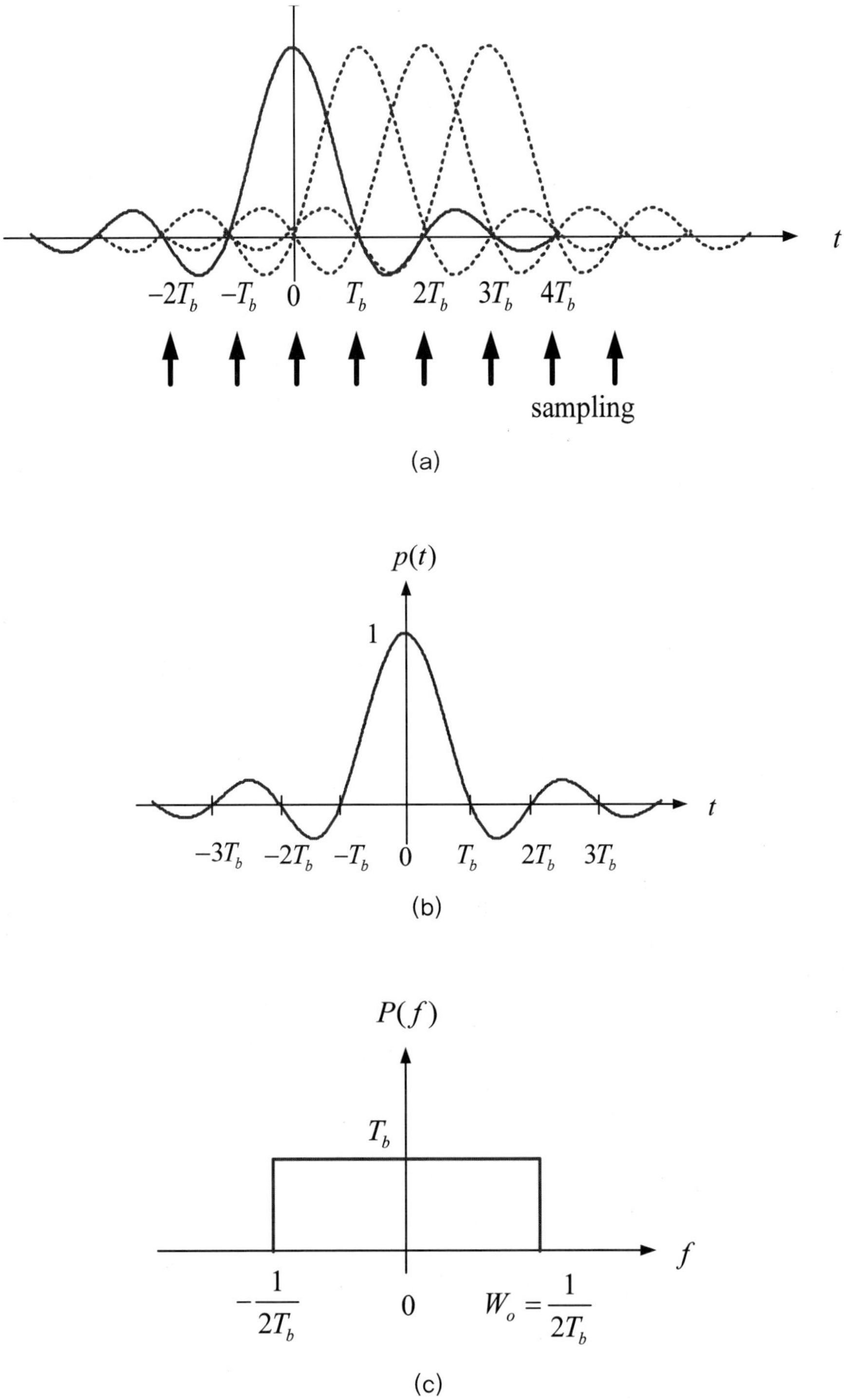

[그림 7.25] Nyquist 조건을 만족하는 최소 대역폭 펄스 파형과 스펙트럼

7.6.2 상승여현(Raised Cosine: RC) 필터

Sinc 함수를 사용하여 펄스 정형을 하면 신호의 대역폭이 최소가 된다는(따라서 ISI 없이 검출이 가능한 채널의 요구 대역폭이 최소가 된다는) 장점이 있지만 구현상 문제점이 있다. 첫 번째 문제점은 펄스정형 필터가 이상적인 저역통과 필터이므로 구현할 수 없다는 것이다. 두 번째 문제점은 sinc 함수가 느린 속도로 크기가 감쇠하기 때문에 타이밍 에러에 민감하다는 것이다.

RC(Raised Cosine) 필터는 sinc 펄스와 같은 최소 대역폭을 사용하는 필터 대신 대역폭은 조금 넓게 하더라도 필터의 임펄스 응답이 $1/t$ 보다 빠른 속도로 감쇠하여 타이밍 지터에 강하게 하고자 하는 것이다. 필터의 대역폭은 $W = W_o + f_\Delta = R_b/2 + f_\Delta$ 와 같이 표현할 수 있다. 이론적 최소대역폭 W_o 을 넘는 추가 대역폭 f_Δ 를 초과 대역폭(excess bandwidth)이라 한다. 초과 대역폭을 이론적 최소 대역폭에 대한 비율로 나타낸 값

$$r = \frac{f_\Delta}{W_o} = \frac{f_\Delta}{R_b/2} \tag{7.22}$$

를 roll-off 인수(roll-off factor)라 한다. 필터의 대역폭을 roll-off 인수를 사용하여 다시 표현하면

$$W = W_o + f_\Delta = W_o + rW_o = \frac{(1+r)R_b}{2} \tag{7.23}$$

와 같이 된다.

Nyquist 조건을 만족시키는 RC 필터의 주파수 응답은

$$\begin{aligned} H_{rc}(f) &= \begin{cases} 1 & |f| < W_o - f_\Delta \\ \frac{1}{2}\left\{1+\cos\left(\frac{\pi(f-f_1)}{2f_\Delta}\right)\right\} & W_o - f_\Delta < |f| < W_o + f_\Delta \\ 0 & |f| > W_o + f_\Delta \end{cases} \\ &= \begin{cases} 1 & |f| < W_o - f_\Delta = f_1 \\ \cos^2\left(\frac{\pi}{4}\cdot\frac{f+W-2W_o}{W-W_o}\right) & W_o - f_\Delta < |f| < W_o + f_\Delta \\ 0 & |f| > W_o + f_\Delta = W \end{cases} \end{aligned} \tag{7.24}$$

와 같으며 임펄스 응답은

$$h_{rc}(t)=\frac{\sin(\pi t/T)}{(\pi t/T)}\cdot\frac{\cos(\pi rt/T)}{\left(1-4r^2t^2/T^2\right)}=\text{sinc}\left(t/T\right)\cdot\frac{\cos(\pi rt/T)}{\left(1-4r^2t^2/T^2\right)} \tag{7.25}$$

와 같다. 그림 7.26에 RC 필터의 주파수 응답을 보인다. Roll-off 인수가 작을수록 주파수 응답의 기울기가 가파르게 되며, $r=0$ 인 경우 RC 필터는 사각형 모양이 되고 대역폭은 최소가 된다.

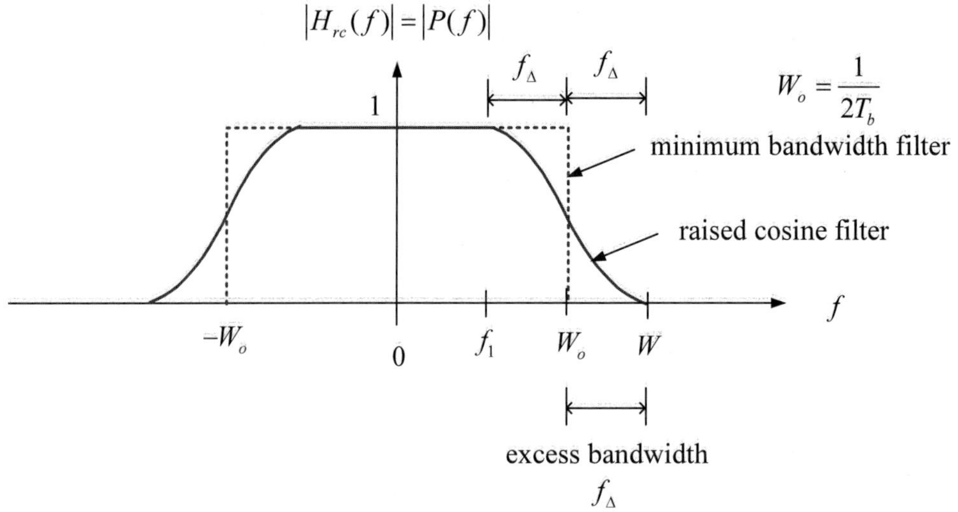

[그림 7.26] Raised cosine filter의 주파수 응답

RC 필터는 보통 송신기와 수신기에서 SRRC(Square Root Raised Cosine) 필터로써 구현된다. SRRC 필터를 직렬로 연결하면 전체 주파수 응답은 RC 필터의 주파수 응답과 같게 된다. 그러나 SRRC 필터는 Nyquist 조건을 만족시키지 않기 때문에 송신기의 출력은 약간의 진폭 왜곡과 위상 왜곡을 보이게 된다. SRRC 필터의 주파수 응답과 임펄스 응답은 다음 식과 같다.

$$H_{srrc}(f)=\begin{cases}1 & |f|<W_o-f_\Delta=f_1\\ \cos\left(\frac{\pi}{4}\cdot\frac{f+W-2W_o}{W-W_o}\right) & W_o-f_\Delta<|f|<W_o+f_\Delta\\ 0 & |f|>W_o+f_\Delta=W\end{cases} \tag{7.26}$$

$$h_{srrc}(t)=4r\frac{\cos\left((1+r)\pi t/T\right)+\dfrac{\sin\left((1-r)\pi t/T\right)}{(4rt/T)}}{\pi\sqrt{T}\left(1-(4rt/T)^2\right)} \tag{7.27}$$

Nyquist 필터의 임펄스 응답은 비인과성(non-causal) 특성을 갖기 때문에 물리적으로 구현하는 것이 불가능하다[1]. 실현 가능한 필터로 만들기 위하여 임펄스 응답을 적당한 선에서 절단하고(즉 시간 제한적으로 만듦) 오른 쪽으로 이동시키는(즉 지연시키는) 방법을 사용한다. 필터의 군 지연(group delay)은 필터 응답의 시작 시간과 응답의 피크값이 나오는 시간과의 차이를 심볼 구간 단위로 나타낸 값이다.

7.6.3 Eye Diagram

수신된 펄스 열을 몇 개의 비트 구간으로 계속 겹치게 그리면 그림 7.27과 같은 패턴이 만들어진다. 이와 같은 그림은 오실로스코프에서 타이밍 신호를 심볼 구간마다(또는 몇 개의 심볼 구간마다) 트리거시키고 여러 심볼 구간 동안 신호를 겹쳐 그려서 만들 수 있다. 그림의 형태가 눈과 같은 형태를 가지므로 eye diagram이라 부른다. 그림 7.27(a)는 대역제한 필터와 잡음의 영향이 없는 이상적인 경우이며, 그림 (b)는 잡음은 없고 대역제한 필터의 영향만 있는 경우이다. 그림 (c)는 대역제한 필터와 잡음의 영향이 모두 존재하는 경우이다. Eye diagram을 보면 필터 대역폭이 작을수록 그리고 잡음 전력이 클수록 눈의 모양이 더욱 닫히게 된다. Eye diagram은 데이터 전송 시스템에서 채널의 영향을 파악하는데 매우 유용한 방법이다. 수신된 펄스열의 눈 형태를 관찰하면 수신기의 오판 확률을 예상할 수 있다. 수신기에서는 비트 구간 $0 \le t \le T_b$ 내의 한 시점에서 수신 신호를 표본화하여 그 표본 값으로부터 해당 펄스에 대응하는 비트가 1인지 0인지 판단하도록 할 수 있다.

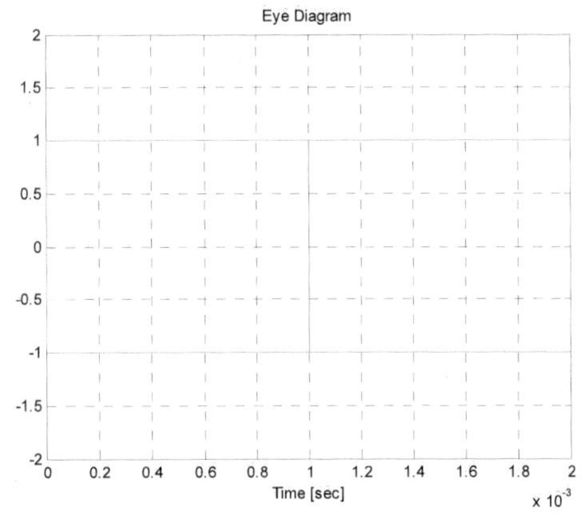

(a)

1) LTI 시스템이 인과성을 갖기 위해서는 $t \le 0$ 에서 $h(t) = 0$ 이어야 하는데 Nyquist 필터는 이 조건을 만족하지 못한다.

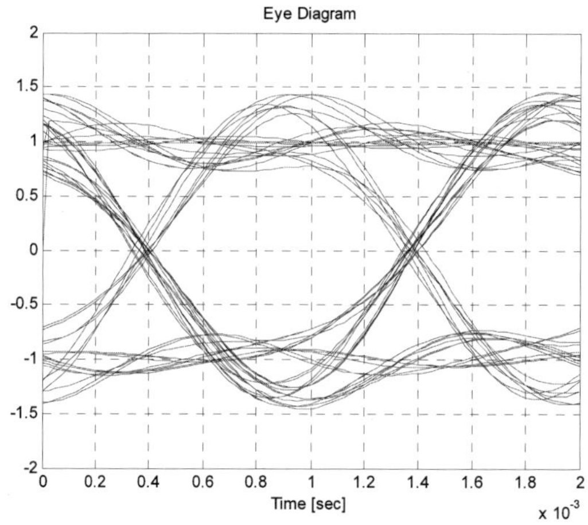

(b)

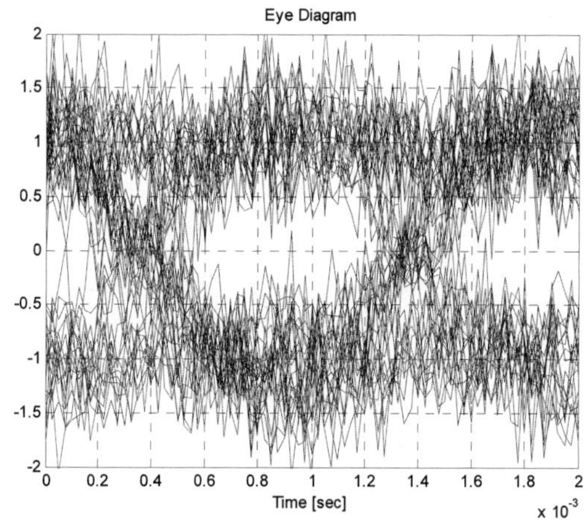

(c)

[그림 7.27] Eye diagram의 예

7.7 SIMULINK에서 펄스정형 필터와 Eye Diagram 이용하기

SIMULINK에서 펄스정형 필터는 Communications Blockset의 Comm Filters 라이브러리에 있다. RC 필터와 관련하여 설정할 주요 파라미터로는 roll-off factor, group delay, upsampling factor가 있다. SIMULINK의 Eye diagram은 Communications Blockset의 Communications Sinks 라이브러리에 "Discrete-Time Eye Diagram Scope"의 이름으로 있다. RC 필터와 Eye diagram의 파라미터 설정 예를 그림 7.28(b)에 보인다.

Raised Cosine Transmit Filter 블록

Raised Cosine Transmit Filter 블록은 입력 신호를 upsampling하고 raised cosine FIR 필터 또는 square root raised cosine FIR 필터를 사용하여 필터링한 결과를 출력한다. Normal raised cosine (RC) 필터의 임펄스 응답은

$$h_{rc}(t) = \frac{\sin(\pi t/T)}{(\pi t/T)} \cdot \frac{\cos(\pi r t/T)}{\left(1-4r^2t^2/T^2\right)} \tag{7.28}$$

이고, square root raised cosine (SRRC) 필터의 임펄스 응답은

$$h_{srrc}(t) = 4r\frac{\cos\left((1+r)\pi t/T\right)+\dfrac{\sin\left((1-r)\pi t/T\right)}{(4rt/T)}}{\pi\sqrt{T}\left(1-(4rt/T)^2\right)} \tag{7.29}$$

와 같다. 여기서 r은 roll-off 인수이고, T는 심볼 구간이다. Square root raised cosine 필터의 임펄스 응답을 자신과 컨볼루션하면 normal raised cosine 필터의 임펄스 응답이 된다.

Raised Cosine Transmit Filter 블록의 주요 파라미터는 다음과 같다.

- Filter type : 필터의 종류로서 "Normal"을 선택하면 raised cosine 필터이고, "Square root"를 선택하면 square root raised cosine 필터가 사용된다.
- Group delay : 필터 임펄스 응답이 시작하여 필터 출력이 피크가 될 때까지의 시간으로서 심볼 길이를 단위로 하여 값을 설정한다. Group delay와 upsampling factor N이 주어지면 필터 임펄스 응답의 길이를 샘플 단위로 산출할 수 있다. 즉 임펄스 응답의 길이는 $2N \cdot (\text{group delay}) + 1$ 샘플이 된다.
- Roll-off facto r: 필터의 초과 대역폭(excess bandwidth)을 결정하는 roll-off 인수로서 0과 1 사이의 값으로 설정한다.
- Upsampling factor : 심볼 당 출력 신호의 샘플 수를 나타낸다.
- Filter gain: 필터 계수를 어떻게 정규화(normalize)하는지를 나타내는 파라미터이다. 만일 Filter type = "Normal"인 경우, 필터 계수는 피크 값이 1이 되도록 정규화된다. 만일 Filter type = "Square root"인 경우, 필터를 자기 자신과 컨볼루션한 결과가 normal raised cosine 필터이면서 피크 값이 1이 되도록 정규화된다.

[Note]

필터 출력은 $\sqrt{N}$으로 스케일링된다(여기서 N은 upsampling factor이다). 만일 BER 성

능 분석을 위해 필터 출력을 AWGN 채널 블록에 입력하는 경우, AWGN 채널 블록 파라미터 'Input signal power'를 $1/N$으로 설정해 주어야 한다. 다른 방법은 필터 출력이 Gain 블록을 통과한 후 AWGN 채널 블록에 입력되도록 모델을 구성하는 것인데, 이 때 Gain = $\sqrt{N}$ 으로 하여 신호를 증폭하고 AWGN 채널의 파라미터를 Input signal power = 1로 설정해도 동일한 효과가 얻어진다.

Discrete-Time Eye Diagram Scope 블록

Discrete-Time Eye Diagram Scope 블록은 변조된 신호의 궤적을 겹쳐서 보이도록 한다. 이 블록을 사용하여 펄스 정형된 신호의 파형과 채널을 통과하면서 발생한 왜곡을 관찰할 수 있다. Discrete-Time Eye Diagram Scope 블록의 주요 파라미터는 다음과 같다.

- Samples per symbol: 변조기 블록의 파라미터 'Samples per symbol' 설정값과 동일하게 설정하거나, interpolation 블록의 파라미터 'Interpolation factor' 설정값과 동일하게 설정한다. 펄스정형 필터(예: raised cosine 필터)를 사용한 경우 여기서 설정한 upsampling factor와 동일하게 설정한다.
- Offset (samples): 처음 몇 개의 샘플을 제외하고 그림을 그리는가를 나타내는 파라미터이다. Eye diagram의 눈이 떠진 부분을 관찰하기 위해서는 "0"으로 설정하며, 눈이 감겨진 부분을 관찰하기 위해서는 "(Samples per symbol)/2"로 설정한다.
- Symbols per trace: 신호 궤적을 몇 개의 심볼 구간에 대해 그리는가를 나타내는 파라미터로 1과 4 사이의 정수로 선택한다.
- Traces displayed: 몇 개의 신호 궤적을 그리는가를 나타내는 파라미터로 변조기의 알파벳 사이즈, M의 10배 정도로 설정한다.
- New traces per display: 새로운 그림을 그릴 때마다 새로 받아들이는 신호 궤적의 개수이다. 속도를 빠르게 하려면 Traces displayed와 동일하게 설정하고, 움직이는 모양을 잘 관찰하려면 작은 값으로 설정한다.
- Y-axis maximum: Scope 화면 y축의 최대값으로 파라미터 설정 다이어로그 박스의 'Axis Properties'에서 설정할 수 있다(default 값에서 변경을 원하는 경우). 예상되는 신호 최대값의 10% 정도 크게 설정하는 것이 바람직하다.
- Y-axis minimum: Scope 화면 y축의 최소값으로 Y-axis maximum와 같은 방식으로 설정한다.
- In-phase X-axis label: x 축의 이름으로 'Axis Properties'에서 변경할 수 있다.
- Quadrature Y-axis label: y 축의 이름으로 'Axis Properties'에서 변경할 수 있다.

SIMULINK 예제

예제 7.3 [RC 펄스정형 필터]

Raised cosine 펄스정형과 QPSK 변조를 사용하는 송신기 모델을 구성하고 송신되는 신호의 scatter diagram과 eye diagram을 그려 보라. 정보 데이터는 $R_b = 1\text{kbps}$의 비트율로 발생시키고, 펄스정형 필터는 RRC(root raised cosine) 필터를 사용하며, roll-off factor=0.25, group delay=4, upsampling factor=8로 설정하라.

풀이

1) 그림 7.28(a)에 RC 펄스정형과 QPSK 변조를 사용하는 송신기의 블록 다이어그램(ex7_3.mdl)을 보인다. Bernoulli Binary Generator를 사용하여 랜덤 비트열을 1 kbps로 발생시키고, 프레임 크기는 512 비트로 설정하자. RC 필터는 Communications Blockset의 'Comm Filters' 라이브러리에 있는 'Raised Cosine Transmit Filter'를 사용한다. 블록 파라미터 중에서 'Filter type'을 "Normal"로 설정하면 RC 필터로 동작하고, "Square root"로 설정하면 RRC 필터로 동작한다. 그림 7.28(b)와 같이 파라미터를 설정한다.
2) 필터를 통과한 신호의 성상도를 확인하고 신호 파형을 시간 영역에서 관찰하기 위하여 scatter diagram과 eye diagram을 그려 보자. Communications Blockset의 'Comm Sinks' 라이브러리에 있는 'Discrete[Time Sactter Plot Scope'와 'Discrete-Time Eye Diagram' 블록을 연결한다. Eye diagram을 위해 설정할 파라미터로서 'Samples per symbol' 필드는 RC 필터에서 사용한 upsampling factor와 동일하게 설정한다. 다른 파라미터로 'Symbols per trace'를 큰 값으로 설정하면 한 번에 그릴 심볼 수가 커진다. 그림 7.28(b)와 같이 블록 파라미터를 설정한다. 시뮬레이션을 실행하여 그림(c)와 같은 결과를 얻는지 확인한다. 필요하면 Scope의 'Axes' 메뉴에서 "Autoscale"을 선택하여 다시 그린다.
3) 신호의 스펙트럼 모양도 확인하기 위해 Signal Processing Blockset에 있는 Spectrum Scope를 연결해 보자. 스펙트럼 모양이 그림 7.28(d)와 같은지 확인한다. RC 필터의 대역폭은 다음과 같이 주어진다.

$$W = W_o(1+r) = \frac{1}{2}(1+r)R_s \tag{7.30}$$

여기서 R_s는 심볼율[symbols per sec]이다.

4) RRC 필터의 roll-off factor를 변경시켜가면서 출력이 어떻게 변화하는지 확인해 본다. 그림 7.28(e)와 (f)는 roll-off factor를 0.75로 변화시켰을 때의 scatter diagram,

Eye diagram과 스펙트럼이다. Roll-off factor의 증가에 따라 scatter diagram이 퍼지는 정도가 작아지고, Eye diagram은 눈이 크게 떠지며, 스펙트럼은 폭이 증가하는 것을 볼 수 있다.

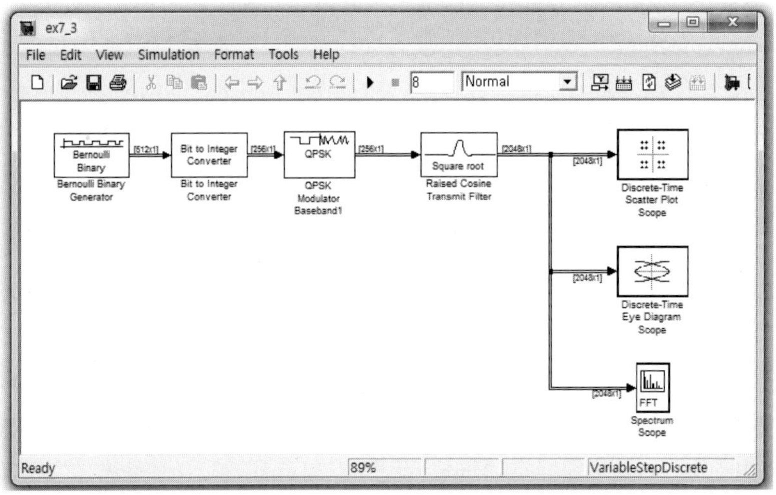

(a)

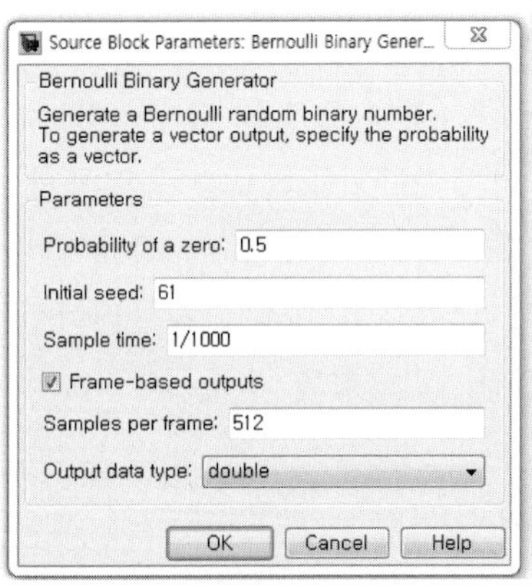

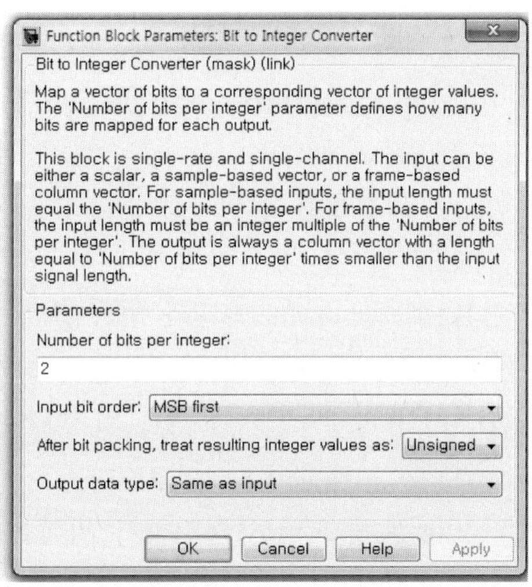

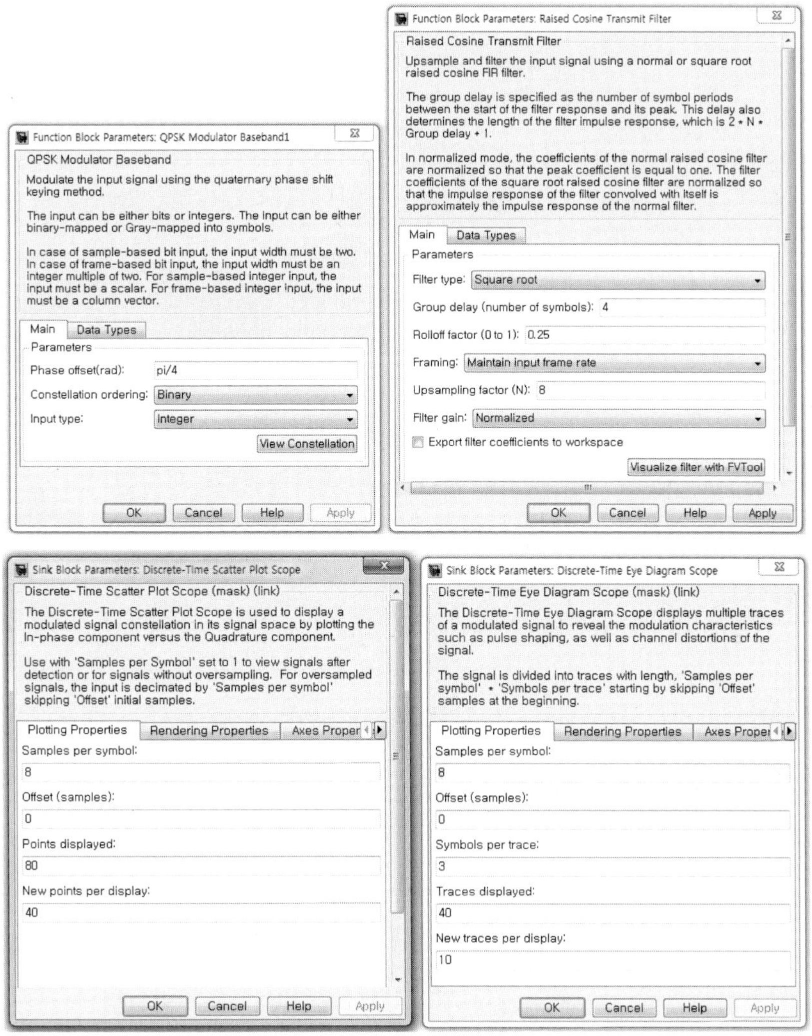
Function Block Parameters: Raised Cosine Transmit Filter
Raised Cosine Transmit Filter
Upsample and filter the input signal using a normal or square root raised cosine FIR filter.
The group delay is specified as the number of symbol periods between the start of the filter response and its peak. This delay also determines the length of the filter impulse response, which is 2 * N * Group delay + 1.
In normalized mode, the coefficients of the normal raised cosine filter are normalized so that the peak coefficient is equal to one. The filter coefficients of the square root raised cosine filter are normalized so that the impulse response of the filter convolved with itself is approximately the impulse response of the normal filter.
Main
Data Types
Parameters
Filter type: Square root
Group delay (number of symbols): 4
Rolloff factor (0 to 1): 0.25
Framing: Maintain input frame rate
Upsampling factor (N): 8
Filter gain: Normalized
Export filter coefficients to workspace
Visualize filter with FVTool
OK
Cancel
Help
Apply
Function Block Parameters: QPSK Modulator Baseband1
QPSK Modulator Baseband
Modulate the input signal using the quaternary phase shift keying method.
The input can be either bits or integers. The input can be either binary-mapped or Gray-mapped into symbols.
In case of sample-based bit input, the input width must be two. In case of frame-based bit input, the input width must be an integer multiple of two. For sample-based integer input, the input must be a scalar. For frame-based integer input, the input must be a column vector.
Main
Data Types
Parameters
Phase offset(rad): pi/4
Constellation ordering: Binary
Input type: Integer
View Constellation
OK
Cancel
Help
Apply
Sink Block Parameters: Discrete-Time Scatter Plot Scope
Discrete-Time Scatter Plot Scope (mask) (link)
The Discrete-Time Scatter Plot Scope is used to display a modulated signal constellation in its signal space by plotting the In-phase component versus the Quadrature component.
Use with 'Samples per Symbol' set to 1 to view signals after detection or for signals without oversampling. For oversampled signals, the input is decimated by 'Samples per symbol' skipping 'Offset' initial samples.
Plotting Properties
Rendering Properties
Axes Proper
Samples per symbol:
8
Offset (samples):
0
Points displayed:
80
New points per display:
40
OK
Cancel
Help
Apply
Sink Block Parameters: Discrete-Time Eye Diagram Scope
Discrete-Time Eye Diagram Scope (mask) (link)
The Discrete-Time Eye Diagram Scope displays multiple traces of a modulated signal to reveal the modulation characteristics such as pulse shaping, as well as channel distortions of the signal.
The signal is divided into traces with length, 'Samples per symbol' * 'Symbols per trace' starting by skipping 'Offset' samples at the beginning.
Plotting Properties
Rendering Properties
Axes Proper
Samples per symbol:
8
Offset (samples):
0
Symbols per trace:
3
Traces displayed:
40
New traces per display:
10
OK
Cancel
Help
Apply

(b)

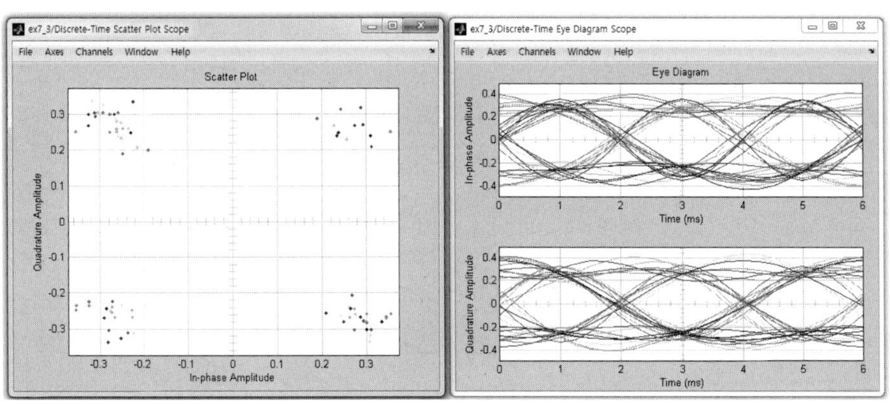
ex7_3/Discrete-Time Scatter Plot Scope
File Axes Channels Window Help
Scatter Plot
Quadrature Amplitude
In-phase Amplitude
0.3
0.2
0.1
0
-0.1
-0.2
-0.3
ex7_3/Discrete-Time Eye Diagram Scope
File Axes Channels Window Help
Eye Diagram
In-phase Amplitude
Quadrature Amplitude
Time (ms)
0.4
0.2
-0.2
-0.4
0
1
2
3
4
5
6

(c)

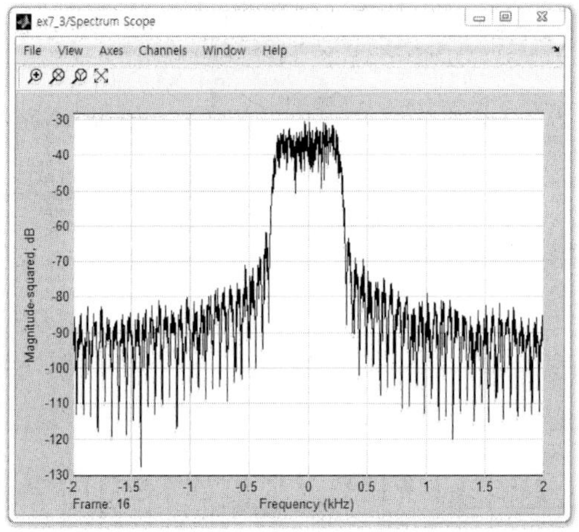

(d)

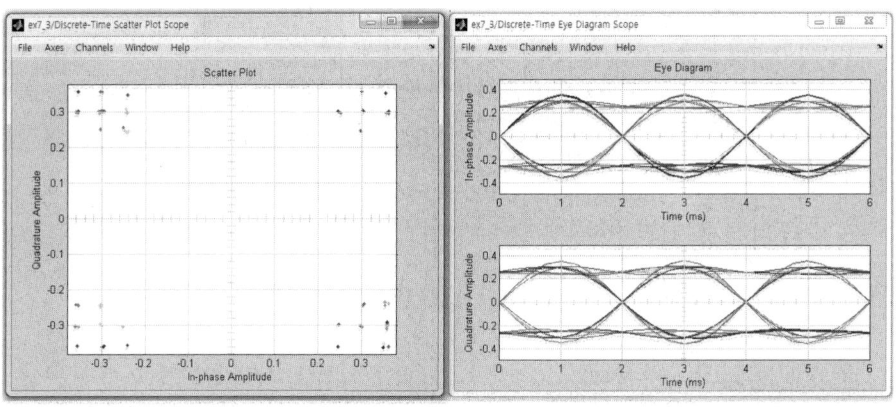

(e)

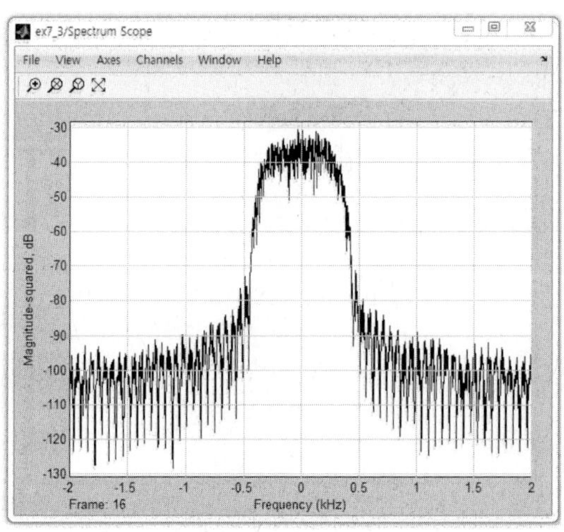

(f)

[그림 7.28] RRC 펄스정형 필터 효과

7.8 SIMULINK를 이용한 디지털 수신기의 구현

이번 절에서는 디지털 수신기의 예로 앞 절에서 구현한 QPSK 송신기 모델에 대응하는 수신기를 구현해 보도록 한다. 수신기 모델은 수신 RRC 필터, QPSK 심볼 복조, 심볼-비트 변환 블록으로 구성한다. **여기서 중요한 것은 필터의 사용으로 인한 delay의 발생을 고려해야 한다는 것이다.** 정확한 delay를 계산하지 못하면 수신기가 제대로 동작하지 않는다. 송수신기가 제대로 동작하는지 검증하기 위해 비트오율을 구하는 블록을 구성해 본다.

7.8.1 QPSK 수신기 모델

수신기 모델은 송신기 블록별 대응 블록들을 역방향으로 연결하면 된다. 즉 Square Root RC Filter, QPSK Baseband Demodulator, Integer to Bit Converter를 차례로 연결한다. 수신기가 제대로 동작하는지 확인하기 위하여 하나의 모델에 송신기 블록 다이어그램과 수신기 블록 다이어그램을 같이 구현해 보도록 하자.

그림 7.29에 QPSK 송수신기 모델의 예를 보인다. 이 모델에서는 블록 다이어그램이 너무 길어지는 것을 방지하고, 추후 송신 신호와 수신 신호 사이에 채널을 삽입하기 위하여 송신 신호를 수신기로 바로 입력시키지 않고 SIMULINK Signal Routing 라이브러리에 있는 'Goto' 블록으로 보내고, 수신 신호는 'From' 블록으로부터 받도록 하였다. Goto 블록과 From 블록의 파라미터로 'Tag'을 설정한다. 블록 다이어그램에서 수신기의 각 블록 파라미터는 송신기 블록의 파라미터와 부합되게 설정한다.

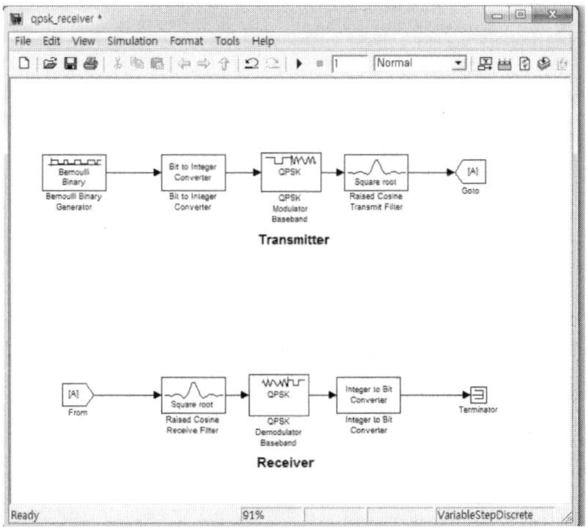

[그림 7.29] QPSK 송수신기 모델(qpsk_receiver.mdl)

7.8.2 Delay의 계산

통신 시스템을 구성하는 블록 중에서는 delay가 발생하는 블록이 있다. 그림 7.29의 시스템에서는 RRC Transmitter Filter와 RRC Receiver Filter에서 delay가 발생한다. 이러한 delay를 산출하는 것은 경우에 따라 계산이 복잡하기도 하며, 어떤 경우에는 delay를 알아야만 처리를 계속할 수 있기도 하다. 예를 들어 통신 시스템의 비트오류 확률을 구하는 블록에게는 송신기와 수신기 사이의 delay를 알려줘야 한다. 만일 delay를 정확히 알지 못하면 비트오율 계산 블록의 결과는 의미가 없게 된다.

Delay를 계산하는 편리한 방법은 Communications Blockset의 Utility Blocks 라이브러리에 있는 'Find Delay' 블록을 이용하는 것이다. 이 블록은 첫 번째 입력 신호와 두 번째 입력 신호를 time-shift시키면서 상호상관을 계산하여 상호상관값이 최대가 되는 인덱스를 찾음으로써 delay를 구한다. Find Delay 블록의 파라미터로 'Correlation window length'는 충분히 크게 설정해야 delay 계산의 정확도가 높아진다.

그림 7.30(a)에 Find Delay 블록을 사용하여 delay를 계산하는 예를 보인다(qpsk_receiver1.mdl). 앞서 설계한 QPSK 변복조기에서 송수신 RRC 필터의 delay는 4 심볼로 설정하였다. 따라서 전체 delay는 8 심볼이 되며, 비트 단위로 보면 16 비트가 된다. 시뮬레이션을 실행하여 SIMULINK가 delay를 산출하여 Display에 나타낸 결과가 논리적으로 계산하여 얻은 값과 일치하는 것을 확인해 보도록 한다. 그림 7.30(a)에 보인 블록 다이어그램 모델에서는 송신측에서 발생시킨 비트열과 수신기에서 복조하여 출력되는 비트열을 workspace로 보내고 있다. MATLAB command window에서 데이터를 확인해 보면 그림 7.30(b)와 같이 16비트 지연되어 수신기 출력이 나오는 것을 확인할 수 있다.

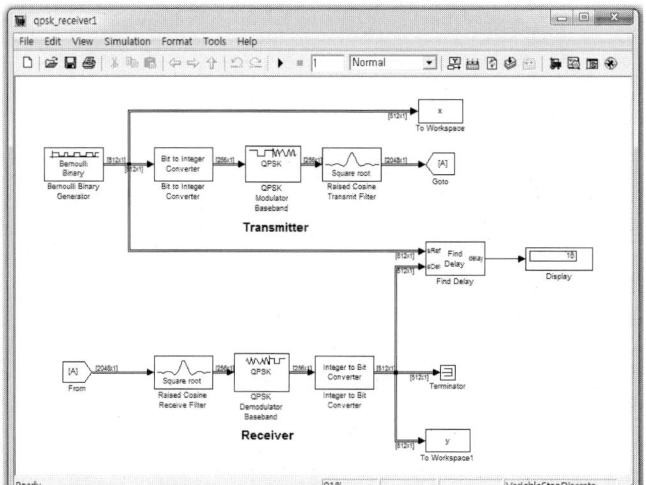

(a)

```
Command Window
New to MATLAB? Watch this Video, see Demos, or read Getting Started.
>> x.signals.values(1:32)'

ans =

  Columns 1 through 16

     1     0     1     1     0     1     1     1     0     0     0     1     1     0     1     1

  Columns 17 through 32

     0     0     0     0     1     1     0     1     0     1     0     0     0     1     1     1

fx >>
```

```
Command Window
New to MATLAB? Watch this Video, see Demos, or read Getting Started.
>> y.signals.values(1:32)'

ans =

  Columns 1 through 16

     1     0     0     0     1     0     1     0     0     0     0     1     1     1     0     1

  Columns 17 through 32

     1     0     1     1     0     1     1     1     0     0     0     1     1     0     1     1

fx >>
```

(b)

[그림 7.30] QPSK 송수신기에서 Find Delay 블록의 사용

7.8.3 비트오류 확률의 계산

통신 시스템의 비트오율 성능을 구하기 위해서는 송신측에서 보내 데이터와 수신측에서 복구한 데이터를 비교하여 오류가 발생한 데이터 개수를 전체 비트수로 나누면 된다. 이를 위하여 Comm Sinks 라이브러리의 'Error Rate Calculation' 블록을 사용하면 편리하다.

그림 7.31(a)에 QPSK 변복조 시스템의 성능 분석 모델을 보인다. Error Rate Calculation 블록은 두 개의 입력 데이터열을 비교하여 서로 다른 비트 개수를 구하여 비트오율을 계산한다. 이 블록의 첫 번째 입력에는 송신 비트열을 인가하고 두 번째 입력으로는 복조된 비트열을 인가한다. 수신 신호는 필터를 통과하는 과정에서 지연이 발생하므로 복조된 비트열도 송신측의 메시지 비트열에 비해 지연된다. 복조 비트열에 발생한 지연을 보상하지 않고 송신 비트열과 그대로 비교하면 대부분이 오류가 된다. 수신 신호에 발생된 지연을 보상하기 위하여 Error Rate Calculation 블록의 파라미터로 'receive delay'를 넣어 주어야 한다. Error Rate Calculation 블록의 파라미터는 다음과 같다.

- Receive delay: 수신 데이터열이 송신 데이터열에 비해 몇 샘플 뒤져 있는가를 나타낸다. Error Rate Calculation 블록에게 두 입력 비트열을 비교할 때 대응되는 비트 위치를 알려준다.
- Computation delay: 입력 신호의 처음 과도기 부분을 무시하고자 하는 경우 유용하다. 이 값을 0보다 큰 값으로 설정하면 Error Rate Calculation 블록은 주어진 샘플 개수 만큼의 입력 신호 앞 부분을 무시한다.

Error Rate Calculation 블록의 출력은 3가지로서 다음과 같다:

(1) 오류율

(2) 오류가 오류가 발생한 비트 개수 또는 심볼 개수

(3) 전송된 비트(또는 심볼) 총 개수

Error Rate Calculation 블록의 출력은 workspace로 보낼 수도 있고(default), port로 보내서 Display 블록에 나타나게 할 수도 있는데 원하는 대로 파라미터 설정을 해야 한다. 그림 7.31에서는 출력을 Display 블록으로 보내서 나타나도록 한 예를 보이고 있다. 그림 (b)는 블록 파라미터 설정을 보인다.

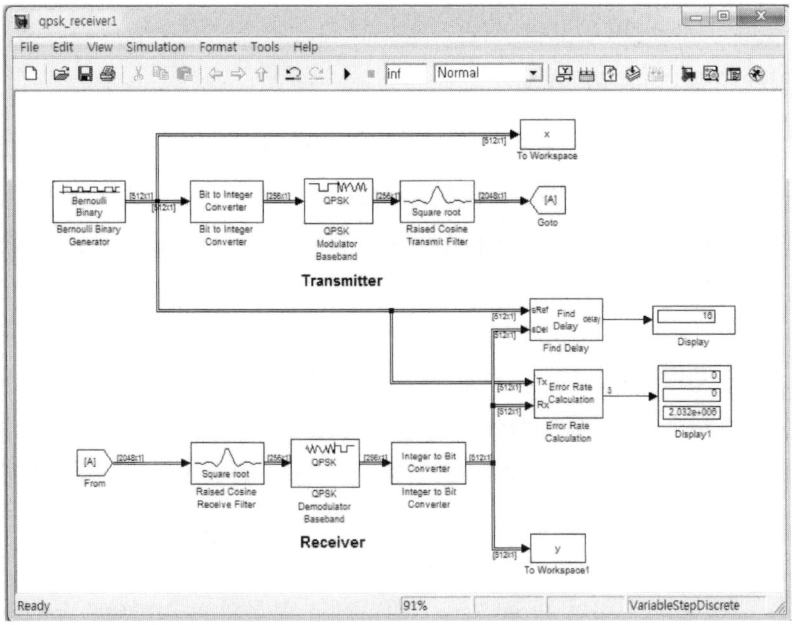

(a)

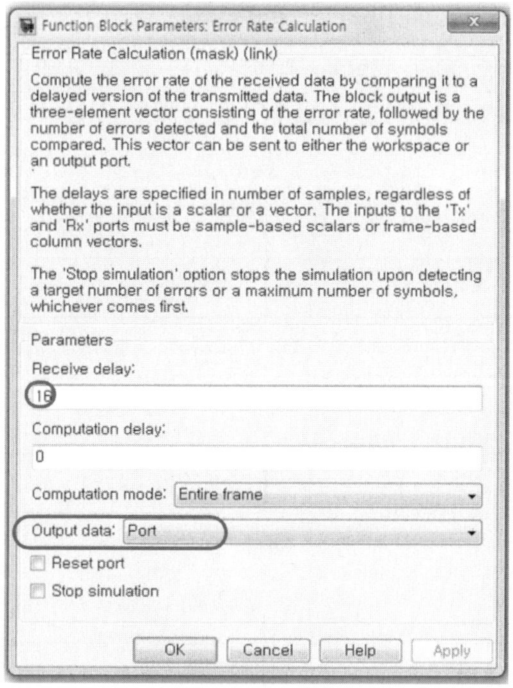

(b)

[그림 7.31] Error Rate Calculation 블록을 사용하여 비트오율을 구하는 예

7.8.4 필터 Delay를 처리하는 다른 방법 : 수신기 신호 프레임의 재정렬

펄스정형 필터를 사용하면 delay가 발생하기 때문에 7.8.3절에서는 'Error Rate Calculation' 블록에서 송신 비트열을 지연시켜 수신 비트열과 비교하여 오류 여부를 판정하는 방법을 사용하였다. 우리 예제에서는 송수신 필터에서 각각 4 심볼 지연이 발생하기 때문에 총 {8 symbols = 16 bits} 의 지연이 발생하며, 따라서 'Error Rate Calculation' 블록에서 원 송신 비트열을 16비트 만큼 지연시켜 오류를 판정한다.

이번 절에서는 수신기에서 의도적으로 심볼지연을 더 발생시켜 프레임을 재정렬하여 처리하는 방안을 고려해 보기로 한다. 512 비트 단위로 프레임을 구성하여 프레임 기반의 처리를 하는 경우 한 개의 프레임은 256 개의 심볼이 포함된다(QPSK 변조를 사용하는 경우). 송수신 펄스정형 필터로 인하여 8 심볼 지연이 발생하므로 송수신 프레임은 그림 7.32(a)와 (b)처럼 된다. 만일 수신 펄스정형 필터의 출력을 (256－8) 심볼, 즉 248 심볼 만큼 추가로 지연시키면 그림 (c)처럼 데이터 프레임이 재정렬된다. 즉 첫 프레임은 모두 0으로 채워지고 두 번째 프레임이 송신기의 처음 프레임에 해당하는 데이터로 채워진다. 이렇게 프레임을 재쟁렬하는 경우 Error Rate Calculation 블록에서 Delay를 한 개 프레임에 해당하는 길이 만큼으로(즉 512 비트) 설정해야 한다. 그림 7.33에 이렇게 프레임을 재정렬하여 처리하는 시뮬레이션 모델의 예를 보인다.

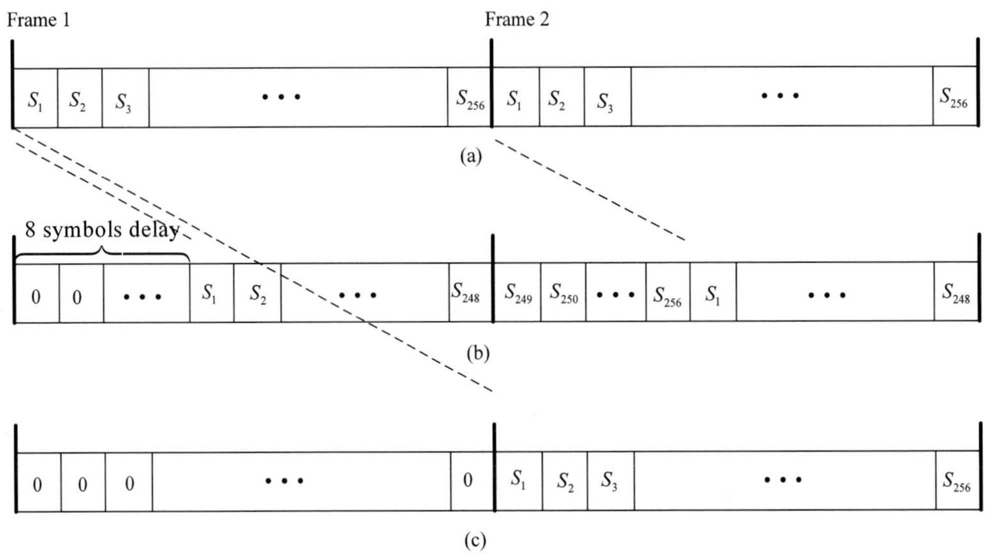

[그림 7.32] 프레임 재정렬

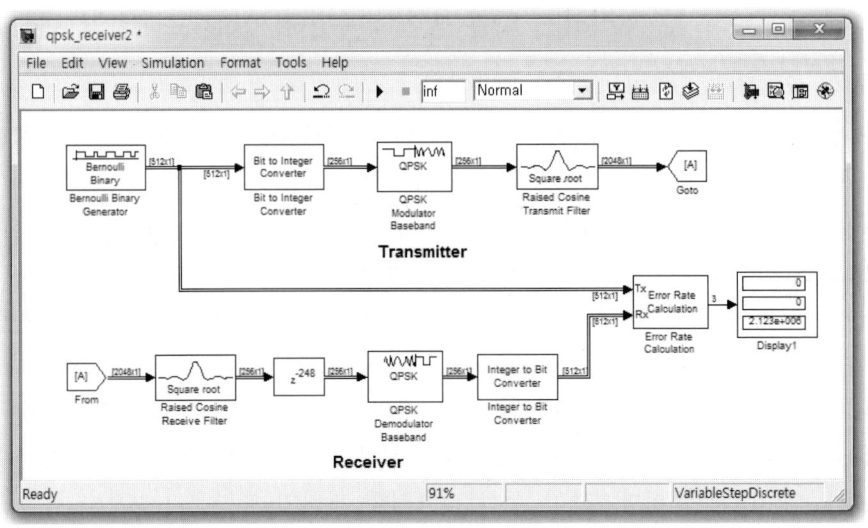

(a)

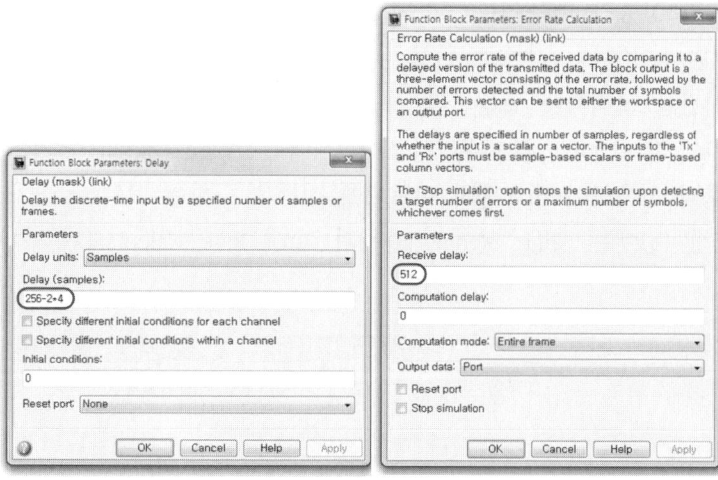

(b)

[그림 7.33] 수신 프레임을 재정렬하여 비트오율을 구하는 방법

7.8.5 Align Signals 블록의 사용: Find Delay 블록 대용

7.8.3 절에서는 통신 시스템의 비트오율을 구하는데 'Error Rate Calculation' 블록을 사용하는 방법에 대해 알아보았다. 이 방법을 사용할 때는 Error Rate Calculation 블록에 수신 delay를 파라미터로서 설정해 주어야 한다. Delay를 계산하여 구할 수도 있지만 7.8.3 절에서는 Find Delay 블록을 사용하여 구하는 방법을 사용하였다. 이번 절에서는 Find Delay 블록을 사용하는 대신 Communications Blockset의 Utility Blocks에 있는 'Align Signals' 블록을 사용하는 방법에 대해 알아 보기로 한다.

Align Signals 블록은 수신 비트열을 송신 비트열과 자동으로 정렬시키는 기능을 갖는다. Align Signals 블록에 두 개의 데이터열 s_1과 s_2가 입력되면, s_1을 지연시킨 신호와 s_2, 그리고 계산된 delay가 출력된다. 이 때 Align Signals 블록에 입력되는 신호 s_2는 s_1에 비해 지연된 신호이어야 한다(그렇지 않으면 에러가 발생한다). Align Signals 블록은 입력되는 두 신호의 상관값을 구하여 delay를 계산하는데, 이 블록을 위한 파라미터로서 상관값을 구하기 위한 윈도우의 길이를 설정해 준다.

이와 같이 Align Signals 블록을 사용하면 Error Rate Calculation 블록에 파라미터로 넣어 주어야 할 수신 dealy를 계산할 필요가 없게 된다. 복조된 비트열을 Align Signals 블록을 통과시킨 후 송신 비트열과 함께 Error Rate Calculation 블록에 넣어 주면 되므로 시뮬레이션 실행이 편리해진다. 이 때는 앞 절에서 다루었던 모델의 경우와 달리 Error Rate Calculation 블록의 Receive delay 파라미터를 0으로 설정해야 한다(이미 Align Signals

블록이 delay를 보상했기 때문이다). 한편 Error Rate Calculation 블록에서 Computation delay 파라미터는 0이 아닌 값으로 설정한다. 이 값은 Align Signals 블록이 delay를 찾는데 걸리는 시간을 고려하여 설정한다.

그림 7.34(a)에 Find delay블록을 사용하는 대신 Align Signals 블록을 Error Rate Calculation 블록과 사용하여 시스템의 비트오율 성능을 구하는 모델(qpsk_receiver_alt.mdl)을 보인다. 그림 (b)에는 Align Signals 블록과 Error Rate Calculation 블록의 파라미터 설정 예를 보인다.

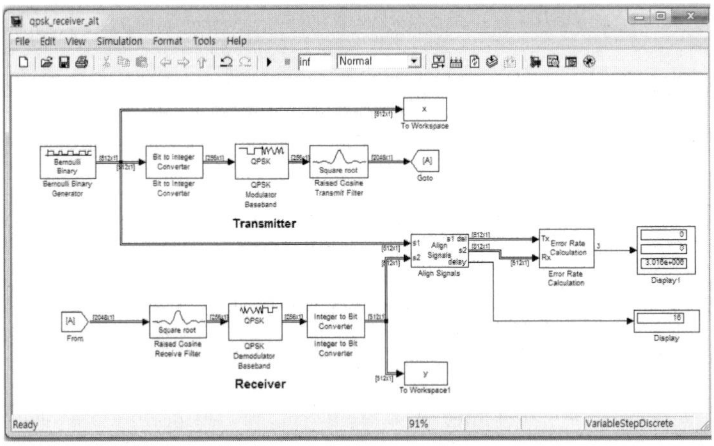

(a)

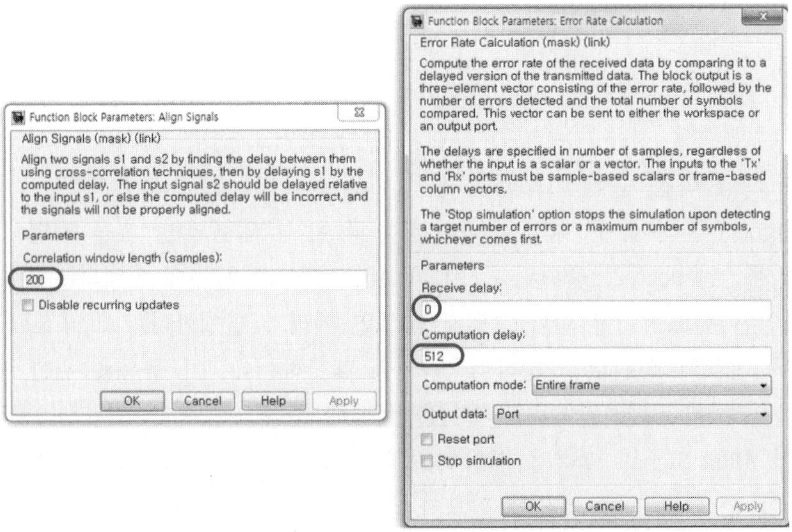

(b)

[그림 7.34] Align Signals와 Error Rate Calculation 블록을 사용한 QPSK 송수신 시스템의 비트오율 분석 모델

7.9 SIMULINK를 이용한 디지털 통신 시스템의 비트오율 분석

지금까지 데이터 심볼을 펄스정형하고 디지털 변조를 하여 송신을 하고, 통신 채널의 영향 없이 그대로 수신기에 입력되는 경우 수신기를 구성하여 비트오율을 구하는 예제를 다루어 보았다. 이번 단원에서는 송신기와 수신기 사이에 통신 채널을 구현하여 채널의 영향을 살펴 보도록 한다. 이번 장에서는 AWGN 채널만 고려하고 페이딩 채널의 효과는 9장에서 다루도록 한다.

7.9.1 통신 채널 : AWGN

송신 신호가 통신 채널을 거치면서 잡음 및 간섭이 추가되고, 무선 통신의 경우 페이딩이 발생하여 왜곡된 신호가 수신기에 입력된다. 이러한 통신 채널의 특성은 통신 매체에 따라 다르게 되므로 통신 시스템 시뮬레이션에서는 매체의 특성에 맞게 채널 모델링을 해야 한다. Communications Blockset의 'Channels' 라이브러리에는 다음과 같은 채널 모델 블록이 있다:

(1) AWGN(additive white Gaussian noise) channel

(2) Multipath fading channel: Rayleigh/Rician

(3) Binary symmetric channel

AWGN 채널은 가장 기본적인 채널 모델로 무선통신 시스템을 분석하는 경우에는 AWGN 채널과 페이딩 채널을 결합하여 시뮬레이션한다. 이 경우 송신 신호가 먼저 페이딩 채널 블록을 통과한 후 AWGN 잡음이 더해지도록 모델을 구성해야 한다. 페이딩 채널에 대해서는 9장에서 다루기로 하고 이번 단원에서는 AWGN 채널의 경우만 고려하기로 한다.

AWGN 채널 블록은 실수 또는 복소수 입력 신호에 백색 가우시안 잡음을 더하여 출력한다. 입력 신호가 실수인 경우 실수의 가우시안 잡음을 더하여 실수의 출력 신호를 만들어내고, 입력 신호가 복소수인 경우에는 복소 가우시안 잡음을 더하여 복소수의 출력 신호를 만들어낸다. 잡음은 MATLAB의 'randn' 함수와 동일한 알고리즘을 사용하여 발생된다.

입력 신호의 dimension

AWGN 채널 블록은 샘플 기반 또는 프레임 기반의 멀티채널 신호를 다룰 수 있는데, 입력 데이터의 형태와 프레임 상태에 따라 이 블록은 입력 데이터를 해석하여 처리한다. 다음은 입력 형태에 따라 블록이 어떻게 데이터를 처리하는지를 보인다.

- 입력이 샘플 기반의 scalar이면, 이 블록은 scalar 가우시안 잡음을 신호에 더해준다.
- 입력이 샘플 기반의 벡터 또는 프레임 기반의 행 벡터이면, 이 블록은 각 채널에 독립적인 가우시안 잡음을 더해준다.
- 입력이 프레임 기반의 열 벡터이면, 이 블록은 입력을 단일 채널 신호 프레임으로 간주하여 한 프레임의 가우시안 잡음을 입력에 더해준다.
- 입력이 프레임 기반의 $M \times N$ 행렬인 경우, 이 블록은 입력을 프레임 길이가 M인 N개 채널의 신호로 간주하여 각 채널에 독립적으로 한 프레임씩 가우시안 잡음을 더해준다.

잡음 분산값의 지정

AWGN 채널 블록에서 잡음을 생성하기 위해서는 잡음의 분산을 지정해야 하는데 이 값을 설정하는 방법이 여러 가지 있다. 블록 파라미터 설정 시 다이어로그 박스에서 'Mode'를 여러 가지 중에서 선택하게 되어 있는데, 모드 종류와 모드 별로 잡음 분산을 지정하는 방법은 다음과 같다.

- Eb/No mode: Eb/No(비트 에너지 대 잡음전력밀도의 비), 심볼 당 비트 수, 입력 신호전력(입력 심볼의 전력), 심볼 길이를 지정한다.
- Es/No mode: Es/No(신호에너지 대 잡음전력밀도의 비), 입력 신호전력, 심볼 길이를 지정한다.
- SNR mode: SNR(신호전력 대 잡음전력의 비), 입력 신호전력을 지정한다.
- Variance from mask: 다이어로그 박스에서 분산값을 지정한다.

잡음의 분산은 심볼 길이 및 oversampling factor의 설정에 따라 영향을 받는다. 이들 간의 관계는 다음과 같다.

$$NoiseVariance = \frac{SignalPower \times SymbolPeriod}{SampleTime \times 10^{\frac{Es/No}{10}}} \tag{7.31}$$

Eb/No, Es/No, SNR 모드 간의 관계

입력 신호가 복소수인 경우 Eb/N0, Es/N0, SNR 간의 관계는 다음과 같다.

$$E_s / N_0 = \left(\frac{T_{\text{sym}}}{T_{\text{samp}}} \right) \cdot SNR$$
$$E_s / N_0 = E_b / N_0 + 10\log_{10}(k) \ \text{ in dB} \tag{7.32}$$

여기서 T_{sym}와 T_{samp}는 각각 심볼 길이와 샘플링 주기이며, k는 입력의 심볼 당 비트수이다.

입력 신호가 실수인 경우 Es/No와 SNR 간의 관계는 다음과 같다.

$$E_s / N_0 = \frac{1}{2} \cdot \left(\frac{T_{\text{sym}}}{T_{\text{samp}}} \right) \cdot SNR \tag{7.33}$$

입력이 실수인 경우와 복소수인 경우가 다른데, 이는 AWGN 채널 블록이 실수 입력에 대해서는 잡음전력밀도를 $N_0/2$ Watts/Hz로 사용하고, 입력이 복소수인 경우에는 잡음전력밀도를 N_0 Watts/Hz로 사용하기 때문이다.

7.9.2 BER 성능 분석 시뮬레이션

AWGN 잡음 환경에서 QPSK 변복조기의 비트오율을 구하는 시뮬레이션을 해 보자. 그림 7.35(a)와 같이 블록 다이어그램 모델(qpsk_ber_awgn.mdl)을 구성한다. 송신기와 수신기 사이에 AWGN 채널 블록을 추가한다. 그리고 펄스정형 필터 출력에 Gain 블록을 추가하고 이득값을 $\sqrt{N}$ (여기서 N은 펄스정형 필터의 upsampling factor이다)으로 설정하면 신호의 전력이 1로 정규화된다[2]. E_b / N_0를 변화시키기면서 비트오율을 구하기 위해서는 송신 신호의 진폭과 잡음의 분산값을 결정해야 한다. Gain 블록을 사용하여 신호의 전력이 1이 되게 정규화하였다면 AWGN Channel 블록 파라미터로서 입력 전력을 1로 설정해야 한다.

그림 7.35(b)에 보인 예와 같이 파라미터를 설정한다.

---

2) Gain 블록을 넣는 대신 AWGN Channel 블록의 파라미터 'Input Signal Power'를 1/N으로 설정해도 동일한 효과가 얻어진다.

(1) Gain 블록에서 Gain을 sqrt(8)로 설정한다. 여기서 8은 펄스정형 필터의 upsampling factor이다.

(2) QPSK 변조에서는 두 비트가 한 개의 심볼을 구성하므로 AWGN Channel 블록의 파라미터 'Number of bits per symbol'을 2로 설정한다. Gain 블록을 사용하여 신호의 전력을 1로 정규화하였으므로 AWGN Channel 블록의 파라미터 'Input Signal Power'를 1로 설정한다.

(3) 랜덤 비트 발생기의 'Sample time'을 1/1000으로 설정하였으면 AWGN Channel 블록의 'Symbol period'는 1/500으로 설정한다.

모델 윈도우에서 시뮬레이션 종료 시간을 "inf"로 설정하고 시뮬레이션을 실행시킨다. Error Rate Calculation 블록의 출력으로 Display 블록에 나타나는 결과는 비트오율, 비트 오류 개수, 총 심볼수이다. 시뮬레이션 종료 버튼을 눌러 실행을 중지시키고, E_b/N_0를 다른 값으로 변경시킨 후 시뮬레이션을 다시 실행시켜서 비트 오율을 확인한다.

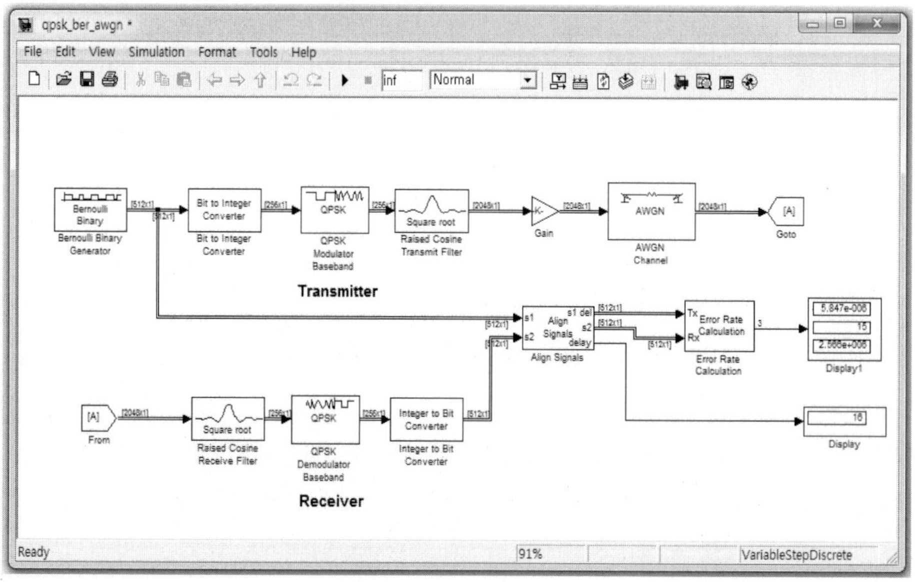

(a)

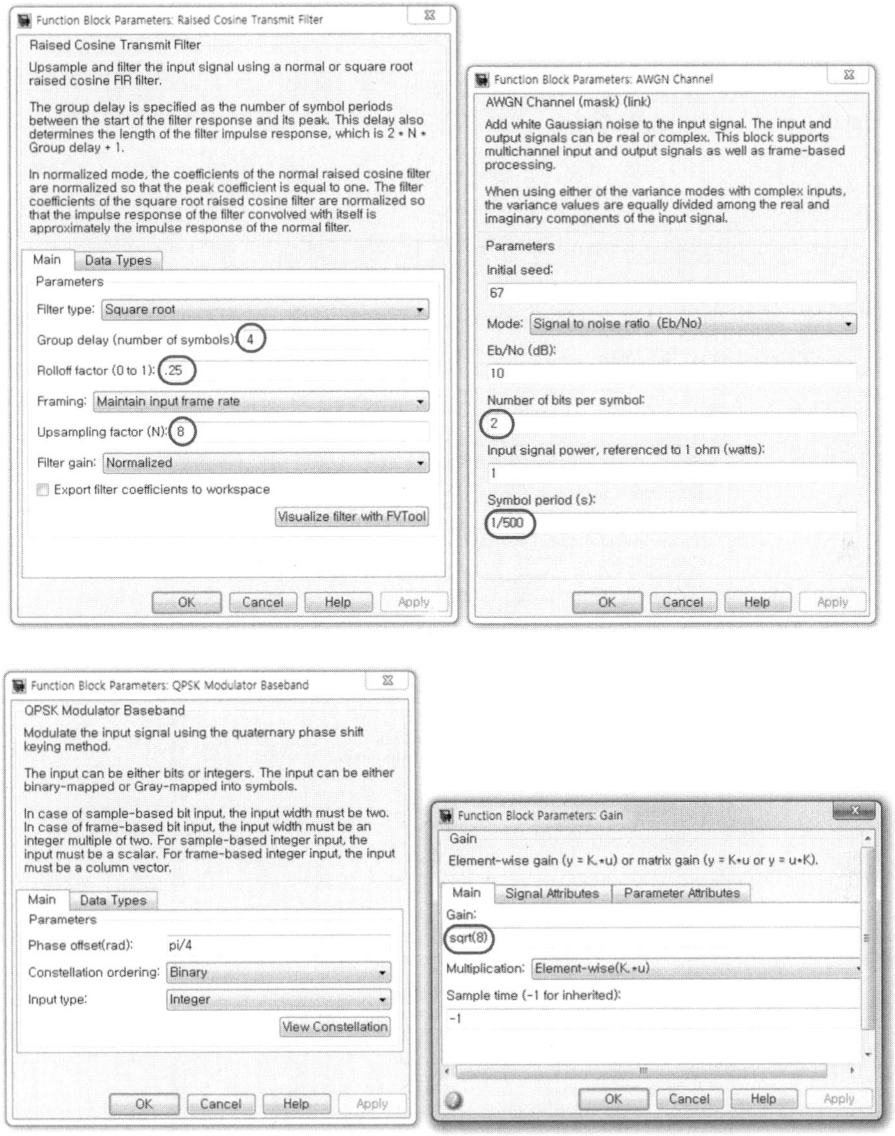

(b)

[그림 7.35] AWGN 환경에서 QPSK 시스템 시뮬레이션 모델

7.9.3 시뮬레이션 실행의 자동 종료 설정하기

7.9.2절에서는 시뮬레이션을 실행할 때 종료 시간을 inf로 하고 실행 결과를 관찰하다가 종료 버튼을 누름으로써 시뮬레이션을 종료시키는 방식을 사용하였다. 이번에는 시뮬레이션을 실행하다 조건이 만족되면 자동으로 멈추게 하는 방식을 사용해 보자. 오류

의 개수가 설정한 개수 이상이 되면 종료가 되도록 해본다.

(1) Error Rate Calculation 블록을 더블 클릭하고 'Stop simulation' 체크 박스를 체크하면 조건 설정 파라미터가 나온다.

(2) 'Target number of errors'를 원하는 숫자로 선택한다(예: 500).

(3) 'Maximum number of symbols'를 적절히 선택한다(예: 1e7).

그림 7.36에 파라미터 설정 예를 보인다. 시뮬레이션을 실행시키고 조건이 만족되면 자동으로 종료되는 것을 확인해 본다.

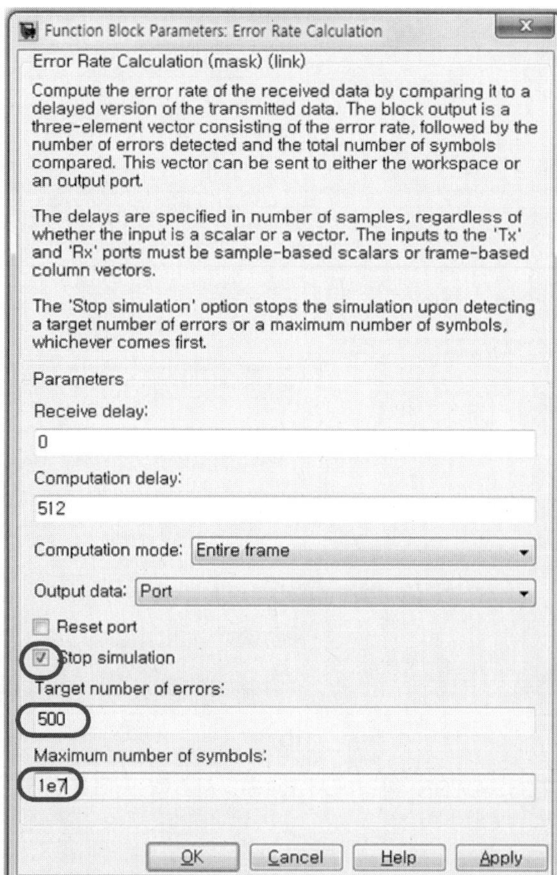

[그림 7.36] 시뮬레이션 자동종료 조건의 설정

7.10 단원 정리 예제 : QAM

지금까지 디지털 변복조기의 구성과 AWGN 채널을 고려한 통신 시스템의 동작에 대해 알아 보았다. 이번 절에서는 QAM 변조를 사용하는 통신 시스템을 예로 하여 이번 장에서 다루었던 사항들을 정리해 보고자 한다.

7.10.1 QAM 송수신기의 구성

데이터율 $R_b = 1\text{ kbps}$로 이진 랜덤 비트열을 발생시키고, QAM 변조를 사용하는 송수신기 블록 다이어그램을 구성해 보자. 그림 7.35(a)에 사각형 성상도를 사용하는 16-QAM 송수신기 모델의 예를 보인다(qam_transceiver.mdl). Bernoulli Binary Generator 블록에서 'Sample time'을 1/1000으로 설정하고, 프레임 당 512 샘플이 포함되게 하여 프레임 기반 처리를 하도록 설정한다. 16-QAM 변조를 하는 경우 네 개의 비트가 하나의 심볼을 형성하므로 Bit to Integer Converter 블록의 파라미터를 Number of bits per integer = 4로 설정한다. M-ary 변조에서는 심볼 별로 신호점을 매핑시키는 방법을 설정해야 하는데, binary 매핑 또는 Gray 매핑을 사용할 수 있다. 그림 7.35(b)에 'Rectangular QAM Modulator Baseband' 블록 파라미터로 'Constellation ordering'을 "Binary"와 "Gray"로 선택한 경우에 대해 'View Constellation' 버튼을 눌러 나타나는 성상도를 보인다. 그림 7.35(c)에는 주요 블록 파라미터의 설정 예를 보인다.

펄스정형 필터는 RRC(root raised cosine) 필터를 송신기와 수신기에 적용하며, roll-off factor=0.25, group delay=4, upsampling factor=8로 설정한다. 펄스정형 필터를 사용함으로써 지연이 발생하기 때문에 비트오율을 분석할 때 지연을 보상해야 한다. RRC 필터에서 지연을 4 심볼로 설정한 경우, 송신기와 수신기 필터에서 발생되는 총 지연은 8 심볼이 되고, 비트 단위로 보면 $4(\text{symbols}) \times 4(\text{bits/symbol}) = 16\text{ bits}$가 된다(16-QAM을 사용하는 경우). 이와 같이 지연을 계산하여 'Error Rate Calculation' 블록에 파라미터로 넣어도 되지만 그림의 모델에 보인 바와 같이 'Find Delay' 블록을 사용하면 자동으로 계산되므로 편리하다. 시뮬레이션을 실행하여 SIMULINK가 delay를 산출하여 Display에 나타낸 결과가 논리적으로 계산하여 얻은 값과 일치하는 것을 확인해 보도록 한다.

필터를 통과한 신호의 성상도를 확인하고 신호 파형을 시간 영역에서 관찰하기 위하여 scatter diagram과 eye diagram을 그려 보자. 그림 7.37(a) 모델에 보인 바와 같이 'Comm Sinks' 라이브러리에 있는 'Discrete-Time Sactter Plot Scope'와 'Discrete-Time Eye Diagram' 블록을 연결한다. Eye diagram 블록의 파라미터로서 'Samples per symbol' 필드는 RRC 필터에서 사용한 upsampling factor와 동일하게 설정한다. 수신단에서 펄스정형 필터의 출력은 송신단 펄스정형 필터에서 사용한 upsampling factor와 동일한 비율로 downsampling을 한 다음 QAM 복조기에 입력시킨다. 한편 수신단에서의 펄스정형 필터를 통과한 신호에 대한 eye diagram을 그리기 위해서는 downsampling을 하지 않고 그림을 그릴 필요가 있다. 이를 위해 그림 (a)의 모델에 보인 바와 같이 별도의 RRC 수신 필터를 추가하고 downsampling factor=1로 하여 eye-diagram에 입력되도록 한다. 시뮬레이션을 실행하여 신호성상도와 eye-diagram 및 스펙트럼을 관찰한다. 그림 (d)~(f)에 시뮬레이션을 실행하여 Scope에 나타나는 송신측 및 수신측 신호성상도와 eye-diagram 및 스펙트럼의 예를 보인다. 필요하면 Scope의 'Axes' 메뉴에서 "Autoscale"을 선택한다.

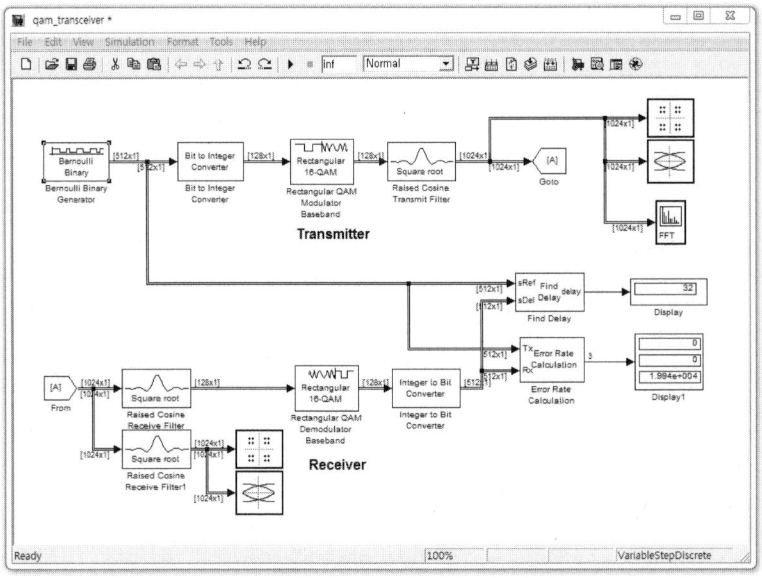

(a) 16-QAM 송수신기 모델

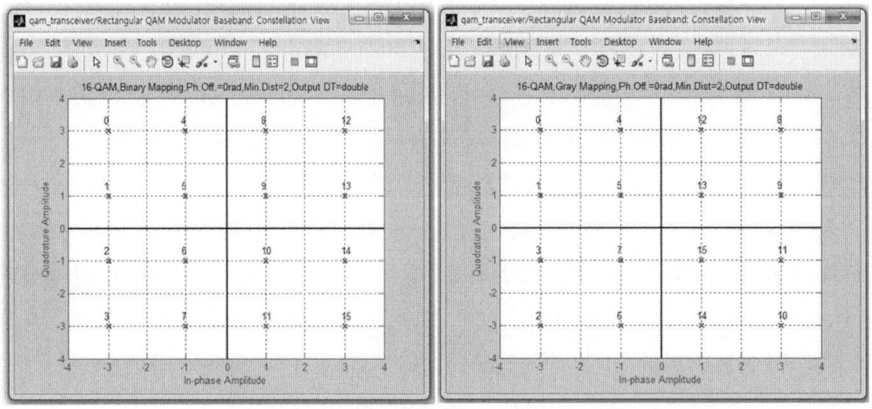

(b) Binary 및 Gray 매핑을 사용하는 경우에 대한 신호 성상도

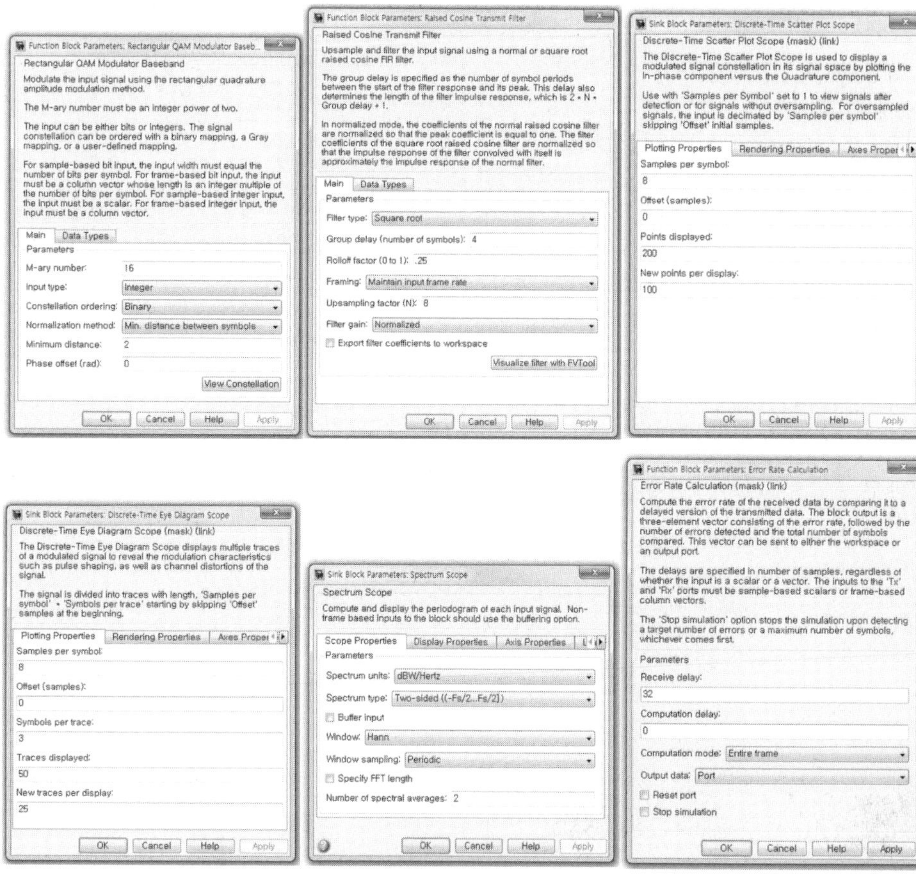

(a) 블록 파라미터 설정 예

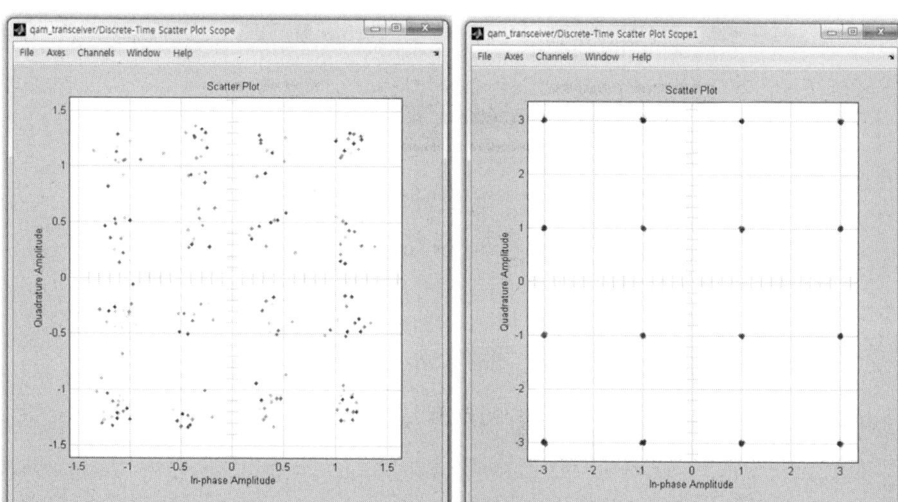

(d) 송신측 및 수신측 신호성상도

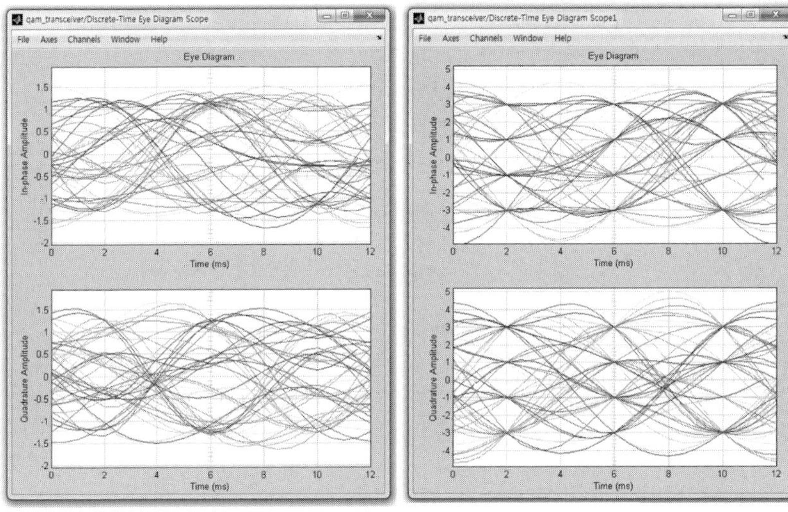

(e) 송신측 및 수신측 eye-diagram

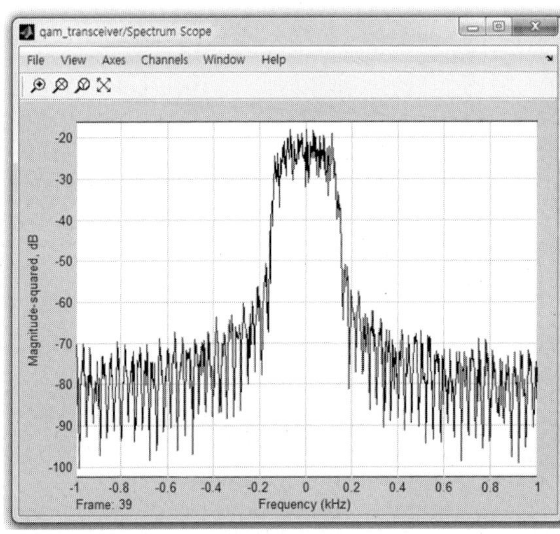

(f) 16-QAM 변조된 신호의 스펙트럼

[그림 7.37] 16-QAM 송수신기(qam_transceiver.mdl)

7.10.2 QAM 시스템의 비트오율 분석

7.10.1에서 설계한 16-QAM 시스템에 대하여 AWGN 채널 환경에서의 비트오율 성능을 분석해 보자. 그림 7.38(a)에 보인 모델(qam_ber_awgn.mdl)과 같이 Communications Blockset의 'Channels' 라이브러리에 있는 'AWGN Channel' 블록을 추가하자. 16-QAM 변조를 하므로 "Number of bits per symbol = 4"로 설정한다. 'Bernoulli Binary Generator'블

록에서 "Sample time = 1/1000"으로 설정하였으므로 "Symbol period = 1/250"로 설정한다.

송수신기에서 필터에 의해 발생되는 지연을 보상하기 위하여 그림 7.37(a) 모델에서는 'Find Delay' 블록을 사용하여 delay(현 예제에서는 32)를 찾은 후 'Error Rate Calculation' 블록 파라미터로 "Receive delay = 32"와 같이 설정하는 방법을 사용하였다. 이에 비해 그림 7.38(a)에 보인 모델에서는 'Align Signals' 블록을 사용하여 블록 내에서 delay를 찾아 송수신 비트열을 정렬시킨 후 출력하도록 하고 있다. 지연이 보상되어 출력되기 때문에 'Error Rate Calculation' 블록에서는 파라미터 설정을 "Receive delay = 0"으로 설정해야 한다. 그림 7.38(b)에는 블록 파라미터의 설정 예를 보인다. $E_b/N_0 = 10$ dB로 설정하고 시뮬레이션을 실행해 본다. 시뮬레이션 종료 버튼을 눌러 실행을 중지시키고, E_b/N_0를 다른 값으로 변경시킨 후 시뮬레이션을 다시 실행시켜서 비트 오율을 확인한다.

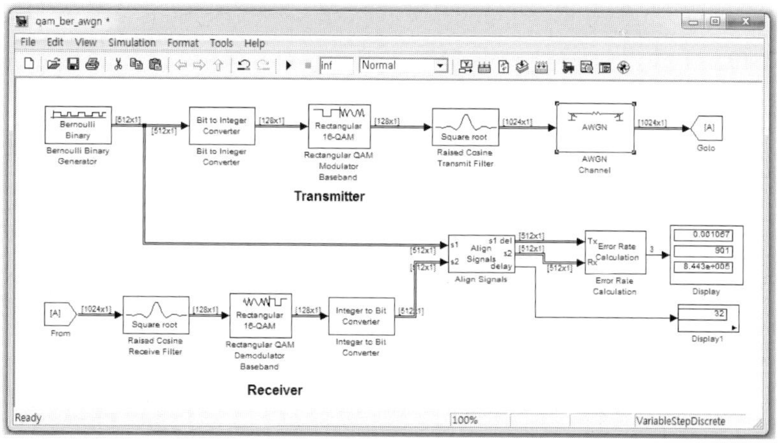

(a) 16-QAM 시뮬레이션 모델(qam_ber_awgn.mdl)

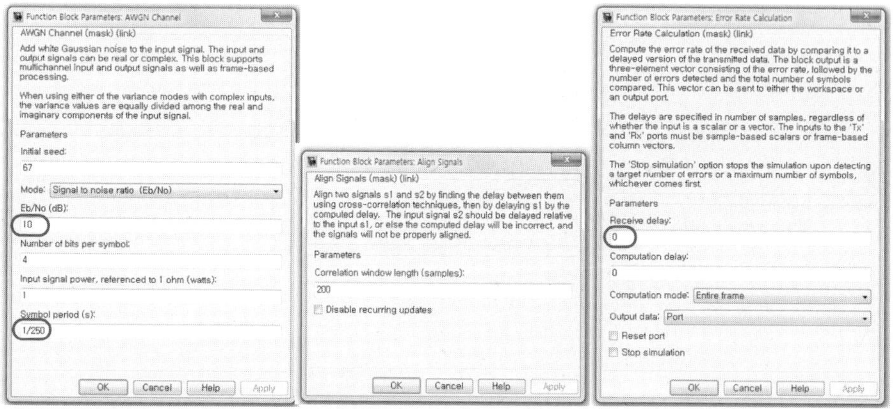

(b) 블록 파라미터 설정

[그림 7.38] AWGN 환경에서 16-QAM 시스템 시뮬레이션 모델

7.11 연습문제

7.1 [Scope와 Vector Scope의 사용]

샘플 기반과 프레임 기반으로 신호를 발생시키고 파형을 그려 보자. 세 개의 신호가 각각 다음과 같다고 하자.

$$x_1(t) = \sin(2\pi f_1 t)$$
$$x_2(t) = 0.5\sin(2\pi f_2 t)$$
$$x_3(t) = x_1(t) + x_2(t)$$

세 개의 신호를 다음 두 가지 방법으로 파형을 그려 보라. 샘플링 주기는 1 msec를 사용하고 (0, 1) 초의 시구간에서 신호 파형을 그려 보라. 아래 그림과 같은 결과가 얻어지는지 확인한다.

(a) Sine Wave 블록을 사용하여 샘플 기반으로 신호를 발생시키고, Multiplexer를 사용하여 한 개의 Scope 화면에 세 개의 파형이 중첩되어 그려지도록 하라.

(b) Signal Processing Blockset에 있는 Sine Wave 블록을 이용하여 프레임 기반으로 신호를 발생시킨다. 세 개의 신호를 발생시킨 다음 Matrix Concatenate 블록을 사용하여 멀티채널 신호로 통합한 후 Vector Scope에 연결하여 세 개의 파형이 그려지도록 하라.

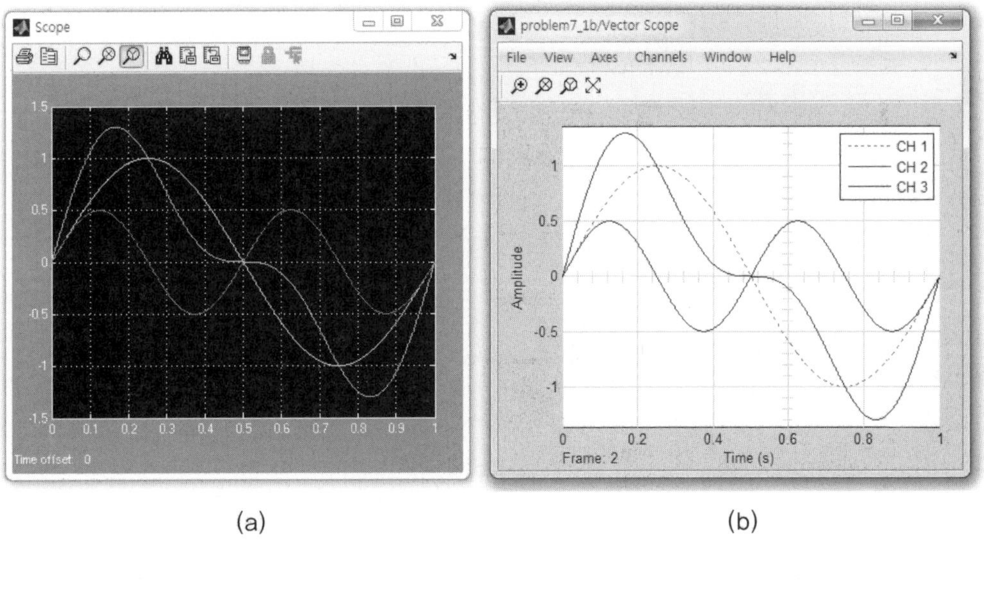

(a) (b)

7.2 [MPSK 신호 성상도]

데이터율 $R_b = 1\text{kbps}$로 이진 랜덤 비트열을 프레임 당 300 비트씩 발생시키고, 8PSK 변조를 하는 모델을 구성하라. 변조된 신호에 AWGN 잡음이 더해진다고 가정하고 수신된 신호의 성상도를 그려 보라. $E_b/N_0 = 10\text{dB}$를 가정하라.

7.3 [QPSK 및 OQPSK의 eye diagram과 스펙트럼]

QPSK와 OQPSK 변조에 대하여 각각 신호의 scatter diagram과 eye diagram 및 스펙트럼을 그려 보라. 정보 데이터는 $R_b = 1\text{kbps}$의 비트율로 발생시키고, 펄스정형은 Ideal Rectangular Pulse 필터를 사용하라. 아래와 같은 eye diagram과 스펙트럼이 얻어지는지 확인한다. I 채널과 Q 채널의 펄스 천이를 잘 관찰하기 위해서는 Eye Diagram Scope 블록 파라미터 설정에서 'Symbols per trace'을 조금 크게 설정하는 게 좋다.

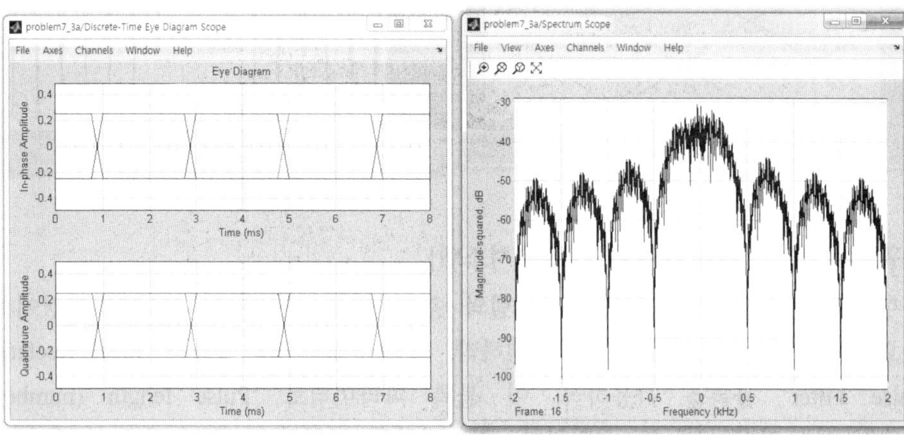

(a) QPSK (Symbols per trace = 4)

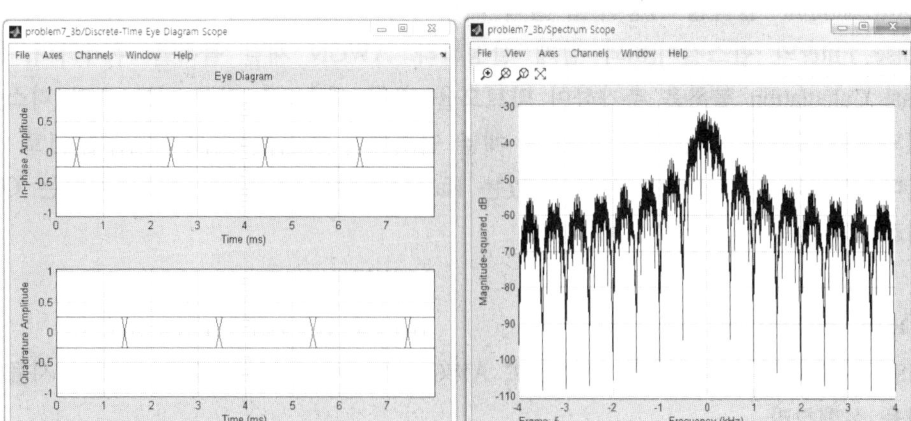

(a) OQPSK (Symbols per trace = 8)

Chapter 08

디지털 통신 시스템의 성능 분석 시뮬레이션

Chapter

08 디지털 통신 시스템의 성능 분석 시뮬레이션

앞 장에서는 Communications Blockset을 이용하여 디지털 통신 시스템의 송수신기를 구성하고 비트오류 확률을 측정하는 방법에 대해 알아 보았다. 디지털 통신 시스템의 비트오율(BER: Bit Error Rate) 성능을 분석할 때는 조건을 변화시키면서(예를 들면 SNR을 변화시키면서) 반복적으로 Monte Carlo 시뮬레이션을 수행하는 것이 일반적이다. 이 때 여러 조건 별로 분석 결과 데이터를 수집하고 저장하여 표나 그림으로 표현할 필요가 있다. 이번 장에서는 이러한 성능분석 시뮬레이션을 수행하는데 있어 SIMULINK를 효율적으로 사용하는 방법에 대해 알아 보기로 한다. 이번 장에서 다룰 주요 내용을 요약하면 다음과 같다.

- Monte Carlo 시뮬레이션을 위한 조건과 SIMULINK 모델을 자동으로 실행되게 하는 방법
- 통신 시스템의 BER 성능 분석 시뮬레이션을 일괄처리(batch) 방식으로 실행하여 그래픽으로 출력하는 방법
- MATLAB Communications Toolbox에 있는 BERTool 함수를 사용하여 시뮬레이션을 효과적으로 실행하고 결과를 표현하는 기법

8.1 Monte Carlo 시뮬레이션과 신뢰도 구간

8.1.1 신뢰도 구간

디지털 통신 시스템의 비트오율(BER) 성능을 시뮬레이션을 통하여 분석하는 방법으로는 송신기에서 전송한 비트열과 수신기에서 복구한 비트열을 비교하여 오류의 개수를 세어 오류 확률을 측정하는 방법이 많이 사용된다. BER 성능 곡선을 구하는 데 있어 주의해야 하는 것은 샘플 개수를 적절하게 선택해야 한다는 것이다. 샘플 개수가 너무 많으면 시뮬레이션 시간이 오래 걸리고, 샘플 개수가 너무 적으면 비트오류 확률 측

정값의 신뢰도가 떨어진다. 샘플 개수를 결정하는 기본적인 원칙은 원하는 비트오율의 역수에 10~100을 곱한 수만큼의 데이터를 사용하는 것이다. 예를 들어 10^{-6}의 성능이 나오는 시스템을 설계하는 경우 비트오율의 검증을 위해 전송할 비트 수는 $10^7 \sim 10^8$ 정도가 적당하다는 것이다.

표 8.1에는 시뮬레이션 샘플 수와 BER 예측의 신뢰도 구간과의 관계를 보이고 있다. 예를 들어 10^8개 샘플을 사용하여 시뮬레이션한 결과 10^{-6}의 비트오율을 얻었다면 실제의 비트오율이 $0.8\times10^{-6} \sim 1.2\times10^{-6}$의 구간에 있을 신뢰도가 95%가 된다.

[표 8.1] 비트오율 추정값 10^{-6}에 대한 신뢰도 구간

시뮬레이션 비트 수	신뢰도 구간		
	90%	95%	99%
10^6	4.693	5.546	7.425
10^7	1.153	1.359	1.768
10^8	0.339	0.402	0.522
10^9	0.096	0.114	0.139
10^{10}	0.023	0.024	0.025

8.1.2 시뮬레이션의 자동 실행

7장에서 디지털 통신 시스템의 BER을 측정하는 시뮬레이션을 실행해 보았다. 이번 장에서는 여러 E_b/N_0 값에 대하여 자동으로 시뮬레이션을 실행하고 결과를 저장하는 방법에 대해 알아 보자.

먼저 E_b/N_0 값을 workspace에서 넘겨주고, 시뮬레이션 실행 결과로 오류 개수를 workspace에 저장시키도록 하자. 비트오류가 주어진 개수를 초과하면 시뮬레이션이 종료되도록 설정한다. 7장에서 살펴 보았던 QPSK 시스템 모델을 그림 8.1(a)에 다시 보인다.

(1) AWGN 채널 블록에서 Eb/No를 상수로 설정하지 않고 그림 8.1(b)와 같이 변수로, 즉 EbNo와 같은 이름을 정하여 입력한다. 나중에 시뮬레이션을 실행시키기 전에 workspace에서 EbNo의 값을 숫자로 지정해야 한다. 7장에서는 송신기의 펄스정형 필터 출력에 Gain 블록을 추가하여 신호의 전력이 1이 되도록(Gain 블록의 이득을 $\sqrt{N}$으로 설정함으로써) 정규화하였다. 그림 8.1(a)의 모델에서는 Gain 블록을 넣지 않고 대신 AWGN Channel 블록의 파라미터 'Input Signal Power'를 $1/N$으로 설정하였다(효과는 동일하다).

(2) Error Rate Calculation 블록에서 Output data를 port로 설정하지 않고 workspace로 설정한 다음 변수명을 입력한다. 그림 8.1(b)에 보인 예와 같이 변수명을 ErrorVec로 정해 보자. 그러면 시뮬레이션을 실행한 출력이 workspace에 ErrorVec의 변수명으로 저장된다. ErrorVec은 3개의 원소를 갖는 벡터로 비트오류 확률, 오류 개수, 총 심볼수로 구성된다.

(3) 비트오류 개수가 설정한 값을 넘으면 시뮬레이션이 종료되도록 조건을 설정해 보자. 모델 윈도우의 'Simulation Configuration Parameters' 메뉴에서는 시뮬레이션 종료시간 'Stop time'은 "inf"로 설정하여 시뮬레이션이 계속 돌아가게 한다. 그 대신 Error Rate Calculation 블록 파라미터 설정에서 그림 8.1(b)와 같이 'Stop simulation' 체크 박스를 선택하고 target number of errors를 입력한다(예: 500). 그리고 비트오율 시뮬레이션 신뢰도를 고려하여 maximum number of symbols를 입력한다(예: 1e7).

(4) 블록 다이어그램 모델에 모델명을 정하여 저장하자(예: qpsk_ber_awgn.mdl). Workspace에서 EbNo의 값을 3dB로 지정하고 시뮬레이션을 실행시켜 보자. 시뮬레이션이 종료된 후 workspace에서 ErrorVec 변수에 저장된 시뮬레이션 결과를 확인해 본다. 그림 8.1(c)에 workspace에서의 작업 내용을 보인다(Warning 메시지가 뜨는 이유는 SIMULINK 모델에서 'Error Rate Calculation' 블록의 출력을 workspace로 보내도록 설정하였기 때문에 'Display' 블록으로 데이터가 가지 않기 때문이다. 현재의 예제에서 Display 블록은 제거해도 된다).

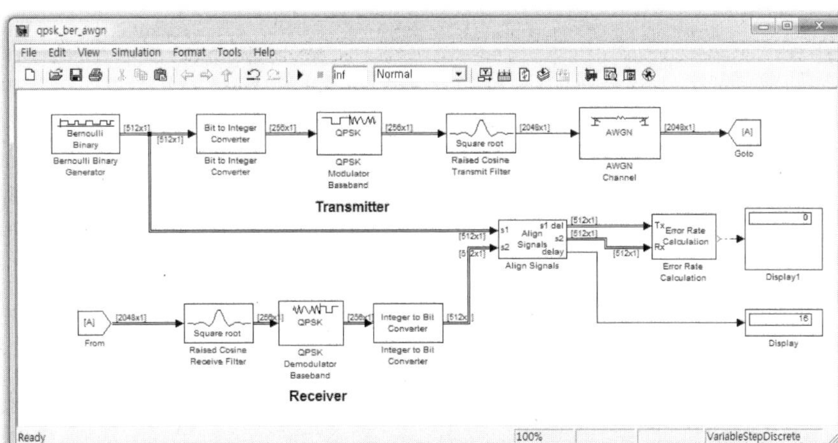

(a)

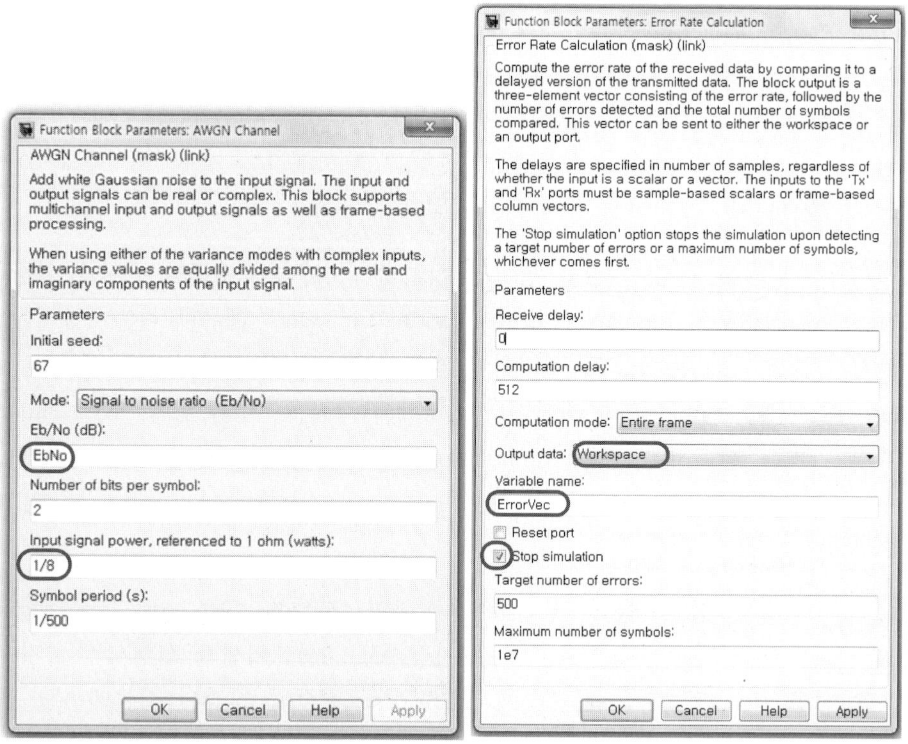

(b)

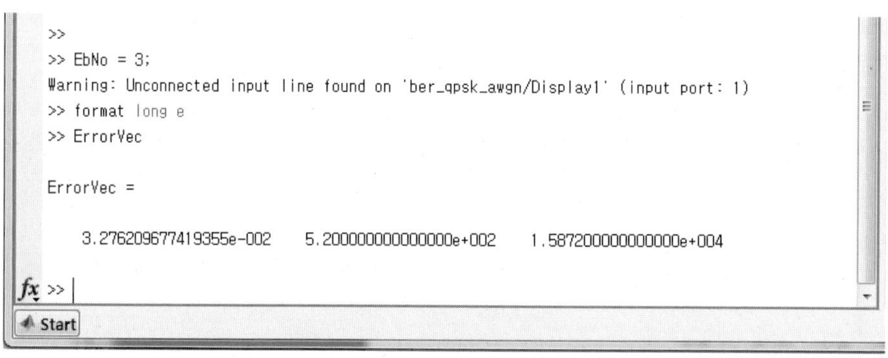

(c)

[그림 8.1] QPSK 시스템 시뮬레이션의 자동 실행(qpsk_ber_awgn.mdl)

8.1.3 성능 분석 시뮬레이션의 일괄 실행: mdl 파일 + m 파일

8.1.3 절에서 살펴 본 예제와 같이 매번 EbNo의 값을 설정하고 시뮬레이션을 실행시켜도 되지만 EbNo의 여러 값에 대해 일괄적으로 시뮬레이션이 실행시키는 게 편리하

다. 이번 단원에서는 E_b/N_0 를 변화시키면서 비트오율 성능을 측정하는 시뮬레이션을 일괄(batch) 실행하는 방법에 대해 알아 보자.

예제 8.1 [AWGN 환경에서 QPSK 시스템의 비트오율 성능]

앞에서 설계한 QPSK 송수신기(qpsk_ber_awgn.mdl)에 대하여 AWGN 채널환경에서 비트오율을 구하는 시뮬레이션을 일괄적으로 실행하는 MATLAB 명령문을 작성하라. E_b / N_0 를 0 dB에서 2 dB 간격으로 10 dB까지 변화시키면서 비트오율을 구하고 실행 결과를 그림으로 그려 보라.

풀이

MATLAB command 창에서 SIMULINK 모델을 실행시키도록 MATLAB 명령문을 작성한 예로 qpsk_bersim_awgn.m을 참고하라. MATLAB에서 SIMULINK 모델의 시뮬레이션을 실행시키기 위하여 'sim' 함수를 사용하면 된다. 시뮬레이션 실행 결과로 그려진 BER 성능 곡선을 그림 8.2에 보인다.

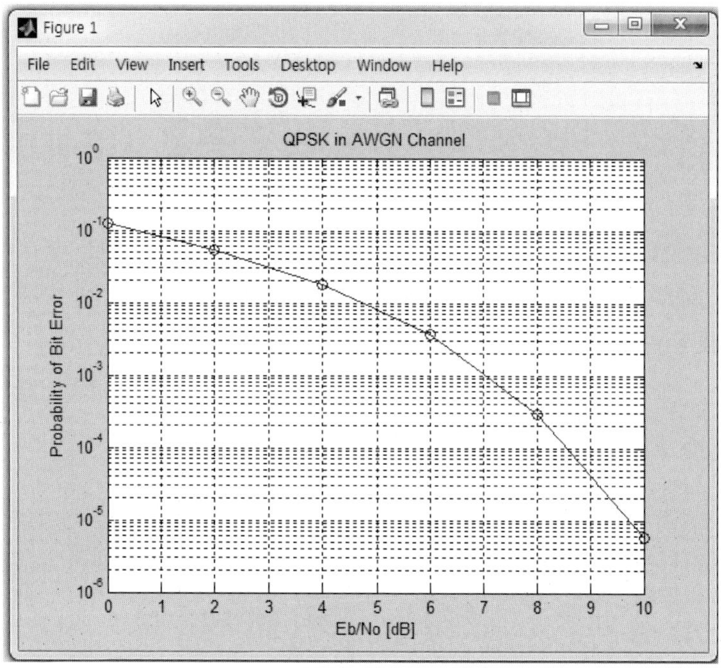

[그림 8.2] QPSK 시스템의 BER 시뮬레이션 결과

예제 8.1를 위한 MATLAB 프로그램의 예(qpsk_bersim_awgn.m)

```
% Batch simulation of communication system using SIMULINK model
% Vary EbNo(in dB) and store the BER result into ber_vec
% SIMULINK model sends the output "ErrorVec" to workspace
% ErrorVec has 3 elements, which are BER, number of errors, and number of symbols
% -----------------------------------------------------------------------
EbNo_vec = 0:2:10;
L = length(EbNo_vec);
ber_vec = zeros(1,L);
for k = 1:L
    EbNo = EbNo_vec(k);
    sim('qpsk_ber_awgn');
    ber_vec(k) = ErrorVec(1); % First element of the vector is BER
end
% Plot the BER curve
semilogy(EbNo_vec, ber_vec, '-o');
title('QPSK in AWGN Channel')
xlabel('Eb/No [dB]')
ylabel('Probability of Bit Error')
grid on;
```

8.2 디지털 변복조 시스템의 성능 분석 시뮬레이션

앞 절에서는 QPSK 변조를 예로 하여 시스템의 비트오율 성능을 분석하는 시뮬레이션을 실행해 보았다. 이 절에서는 7장에서 살펴본 디지털 변조 방식에 대해 MPSK와 QAM 방식에 대해 송수신기를 구성하고 AWGN 환경에서의 비트오율 성능을 분석해 본다.

8.2.1 MPSK 시스템의 비트오율 성능분석

MPSK 변조 방식에서는 $k = \log_2 M$ 비트 단위로 심볼을 구성하고, 심볼별로 위상을 M개 중의 하나로 매핑하여 전송한다. MPSK 신호를 수식으로 표현하면 다음과 같다.

$$\begin{aligned} s_{\mathrm{MPSK}}(t) &= A\cos(2\pi f_c t + \theta_i), \quad 0 \le t \le T_s, \quad i = 0, 1, \cdots, M-1 \\ &= A\cos\theta_i \cos 2\pi f_c t - A\sin\theta_i \sin 2\pi f_c t \\ &= I(t)\cos 2\pi f_c t - Q(t)\sin 2\pi f_c t \end{aligned} \tag{8.1}$$

$$\theta_i = \frac{2\pi i}{M} + \theta_0$$

송신기에서는 k 비트의 심볼 단위로 신호점(즉 $I(t), Q(t)$의 좌표)을 매핑시키고, 수신기에서는 추정된 $I(t), Q(t)$의 위상으로부터 심볼을 판정한다. 심볼과 신호점 간의 매핑은 여러 가지가 가능하지만 인접한 심볼 간에 비트 패턴 차이를 작게 하는 것이 심볼 오류가 발생했을 때 비트 오류를 줄일 수 있다. 신호 성상도에서 신호점의 위상이 증가하는 방향으로 Gray 코드를 사용하여 k 비트 심볼과 대응시키면 수신기에서 인접한 심볼로 오판을 하더라도 심볼을 구성하는 k 비트 중에서 1 개만 오류가 발생하게 된다. MPSK의 비트오류 확률을 유도하면 $E_b/N_0 \gg 1$ 에서 근사적으로 다음과 같다[1].

$$P_b \simeq \frac{2}{k} Q\left(\sqrt{\frac{2kE_b}{N_0}} \sin\frac{\pi}{M}\right), \quad E_b / N_0 \gg 1 \tag{8.2}$$

여기서 k는 심볼 당 비트 수이며, 심볼과 신호점 간에 Gray mapping을 사용한 경우이다.

그림 8.3에 8-PSK 변조에서 binary 매핑과 Gray 매핑을 사용한 경우의 신호 성상도를 보인다. 이 그림은 SIMULINK의 M-PSK Modulator 블록 파라미터 설정에서 'Constellation ordering'을 "Binary" 또는 "Gray" 중 하나를 선택한 다음 'View Constellation' 버튼을 누르면 나타난다.

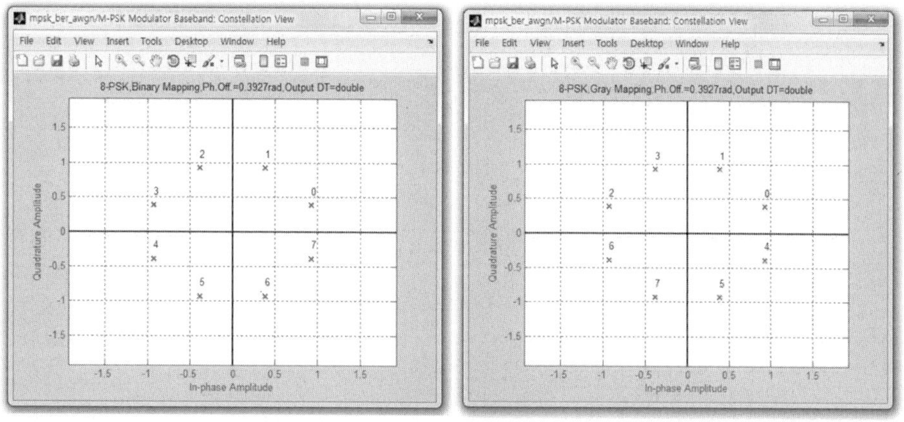

[그림 8.3] 8-PSK 변조에서 심볼-신호점의 매핑 방법(Binary 또는 Gray)

예제 8.2 [AWGN 환경에서 MPSK 시스템의 비트오율 성능]

MPSK 변조를 사용하는 통신 시스템의 블록 다이어그램 모델을 구성하고 AWGN 채널환경에서 비트오율 성능을 분석하라. M-ary 변조에서 $M = 4$, 8, 16의 각 경우에 대하여, E_b/N_0를 0 dB에서 3 dB 간격으로 18 dB까지 변화시키면서 Monte Carlo 시

1) Proakis, J. G., Digital Communications, 4th ed., McGraw-Hill, 2001.

뮬레이션을 수행하여 비트오율을 구하고 실행 결과를 그림으로 그려 보라. 여러 시뮬레이션 조건에 대해 일괄적으로 실행하는 MATLAB 명령문을 작성하라.

풀이

Communication Blokset의 'Modulation' 라이브러리에서 'M-PSK Modulator Baseband'와' M-PSK Demodulator Baseband' 블록을 가져와서 그림 8.4(a)와 같이 블록 다이어그램(mpsk_ber_awgn.mdl)을 구성한다. E_b/N_0 뿐만 아니라 M-ary 변조를 위해 심볼 당 비트수도 변화시켜야 하므로 예제 8.1에서 상수로 설정했던 여러 블록 파라미터를 변수로 지정한다. 그림 (b)에 블록 파라미터 설정을 보인다. MATLAB에서 SIMULINK 모델을 실행시키도록 MATLAB 명령문을 작성한 예로 mpsk_bersim_awgn.m을 참고하라. 그림 (c)에는 이론적 비트오율 성능을 보인다. 그림 (d)는 이론적 비트오율 성능 그래프를 그리는 MATLAB 명령문의 예(mpsk_ber_theory.m)를 보인다. 시뮬레이션 실행 결과로 그려진 BER 성능 곡선을 그림 (e)에 보인다. 심볼 대 신호점 간의 매핑을 "Gray" 대신 "binary"를 사용하여 시뮬레이션하면 성능이 조금 나빠지는 것을 확인해 본다. Gray 코드를 사용하는 것이 성능이 좋은 이유는 오류 발생 가능성이 큰 인접한 심볼 간의 비트패턴 차이가 작기(한 비트만 다름) 때문이다.

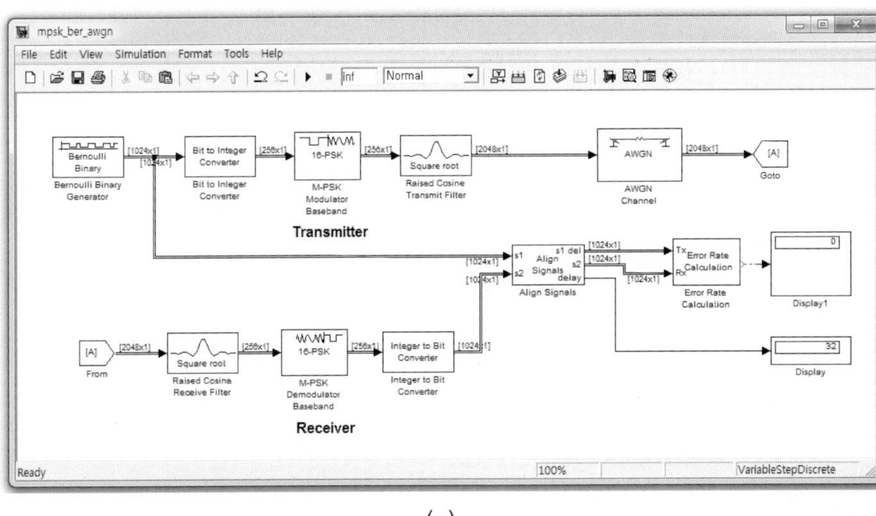

(a)

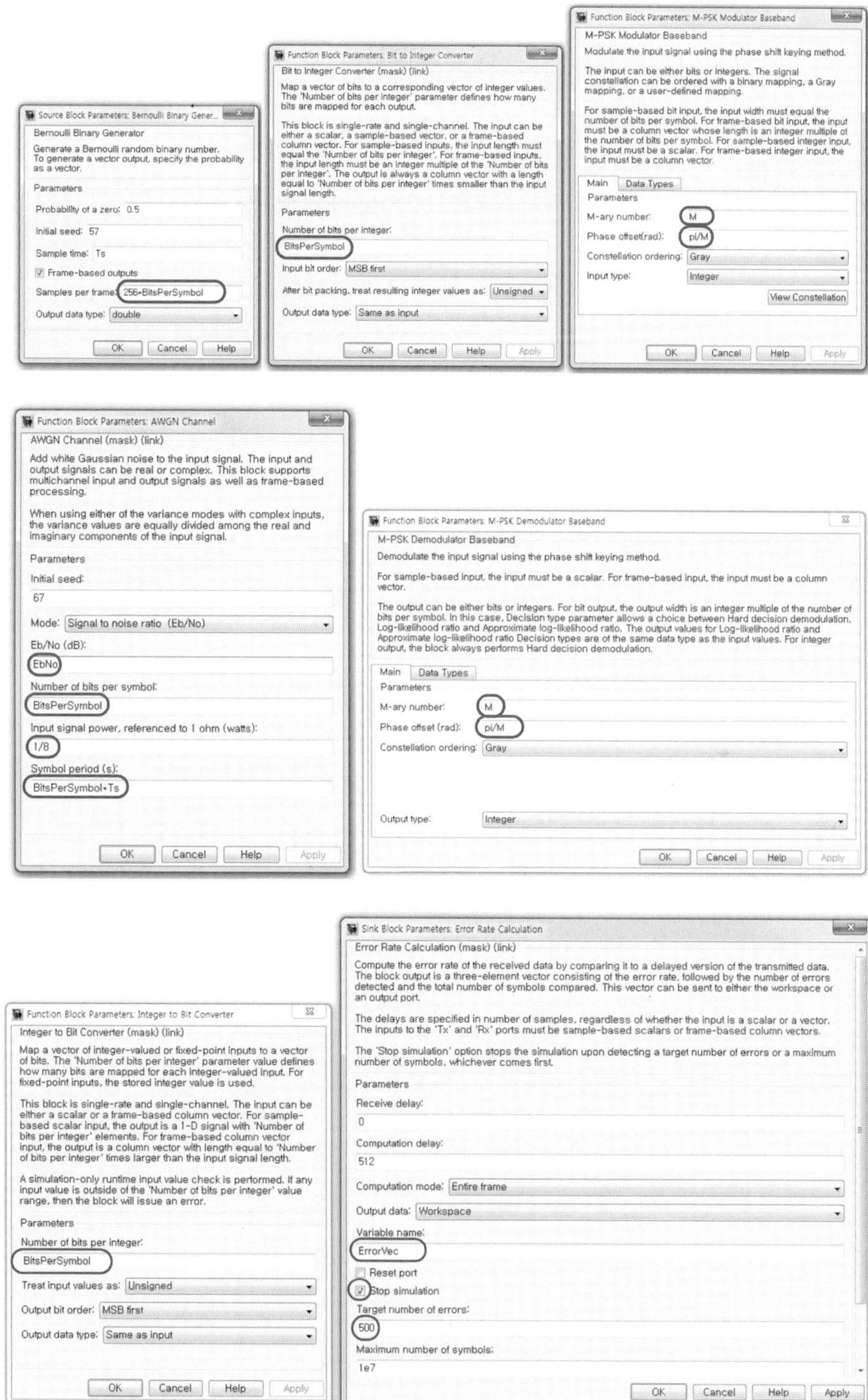
Source Block Parameters: Bernoulli Binary Gener...
Bernoulli Binary Generator
Generate a Bernoulli random binary number. To generate a vector output, specify the probability as a vector.
Parameters
Probability of a zero: 0.5
Initial seed: 57
Sample time: Ts
Frame-based outputs
Samples per frame: 256*BitsPerSymbol
Output data type: double
OK Cancel Help
Function Block Parameters: Bit to Integer Converter
Bit to Integer Converter (mask) (link)
Map a vector of bits to a corresponding vector of integer values. The 'Number of bits per integer' parameter defines how many bits are mapped for each output.
This block is single-rate and single-channel. The input can be either a scalar, a sample-based vector, or a frame-based column vector. For sample-based inputs, the input length must equal the 'Number of bits per integer'. For frame-based inputs, the input length must be an integer multiple of the 'Number of bits per integer'. The output is always a column vector with a length equal to 'Number of bits per integer' times smaller than the input signal length.
Parameters
Number of bits per integer:
BitsPerSymbol
Input bit order: MSB first
After bit packing, treat resulting integer values as: Unsigned
Output data type: Same as input
OK Cancel Help Apply
Function Block Parameters: M-PSK Modulator Baseband
M-PSK Modulator Baseband
Modulate the input signal using the phase shift keying method.
The input can be either bits or integers. The signal constellation can be ordered with a binary mapping, a Gray mapping, or a user-defined mapping.
For sample-based bit input, the input width must equal the number of bits per symbol. For frame-based bit input, the input must be a column vector whose length is an integer multiple of the number of bits per symbol. For sample-based integer input, the input must be a scalar. For frame-based integer input, the input must be a column vector.
Main Data Types
Parameters
M-ary number: M
Phase offset(rad): pi/M
Constellation ordering: Gray
Input type: Integer
View Constellation
OK Cancel Help Apply
Function Block Parameters: AWGN Channel
AWGN Channel (mask) (link)
Add white Gaussian noise to the input signal. The input and output signals can be real or complex. This block supports multichannel input and output signals as well as frame-based processing.
When using either of the variance modes with complex inputs, the variance values are equally divided among the real and imaginary components of the input signal.
Parameters
Initial seed:
67
Mode: Signal to noise ratio (Eb/No)
Eb/No (dB):
EbNo
Number of bits per symbol:
BitsPerSymbol
Input signal power, referenced to 1 ohm (watts):
1/8
Symbol period (s):
BitsPerSymbol*Ts
OK Cancel Help Apply
Function Block Parameters: M-PSK Demodulator Baseband
M-PSK Demodulator Baseband
Demodulate the input signal using the phase shift keying method.
For sample-based input, the input must be a scalar. For frame-based input, the input must be a column vector.
The output can be either bits or integers. For bit output, the output width is an integer multiple of the number of bits per symbol. In this case, Decision type parameter allows a choice between Hard decision demodulation, Log-likelihood ratio and Approximate log-likelihood ratio. The output values for Log-likelihood ratio and Approximate log-likelihood ratio Decision types are of the same data type as the input values. For integer output, the block always performs Hard decision demodulation.
Main Data Types
Parameters
M-ary number: M
Phase offset (rad): pi/M
Constellation ordering: Gray
Output type: Integer
OK Cancel Help Apply
Function Block Parameters: Integer to Bit Converter
Integer to Bit Converter (mask) (link)
Map a vector of integer-valued or fixed-point inputs to a vector of bits. The 'Number of bits per integer' parameter value defines how many bits are mapped for each integer-valued input. For fixed-point inputs, the stored integer value is used.
This block is single-rate and single-channel. The input can be either a scalar or a frame-based column vector. For sample-based scalar input, the output is a 1-D signal with 'Number of bits per integer' elements. For frame-based column vector input, the output is a column vector with length equal to 'Number of bits per integer' times larger than the input signal length.
A simulation-only runtime input value check is performed. If any input value is outside of the 'Number of bits per integer' value range, then the block will issue an error.
Parameters
Number of bits per integer:
BitsPerSymbol
Treat input values as: Unsigned
Output bit order: MSB first
Output data type: Same as input
OK Cancel Help Apply
Sink Block Parameters: Error Rate Calculation
Error Rate Calculation (mask) (link)
Compute the error rate of the received data by comparing it to a delayed version of the transmitted data. The block output is a three-element vector consisting of the error rate, followed by the number of errors detected and the total number of symbols compared. This vector can be sent to either the workspace or an output port.
The delays are specified in number of samples, regardless of whether the input is a scalar or a vector. The inputs to the 'Tx' and 'Rx' ports must be sample-based scalars or frame-based column vectors.
The 'Stop simulation' option stops the simulation upon detecting a target number of errors or a maximum number of symbols, whichever comes first.
Parameters
Receive delay:
0
Computation delay:
512
Computation mode: Entire frame
Output data: Workspace
Variable name:
ErrorVec
Reset port
Stop simulation
Target number of errors:
500
Maximum number of symbols:
1e7
OK Cancel Help Apply

(b)

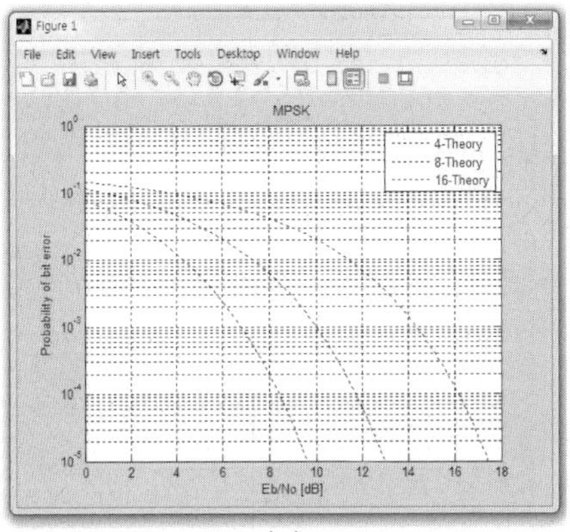

(c)

```
M_set = [4 8 16];
max_EbN0 = 18;
EbNodB = 0:0.1:max_EbN0;
for M_len = 1:length(M_set)
    M = M_set(M_len);
    k = log2(M);
    for n = 1:length(EbNodB)
        EbNo = 10^(EbNodB(n)/10);
        Pe_theory(M_len,n) = 0.5*(2/k)*erfc(sqrt(k*EbNo)*sin(pi/M));
    end
end
% Plot BER curves
for i=1:length(M_set)
    semilogy(EbNodB, Pe_theory(i,:), 'k:'), hold on;
end
axis([-inf inf 10^(-5)  1]);
xlabel('Eb/No [dB]');
```

(d)

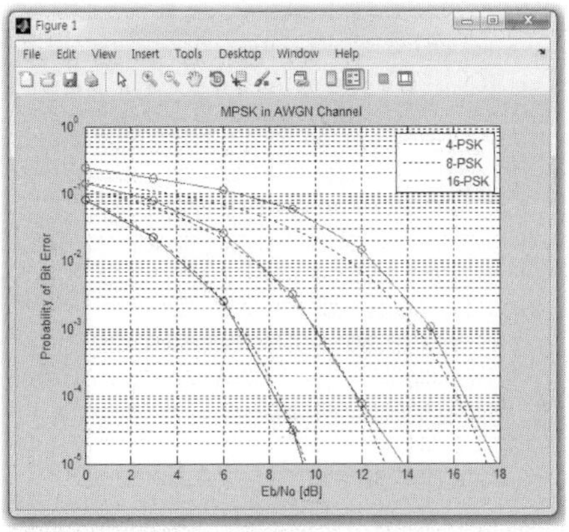

(e)

[그림 8.4] MPSK 시스템의 BER 성능 분석을 위한 모델(mpsk_ber_awgn.mdl)과 실행 결과

예제 8.2를 위한 MATLAB 프로그램의 예(mpsk_bersim_awgn.m)

```
% -----------------------------------------------------------------
% MPSK BER performance in AWGN channel
% Vary EbNo(in dB) and M(equivelently bits per symbol)
% SIMULINK model sends the output "ErrorVec" to workspace
% ErrorVec consists of BER, number of errors, and number of symbols
% Measured BER is saved in BER_vec
% -----------------------------------------------------------------
Ts = 1/1000; % Sampling period in sec
symbol_length = 2:4; %Bits per symbol
K = length(symbol_length);
EbNo_vec = 0:3:18; % Eb/N0 in dB
L = length(EbNo_vec);
BER_vec = zeros(K,L);
for k=1:K
    BitsPerSymbol = symbol_length(k);
    M = 2^BitsPerSymbol; % M-ary modulation
    for m = 1:L
       EbNo = EbNo_vec(m);
       sim('mpsk_ber_awgn');
       BER_vec(k,m) = ErrorVec(1); % First element of the vector is BER
    end
end
% Plot the BER curve
semilogy(EbNo_vec, BER_vec, '-o');
title('MPSK in AWGN Channel')
xlabel('Eb/No [dB]')
ylabel('Probability of Bit Error')
grid on;
legend('4-PSK','8-PSK','16-PSK');
```

8.2.2 QAM 시스템의 비트오율 성능분석

MPSK 변조에서는 심볼을 크기는 같고 위상이 다른 신호점으로 매핑시키는데 비해 QAM 변조에서는 크기와 위상이 모두 다른 신호점으로 매핑시킨다. MPSK와 마찬가지로 인접한 신호점 간에 오류 발생 가능성이 크므로 인접 심볼간 비트 패턴 차이가 작도록 Gray 매핑을 많이 사용한다.

Rectangular 신호 성상도를 사용하는 QAM에서 $k = \log_2 M$이 짝수인 경우("square QAM") 심볼오류 확률은 다음 식과 같이 유도된다[2].

2) Proakis, J. G., Digital Communications, 4th ed., McGraw-Hill, 2001.

$$P_s = 4\frac{\sqrt{M}-1}{\sqrt{M}}Q\left(\sqrt{\frac{3}{M-1}\frac{kE_b}{N_0}}\right) - 4\left(\frac{\sqrt{M}-1}{\sqrt{M}}\right)^2 Q^2\left(\sqrt{\frac{3}{M-1}\frac{kE_b}{N_0}}\right) \tag{8.3}$$

비트오류 확률로 표현하면 다음 식과 같이 된다[3].

$$P_b = \frac{2}{\sqrt{M}\log_2\sqrt{M}} \times \sum_{k=1}^{\log_2\sqrt{M}} \sum_{i=0}^{(1-2^k)\log_2\sqrt{M}} \left\{(-1)^{\left\lfloor \frac{i2^{k-1}}{\sqrt{M}} \right\rfloor}\left(2^{k-1} - \left\lfloor \frac{i2^{k-1}}{\sqrt{M}} + \frac{1}{2} \right\rfloor\right) Q\left((2i+1)\sqrt{\frac{6\log_2 M}{2(M-1)}\frac{E_b}{N_0}}\right)\right\} \tag{8.4}$$

Gray 매핑을 사용하는 경우 심볼 오류 당 비트 오류는 한 비트만 발생하는 것으로 근사화하면 비트오류 확률은 다음과 같이 근사화할 수 있다.

$$P_b \simeq \frac{4}{k}\frac{\sqrt{M}-1}{\sqrt{M}}Q\left(\sqrt{\frac{3}{M-1}\frac{kE_b}{N_0}}\right) - \frac{4}{k}\left(\frac{\sqrt{M}-1}{\sqrt{M}}\right)^2 Q^2\left(\sqrt{\frac{3}{M-1}\frac{kE_b}{N_0}}\right) \tag{8.5}$$

예제 8.3 [AWGN 환경에서 QAM 시스템의 비트오율 성능]

QAM 변조를 사용하는 통신 시스템의 블록 다이어그램 모델을 구성하고 AWGN 채널환경에서 비트오율 성능을 분석하라. $M = 4$, 16, 64의 각 경우에 대하여, E_b/N_0 를 0 dB에서 3 dB 간격으로 18 dB까지 변화시키면서 Monte Carlo 시뮬레이션을 수행하여 비트오율을 구하고 실행 결과를 그림으로 그려 보라. 여러 시뮬레이션 조건에 대해 일괄적으로 실행하는 MATLAB 명령문을 작성하라.

풀이

7장에서 설계한 QAM 모델(qam_ber_awgn.mdl)을 활용하여 시뮬레이션을 해보자. 그림 8.5(a)에 블록 다이어그램을 다시 보인다. 그런데 E_b/N_0 와 심볼 당 비트수도 변화시켜야 하므로 상수로 설정했던 여러 블록 파라미터를 변수로 지정한다. 그림 (b)에 주요 블록 파라미터 설정을 보인다. MATLAB에서 SIMULINK 모델을 실행시키도록 MATLAB 명령문을 작성한 예로 qam_bersim_awgn.m을 참고하라.

---

3) Cho, K., and Yoon, D., "On the general BER expression of one- and two-dimensional amplitude modulations", IEEE Trans. Commun., Vol. 50, Number 7, pp. 1074-1080, 2002.

그림 (c)에는 식 에 따라 계산한 이론적 비트오율 성능을 보이며, 그림 (d)에는 이론적 비트오율 성능 그래프를 그리는 MATLAB 명령문의 예(qam_ber_theory.m)를 보인다. 시뮬레이션 실행 결과로 그려진 BER 성능 곡선을 그림 (e)에 보인다.

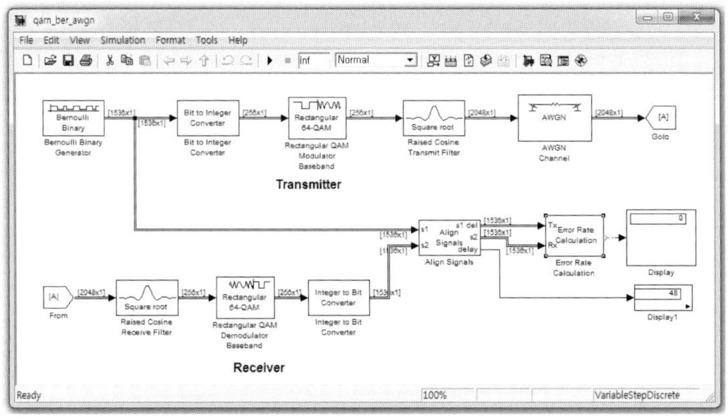

(a)

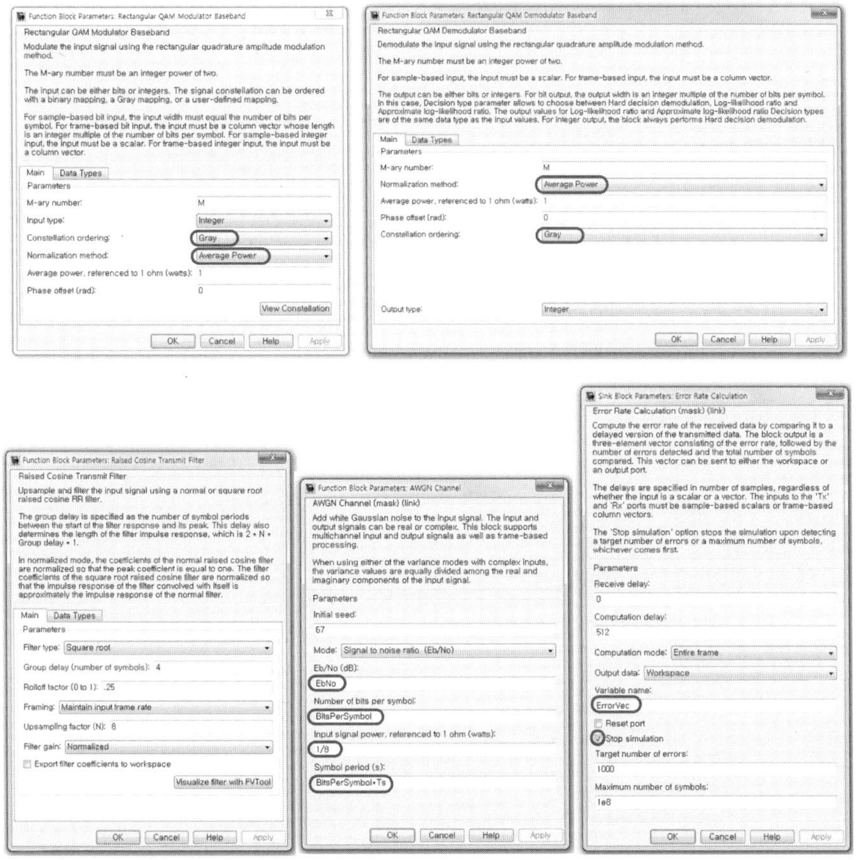

(b)

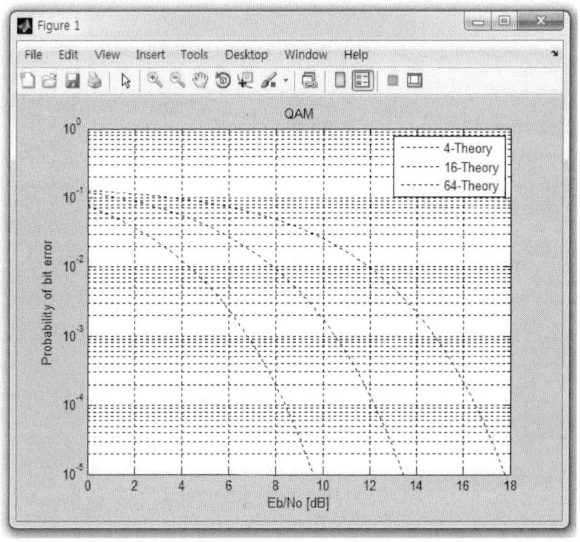

(c)

```
M_set = [4 16 64];
max_EbN0 = 18;
EbNodB = 0:0.1:max_EbN0;
for M_len = 1:length(M_set)
    M = M_set(M_len);
    k = log2(M);
    for n = 1:length(EbNodB)
        EbNo = 10^(EbNodB(n)/10);
        a = (sqrt(M)-1)/sqrt(M);
        b = sqrt(3*k*EbNo/(M-1));
        c = erfc( b / sqrt(2) ) /2;
        Pe_theory(M_len,n) = 4*a*c*(1-a*c)/k;
    end
end
% Plot BER curves
for i=1:length(M_set)
    semilogy(EbNodB, Pe_theory(i,:), 'k:'), hold on;
end
axis([-inf inf 10^(-5)  1]);
xlabel('Eb/No [dB]');
ylabel('Probability of bit error');
legend('4-Theory','16-Theory','64-Theory');
title('QAM'),grid on;
```

(d)

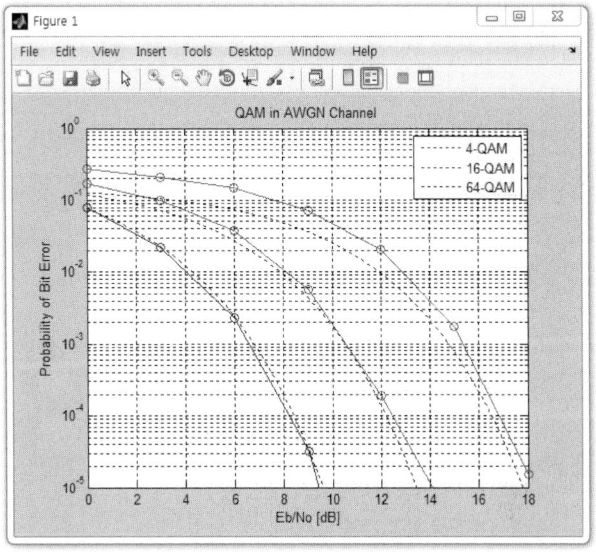

(e)

[그림 8.5] QAM 시스템의 BER 성능 분석을 위한 모델(qam_ber_awgn.mdl)과 실행 결과

예제 8.3을 위한 MATLAB 프로그램의 예(qam_bersim_awgn.m)

```
Ts = 1/1000; % Sampling period in sec
symbol_length = 2:2:6; %Bits per symbol
K = length(symbol_length);
EbNo_vec = 0:3:18; % Eb/N0 in dB
L = length(EbNo_vec);
BER_vec = zeros(K,L);
for k=1:K
    BitsPerSymbol = symbol_length(k);
    M = 2^BitsPerSymbol; % M-ary modulation
    for m = 1:L
        EbNo = EbNo_vec(m);
        sim('qam_ber_awgn');
        BER_vec(k,m) = ErrorVec(1); % First element of the vector is BER
    end
end
% Plot the BER curve
semilogy(EbNo_vec, BER_vec, '-o');
title('QAM in AWGN Channel')
xlabel('Eb/No [dB]')
ylabel('Probability of Bit Error')
grid on;
legend('4-QAM','16-QAM','64-QAM');
```

8.3 채널 코딩

이 절에서는 디지털 변조에 추가하여 채널 코딩을 적용한 통신 시스템에 대하여 송수신기를 구성하고 AWGN 환경에서의 비트오율 성능을 분석해 본다. 채널 코딩 종류는 여러 가지가 있으나 컨볼루션 코딩을 적용하기로 한다. 먼저 컨볼루션 코딩에 대해 주요 사항을 정리하고, SIMULINK를 사용하여 시스템의 성능분석 시뮬레이션을 수행해 보도록 한다.

8.3.1 컨볼루션 코딩

부호화율(code rate)이 $r = 1/n$ 이고 구속장(constraint length)이 K 인 컨볼루션 부호화기는 그림 8.6과 같이 K 단 쉬프트 레지스터와 n 개의 이진 덧셈기로 구성된다. 메시지 비트열은 쉬프트 레지스터에 입력되어 클럭 순간마다 오른 쪽으로 천이된다. 쉬프트 레지스터를 구성하는 K 개의 메모리 내용들은 선택적으로 modulo-2 합산되어 부호어가 만들어져 출력된다. 부호화기의 출력은 다음과 같은 선형 조합으로 표현할 수 있다.

$$\begin{aligned} v_i &= g_0 u_i \oplus g_1 u_{i-1} \oplus \cdots \oplus g_{K-1} u_{i-K+1} \\ &= \sum_{m=0}^{K-1} g_m u_{i-m} \qquad (\text{mod}-2) \end{aligned} \tag{8.6}$$

여기서 $g_m = 1$는 m 번째 메모리 소자가 덧셈기에 연결된 것을 의미하며, $g_m = 0$은 연결되지 않은 것을 의미한다.

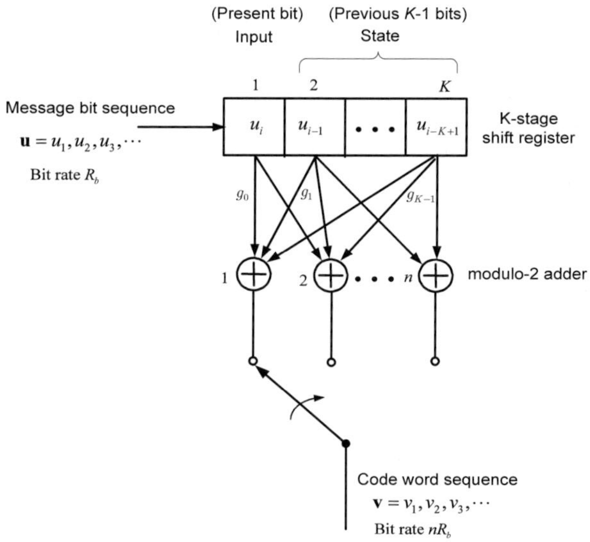

[그림 8.6] 컨볼루션 부호화기

현재의 부호어 비트 v_i는 현재의 메시지어 비트 u_i뿐 아니라 과거의 $K-1$개 메시지어 비트 $u_{i-1},\cdots,u_{i-K+1}$도 관련되어 결정된다. 그러므로 하나의 메시지어 비트가 연속해서 K개의 부호어를 생성하는 과정에 영향을 미치게 되며, 이러한 이유로 K를 구속장이라 부른다. 쉬프트 레지스터의 메모리와 이진 덧셈기 사이의 연결 유무를 연결 벡터 또는 $K-1$차의 발생 다항식으로 표현하면 간단해진다. 한 개의 정보 비트 당 두 비트의 부호화된 출력을 만들어내는(즉 부호화율이 1/2인) 부호화기의 경우 연결 벡터는 $\mathbf{g}_1=(1\,1\,1\,1\,0\,0\,1)$, $\mathbf{g}_2=(1\,0\,1\,1\,0\,1\,1)$와 같이 두 개의 K 비트 벡터로 표현하거나, 이진 비트열로 표현하는 대신 ([1 7 1], [1 3 3])과 같이 두 개의 8진수를 사용하여 나타낸다.

컨볼루션 코딩의 동작을 나타내는 데 그림 8.7(a)와 같은 트렐리스(Trellis) 다이어그램이 많이 사용된다. 구속장과 연결 벡터가 주어지면 코드 트렐리스를 생성할 수 있으며, 입력 비트에 따라 상태가 천이되면서 출력 비트열이 만들어지는 과정을 확인할 수 있다.

컨볼루션 코드의 최우(maximum likelihood: ML) 복호는 그림 8.7(b)에 보인 것처럼 코드 트렐리스를 따라 모든 가능한 경로를 수신 부호 비트열과 비교하여 가능성이 제일 높은 경로를 선택하는 것이다. 그러나 문제는 프레임 길이가 크면 부호어 비트열의 길이가 너무 커서 저장하거나 비트열들을 비교하는 구현상의 문제점이 있다. Viterbi 복호기는 모든 가능한 코드열의 집합을 찾는 것이 아니라 한 번에 한 단씩 가장 가능성이 높은 코드열을 찾는 것이다. Viterbi 알고리즘은 각 순간마다 각 상태로 들어오는 트렐리스 경로들과 수신 코드열의 거리를 비교하여 최우 경로의 가능성이 없는 경로는 고려 대상에서 제거한다(그림 8.7(c) 참조). 이와 같이 수신된 코드 비트 열과 최단 거리의 코드 비트 열을 찾는 과정에서 가능성이 있는 코드 경로 후보 집합을 만들어 가면서 가능성이 없는 경로는 삭제하고, 적은 수의 생존해 있는 경로 중에서 최종 복조 경로를 선택한다.

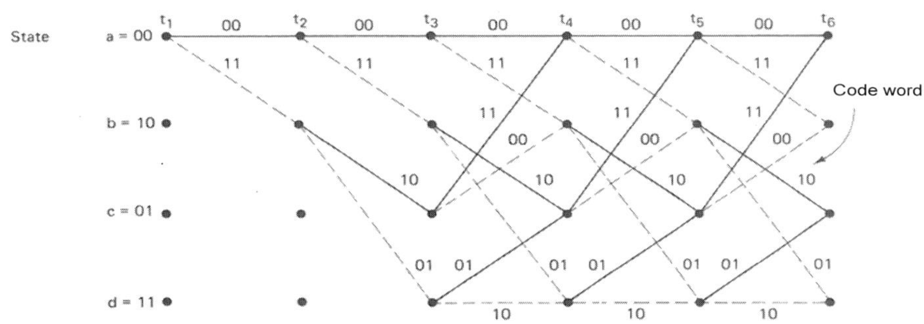

(a)

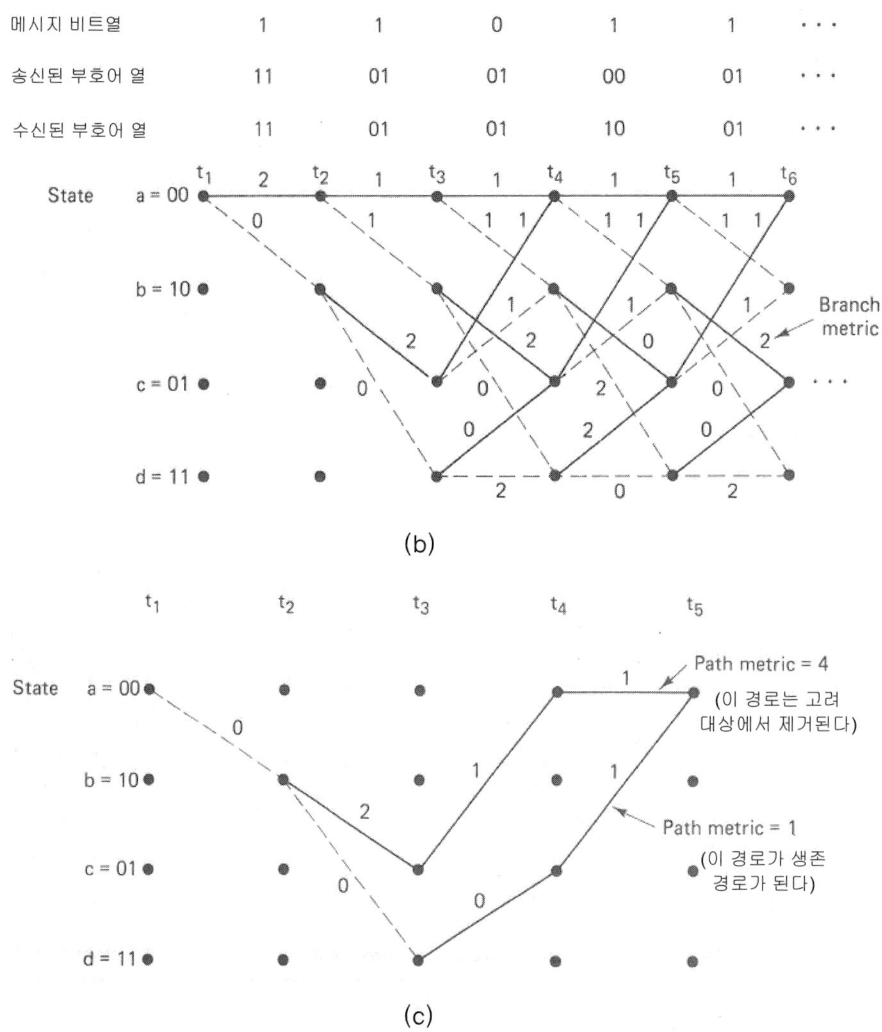

[그림 8.7] 컨볼루션 코드의 트렐리스 다이어그램과 생존 경로

(a) 부호화기 트렐리스 다이어그램 (b) 복호기 트렐리스 다이어그램 (c) 생존 경로

송신기의 채널 부호화기에서 출력된 부호어 비트열은 BPSK와 같은 디지털 변조 과정을 거쳐 전송되며, 수신된 신호는 복조기를 거쳐 채널 복호기에 입력된다. 채널 복호기의 입력, 즉 복조기의 출력을 표현하는 방법에 따라 경판정 복호(hard decision decoding)와 연판정 복호(soft decision decoding)로 분류된다. 경판정 복호의 경우 복조기에서 1 또는 0의 판정을 하여 채널 복호기에 입력시킨다. 따라서 복조기에서 이루어진 심볼 판정 과정에서 결정변수가 문턱 값에 얼마나 근접한지에 대한 정보는 알 수 없고, 결정변수가 문턱 값보다 큰 지 작은 지만 알 수 있다. 잡음이 많이 있다면 결정

변수는 문턱 값에 근접하여 자칫 판정 오류를 일으키기 쉽다. 결정변수의 값이 문턱 값으로부터 상당히 떨어져 있다는 것은 복조기의 판정에 신뢰도가 높다는 것을 의미하며 반대로 결정변수의 값이 문턱 값에 근접하다는 것은 비트 판정의 신뢰도가 낮다는 것을 의미한다. 연판정 복호(soft decision decoding)의 개념은 복조기에서 비트 판정과 함께 판정에 대한 신뢰도 정보도 같이 채널 복호기에 제공하도록 하는 것이다. 이것은 결정변수의 값이 문턱 값에 비해 얼마나 떨어져 있는지에 대한 정보를 제공하는 것과 같다. 그림 8.8에 경판정/연판정 처리 방법을 보인다. 연판정에서는 정합필터 출력을 표본한 결정변수 z가 가질 수 있는 영역을 두 개가 아니라 여러 개로 분할하여 어느 영역에 속해 있는지를 표현한다. 예를 들어 8 개의 영역으로 분할한다면 어떤 영역에 속해 있는지를 표현하려면 3 비트가 필요하다. 000 또는 111은 신뢰도가 높다는 것을 나타내며, 011 또는 100은 신뢰도가 낮다는 것을 의미한다. 결정변수의 영역을 2 개로 분할한다는 것은 경판정을 사용한다는 것과 동일하다.

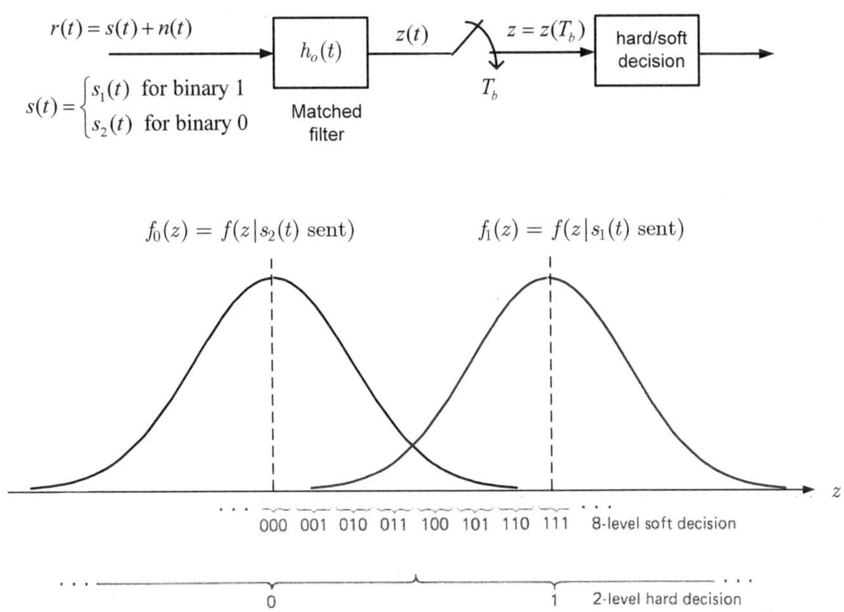

[그림 8.8] 경판정과 연판정

경판정 복호를 사용하는 수신기에서는 부호어 비트 구간마다 복조기의 출력을 1과 0의 한 비트로 표현하여 채널 복호기에 입력시킨다. 8 레벨 연판정 복호 수신기에서는 부호어 비트 구간마다 복조기의 출력을 3 비트 심볼로 양자화하여 채널 복호기에 입력시킨다. 따라서 복호기에는 n 비트의 수신 부호어가 입력되는 대신 0~7의 값을 갖는 n 심볼의 데이터가 입력된다. 연판정 복호를 사용하면 복조기에서 판정 결과에 대한 신뢰도를 같이 제공하기 때문에 비트오율 성능이 좋아진다. 8-레벨(3 비트) 양자화를 사용한 연판정 복호기의 성능은 2-레벨 양자화를 사용한 경판정 복호기의 성능에 비해 약 2.75 dB의 이득이 있는 것으로 알려져 있다.

8.3.2 컨볼루션 코딩을 적용한 시스템의 성능 분석 시뮬레이션

컨볼루션 코딩과 BPSK 변조를 사용하는 디지털 통신 시스템을 SIMULINK로 구성하고 AWGN 채널 환경에서 비트오율 성능을 분석하는 시뮬레이션을 수행해 보도록 하자.

예제 8.4 [컨볼루션 코딩 + BPSK 변조 + 경판정 복호]

BPSK 변조를 사용하고 (2, 1, 7) 컨볼루션 코드를 사용하여 채널 코딩을 하는 통신 시스템의 블록 다이어그램 모델을 구성하고 AWGN 채널환경에서 비트오율 성능을 분석하라.

(1) 정보 데이터의 비트율은 1 kbps를 가정한다.

(2) 컨볼루션 코딩에서 구속장은 7을 사용하고, 코드생성 벡터(연결 벡터)는 8진수 [1 7 1]와 [1 3 3]을 사용하라.

(3) 채널 복호기는 Viterbi 복호기를 사용하고, 경판정 복호를 사용하라.

(4) E_b/N_0 를 0 dB에서 2 dB 간격으로 8 dB까지 변화시키면서 Monte Carlo 시뮬레이션을 수행하여 비트오율을 구하고 실행 결과를 그림으로 그려 보라. 여러 시뮬레이션 조건에 대해 일괄적으로 실행하는 MATLAB 명령문을 작성하라

풀이

1) 그림 8.9(a)와 같이 블록 다이어그램(bpsk_conv_viterbi_hard.mdl)을 구성해 보자. 정보 비트율이 1 kbps이므로 Bernoulli Binary Generator에서 'Sample time'을 $T_s = 1/1000$로 설정한다. 'Output data type'은 "boolean"으로 지정한다.

2) Convolutional Encoder 블록에서 설정해야 하는 파라미터는 트렐리스 구조를 위해 필요한 구속장과 코드생성 벡터인데 그림 (b)에 보인 바와 같이 "poly2trellis(7, [171 133])"와 같이 입력한다.

3) AWGN Channel 블록에서 설정해야 하는 주요 파라미터는 신호 대 잡음의 비와 심볼 주기이다. 채널 코딩을 하는 경우 전송되는 데이터가 부호화율의 역수 배만큼 증가하므로(이 예제에서는 데이터율이 두 배로 증가하므로) 유효 신호 대 잡음의 비는 부호화율만큼 감소한다. 이를 반영하기 위해서는 E_b/N_0 대신 rE_b/N_0와

같이 설정해야 한다. 여기서 r은 부호화율로서 이 예제에서는 1/2이다. 블록 파라미터 설정에서는 데시벨 값으로 지정해야 하므로 "EbNo - 10*log10(2)"와 같이 입력한다. 부호화율이 1/2이므로 부호화기 출력 심볼율은 정보 비트율의 두 배인 2 ksps가 된다. 따라서 'Symbol period'는 $T_s/2=1/2000$로 설정한다.

4) BPSK Demodulator 블록에서 'Decision type'을 "Hard decision"으로 설정한다.
5) Viterbi Decoder 블록의 파라미터 설정에서 'Trellis structure'는 부호화기 설정에서와 동일하게 "poly2trellis(7, [171 133])"와 같이 입력하고, 'Decision type'은 "Hard decision"으로 설정한다. 'Data Types' 탭을 클릭하고 'Output data type'은 "boolean"으로 지정한다. 경판정 복호를 사용하는 경우 Viterbi decoder의 입력은 0 또는 1로 표현된 데이터이어야 한다.
6) Viterbi Decoder 블록 입력으로 fixed point 정수로 나타내어 넣어주도록 하자. 이를 위해 BPSK Demodulator 블록 출력과 Viterbi Decoder 블록 사이에 'Data Type Conversion' 블록을 추가하자. 이 블록은 SIMULINK 'Commonly Used Blosks' 라이브러리에서 찾을 수 있다. 블록 파라미터에서 'Output data type'은 "fixdt(1,16,0)"을 선택한 후에 상세 설정 버튼을 눌러 "fixdt(0,1,0)"이 되도록 수정한다. Fixed point 모드에서 세 개의 숫자는 각각 Signed/Unsigned 여부, word length, 소수점 이하 자릿수이다. "Unsigned, Word length=1, Fraction length=0"으로 설정한다.
7) 그림 (c)에는 MATLAB에서 SIMULINK 모델을 실행시키도록 Matlab 명령문을 작성한 예 (bpsk_vitviterb_hard_bersim.m)를 보인다. 여기서는 uncoded BPSK의 이론적인 성능을 먼저 그리고, 그 다음 SIMULINK 시뮬레이션 모델(bpsk_conv_viterbi_hard.mdl)을 실행시켜서 결과로 얻은 coded BPSK의 비트오율을 그리도록 하였다. 실행 결과로 그려진 BER 성능 곡선을 그림 (d)에 보인다.

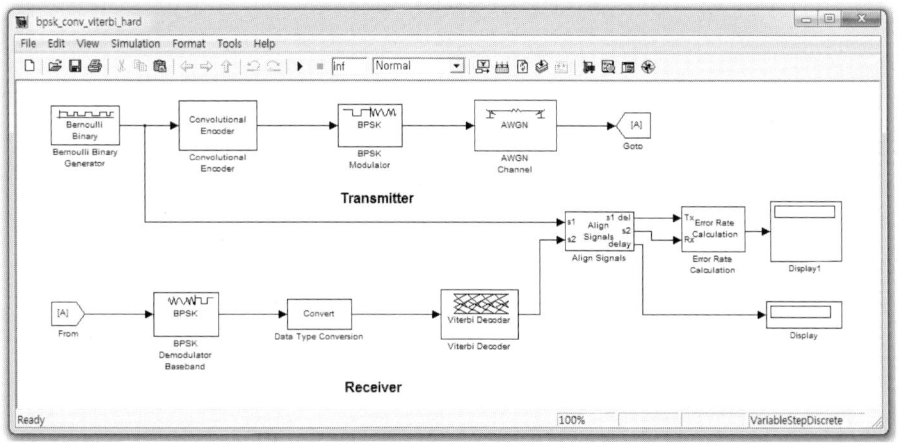

(a) 블록 다이어그램 모델(bpsk_conv_viterbi_hard.mdl))

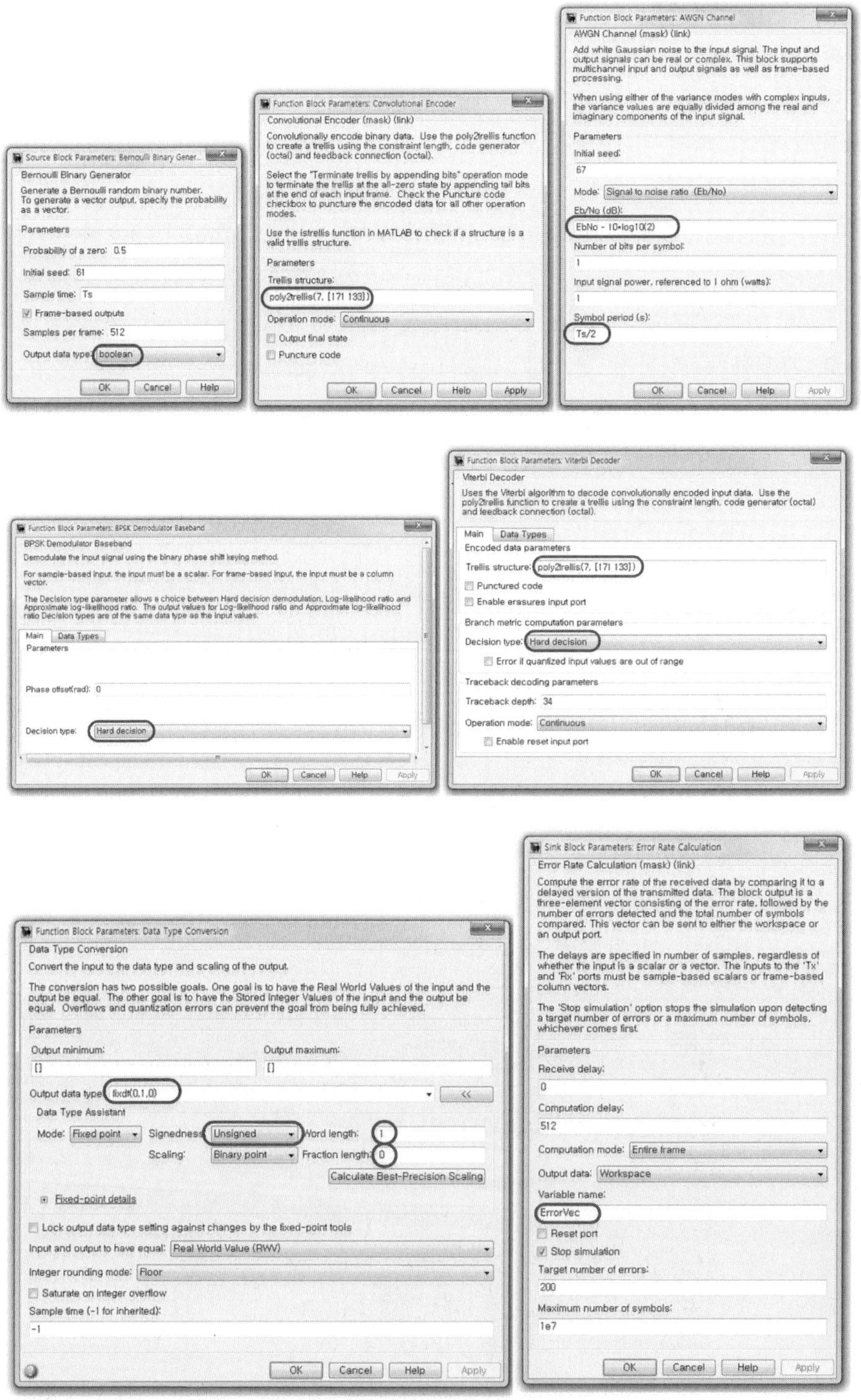
Source Block Parameters: Bernoulli Binary Gener...
Bernoulli Binary Generator
Generate a Bernoulli random binary number. To generate a vector output, specify the probability as a vector.
Parameters
Probability of a zero: 0.5
Initial seed: 61
Sample time: Ts
Frame-based outputs
Samples per frame: 512
Output data type: boolean
OK Cancel Help
Function Block Parameters: Convolutional Encoder
Convolutional Encoder (mask) (link)
Convolutionally encode binary data. Use the poly2trellis function to create a trellis using the constraint length, code generator (octal) and feedback connection (octal).
Select the "Terminate trellis by appending bits" operation mode to terminate the trellis at the all-zero state by appending tail bits at the end of each input frame. Check the Puncture code checkbox to puncture the encoded data for all other operation modes.
Use the istrellis function in MATLAB to check if a structure is a valid trellis structure.
Parameters
Trellis structure:
poly2trellis(7, [171 133])
Operation mode: Continuous
Output final state
Puncture code
OK Cancel Help Apply
Function Block Parameters: AWGN Channel
AWGN Channel (mask) (link)
Add white Gaussian noise to the input signal. The input and output signals can be real or complex. This block supports multichannel input and output signals as well as frame-based processing.
When using either of the variance modes with complex inputs, the variance values are equally divided among the real and imaginary components of the input signal.
Parameters
Initial seed:
67
Mode: Signal to noise ratio (Eb/No)
Eb/No (dB):
EbNo - 10*log10(2)
Number of bits per symbol:
1
Input signal power, referenced to 1 ohm (watts):
1
Symbol period (s):
Ts/2
OK Cancel Help Apply
Function Block Parameters: BPSK Demodulator Baseband
BPSK Demodulator Baseband
Demodulate the input signal using the binary phase shift keying method.
For sample-based input, the input must be a scalar. For frame-based input, the input must be a column vector.
The Decision type parameter allows a choice between Hard decision demodulation, Log-likelihood ratio and Approximate log-likelihood ratio. The output values for Log-likelihood ratio and Approximate log-likelihood ratio Decision types are of the same data type as the input values.
Main Data Types
Parameters
Phase offset(rad): 0
Decision type: Hard decision
OK Cancel Help Apply
Function Block Parameters: Viterbi Decoder
Viterbi Decoder
Uses the Viterbi algorithm to decode convolutionally encoded input data. Use the poly2trellis function to create a trellis using the constraint length, code generator (octal) and feedback connection (octal).
Main Data Types
Encoded data parameters
Trellis structure: poly2trellis(7, [171 133])
Punctured code
Enable erasures input port
Branch metric computation parameters
Decision type: Hard decision
Error if quantized input values are out of range
Traceback decoding parameters
Traceback depth: 34
Operation mode: Continuous
Enable reset input port
OK Cancel Help Apply
Function Block Parameters: Data Type Conversion
Data Type Conversion
Convert the input to the data type and scaling of the output.
The conversion has two possible goals. One goal is to have the Real World Values of the input and the output be equal. The other goal is to have the Stored Integer Values of the input and the output be equal. Overflows and quantization errors can prevent the goal from being fully achieved.
Parameters
Output minimum:
[]
Output maximum:
[]
Output data type: fixdt(0,1,0)
Data Type Assistant
Mode: Fixed point
Signedness: Unsigned
Word length: 1
Scaling: Binary point
Fraction length: 0
Calculate Best-Precision Scaling
Fixed-point details
Lock output data type setting against changes by the fixed-point tools
Input and output to have equal: Real World Value (RWV)
Integer rounding mode: Floor
Saturate on integer overflow
Sample time (-1 for inherited):
-1
OK Cancel Help Apply
Sink Block Parameters: Error Rate Calculation
Error Rate Calculation (mask) (link)
Compute the error rate of the received data by comparing it to a delayed version of the transmitted data. The block output is a three-element vector consisting of the error rate, followed by the number of errors detected and the total number of symbols compared. This vector can be sent to either the workspace or an output port.
The delays are specified in number of samples, regardless of whether the input is a scalar or a vector. The inputs to the 'Tx' and 'Rx' ports must be sample-based scalars or frame-based column vectors.
The 'Stop simulation' option stops the simulation upon detecting a target number of errors or a maximum number of symbols, whichever comes first.
Parameters
Receive delay:
0
Computation delay:
512
Computation mode: Entire frame
Output data: Workspace
Variable name:
ErrorVec
Reset port
Stop simulation
Target number of errors:
200
Maximum number of symbols:
1e7
OK Cancel Help Apply

(b) 블록 파라미터 설정

```
% Uncoded BPSK Theoretical BER
max_EbN0 = 8;
EbNodB = 0:0.1:max_EbN0;
for n = 1:length(EbNodB)
    EbNo = 10^(EbNodB(n)/10);
    Pe_theory(n) = 0.5*erfc(sqrt(EbNo));
end
% Plot BER curves
semilogy(EbNodB, Pe_theory, 'k:'), hold on;
axis([-inf inf 10^(-5)  1]);
% Convolutional coded BPSK performance from simulation
Ts = 1/1000; % Sampling period in sec
EbNo_vec = 0:2:8; % Eb/N0 in dB
L = length(EbNo_vec);
BER_vec = zeros(1,L);
for m = 1:L
    EbNo = EbNo_vec(m);
    sim('bpsk_conv_viterbi_hard');
    BER_vec(m) = ErrorVec(1); % First element of the vector is BER
end
% Plot the BER curve
semilogy(EbNo_vec, BER_vec, '-o');
title('BPSK+Convolutional Coding with hard decision decoding')
xlabel('Eb/No [dB]')
ylabel('Probability of Bit Error')
grid on;
```

(c) 시뮬레이션 일괄 실행을 위한 MATLAB script((bpsk_vitviterb_hard_bersim.m)

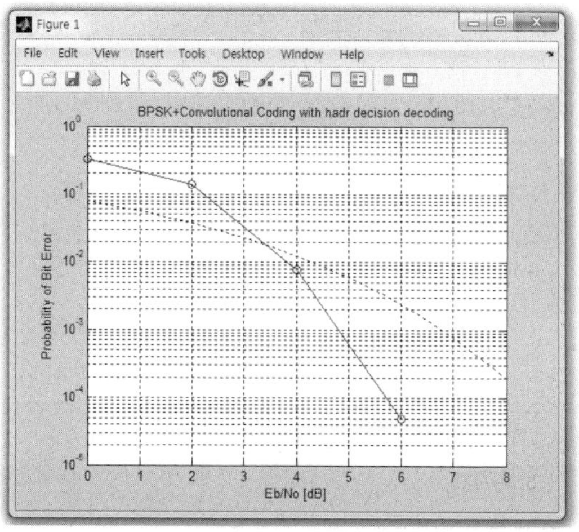

(d) BER 성능

[그림 8.9] 컨볼루션 코딩과 BPSK 변조를 사용한 시스템에 대하여 경판정 복호를 사용한 경우의 BER 성능 분석

예제 8.5 [컨볼루션 코딩 + BPSK 변조 + 연판정 복호]

BPSK 변조를 사용하고 (2, 1, 7) 컨볼루션 코드를 사용하여 채널 코딩을 하는 통신 시스템의 블록 다이어그램 모델을 구성하고 AWGN 채널환경에서 비트오율 성능을 분석하라.

(1) 정보 데이터의 비트율은 1 kbps를 가정한다.

(2) 컨볼루션 코딩에서 구속장은 7을 사용하고, 코드생성 벡터(연결 벡터)는 8진수 [1 7 1]와 [1 3 3]을 사용하라.

(3) 채널 복호는 Viterbi 복호기를 사용하고, 3 비트를 사용한 연판정 복호를 사용하라.

(4) E_b / N_0 를 0 dB에서 2 dB 간격으로 8 dB까지 변화시키면서 Monte Carlo 시뮬레이션을 수행하여 비트오율을 구하고 실행 결과를 그림으로 그려 보라. 여러 시뮬레이션 조건에 대해 일괄적으로 실행하는 MATLAB 명령문을 작성하라.

풀이

1) 그림 8.10(a)와 같이 블록 다이어그램(bpsk_conv_viterbi_soft.mdl)을 구성해 보자.

2) Convolutional Encoder 블록에서 그림 (b)에 보인 바와 같이 "poly2trellis(7, [171 133])"와 같이 파라미터를 설정한다.

3) AWGN Channel 블록의 파라미터 설정은 예제 8.4와 동일하게 한다. 즉 Eb/N0는 "EbNo - 10*log10(2)"와 같이 설정하고, 'Symbol period'는 $T_s/2 = 1/2000$로 설정한다.

4) 연판정 복호를 하기 위해서는 BPSK Demodulator에게 연판정 출력을 하도록 파라미터를 설정해야 한다. 연판정 값으로는 Log-likelihood ratio(LLR)를 사용하는데, 송신 비트 b에 대한 LLR은 다음과 같이 정의된다.

$$L(b) = \log\left(\frac{\Pr\left(b = 0 \middle| r = (x,y)\right)}{\Pr\left(b = 1 \middle| r = (x,y)\right)}\right) \tag{8.7}$$

심볼 발생 확률이 동일하고 AWGN 채널인 경우 LLR 은 다음과 같이 된다[4].

$$L(b) = \log\left(\frac{\sum_{S_0} \exp\left(-\frac{1}{\sigma^2}\left((x - s_x)^2 + (y - s_y)^2\right)\right)}{\sum_{S_1} \exp\left(-\frac{1}{\sigma^2}\left((x - s_x)^2 + (y - s_y)^2\right)\right)}\right) \tag{8.8}$$

4) MathWorks Help: "Exact LLR Algorithm"

BPSK Demodulator 블록 파라미터 설정에서 'Decision type'을 "Log-likelihood ratio"로 선택한다. 이 때 잡음의 분산값을 알려주어야 하는데, 'Noise variance source'를 "Dialog"로 선택하고 'Noise variance' 값을 "1/(10^((EbNo-10*log10(2))/10))"와 같이 입력한다. 여기서는 수치를 데시벨 값이 아닌 선형 값을 입력한다.

5) 연판정 복호를 사용하는 경우 Viterbi Decoder 입력은 0과 2^n-1 사이의 정수이어야 한다. 여기서 n은 연판정 비트수이다. 입력이 0에 가까운 값일수록 논리 0에 대한 높은 확신으로 인식하며, 입력이 2^n-1에 가까울수록 논리 1에 대한 높은 확신으로 인식한다. BPSK Demodulator 출력을 3 비트로 양자화하여 Viterbi Decoder에 0~7 사이의 정수로서 입력되도록 해야 한다. 이렇게 입력하면 Viterbi Decoder는 0~3의 입력은 0으로 받아들이고, 4~7의 입력은 1로 받아들인다. 양자화를 구현하기 위해서는 'Scalar Quantizer Encoder' 블록 또는 'Uniform Encoder' 블록을 사용하면 된다. 이 예제에서는 'Scalar Quantizer Encoder' 블록을 이용해 보도록 하자.
6) 양자화를 하기에 앞서 BPSK Demodulator 출력의 극성을 반대로 해줄 필요가 있다. 그 이유는 식 의 LLR 값이 binary 0에 대해 양수가 나오고 binary 1에 대해 음수가 나오기 때문이다. 부호를 반전시키기 위해 이득이 -1인 'Gain' 블록을 통과시키면 된다.
7) Scalar Quantizer Encoder에서 설정할 주요 파라미터는 'Partitioning"과 'Boundary points'이다. N개의 영역으로 양자화한다고 할 때 'Bounded partitioning'을 사용하는 경우에는 $[p_0\ p_1\ p_2 \cdots p_N]$의 N+1개 boundary point들을 지정해야 한다. 'Unbounded partitioning'을 사용하는 경우에는 $[p_1\ p_2 \cdots p_{N-1}]$의 N-1개 boundary point들을 지정하는데, 이 경우 양자화기 블록은 $p_0=-\infty, p_N=+\infty$로 처리한다. 이 예제에서는 $2^3=8$개 영역으로 양자화하며, 'Unbounded partitioning'을 사용하고, 'Boundary points'는 [-3:3]으로 7개의 경계값을 지정한다[5].
8) Viterbi Decoder 블록의 파라미터 설정에서 'Trellis structure'는 부호화기 설정에서와 동일하게 "poly2trellis(7, [171 133])"와 같이 입력하고, 'Decision type'은 "Soft decision"으로 설정한다. 'Data Types' 탭을 클릭하고 'Output data type'은 "boolean"으로 지정한다.
9) 'Data Type Conversion' 블록을 Viterbi Decoder 블록 앞에 추가하여 입출력 데이터 형식을 맞춰 준다. 파라미터 설정에서 'Output data type'은 "fixdt(0,3,0)"이 되도록 지정한다.
10) 그림 (c)에는 MATLAB에서 SIMULINK 모델을 실행시키도록 MATLAB 명령문을 작성

---

5) MathWork Help, "Compute Optimum Quantizer Boundaries for use with Soft-Decision Type of Viterbi Decoder"

한 예 (bpsk_vitviterb_soft_bersim.m)를 보인다. 여기서는 uncoded BPSK의 이론적인 성능을 먼저 그리고, 그 다음 SIMULINK 시뮬레이션 모델(bpsk_conv_viterbi_soft.mdl)을 실행시켜서 결과로 얻은 coded BPSK의 비트오율을 그리도록 하였다. 실행 결과로 그려진 BER 성능 곡선을 그림 (d)에 보인다.

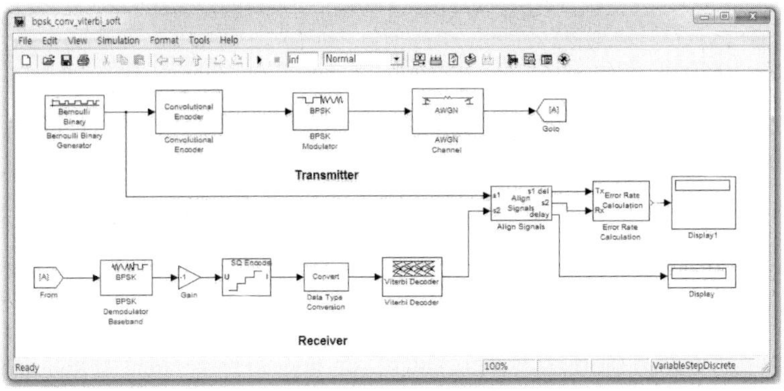

(a) 블록 다이어그램 모델(bpsk_conv_viterbi_soft.mdl)

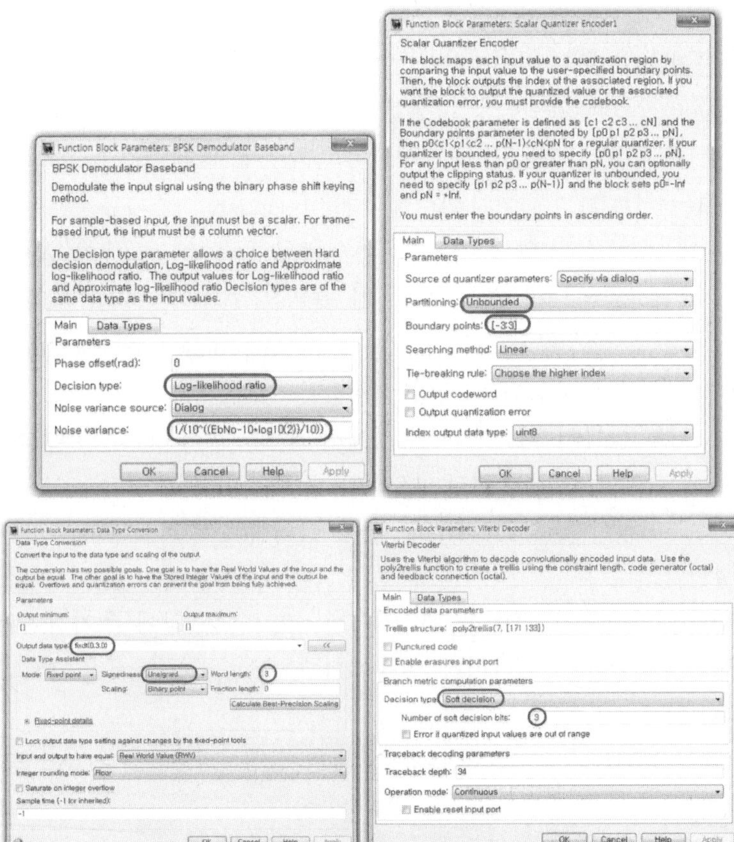

(b) 블록 파라미터 설정

```
% Uncoded BPSK Theoretical BER
max_EbN0 = 8;
EbNodB = 0:0.1:max_EbN0;
for n = 1:length(EbNodB)
    EbNo = 10^(EbNodB(n)/10);
    Pe_theory(n) = 0.5*erfc(sqrt(EbNo));
end
% Plot BER curves
semilogy(EbNodB, Pe_theory, 'k:'), hold on;
axis([-inf inf 10^(-5) 1]);
% Convolutional coded BPSK performance from simulation
Ts = 1/1000; % Sampling period in sec
EbNo_vec = 0:2:8; % Eb/N0 in dB
L = length(EbNo_vec);
BER_vec = zeros(1,L);
for m = 1:L
    EbNo = EbNo_vec(m);
    sim('bpsk_conv_viterbi_soft');
    BER_vec(m) = ErrorVec(1); % First element of the vector is BER
end
% Plot the BER curve
semilogy(EbNo_vec, BER_vec, '-o');
title('BPSK+Convolutional Coding with soft decision decoding')
xlabel('Eb/No [dB]')
ylabel('Probability of Bit Error')
grid on;
```

(c) 시뮬레이션 일괄 실행을 위한 MATLAB script((bpsk_vitviterb_soft_bersim.m)

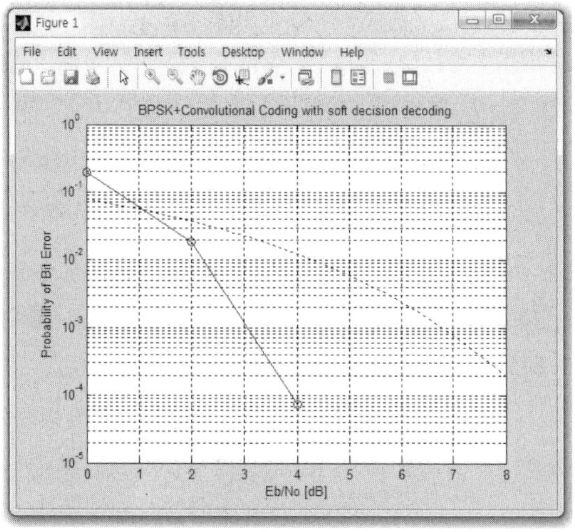

(d) BER 성능

[그림 8.10] 컨볼루션 코딩과 BPSK 변조를 사용한 시스템에 대하여 연판정 복호를 사용한 경우의 BER 성능 분석

8.4 BERTool의 사용

BERTool은 Communications Toolbox에 있는 상호 작용을 지원하는 GUI 함수로서 BER 분석을 효과적으로 할 수 있는 도구이다. BERTool의 기능은 다음과 같다.

- BERTool은 통신 시스템의 다음과 같은 기법을 사용하여 BER 데이터를 만든다:
  - 통신 시스템의 이론적인 BER 성능을 표현한 수식(제한적임: PSK OQPSK, DPSK, QAM, FSK, MSK, CPFSK 등에 대해 주어진 조건 하에서의 BER을 BERTool이 지원함)
  - Semianalytic 기법
  - SIMULINK 모델이나 MATLAB 함수를 이용한 시뮬레이션 방법(사용자가 시뮬레이션을 수행하는 함수나 모델을 작성하면 BERTool이 제시된 E_b/N_0 범위에서 반복적으로 시뮬레이션을 실행하여 BER 결과를 수집한다)
- 여러 개의 BER 데이터를 한 개의 축에 같이 그릴 수 있게 한다. 예를 들면 이론적인 BER과 시뮬레이션 결과를 그림으로 비교할 수 있도록 하며, 여러 종류의 통신 시스템 모델을 시뮬레이션 한 결과를 비교할 수 있게 한다.
- BER 데이터를 MATLAB workspace로 보내서 추가 작업을 할 수 있도록 한다.

[Note]

BERTool은 비트오율(BER) 분석용으로만 설계되었으며 심볼오율(SER)이나 다른 종류의 오류율을 분석하기 위해 설계된 것이 아니다. 만일 시뮬레이션을 통해 계산된 것이 SER이라면 BERTool을 사용하기 전에 SER 데이터를 BER 데이터로 변환시켜야 한다.

BERTool을 사용하기 위해 MATLAB command 윈도우에서 다음과 같이 명령문을 실행하면 그림 8.11과 같은 윈도우가 생성된다.

```
>> bertool
```

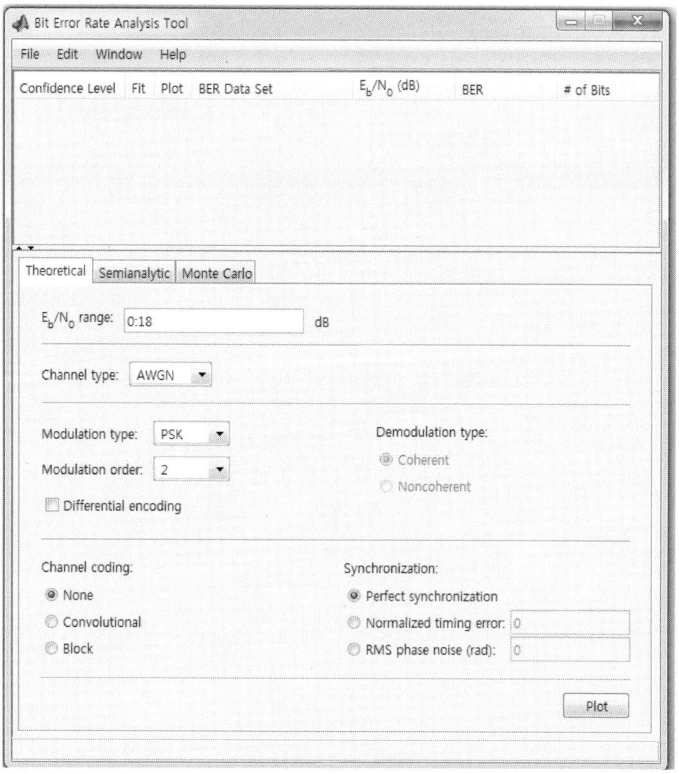

[그림 8.11] BERTool GUI

8.4.1 이론적 수식에 의한 BER 표현

BERTool을 사용하여 이론적인 BER 데이터를 발생시켜 그림으로 표현할 수 있다. 이론적 데이터는 시뮬레이션 결과와 비교하여 시뮬레이션 결과를 검증하는데 많이 사용된다. 이론적 BER 곡선을 그리기 위해 그림 8.12(a)와 같이 조건을 입력한다. E_b/N_0 범위와 변조방식, 채널 모델을 입력하고 기타 옵션을 적당히 선택한 다음 'Plot' 버튼을 누르면 그림이 그려진다. 조건을 변경하고 다시 plot 버튼을 누르면 기존 그림에 더해 새로운 BER 곡선이 추가된다. 그림 8.12(b)에 MPSK 시스템의 비트오율을 보인다. 그림창에 자동으로 만들어지는 설명창(legend) 내용은 수정이 가능하다. 그림 8.12(c)에 그림 설명 내용을 수정한 결과를 보인다.

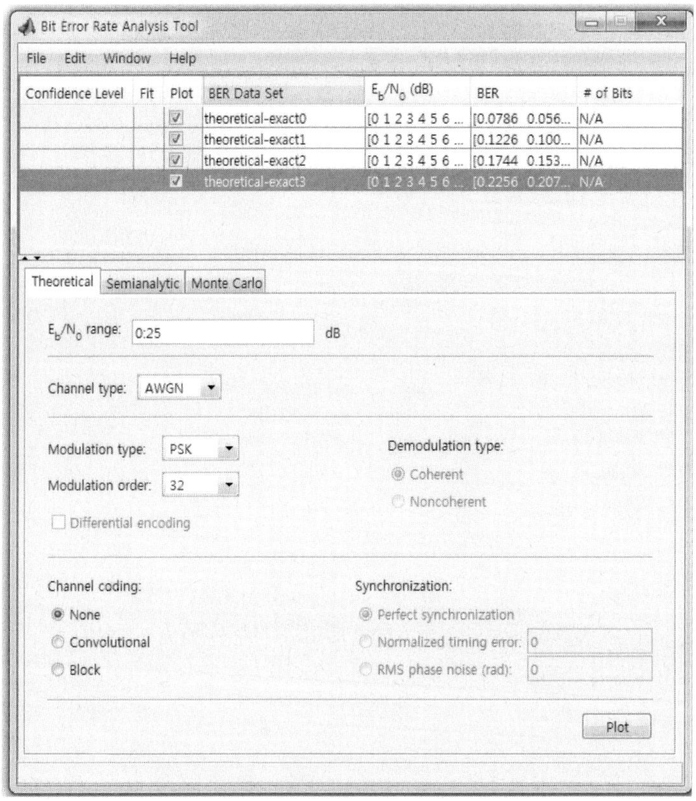
Bit Error Rate Analysis Tool
File Edit Window Help
Confidence Level Fit Plot BER Data Set Eb/N0 (dB) BER # of Bits
theoretical-exact0 [0 1 2 3 4 5 6 ... [0.0786 0.056... N/A
theoretical-exact1 [0 1 2 3 4 5 6 ... [0.1226 0.100... N/A
theoretical-exact2 [0 1 2 3 4 5 6 ... [0.1744 0.153... N/A
theoretical-exact3 [0 1 2 3 4 5 6 ... [0.2256 0.207... N/A
Theoretical Semianalytic Monte Carlo
Eb/N0 range: 0:25 dB
Channel type: AWGN
Modulation type: PSK
Modulation order: 32
Differential encoding
Demodulation type:
Coherent
Noncoherent
Channel coding:
None
Convolutional
Block
Synchronization:
Perfect synchronization
Normalized timing error: 0
RMS phase noise (rad): 0
Plot

(a)

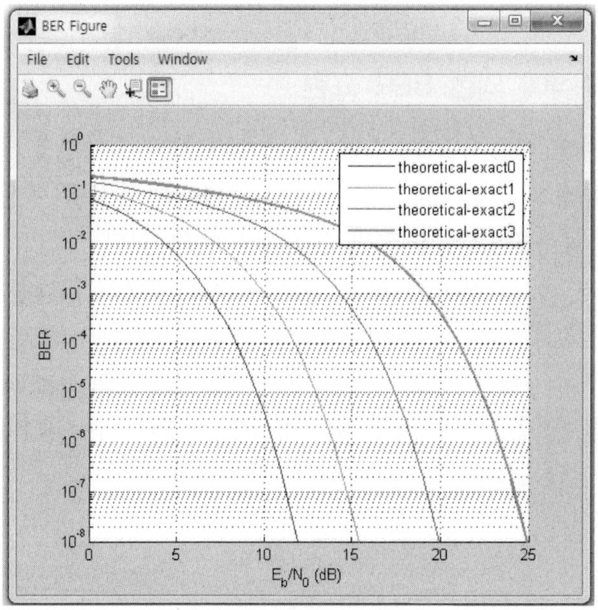
BER Figure
File Edit Tools Window
theoretical-exact0
theoretical-exact1
theoretical-exact2
theoretical-exact3
BER
Eb/N0 (dB)

(b)

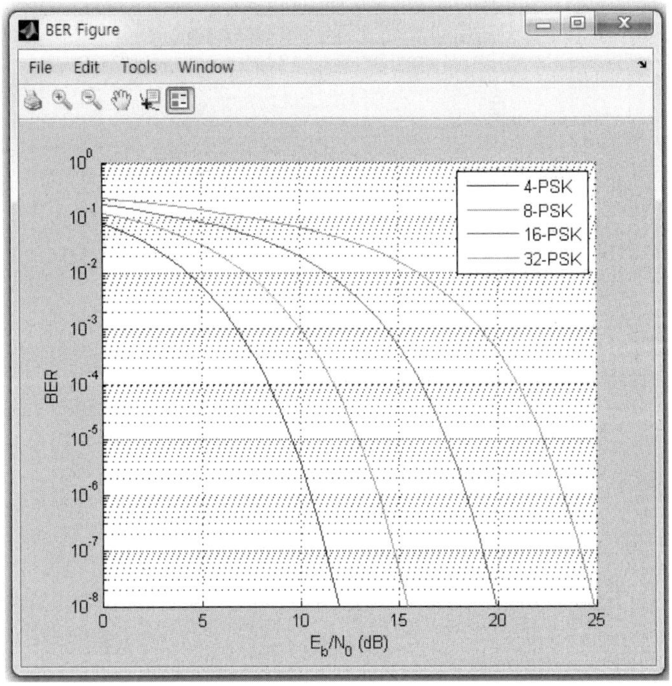

(c)

[그림 8.12] BERTool을 이용하여 MPSK 이론적 비트오율 곡선 그리기

다른 예로 QPSK 시스템에 대하여 채널 코딩을 하지 않은 경우와 convolutional 코드를 사용한 채널 코딩을 한 경우를 비교하여 BER 성능 곡선을 그려 보자. 채널 코딩을 한 경우에도 복호 과정에서 경판정(hard decision)과 연판정(soft decision)을 사용한 경우를 비교하도록 하자. 그림 8.13(a)는 QPSK 변조와 convolutional 코드를 사용한 채널 코딩, 연판정 복호를 사용한 경우의 BER 분석 조건을 보인다. 그림 (b)는 경판정 복호를 사용한 경우 및 채널 코딩을 사용하지 않은 경우의 성능을 같이 그리도록 하여 얻은 결과를 보인다. 여기서 그림 창에 자동으로 만들어지는 설명창(legend) 내용을 적당히 변경하였다.

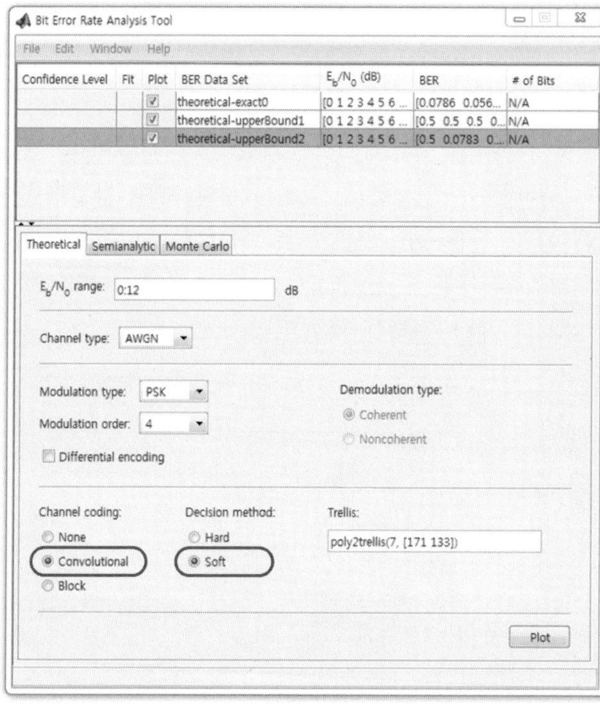

(a)

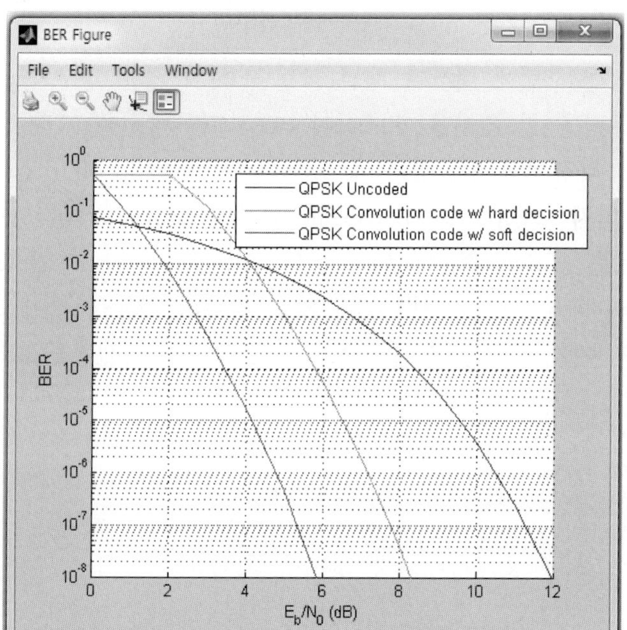

(b)

[그림 8.13] QPSK에 채널 코딩을 한 경우와 안 한 경우의 BER 비교

이론적 BER 데이터를 지원하는 변조 방식은 PSK OQPSK, DPSK, QAM, FSK, MSK, CPFSK 등이며 주어진 조건에 대해서만 BERTool이 BER 데이터를 발생시켜 그림을 그리도록 해 준다. Normalized timing error는 0과 0.5 사이로 설정해야 하며, M-ary 변조에서 비트-심볼 매핑에서 Gray 코드가 사용되었다고 가정한다. 좀더 상세한 내용은 Communications Toolbox의 Help를 통해 나타나는 문서를 참고하면 된다. AWGN 채널에서 이론적 BER 데이터가 가능한 조건을 표 8.2에 보이며, Rayleigh 및 Rician 채널에서의 BER 데이터가 가능한 조건을 표 8.3에 보인다. 다이버시티가 사용된 경우 각 다이버시티 브랜치의 SNR은 채널 입력의 SNR을 다이버시티 차수로 나눈 값이다.

[표 8.2] AWGN 채널에서 이론적 BER 데이터가 가능한 조건

Modulation	Modulation Order	Other Choices
PSK	2, 4	Differential or nondifferential encoding.
	8, 16, 32, 64, or a higher power of 2	
OQPSK	4	Differential or nondifferential encoding.
DPSK	2, 4, 8, 16, 32, 64, or a higher power of 2	
PAM	2, 4, 8, 16, 32, 64, or a higher power of 2	
QAM	4, 8, 16, 32, 64, 128, 256, 512, 1024, or a higher power of 2	
FSK	2	Orthogonal or nonorthogonal; Coherent or Noncoherent demodulation.
	4, 8, 16, 32, or a higher power of 2	Orthogonal; Coherent demodulation.
	4, 8, 16, 32, or 64	Orthogonal; Noncoherent demodulation.
MSK	2	Coherent conventional or precoded MSK; Noncoherent precoded MSK.
CPFSK	2, 4, 8, 16, or a higher power of 2	Modulation index > 0.

[표 8.3] Rayleigh및 Rician 채널에서 이론적 BER 데이터가 가능한 조건

Modulation	Modulation Order	Other Choices
PSK	2	Differential or nondifferential encoding Diversity order ≧1 In the case of nondifferential encoding, diversity order being 1, and Rician fading, a value for RMS phase noise (in radians) can be specified.
	4, 8, 16, 32, 64, or a higher power of 2	Diversity order ≧1
OQPSK	4	Diversity order ≧1
DPSK	2, 4, 8, 16, 32, 64, or a higher power of 2	Diversity order ≧1
PAM	2, 4, 8, 16, 32, 64, or a higher power of 2	Diversity order ≧1
QAM	4, 8, 16, 32, 64, 128, 256, 512, 1024, or a higher power of 2	Diversity order ≧1
FSK	2	Correlation coefficient $\in [-1, 1]$. Coherent or Noncoherent demodulation Diversity order ≧1 In the case of a nonzero correlation coefficient and noncoherent demodulation, the diversity order is 1 only.
	4, 8, 16, 32, or a higher power of 2	Noncoherent demodulation only. Diversity order ≧1

8.4.2 Semianalytic 기법

비해석적인(nonanalytic) 방식인 시뮬레이션을 사용한 통신 시스템의 성능 분석의 문제점은 오류 확률이 매우 낮은 경우(예를 들어 10^{-6} 이하) 시뮬레이션 시간이 너무 길어진다는 것이다. 이러한 경우 사용되는 Semianalytic 기법은 이론적 해석(analysis)과 시뮬레이션을 조합하여 통신 시스템의 오류율을 구하는 방식이다. 이 방식을 사용하면 비해석적인 시뮬레이션 기반 방식에 비해 결과를 얻는 시간이 상당히 단축된다.

Semianalytic 기법을 사용할 때 시스템은 잡음 없이 시뮬레이션을 실행하며, 잡음은 복조된 신호에 대해서 해석적으로 더한다. 이렇게 하여 신호 성상도 상에 신호점이 분산되도록 하여 BER을 계산한다. 모든 신호점에 대한 BER을 평균화하여 종합 BER을 구한다.

Semianalytic 기법을 적용하기 위해서는 통신 시스템이 다음과 같은 조건이 만족되어야 한다. 그렇지 않으면 시뮬레이션 방식을 사용하여 성능 분석을 해야 한다.

- 멀티패스 페이딩, 양자화 및 증폭기 비선형 효과들은 잡음이 더해지기 전에 있어야 한다.
- 수신기는 반송파와 정확히 동기화되어 있으며 timing jitter는 무시할 만하다.
- 잡음 없이 시뮬레이션을 실행하면 수신 신호점에 오류가 발생하지 않아야 한다. 즉 모든 신호점이 옳은 판정 영역에 존재해야 한다.

Semianalytic 기법을 사용하여 성능을 분석하는 예로 16-QAM의 BER을 구해 보자. 그림 8.14(a)와 같이 조건을 설정한다. E_b/N_0 범위와 변조방식, 차수 등을 입력하고, 잡음 없이 시뮬레이션되는 송신 신호와 수신 신호를 제시한다. Plot 버튼을 누르면 그림 8.14(b)와 같은 결과가 얻어진다.

위의 예제와 달리 잡음 없이 시뮬레이션 되는 송수신 신호를 MATLAB command 창에서 발생시켜도(m-파일을 실행시켜도 됨) 된다. 변조되고 펄스 정형된 송신 신호와 수신 신호를 발생시켜 그림 8.14(a)의 'Transmitted signal'과 'Received signal"에 각각 신호명을 넣어 주면 된다. 이에 대한 상세한 예는 MATLAB User's Guide에 있다.

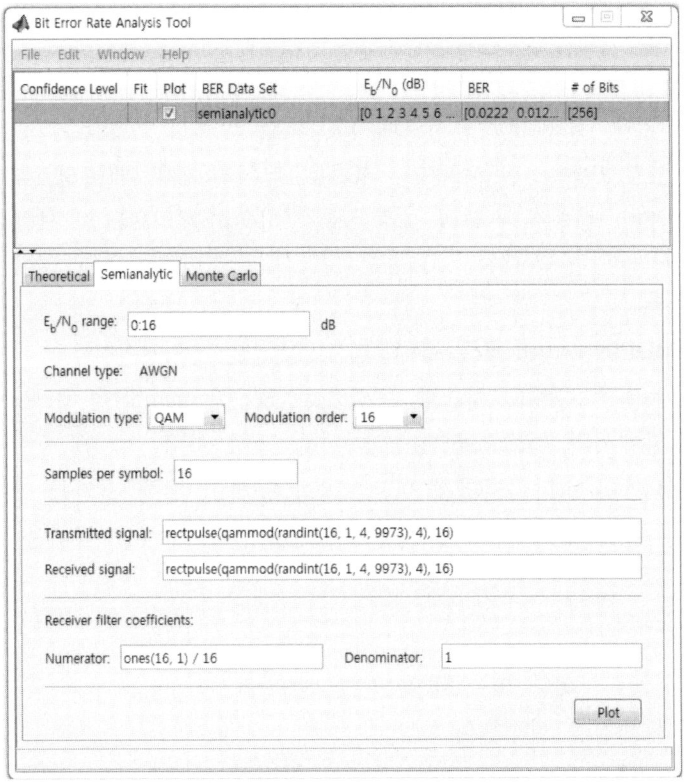

(a)

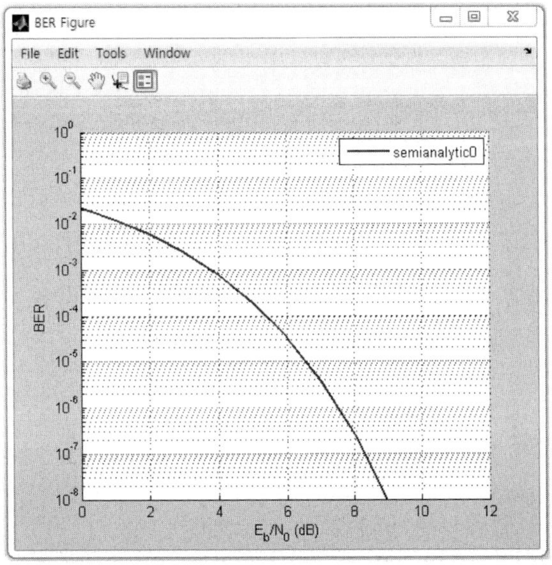

(b)

[그림 8.14] Semianalytic 기법을 사용하여 QAM 시스템의 BER 구하기

8.4.3 Monte Carlo 시뮬레이션

BERTool은 SIMULINK 모델 또는 m-파일 함수를 사용하여 Monte Carlo 시뮬레이션을 실행하게 할 수 있다. BERTool은 시뮬레이션 조건 창에서 설정한 E_b/N_0 값들에 대하여 시뮬레이션 프로그램을 구동시키고, 결과로 얻어진 BER 데이터로부터 BER 곡선을 그려 준다. 두 가지 예제를 통하여 BERTool을 이용하여 시뮬레이션하는 방법을 살펴보도록 한다.

예제 8.5 [SIMULINK mdl 파일을 이용한 방법]

예제 8.1에서 사용한 QPSK 시스템 모델(qpsk_ber_awgn.mdl)을 BERTool에서 구동하여 AWGN 채널에서의 비트오율 성능 곡선을 그려 보라. E_b/N_0 는 0 dB에서 2 dB 간격으로 10 dB까지 변화시키면서 비트오율을 구하고 실행 결과를 그림으로 그려 보라. 시뮬레이션 결과 데이터를 workspace로 보내서 BER 성능 곡선을 그려 보라.

풀이

Monte Carlo 시뮬레이션을 할 SIMULINK 모델(qpsk_ber_awgn.mdl: 그림 8.15(a))에 대하여 다음과 같이 조건을 설정한다:

1) AWGN 채널 블록에서 E_b/N_0 를 값으로 지정하는 대신 EbNo라는 이름의 변수로 지정한다. BERTool은 AWGN 채널 블록의 변수명을 EbNo라고 가정하고 있다.
2) Error Rate Calculation 블록에서 출력 데이터를 workspace로 보내도록 설정한다. 출력 데이터의 변수명을 지정한다(예: ErrorVec).
3) Error Rate Calculation 블록에서 'Stop simulation' 체크 박스를 선택하고 종료 조건을 입력한다. 'Target number of errors'를 500으로 설정하고 'Maximum number of symbols'를 1e7로 설정한다.

   다음에는 BERTool의 Monte Carlo 시뮬레이션 조건 창(그림 8.15(b))에서 필요한 조건을 입력한다:
4) E_b/N_0 의 범위를 0:2:10으로 입력한다.
5) SIMULINK 모델명(qpsk_ber_awgn.mdl)을 입력하거나 Browse 버튼을 눌러 해당 mdl-파일을 찾아서 지정한다.
6) SIMULINK 모델 출력 변수명을 입력한다. Error Rate Calculation 블록에서 ErrorVec란 변수를 사용하였으면 이 변수명을 입력한다.
7) 'Run' 버튼을 눌러 시뮬레이션을 실행시킨다. 시뮬레이션이 종료되면 그림 8.15(c)와 같은 결과가 얻어지는 것을 확인한다. BERTool의 'Fit' 체크 박스를 선택하면

curve fitting이 이루어져서 오른 쪽과 같은 그림이 얻어진다.

8) 시뮬레이션 결과(Eb/No와 BER)를 workspace로 보내서 시뮬레이션 자료를 저장하거나 추가 작업을 할 수 있다. BERTool의 File 메뉴에서 'Export Data'를 선택하면 그림 8.15(c)와 같은 창이 나타나는데, Eb/No와 BER 변수명을 지정할 수 있다.
9) 그림 8.15(e)와 같이 MATLAB script를 실행하여 그림 8.15(f)와 같은 결과가 얻어지는 것을 확인한다.

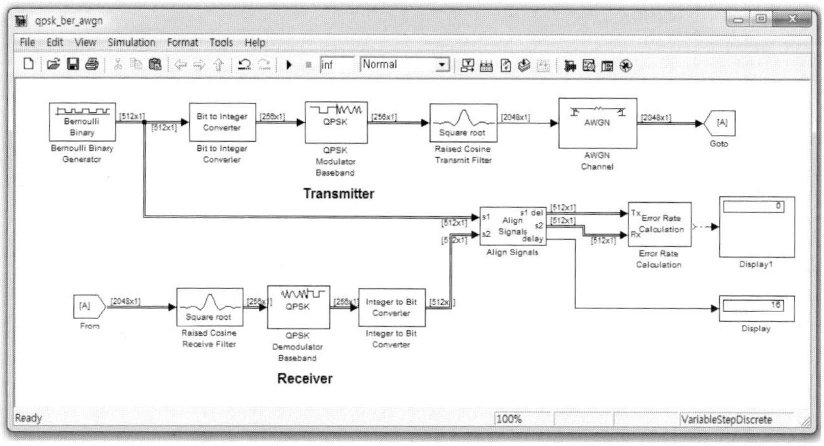

(a)

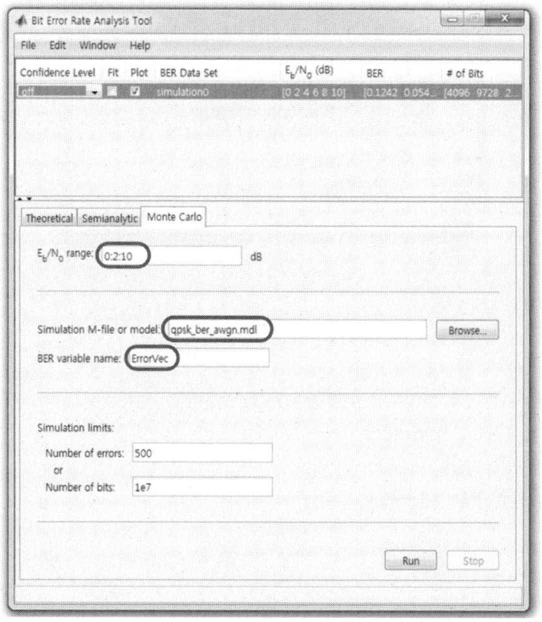

(b)

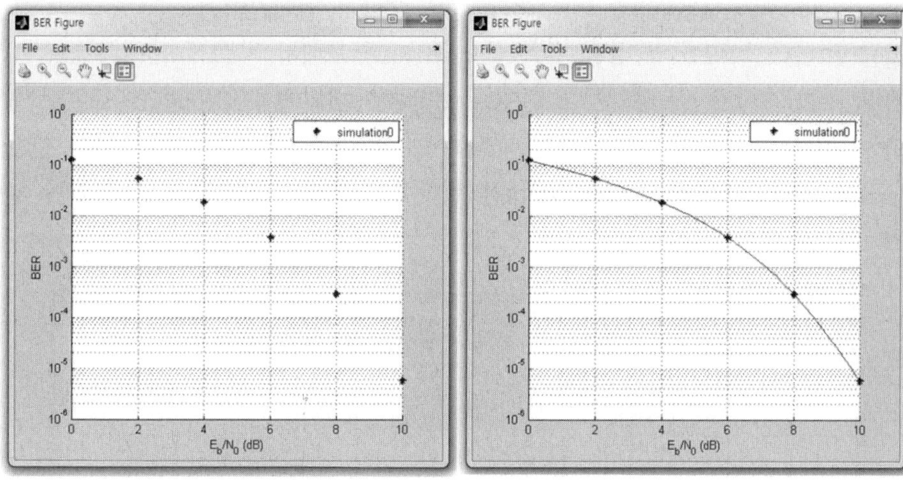

(c)

(d)

```
semilogy(ebno0, ber0, '-o');
title('QPSK in AWGN Channel')
xlabel('Eb/No [dB]')
ylabel('Probability of Bit Error')
grid on;
```

(e)

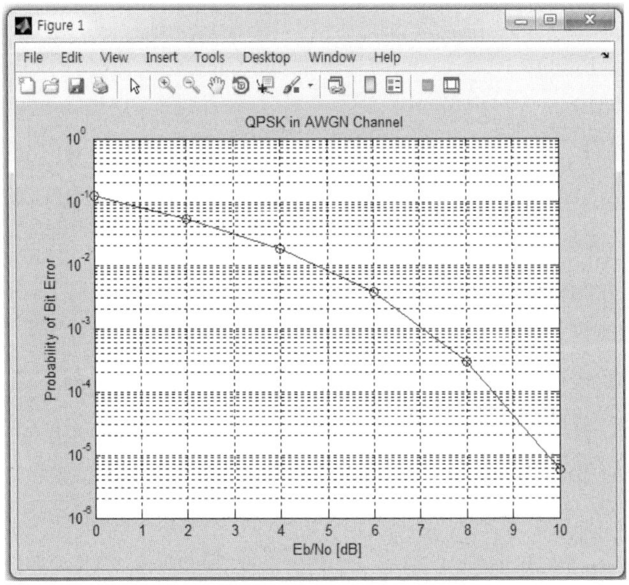

(f)

[그림 8.15] Monte Carlo 시뮬레이션을 사용하여 QPSK 시스템의 BER 구하기

예제 8.6

예제 8.2를 BERTool을 사용하여 실행하라.

풀이

1) Monte Carlo 시뮬레이션을 할 SIMULINK 모델(mpsk_ber_awgn.mdl)에서 파라미터(Sample Time, Eb/No 등)를 변수로 지정하였으므로 workspace에서 다음과 같이 파라미터를 설정한다.

```
>> Ts = 1/1000; % Sampling period in sec
>> BitsPerSymbol = 2; %4-PSK
>> M = 2^BitsPerSymbol; % M-ary modulation
```

2) 다음에는 BERTool의 Monte Carlo 시뮬레이션 조건 창에서 그림 8.16(a))와 같이 Eb/No 범위 및 BER 변수명, 시뮬레이션 종료 조건 등을 설정하고, 사용할 SIMULINK 모델(mpsk_ber_awgn.mdl)을 지정한다.
3) 'Run' 버튼을 눌러 시뮬레이션을 실행시킨다. 그림 (b)와 같은 결과가 나타난다.
4) 이번에는 심볼당 비트 수를 다음과 같이 증가시키고 시뮬레이션을 다시 실행한다.

```
>> BitsPerSymbol = 3; %8-PSK
>> M = 2^BitsPerSymbol; % M-ary modulation
```

5) 시뮬레이션이 종료되면 심볼당 비트 수를 다음과 같이 증가시키고 시뮬레이션을 다시 실행한다.

```
>> BitsPerSymbol = 4; %16-PSK
>> M = 2^BitsPerSymbol; % M-ary modulation
```

6) 그림 (c)와 같은 결과가 얻어진다. BERTool GUI 창에서 'Fit' 체크박스를 클릭하면 시뮬레이션 결과 데이터에 대한 curve fitting이 이루어져 점들이 선으로 이어진다.
7) 세 개의 시뮬레이션 결과 데이터를 workspace로 보내서 다시 그림을 그릴 수 있다. 이를 위해서 그림 (d)와 같이 BERTool GUI 창에서 해당 시뮬레이션 데이터를 선택하고 File 메뉴에서 'Export Data'를 선택하여 array 명을 지정하면 된다. "simulation0"(즉 4-PSK) BER 데이터는 "ber0"로, "simulation0"(즉 4-PSK) BER 데이터는 "ber1"로, "simulation0"(즉 4-PSK) BER 데이터는 "ber2"로 하여 workspace로 보내자.
8) 그림 (e)와 같이 MATLAB script를 실행하면 그림 (f)의 결과가 얻어진다.

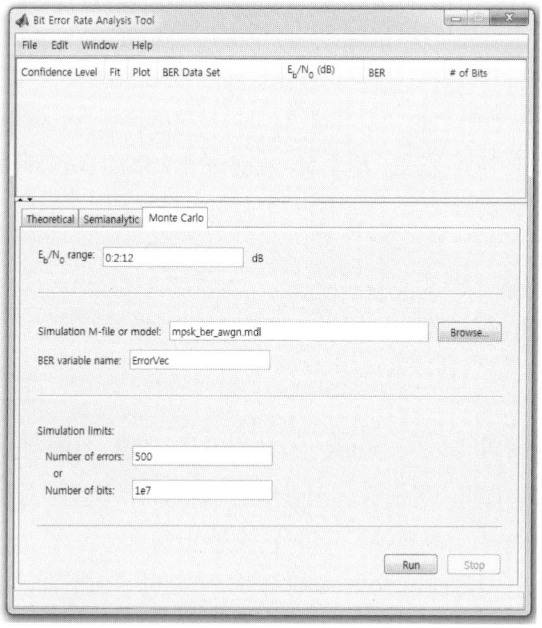

(a)

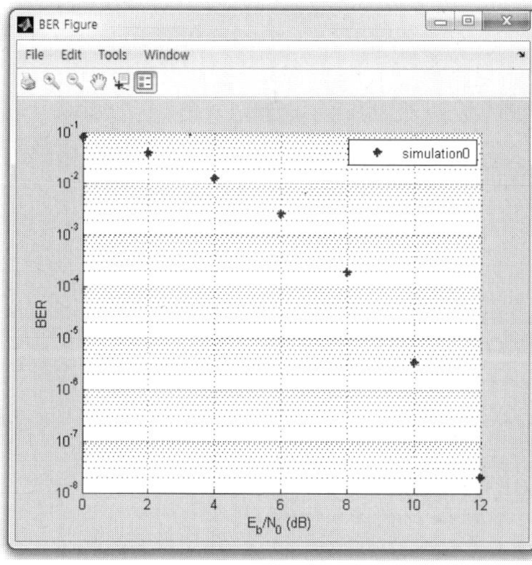

(b)

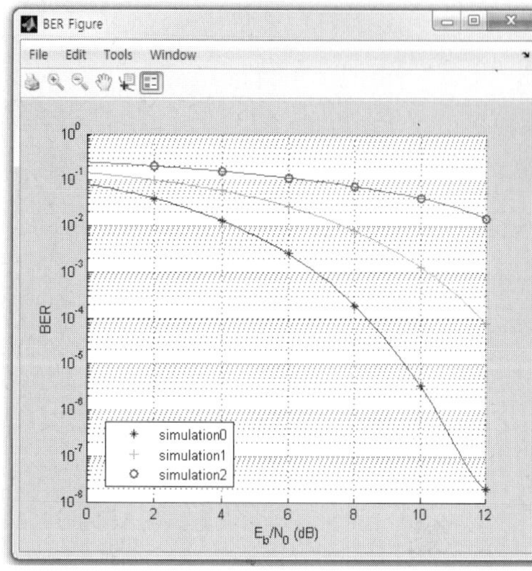

(c)

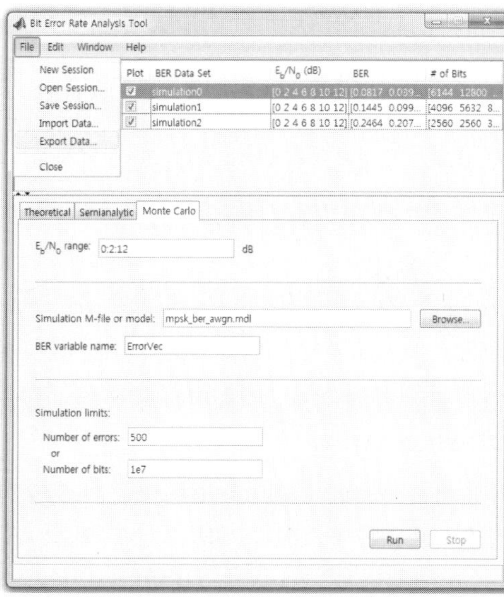

(d)

```
semilogy(ebno0, ber0, '-b*');
hold on;
semilogy(ebno1, ber1, '-g+');
semilogy(ebno2, ber2, '-ro');
title('MPSK in AWGN Channel')
xlabel('Eb/No [dB]')
ylabel('Probability of Bit Error')
grid on;
```

(e)

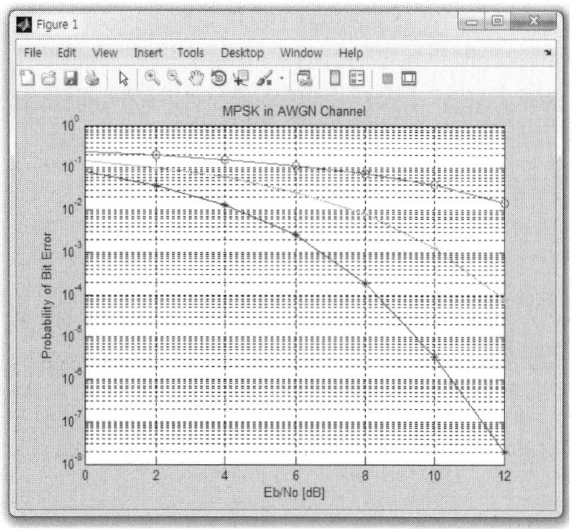

(f)

[그림 8.16] Monte Carlo 시뮬레이션을 사용하여 MPSK 시스템의 BER 구하기

8.4.4 BERTool에서 m-파일 함수 사용하기: BERTool Template의 활용

앞서 BERTool에서 SIMULINK 모델을 불러서 시뮬레이션하는 기법을 살펴 보았다. 이번 단원에서는 BERTool에서 MATLAB m-파일을 불러서 시뮬레이션하는 방법을 알아 보기로 한다. 먼저 MATLAB/SIMULINK에서 제공한 m-파일 함수 "viterbisim.m"을 이용하여 QPSK 변조와 컨볼루션 코딩을 사용한 시스템의 비트오율 성능을 분석하는 예제를 실행해 보고, BERTool과 호환되는 m-파일 함수를 만드는 방법을 알아 보기로 한다.

예제 8.7 [QPSK+Convolution coding]

BERTool에서 m-파일을 불러서 Monte Carlo 시뮬레이션을 실행하는 예제로 Convolutional 부호화와 Viterbi 복호화를 사용한 BPSK/QPSK 시스템의 AWGN 채널에서의 BER 성능분석을 수행해 보자. 이 예제에서는 MATLAB/SIMULINK에서 예제로 제공한 m-파일 함수 "viterbisim.m"을 이용하자. E_b/N_0 를 0 dB에서 1 dB 간격으로 5 dB까지 변화시키면서 시뮬레이션을 실행하고 결과를 그림으로 그려 보라.

풀이

그림 8.17(a)와 같이 BERTool의 GUI에서 'Monte Carlo' 탭을 클릭하고 시뮬레이션 조건을 입력한다. 시뮬레이션을 실행하면 그림 (b)와 같은 결과를 얻을 수 있다.

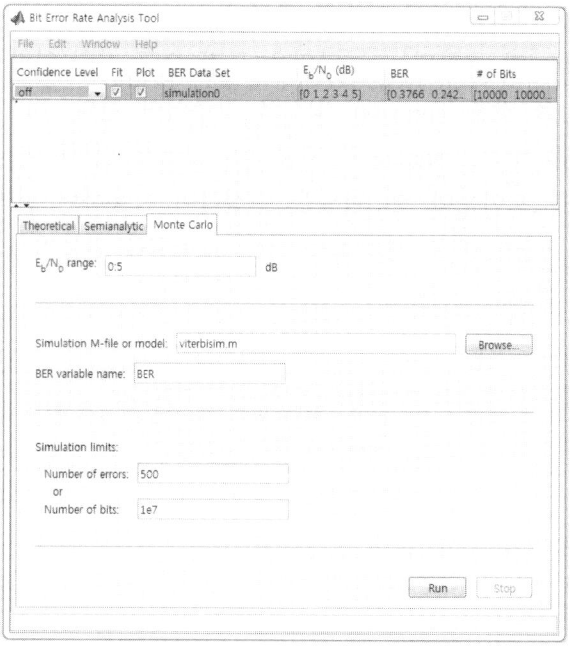

(a)

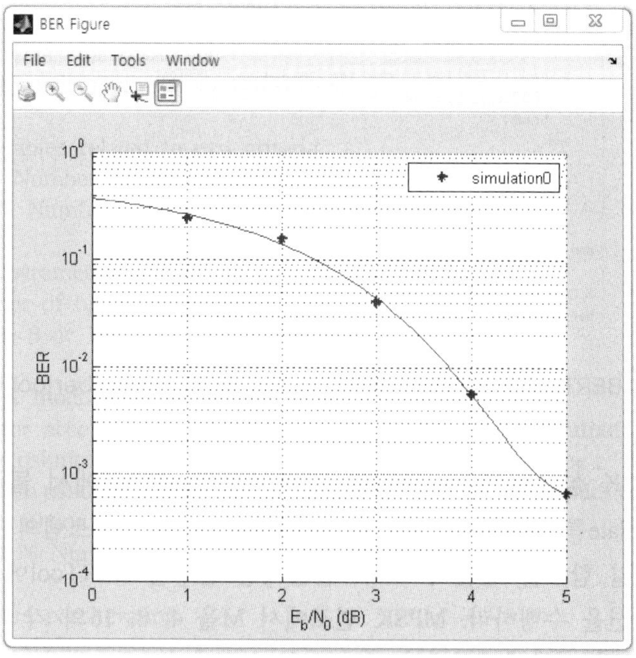

(b)

[그림 8.17] BERTool에서 QPSK와 컨볼루션 채널코딩 m-파일을 불러서 비트오율 성능 분석하기

```
    % Check if the user clicked the Stop button of BERTool.
    if (BERTool.getSimulationStop)
        break;
    end

   % --- Proceed with simulation.
     % Generate message bits
     tx_bits = randi([0 1], bits_per_iter, 1);
     % Modulate the information bits
     tx_signal = modulate(hMod, tx_bits);
     % Add Gaussian noise
     rx_signal = awgn(tx_signal, SNR, 'measured', [], 'dB');
     % Demodulate and detect the signal
     rx_bits = demodulate(hDemod, rx_signal);
     newerrs = biterr(tx_bits, rx_bits); % Errors in this iteration
     n_iteration = n_iteration + 1; % Update iteration index

    % --- Be sure to update totErr and numBits.
    % Compare the input and outputs to determine BER and error count
    totErr = totErr + newerrs;

end % End of loop

% Compute the BER.
numBits = n_iteration*bits_per_iter;
ber = totErr/numBits;
```

(a)

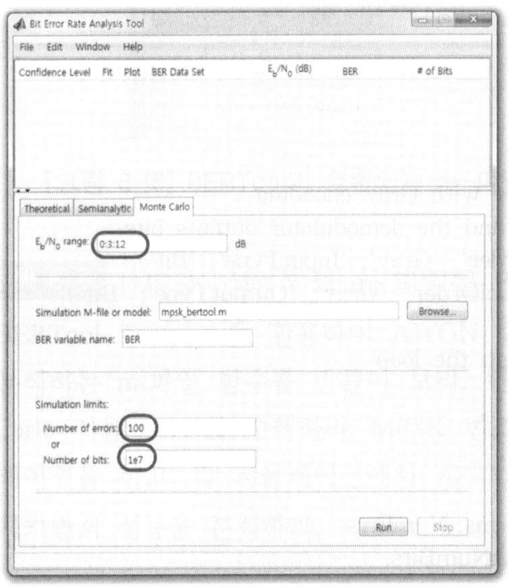

(b)

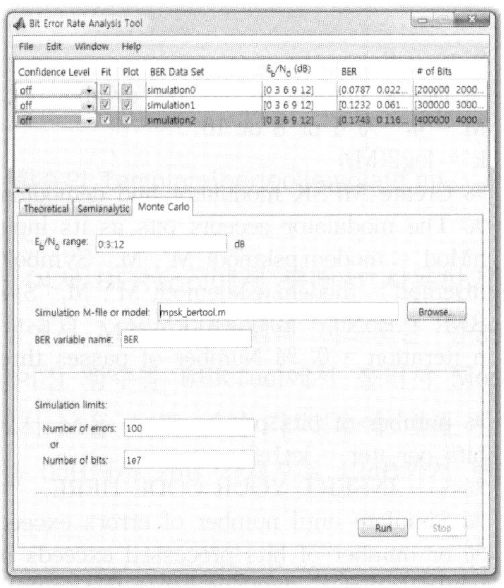

(c)

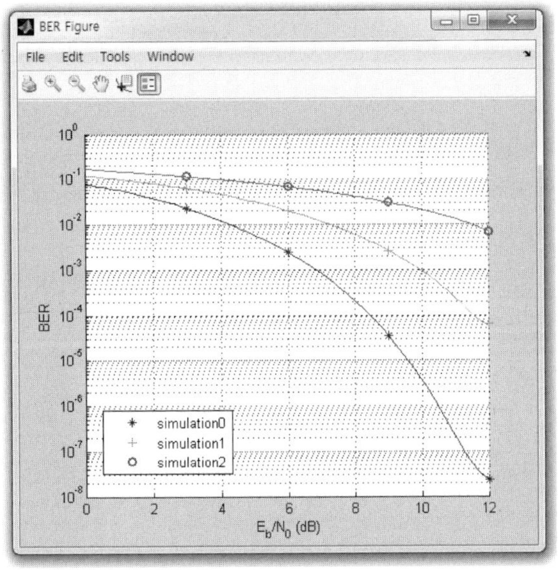

(d)

[그림 8.19] MPSK 성능분석 m-파일을 만들어서 BERTool에서 불러서 사용하기

8.5 연습문제

8.1 [QPSK 시스템의 BER 성능 분석 시뮬레이션]

구형파로 펄스정형하는 QPSK 송수신기(문제 7.5 참조)에 대하여 AWGN 채널환경에서 비트오율을 구하는 시뮬레이션을 일괄적으로 실행하는 MATLAB 명령문을 작성하라. E_b/N_0 를 0 dB에서 2 dB 간격으로 10 dB까지 변화시키면서 비트오율을 구하고 실행 결과를 그림으로 그려 보라.

8.2 [MPSK 시스템의 BER 성능 분석 시뮬레이션]

펄스정형을 하지 않는 MPSK 송수신기 모델을 구성하고, AWGN 채널환경에서 비트오율을 구하는 시뮬레이션을 일괄적으로 실행하도록 MATLAB 명령문을 작성하라. 펄스정형 필터를 넣지 않는 경우 AWGN 블록의 파라미터 설정을 어떻게 해야 하는가? E_b/N_0 를 0 dB에서 3 dB 간격으로 15 dB까지 변화시키면서 비트오율을 구하고 실행 결과를 그림으로 그려 보라. 시뮬레이션 결과를 이론적인 성능과 비교하라.

8.3 [QAM 시스템의 BER 성능 분석 시뮬레이션]

구형파로 펄스정형을 하는 QAM 송수신기 모델을 구성하고, AWGN 채널환경에서 비트오율을 구하는 시뮬레이션을 일괄적으로 실행하도록 MATLAB 명령문을 작성하라. E_b/N_0를 0 dB에서 3 dB 간격으로 18 dB까지 변화시키면서 비트오율을 구하고 실행 결과를 그림으로 그려 보라. BER 성능 그래프에 이론적인 성능을 같이 그려서 시뮬레이션 결과와 비교할 수 있도록 하라. 아래 그림과 같은 결과가 얻어지는지 확인한다.

(a) 송신기에서는 Ideal Rectangular Pulse Filter를 사용하여 펄스정형을 하고(oversampling factor는 8을 사용하라), 수신기에서는 Downsample 블록을 사용하여 샘플링한 후 복조하도록 모델을 구성하라.

(b) 펄스정형 필터를 넣지 않고 시뮬레이션을 하라.

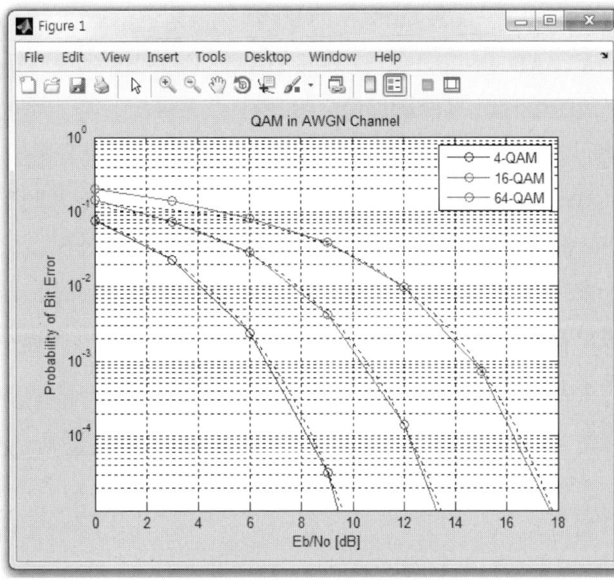

8.4 [Hamming code]

BPSK 변조를 사용하고 Hamming code를 사용하여 채널 코딩을 하는 통신 시스템의 블록 다이어그램 모델을 구성하고 AWGN 채널환경에서 비트오율 성능을 분석하라. E_b / N_0를 0 dB에서 2 dB 간격으로 10 dB까지 변화시키면서 비트오율을 구하는 시뮬레이션을 일괄적으로 실행하도록 MATLAB 명령문을 작성하라. 시뮬레이션을 통해 얻은 BER 성능을 채널 코딩을 하지 않은 BPSK의 이론적인 성능과 비교하라. 다음의 (n,k) 코드를 사용하여 성능을 비교한다. 여기서 k는 메시지 길이이고, n은 부호어 길이이다. 채널 코딩을 사용하는 경우 전송량이 늘어나는(잉여비트가 추가되므로) 효과를 BER 성능 분석에서 반영해야 함을 유의한다. 즉 E_b/N_0 대신 rE_b/N_0를 사용해야 한다. 여기서 $r = k / n$은 부호화율이다.

(a) (7, 4) code

(b) (15, 11) code

8.5 [BERTool을 **이용한** MPSK **시스템의** Monte Carlo **시뮬레이션**]

문제 8.2와 같이 펄스정형을 하지 않는 MPSK 송수신기 모델을 구성하고, AWGN 채널환경에서의 비트오율 성능을 BERTool에서 Monte Carlo 시뮬레이션을 통하여 분석하라. E_b/N_0가 0 dB부터 2 dB 간격으로 18 dB까지의 경우에 대해 비트오율을 구하는데, M을 여러 가지 값으로 변화시키면서 시뮬레이션을 수행하라.

8.6 [BERTool에서의 m-파일 함수 사용: QAM]

BERTool에서 MATLAB m-파일을 불러서 QAM 시스템에 대한 Monte Carlo 시뮬레이션을 해 보자. BERTool Template를 활용하여 AWGN 환경에서 QAM 시스템의 비트오율 성능을 분석하는 m-파일 함수를 만들어 보라. 만들어진 함수를 BERTool에서 불러서 Monte Carlo 시뮬레이션을 수행하라. QAM 변조에서 M을 4, 16, 64, 256의 각 경우에 대해 시뮬레이션을 하고, 각 시뮬레이션에서 E_b/N_0 를 0 dB에서 3 dB 간격으로 증가시키면서 비트오율을 구하라. 시뮬레이션마다 E_b/N_0 의 최대값을 다르게 설정해도 좋을 것이다(예를 들어 $M=4$ 의 경우 9 dB까지만 분석을 하고 $M=256$ 의 경우에는 24 dB까지 분석). BER Figure 윈도우에서 좌표축의 범위 조절이 가능하며, legend도 편집이 가능하다. 다음 그림과 유사한 결과를 얻는지 확인한다.

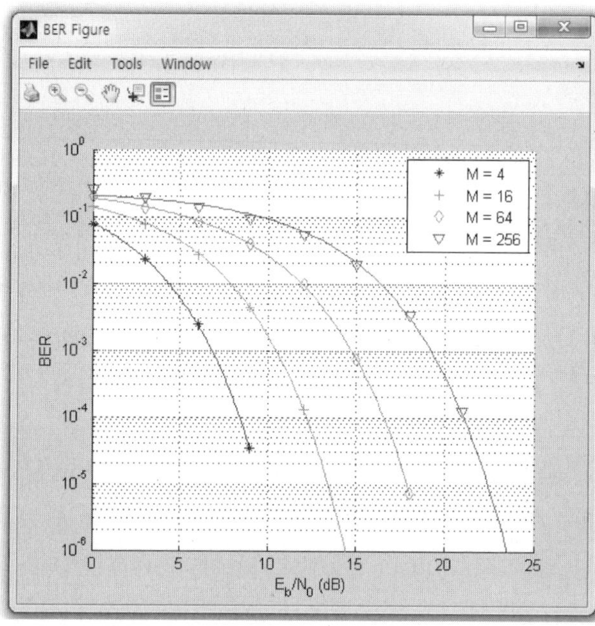

8.7 [BERTool에서의 m-파일 함수 사용: BPSK + Hamming code]

BERTool에서 MATLAB m-파일을 불러서 BPSK 변조와 채널 코딩을 하는 시스템에 대한 Monte Carlo 시뮬레이션을 해 보자. 채널 코딩으로는 Hamming code를 사용하라. BERTool Template를 활용하여 AWGN 환경에서 시스템의 비트오율 성능을 분석하는 m-파일 함수를 만들어 보라. 만들어진 함수를 BERTool에서 불러서 Monte Carlo 시뮬레이션을 수행하라. Hamming code는 (7, 4) code와 (15, 11) code를 사용하며, E_b/N_0 를 0 dB에서 2 dB 간격으로 증가시키면서 비트오율을 구하라. 문제 8.4에서 언급한 바와 같이, 채널 코딩을 사용한 경우에는 주어진 E_b/N_0 값에 부호화율을 곱하여 시뮬레이션을 해야 한다는 것에 유의한다. 채널 코딩을 하지 않은 BPSK의 이론적 성능 곡선을 같이 그려 보라. 이를 위해서는 BERTool에서 'Theoretical' 탭을 누른 후 PSK의 성능 곡선을 그리게 하면 된다. 다음 그림과 유사한 결과를 얻는지 확인한다.

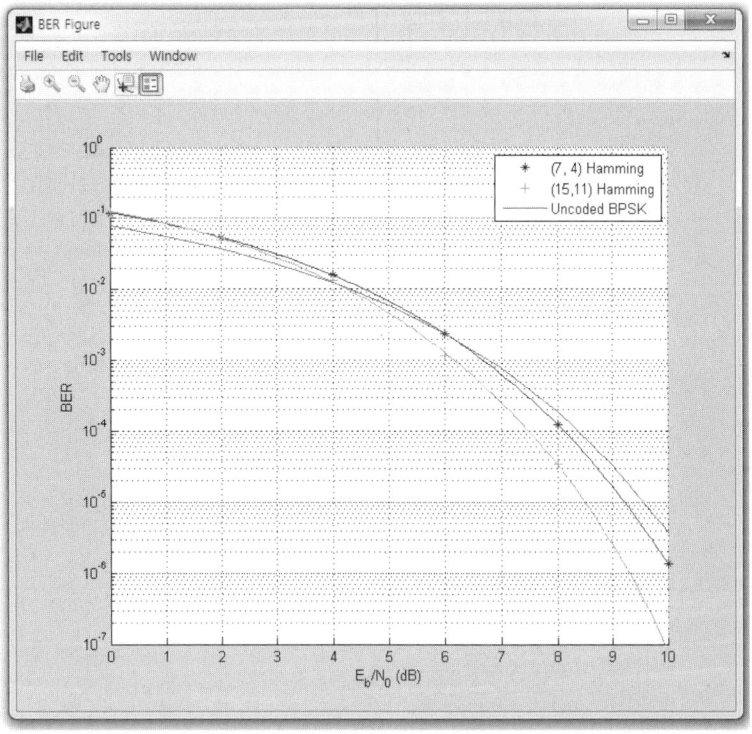

Chapter 09

페이딩 채널과 수신기

- 9.1 RF 손상과 SIMULINK 블록
- 9.2 위상 및 주파수 옵셋
- 9.3 페이딩 채널
- 9.4 SIMULINK에서 페이딩 채널 사용하기
- 9.5 채널 영향의 보상
- 9.6 연습문제

Chapter

09 페이딩 채널과 수신기

전송 신호가 RF 채널을 통과하면서 간섭, 페이딩 등의 영향으로 손상이 일어난다. 또한 수신 회로의 불완전성으로 인하여 주파수 및 위상 옵셋이 발생한다. 이와 같은 신호의 손상은 정보의 복구에 영향을 주어 성능 저하가 일어나게 된다. 이번 장에서는 여러 가지 채널 손상의 영향에 대해 알아보고 수신기에서 이를 극복하는 방안에 대해 알아보기로 한다.

9.1 RF 손상과 SIMULINK 블록

Communications Blockset의 RF Impairments 라이브러리에는 여러 종류의 전송 손상을 반영한 블록들이 있다. 이러한 블록들의 예를 들면 다음과 같다.

- Free Space Path Loss 블록 : 송수신기 사이의 거리에 따른 신호 전력의 손실을 모델링한다.
- I/Q Imbalance 블록 : 신호의 in-phase 성분과 quadrature 성분 간의 불균형을 모델링한다.
- Memoryless Nonlinearity 블록 : 비선형 증폭기에서 AM-AM 및 AM-PM 왜곡을 모델링한다.
- Phase Noise 블록 : 전송 신호에 위상 잡음이 부가되는 것을 모델링한다.
- Phase/Frequency Offset 블록 : 채널 또는 신호처리 과정에서 발생하는 위상 및 주파수 옵셋을 모델링한다.

9.2 위상 및 주파수 옵셋

제 8장에서 살펴 본 QPSK 시스템 모델에서 AWGN 채널을 통과한 신호에 위상 및 주파수 천이가 발생하였다고 가정하고 비트오율 성능에 얼마나 영향을 주는지 살펴 보도록 하자.

9.2.1 위상 옵셋의 영향

(1) QPSK 시스템 모델을 열고 Communications Blockset의 RF Impairments 라이브러리에 있는 'Phase/Frequency Offset' 블록을 AWGN Channel 블록 뒤에 추가한다.

(2) 위상/주파수 옵셋의 효과를 시각적으로 관찰하기 위하여 Phase/Frequency Offset 블록의 전후에 Scatter Plot Scope를 연결한다. 그림 9.1(a)와 같이 수정된 모델을 "qpsk_RFimpairments.mdl"로 저장하자.

(3) 먼저 위상 옵셋의 영향을 살펴 보자. Phase/Frequency Offset 블록을 더블 클릭하여 파라미터로 위상 옵셋을 20°로 설정한다. AWGN 채널 파라미터로 EbNo를 설정한(잡음 영향을 줄이기 위해 충분히 크게 100 dB로 설정하자) 다음 시뮬레이션을 실행하여 Scatter Plot Scope를 관찰한다. 이 때 Scatter Plot Scope의 samples per symbol 파라미터는 펄스정형 필터에서의 upsampling factor와 동일하게 설정해야 한다(우리의 예제에서는 8로 설정한다). Scatter Plot Scope에 그려지는 신호점을 모두 진한 색으로 표현하고자 하면 파라미터 설정창에서 Rendering Properties의 Color fading 체크 박스를 선택 해제한다. AWGN 채널 전후의 Scatter Plot Scope가 그림 9.1(b)와 같이 되어 위상 옵셋만큼 신호 성상도가 회전되어 있는 것을 관찰할 수 있을 것이다. 위상 옵셋을 증가시키면서 BER이 증가하는 것을 확인한다.

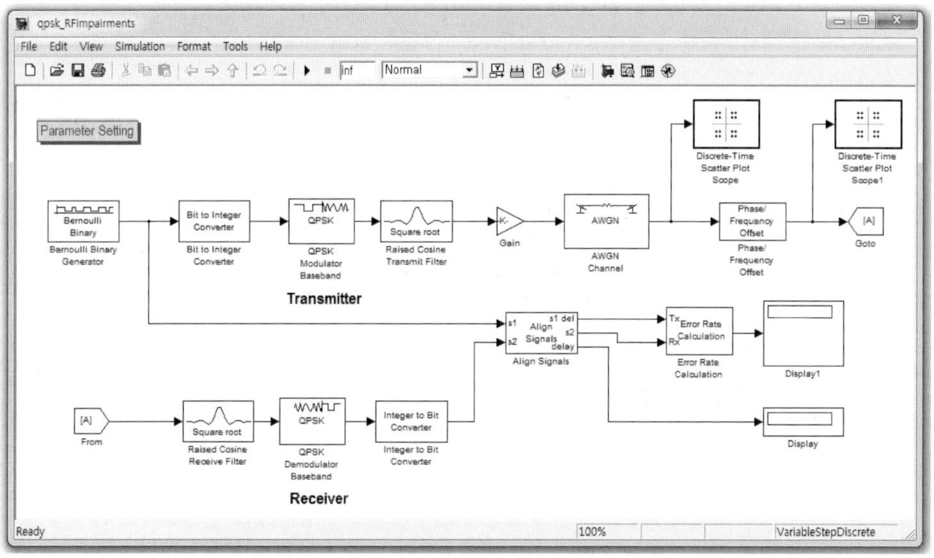

(a)

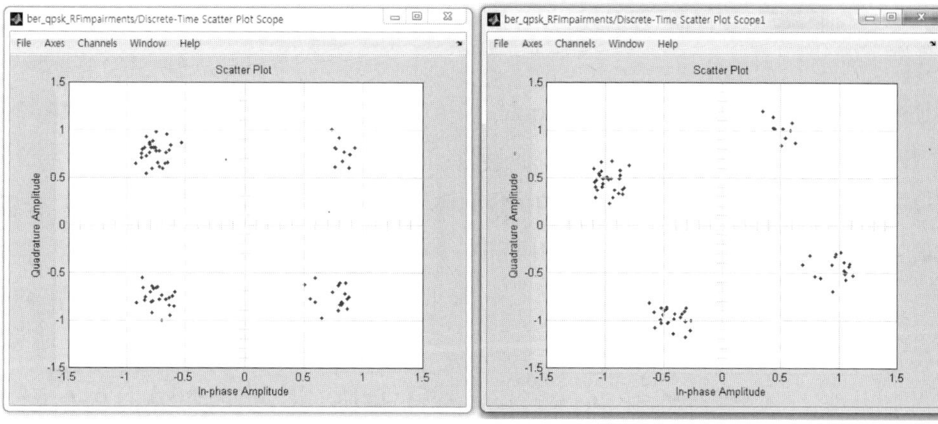

(b)

[그림 9.1] 위상 옵셋의 영향

9.2.2 주파수 옵셋의 영향

(1) 이번에는 주파수 옵셋의 영향을 살펴 보자. Phase/Frequency Offset 블록을 더블 클릭하여 파라미터로 주파수 옵셋을 1 Hz로 설정하고 Scatter Plot Scope를 관찰한다. 이 때 Scatter Plot Scope의 'Points display' 파라미터를 좀더 큰 값(예: 160)으로 설정하자.

(2) Scatter Plot Scope를 보면 시뮬레이션을 실행하는 동안 주파수 옵셋의 속도로 계속 회전하는 것을 관찰할 수 있다(Error Rate Calculation 블록에서 Stop simulation 체크 박스를 선택 해제하는 것이 관찰하는 데 좋을 것이다). 시뮬레이션을 종료시키면 그림 9.2와 같은 결과가 얻어진다.

(3) 주파수 옵셋의 영향으로 BER이 크게 증가하는 것을 확인한다. 신호 성상도가 일정한 속도로 회전하기 때문에 심볼 판정 영역을 계속 이동하여 수신기가 동작하지 않을 정도가 된다. 즉 위상이 회전하므로 위상 오차의 보정이 이루어지지 않는 한 위상천이 변조된 신호의 복조가 제대로 이루어지지 않는다. 이러한 환경하에서는 수신기에서 캐리어 복구가 정확하게 이루어지게 하는 회로를 추가하거나 PSK 대신 차동 위상천이 변조(DPSK)를 사용한다.

파일과 Doppler 스펙트럼이 분리 가능하다고 가정한다. 결과적으로 멀티패스 페이딩 채널은 선형 FIR 필터로 모델링된다. $\{s_i\}$를 채널에 입력되는 샘플들이라고 하자. 그러면 채널의 출력 $\{y_i\}$는 다음과 같이 표현된다.

$$y_i = \sum_{n=-N_1}^{N_2} s_{i-n} g_n \tag{9.1}$$

여기서 $\{g_n\}$은 다음과 같이 주어지는 필터 탭 계수이다.

$$g_n = \sum_{k=1}^{K} a_k \mathrm{sinc}\left[\frac{\tau_k}{T_s - n}\right],\ -N_1 \le n \le N_2 \tag{9.2}$$

위의 수식에서 변수는 다음과 같다:

① T_s: 채널에 입력되는 입력 샘플 구간

② $\{\tau_k\}, 1 \le k \le K$: 경로 지연. K는 경로의 총 개수

③ $\{a_k\}, 1 \le k \le K$: 경로 이득. 복소값으로 주어지며 경로 이득 간의 상관성은 없다.

④ N_1과 N_2는 n이 $-N_1$보다 작거나 N_2보다 크면 $|g_n|$의 값이 충분히 작도록 선택한다.

경로 이득 프로세스 a_k는 다음과 같은 절차를 따라 생성된다.

1) 평균이 0이고 분산이 1인 complex uncorrelated (white) Gaussian 프로세스를 이산 시간에서 발생시킨다.
2) 복소 Gaussian 프로세스를 주파수 응답이 $H(f) = \sqrt{S(f)}$인 Doppler 필터로 여파시킨다. 여기서 $S(f)$는 원하는 Doppler 필터의 전력 스펙트럼이다.
3) 여파된 복소 Gaussian 프로세스를 보간(interpolation) 처리하여 샘플 구간이 입력 신호의 샘플 구간과 같아지게 한다. 보간법으로는 선형 및 다상(polyphase) 보간법이 사용된다.
4) 결과로 만들어지는 복소 프로세스 z_k는 평균 경로 이득에 맞게 크기를 수정한다. Rayleigh 채널의 경우 페이딩 프로세스는 다음과 같이 주어진다.

$$a_k = \sqrt{\Omega_k}\, z_k \tag{9.3}$$

여기서

$$\Omega_k = E\left[\left|a_k\right|^2\right] \tag{9.4}$$

이다. Rician 채널인 경우에는 페이딩 프로세스가 다음과 같이 된다.

$$a_k = \sqrt{\Omega_k}\left[\frac{z_k}{\sqrt{K_{r,k}+1}} + \sqrt{\frac{K_{r,k}}{K_{r,k}+1}}\, e^{j\left(2\pi f_{d,LOS,k}t+\theta_{LOS,k}\right)}\right] \tag{9.5}$$

여기서 $K_{r,k}$ 는 k-번째 경로의 Rician K-factor이며, $f_{d,LOS,k}$는 k-번째 경로의 LOS 성분의 Doppler shift(Hz)이고, $\theta_{LOS,k}$ 는 k-번째 경로의 LOS 성분의 초기 위상(rad)이다.

대역 제한된 멀티패스 채널 모델의 입력단에서 송신 심볼들은 펄스 정형 과정에서 도입된 대역폭 확장인수 이상으로 과표본화(oversample)되어야 한다. 예를 들어 sinc 함수 모양의 펄스정형을 하는 경우(즉 펄스정형된 신호의 대역폭은 심볼율과 동일) 대역폭 확장인수는 1이 되며, 채널 입력에서 심볼 당 1 개 이상의 샘플로 과표본화되어야 한다. 만일 raised cosine(RC) 펄스정형 필터가 사용되는 경우 초과대역폭 비율이 1이라면 펄스정형된 신호의 대역폭은 심볼율의 2 배가 된다. 이 경우 대역폭 확장인수는 2가 되어 채널 입력에서 심볼당 2 개 이상의 샘플로 과표본화하는 것이 필요하다.

9.3.2 MATLAB에서 페이딩 채널 사용하기

Communications Toolbox에서는 페이딩 채널을 FIR 필터로 모델링하고 있다. 송신 신호를 페이딩 채널에 통과시키기 위해서는 다음과 같은 절차를 따른다.

(1) 사용하고자 하는 채널을 규정하는 channel object를 생성한다. 이를 위하여 MATLAB 'rayleighchan' 또는 'ricianchan' 함수를 사용한다. Channel object는 maximum Doppler shift와 같은 채널에 관한 정보를 담은 MATLAB 변수이다.
(2) 필요하면 용도에 맞게 channel object의 속성을 수정한다. 예를 들면 경로 지연과 평균 경로 이득을 변화시킨다. [주의] 최대 경로 지연은 100 샘플을 넘지 않도록 한다. 그렇지 않으면 'out of memory' 에러가 발생할 수 있다.
(3) MATLAB 함수 'filter'를 사용하여 channel object를 신호에 적용한다.

위의 절차에 대하여 좀더 상세히 알아 보도록 하자.

Channel Object 생성하기

MATLAB 'rayleighchan' 또는 'ricianchan'의 함수를 사용하여 channel object를 생성하는데, 표 9.1에는 이들 함수와 object의 관계를 보인다.

[표 9.1] Channel object 생성 함수

함수	객체	syntax	모델링 대상 환경
rayleighchan	Rayleigh fading channel object	rayleighchan(ts,fd) rayleighchan(ts,fd,tau,pdb)	한 개 이상의 반사파 경로가 있는 경우
ricianchan	Rician fading channel object	ricianchan(ts,fd,k) ricianchan(ts,fd,k,tau,pdb) ricianchan(ts,fd,k,tau,pdb,fdLOS)	하나의 LOS 경로와 추가로 한 개 이상의 반사파 경로가 있는 경우

[예 1] Rayleigh 페이딩 채널을 100 kHz로 표본화된 신호에 적용하고자 하는 경우 channel object를 생성하는 함수의 사용 예를 알아 보자. 채널의 maximum Doppler shift는 50 Hz라고 가정하자. 이 예를 위해 다음과 같은 명령문을 실행해 본다.

```
>> chan_obj1 = rayleighchan(1/10^5,50); % Create Rayleigh fading channel object
```

위의 함수를 실행하여 만들어진 데이터를 확인해 보면 그림 9.3과 같은 구조체를 갖는다는 것을 확인할 수 있다. 생성된 channel object인 chan_obj1은 함수 필터의 입력으로 신호와 함께 인가하여 페이딩 채널을 통과한 신호를 만들어낸다.

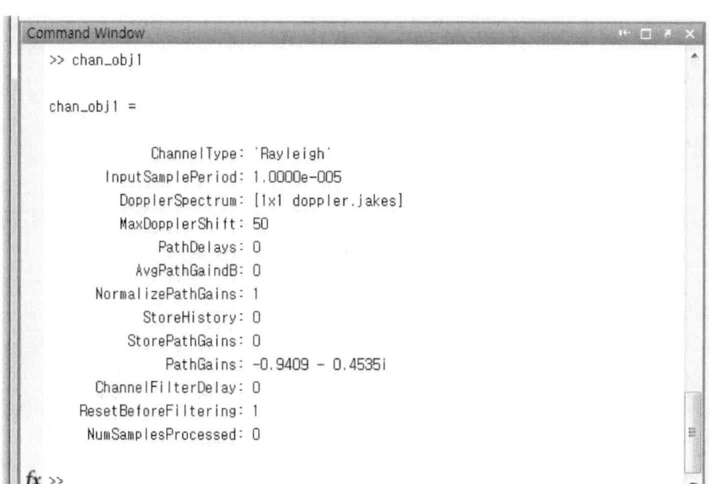

[그림 9.3] Channel object 구조체

Channel Object의 속성 변경하기

위의 예제에 보인 channel object의 구조체를 참고하여 channel object의 특정 속성을 수정할 수 있다. 예를 들어 위의 예제를 통해 생성된 channel object 속성 중에서 아래와 같이 "Reset before filtering"을 변경할 수 있다:

```
>> chan_obj1 = rayleighchan(1/10^5,50); % Create Rayleigh fading channel object
>> chan_obj1.ResetBeforeFiltering = 0; % Do not reset before filtering
```

Channel Object의 속성

생성된 channel object의 속성이 원하는 채널 모델에 맞는 값을 갖고 있는지, 그리고 수정이 필요한 경우 어떤 값으로 변경해야 하는지 알아야 할 필요가 있다. 표 9.2는 channel object의 주요 속성별 의미와 값을 선택할 때 알아 두어야 할 점에 대하여 설명하고 있다.

[표 9.2] Channel object의 속성

Channel object 속성	설 명
Path delay	• 보통 첫 번째 delay는 0으로 설정한다. • 실내 환경의 경우 첫 번째 delay 이후의 path delay는 보통 1ns~100ns의 값을 갖는다. • 실외 환경의 경우 첫 번째 delay 이후의 path delay는 보통 100ns~10 μs의 값을 갖는다. • 경로를 구별할 수 있는 능력은 신호의 대역폭과 관계된다. 가장 긴 경로 지연과 가장 짧은 경로 지연의 차(즉 excess delay)가 심볼 구간의 약 1 % 보다 작다면 신호는 채널이 한 개의 경로를 거친 것처럼 보이게 된다.
Average path gain	• 각 페이딩 경로의 평균 전력 이득을 나타낸다. 실제 환경에서는 평균 경로 이득이 큰 음수의 dB 값을 가지지만 컴퓨터 모델에서는 −20 dB~0 dB의 값을 사용하여 시스템을 분석한다. • 보통 평균 경로이득 벡터의 dB 값은 경로지연에 따라 선형적으로 감소하도록 설정하지만 구체적인 delay profile은 환경에 따라 다르다. • 경로이득들의 총 전력이 1이 되도록 보장하기 위하여 channel object의 'NormalizePathGain' 속성을 이용하여 경로이득을 정규화할 수 있다.
Maximum Doppler shift	• Maximum Doppler shift는 $f_d = vf/c$의 관계를 갖는다. 여기서 v는 이동체의 속도, f는 반송파 주파수, c는 빛의 속도이다. • 900 MHz의 반송파를 사용한다고 할 때 고속도로를 달리는 차량인 경우 80 Hz 정도까지 되며, 보행자의 경우 약 4 Hz가 된다. • Maximum Doppler shift가 0이라는 것은 채널이 정적(static)이라는 것을 의미한다.
K-factor for Rician fading channel	• 직접파 전력 대 반사파 전력의 비율을 나타낸다. • Rician 페이딩 채널의 경우 보통 1~10 dB의 값을 갖는다. • K-factor가 0이라는 것은 Rayleigh 페이딩 채널이라는 것을 의미한다.
Doppler spectrum parameter	• 아래 참조

Doppler Spectrum 속성

Channel object의 Doppler spectrum은 'DopplerSpectrum' 속성에 규정되어 있다. 이 속성의 값은 Doppler object에 들어 있다. Doppler object는 Doppler spectrum을 특정짓는 모든 속성들을 포함하고 있다. Doppler object를 생성하는 함수는 doppler.ajakes, doppler.bigaussian, doppler.jakes, doppler.rjakes, doppler.flat, doppler.gaussian, doppler.rounded로 7 개가 있다. 각 함수에 대한 상세한 내용은 MATLAB Help 문서를 참고하면 된다. 예를 들어 표준 편차가 0.1인 Gaussian 스펙트럼을 원하는 경우 다음과 같이 하면 된다.

```
>>d = doppler.gaussian(0.1);
```

9.3.3 페이딩 채널 사용하기

일단 channel object를 생성하고 나면 'filter' 함수를 사용하여 신호를 채널에 통과시키면 된다. 필터링 연산이 끝나면 channel object는 마지막 경로 이득이나 생성한 총 샘플 수와 같은 상태값을 보관하고 있다. 새로운 필터링 연산을 하기 전에 상태값을 리셋하지 않으면(ResetBeforeFiltering=0), 이어지는 필터링 연산의 연속성을 유지할 수 있게 된다.

만일 'Channel Visualization Tool'을 사용하여 channel object의 특성을 그리고자 하는 경우에는 channel object의 'StateHistory' 속성을 1로 설정해야 한다.

예제 9.1 [페이딩을 겪은 신호의 순시전력 그리기]

Rayleigh Flat 페이딩 채널을 10 kHz로 표본화된 신호에 적용하여 출력 신호의 순시 전력을 그려 보라. 채널의 maximum Doppler shift는 100 Hz라고 가정하라.

풀이

다음과 같은 MATLAB script를 실행하고, 결과로 나오는 channel object 속성과 채널 필터 출력 신호의 순시전력 그림을 확인한다.

```
chan_obj = rayleighchan(1/10000,100); % Create channel object
sig = 1i*ones(2000,1);       % Generate signal
y = filter(chan_obj,sig);    % Pass signal through channel
chan_obj                     % Display all properties of the channel

% Plot power of faded signal, versus sample number
plot(20*log10(abs(y)))
```

```
chan_obj =

              ChannelType: 'Rayleigh'
        InputSamplePeriod: 1.0000e-004
          DopplerSpectrum: [1x1 doppler.jakes]
          MaxDopplerShift: 100
               PathDelays: 0
            AvgPathGaindB: 0
       NormalizePathGains: 1
             StoreHistory: 0
           StorePathGains: 0
                PathGains: -0.0497 - 0.8573i
       ChannelFilterDelay: 0
     ResetBeforeFiltering: 1
      NumSamplesProcessed: 2000

fx >>
```

(a)

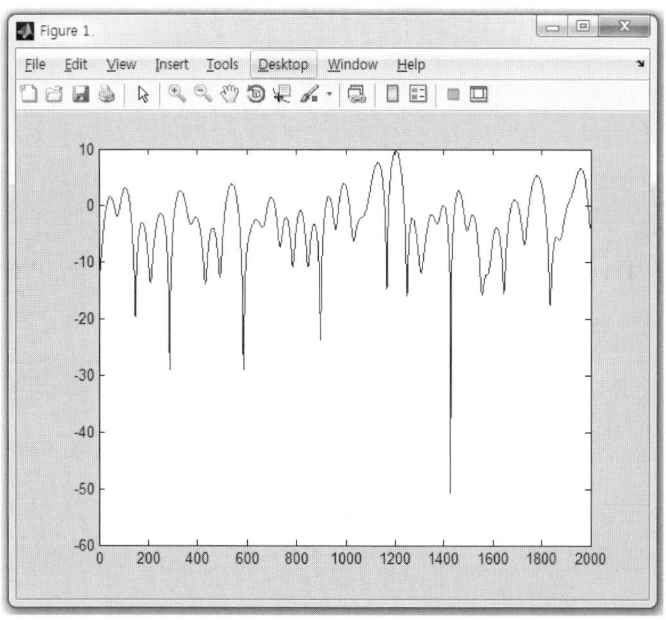

(b)

[그림 9.4] Channel object와 페이딩을 겪은 신호의 순시전력

예제 9.2 [주파수 선택적 페이딩을 겪은 신호의 순시전력 그리기]

비트율이 50 kbps인 신호가 Rayleigh 주파수 선택적 페이딩 채널을 통과한다고 하자. 채널의 maximum Doppler shift는 80 Hz라고 가정하라. 채널은 두 개의 경로를 가지며 경로 지연은 각각 $0, 0.5T_b$ 이고 경로 이득은 각각 0, -10 dB라고 가정하라. 페이딩을 겪은 신호의 순시전력을 그려 보라.

풀이

다음과 같은 MATLAB script를 실행하고, 결과로 나오는 channel object 속성과 채널 필터 출력 신호의 순시전력 그림을 확인한다.

```
bitRate = 50000;
% Create Rayleigh frqquency selective fading channel object.
chan_obj = rayleighchan(1/bitRate,80,[0 0.5/bitRate],[0 -10]);
delay = chan_obj.ChannelFilterDelay
tx_sig = 1i*ones(2000,1);  % Generate signal
y = filter(chan_obj,tx_sig);          % Apply channel effects
chan_obj                           % Display all properties of the channel

% Plot power of faded signal, versus sample number
plot(20*log10(abs(y)))
```

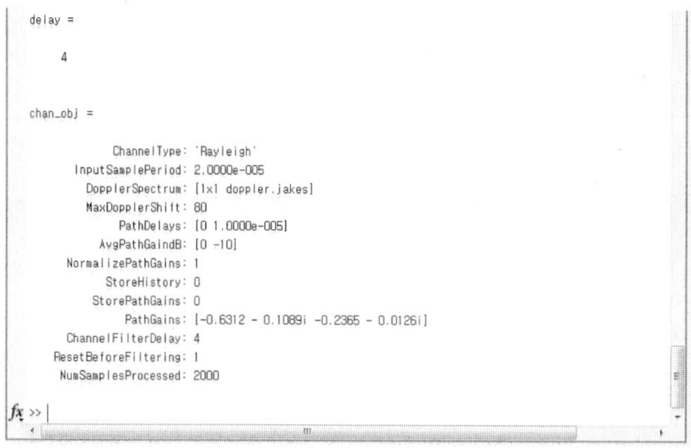

```
delay =

     4


chan_obj =

             ChannelType: 'Rayleigh'
       InputSamplePeriod: 2.0000e-005
         DopplerSpectrum: [1x1 doppler.jakes]
         MaxDopplerShift: 80
              PathDelays: [0 1.0000e-005]
           AvgPathGaindB: [0 -10]
      NormalizePathGains: 1
            StoreHistory: 0
          StorePathGains: 0
               PathGains: [-0.6312 - 0.1089i -0.2365 - 0.0126i]
      ChannelFilterDelay: 4
    ResetBeforeFiltering: 1
     NumSamplesProcessed: 2000
```

(a)

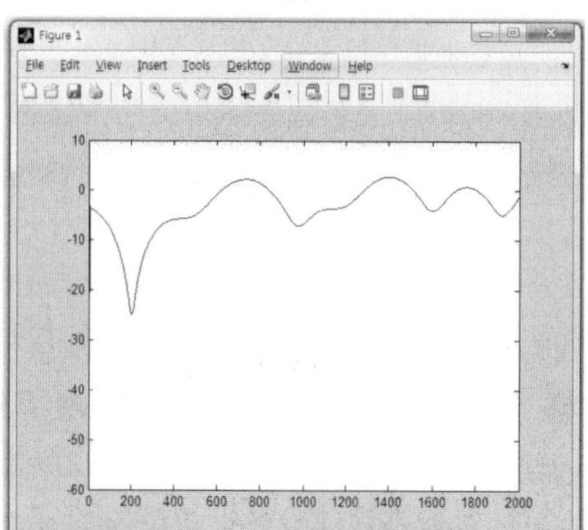

(b)

[그림 9.5] Channel object와 페이딩을 겪은 신호의 순시전력

9.3.4 MATLAB Command 창에서 Channel Visualization Tool 사용하기

Communication Toolbox에는 GUI를 통하여 페이딩 채널의 특성을 시각화하는 plotting 함수들이 있다. Channel Visualization Tool(CVT)을 열기 위해서는 MATLAB command 창에서

```
>> plot(chan_obj)
```

와 같은 명령문을 실행하면 된다. 여기서 chan_obj는 channel object이다. Channel object로부터 그림 정보를 가지고 올 수 있도록 설정해야 하는데, 'StoreHistory' 속성을 'true'로 설정해야 한다.

3-경로 Rayleigh 주파수 선택적 페이딩 채널을 발생시키고 Channel Visualization Tool을 사용하는 예를 들어 보도록 하자. 데이터율이 1 Mbps인 랜덤 비트열을 발생시키고 BPSK 변조를 한다. 채널의 경로 지연은 $\{0, 1.5\mu s, 3.4\mu s\}$ 이고, 경로 이득은 {0 dB, -3 dB, -6 dB} 이며, 최대 Doppler shift는 80 Hz라고 가정하자. 아래와 같은 MATLAB script를 실행하면 그림 9.6과 같은 결과가 얻어진다.

```
% Three-Path Rayleigh channel
h = rayleighchan(1/10^6, 80, [0 1.5e-6 3.4e-6], [0, -3, -6]);
data = randint(500, 1);           % Random bit stream
tx_sig = pskmod(data, 2);         % BPSK modulated signal
h.StoreHistory = true;            % Allow states to be stored
y = filter(h, tx_sig);            % Pass the signal through channel
plot(h);                          % Call Channel Visualization Tool
```

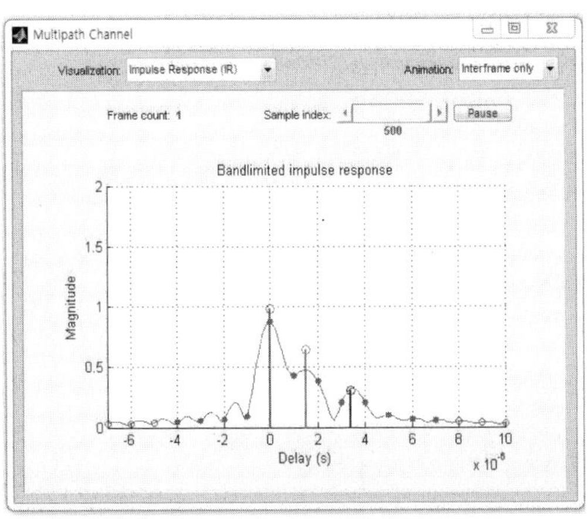

(a) Impulse Response (IR)

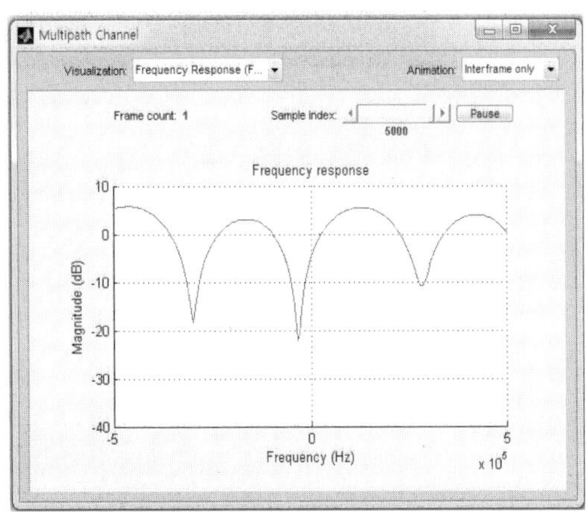

(b) Frequency Response (FR)

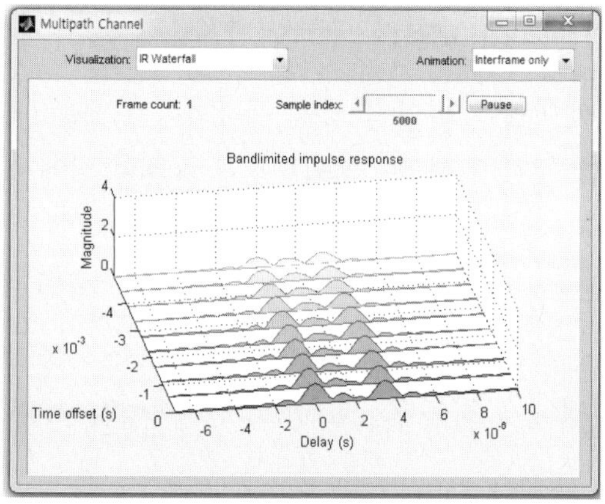

(c) IR Waterfall

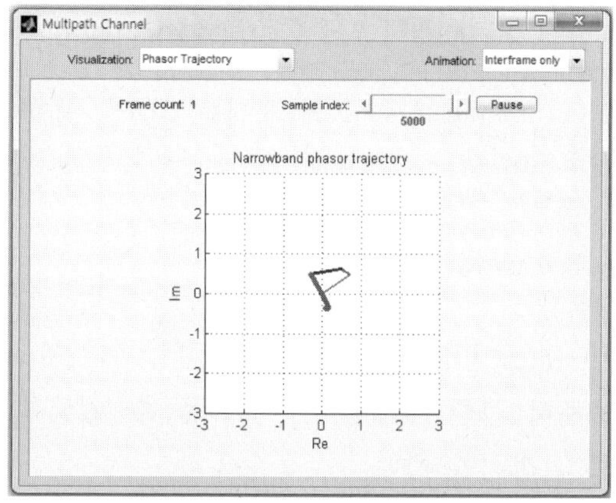

(d) Phase Trajectory

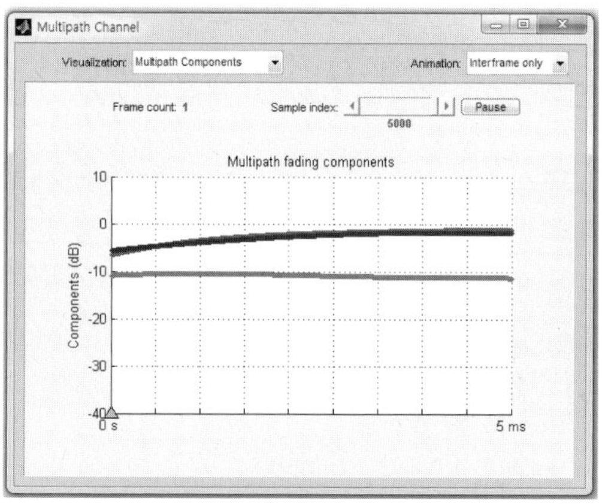

(e) Multipath Components

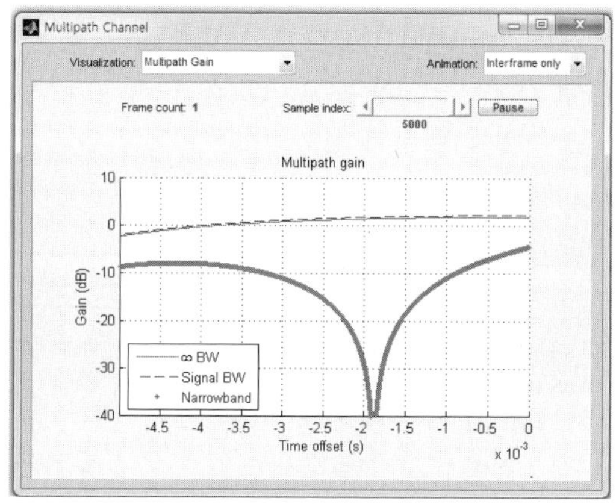

(f) Multipath Gain

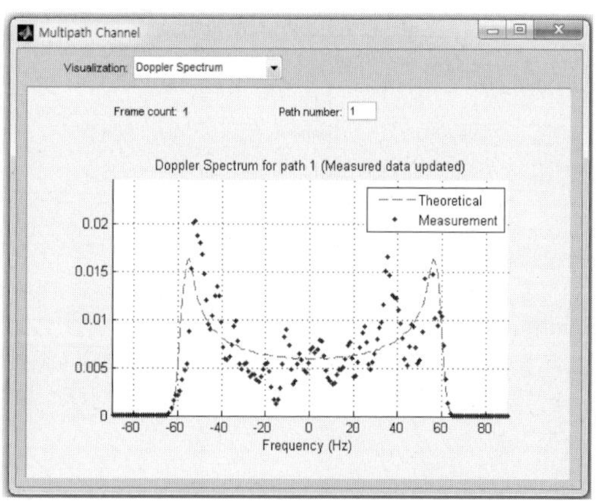

(g) Doppler Spectrum

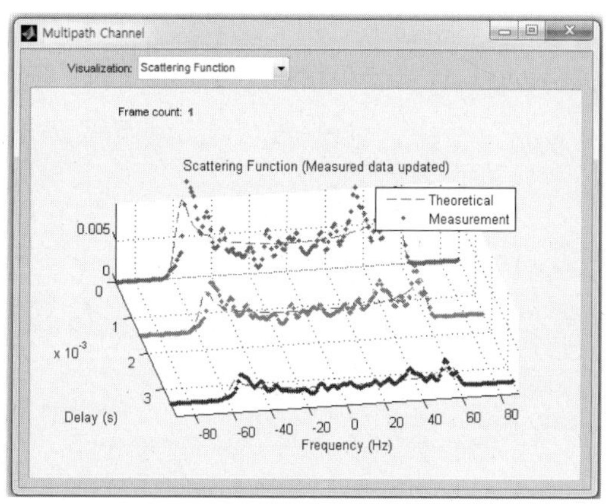

(h) Scattering Function

[그림 9.6] Channel Visualization Tool의 디스플레이 종류

그림 9.6은 CVT로 그릴 수 있는 여러 그림 중의 하나이다. 그림 9.6은 채널의 임펄스 응답을 보이고 있으나 'Visualization' 이라 표기된 pull-down 메뉴에서 Visualization Option을 변경하면 여러 종류(예를 들면 주파수 응답, 멀티패스이득, Doppler 스펙트럼)의 그림을 볼 수 있다. Visualization Option에 대해서는 아래에 기술되어 있다. 이제 CVT의 GUI 구성과 어떤 그림을 그릴 수 있는지에 대해 알아 보기로 하자.

CVT의 GUI 구성

CVT의 GUI 구성 요소를 살펴 보자.

1) Visualization pull-down 메뉴: Visualization option을 선택하여 그림 종류를 결정한다.
2) Frame count: 현재 프레임의 인덱스를 나타낸다.
3) Sample index 슬라이드 바: 현재 보여지고 있는 그림이 어떤 채널 snapshot에 대한 것인가를 나타낸다.
4) Animation pull-down 메뉴: 프레임 내에서 channel snapshot들을 어떻게 디스플레이할 것인가를 선택할 수 있다.

CVT의 Visualization Option

CVT는 채널 필터의 특성을 여러 가지 방법으로 그리도록 해 준다. Visualization 메뉴에서 하나를 선택하면 자동으로 그림이 그려진다.

1) Impulse Response (IR): 이 그림은 두 개의 임펄스 응답을 보여 준다. 하나는 멀티패스 응답(무한 대역폭)이고, 다른 하나는 대역 제한된 채널 응답이다. 멀티패스 응답은 막대(stem) 그래프로 표현되는데 멀티패스 성분 별로 그려진다. 빨간색 그래프는 가장 짧은 지연을 갖는 멀티패스 성분을 나타내며, 파란색 그래프는 가장 긴 지연을 가지 멀티패스 성분을 나타낸다. 중간 값의 지연을 갖는 멀티패스 성분의 경우 두 색(빨간색과 파란색)의 혼합으로 나타나는데, 지연이 길수록 색깔은 파란색에 가깝게 표현된다. 대역제한된 채널 응답은 초록색 곡선(연속시간)으로 표현된다. 대역제한된 채널 응답은 앞서 설명한 멀티패스 임펄스 응답을 주기가 T 인 sinc 펄스와 컨볼루션한(즉 저역통과 필터에 통과시킨) 결과이다. 여기서 T 는 입력 신호의 샘플 주기이다. [Note: 임펄스 응답은 시간에 따라 변한다. 슬라이드 바를 움직이면 시간에 따라 임펄스 응답이 변화하는 것을 볼 수 있다.]
2) Frequency Response (FR): 멀티패스 주파수 응답을 신호 대역폭 구간에 대해 그

린 그림이다. 그림 9.6(b)에 예를 보인다. 임펄스 응답과 마찬가지로 주파수 응답도 시간에 따라 변한다.

3) IR Waterfall: 임펄스 응답이 시간에 따라 어떻게 변하는지 보여주는 그래프이다. 대역제한된 채널 임펄스 응답의 10 개 snapshot을 나타내는데, 가장 진한 그림이 현재 시간의 응답이다. 그림 9.6(c)에 예를 보인다.

4) Phase Trajectory: 각 멀티패스 성분의 페이저(진폭과 위상을 표현한 벡터)를 그린 그림으로 임펄스 응답 그림에 사용된 색깔과 동일한 색깔로 그려진다. 그림 9.6(d)에 예를 보인다. 이 그림은 멀티패스 채널이 협대역 신호에 주는 영향을 판단하는 데 사용할 수 있다. 여기서 협대역 신호란 신호 샘플의 주기가 멀티패스 채널의 지연시간 총 구간보다 큰 신호(다르게 표현하면 신호의 대역폭이 채널의 coherent bandwidth보다 작은 신호)로 정의된다. 멀티패스 채널은 한 개의 복소 이득으로 표현되는데, 이 값은 모든 멀티패스 성분 이득들의 합이다. 협대역 phase trajectory가 원점을 통과하거나 원점에 근접하면 깊은 협대역 페이딩에 빠진 것을 의미한다.

5) Multipath Components: 멀티패스 이득(복소값)의 크기가 시간에 따라 변하는 것을 보여 준다. 표현되는 그래프의 색깔은 임펄스 응답을 나타낸 색깔과 동일하다. 그림 9.6(e)에 예를 보인다. 그림에서 삼각형 마커와 수직 점선은 현 프레임의 시작점을 나타낸다.

6) Multipath Gain: 멀티패스 채널에 대한 집단이득(collective gain)을 여러 신호 대역폭에 대해 그린 그림이다. 여기서 집단이득은 멀티패스 성분 별 이득의 합을 의미한다. 그림 9.6(f)에 예를 보인다.
   - Narrowband (마젠타색의 점선 그래프): 위의 trajectory plot에서 협대역 페이저의 크기를 나타낸다. 이 곡선은 협대역 페이딩 포락선이라 불리기도 한다.
   - Current signal bandwidth (파란색 점선 그래프) : 채널 필터 임펄스 응답 샘플의 진폭(impulse response plot의 초록색 선)들을 더한 값을 나타낸다. 이 그래프는 레이크 수신기를 사용하여 포획할 수 있는 최대 신호 에너지를 보인다. 그래프의 값은 정합필터 임계값으로 불리기도 한다.
   - Infinite bandwidth (빨간 실선): 멀티패스 성분 별 이득을 모두 더한 값을 나타낸다.

일반적으로 멀티패스 이득의 변화 정도는(또는 신호의 페이딩의 변화 정도는) 신호의 대역폭이 커질수록 줄어든다. 그 이유는 신호의 대역폭이 클수록 멀티패스 성분들이 더 쉽게 분해 가능해지기 때문이다. 만일 'Current signal bandwidth' 곡선이 'infinite bandwidth' 곡선을 비슷하게 따라간다면 신호는 광대역이라 할 수 있다. 광대역 신호의 경우 수신기를 잘 설계하면 멀티패스 채널에 내재된 경로 다이버시티를 활용할 수 있게 된다.

1) Doppler Spectrum: 빨간색 점선으로 그려진 곡선은 이론적인 Doppler 스펙트럼인데, 멀티패스 채널 모델에서 사용되는 Doppler 필터의 응답이다. 스펙트럼은 총 전력이 1이 되도록 정규화된다. 파란색 점으로 그려진 것은 채널 모델로부터 전력 스펙트럼을 측정하여 계산한 Doppler 스펙트럼이다. 'Path Number'를 edit box에서 변경하면 다른 경로에 대한 스펙트럼이 그려진다. 그림 9.6(g)에 예를 보인다.
2) Scattering Function: 경로지연 별 Doppler 스펙트럼을 보이는 그림이다. Doppler Spectrum 그림과 다른 것은 Scattering Function 그림에서는 스펙트럼을 정규화하지 않는다. 그 이유는 전력지연 프로파일을 잘 시각화하기 위해서이다. 그림 9.6(h)에 예를 보인다.
3) Composite Plots: 여러 그림을 조합하여 볼 수 있도록 한다. IR & FR, Components & Gain, Components & IR, Components & IR & Phasor 그림이 가능하다.

9.4 SIMULINK에서 페이딩 채널 사용하기

Communications Blockset의 Channels 라이브러리에는 'Multipath Rayleigh Fading Channel'과 'Multipath Rician Fading Channel'의 블록이 있어서 이동통신 환경에서의 통신 시스템 성능 분석을 할 때 활용이 가능하다.

9.4.1 Flat Fading 채널

그림 9.7(a)에 보인 모델(qpsk_flat_fade_rayleigh.mdl)과 같이 QPSK 시스템에 Rayleigh 분포 특성을 가진 페이딩 채널을 추가해 보자. 채널을 통과한 신호의 성상도를 관찰하기 위해 Scatter Plot Scope를 연결한다. 여기서 Multipath Rayleigh Fading Channel 블록의 파라미터를 그림 9.7(b)와 같이 설정한다. 시뮬레이션을 실행하면 신호 성상도가 시간에 따라 다이내믹하게 변화하는 것을 볼 수 있을 것이다. 신호 성상도는 진폭과 위상이 큰 범위에서 변화하여 수신기에서 보상을 하지 않는 경우 매우 큰 심볼판정 오류가 발생할 것임을 쉽게 확인할 수 있다. 그림 9.7(c)에는 채널을 통과한 후의 신호 성상도 예를 몇 가지 보여주고 있다.

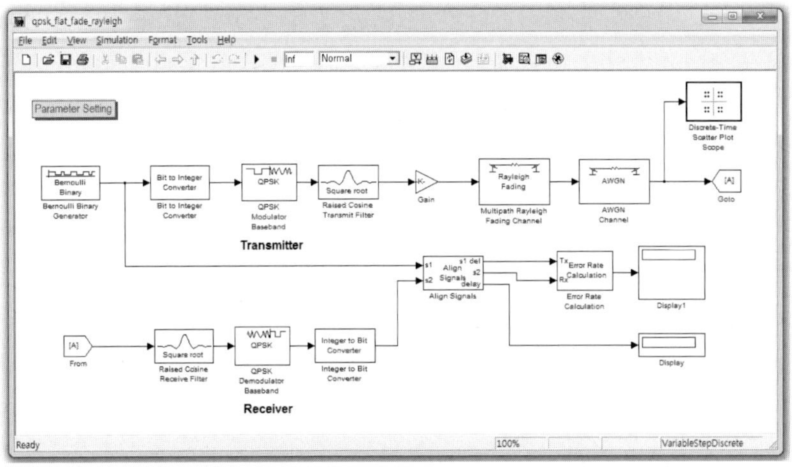
qpsk_flat_fade_rayleigh
File Edit View Simulation Format Tools Help
Parameter Setting
Bernoulli Binary
Bernoulli Binary Generator
Bit to Integer Converter
QPSK
QPSK Modulator Baseband
Square root
Raised Cosine Transmit Filter
Gain
Rayleigh Fading
Multipath Rayleigh Fading Channel
AWGN
AWGN Channel
Discrete-Time Scatter Plot Scope
Goto
Transmitter
Align Signals
Error Rate Calculation
Display1
Display
From
Raised Cosine Receive Filter
QPSK Demodulator Baseband
Integer to Bit Converter
Receiver
Ready
100%
VariableStepDiscrete

(a)

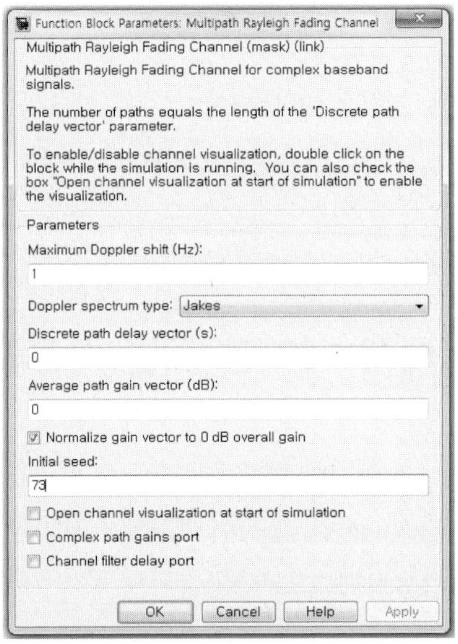
Function Block Parameters: Multipath Rayleigh Fading Channel
Multipath Rayleigh Fading Channel (mask) (link)
Multipath Rayleigh Fading Channel for complex baseband signals.
The number of paths equals the length of the 'Discrete path delay vector' parameter.
To enable/disable channel visualization, double click on the block while the simulation is running. You can also check the box "Open channel visualization at start of simulation" to enable the visualization.
Parameters
Maximum Doppler shift (Hz):
1
Doppler spectrum type: Jakes
Discrete path delay vector (s):
0
Average path gain vector (dB):
0
Normalize gain vector to 0 dB overall gain
Initial seed:
73
Open channel visualization at start of simulation
Complex path gains port
Channel filter delay port
OK
Cancel
Help
Apply

(b)

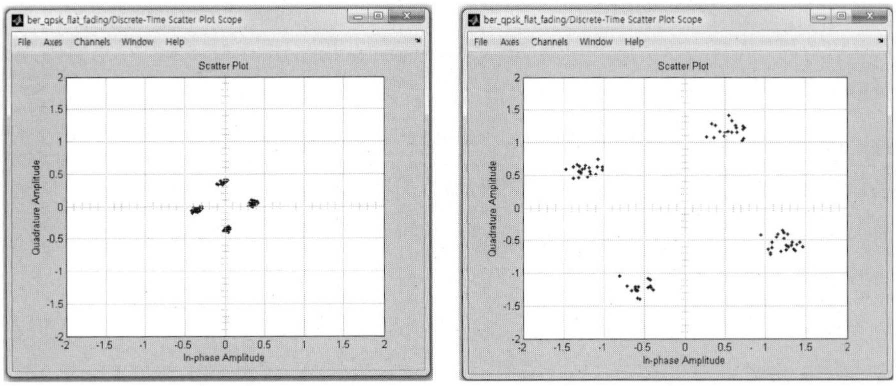
ber_qpsk_flat_fading/Discrete-Time Scatter Plot Scope
File Axes Channels Window Help
Scatter Plot
Quadrature Amplitude
In-phase Amplitude
ber_qpsk_flat_fading/Discrete-Time Scatter Plot Scope
File Axes Channels Window Help
Scatter Plot
Quadrature Amplitude
In-phase Amplitude

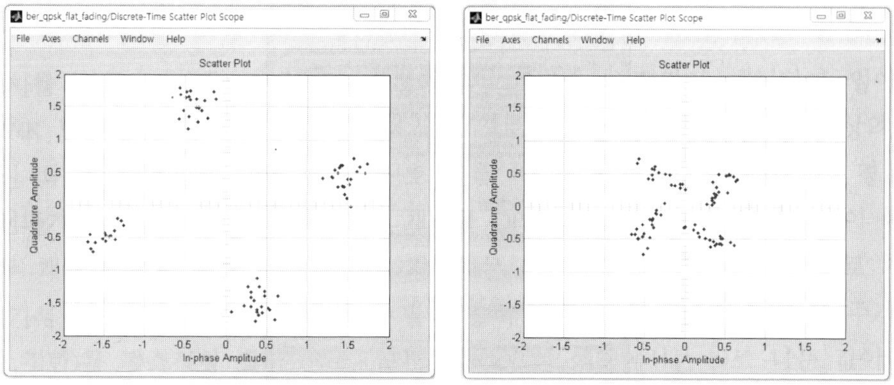

(c)

[그림 9.7] Rayleigh Flat Fading Channel

이번에는 Rician 분포 특성을 가진 flat fading 채널의 영향에 대해 살펴 보자. 그림 9.8(a)에 보인 모델(qpsk_flat_fade_rician.mdl)과 같이 Multipath Rician Fading Channel 블록을 추가해 보자. 채널 블록의 파라미터를 그림 9.8(b)와 같이 설정한다. 시뮬레이션을 실행하여 신호 성상도가 변화하는 것을 관찰한다. Rician 채널의 경우 LOS(line of sight) 성분이 있는데 LOS 성분의 전력과 반사파 성분의 전력 비율을 나타내는 K-factor가 파라미터로 주어져야 한다. K-factor가 클수록 LOS 성분이 지배적이라는 것을 의미한다. K-factor를 변화시키면서 신호 성상도가 변화하는 모습과 비트오율 성능을 관찰한다. 동일한 Doppler 주파수 천이에 대해 K-factor의 값이 클수록 시스템의 비트오율 성능이 좋은 것을 알 수 있다. 그림 9.8(c)에는 채널을 통과한 후의 신호 성상도 예를 몇 가지 보여주고 있다.

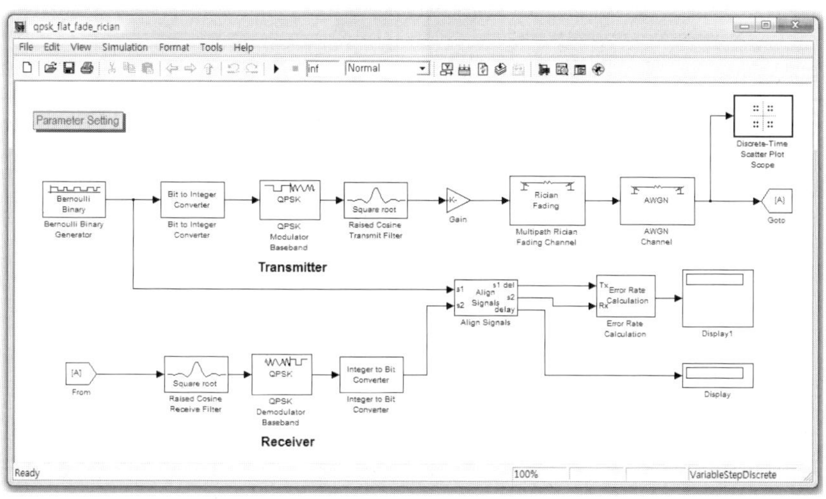

(a)

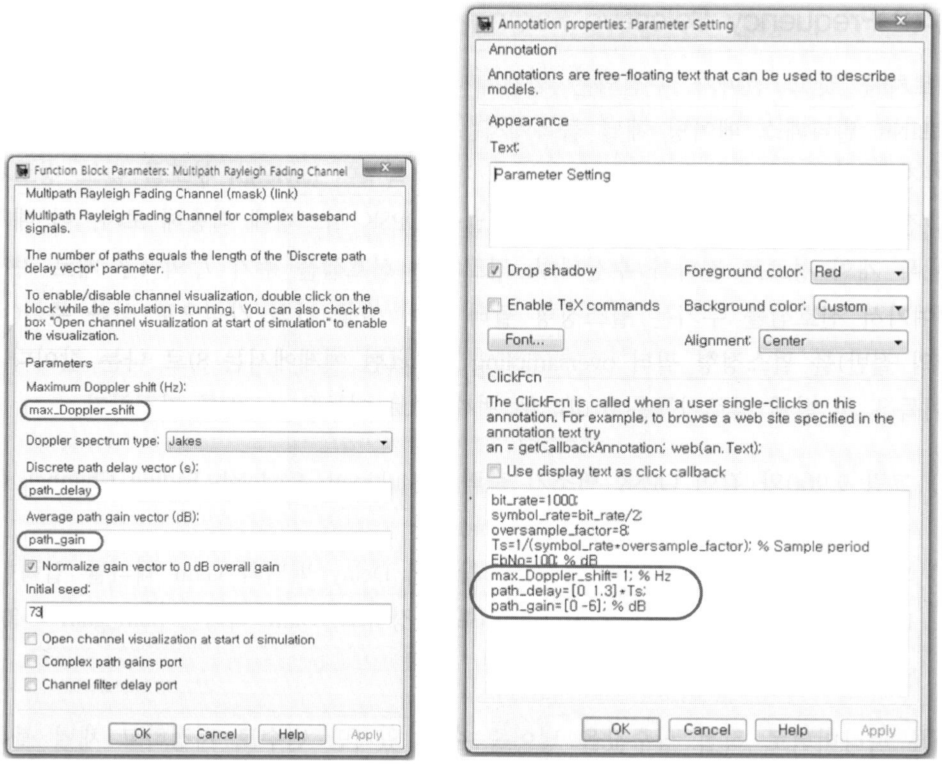

(b) (c)

[그림 9.9] Rayleigh Frequency Selective Fading Channel

파라미터를 초기화하는 다른 방법 : Model callback 사용

위에서 각 블록마다 파라미터에 직접 상수값을 부여하는 방법 대신 블록의 파라미터는 변수로 하고 한 곳에서(위의 예에서는 Annotation에서) 일괄적으로 값을 설정하는 방법을 사용하였다. 이렇게 하는 대신 블록 다이어그램 모델의 파일 메뉴에서 "Model Properties"를 선택하여 뜨는 창에서 "Callbacks" 탭을 선택하고 "InitFcn"에서 파라미터를 설정하는 방법을 사용해도 된다. InitFcn에 파라미터 값들을 입력해도 되고, 아니면 파라미터 값들을 포함하고 있는 m-파일을 부르도록 해도 된다.

그림 9.10에 Rician 분포를 갖는 주파수 선택적 페이딩 채널 환경에서의 QPSK 시스템의 성능을 분석하는 모델(qpsk_freq_fade_rician.mdl)을 보인다. 이 모델에서는 그림 9.10(c)와 같이 Model callback을 사용하여 파라미터를 설정해 보자.

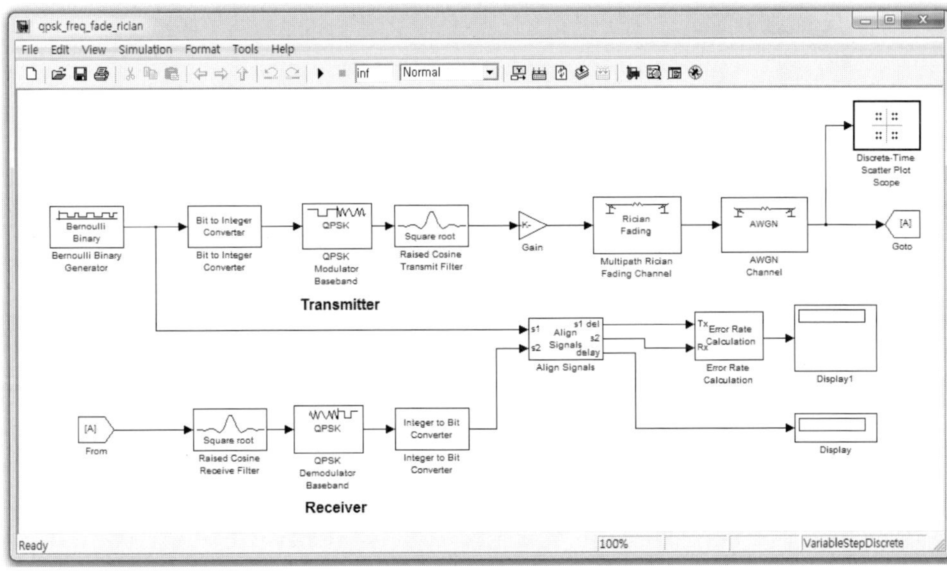

(a) 블록 다이어그램 모델

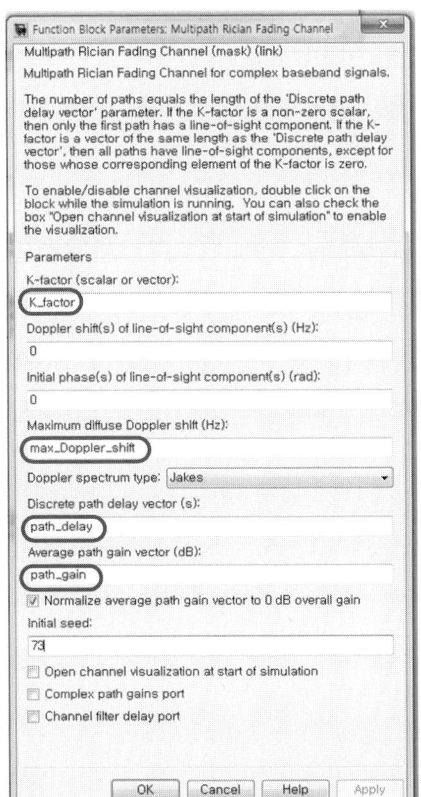

(b) Multipath Fading Channel 블록 파라미터 설정

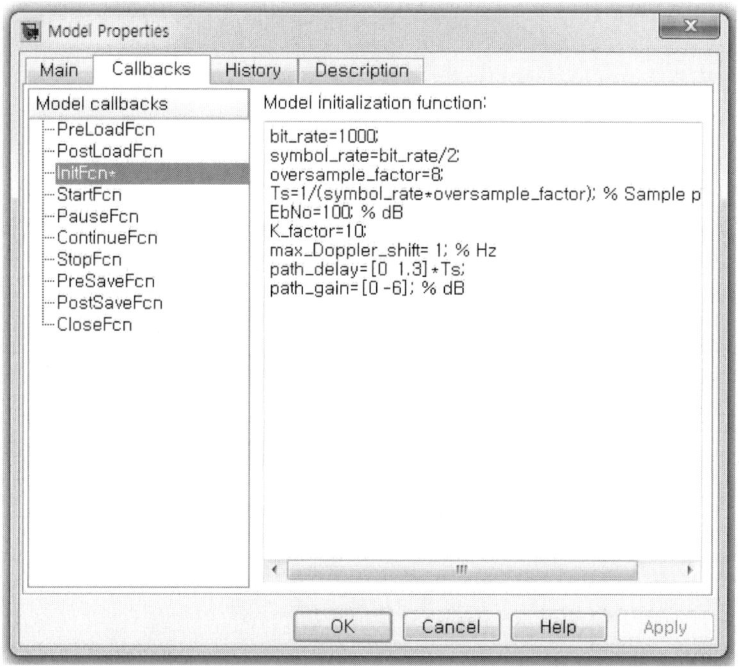

(c) Model Callback 설정

[그림 9.10] Rician Frequency Selective Fading Channel

9.4.3 Channel Visualization Tool (CVT) 사용하기

9.3.4절에서 알아 보았던 Channel Visualization Tool(CVT)을 SIMULINK로 시뮬레이션 하면서도 사용할 수 있다. 9.4.2절에서 구성한 블록 다이어그램 모델을 실행하면서 CVT를 이용하여 채널의 특성을 살펴 보도록 하자. 시뮬레이션이 실행되는 도중에 채널 블록을 더블 클릭하면 CVT가 구동된다. CVT가 구동되면서 뜨는 창의 옵션을 변경하면 채널의 임펄스 응답, 주파수 응답, 채널 위상 궤적, 멀티패스 이득, Doppler 스펙트럼 등의 그림을 관찰할 수 있다. 이 그림들은 시뮬레이션이 진행되는 동안 계속 바뀌는 것을 볼 수 있는데 시간에 따른 채널 특성의 변화가 반영된 결과이다. 그림 9.11에 몇 가지 CVT 화면에 보이는 그래프의 예를 보인다.

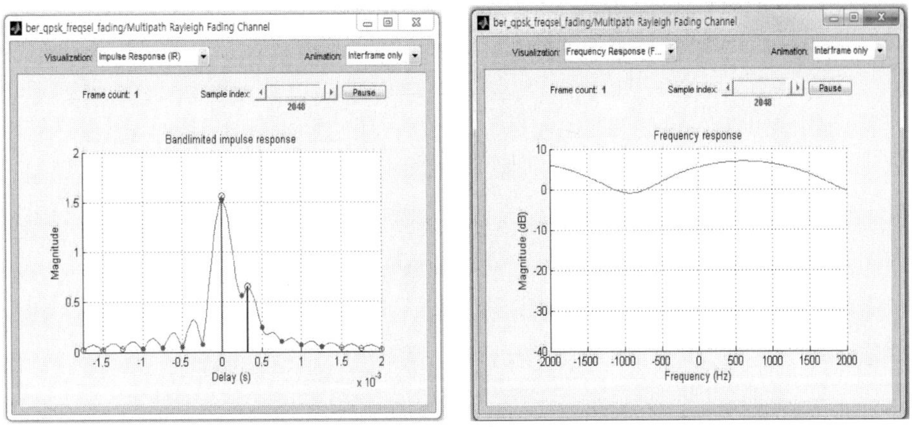

(a) Impulse Response(IR)과 Frequency Response(FR)

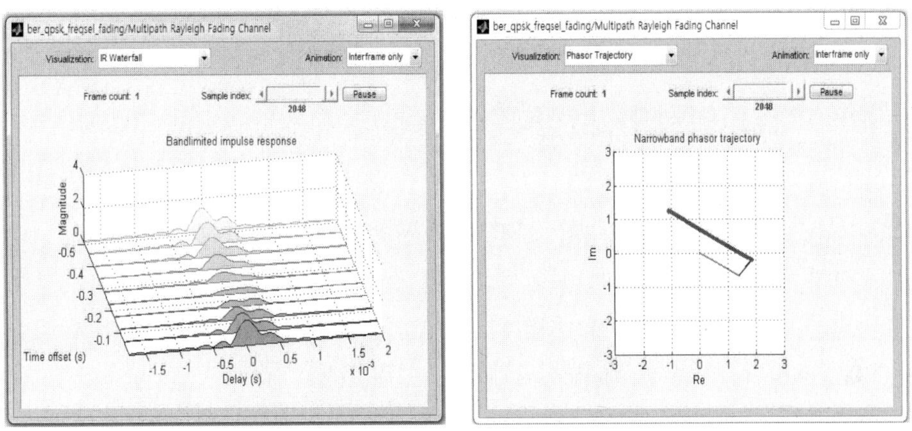

(b) IR Waterfall과 Phase Trajectory

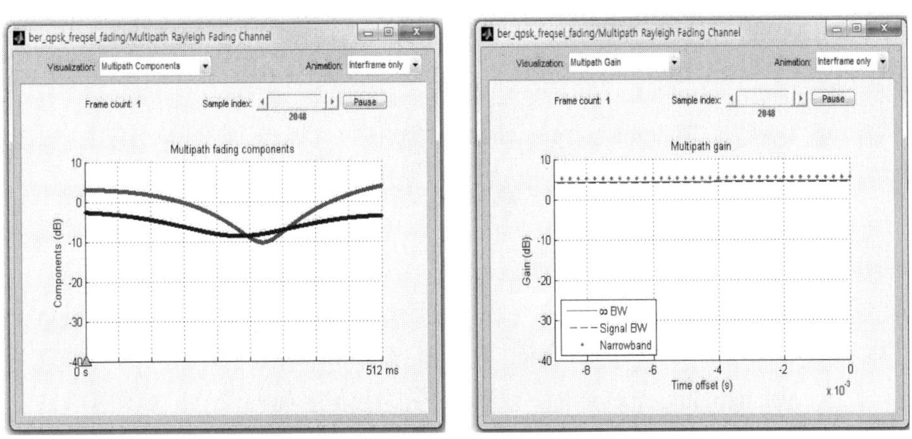

(c) Multipath Components와 Multipath Gain

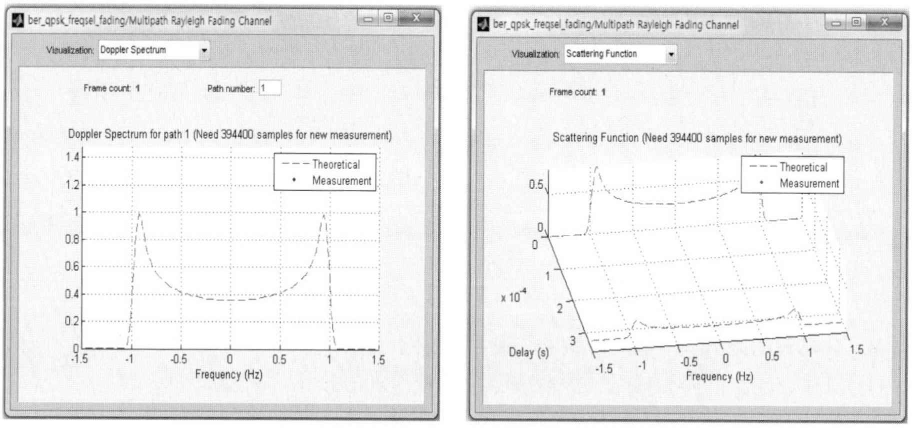

(d) Doppler Spectrum과 Scattering Function

[그림 9.11] CVT에 의해 디스플레이되는 Frequency Selective Fading Channel의 특성

9.5 채널 영향의 보상

위상/주파수 옵셋 또는 페이딩이 발생하면 신호 성상도가 많이 변형되어 수신기가 제대로 동작하지 않는 것을 살펴 보았다. 이번 절에서는 수신기에서 채널의 영향을 보상하는 방법을 알아 보도록 하자. 채널의 영향을 보상하기 위해서는 채널 효과를 추정하는 것이 필요하다. 이를 위해 송신측에서는 미리 정한 'Training sequence'를 정보 데이터에 추가하여 전송한다. 수신측에서는 수신 'Training symbol'을 송신 심볼과 비교하여 채널 이득을 측정하고, 정보 데이터 심볼에 채널 영향을 보상하여 데이터를 복구한다.

9.5.1 위상/주파수 옵셋의 보상

프레임의 앞 부분에 Training sequence를 삽입하여 채널 효과를 보상하는 방법을 다음 예제를 통하여 알아 보자.

예제 9.3 [위상 옵셋이 있는 경우]

정보 데이터의 비트율이 $R_b = 10$ kbps이고 QPSK 변조를 하여 전송하는 시스템을 고려하자. 기존 예제에서와 같이 Root Raised Cosine(RRC) 필터를 사용하고, rolloff factor=0.25, oversampling factor=8을 가정하자. 위상 옵셋이 20도 발생한다고 가정하고, 이를 보상하여 데이터를 복구하는 수신기의 구조를 설계해 보라.

풀이

1) 시뮬레이션 파라미터로 프레임 당 비트수는 200(즉 프레임 당 100 심볼)을 사용하고, Training sequence는 16 심볼을 [3 3 3 3 0 0 0 0 2 2 2 2 1 1 1 1]로 정하여 사용하도록 하자. 설계 파라미터를 그림 9.12(a)와 같이 Annotation properties 블록에 넣도록 하자(나중에 시뮬레이션 실행하기 전에 Annotation 블록을 더블 클릭하여 파라미터 값을 활성화한다).
2) 그림 (b)에 보인 모델(qpsk_RFImpairments_compen.mdl)과 같이 송신측에서는 16 심볼 길이의 Training sequence를 발생시키고 변조를 한 다음 100 심볼 길이의 정보 데이터 앞에 삽입한다. 이와 같이 하면 프레임 당 심볼 수는 16 + 100 = 116 개로 증가하여 그림 (c)와 같은 프레임 구조를 갖게 된다.
3) 송수신기 RRC 필터로 인하여 총 8 심볼 길이만큼의 지연이 발생하기 때문에 송신측 데이터 프레임과 수신측 데이터 프레임이 지연시간만큼 어긋난다. 이 예제에서는 7.8.4절에서 사용한 방식을 사용하여 프레임을 재정렬하는 방식을 사용하기로 하자. 즉 116 − 8 = 108 심볼 길이만큼 지연을 추가하여 송신측 프레임과 수신측 프레임이 정확히 한 프레임만큼 차이가 나도록 한다. 그러면 그림 (d)와 같이 정렬이 되며, Error Rate Calculation 블록에서 첫 프레임을 버리고 그 다음 프레임부터 송신측 프레임과 비교하여 오류율을 구하면 된다.
4) 수신측 프레임을 재정렬하면 송신측과 같이 앞의 16 심볼은 Training 심볼이고 뒤의 100 심볼은 데이터가 된다(모두 0으로 채워진 첫 프레임은 제외). 'Multiport Selector' 블록에서는 Training 심볼과 데이터 심볼을 분리하며, 수신 Training 심볼을 채널 추정 블록으로 보낸다. 그림 (b)에 "RF Impairments Compensation"으로 명칭을 붙인 블록은 채널을 추정하는 서브시스템으로 내부 블록의 구성을 그림에 보인다. 만일 Training 심볼 X를 송신하고 심볼 Y를 하였다면 $Y = GX$와 같이 쓸 수 있고, 여기서 G는 위상 옵셋이 반영된 채널 이득이 된다(X, Y, G는 모두 복소수임). 따라서 채널 이득 G를 추정하면 위상 옵셋을 보상하기 위해 데이터 심볼에 채널 이득의 공액복소수 G^*를 곱해주면(QPSK 심볼 위상이 반대로 회전됨) 된다. 그림에 보인 모델에서는 16개 Training 심볼 각각에 대해 채널 이득을 계산한 다음 평균화를 취하고 공액복소수를 취하는 방법을 사용하고 있다.
5) 그림 (e)에는 주요 블록의 파라미터 설정을 보인다.
6) 잡음의 효과를 고려하지 않도록 EbNo는 충분히 큰 값(100)으로 설정하고 시뮬레이션을 실행시킨다. 그림 (f)와 같은 Scatter Plot Scope를 연결하여 위상 옵셋의 영향으로 인하여 신호점이 이동하는 것을 확인한다. Display 블록을 관찰하여 위상 옵셋이 보상되어 비트오류가 발생하지 않는 것을 확인한다.

(a) 시뮬레이션 파라미터의 설정

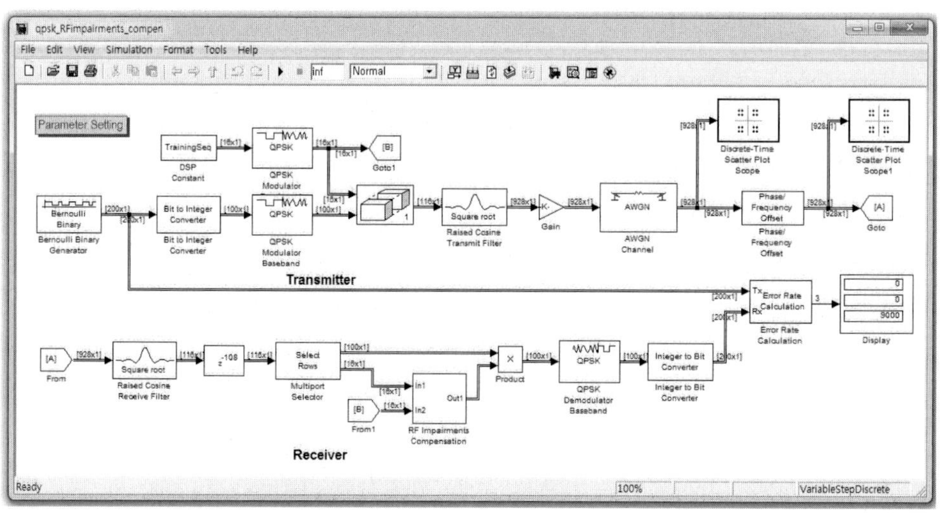

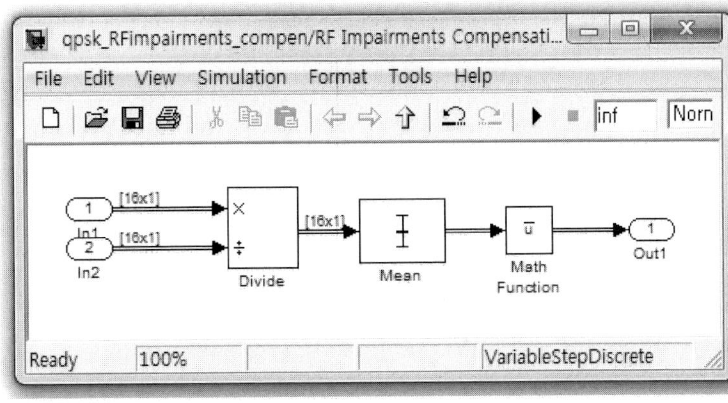

(b) 블록 다이어그램 모델(qpsk_RFImpairments_compen.mdl)

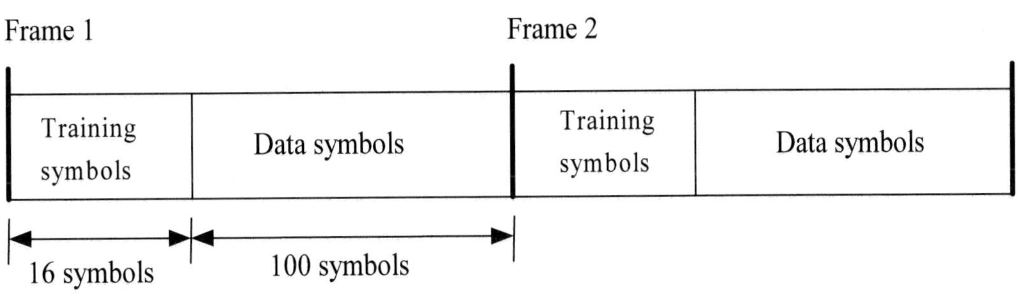

(c) 프레임 구조

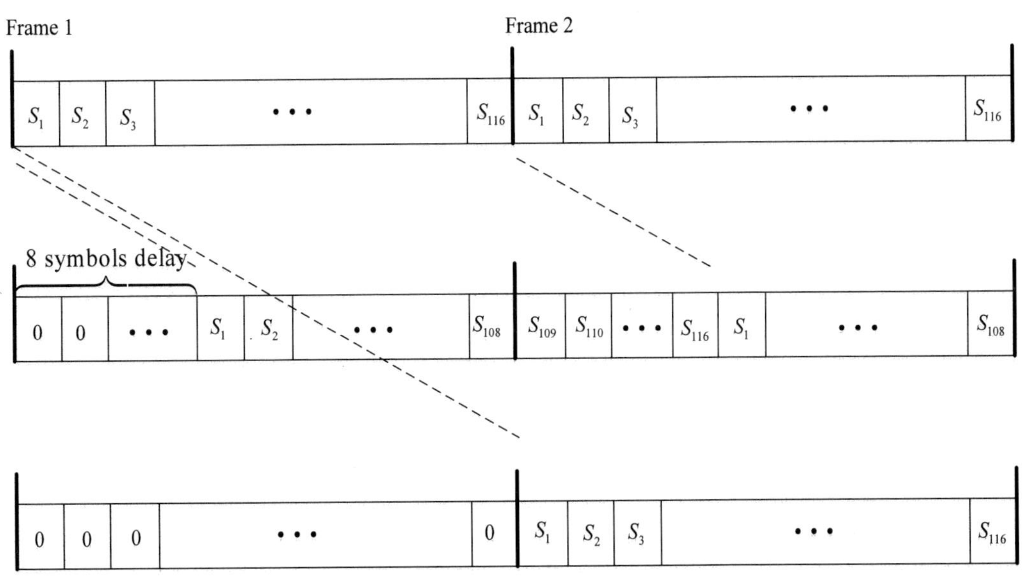

(d) 송수신 프레임의 정렬

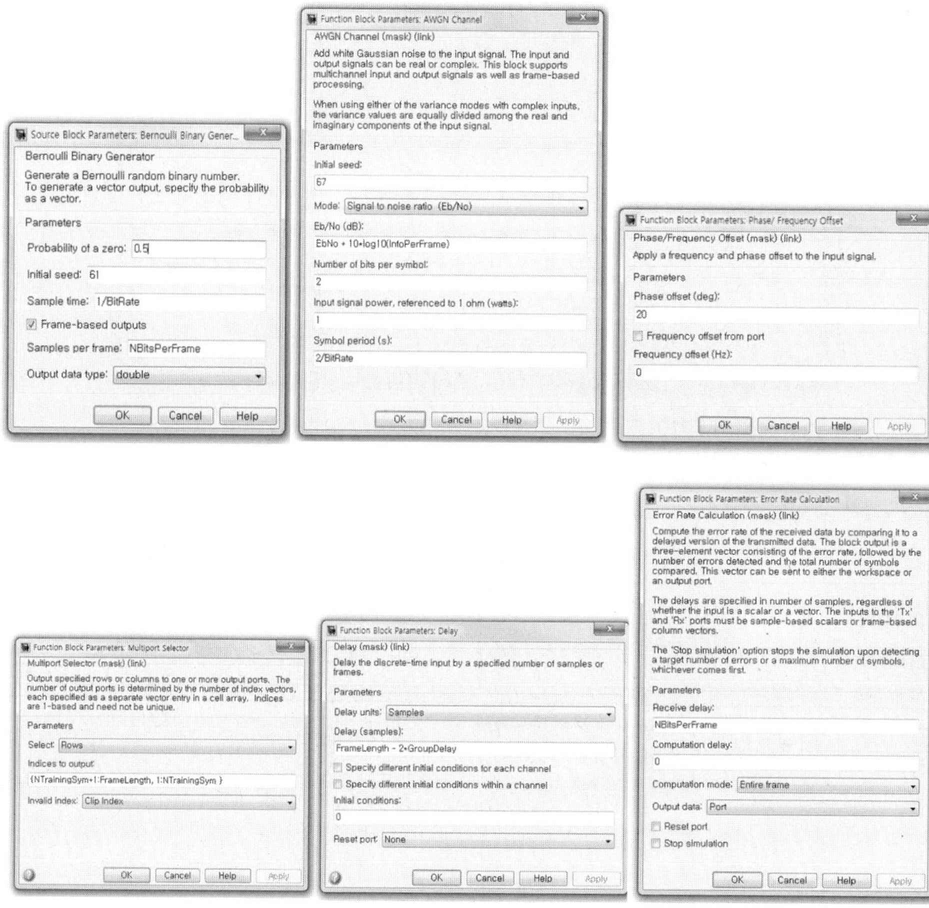

(e) 블록 파라미터의 설정

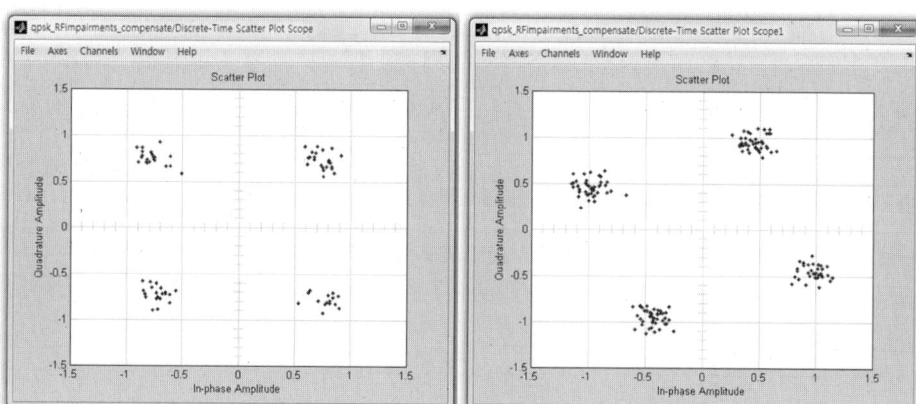

(f) Scatter diagram의 예

[그림 9.12] 위상 옵셋의 보상

예제 9.3에서는 위상 옵셋이 있는 채널 환경에서 그 영향을 보상하는 단순한 기법을 적용해 보았다. 이 예제에서는 주파수 옵셋은 고려하지 않고 위상 옵셋만 고려하였는데, 주파수 옵셋도 있다면 예제 9.3의 모델이 어떻게 동작할 것으로 예상되는가? 예제 9.3의 모델에서 주파수 옵셋을 5 Hz, 10 Hz, 15 Hz로 변화시키면서 시뮬레이션을 실행하여 비트오율의 변화를 관찰해 보자. 주파수 옵셋에 따라 비트오율이 증가하는 것을 관찰할 수 있을 것이다.

주파수 옵셋이 있는 경우 위상 옵셋만 있는 경우와 달리 Scatter diagram을 보면 신호점이 지속적으로 회전하는 것을 볼 수 있을 것이다. 이것은 위상 옵셋이 고정되지 않고 시간에 따라 증가하는 것으로 볼 수 있다. 그러므로 채널 추정이 시간에 따라 부정확도가 커져서 비트오율이 증가하게 된다. 예제 9.3의 시스템에서는 프레임 단위로 채널 추정을 하기 때문에 일단 채널 추정을 하면 다음 프레임 이전까지 추정된 위상 옵셋을 계속 사용하여 데이터 심볼을 복구한다. 따라서 주파수 옵셋이 큰 경우 프레임 후반부로 갈수록 채널 추정의 오차가 커져서 심볼판정 오류가 증가하게 된다. 주파수 옵셋의 효과를 줄이기 위해서는 채널 추정을 자주 하는 것이 유리하다. 이렇게 하는 방법의 하나로 프레임 길이를 줄이는 방법을 취할 수 있다. 예제 9.3에서 프레임 당 비트 수를 절반으로 줄이고("Parameter Setting" Annotation 블록에서 NBitsPerFrame=100으로 하고) 시뮬레이션을 실행시켜 보자. 비트오율이 줄어드는 것을 관찰할 수 있을 것이다. 이와 같이 프레임 길이를 줄이는 방법을 사용하면 시간에 따라 채널 상태가 변하는 것에 대응하기는 좋지만 오버헤드 비율이 증가한다(즉 프레임 당 정보 데이터의 비율이 감소한다)는 단점이 있다.

9.5.2 Flat Fading 채널

멀티패스 페이딩 채널 환경에서 QPSK 시스템의 수신기에 대해 알아 보자. 경로지연차가 없는 주파수 비선택적 페이딩 채널을 가정하고 페이딩 효과를 보상하는 수신기를 구성해 보도록 하자.

예제 9.4 [Rayleigh 분포특성을 가진 주파수 비선택적 페이딩 환경]

정보 비트율이 $R_b = 10$ kbps 인 QPSK 변조 시스템을 고려하자. 기존 예제에서와 같이 Root Raised Cosine(RRC) 필터를 사용하고, rolloff factor=0.25, oversampling factor=8을 가정하자. 신호 진폭은 Rayleigh 분포 특성을 갖고, 최대 Doppler 주파수 편이는 10 Hz를 가정하라. 채널 영향을 보상하는 수신기의 구조를 설계해 보라.

풀이

1) 예제 9.3에서 구성한 모델에 페이딩 채널 블록을 추가하여 그림 9.13(a)와 같이 모델(qpsk_flat_fade_rayleigh_compen.mdl)을 구성해 보자. 설계 파라미터는 그림 (b)와 같이 Annotation properties 블록에 넣도록 하자. 파라미터는 예제 9.3과 동일하게 설정하고 maxDopplerShift=10을 추가한다.
2) "Channel Compensation"으로 명칭을 붙인 블록은 채널을 추정하는 서브시스템으로 내부 블록의 구성을 그림에 보인다. 송신 Training 심볼 X와 수신 심볼 Y간의 관계를 $Y=GX$라 할 때, 수신 Training 심볼로부터 채널 이득 G를 추정할 수 있다. 그 다음 데이터 심볼에 채널 이득의 공액복소수 G^*를 곱해주면 채널 효과에 의한 위상 옵셋을 보상할 수 있다. 그림에 보인 모델에서는 16개 Training 심볼 각각에 대해 채널 이득을 계산한 다음 평균화를 취하고 공액복소수를 곱하는 방법을 사용하고 있다.
3) 잡음의 효과를 고려하지 않도록 EbNo는 충분히 큰 값(100)으로 설정하고 시뮬레이션을 실행시킨다. 채널 영향으로 인하여 신호점이 이동하는 것을 관찰하기 위해 Scatter Plot Scope를 연결하고, 채널 보상 후에 Scatter Plot Scope를 추가로 연결하여 신호점이 복원되는 것을 관찰한다. 그림 (c)의 왼쪽 그림들은 채널의 영향으로 왜곡된 신호점을 보이며, 오른쪽 그림들은 채널 효과 보상 후의 신호점을 보인다. Display 블록을 관찰하여 채널 영향이 보상되어 비트오류가 감소하는 것을 확인한다.

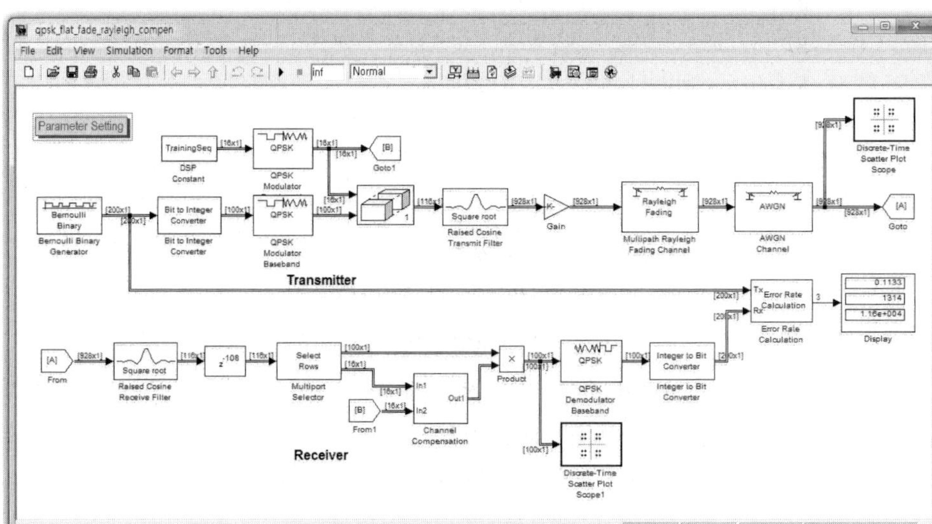

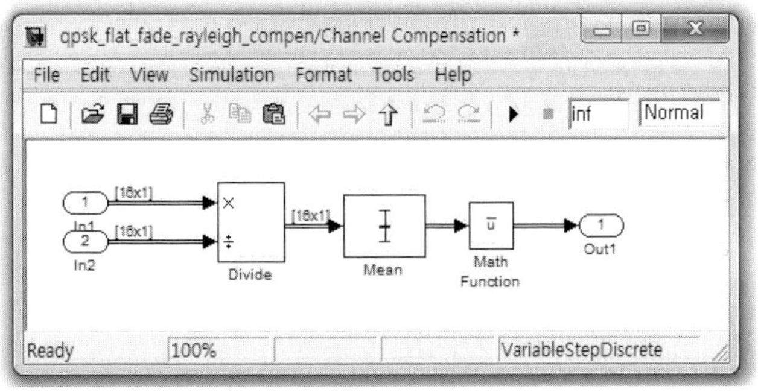

(a) 블록 다이어그램 모델(qpsk_flat_fade_rayleigh_compen.mdl)

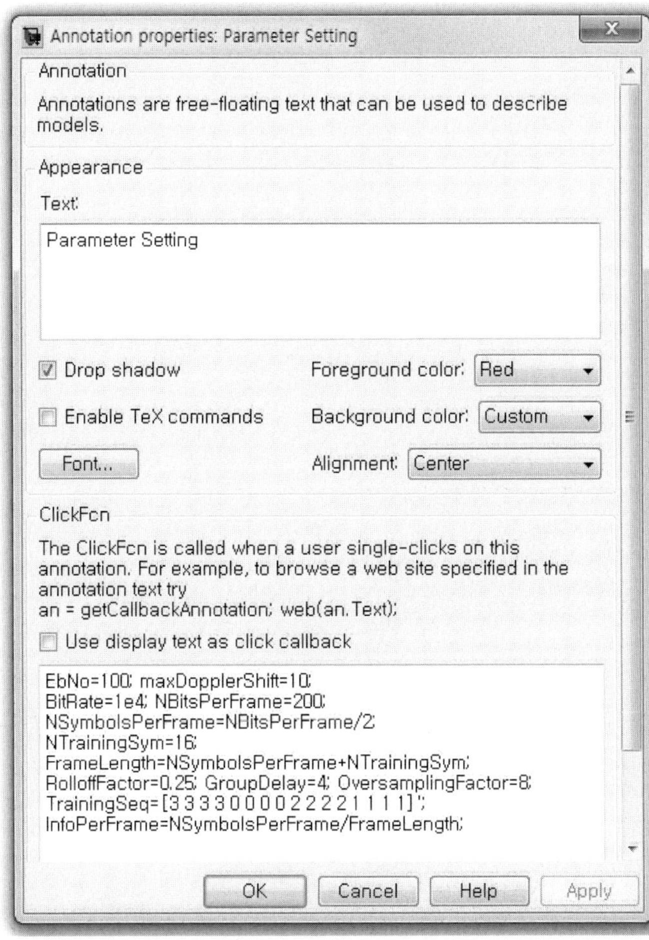

(b)

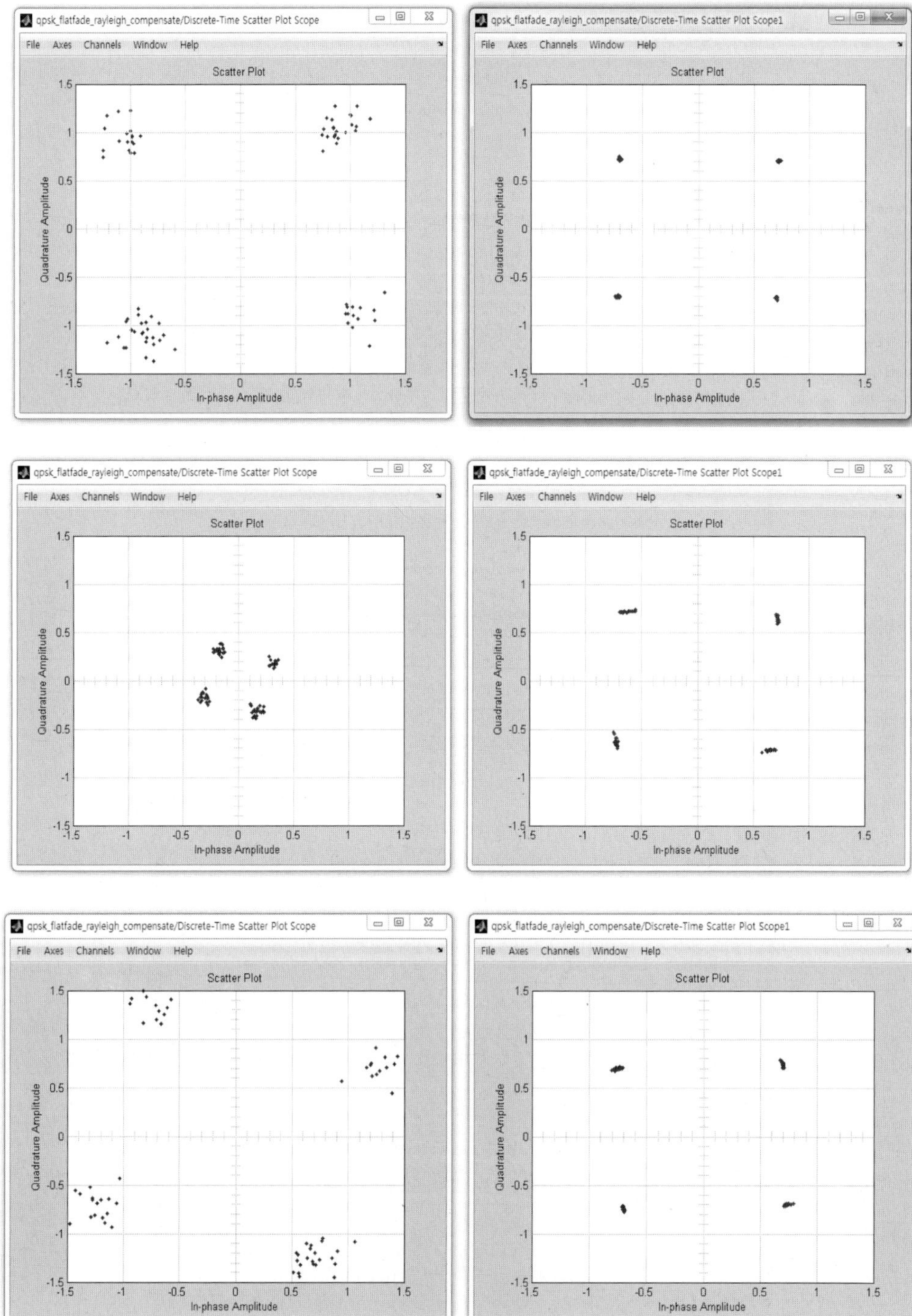

(c) Scatter diagram의 예

[그림 9.13] Flat fading 채널에서의 수신기

과 제 [Rician 분포특성을 가진 주파수 비선택적 페이딩 환경]

예제 9.4의 시스템에 대하여 Rician 페이딩 채널을 가정하고 동일한 과정을 반복하라. K-factor를 변화시키면서 시스템의 성능이 어떻게 변화하는지 관찰하라.

예제 9.5 [Rayleigh Flat 페이딩 환경에서의 BER 성능분석 시뮬레이션]

예제 9.4에서 고려하였던 Rayleigh flat fading 환경에서의 QPSK 시스템 모델에 대하여 AWGN 잡음 전력을 변화시키면서 비트오율 성능을 분석하라. 시스템 파라미터는 동일하게 설정하고, 채널 환경에 대해서는 최대 Doppler 주파수 편이를 0.1 Hz로 가정하라. E_b/N_0를 0dB에서 10dB 간격으로 50dB까지 변화시키면서 비트오율을 구하고 실행 결과를 그림으로 그려 보라. 제 8장의 예제 8.1과 같이 여러 E_b/N_0에 대하여 시뮬레이션을 일괄적으로 실행하는 MATLAB script를 작성하라.

풀이

1) 예제 9.4의 모델에서 EbNo를 변수로 설정하고 MATLAB m-파일에서 지정하도록 한다. Error Rate Calculation 블록에서 출력을 "Error_Vec"의 변수명으로 하여 workspace로 보내도록 변경한다. 예제 9.4에서는 파라미터 설정값들을 Annotation 블록에 두었는데 이 예제에서는 MATLAB m-파일에서 시스템 파라미터 및 시뮬레이션 조건을 설정하도록 하자.
2) 수정한 시스템 모델명을 "qpsk_ber_flat_fade_rayleigh.mdl"로 저장하고 MATLAB m-파일에서 'sim' 함수를 사용하여 이 모델을 부르도록 한다. 그림 9.14(a)에 수정된 시스템 모델을 보이며, 그림 (b)에는 시뮬레이션을 위한 MATLAB script 파일 (qpsk_bersim_flat_fade.m)을 보인다.
3) 시뮬레이션 종료조건으로 "target number of errors"는 AWGN 채널만 고려한 8장에서와 달리 충분히 크게 설정하는 것이 바람직하다. 그 이유는 페이딩 채널의 경우 심볼 오류가 bursty하게 발생하는 경우가 많아서 시뮬레이션 신뢰도가 떨어질 수 있기 때문이다. 시뮬레이션을 실행하여 그림 (c)와 같은 결과가 얻어지는 것을 확인한다.

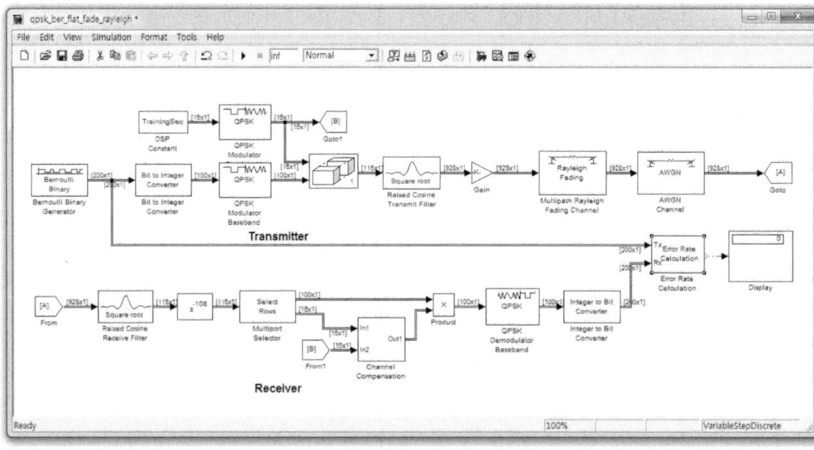

(a) 시뮬레이션 대상 시스템 모델(qpsk_ber_flat_fade_rayleigh.mdl)

```
% System parameters
BitRate=1e4; NBitsPerFrame=200;
NSymbolsPerFrame=NBitsPerFrame/2;
NTrainingSym=16;
FrameLength=NSymbolsPerFrame+NTrainingSym;
RolloffFactor=0.25; GroupDelay=4; OversamplingFactor=8;
TrainingSeq=[3 3 3 3 0 0 0 0 2 2 2 2 1 1 1 1]';
InfoPerFrame=NSymbolsPerFrame/FrameLength;
% Stop simulation condition
numErrors=3000; % Target number of errors
MaxNumSym=1e8; % Maximum number of symbols
% Channel condition
maxDopplerShift=0.1;
EbNo_vec = 0:10:50;

L = length(EbNo_vec);
ber_vec = zeros(1,L);
for k = 1:L
    EbNo = EbNo_vec(k);
    sim('qpsk_ber_flat_fade_rayleigh');
    ber_vec(k) = ErrorVec(1); % First element of the vector is BER
end
% Plot the BER curve
semilogy(EbNo_vec, ber_vec, '-o');
title('QPSK in Rayleigh Flat Fading Channel')
xlabel('Eb/No [dB]')
ylabel('Probability of Bit Error')
grid on;
axis([min(EbNo_vec) max(EbNo_vec) 1e-5 1e0]);
```

(b) BER 성능분석 시뮬레이션을 위한 MATLAB script(qpsk_bersim_flat_fade.m)

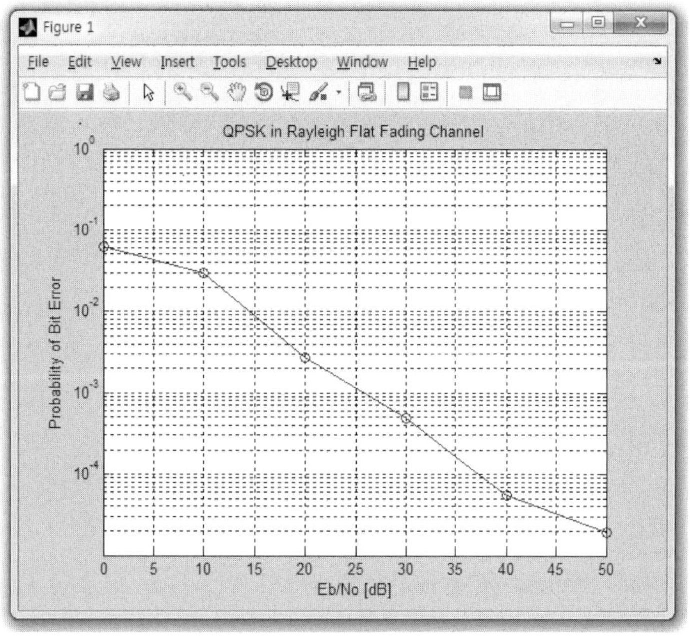

(c) 비트오율 성능

[그림 9.14] Rayleigh flat fading 환경에서 QPSK 시스템의 비트오율 성능 분석

9.5.3 Frequency Selective Fading 채널

이번에는 주파수 선택적 페이딩 채널 환경을 가정하고 앞서 채널 영향을 보상하도록 설계한 수신기가 제대로 동작하는지 살펴 보도록 하자. 예제를 통하여 두 개의 경로로 전파가 수신되는 다중경로 페이딩 채널 환경에서 경로차와 경로 이득을 변화시켜가면서 시스템의 성능을 분석해 보자.

예제 9.6 [Rayleigh 분포특성을 가진 주파수 선택적 페이딩 환경]

정보 비트율이 $R_b = 10$ kbps 인 QPSK 변조 시스템을 고려하자. Root Raised Cosine(RRC) 필터를 사용하고, rolloff factor=0.25, oversampling factor=8을 가정하자. 채널 보상을 위한 Training 심볼의 길이는 32를 사용하고, 한 프레임 구간은 200 비트의 정보 데이터 구간(즉 20 msec)이라고 가정하라(결과적으로 한 프레임에는 Training 심볼을 포함하여 116 QPSK 심볼이 포함된다). 수신되는 신호의 진폭은 Rayleigh 분포 특성을 갖고, 최대 Doppler 주파수 편이는 1 Hz를 가정하라. 두 개의 경로로 전파가 수신되는 채널로 경로 지연은 각각 $\tau_1 = 0, \tau_2 = 5T_s$ 를 가정하라. 여기서 T_s 는 펄스정형 필터 출력 신호의 샘플 주기를 나타낸다. 각 경로의 이득은 0 dB 및 -10 dB를 가정하라.

풀이

1) 예제 9.3에서 구성한 모델에 페이딩 채널 블록을 추가하여 그림 9.15(a)와 같이 모델(qpsk_freq_fade_rayleigh_compen.mdl)을 구성해 보자. Channel Compensation 서브시스템 블록은 예제 9.4에서 설계한 것을 그대로 사용하자.
2) 설계 파라미터와 시뮬레이션 환경 파라미터는 그림 (b)와 같이 Annotation properties 블록에 넣도록 하자. 다중경로 페이딩 환경 설정으로 Delay 벡터는 path_delay = [0 5]*Ts로 설정하고, Gain 벡터는 path_gain = [0 -10]으로 설정한다.
3) 잡음의 효과를 고려하지 않도록 EbNo는 충분히 큰 값(100)으로 설정하고 시뮬레이션을 실행시킨다. 채널 보상 전후에 Scatter Plot Scope를 연결하여 신호점이 왜곡되고 복구되는 것을 관찰한다. 그림 (c)의 왼 쪽 그림들은 채널의 영향으로 왜곡된 신호점을 보이며, 오른 쪽 그림들은 채널 효과 보상 후의 신호점을 보인다. Display 블록을 통하여 비트오율 성능을 관찰한다.
4) 주파수 비선택적 페이딩 환경에서와 비교하여 비트오율 성능이 더 나쁘다는 것을 관찰할 수 있다. 두 번째 경로의 이득을 -6 dB로 증가시키고 시뮬레이션을 수행하면 성능이 더욱 열화되는 것을 볼 수 있다.

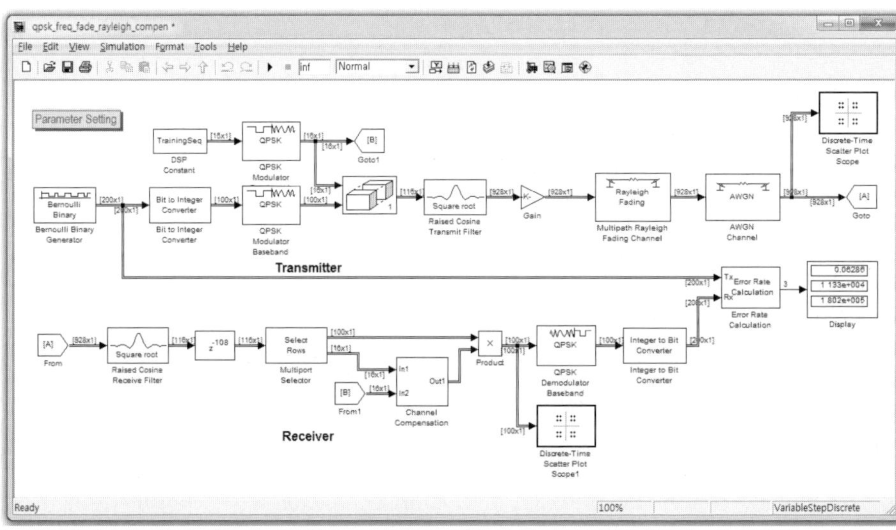

(a) 블록 다이어그램 모델(qpsk_freq_fade_rayleigh_compen.mdl)

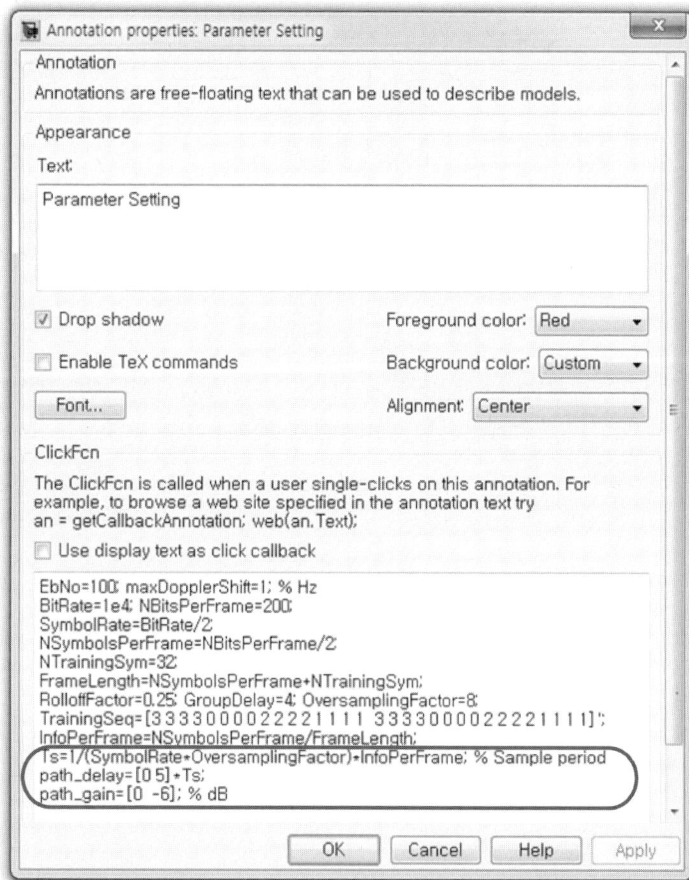
Annotation properties: Parameter Setting
Annotation
Annotations are free-floating text that can be used to describe models.
Appearance
Text:
Parameter Setting
Drop shadow
Foreground color: Red
Enable TeX commands
Background color: Custom
Font...
Alignment: Center
ClickFcn
The ClickFcn is called when a user single-clicks on this annotation. For example, to browse a web site specified in the annotation text try
an = getCallbackAnnotation; web(an.Text);
Use display text as click callback
EbNo=100; maxDopplerShift=1; % Hz
BitRate=1e4; NBitsPerFrame=200;
SymbolRate=BitRate/2;
NSymbolsPerFrame=NBitsPerFrame/2;
NTrainingSym=32;
FrameLength=NSymbolsPerFrame+NTrainingSym;
RolloffFactor=0.25; GroupDelay=4; OversamplingFactor=8;
TrainingSeq=[3 3 3 3 0 0 0 0 2 2 2 2 1 1 1 1 3 3 3 3 0 0 0 0 2 2 2 2 1 1 1 1]';
InfoPerFrame=NSymbolsPerFrame/FrameLength;
Ts=1/(SymbolRate*OversamplingFactor)*InfoPerFrame; % Sample period
path_delay=[0 5]*Ts;
path_gain=[0 -6]; % dB
OK
Cancel
Help
Apply

(b)

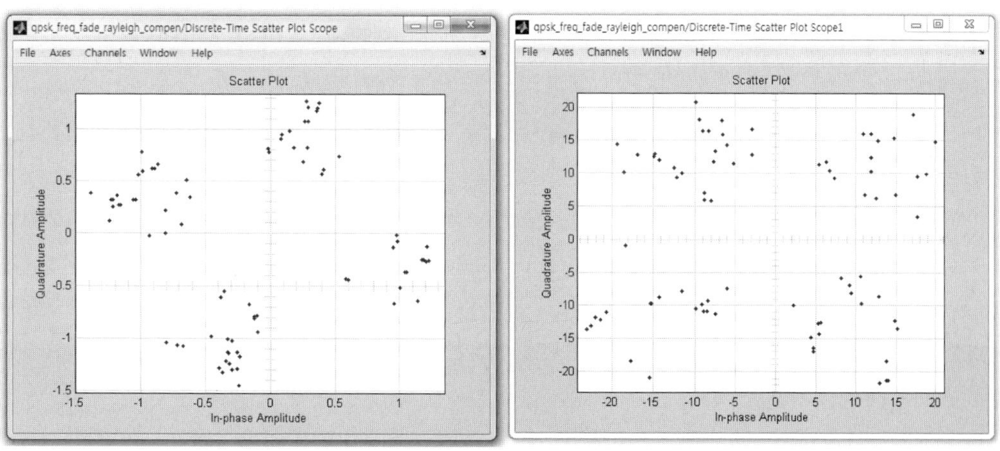
qpsk_freq_fade_rayleigh_compen/Discrete-Time Scatter Plot Scope
File Axes Channels Window Help
Scatter Plot
Quadrature Amplitude
In-phase Amplitude
qpsk_freq_fade_rayleigh_compen/Discrete-Time Scatter Plot Scope1
File Axes Channels Window Help
Scatter Plot
Quadrature Amplitude
In-phase Amplitude

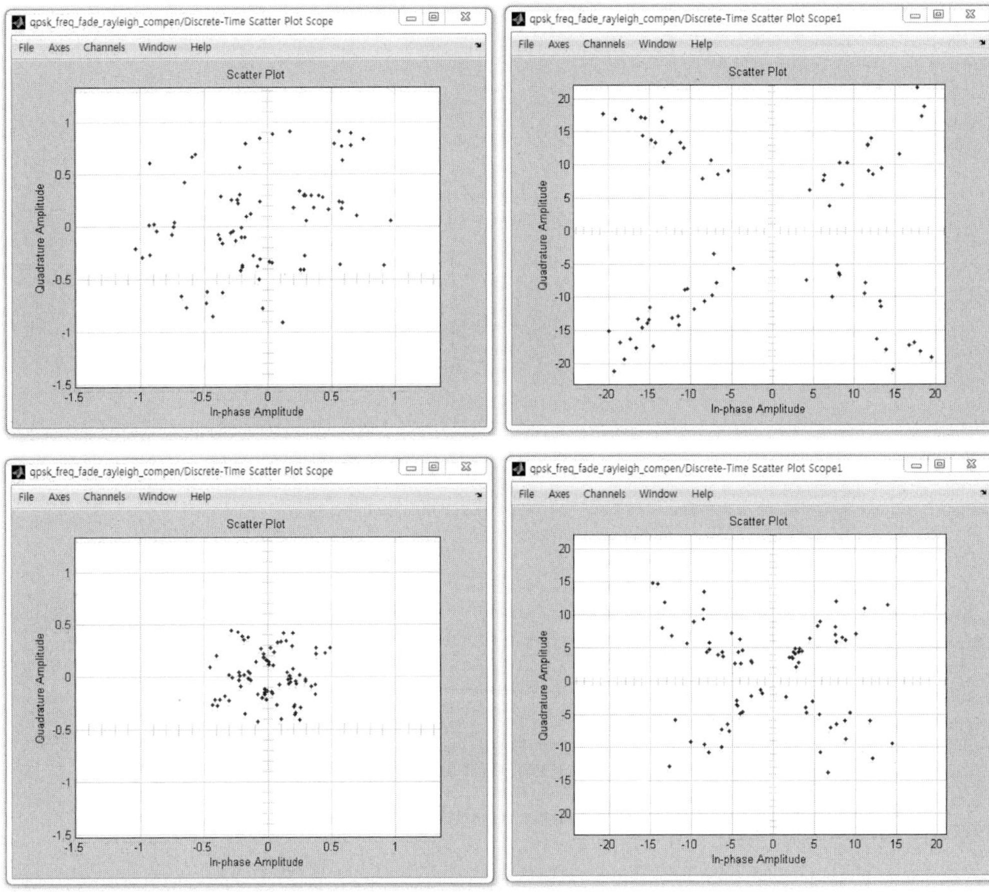

(c) Scatter diagram의 예

[그림 9.15] Frequency selective fading 채널에서 시스템의 동작

예제 9.6에서 분석한 바와 같이 다중경로 주파수 선택적 페이딩 환경에서는 앞서 설계한 단순한 채널 보상 알고리즘이 효과적으로 동작하지 않는다. 이 경우 RLS(Recursive Least Squares) 알고리즘 등을 적용한 등화기를 사용하여 성능을 개선시키는 방법이 사용된다. 복잡한 알고리즘을 적용하여 채널 보상을 하는 경우 지금까지의 예제와 달리 SIMULINK 블록으로 구현하는 것보다는 MATLAB 명령문을 사용하는 것이 나을 것이다. 이 경우 앞의 예제에서 'Channel Compensation' 서브시스템을 'Embedded MATLAB Function' 블록이나 'S-Function' 블록을 사용하는 것이 좋다. 예를 들면 RLS 알고리즘을 MATLAB 명령문으로 구현하여 Embedded MATLAB Function 블록에 함수로 정의하고 SIMULINK 시뮬레이션을 하면 된다.

다중경로 페이딩의 영향을 극복하는 다른 방안으로 대역확산을 하고 rake 수신기를 사용하는 시스템이나 OFDM 시스템과 같이 심볼 길이를 증가시키는 방법도 효과적이다.

과 제 [Rician 분포특성을 가진 주파수 선택적 페이딩 환경]

예제 9.6의 시스템에 대하여 Rician 페이딩 채널을 가정하고 동일한 과정을 반복하라. K-factor를 변화시키면서 시스템의 성능이 어떻게 변화하는지 관찰하라.

과 제 [BER 성능 분석]

예제 9.5에서와 같이 AWGN 잡음의 전력을 변화시키면서 주파수 선택적 페이딩 환경에서의 시스템 비트오율 성능을 분석하라.

9.6 연습문제

9.1 [Rayleigh flat fading **환경에서** BPSK **시스템의 성능**]

BPSK 시스템에 대하여 Rayleigh flat fading 환경에서의 BER 성능을 분석하라. 정보 비트율은 $R_b = 10\,\text{kbps}$ 이고, Root Raised Cosine(RRC) 필터를 사용하며, rolloff factor=0.25, oversampling factor=8을 가정하자. 채널 환경 조건으로 최대 Doppler 주파수 편이를 1 Hz로 가정하라. 송신측에서는 training sequence를 정보 데이터에 추가하여 전송하고 수신측에서는 이를 사용하여 채널을 예측하고 보상하도록 송수신기 모델을 구성하라. 프레임 당 100 비트의 정보 데이터에 32 비트의 training sequence를 삽입한다. E_b/N_0 를 0 dB부터 40 dB까지 변화시키면서 비트오율 성능 곡선을 그린다. 여러 E_b/N_0 에 대하여 시뮬레이션을 일괄적으로 실행하는 MATLAB script를 작성하라.

9.2 [Rician flat fading **환경에서** BPSK **시스템의 성능**]

문제 9.1과 동일한 BPSK 시스템에 대하여 Rician flat fading 환경에서의 BER 성능을 분석하라. 채널 환경 조건으로 최대 Doppler 주파수 편이를 1 Hz로 가정하고, K-factor는 10 dB를 가정하라. E_b/N_0 를 0 dB부터 30 dB까지 변화시키면서 비트오율 성능 곡선을 그린다. Rayleigh flat fading 환경에서의 성능과 비교해 본다.

9.3 [Rayleigh frequency selective fading **환경에서** BPSK **시스템의 성능**]

문제 9.1과 동일한 BPSK 시스템에 대하여 Rayleigh frequency selective fading 환경에서의 BER 성능을 분석하라. 채널 환경 조건으로 최대 Doppler 주파수 편이는 1 Hz이며, 두 개의 경로로 전파가 수신되는 채널로서 경로 지연은 각각 $\tau_1 = 0, \tau_2 = 4T_s$ 를 가정하라. 여기서 T_s는 펄스정형 필터 출력 신호의 샘플 주기를 나타낸다. 각 경로의 이득은 0 dB 및 -10 dB를 가정하라. E_b/N_0 를 0 dB부터 30 dB까지 변화시키면서 비트오율 성능 곡선을 그린다. Flat 페이딩 환경에서의 성능과 비교해 본다.

9.4 [Rician frequency selective fading **환경에서** BPSK **시스템의 성능**]

문제 9.1과 동일한 BPSK 시스템에 대하여 Rician frequency selective fading 환경에서의 BER 성능을 분석하라. 채널 환경 조건으로 최대 Doppler 주파수 편이는 1 Hz이고 Rician K-factor는 10 dB를 가정하라. 두 개의 경로로 전파가 수신되는 채널로서 경로 지연은 각각 $\tau_1 = 0, \tau_2 = 4T_s$ 이고 경로 이득은 각각 0 dB와 -10 dB를 가정하라. 여기서 T_s는 펄스정형 필터 출력 신호의 샘플 주기를 나타낸다. E_b/N_0 를 0 dB부터 30 dB까지 변화시키면서 비트오율 성능 곡선을 그린다. Flat 페이딩 환경에서의 성능과 비교해 본다.

찾아보기

■ 저자 약력

김명진

1982년 서울대학교 제어계측공학과 학사
1984년 서울대학교 제어계측공학과 석사
1992년 University of Minnesota 전기/컴퓨터공학과 박사
1984년~1996년 한국전자통신연구원 이동통신기술연구단 책임연구원
1996년~현재 한국외국어대학교 정보통신공학과 교수

SIMULINK를 활용한 통신 시스템의 이해

김명진 지음

초판인쇄 : 2013. 3. 4
초판발행 : 2013. 3. 8
발 행 인 : 김 승 기
발 행 처 : 생능출판사
신고번호 : 제406-2005-000002호
신고일자 : 2005. 1. 21
I S B N : 978-89-7050-774-3(93560)

413-756
경기도 파주시 문발동 507-12 파주출판도시
대표전화 : (031) 955-0761 FAX : (031) 955-0768
홈페이지 : http://www.booksr.co.kr

파본 및 잘못된 책은 바꾸어 드립니다. 정가 25,000원